初级岗位培训教材

CANDU-6 核电厂系统与运行

常 规 岛 系 统（三）

主　编　邹正宇

副主编　姚　翀　　陈齐清　　周发如　　姚照红
　　　　吴明亮　　游兆金　　沈照根

原子能出版社

图书在版编目(CIP)数据

CANDU-6 核电厂系统与运行. 常规岛系统(三)/邹正宇
主编 . —北京:原子能出版社,2010.5
　初级岗位培训教材
　ISBN 978-7-5022-4884-0

Ⅰ.①C… Ⅱ.①邹… Ⅲ.①核电厂－技术培训－教材 Ⅳ.①TM623

中国版本图书馆 CIP 数据核字(2010)第 070948 号

内 容 简 介

　　根据中国核工业集团公司的要求编写的《CANDU-6 核电厂系统与运行·初级岗位培训教材》是 CANDU-6 核电厂运行现场值班员上岗前的培训教材,它侧重于描述系统设备的现场布置、系统参数测量点、风险警示和运行实践、系统操作技能等内容。

　　《CANDU-6 核电厂系统与运行·初级岗位培训教材》适用于 CANDU-6 核电厂运行现场值班员培训和自学,还对电站其他生产岗位人员和协作单位人员有一定的指导作用。

CANDU-6 核电厂系统与运行·常规岛系统(三)·初级岗位培训教材

出版发行	原子能出版社(北京市海淀区阜成路 43 号　100048)
责任编辑	黄厚坤
技术编辑	丁怀兰　王亚翠
责任印制	潘玉玲
印　　刷	保定市中画美凯印刷有限公司
经　　销	全国新华书店
开　　本	787 mm×1092 mm　1/16
印　　张	27.5　　**字　数**　683 千字
版　　次	2010 年 8 月第 1 版　2010 年 8 月第 1 次印刷
书　　号	ISBN 978-7-5022-4884-0　　**定　价**　128.00 元

网址:http://www.aep.com.cn　　　　E-mail:atomep123@126.com
发行电话:010-68452845　　　　　　版权所有　侵权必究

CANDU-6 核电厂系统与运行

常规岛系统(三) 初级岗位培训教材
编　辑　部

主　　编　邹正宇

副 主 编　姚　翀　　陈齐清　　周发如　　姚照红　　吴明亮
　　　　　　游兆金　　沈照根

编　　者　（按姓氏拼音顺序排列）

　　　　　　崔亚力　　付援非　　甘　燕　　蒋大勇　　李继华
　　　　　　李劲松　　李璟涛　　刘祖洁　　任　诚　　沈照根
　　　　　　石震崑　　史东旺　　孙仁华　　田民顺　　文冬强
　　　　　　吴明亮　　杨宏昌　　姚　翀　　姚照红　　姚志江
　　　　　　游兆金　　曾　春　　张　力　　张世敏　　郑称新
　　　　　　周发如　　朱志斌　　邹正宇

统审专家　居玉鑫　　陶少平　　吴国安　　陈茂松

总　序

核工业作为国家高科技战略性产业，是国家安全的重要基石、重要的清洁能源供应，以及综合国力和大国地位的重要标志。

1978年以来，我国核工业第二次创业。中国核工业集团公司走出了一条以我为主发展民族核电的成功道路。在长期的核电设计、建造、运行和管理过程中，积累了丰富的实践和理论经验，在与国际同行合作过程中，实现了技术和管理与国际先进水平相接轨，取得了骄人的业绩。

中国核工业集团公司在三十多年的核电建设中，经历了起步、小批量建设、快速发展三个阶段。我国先后建成了秦山、大亚湾、田湾三大核电基地，实现了我国大陆核电"零"的突破、国产化的重大跨越、核电管理与国际接轨，走出了一条以我为主，发展民族核电的成功之路。在最近几年中，发展尤为迅猛。截至2008年底，核电运行机组11台，装机容量907.82万千瓦，全部稳定运行，态势良好。

进入新世纪，党中央、国务院和中央军委对核工业发展高度重视、极为关怀，对核工业做出了新的战略决策。胡锦涛总书记指出："无论从促进经济社会发展看，还是从保障国家安全看，我们都必须切实把我国核事业发展好"。发展核电是优化能源结构、保障能源安全、满足经济社会发展需求的重要途径。2007年10月，国务院正式颁布了《核电中长期发展规划（2005—2020年）》。核电进入了快速、规模化、跨越式发展的新阶段。

在中国核电大发展之际，中国核工业集团公司继续以"核安全是核工业的生命线"的核安全文化理念和"透明、坦诚和开放"的企业管理心态，以推动核电又好又快又安全发展为己任，为加速培养核电发展所需的各类人才，组织核电领域专家，全面系统地对核电设计、工程建造、电站调试、生产准备和生产运营等各阶段的知识进行了梳理，构造了有逻辑性、系统性的核电知识体系，形成了覆盖核电各阶段的核电工程培训系列教材。

这套教材作为培养核电人才的重要工具，是国内目前第一套专业化、体系化、公开出版的核电人才培养系列教材，有助于开展培训工作，提高培训质量、节约培训成本，夯实核电发展基础。它集中了全集团的优势，突出高起点、实用性强，是集团化、专业化运作的又一次实践，是中国核工业50余年知识管理的积淀，是中国核工业10万人多年总结和实践经验的结晶。

　　21世纪是"以人为本"的知识经济时代，拥有足够的优秀人才是企业持续发展的重要基础。中国核工业集团公司愿以这套教材为核电发展开路，为业界理论探讨、实践交流提供参考。

　　我们要继续以科学发展观为指导，认真贯彻落实党中央、国务院的指示精神，积极推进核电产业发展。特别是要把总结核电建设经验作为一项长期的工作来抓，不断更新和完善人才教育培训体系。

　　核电培训系列教材可广泛用于核电厂人员培训，也可用于核电管理者的学习工具书，对于有针对性地解决核电厂生产实践和管理问题具有重要的参考价值。

中国核工业集团公司总经理

2009年9月9日

前　言

　　高素质专业人才是核电站安全稳定经济运行的重要保证。通过有效的培训来提高公司员工全面工作技能，不断更新知识，永无止境地追求更高的水平，不但是运营管理好核电站的基础，也是保持企业强大生命力的基础。根据秦山第三核电有限公司（以下简称秦山三核）的培训政策，所有的培训都必须有配套的培训教材。为此秦山三核在系统性培训方法（SAT）的基础上建立了一套适合于运行人员培训的教材体系。这套教材的内容涵盖面广，融入了各方面的技术知识，包括电站设计变更以及一线技术人员的技术经验等，图文并茂，面向生产，强调实用，符合培养人才的特定要求，学员通过学习教材可以有效地掌握大量的专业知识，提升技能。

　　由于本套教材内容针对性强，教材的编写质量直接关系到课程教学效果，因此秦山三核高度重视教材的开发。为此，秦山三核组织各专业处室采用自编开发的方式，安排具备足够调试、运行和维修经验的人员参与教材的编写，并对完成的初稿进行了认真的审查。本套教材质量较高，专业性强，是一份高价值的技术总结，它凝聚了各级领导和广大员工的智慧和心血。在此，对他们辛勤的工作表示衷心的感谢！

　　本套培训教材满足了电站正常运行期间员工知识和技能培训的需要，它的编写意味着秦山三核的运行人员培训体系与世界先进的运行人员培训体系相接轨，人员培训走上了规范化运作道路。希望广大运行员工充分利用本教材，不断提高自身知识、技能水平，为秦山三期重水堆电站的长期安全稳定经济运行做出贡献。

中核集团秦山第三核电有限公司

二〇〇九年五月

目　　录

第一章　火灾探测系统(67147)

第二章　泵房公用系统(71100)

第三章 CCW系统和CCW的抽气/充水系统(71200/71240)

第四章 重要海水冷却水系统(71310)

第五章 再循环冷却水系统(71340)

第六章 消防水系统和烟烙烬系统(71400)

第七章　生活水分配系统(71500)

第八章　非放射性排水系统(71770)

第九章　冷冻水系统(71900)

第十章　辅助锅炉系统(72110)

第十一章 厂房加热系统(73010/73410)

第十二章 汽轮机厂房通风系统(73200)

第十三章 泵房通风系统(73300)

第十四章 厂用压空系统(75110)

第十五章　仪用压空系统(75120)

第十六章　呼吸空气系统(75130)

第十七章 水厂预处理系统(71610)

第十八章　水厂除盐系统(71620)

第十九章 除盐水分配系统(71650)

第二十章 水处理厂通风系统(73930)

第二十一章 制氢系统（75320）

第二十二章 氮气系统（75700）

第二十三章 二氧化碳系统(75210)

第一章 火灾探测系统（67147）

内容介绍

课程名称：火灾探测系统
课程时间：2学时

学员：现场操作员
学员条件：完成本系统的课堂部分培训

培训目标：

1. 系统设备的现场布置；
2. 掌握各盘台上报警信息的具体含义；
3. 熟练掌握现场巡检内容，异常和故障的识别技巧和技能；
4. 正常、应急时的操作和异常的现场响应。

教学方式及教学用具：

培训方式：岗位培训

教员需要：

a.流程图；

b.白板等。

考核方法：现场考核（实际操作和模拟相结合）、口试

1.1 系统概述

火灾探测报警系统主要有如下功能：

- 监控探测设备的状态改变，并将信号传送到主控室的主消防控制盘；
- 在主控室和就地发出报警信号，通知相关人员采取灭火干预行动及应急疏散措施；
- 监控消防喷淋阀的阀门状态；
- 根据相关逻辑启动灭火系统（消防水喷淋系统或烟烙烬气体灭火系统）；
- 监控火灾探测报警系统自身故障情况。

火灾探测系统的控制盘柜属于总线结构,有主控制盘、辅助控制盘、气体消防控制盘、喷淋控制接口盘、线性控制盘(全称线性电缆探测器控制盘)、就地接口盘。除主控制盘柜外,其余各盘柜负责本节点内设备的报警和故障显示。主控制盘能够显示整个系统的故障和火灾报警信息,而火灾图形显示计算机能够显示整个系统的故障信息、火灾报警信息以及被隔离设备的信息。火灾探测报警系统配置情况参见图 1-1-1。

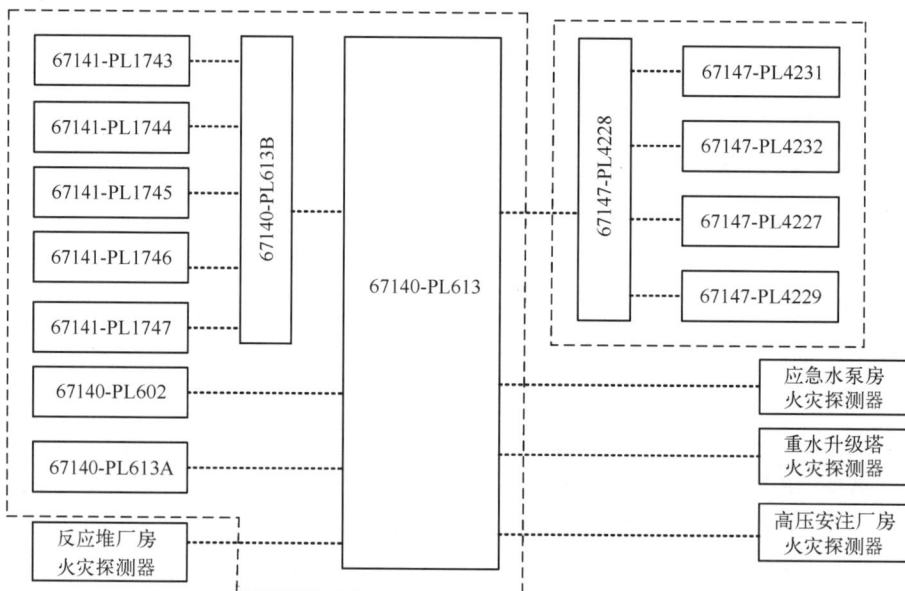

说明:
1. 67140-PL613A-火灾图形显示计算机
2. 67140-PL613-主消防控制盘(MFAP)
3. 67140-PL602-烟烬气体消防控制盘(GIFPP)
4. 67140-PL613B-辅助消防控制盘(AFAP)
5. 67141-PL1745-就地消防控制盘#1(L FAP#1)
6. 67141-PL1746-就地消防控制盘#2(LFAP#2)
7. 67141-PL1744-就地消防控制盘#3(LFAP#3)

8. 67141-PL1747-就地消防控制盘#4(LFAP#4)
9. 67141-PL1743-就地消防控制盘#5(LFAP#5)
10. 67147-PL4228-就地接口盘(LIP)
11. 67147-PL4231-喷淋控制盘(SCP)
12. 67147-PL4232-线性电缆探测控制盘(LDP)
13. 67147-PL4227-就地接口盘(LIP)
14. 67147-PL4229-就地接口盘(LIP)

图 1-1-1　火灾探测与报警系统配置图

1.1.1　设备清单和现场位置

1. 探测器

1)离子型烟雾探测器、光电型烟雾探测器、热探测器正常情况指示灯闪烁,且为红色。当报警时,指示灯连续点亮;当探测器故障时,指示灯灭,此时应发工作申请进行维修。主要安装在 T/B、S/B、R/B、重水升级塔和泵房。详见图 1-1-2。

2)红外线火焰探测器正常情况指示灯不亮,报警情况时指示灯连续点亮,且为红色。主要安装在汽轮机大厅吊车导轨附近、S128 大厅导轨附近、SDG 房间控制室背后墙上。详见图 1-1-3。

3)温度探测器,主要安装在变压器区域。详见图 1-1-4。

图 1-1-2　烟雾探测器

图 1-1-3　红外线火焰探测器

图 1-1-4　温度探测器

2. 控制盘

1）主控制盘、辅助控制盘，如图 1-1-5，图 1-1-6 和图 1-1-7 所示。

表 1-1-1 所示为控制盘编号名称位置。

表 1-1-1　控制盘编号名称位置表

序号	设备编号	设备名称	设备位置
1	67140-PL613A	火灾图形显示计算机	S-326
2	67140-PL613	火灾报警主控制盘柜(MFAP)	S-326
3	67140-PL613B	辅助火灾报警盘柜(AFAP)	S-327
4	67140-PL602	烟烙烬气体消防控制盘	S-326

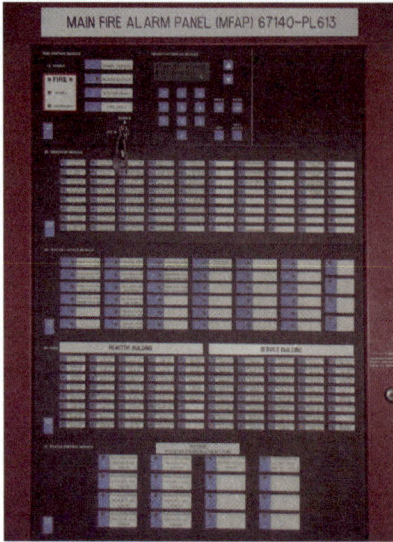

(a)火灾报警主控制盘柜　　　　　　　　　　(b)辅助火灾报警盘柜

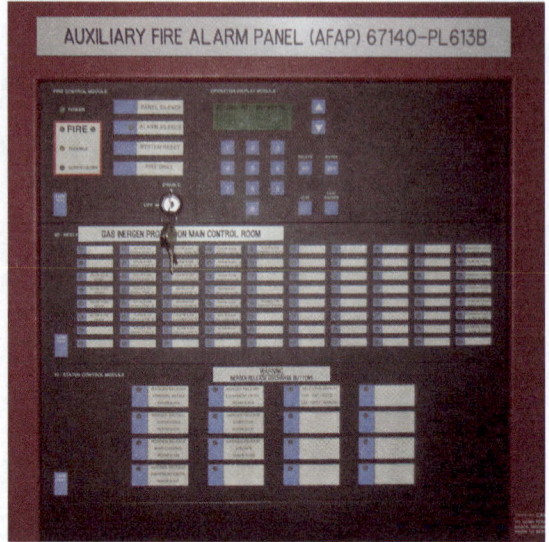

图 1-1-5　火灾报警控制盘

图 1-1-6　烟烙烬气体消防控制盘

2)就地火灾报警盘,如图 1-1-8 所示。

表 1-1-2 所示为就地火灾报警盘编号名称位置。

3)就地接口盘,如图 1-1-9 所示。

就地接口盘编号名称位置如表 1-1-3 所示。

图 1-1-7　火灾图形显示计算机

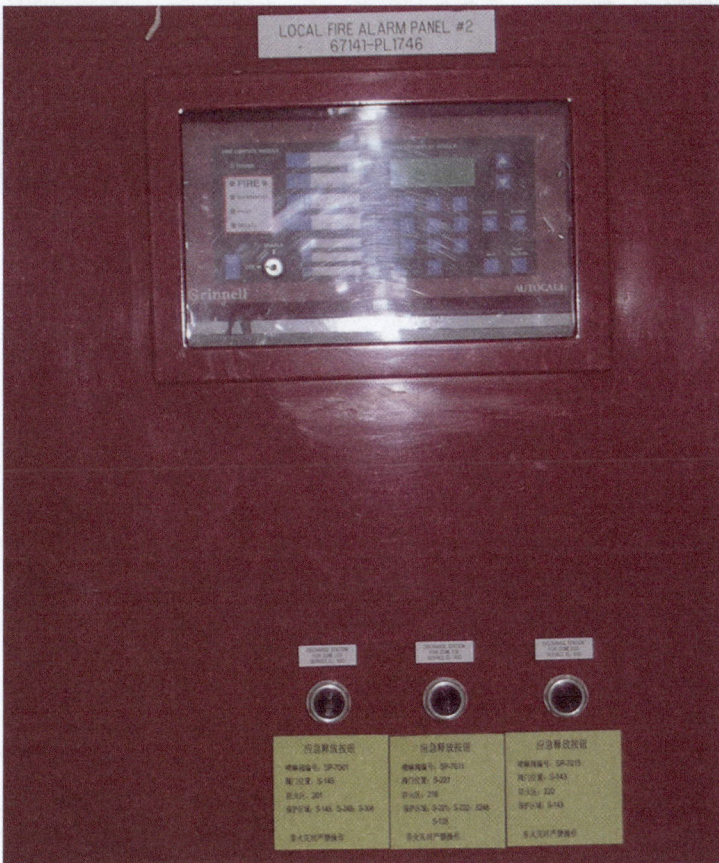

图 1-1-8　就地火灾报警盘

表 1-1-2　就地火灾报警盘编号名称位置表

序号	设备编号	设备名称	设备位置
1	67141-PL1745	就地火灾报警盘柜♯1(LFAP♯1)	S-005
2	67141-PL1746	就地火灾报警盘柜♯2(LFAP♯2)	S-105
3	67141-PL1744	就地火灾报警盘柜♯3(LFAP♯3)	S-229
4	67141-PL1747	就地火灾报警盘柜♯4(LFAP♯4)	S-302
5	67141-PL1743	就地火灾报警盘柜♯5(LFAP♯5)	S-030

图 1-1-9　就地接口盘

表 1-1-3　就地接口盘编号名称位置表

序号	设备编号	设备名称	设备位置
1	67147-PL4228	就地接口盘柜(LIP)	T-411
2	67147-PL4227	就地接口盘柜(LIP)(1号机组适用)	W-203
3	67147-PL4229	就地接口盘柜(LIP)	1C031

4)喷淋控制盘,如图 1-1-10 所示。

喷淋控制盘编号名称位置如表 1-1-4 所示。

表 1-1-4　喷淋控制盘编号名称位置表

序号	设备编号	设备名称	设备位置
1	67147-PL4231	喷淋控制盘柜(SCP)	T-411

5)线性控制盘,如图 1-1-11 所示。

线性控制盘编号名称位置如表 1-1-5 所示。

图 1-1-10　喷淋控制盘

图 1-1-11　线性控制盘

表 1-1-5　线性控制盘编号名称位置表

序号	设备编号	设备名称	设备位置
1	67147-PL4232	线性电缆探测控制盘柜(LDP)	T-411

3. VESDA 烟雾探测器,如图 1-1-12 所示。

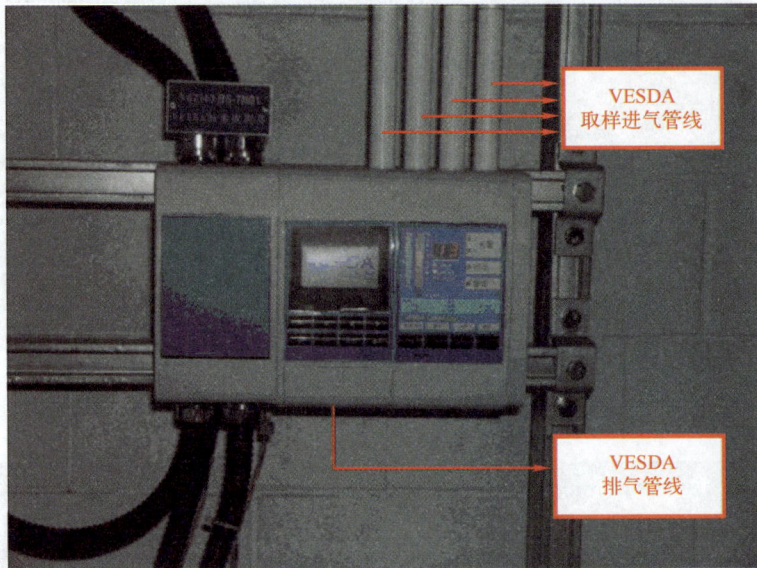

图 1-1-12　VESDA 烟雾探测器

VESDA 烟雾探测器编号名称位置如表 1-1-6 所示。

表 1-1-6　VESDA 烟雾探测器编号名称位置表

序号	设备编号	设备名称	设备位置
1	67140-BS-3N07	VESDA 烟雾探测器	S-230
2	67140-BS-3N08	VESDA 烟雾探测器	S-230
3	67140-BS-7N01	VESDA 烟雾探测器	TB-411-1
4	67140-BS-7N02	VESDA 烟雾探测器	TB-411-2
5	67140-BS-7N03	VESDA 烟雾探测器	TB-102-1
6	67140-BS-7N04	VESDA 烟雾探测器	TB-102-2
7	67140-BS-7N05	VESDA 烟雾探测器(1 号机组适用)	TB1-504-A
8	67140-BS-7N06	VESDA 烟雾探测器(1 号机组适用)	TB1-504-B
9	67140-BS-7N07	VESDA 烟雾探测器(1 号机组适用)	TB1-504-C
10	71400-BS-4N01	VESDA 烟雾探测器	S-326
11	71400-BS-4N02	VESDA 烟雾探测器	S-329
12	71400-BS-4N03	VESDA 烟雾探测器	S-328
13	71400-BS-4N04	VESDA 烟雾探测器	S-327

VESDA 的取样排气口是用来将取样后气体排出,不能将其堵塞,防止取样结果偏差,出现误报警。在 VESDA 本体上可以进行测试、静音、复位、隔离等操作。

4. 模块

1) 报警模块 506SDA:正常情况时指示灯闪烁,且为绿色;报警情况时指示灯闪烁,且为红色;故障情况指示灯灭。除水厂没有安装外,其他厂房均有安装。详见图 1-1-13。

2) 触点监视模块 IXA-500CMA:正常情况时指示灯灭;报警情况时指示灯连续点亮,且为红色,详见图 1-1-14。

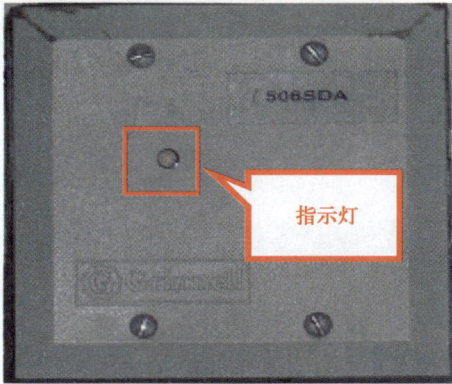

图 1-1-13　报警模块

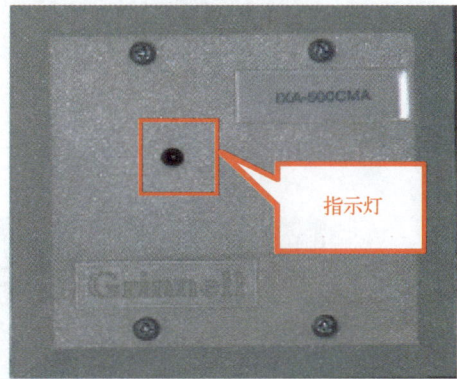

图 1-1-14　触点监视模块

3) 继电器模块 OXA-502RM:正常情况时指示灯闪烁,且为黯淡的红色;报警情况时指示灯连续点亮,且为红色;故障情况指示灯灭。详见图 1-1-15。

5. 手动报警装置

手动报警装置正常情况指示灯灭,报警情况时指示灯连续点亮,且为红色。当发生火灾时,可击碎报警装置的玻璃,将会产生报警,此报警装置适用于辅助厂房,详见下右图。若在汽轮机厂房、水厂、重水升级塔、泵房发现有火灾发生可以手动拉下报警装置,对于湿式消防阀所覆盖区域将会产生报警;对于预作用消防阀覆盖区域则可产生报警,同时消防喷淋阀动作,详见图 1-1-16 和图 1-1-17。

图 1-1-15　继电器模块

6. 声光报警器

声光报警器正常时报警灯不亮,当发生报警情况时,发出声和光,此时提醒各工作人员不要靠近该区域,同时尽快撤离。除 R/B 厂房外,其他厂房均有安装。详见图 1-1-18。

7. 各个盘台内部均都自带蓄电池,在正常电源失去后可维持 24 小时电源供应。67147-PL4228/PL4231/PL423 备用 24 V 动力电源来自于 67147-BAT4004,位于这三个盘台的右侧。此电源在盘台的正式电源失去后为其提供备用电源,可提供24小时,在备用状

图 1-1-16 手动报警装置一

图 1-1-17 手动报警装置二

图 1-1-18 声光报警器

态时处于均充状态。盘台的 15 V 控制电源来自于盘台内部自带的蓄电池。图 1-1-19 所示为控制盘的备用电源。

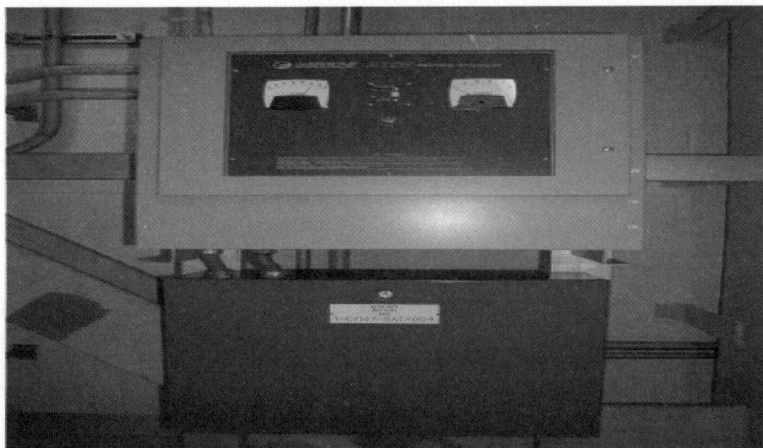

图 1-1-19　控制盘的备用电源

1.1.2　盘台

由于本系统各盘台上结构有相同之处,下面对盘台中的各区域进行一一介绍。

各盘台结构表如表 1-1-7 所示。

表 1-1-7　各盘台结构表

盘　台	包含模块	盘　台	包含模块
67140-PL613	控制模块面板	67141-PL1745/PL1746 67141-PL1744/PL1747 67141-PL1743	控制模块面板
	显示模块面板		显示模块面板
	80 状态显示模块	67147-PL4231	控制模块面板
	40 状态控制模块		显示模块面板
	16 状态控制模块		80 状态显示模块
67147-PL613B	控制模块面板	67147-PL4228	控制模块面板
	显示模块面板	67147-PL4227	显示模块面板
	80 状态显示模块	67147-PL4229	16 状态显示模块

1. 控制模块

1) 正常运行时控制模块上只有"Power"绿色指示灯亮,若灭表示失去电源或备用电池已经耗尽。

2) 控制模块上的"Trouble"或"FAULT"的黄色指示灯亮时,状态模块上相应区域指示灯变成黄色,盘柜的蜂鸣器发出断续的报警声("LCD"上将会显示故障设备的回路和具体地址编码)。接收相应的报警信息,记录备案,发出工作申请。

3) 控制模块上的"Supervisory"的黄色指示灯亮时,状态模块上相应区域指示灯变成黄色,盘柜的蜂鸣器发出断续的报警声。仔细阅读报警信息,确定报警具体方位,以及报警类型:① 低空气压力开关报警(LWAIR),② 限位开关报警(TMPR)。

4) 控制模块上的"Isolated"黄色指示灯亮表示该盘柜的控制回路上有被隔离的设备。

5)控制模块上的两个"Fire"红色指示灯亮表示可能的火灾报警:① 烟雾探测器报警;② 水流开关报警;③ 就地手动报警装置被触发。

6)控制模块上的钥匙只有置于"ENABLE"时方可对盘台进行操作。

7)控制模块上的"lamp test"、"panel silence"、"alarm silence"、"system reset"、"fire drill"按钮分别用于灯测、盘台消音、就地声光报警消音、系统复位、系统调试。

控制模块图如图 1-1-20 所示。

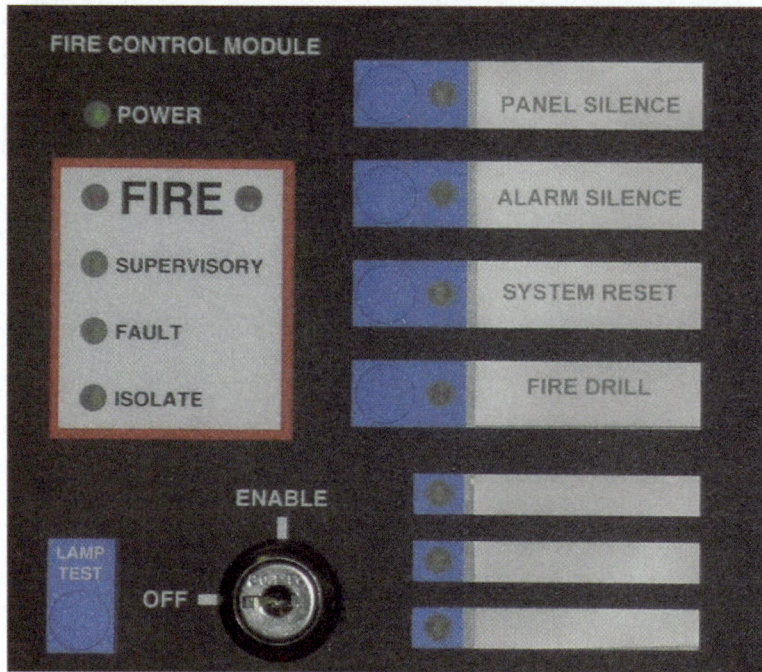

图 1-1-20　控制模块

2. 显示模块

正常情况下控制盘柜的"LCD"显示屏上只显示一行时间和日期信息。而报警时通过在"LCD"显示屏上的确认和接收信息,才能清楚了解当前盘柜节点内所包含的所有故障信息。对于出现的任何故障报警信息都要发出维修申请。正常的报警显示为四行,当显示屏出现三行字体时,代表该控制盘柜死机。控制盘的"LCD"显示屏附近的按键是对报警信息进行确认和接收时所用。显示模块上"LCD"所显示报警信息解释如表 1-1-8。

表 1-1-8　报警信息表

序号	报警信息	代表的可能异常工况
1	Fire Alarm	火灾报警
2	Water Flow	水流压力开关动作
3	Manual Pull	手动报警装置报警
4	Manual Discharge	手动释放装置动作

序号	报警信息	代表的可能异常工况
5	LDP Alarm	线性探测电缆报警
6	Supervisory	阀门上的限位开关或低空气压力开关报警
7	No response	探测器或模块有故障
8	Checksum Failure	EEPROM 故障
9	System fault	系统故障
10	High Iden	设备类型错误或有故障
11	Low Iden	设备类型错误或有故障
12	Det Con Fault Hi	探测器老化或脏
13	Det Con Fault Low	探测器老化或脏
14	Device Fault	模块有故障
15	Loop O/C Fault	回路有开路故障
16	Loop S/C Fault	回路有短路故障
17	PSU Fault	模块的 24 V 电源故障
18	COMMS fault	盘柜之间通信故障
19	Output Stuck	继电器模块或声光报警模块故障
20	Mains Failure	AC 电源供电失效
21	Ground Fault	接地故障
22	Battery Fault	备用电池或电源监视模块故障
23	Loop Failure	回路故障

显示模块图如图 1-1-21 所示。

3.80 状态显示模块

80 状态显示模块能够显示 T/B、WTP、P/H、R/B 和 S/B 各区域的状态,正常运行时所有区域的故障或火灾报警指示灯灭。80 状态显示模块上某一区域出现黄色指示灯亮代表所显示的区域内出现有故障的设备,或是有监视模块报警,或是有被隔离的设备;红色指示灯亮代表所显示的区域内出现火灾报警。详见图 1-1-22。

4.40 状态控制模块

40 状态控制模块对应的是汽轮机厂房的预作用喷淋系统,控制面板上的选择开关有自动"Auto"和手动"Manual"之分;当选择开关边的发光二极管点亮时,表示处于自动状态。正常工作情况下,消防系统的预作用雨淋阀处于"自动"触发状态。在"Manual"状态下,可以对所辖区域的消防阀进行手动触发。正常运行时所有区域的故障或火灾报警指示灯灭。40 状态控制模块上某一区域出现黄色指示灯亮代表所显示的区域内出现有故障的设备,或是有监视模块报警,或是有被隔离的设备;红色指示灯亮代表所显示的区域内出现火灾报警。详见图 1-1-23。

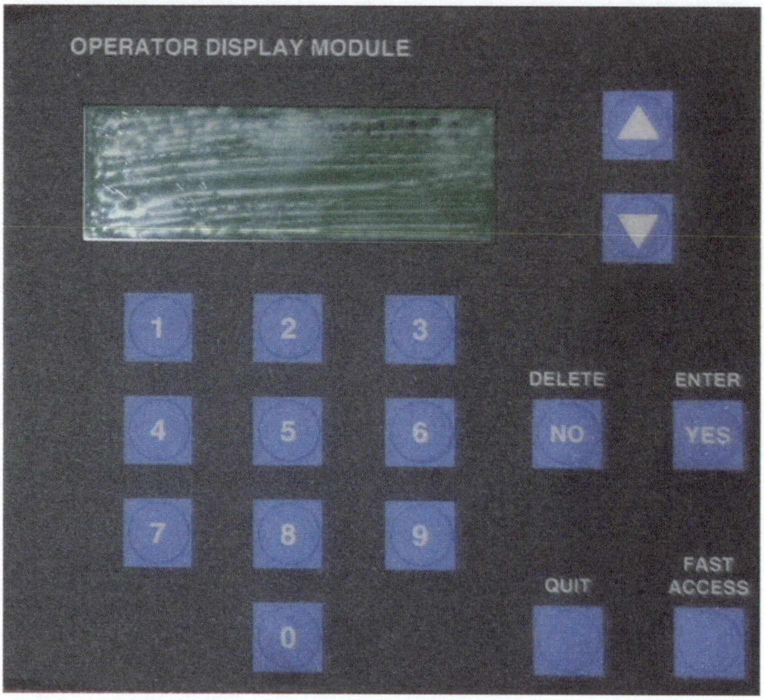

图 1-1-21　显示模块图

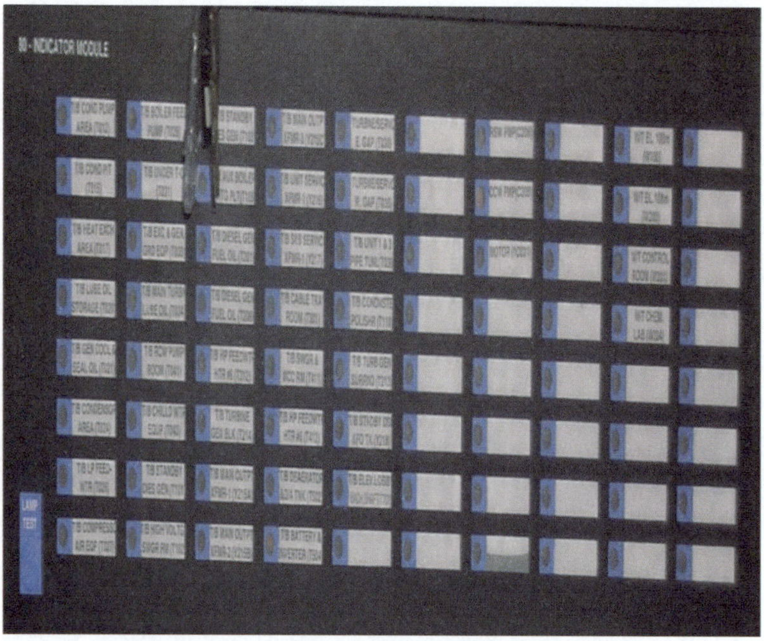

图 1-1-22　80 状态显示模块图

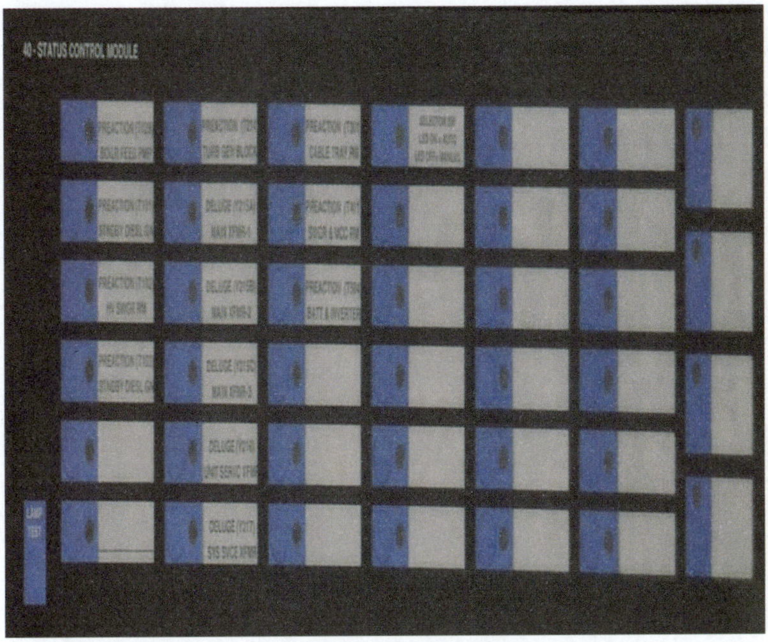

图 1-1-23　40 状态控制模块

5.16 状态控制模块

16 状态控制模块对应的是辅助厂房的预作用喷淋系统；控制面板上的选择开关有自动"Auto"和手动"Manual"之分；当选择开关边的发光二极管点亮时，表示处于自动状态。正常工作情况下，消防系统的预作用雨淋阀处于"自动"触发状态。在"Manual"状态下，可以对所辖区域的消防阀进行手动触发。正常运行时所有区域的故障或火灾报警指示灯灭。16 状态控制模块上某一区域出现黄色指示灯亮代表所显示的区域内出现有故障的设备，或是有监视模块报警，或是有被隔离的设备；红色指示灯亮代表所显示的区域内出现火灾报警。详见图 1-1-24。

6. 线性探测电缆盘柜

线性探测电缆柜 67147-PL4232 在汽轮机厂房的 T-411 房间，该盘柜所探测的区域是辅助厂房和汽轮机厂房之间从下至上的间隙，包括电缆桥架。在通道处，将其划分为东西两侧。探测装置布置在电缆层上和楼板隔栅下方。正常情况下，这些区域前只有绿色的电源指示灯亮。当某个区域出现报警时，该区域的指示灯亮，同时盘柜的报警指示灯也亮，而且有断续的喇叭报警声。当图形显示计算机和 67140-PL613 上出现"LDP Alarm"的火灾报警时，需要派人去汽轮机厂房的 T-411 房间的 67147-PL4232 上确认是哪个区域出现火灾报警。在盘台上有如下 11 个报警区域：

- EL87.50 East Gap　EL96.10 East Gap 95.96 West
- EL87.50 West Gap　EL91.80 West Gap　SWGR Room east Gap
- EL87.50 West Gap　EL91.80 West Gap　SWGR Room east Gap
- 100.86 West Gap　　108.20 West Gap

线性探测装置如图 1-1-25 所示。

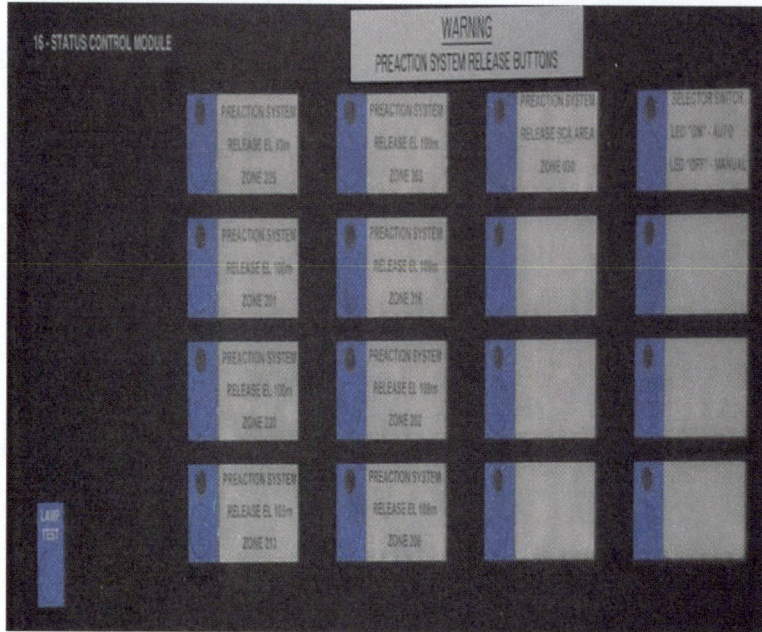

图 1-1-24　16 状态控制模块图

图 1-1-25　线性探测装置图

1.1.3　现场布置与配置

　　火警探测系统是基于某一区域,以确定某一火警源的具体位置。在反应堆厂房、辅助厂房和汽轮机厂房内采用各种不同类型的探测器,有感温探测器,离子式烟感探测器,光电烟感探测器,VESDA 探测器和火焰探测器;在汽轮机厂房和辅助厂房的间隙,电缆桥架上采用了线性电缆探测器,电气间采用了 VESDA 探测器;而在 5 个变压器区域则采用热敏电阻型的温度热探头。

1.2　系统参数

不适用。

1.3　风险警示和运行实践

1. 误操作或误动手动拉杆报警装置可能导致消防误动作。

2. 厂房内有区域火灾探头被隔离后，要对该区域增加巡检的频度，在合适的地方放置灭火器材，动火时只需要隔离烟雾探测器。并打电话通知防火科。

3. 在所有的火灾报警信号没有评估和处理完以前，不要将系统复位，否则复位后报警又会出现。

4. 当进入已经喷淋后的区域时，电气设备可能会对人员造成电击伤害。因此，进入这些淋湿的区域前，必须先将电气设备的电源关掉或是隔离。

5. 火灾探测系统在任何时候都要投入运行。假如因某些原因而使得某些区域的火灾探测系统停用，必须要得到运行部门负责人以及值长的许可，并需要开始对该区域加强巡检和监督。根据该区域的火灾发生的可能性以及火灾的危害性，由值长决定巡检和监督的频度。

6. 在预作用喷淋系统中，某一区域的自动喷放功能失效后，万一该区域发生火灾，需要使用手动触发功能触发该区域的消防喷淋阀。

1.4　技　　能

1. 当就地确实有火灾发生时，预作用消防阀区域可以通过手动拉下手动触发手柄，使得消防水充入阀后的管网，等到喷头烧破而喷淋（变压器区域直接喷出）。

2. VESDA 的取样排气口是用来将取样后气体排出的，不能将其堵塞，防止取样结果偏差，出现误报警。在 VESDA 本体上可以进行测试、静音、复位、隔离等操作。

3. 预作用区域的喷淋系统，当就地确实有火灾发生时，可以通过手动的方式将该区域的预作用电磁阀触发，使得消防水充入阀后的管网，等到喷头烧破而喷发（适用于辅助厂房就地盘台）。

注意：在手动触发前要确认好所要触发的区域对应的触发按钮，以防误操作。详见图 1-4-1。

1.5　主要操作

1. 控制盘报警信息的确认和接收

正常情况下控制盘柜的"LCD"显示屏上只显示一行时间和日期信息。而报警时通过在 LCD 显示屏上的确认和接收信息，才能清楚当前盘柜节点内所包含的所有故障信息。对于出现的任何故障报警信息都要发出维修申请。报警信息确认、接收过程如表 1-5-1（详见 98-

图 1-4-1　触发按钮图

67147-OM-001 的 4.2.1 节):

2. 线性探测系统复位(详见 967147-OM-001 的 5.5 节)

1) 首先将该盘柜复位(按一下控制面板上的"SYS Silence"和"SYS Reset"),没有报警出现,然后再将整个火灾探测系统复位。

表 1-5-1　报警信息的确认和接收流程表

序　号	操作内容
1	在操作面板上连续输入"000000"
2	按下"YES/ENTER"按钮,确认 LCD 上显示:"Do you want to accept the events?"
3	按下"YES/ENTER"按钮,确认存在带最后一行"accept(Y/N?)"的故障报警信息
4	记录故障设备的信息
5	按下"YES/ENTER"按钮,确认报警信息的计数减"一"
6	重复第 4、5 步,显示"No un-accepted event"时,执行第 7 步
7	连续按下"QUIT"按钮回到最初的界面
8	结束

2) 如果就地没有火灾,而 67147-PL4232 盘柜复位后,仍有报警出现,那么该报警区域的感温电缆被破坏导致短路而引起报警,需发出检修申请。

3. 控制盘柜出现各种报警后的响应详见 98-67147-OM-5.0。具体见图 1-5-1。

4. 电气开关室发生火灾时的响应详见 98-67147-OM-001 的 5.1 节,具体见图 1-5-2。

```
┌─────────────────┐              ┌─────────────────┐
│   火灾报警出现    │              │  确定报警具体区域  │
└────────┬────────┘              └────────┬────────┘
         │                                │
         ▼                                ▼
       ◇◇◇◇                      ┌─────────────────┐
      ◇      ◇        是          │ 确认报警区域是否存在火情 │
     ◇ 是否是线性 ◇ ──────────────→└────────┬────────┘
      ◇      ◇                          │        是
       ◇◇◇◇                          否  │      ┌──────────────┐
         │否                            │      │  按消防行动卡   │
         │                              ▼      │  展开相应行动   │
         │                    ┌─────────────────┐└──────────────┘
         │                    │ 在线性探测电缆盘柜上 │
         │                    │    进行复位      │
         │                    └────────┬────────┘
         │                              ▼
         │                    ┌─────────────────┐
         │                    │ 在主控制盘上将系统复位 │
         │                    └────────┬────────┘
         │                              ▼
         │                    ┌─────────────────┐
         │                    │ 若复位后报警再次出现, │
         │                    │    则发工作申请   │
         │                    └─────────────────┘
```

控制盘上的trouble黄色指示灯亮	控制盘上的Supervisory黄色指示灯亮	主控制盘fire alarm两个红色指示灯亮
在状态模块上确认相应区域	确定报警具体方位以及报警类型	确定具体房间和现场火情的大小
确定报警具体方位	接收报警信息,发WR	立即启动一级干预
接收相应的报警信息	故障处理完以后,将系统复位	确认火情后启动二级干预
处理现场缺陷		视火灾情况由值长确定是否进入更高级干预
故障处理完以后,将系统复位		现场灭火成功后,将系统复位

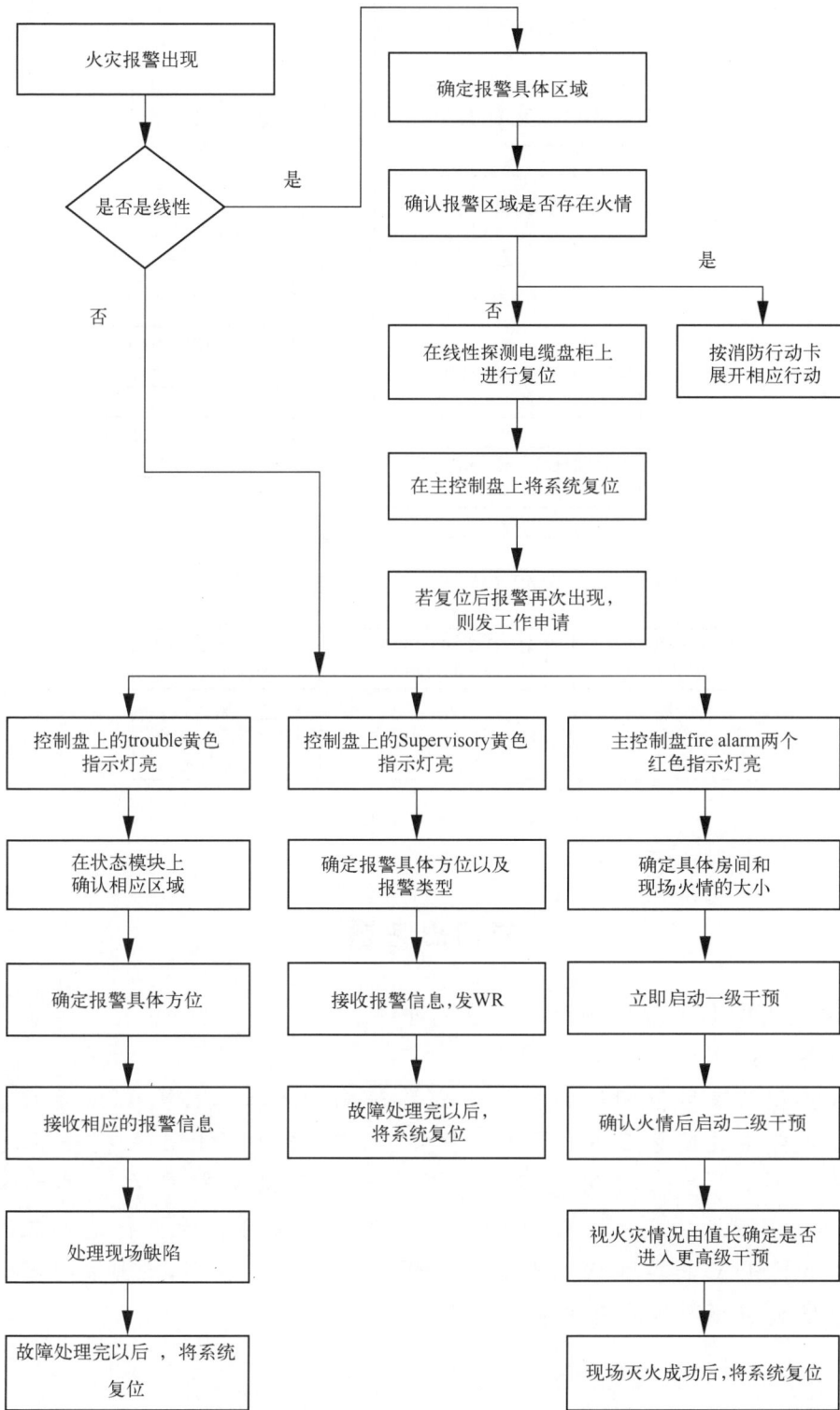

图 1-5-1 控制盘柜出现报警后响应流程图

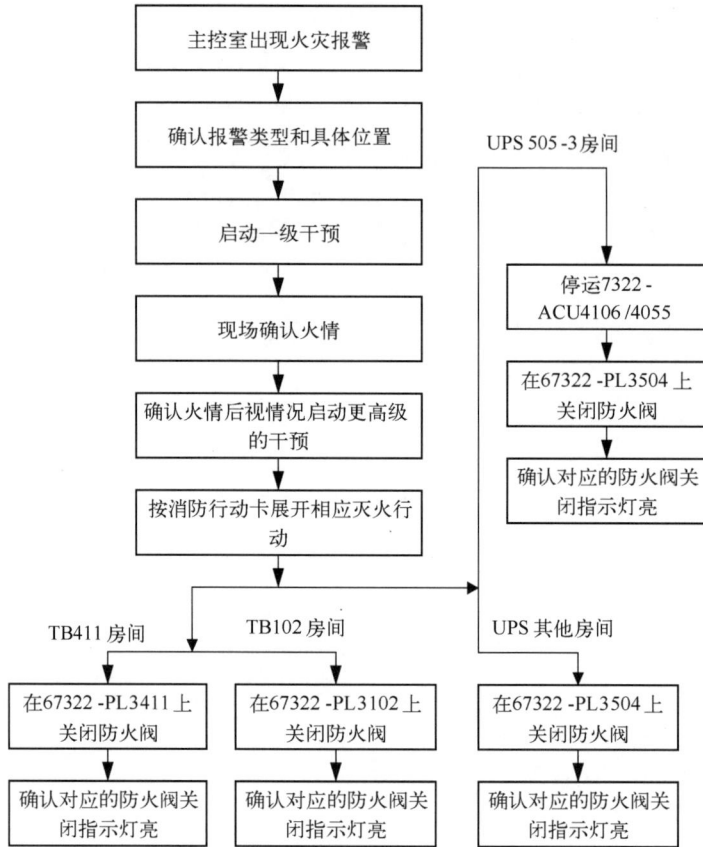

图 1-5-2   电气开关室发生火灾响应流程图

复习思考题

1. 简述 VESDA 解除隔离时的注意事项。

参考答案:

动火作业结束后将相应的探测器解除隔离。对于 VESDA,现场动火作业过程中很可能造成烟雾超过 VESDA 报警值,造成就地 VESDA 报警,即使动火结束烟雾消失,该就地报警也不会自动复位。因动火前已在主控将相应的 VESDA 隔离,就地的 VESDA 报警不会触发火灾报警。动火作业结束后先到现场复位 VESDA,再在主控解除对 VESDA 的隔离。否则,就地的 VESDA 报警就会触发火灾报警并导致相应区域的风机停运。

第二章　泵房公用系统
（71100）

内容介绍

课程名称：泵房公用系统
课程时间：2 学时

学员：现场操作员
学员条件：完成本系统的课堂部分培训

培训目标：

1. 系统设备的现场布置；
2. 掌握各参数测量点的现场位置和在系统流程中的位置；
3. 熟练掌握现场巡检内容，正常参数、报警值、异常和故障识别技巧和技能；
4. 系统上操作和巡检存在的一些安全提示和危害，风险警示、运行实践；
5. 正常、应急时的操作和异常的现场响应。

教学方式及教学用具：

培训方式：岗位培训

教员需要：

a. 流程图：9801-71100-1-1-OF-A1；9801-71310-1-1-OF-A1；9802-71100-1-1-OF-A1；9802-71310-1-1-OF-A1；

b. 白板等。

考核方法：现场考核（实际操作和模拟相结合）、口试

2.1　系统设备

2.1.1　总体描述

泵房公用系统的主要功能是在任何潮位下，向凝汽器循环水（CCW）泵和原水服务水（RSW）泵提供足量的过滤海水，防止垃圾、碎石和海生物等进入水泵内堵塞管系或者打坏

设备。

　　杭州湾的海水经过 4 条地下取水方涵进入泵房前池,然后进入 12 条尺寸、形状均一致的取水通道,每台机组 6 条。其中 4 条用于 CCW 泵取水,每条均为 50％ 容量,两条用于 RSW 泵取水,每条都为 100％ 容量。前池海水先后通过拦污栅、前池闸板、胸墙、旋转滤网等设施后进入相应的 CCW 或 RSW 水泵取水池,为海水系统提供足量的经过滤的海水(如图 2-1-1,图 2-1-2 所示)。

　　具体布置请参照:98-23040-4001-GA-E。

　　另外系统还包括一个泥沙控制系统,以防止备用 RSW 泵的吸入口被海水沉积的泥沙淤死。

2.1.2　与系统功能有关的主要设备

2.1.2.1　拦污栅

　　每台机组都有 6 个垂直拦污栅(7110-RK4001,RK4002,RK4003,RK4004,RK4005 和 RK4006),安装在每个取水通道入口用于捕获大的杂质和垃圾。拦污栅高 11 m,底部厂房标高为 EL77 m,栅栏之间的距离为 100 mm。拦污栅通过地脚螺栓安装在取水渠的四周。拦污栅表面涂有环氧树脂以防止腐蚀,另外拦污栅和相应的部分还采用阴极保护系统进行保护。

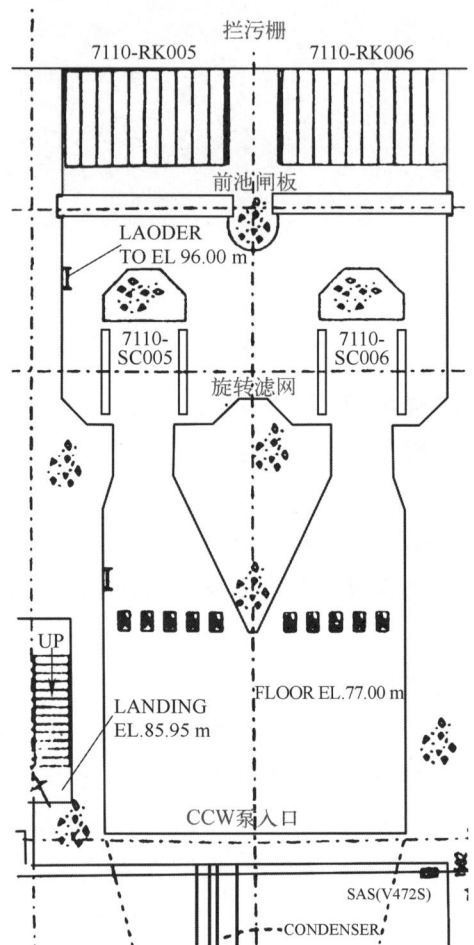

图 2-1-1　CCW 取水口简图

　　为了清除聚积在拦污栅上的杂质和垃圾,系统中原本设计有一台两个机组共用的垃圾耙斗 1-7110-TRK4001。但是由于海水中大型杂质较少,垃圾耙斗从未投入使用,长期闲置导致锈蚀老化严重,维护费用很高。根据相应的永久变更已将该设备取消。

2.1.2.2　叠梁闸

　　为了便于隔离检修,系统在 RSW 泵的取水通道拦污栅后、CCW 泵的取水通道拦污栅后和各台 RSW 泵入口之间设置有叠梁闸。

　　RSW 泵的取水通道入口:7110-STL4001 和 STL4002;

　　CCW 泵的取水通道入口:7110-STL4003,STL4004,STL4005,STL4006;以上 6 个叠梁闸又称为前池闸板。

　　各台 RSW 泵入口:7110-STL4007,STL4008,STL4009,STL4010;又称之为小闸板。

　　叠梁闸的材料为钢筋混凝土,厚度为 0.5 m。叠梁闸的边角材质为钢、中间为钢筋混凝土,以防止搬运或投运过程中受到损坏,其底部和四周镶上一层氯丁橡胶以加强密封。叠梁闸在取水通道的垂直方向沿着钢导轨插入,闸板本身还配备有一套液压装置,可以保证闸板与轨道之间有足够的压力保证密封。

取水涵管

前池
FLOOR EL.77.00 m

TRASH RACK
CTYP.[2]

7110-RK001　　7110-RK002

拦污栅

前池闸板

LAODER
TO EL.96.00 m

LADDER
TO EL.96.00 m

胸墙

7110-
SC001

7110-
SC002

旋转滤网

LADDER
TO EL.96.00 m

FLOOR EL.77.00 m

4 700　　2 350　2 350　　4 700

小闸板

No.10
SU-4010
77.00

RSW泵入口

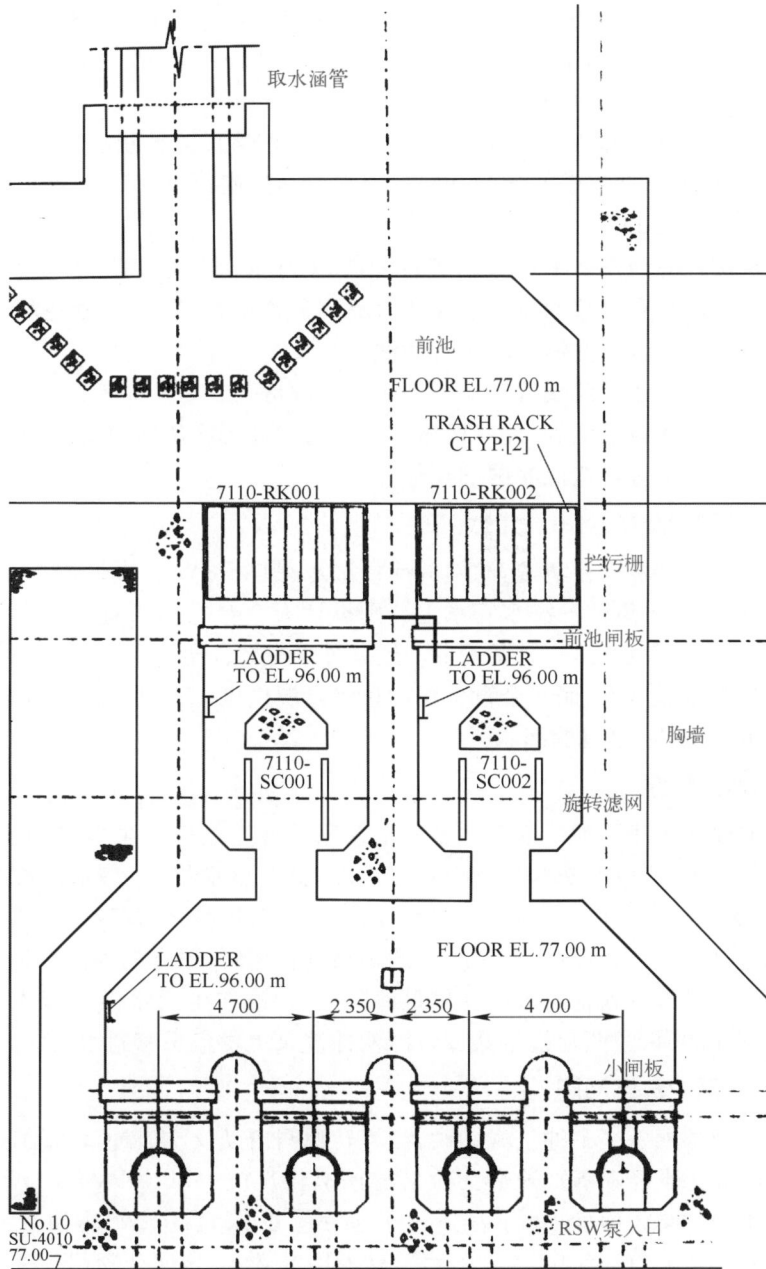

图 2-1-2　RSW 取水口简图

2.1.2.3　旋转滤网

　　为了捕获海水中通过拦污栅的小杂质和海生物,系统设置有双流式旋转滤网。滤网由一台电机经减速箱驱动。滤网由不锈钢制成。

　　每台机组均配备了 6 台双流链条式旋转滤网:7110-SC4001,SC4002,SC4003,SC4004,SC4005,SC4006。其中,1,2 号旋转滤网对应 4 台 RSW 泵,而 3,4 和 5,6 号旋转滤网则分别对应 1 号和 2 号 CCW 泵。

6台旋转滤网分为奇通道旋转滤网(7110-SC4001/4003/4005)和偶通道旋转滤网(7110-SC4002/4004/4006)两组,分别由67110-PL4043和67110-PL4044控制。

旋转滤网有自动和手动两种运行方式。

当6台旋转滤网投入自动方式运行后,6台旋转滤网将按照控制盘67110-PL4043/4044内定时器的设定,按时自动启动并运转冲洗。每台旋转滤网每隔6 h启动并冲洗一次(即每天启动4次),每次45 min。

如果有多台旋转滤网需要手动启动进行冲洗,对于奇通道(1,3,5号)或偶通道(2,4,6号)滤网,为保证冲洗水有足够的压力以保持对滤网网面的冲刷力,控制逻辑上只允许一个(奇或偶)通道最多有两台的滤网同时进行冲洗。

运行人员巡检时需注意观察旋转滤网的运转冲洗情况。堵塞或者损坏的喷嘴会造成滤网网面的部分区域无法被反洗到,这些区域上的杂物垃圾无法从网面上被冲洗清除,由此引起的滤网前后的高水位差将造成滤网的损坏。

2.1.2.4　旋转滤网冲洗泵

旋转滤网由高压喷淋进行清洗,滤网的反冲洗水来自RSW二次滤网后,为使其有足够高的速度和流量,两台机组的冲洗水管系上分别设计有3台并列布置的同型号滤网冲洗泵用来增压,其中两台正常运行,一台备用。3台滤网冲洗泵、1号和2号滤网以及它们的逻辑控制回路都是Ⅲ级电源供电,而其余设备均为Ⅳ级电源供电。一旦失去Ⅳ级电源,仍可以保证系统继续正常为RSW泵过滤海水。

2.1.2.5　密封水升压泵

海水泵房前池旋转滤网冲洗水泵的密封水在原设计上是来自泵本身的出口(海水),由于海水含泥沙量较大,所以冲洗水泵盘根频繁损坏,盘根甩水量大,海水沿着泵轴进入轴承室,需经常更换润滑油和冲洗水泵轴承。为了改善冲洗泵这种运行状况,对盘根密封水供水管线进行了改造:用生活水对滤网冲洗水泵的盘根进行密封,原有的冲洗泵密封水管线作为备用密封水源。同时考虑到密封水需提供足够的压力,故在生活水供给管线上安装一台管道升压泵2-7110-P8001,为两台机组共6台滤网冲洗泵提供盘根密封水。

2.1.2.6　旋转滤网冲洗气动阀

每台旋转滤网都配备一个冲洗气动阀,当旋转滤网启动反洗时冲洗气动阀自动开启,从滤网冲洗泵来的高压水经喷嘴加速后为旋转滤网提供反洗。7110-PV4101,PV4102控制1号、2号滤网冲洗水,这两个阀门为失效开类型,以保证RSW热阱。7110-PV4103,PV4104,PV4105,PV4106控制3,4,5,6号旋转滤网冲洗水,这四个阀门为失效关类型。

2.1.2.7　泥沙控制子系统

机组正常运行期间,四台RSW泵最多有三台同时连续运行。因此两台机组各自配备一套泥沙控制子系统,以防止备用RSW泵的吸入口被海水沉积的泥沙淤死。泥沙控制系统的喷淋水来自RSW二次滤网之后,这些水经喷嘴喷射到那些泥沙容易沉积的区域,高速喷出的水使泥沙重新漂浮起来,然后被水流带走而不至于沉积。6个泥沙控制气动阀7110-PV4115,PV4116,V4107,V4108,V4109,V4110用于RSW泵入口不同区域的喷淋控制。7110-PV4100用于旋转滤网排水沟道的冲洗,但滤网自身反洗排放的水量已经很大,足够保证排水渠的冲洗效果,且此阀打开后水量很大,常造成2号机组侧的排水渠满溢,所以7110-

PV4100 自调试以来从未投用过;因此目前运行规程中没有投运 7110-PV4100 的操作。

在 CCW 泵的前池没有设置喷射器系统,这是因为其中的水具有足够大的流速可以使 CCW 系统运行时泥沙处于悬浮状态。但如果一台或者两台 CCW 泵长时间处于停运状态,这时就需要装上叠梁闸。这可以防止泥沙淤积在不流通的区域。

2.1.3 现场布置

本系统的主要设备:两台机组共 12 台旋转滤网及其驱动装置,12 个旋转滤网冲洗气动阀,6 台旋转滤网冲洗泵,1 台密封水增压泵,4 个旋转滤网控制盘台均位于 EL96.00 m 的泵房前池平台。两台机组的淤泥控制盘台 67110-PL4006 和泥沙控制气动阀 7110-PV4115,PV4116,V4107,V4108,V4109,V4110 分别位于 1 号和 2 号机组的 RSW 泵房间 EL79.2 m,7110-PV4100 则位于 EL96.00 m 的泵房前池平台。

2.1.4 系统接口

泵房公用系统将过滤后的海水提供给两台机组的 4 台 CCW 泵和 8 台 RSW 泵,用于两台机组的凝汽器和设备冷却水(RCW)热交换器,经两台机组共用的排水口排入大海。

1 号机组用于旋转滤网反洗和淤泥控制的冲洗水来自于 RSW 系统二次滤网 1-7131-STR8003 之后,2 号机组用于旋转滤网反洗和淤泥控制的冲洗水来自于 2-7131-STR8001 之后,冲洗后的海水均流入泵房前池。

为滤网冲洗泵提供密封水的生活水则来自生活水系统。

2.1.5 就地盘台

2.1.5.1 旋转滤网与滤网冲洗泵控制盘

67110-PL4043 用于奇通道旋转滤网(7110-SC4001/4003/4005)和奇通道滤网冲洗泵的控制,67110-PL4044 用于偶通道旋转滤网(7110-SC 4002/4004/4006)和偶通道滤网冲洗泵控制。

滤网控制盘面(如图 2-1-3 所示)功能介绍:

CONTROL POWER ON:控制电源指示灯。

E—STOP:紧急停运按钮,应急情况时按下此按钮可紧急停运滤网。也可以在该按钮上锁作为检修安全措施。

运行模式操作手柄:此操作手柄有"HAND"(手动)、"OFF"(停运)、"AUTO"(自动)三种运行模式选择。

SCREEN RUNNING:旋转滤网运行指示灯,运行时红灯亮。

START:手动启动按钮,当运行模式操作手柄在"HAND"位置时用于启动旋转滤网。

STOP:手动停止按钮,当运行模式操作手柄在"HAND"位置时用于停运旋转滤网。

FORWARD JOG:正向点动按钮,当运行模式操作手柄在"HAND"位置时用于点动旋转滤网,一般用于配合维修人员对滤网转动部件加油或者滤网故障后点动以便人工清理网面上的垃圾。

REVERSE JOG:反向点动按钮,当运行模式操作手柄在"HAND"位置时用于点动旋转滤网,一般用于配合维修人员对滤网转动部件加油或者滤网故障后点动以便人工清理网面

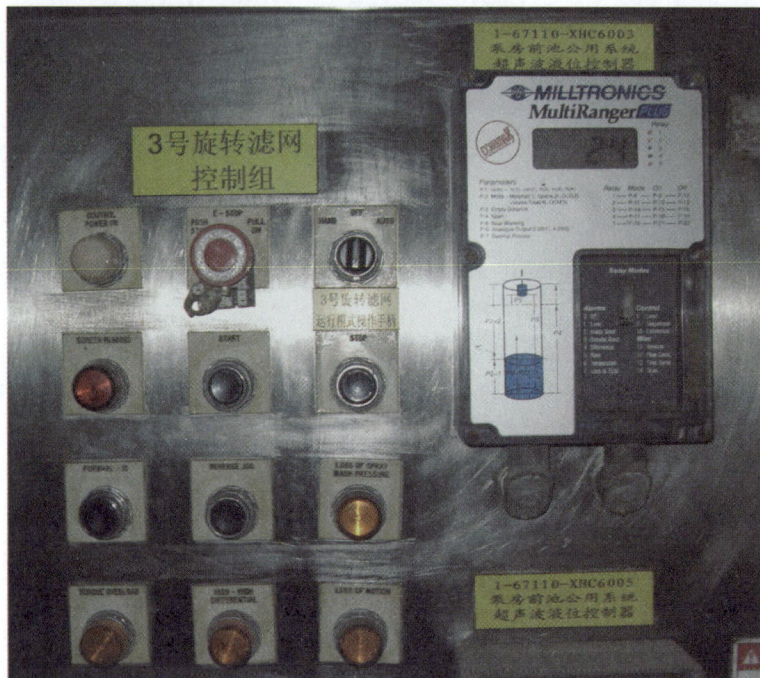

图 2-1-3　旋转滤网控制盘

上的垃圾。

LOSS OF SPRAY WASH PRESSURE:滤网冲洗水低压力报警指示灯,此灯亮时滤网将自动停运,就地控制盘上报警喇叭鸣笛,主控出现 TRAVELLING WTR SCRNS TROUBLE 报警。此时应将运行模式操作手柄置于"OFF"。产生此报警的可能原因有:① 滤网冲洗水气动隔离阀因故障而打不开或不能全开;② 滤网冲洗水手动隔离阀被误关;③ 滤网冲洗泵故障导致泵出口压力低(正常要求大于 350 kPa);④ RSW 系统母管压力低;⑤ 滤网冲洗水入口压力开关故障。

TORQUE OVERLOAD:旋转滤网过扭矩报警指示灯,此灯亮时滤网将自动停运,就地控制盘上报警喇叭鸣笛,主控出现 TRAVELLING WTR SCRNS TROUBLE 报警。此时应将运行模式操作手柄置于"OFF"。产生此报警的可能原因有:① 旋转滤网的链条被异物卡涩;② 旋转滤网的底部链条被淤泥埋住。可试图点动旋转滤网后消除故障,若故障依旧则发 WR 后联系维修处理。

HIGH-HIGH DIFFERENTIAL:旋转滤网高高压差报警指示灯,此灯亮时就地控制盘上报警喇叭鸣笛,主控出现 TRVG SCN DIFF LVL HIHI 报警。产生此报警的可能原因有:① 旋转滤网网面上垃圾杂物太多;② 旋转滤网对应的超声波液位计故障。此时应先检查报警的旋转滤网对应的超声波液位计液晶屏上显示的滤网前后水位差值是否大于30 cm,同时以手动模式启动报警的旋转滤网进行连续运转冲洗,观察滤网压差是否有下降趋势。若冲洗无效则可能是超声波液位计故障,发 WR 联系维修人员处理。

LOSS OF MOTION:失去转动报警指示灯,此灯亮时滤网将自动停运,就地控制盘上报警喇叭鸣笛,主控出现 TRAVELLING WTR SCRNS TROUBLE 报警。此时应将运行模式操作手柄置于"OFF"。产生此报警的可能原因有：① 旋转滤网由于电机失电或故障没转动；② 旋转滤网转速开关故障。所以应先检查 MCC 供电开关或旋转滤网控制盘柜内部 CB 开关是否跳闸，如果电源开关状态正常，则尝试正向点动旋转滤网，如果发现滤网转动正常，则判定其转速开关故障，发 WR 联系维修人员处理。

RESET：复位按钮，用于控制盘台报警消除后的复位。

SILENCE：消音按钮，用于控制盘台出现报警后停止报警喇叭鸣笛。

超声波液位计的使用：超声波液位计(67110-XHC6001/6002/6003/6004/6005/6006)(如图 2-1-4 所示)上默认显示为滤网前后水位差(单位：厘米)。现场可以使用专用的磁吸式红外线编程器放置在超声波液位计上的卡槽内(如图 2-1-5 所示)，然后按编程器上的"1"键，超声波液位计的液晶屏上显示出的数字为滤网前海水深度；按"2"键，显示出的数字为滤网后的海水深度；再按"＊"键，又回到显示滤网前后的水位差。超声波液位计的计量单位为厘米，滤网前、后相应的海水水位标高＝(海水深度/100)+77 m。

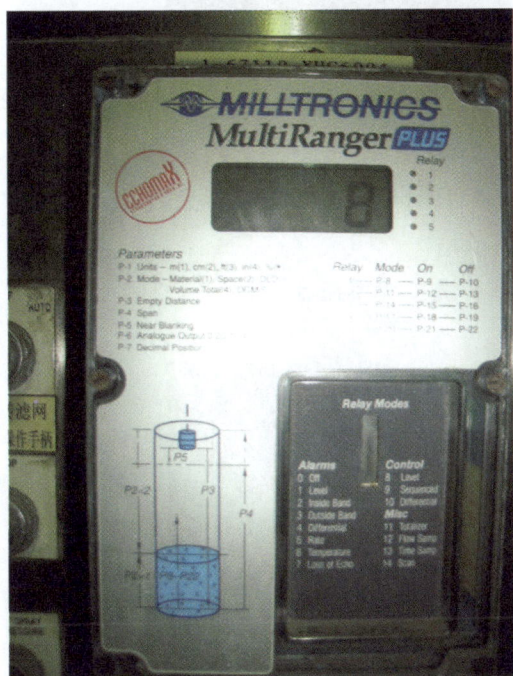

图 2-1-4 超声波液位计

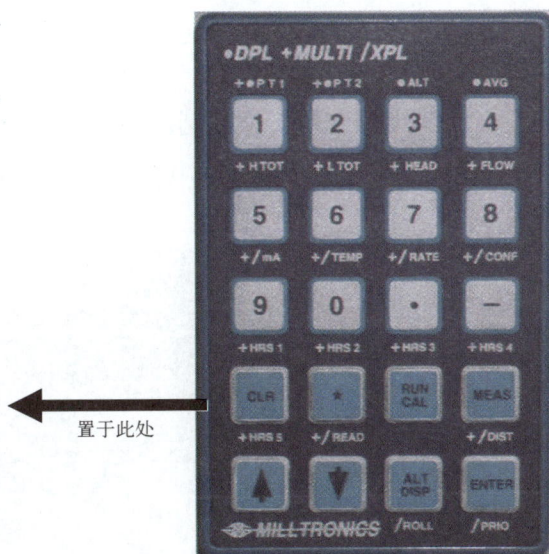

图 2-1-5 磁吸式红外线编程器

滤网冲洗泵控制盘面(如图 2-1-6 所示)功能介绍：

CONTROL POWER ON：控制电源指示灯。

E—STOP：紧急停运按钮，应急情况时按下此按钮可紧急停运滤网冲洗泵。也可以在该按钮上安装锁具用于检修安措。

运行模式操作手柄：此操作手柄用于"HAND"(手动)、"OFF"(停运)、"AUTO"(自动)三种运行模式选择。

START：手动启动按钮，当运行模式操作手柄在"HAND"位置时用于启动滤网冲洗泵。

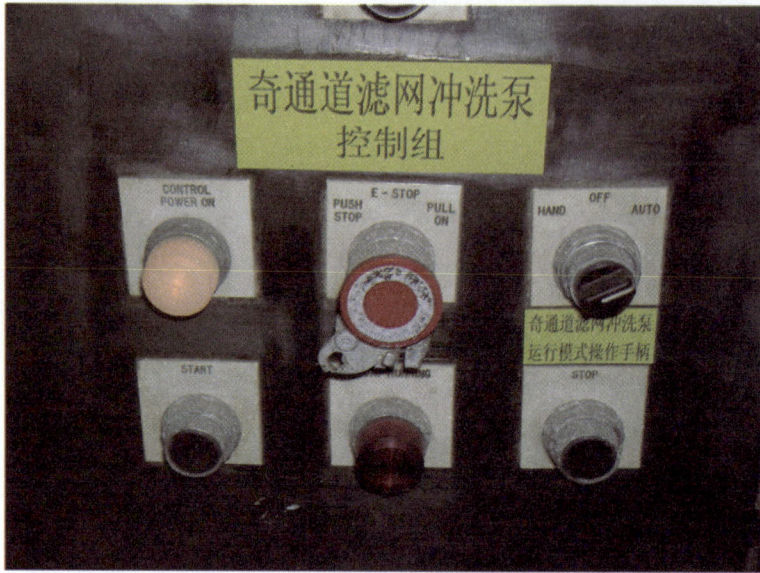

图 2-1-6　滤网冲洗泵控制盘

STOP：手动停止按钮，当运行模式操作手柄在"HAND"位置时用于停运滤网冲洗泵。
PUMP RUNNING：滤网冲洗泵运行指示灯，运行时红灯亮。

2.1.5.2　滤网冲洗泵切换控制盘

滤网冲洗切换控制盘 67110-PL4254 用于滤网冲洗泵切换控制，如图 2-1-7 所示。

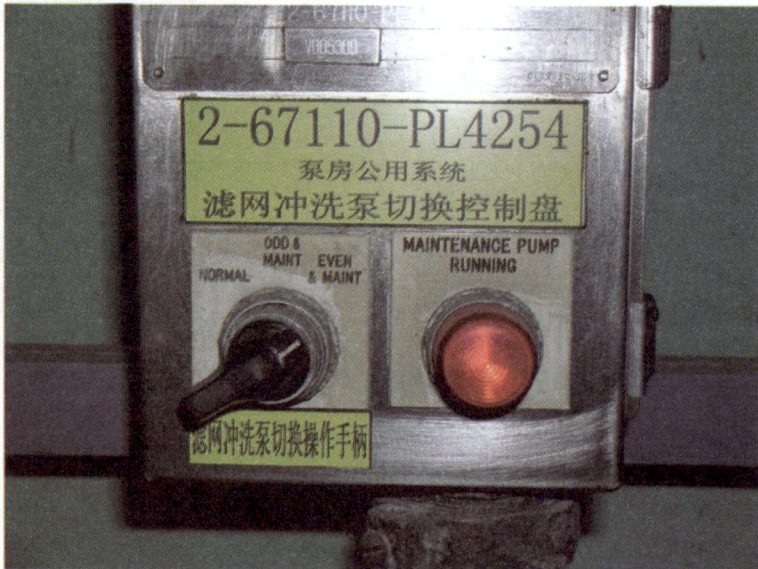

图 2-1-7　滤网冲洗泵切换控制盘

三台滤网冲洗泵(7110-P4001/4002/4004)中，奇通道滤网冲洗泵向奇通道旋转滤网供应冲洗水,偶通道滤网冲洗泵向偶通道旋转滤网供应冲洗水。其中4号滤网冲洗泵没有独立的控制回路,它通过67110-PL4254上的切换操作,与1号或2号滤网冲洗泵共享奇通道或者偶通道滤网冲洗泵的控制回路。也就是说,投运奇、偶两个通道的滤网冲洗泵根据67110-PL4254上手柄位置不同而表现为以下三种双泵运行方式:

NORMAL:P4001和P4002分别为奇偶通道滤网提供冲洗水,P4004备用或检修。

EVEN & MAINT:P4002和P4004分别为奇偶通道滤网提供冲洗水,P4001备用或检修。

ODD & MAINT:P4001和P4004分别为奇偶通道滤网提供冲洗水,P4002备用或检修。

2.1.5.3 淤泥控制盘

淤泥控制盘67110-PL4006,如图2-1-8所示。

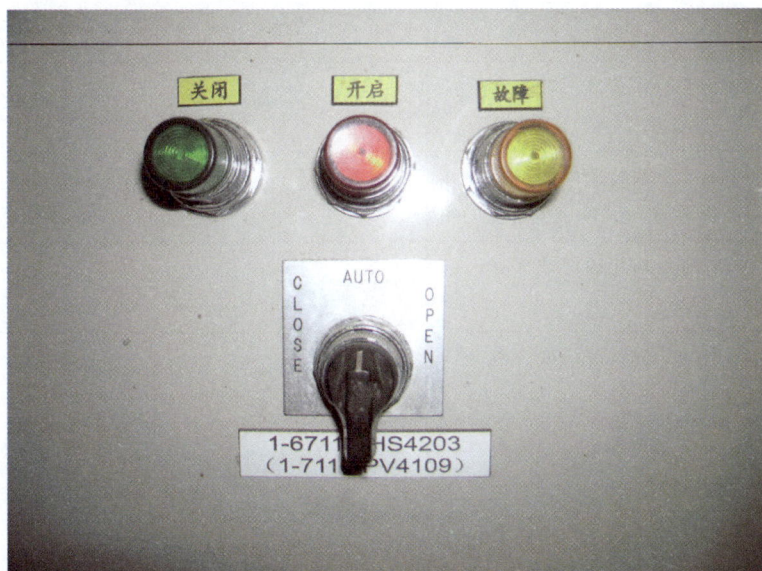

图2-1-8 淤泥控制盘

用于控制7个冲淤气动阀,每个气动阀的控制手柄有"CLOSE"、"AUTO"、"OPEN"三个位置。当手柄在"AUTO"位置时投入自动运行,系统自动每隔8小时冲洗一次。当RSW取水口冲淤子系统自动冲淤不可用时,可根据需要将控制手柄置于"OPEN"位置手动打开一只RSW取水口冲淤气动阀,利用RSW海水对相应的区域进行反冲。但值得注意的是:当手动操作冲淤气动阀进行冲洗时,冲淤阀与旋转滤网冲洗的控制逻辑连锁关系被旁路。即滤网启动冲洗不再强制关闭冲淤气动阀,为避免两者同时冲洗导致出现冲洗水低压力报警,因此建议在两台旋转滤网冲洗的间隙(15分钟)内进行手动冲洗。如果冲淤工作优先于滤网冲洗,则建议在冲淤期间停运受影响的旋转滤网。

手柄正上方的红灯表示冲淤气动阀处于开启状态。

手柄上方的绿灯(靠左边)表示冲淤气动阀处于关闭状态。

手柄上方的黄灯(靠右边)表示冲淤气动阀处于故障状态。

红绿黄三盏指示灯均可以通过按下灯罩的方式进行灯试,即在控制盘有电的情况下,按下灯罩时指示灯应该点亮,否则灯泡可能损坏应发 WR 处理。

2.2 系统参数

系统参数详见表 2-2-1 所示。

表 2-2-1　系统参数列表

序　号	AI/CI 号	参数名称	仪表号	正常工作范围	设定值	单　位
1	N/A	滤网冲洗泵入口压力	67110-PI4305	大于 0	N/A	kPa
2	N/A	滤网冲洗泵出口压力	67110-PI4306	大于 350	N/A	kPa
3	N/A	密封水增压泵出口压力	2-67110-PI8000	大于 0.6	N/A	MPa
4	CI-1105	1 号旋转滤网冲洗水入口压力	67110-PS4331	大于 280	280	kPa
5	CI-1105	2 号旋转滤网冲洗水入口压力	67110-PS4332	大于 280	280	kPa
6	CI-1105	3 号旋转滤网冲洗水入口压力	67110-PS4333	大于 280	280	kPa
7	CI-1105	4 号旋转滤网冲洗水入口压力	67110-PS4334	大于 280	280	kPa
8	CI-1105	5 号旋转滤网冲洗水入口压力	67110-PS4335	大于 280	280	kPa
9	CI-1105	6 号旋转滤网冲洗水入口压力	67110-PS4336	大于 280	280	kPa
10	CI-1873	旋转滤网前后水位差高-高报警	67110-XHC6001/ 67110-XHC6002/ 67110-XHC6003/ 67110-XHC6004/ 67110-XHC6005/ 67110-XHC6006	小于 30	30	cm
11	CI-1874	RSW 泵取水前池水位极低报警	67110-XHC6001	高于 83.5	83.5	m
12	AI-246	泵房前池水位低报警	67110-XHC6002	高于 84.5	84.5	m

2.3　风险警示和运行实践

2.3.1　滑倒

泵房的所有区域的工作表面都可能存在由于泄漏、凝结等方式形成的积水。在此区域工作,必须注意人员滑倒风险。

2.3.2　坠落

当设备或者构筑物的人孔因为工作需要而打开时,开孔区域应该用围绳或围栏隔离开。防止作业人员坠入泵房前池。

2.3.3　溺水

正常运行期间泵房前池内水位为 8～10 m,如跌落会有溺水风险。因此尽量不要靠近泵房前池的护栏。

2.3.4　海水倒灌厂房

由于秦山地区海水中含泥沙量较大,这些管道内的保护涂层很容易被海水冲刷脱落,特别是在管道接口的焊缝区域。这样一来,碳钢管道就会直接暴露在海水中,从而不可避免地遭受海水腐蚀。目前现场两个机组的淤泥冲沙部分管道已经出现较为严重的壁厚减薄,部分三通也曾多次出现了严重的腐蚀穿孔。当海水管道发生破裂时有可能导致严重的海水倒灌厂房事件,因此巡检时应特别关注管道漏水现象。

2.3.5　冲洗水低压力

当手动操作冲淤气动阀进行冲洗时,冲淤阀与旋转滤网冲洗的控制逻辑连锁关系被旁路。即滤网启动冲洗不再强制关闭冲淤气动阀,为避免两者同时冲洗导致出现冲洗水低压力报警,因此建议在两台旋转滤网冲洗的间隙(15 分钟)内进行手动冲洗。如果冲淤工作优先于滤网冲洗,则建议在冲淤期间停运受影响的旋转滤网。

当执行旋转滤网手动冲洗时只允许一个(奇或偶)通道最多有两台的滤网同时进行冲洗,否则会出现冲洗水低压力报警。

2.4　技　能

2.4.1　气动阀的手动自动切换

当旋转滤网冲洗水气动阀和淤泥控制气动阀自动(气动)操作不可用时,可以按如下操作将其切换到手动操作模式,以便于通过手轮进行操作。如图 2-4-1 和图 2-4-2 所示。

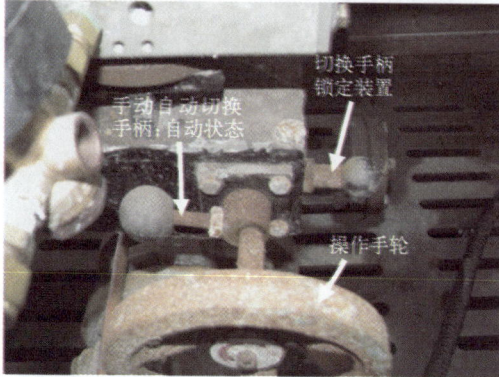

图 2-4-1   自动状态阀门示意图

图 2-4-2   手动状态阀门示意图

面对气动阀的操作手轮,当手动自动切换手柄指向水平方向时气动阀处于自动状态。拉出切换手柄锁定装置手柄的同时将手动自动切换手柄顺时针方向扳至竖直方向,然后松开切换手柄锁定装置手柄将自动锁定,此时可通过手轮手动开启或关闭气动阀。注意,当阀门在自动状态时请勿操作手轮,否则将损坏阀门零部件。图中所示为旋转滤网冲洗水气动阀,而淤泥控制气动阀的操作与此类似。

2.5   主要操作

2.5.1   系统停役、复役

2.5.1.1   投用滤网冲洗泵的密封水

可根据 98-7110-OM-001 中的 4.1.1 节投用滤网冲洗泵的密封水。

投用滤网冲洗泵的密封水前提条件有:

- 生活水系统工作正常,生活水压力大于 420 kPa。
- 2-5434-MCC9 可用。

投用滤网冲洗泵密封水的简要流程如图 2-5-1 所示。

2.5.1.2   旋转滤网和滤网冲洗泵投自动

根据 98-7110-OM-001 中的 4.1.1 节将旋转滤网和滤网冲洗泵投入自动运行。

前提条件有:

- 至少有两台滤网冲洗泵可用。
- RSW 系统已经投运,且 RSW 泵出口母管压力高于 168 kPa。
- 67110-PL4043 和 67110-PL4044 上没有报警。
- 5433-MCC27,MCC28;5434-MCC9,MCC10 可用。

旋转滤网和滤网冲洗泵投入自动运行的简要流程如图 2-5-2 所示。

2.5.1.3   RSW 泵取水口冲淤子系统投自动

可根据 98-7110-OM-001 中的 4.1.3 节将 RSW 泵取水口冲淤子系统投入自动运行,系统自动每隔 8 小时冲洗一次。根据运行手册要求,只需要在仪用压空和电源可用的情况下,

打开滤网冲洗泵密封水供水总阀1-7110 -V8000

↓

对生活水管线进行放气：
- 打开两台机组前池区域清洁用水二次隔离阀1-7110-V8015
  和2-7110 -V8015
- 直至有连续的水流流出后关闭

↓

确认密封水增压泵出口压力大于0.4 MPa

↓

启动密封水增压泵2-7110-P8001

↓

确认密封水增压泵运转正常：
- 运转无异音、泵体无明显振动、机械密封处无漏水

↓

将滤网冲洗泵的密填封水从海水自密封切换到生活水密封

↓

确认滤网冲洗泵盘根密封处有持续稳定的滴水，且滴水为
清澈的生活水

↓

确认密封水增压泵出口压力大于0.6 MPa

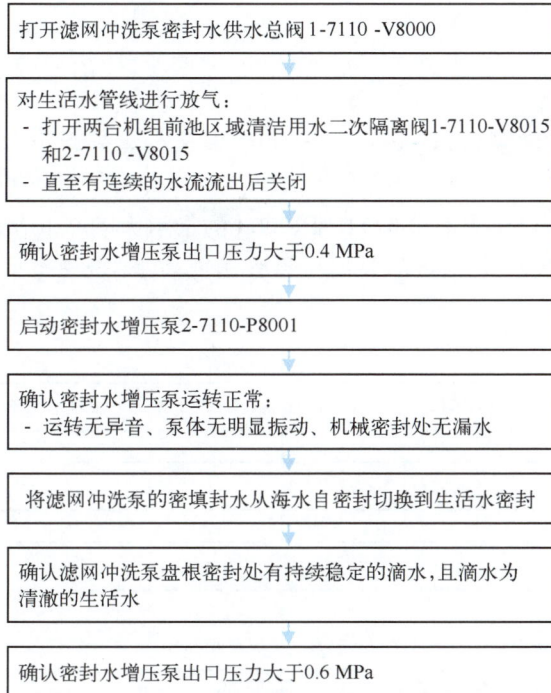

图 2-5-1　投用滤网冲洗泵的密封水简要流程图

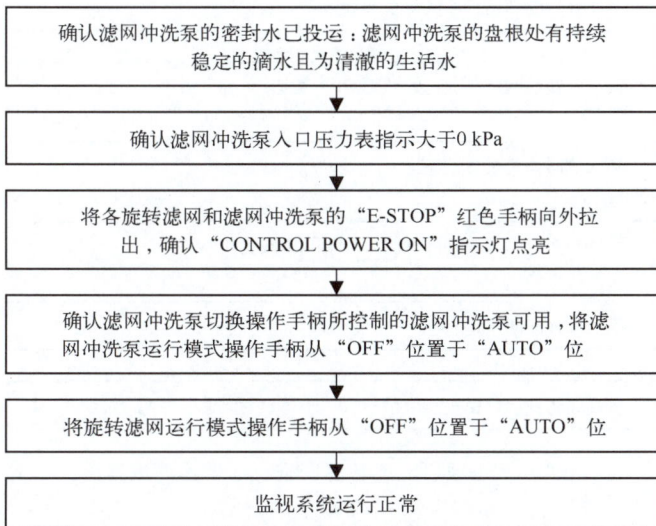

确认滤网冲洗泵的密封水已投运：滤网冲洗泵的盘根处有持续
稳定的滴水且为清澈的生活水

↓

确认滤网冲洗泵入口压力表指示大于0 kPa

↓

将各旋转滤网和滤网冲洗泵的"E-STOP"红色手柄向外拉
出，确认"CONTROL POWER ON"指示灯点亮

↓

确认滤网冲洗泵切换操作手柄所控制的滤网冲洗泵可用，将滤
网冲洗泵运行模式操作手柄从"OFF"位置于"AUTO"位

↓

将旋转滤网运行模式操作手柄从"OFF"位置于"AUTO"位

↓

监视系统运行正常

图 2-5-2　滤网冲洗泵投入自动流程图

打开旋转滤网冲洗水及 RSW 前池冲淤隔离总阀 7131-V4612，打开 RSW 前池冲淤隔离阀
7110-V4603，然后将冲淤气动阀的控制手柄从"CLOSE"位打到"AUTO"位。

2.5.1.4　手动启动旋转滤网进行运转冲洗

以启动 1 号旋转滤网为例：

前提条件：

- 3号、5号旋转滤网（7110-SC4003，SC4005）中最多有一台正在进行自动或手动模式下的运转冲洗。
- 1号、4号滤网冲洗泵（7110-P4001，P4004）中至少有一台可以作为奇通道滤网冲洗泵投入自动运行。
- 密封水增压泵出口压力表 2-67110-PI8000 的指示大于 0.6 MPa。
- RSW 系统已经投运，且 RSW 泵出口母管压力高于 168 kPa。

步骤如图 2-5-3 所示：

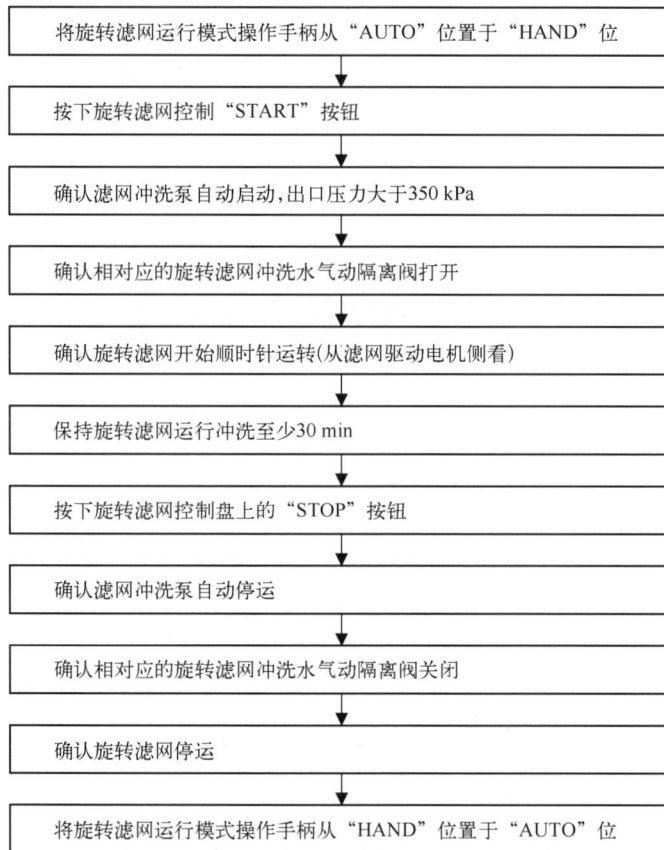

```
┌─────────────────────────────────────────────┐
│  将旋转滤网运行模式操作手柄从"AUTO"位置于"HAND"位  │
└─────────────────────────────────────────────┘
                      │
┌─────────────────────────────────────────────┐
│  按下旋转滤网控制"START"按钮                       │
└─────────────────────────────────────────────┘
                      │
┌─────────────────────────────────────────────┐
│  确认滤网冲洗泵自动启动，出口压力大于350 kPa          │
└─────────────────────────────────────────────┘
                      │
┌─────────────────────────────────────────────┐
│  确认相对应的旋转滤网冲洗水气动隔离阀打开              │
└─────────────────────────────────────────────┘
                      │
┌─────────────────────────────────────────────┐
│  确认旋转滤网开始顺时针运转(从滤网驱动电机侧看)        │
└─────────────────────────────────────────────┘
                      │
┌─────────────────────────────────────────────┐
│  保持旋转滤网运行冲洗至少30 min                    │
└─────────────────────────────────────────────┘
                      │
┌─────────────────────────────────────────────┐
│  按下旋转滤网控制盘上的"STOP"按钮                  │
└─────────────────────────────────────────────┘
                      │
┌─────────────────────────────────────────────┐
│  确认滤网冲洗泵自动停运                           │
└─────────────────────────────────────────────┘
                      │
┌─────────────────────────────────────────────┐
│  确认相对应的旋转滤网冲洗水气动隔离阀关闭              │
└─────────────────────────────────────────────┘
                      │
┌─────────────────────────────────────────────┐
│  确认旋转滤网停运                                │
└─────────────────────────────────────────────┘
                      │
┌─────────────────────────────────────────────┐
│  将旋转滤网运行模式操作手柄从"HAND"位置于"AUTO"位   │
└─────────────────────────────────────────────┘
```

图 2-5-3　手动启动旋转滤网进行运转冲洗流程图

2.5.2　设备切换

2.5.2.1　切换滤网冲洗泵

步骤如图 2-5-4 所示。

2.5.2.2　切换滤网冲洗泵的密封水

在 3 台滤网冲洗泵的主密封水需要停役时（比如密封水增压泵 2-7110-P8001 因故障而

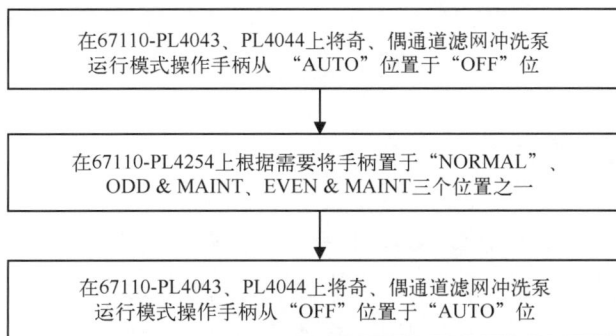

图 2-5-4　切换滤网冲洗泵

停运），需将其密封水切换为备用密封水，即利用各台滤网冲洗泵出口的海水进行自密封。可根据98-7110-OM-001 的 4.3.2.1 节将滤网冲洗泵的密封水由主密封水切换为备用密封水。

步骤如图 2-5-5 所示：

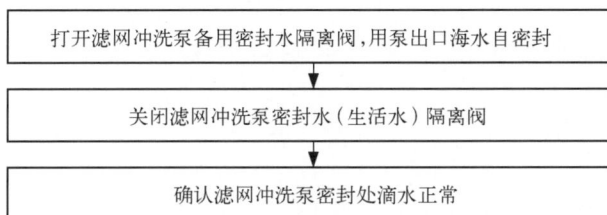

图 2-5-5　切换滤网冲洗泵的密封水步骤

将滤网冲洗泵的密封水由备用密封水切换为主密封水则步骤相反。

2.5.3　单设备停役、复役操作

2.5.3.1　停运旋转滤网

可根据 98-7110-OM-001 中的 4.4.1 节将旋转滤网停运。

停运方法为：将旋转滤网和滤网冲洗泵控制盘上的"旋转滤网运行模式操作手柄"从"AUTO"位置于"OFF"位。

注意：如果 RSW 泵运行，则必须保证 1 号、2 号旋转滤网中有一台可用。如果 3 号、4 号、5 号、6 号旋转滤网中任一台停运后不能点动且时间超过一天，则应停运相对应的 CCW 泵。如果停运的旋转滤网可以点动旋转的话，应安排定时正转点动旋转滤网并人工清理网面上的垃圾杂物。如果停运的旋转滤网因故障而无法点动，且预计停运时间超过 1 天，则建议落下前池闸板。

复习思考题

1. 停运旋转滤网应注意什么？

参考答案：

如果 RSW 泵运行，则必须保证 1 号、2 号旋转滤网中有一台可用。如果 3号、4 号、5 号、6 号旋转滤网中任一台停运后不能点动且时间超过一天，则应停运相对应的 CCW 泵。如果停运的旋转滤网可以点动旋转的话，应安排定时正转点动旋转滤网并人工清理网面上的垃圾杂物。如果停运的旋转滤网因故障而无法点动，且预计停运时间超过 1 天，则建议落下前池闸板。

2. 淤泥控制系统进行手动冲淤时应注意什么？

参考答案：

当手动操作冲淤气动阀进行冲洗时，冲淤阀与旋转滤网冲洗的控制逻辑连锁关系被旁路。即滤网启动冲洗不再强制关闭冲淤气动阀，为避免两者同时冲洗导致出现冲洗水低压力报警，因此建议在两台旋转滤网冲洗的间隙(15 分钟)内进行手动冲洗。如果冲淤工作优先于滤网冲洗，则建议在冲淤期间停运受影响的旋转滤网。

第三章 CCW 系统和 CCW 的抽气/充水系统 (71200/71240)

内容介绍

课程名称:凝汽器循环冷却水系统
课程时间:2 学时

学员:现场值班员
学员条件:完成本系统的课堂部分培训

培训目标:
1. 列出系统设备的现场布置;
2. 列出各参数测量点的现场位置和在系统流程中的位置;
3. 熟练掌握现场巡检内容;
4. 列出参数运行范围、报警值;
5. 陈述异常和故障的识别技巧和技能;
6. 陈述系统上操作和巡检存在的一些安全风险和运行实践;
7. 陈述正常、应急时的操作和异常的现场响应。

教学方式及教学用具:
培训方式:岗位培训
教员需要:
a.流程图;
b.白板等。

考核方法:现场考核(实际操作和模拟相结合)、口试

3.1 系统设备

3.1.1 设备清单和现场位置

1. 总体描述和系统功能

CCW 系统(见图 3-1-1):杭州湾的海水经过 4 条地下取水方涵进入泵房前池,然后进入 12 条尺寸、形状均一致的取水通道,每台机组 6 条,其中 4 条用于 CCW 泵取水,每台机组有 2 台 CCW 泵,每台有 2 条取水通道,每条均为 25% 容量;另外 2 条用于 RSW 系统取水,每条 50% 容量。前池海水先后通过拦污栅、前池闸板、胸墙、旋转滤网等设施后进入 CCW 泵,升压后送入地下水泥方涵管,再由二次滤网过滤,进入凝汽器,带走热量,同 RSW 系统的排水在排水口混合后排入杭州湾。

CCW 系统功能:CCW 系统为冷凝器提供足够流量、经过加氯处理的海水,以保证电站在额定运行工况时,汽轮机低压缸排汽口和冷凝器中维持在额定背压。

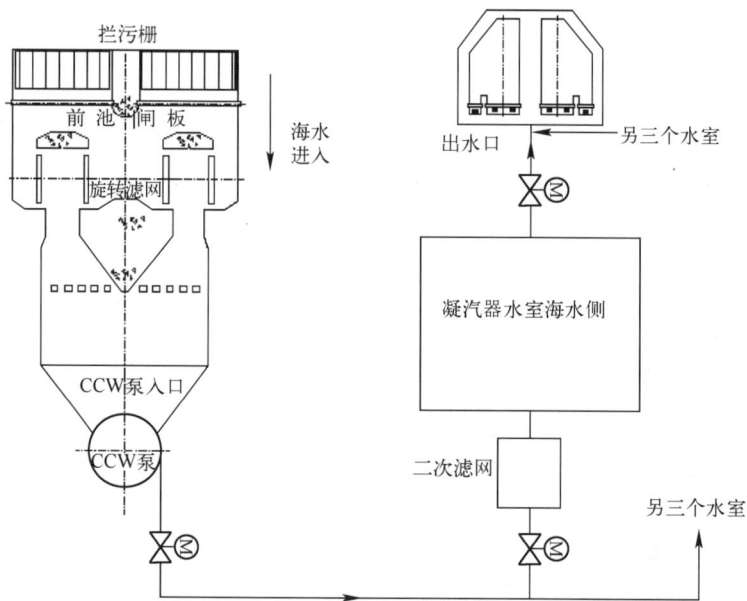

图 3-1-1 CCW 系统示意图

CCW 抽气/充水系统(见图 3-1-2):该系统包括两个真空充水单元,每个单元有一个真空泵、一个汽/水分离器、一个真空泵冷却器,以及相关的连接管道、阀门、仪表和控制器。冷凝器海水水室中的空气从出口水室顶部经过水分离器进入该系统。

CCW 抽气/充水系统功能:

- 电厂启动时,CCW 泵投入之前,抽出凝汽器海水水室和循环水管道中的空气,建立虹吸,使它们充满水。
- 电厂正常运行时,从凝汽器海水水室顶部抽出海水中分离出来的空气,维持真空,建

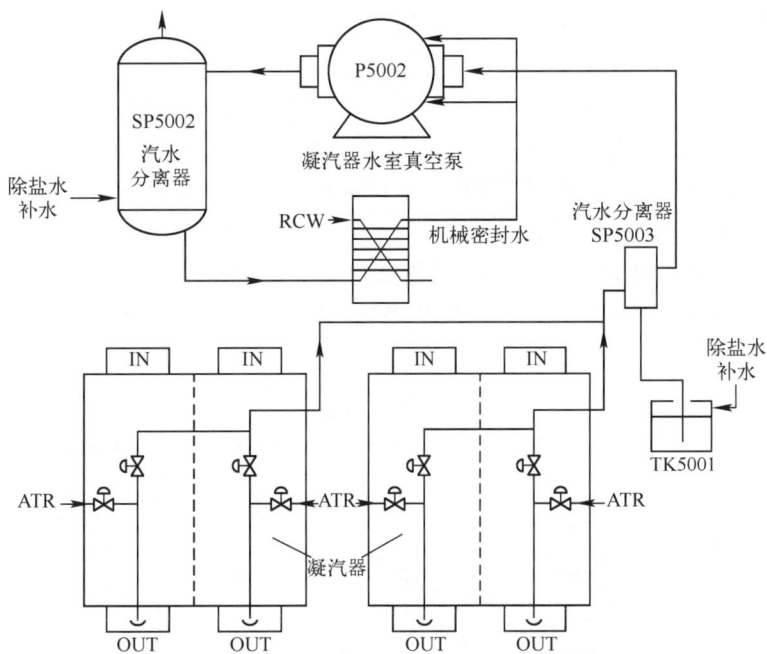

图 3-1-2　CCW 抽气/充水系统示意图

立虹吸,使凝汽器水室处于满水状态,确保所有凝汽器钛管中有海水流过,保证凝汽器的工作效率。

2. 设备清单

1) CCW 泵

每台机组设置了两台容量为 50% 的 CCW 泵,位于海水泵房内 CCW 泵为立式混流泵,设计流量为 18 069 L/s,设计压头为 12.7 m 水柱。CCW 泵电机额定功率 3 034 kW,由 4 级电源 6.3 kV 供电,额定转速 1 000 r/min,为防水型空气冷却电机,CCW 泵配备有一个中心齿轮减速箱,电机与其通过一根万向轴和一根空心轴相连,两个轴中间通过中间轴承连接。这种电机高位布置的目的是在泵房发生水淹事故时,减少电机被淹没的可能性。CCW 泵通过齿轮箱减速后的叶轮转速为 175 r/min。

2) 凝汽器

每台机组有两台凝汽器,每台凝汽器分为两列水室,每列水室有独立的进出口水室和电动隔离阀,可以对每列水室进行单独隔离,便于泄漏处理和维修。四列水室共有钛管 39 688 根,外径 25.4 mm,管壁厚 0.5 mm。管板为碳钢,海水侧有钛覆盖层。水室由碳钢制成,加以橡胶衬里。凝汽器海水侧设计压力为 345 kPa,高于系统瞬态压力。

3) CCW 泵出口电动蝶阀

每台 CCW 泵出口都有一个电动隔离阀,由 IV 级电源供电,有如下功能:

- CCW 泵启动时,泵出口隔离阀自动缓慢打开(61 s 内),防止水锤发生。
- 当运行的 CCW 泵停运时,其出口电动隔离阀自动关闭,防止 CCW 水从该泵回流,回流一方面引起 CCW 泵反转,另一方面进一步减少了凝汽器中 CCW 水流量。
- 维修 CCW 泵时,用以隔离 CCW 泵。

4) CCW 泵润滑油系统

每台 CCW 泵都设计有一套润滑油子系统(见图 3-1-3),系统内均包括主油箱、下轴承油箱、过滤器、热交换器、一台电动油泵和机械齿轮油泵组成,其功能是润滑和冷却减速齿轮箱的转动部件、齿轮油泵、中间轴承,以及泵的推力轴瓦和上、下导向轴瓦等。CCW 泵启动前,电动油泵保持运行,当 CCW 泵启动后,出口油压达到 4.8 bar(480 kPa),电动油泵自动停运,机械油泵保持运行,出口油压约为 2.1 bar(210 kPa)。当出口油压低于 1.6 bar(160 kPa)时,电动油泵自动启动。润滑油热交换器维持润滑油油温在 20~40℃,冷却水来自 RSW 泵出口,还有备用冷却水来自 CCW 泵出口。

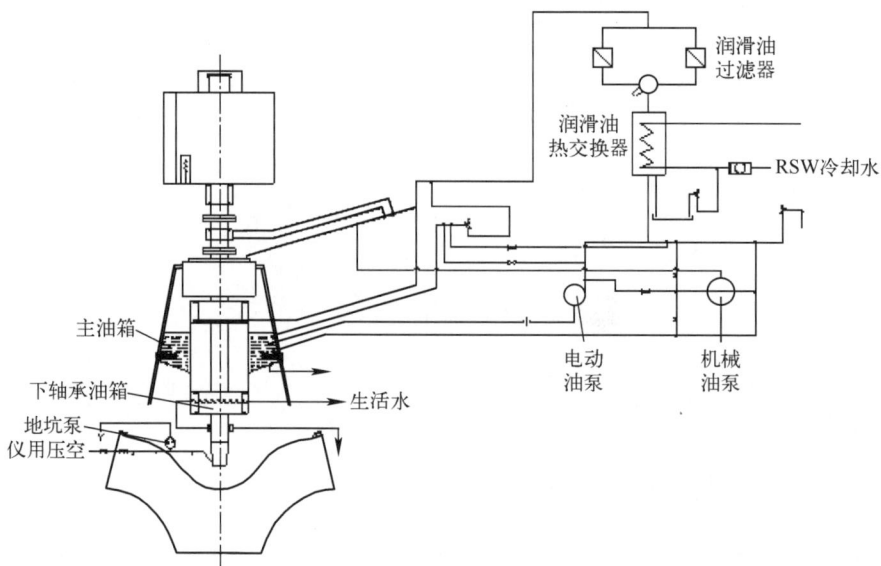

图 3-1-3　CCW 泵润滑油系统示意图

5) CCW 泵气囊

CCW 泵气囊由仪用压空供气,在 CCW 泵检修工况下,密封水隔离。泵停运后将 CCW 泵气囊充气投入运行,防止海水沿 CCW 泵密封漏至泵坑,造成海水进入泵房的事故。

6) 泵坑潜水泵

CCW 泵体上方设有一个潜水泵,防止海水沿泵轴承与泵体的间隙进入 CCW 泵坑,淹没泵坑内的润滑油系统设备,导致润滑油变质。

7) 凝汽器水室进/出口电动阀

每列凝汽器水室进/出口都装有电动隔离阀,用于独立地隔离各列凝汽器水室,便于检查和维修。

8) 凝汽器入口水室管道疏水泵

在凝汽器水室疏水原设计中,是通过海水的自身重力将海水直接排入地漏。但是通过实际运行操作发现,这种排水方式很慢,而且由于排水量较大、地漏不畅等原因,每次排水都导致排水大量外泄,地面大量积水。另外由于大量泥沙淤积到汽轮机厂房非放射性系统的地坑中,导致地坑潜水泵多次严重损坏。为加快低潮位时的排水速度,在凝汽器入口排水管道上设计了一台管道增压泵,将凝汽器水室排水直接排入附近的凝汽器水室入口侧涵管,然后通过某列进出口阀门开启的凝汽器排入大海。其控制盘台 67120-PL0402 位于管道泵旁,有启动、停止两个按钮。在排水过程中要连续监视疏水情况,当泵的出口压力表出现大幅波动时,应立即停泵,防止泵腔无水运行,造成叶轮的损坏。

9) 冷凝器水室真空泵

系统有两台水环密封式 100% 容量的真空泵。从海水分离出来的空气被吸入泵体,在此被压缩后和密封水一起排入气/水分离器。为了保护泵、避免泵的气蚀,在泵的吸入管线上设计一个空气导入释放阀,其在吸入管线的压力过低时打开,导入空气。

10) 真空泵出口气/水分离器

从真空泵排出的气体和密封水混合后进入气/水分离器,在此大部分空气排入大气,密封水则被收集起来。分离器作为真空泵密封水的水箱,向真空泵提供密封水,密封水首先经过密封水冷却器和流量测量开关后进入真空泵,密封水冷却器由 RCW 提供冷却。当分离器低水位时,除盐水通过自动补水阀向分离器补水。

11) 真空泵入口气水分离器和储存箱

因为真空泵的作用,不但空气被抽出而且还夹杂着海水被抽出凝汽器水室。为了防止这些水进入真空泵,在真空泵的吸入管线上设置了一个汽水分离器。从汽水分离器中分离出来的水经疏水管线流入储存箱收集起来。为了防止储存箱内的水倒流入水分离器,在低于水分离器 10 m 的地方给储存箱设置一条溢流管线。溢流管线和疏水管线与吸入管线的管径尺寸一样。

每条真空泵吸入管线上设置一个气动隔离阀(抽气阀)和一个真空破坏阀。当任何一列水室出现低液位时,真空泵启动抽气阀自动打开;在 CCW 泵突然停运时为了防止水锤发生,真空破坏阀会自动打开。

3.1.2　现场布置

1. 四台 CCW 泵的电机位于海水泵房地下一层(91 m),CCW 泵体及其出口电动阀位于地下二层(79.2 m),凝汽器入口电动阀位于 TB 底层 81.7 m(主凝结水泵区域),凝汽器出口电动阀位于 TB 底层 81.7 m(凝汽器气侧抽真空泵区域)。

2. 凝结器水室抽真空泵、汽水分离箱和水室抽真空系统的控制盘都位于汽轮机厂房最底层 81.7 m(靠近启动真空泵),水室抽真空系统的气动隔离阀和真空破坏阀位于汽轮机厂房 2 楼 94.7 m 发电机出口断路器附近。

3.1.3　系统接口

CCW 系统主要接口有:

RSW 系统(71310):一路是从 RSW 泵出口引出一根管道向 CCW 泵油冷器提供冷却水,另一路是从凝汽器入口集管引出一根管道与 1 号和 2 号 RCW 热交换器的 RSW 侧入口处相连,在 RSW 系统停运后,通过 CCW 向 1 号和 2 号 RCW 热交换器提供冷却水。

凝汽器管道清洗系统与二次滤网(42130):凝汽器管道清洗系统主要用于在线清洗凝汽器换热管(钛管),由于秦山地区海水泥沙含量高,钛管被泥沙冲刷得很干净,不需要利用胶球清洗,且每次运行之后收球效果不好,目前该系统已经停止使用。

生活水系统(71510):CCW 泵的盘根密封水,CCW 运行时,作为 CCW 泵的盘根密封水。

仪用压空系统(75120):CCW 泵气囊由仪用压空供气,在 CCW 泵检修工况下,密封水隔离。泵停运后将 CCW 泵气囊充气投入运行,防止海水沿 CCW 泵密封漏至泵坑。

CCW 抽气/充水系统主要接口有:

生活水系统(71510):

- 真空泵出口气/水分离器的补水水源:当分离器出现低水位时,密封水从生活水补给。
- 水室真空系统的储存箱(7124-TK5001)补水水源:为确保 7124-TK5001 水封的有效性,应补水至液位窥视镜最低水位刻度线以上。

RCW 系统(71340):为两台凝汽器水室抽真空泵的密封水冷却器提供循环冷却水。

3.1.4　就地盘台

凝汽器水室抽真空系统的控制盘 67124—PL4037(见图 3-1-4)位于 TB 底层 81.5 m 处,两台真空泵各自对应一个手柄,分别有三个位置"OFF/AUTO/ON",四个气动隔离阀和四个真空破坏阀,分别有三个位置"CLOSE/AUTO/OPEN",正常运行时,所有手柄都处于"AUTO"位置,当任何一列水室液位出现低液位报警时,对应的气动隔离阀就会打开,1 号水室抽真空泵自动启动,进行抽气。

当所有水室低液位报警消失后,水室抽真空系统自动停运。1 号水室抽真空泵始终处于先导模式,当 1 号水室抽真空泵故障时,2 号水室抽真空泵自动启动。在水室抽真空系统运行时,真空泵密封水流量

图 3-1-4　水室抽真空系统控制盘

低于 1.5 m³/h,就地控制盘报警指示灯亮,同时主控出现水室抽真空系统失效的报警。当 1 号水室抽真空泵连续运行 5 分钟后如果未满水,则发出"泵运行但液位不满"报警,延时 10 s 主控出现"水室不满水"的报警。

3.1.5　取样点

无相关取样点。

3.2　系统参数

系统参数详见表 3-2-1 所示。

表 3-2-1　系统参数表

	工艺参数名称	整定值名称	整定值	自动动作(联锁响应)
	润滑油压/bar	正常运行值	1.9～2.2	N/A
		低低油压	1.3	CCW 泵脱扣
		低油压	1.6	自启动电油泵
		电动油泵出口油压	4.8	电油泵自动停
	润滑油过滤器压差/bar	正常运行值	0.7	N/A
		高压差	1.5	过滤器切换,更换滤芯
	润滑油油温/℃	正常值	10～40	N/A
		报警值	60	N/A
	CCW 泵出口压力/kPa	正常运行值	120～200	N/A
	汽轮机厂房底层液位/mm	高液位报警	305	报警 CI1034
C C W 泵	润滑油上油箱油位/mm	低油位	370	报警 CI887
	下轴承箱油位/mm	低报	65	报警 CI854
	泵坑水位/m	高报	80.45	报警 CI0896
	CCW 泵前池液位/m	低报	83.5	报警 CI2328,闭锁启泵,自动停泵(HS 在 ON/AUTO)
	泵振动/mm	高报	8	报警 CI1026
		停泵限值	12	手动停泵(PL12)
	绕组温度高/℃	正常运行值	60～70	N/A
		高报	150	N/A
		停泵限值	160	手动停泵(PL12)
	推力轴承温度高/℃	正常运行值	50～60	N/A
		高报	90	N/A
		停泵限值	95	手动停泵(PL12)
	电机轴承驱动端温度高/℃	正常运行值	39～45	N/A
		高报	100	N/A
		停泵限值	110	手动停泵(PL12)
	电机轴承非驱动端温度高/℃	正常运行值	45～55	N/A
		高报	100	N/A
	泵下轴承温度高/℃	正常运行值	59～61	N/A
		高报	70	N/A
		停泵限值	110	手动停泵(PL12)
	泵上轴承温度高/℃	正常运行值	47～51	N/A
		高报	70	N/A
		停泵限值	75	手动停泵(PL12)

注:bar 不是法定计量单位,但电厂仍实际使用,故保留。1 bar＝10^5 Pa。

3.3 风险警示和运行实践

1. 人员风险
- 在运行的 CCW 泵周围有很高的环境噪音。当工作人员在该区域工作时，应该采取噪音防护。
- 在 CCW 泵及其管线周围的地面上，可能会有溢出的水或漏出的油。当工作人员在该区域工作时，应该避免滑倒。
- CCW 系统中的很多设备是由高电压电机驱动的，电击会导致致命伤害。工作人员应该非常小心，在设备未断电前，禁止触摸电缆接头。
- CCW 泵、抽真空泵及其电机是转动部件，只有授权人员才能操作和维修设备。

2. 设备风险
- 泵坑潜水泵失效后，海水进入 CCW 泵下油箱，导致下油箱润滑油变质。
- CCW 泵出口电动蝶阀膨胀节泄漏，将导致 CCW 泵房间被淹。
- 在停运 CCW 泵时，出口电动阀门在关阀过程中如果阀门出现故障不能关闭，如 MCC 开关磁跳，则运行泵的大部分流量将通过另一台停运泵的故障出口电动阀倒回到前池，凝汽器的海水冷却将不能满足，从而可能导致凝汽器冷却功能丧失，汽侧真空降低而造成停机停堆事件的发生。应考虑到对出口电动阀的开关进行复位，重新尝试关闭出口电动阀。

3. 运行实践
1）凝汽器水室抽真空系统正常运行期间巡检要求：
- 检查汽水分离器水位在刻度范围内。
- 检查水室抽真空泵运行时入口压力在 −90 kPa（表压）左右。
- 检查运行中的抽真空泵振动、噪音正常，轴承温度低于 60 ℃，泵壳温度不超过轴封水温 22 ℃。
- 确认运行中的真空泵盘根处有密封水滴漏；如无，则检查同侧轴承温度在正常范围内。

2）CCW 泵正常运行期间巡检要求：
- 检查 CCW 泵主油箱油位标尺（见图 3-3-1）在刻度范围内 2/3 以上，下轴承箱油位（见图 3-3-2）在刻度范围内 1/2 以上，无低油位报警，检查润滑油回路有无泄漏。

注意：主油箱油位标尺和下轴承箱油位位于 CCW 泵坑内，由于泵坑内地面较滑，行走时注意安全。

- 检查 CCW 泵盘根漏水量正常，泵坑潜水泵运行正常，泵坑内水位正常。
- 检查 CCW 泵、电机运转正常，没有异常声音。
- 检查 CCW 管道及系统各部件无异常振动。
- 检查 CCW 泵出口压力正常。
- 检查中间轴承温度低于 75 ℃。
- 检查润滑油温度高于 20 ℃，如低于 20 ℃，则切断油冷器冷却水。

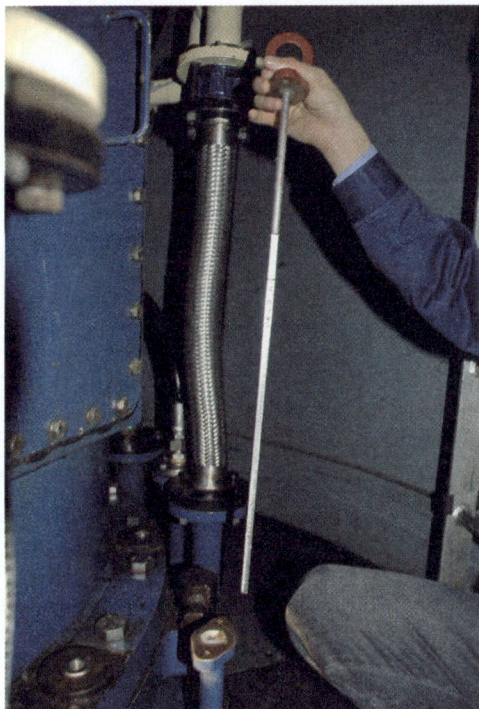

图 3-3-1　主油箱油位标尺　　　　　　　　图 3-3-2　下轴承箱油位

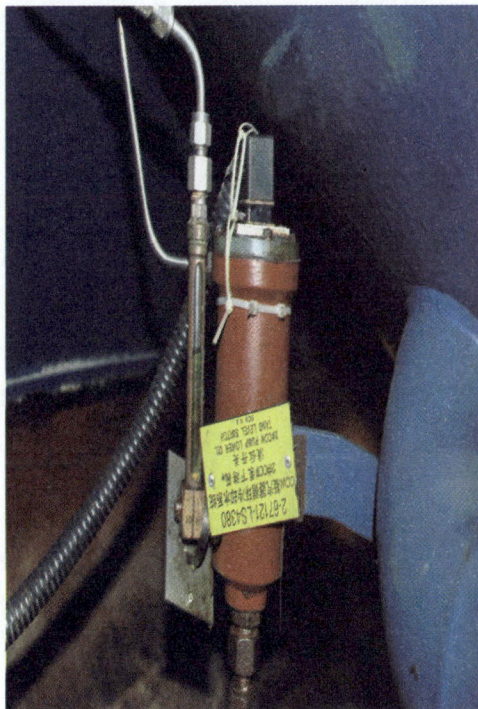

- 检查油系统滤网压差计正常(油温 50 ℃左右,压差大于 0.5 bar(50 kPa);或油温 40 ℃左右,压差大于 0.7 bar(70 kPa);或油温 30 ℃左右,压差大于 0.9 bar (90 kPa)时需切换滤网并更换。

3) CCW 系统正常的运行工况为两台 CCW 泵+四列凝汽器运行。三列凝汽器可以对应单台 CCW 泵或两台 CCW 泵运行。单台 CCW 泵带四列凝汽器的运行时间建议不超过 30 分钟。

4) 当失去Ⅳ级电源时,须立即到现场观察 CCW 泵泵坑水位,同时联系维修人员用临时潜水泵保持 CCW 泵泵坑水位不淹没下油箱。

5) 当四列凝汽器没有全部投运的情况下,凝汽器水室抽真空系统不能投入自运行模式。

6) 在对凝汽器的水室进行疏水时,往往由于凝汽器进出口电动阀或排污电动阀密封不严,造成长时间疏水不尽,应联系维修人员对凝汽器进出口电动阀的限位开关进行调整,如果是排污电动阀密封不严,手动摇紧后仍没效果,可采用加装盲板,在地坑泵容量允许的情况下,可以加大疏水量,但必须有人连续监视地坑液位。

7) 凝汽器泄漏后的监测方法和运行响应

由于各种原因,凝汽器钛管难免会出现泄漏。海水在压差的作用下通过漏点会侵入凝汽器的汽侧,造成二回路水质恶化,严重时将被迫停机、停堆,进入冷态卸压模式。正常情况下,凝汽器热井及凝泵出口的钠表读数应小于 1 ppb,[①]通常小于 0.5 ppb。如果某个热井水室的钠表读数大于 1 ppb,或有突然的上升趋势,而且凝泵出口的钠表读数也呈上升趋势,

---

① 1 ppb=10^{-9}

则应采取以下的措施来确认是否有凝汽器泄漏:

- 就地查看阳电导读数是否也有相应的变化;
- 通知化学处取样分析钠、氯、氟、硫酸根等离子浓度;
- 提高就地记录钠表读数的频率,密切跟踪水质变化情况。

凝汽器泄漏后的运行响应:

- 提高蒸气发生器排污流量至最大流量;
- 投运凝结水精处理系统;
- 继续连续跟踪水质变化情况。

各凝汽器热井水室的在线取样点(属于 64510 系统)有三路,分别位于水室的入口侧、出口侧和水室中部。正常情况下钠表读数取自于水室中部那一路,在发生凝汽器泄漏时可通过手动阀分别切换至另外两路,比较各读数。在泄漏发生于钛管端部的情况下(这种几率较大),这种方法能判别泄漏发生于哪一侧,从而有助于检修查漏的进行。

根据水质变化的情况,应采取不同的响应措施。如果恶化的情况较轻、较缓,则可以保持上述运行状况,继续观察一段时间;否则应尽快隔离存在泄漏的水室;如果二回路中的钠、氯、氟、硫酸根等离子浓度达到一定的行动限值,根据电厂化学控制运行规程则可能需要将电厂的运行状态置于特定的模式下,如"非常低功率冷态卸压"状态等。

4. 设计变更

1) 凝汽器水室抽真空子系统的储水箱(7124-TK5001)增加液位计

凝汽器水室抽真空子系统的储水箱 7124-TK5001 上没有液位测量或监视设备,日常巡检时无法确认箱内水位。当箱内水位过低时,如果不能及时发现将使真空水封失效,从而导致凝汽器水室抽真空子系统失效。

鉴于上述原因,拟在储水箱箱体上增加一套标记有最低水位刻度线的透视液位窥视镜(见图 3-3-3)。

2) 将 CCW 泵油冷器的冷却水入口流量监视改为油冷器出口油温监视

目前 CCW 泵润滑油油温是通过油冷器的冷却水水入口流量来间接进行监视的。但通过运行以来的经验,发现在润滑油油温控制良好的情况下,多次出现冷却水低流量报警,因此认为用冷却水流量作为监视参数并不适合。因为一方面冷却水本身来自 RSW 系统,其流量大小除了受 RSW 泵运行模式的影响外,还与海水潮位高低有关,是一个频繁变化的量;另一方面冷却水(海水)的温度一年四季变化很大,最高最低间的温差在 30 ℃以上,在冬天,很低流量的冷却水就可以满足冷却要求,而同样的流量在盛夏则有可能无法控制住 CCW 泵润滑油的温度。因此很难确定一个合适的冷却水流量来作为润滑油油温是否满足要求判断依据。而油冷器出口的油温是最能直观反映油冷器工作效果的参数,也最能直接反映润滑油能否满足。不管冷却水泄漏也好、油冷器换热管堵塞也好、冷却水温过高也好,都能通过油温高报警准确地反映出来。

因此拟将 CCW 泵润滑油油温的监视参数从油冷器冷却水入口流量监视改为油冷器出口油温监视。具体方法就是将原油冷器出口油温指示表改为带开关的指示表,将原来的冷却水流量低报警改为润滑油油温高报警,同时取消原来的冷却水流量开关。根据 CCW 泵 MM 手册(98-71212-OM-6084 REV.2)上对油温控制的量化要求:最低 15 ℃,正常(低于)55 ℃,报警 60 ℃。

图 3-3-3　7124-TK5001 液位窥视镜

3.4　技　能

（1）冷凝器 CCW 水室真空系统真空破坏阀手动/自动切换操作

71240-PV5105,PV5106,PV5107,PV5108 四只气动阀与别的气动阀的手动/自动切换略有不同,常见的阀门切换是利用杠杆、切换手柄配合手轮进行,而这几个阀门则是用涡轮箱盖配合"AUTO"和"MANU"两个切换按钮来进行。

1）真空破坏阀投入手动"MANU"

第一步:转动手轮使阀杆螺纹与连接头下沿对齐,如 3-4-1 所示。

图 3-4-1　转动手轮使阀杆螺纹与连接头下沿对齐

第二步:涡轮箱盖上有"AUTO"(绿色)和"MANU"(红色)两个按钮,按下"AUTO"钮的同时朝操作说明上的箭头方向转动涡轮箱盖,直至"MANU"钮向上弹出,如图 3-4-2 所示。

图 3-4-2 按下涡轮箱盖上的"AUTO"钮的同时朝操作说明上的箭头方向转动涡轮箱盖

第三步:关闭供气管线上的进气阀与隔离阀,如图 3-4-3 所示。

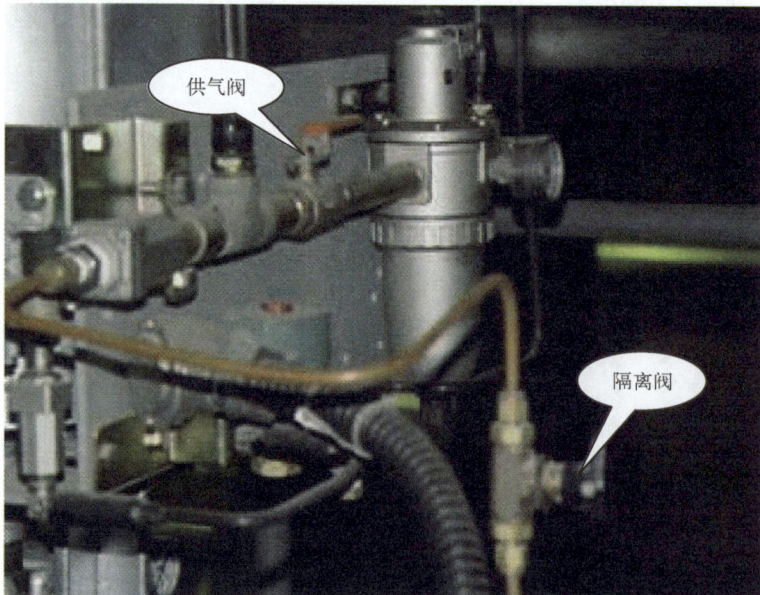

图 3-4-3 关闭供气管线上的进气阀与隔离阀

第四步:打开排气阀,如图 3-4-4 所示。

图 3-4-4 打开排气阀

第五步:阀门被置于手动"MANU"位置,转动手轮,有明显的阻力出现,就可以用手轮对阀门进行"开"或"关"操作。

2)真空破坏阀从手动"MANU"位置退出

第一步:转动手轮使阀门到"全开"或"全关"位置(顺时针关、逆时针开)。

第二步:关闭排气阀。

第三步:打开供气管线上的进气阀与隔离阀。

第四步:按下涡轮箱盖上的"MANU"钮,同时朝操作说明上的箭头方向转动涡轮箱盖,直至"AUTO"钮向上弹出。

第五步:阀门被置于自动"AUTO"位置。

(2)2-7120-MV4109 阀杆固定顶丝的拆卸

由于 2 号机组 2 号凝汽器 A 侧进口水室电动隔离阀 2-7120-MV4109 阀杆晃动较大,长期晃动对阀杆两端轴套的冲击和磨损,造成密封不严和驱动机构的损坏。正常运行时该阀门为常开,仅在如凝汽器传热管泄漏等情况需要关闭该阀门以隔离该凝汽器,因此决定对该阀门进行机械锁开并现场配备解锁的工具,具体操作如下:

第一步:取下敲击扳手和开口扳手,见图 3-4-5。

第二步:用敲击扳手以俯视顺时针方向旋松阀杆固定顶丝的固定螺母,然后向下旋动5~10圈,见图 3-4-6。

第三步:用开口扳手以俯视顺时针方向旋松阀杆的固定顶丝,在向下旋松整根顶丝,方可对阀门进行操作,见图 3-4-7。

(3)CCW 抽真空管线被淤泥堵塞的原因及判断方法

CCW 抽真空系统经常出现多处淤泥堵塞的现象,究其原因主要是由于杭州湾海水泥沙含量较大,每次在真空泵启动后,真空管线内的海水会很快上升并超过高液位开关,等真空泵停运时,从水室出口至分离水箱的真空管线内已经有很长一段积水。如此反复,

图 3-4-5　2-7120-MV4109 阀杆固定顶丝的拆卸

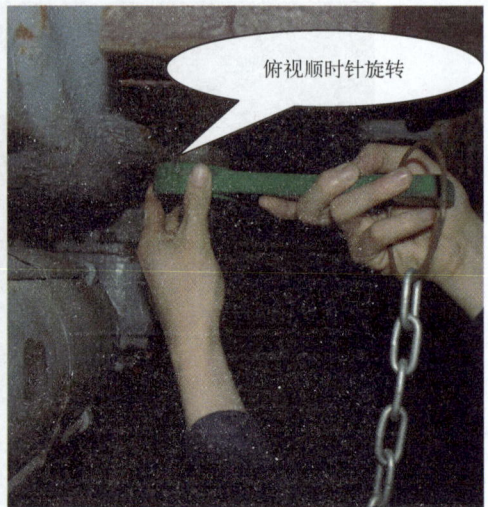

图 3-4-6　2-7120-MV4109 阀杆固定顶丝的拆卸

海水中含有的泥沙在真空管线特别是在凝汽器顶部水平管段大量沉积,并最终造成管道堵塞。

判断方法:

1) 观察抽真空管线的垂直段(位于顶轴油泵旁)是否有海水聚集,用手电从背面照向玻璃管(见图 3-4-8),如果玻璃管呈现透明状,说明没有海水聚集,如果玻璃管浑浊不清,说明有海水上升到该位置,可能是潮位较高所致,应注意观察在低潮位时海水是否能流回去,如果不能应发工作申请联系维修人员进行冲洗。

2) 水室真空泵如果连续长时间运行,凝汽器水室低液位报警不能消报,可能是抽真空管线堵塞严重或凝结器出口水室液位开关故障,应尽快联系维修人员处理,防止抽真空管线完全堵死,曾发生过抽真空管线被淤泥完全堵死的情况。

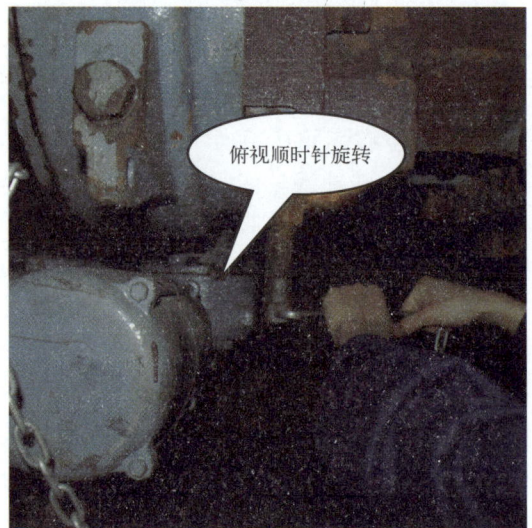

图 3-4-7　顶丝拆卸

3.5　主要操作

本系统的主要操作有:系统启动初始检查、启动凝汽器水室抽真空系统对循环水系统进行注水、7124-P5002 定期启动/维修后试验、启动单台 CCW 泵、投运一列凝汽器水室、功率运行时停运一台 CCW,详见 98-71200-OM-001。

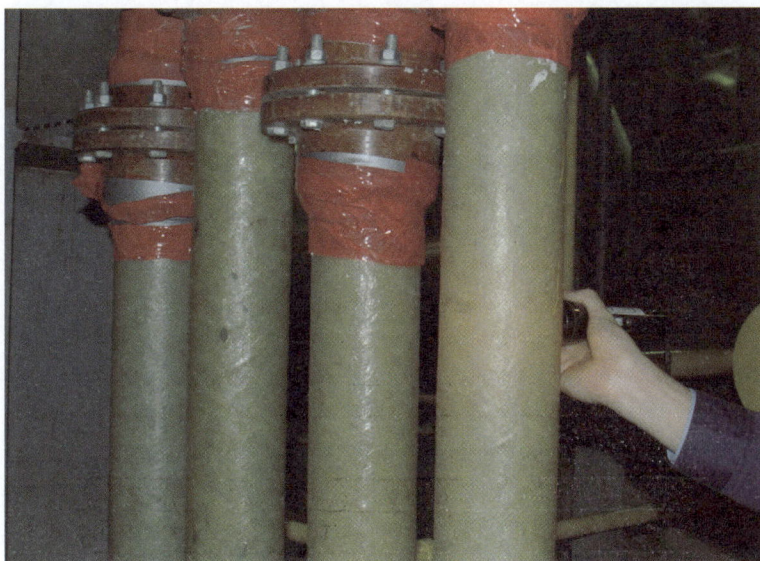

图 3-4-8　水室抽真空管线垂直段

3.5.1　系统停役、复役

3.5.1.1　系统启动初始检查

在凝汽器循环冷却水系统启动前,须对系统进行初始检查,简要流程如下(详见 98-71200-OM-001 的 4.1.1 节):

1. 确认至少有一台 CCW 泵(7120-P4001 或 7120-P4002)可投入运行。
2. 泵房前池可运行 CCW 泵所对应闸口的闸板已提起。
3. 系统排水口闸板已提起。
4. 至少有两列凝汽器可投入运行。
5. 凝汽器水室抽真空系统可运行。
6. 可运行的 CCW 泵对应的前池旋转滤网已经投运,且运行正常。

3.5.1.2　启动凝汽器水室抽真空系统对循环水系统进行注水

简要流程如下(详见 98-71200-OM-001 的 4.1.2 节):

1. 将两台 CCW 泵出口电动阀控制手柄 67120-HS4101 置于 PRIME 位,确认出口电动阀全开
2. 逐个将四个凝汽器水室的进出口电动阀打开。
3. 开启 CCW 泵体的排气阀,当有水流出后关闭。
4. 分别打开四列凝汽器水室的放气阀进行排气,当没有气体排出时关闭。
5. 投运凝汽器水室抽真空系统,对凝汽器水室进行抽气。
6. 确认主控显示四列凝汽器水室低液位报警消失。
7. 确认 1 号 CCW 泵出口电动阀 7120-MV4101 自动全关。
8. 将凝汽器水室抽真空系统投入自动状态。

3.5.2 设备切换

3.5.2.1 凝汽器水室抽真空泵定期启动/维修后试验

目的：为保证备用泵的可靠性，要求每两周手动启动 2 号凝汽器水室抽真空 7124-P5002。

简要流程如下（详见 98-71200-OM-001 的 4.3.2 节）：

1. 关闭 2 号凝汽器水室抽真空泵入口隔离阀 7124-V5602。

2. 将操作手柄 67124-HS4002 从"AUTO"置于"ON"位，确认 2 号凝汽器水室抽真空泵 7124-P5002 启动。

3. 确认 2 号凝汽器水室抽真空泵 7124-P5002 运行正常：检查泵轴承、盘根温度正常、泵体、电机无异音、气水分离箱液位计 67124-LG5304 指示水位正常。

4. 确认 2 号凝汽器水室抽真空泵入口压力表 67124-PI5302 的指示低于－90 kPa。

5. 确认 2 号凝汽器水室抽真空泵入口压力调节阀 7124-PSV5610 有吸气动作。

6. 维持 2 号凝汽器水室抽真空泵 7124-P5002 连续运行 30 min。

7. 将操作手柄 67124-HS4002 从"ON"置于"OFF"位。

8. 确认 2 号凝汽器水室抽真空泵 7124-P5002 停运。

3.5.2.2 CCW 油冷器的冷却水切换

在 RSW 系统需要停役检修或 RSW 二次滤网排污出口管道、CCW 泵油冷却器、主冷却水管道需要隔离的时候，启动 7120-P8011 或 7120-P8012，投运 CCW 泵油冷却器备用冷却水，将油冷器的冷却水从正常的 RSW 系统供给切换到 CCW 系统自身供给。

详见 98-71200-OM-001 的 4.3.3 节。

3.5.2.3 CCW 泵润滑油系统过滤器的切换

当 CCW 泵润滑油过滤器压差满足下列条件时，需进行切换操作（详见 98-71200-OM-001 的 4.2.1 节）：

1. 当油温表显示为 50 ℃，且过滤器差压达到 0.5 bar(50 kPa)时；或

2. 当油温表显示为 40 ℃，且过滤器差压达到 0.7 bar(70 kPa)时；或

3. 当油温表显示为 30 ℃，且过滤器差压达到 0.9 bar(90 kPa)时。

过滤器切换手柄最下端所指向的过滤器即为备用过滤器，而另外一只则为在线过滤器（见图 3-5-1）。

注意：在切换前，应对要投运的润滑油过滤器进行排气，操作切换手柄时，必须缓慢执行！否则可能造成：滤芯的损坏；润滑油压力波动，导致运行的 CCW 泵因润滑油压低而跳泵。

简要流程如下：

1. 备用的过滤器的放气丝堵旋开 2/3 圈；

2. 按下切换手柄上的充压手柄；

3. 当丝堵处没有油气泡时，将放气丝堵旋紧；

4. 按下切换手柄上的充压手柄并等待 10 秒钟后，旋转切换手柄将运行过滤器切换到备用过滤器；

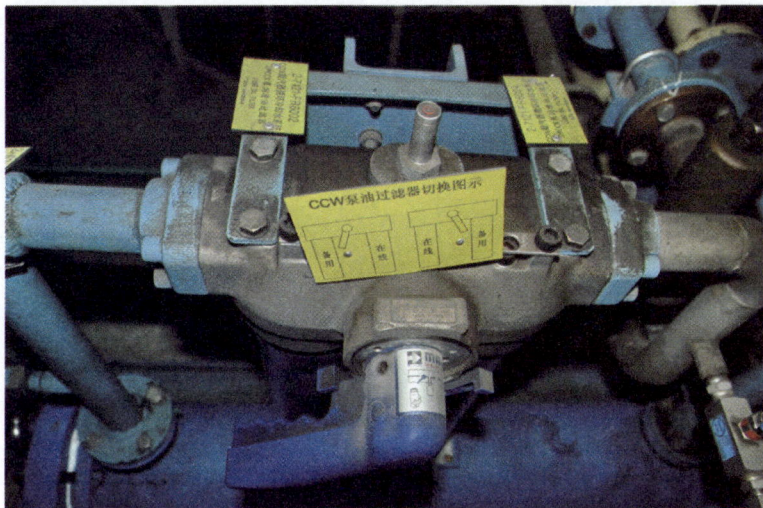

图 3-5-1　CCW 润滑油过滤器

5. 确认润滑油泵出口压力正常;

6. 打开脏的过滤器的丝堵进行卸压;

7. 维修人员对脏的过滤器的滤芯进行更换;

8. 根据需要决定是否进行过滤器的切换。

3.5.3　系统取样

无相关取样程序。

3.5.4　单设备停役、复役操作

3.5.4.1　启动单台 CCW 泵

以 1 号 CCW 泵 7120-P4001 为例,简要流程如下(详见 98-71200-OM-001 的 4.1.3.1 节):

1. 确认 1 号 CCW 泵密封水流量正常;

2. 确认 1 号 CCW 泵上、下油箱油位正常;

3. 确认泵坑泵 7121-P6005 运行正常;

4. 确认 1 号 CCW 泵电动油泵的操作手柄 67121-HS4161 在 ON/AUTO 位置,且电动油泵 7121-P6001 运行正常;

5. 确认 1 号 CCW 泵润滑油压力表 67121-PI4365 读数在 2.1 bar(210 kPa)左右;

6. 确认 1 号 CCW 泵润滑油温指示(67121-TIS4445)大于 20 ℃;

7. 确认膨胀节密封压力表 67121-PI4363 读数为 0;

8. 确认至少投运 2 列凝汽器水室;

9. 确认 1 号 CCW 泵的电机 7120-PM4001 绝缘合格,并处于热备用状态;

10. 将 1 号 CCW 泵出口电动阀操作手柄 67120-HS4101 从 CLOSE/PUMPTRIP 置于 AUTO 位,就地确认处于关闭状态;

11. 将1号CCW泵操作手柄67120-HS4001从OFF/RESET置于ON/MANUAL位,启动1号CCW泵;

12. 就地确认1号CCW泵7120-P4001启动,运行正常;

13. 确认1号CCW泵出口电动阀7120-MV4101自动打开(开阀时间约61 s);

14. 确认1号CCW泵电动油泵7121-P6001自动停运;

15. 确认1号CCW泵润滑油压力表67121-PI4365读数在2.1 bar(210 kPa)左右;

16. 打开7131-V4681,7131-V4680,投运1号CCW泵油冷器7121-HX4001。

注意事项:

1. CCW泵润滑油温必须高于20 ℃才可启动CCW泵。

2. 在单泵运行期间,凝汽器水室抽真空系统不能置于自动运行状态。

3. 禁止在膨胀密封投用的情况下启动CCW泵。

3.5.4.2　投运一列凝汽器水室

在单列凝汽器水室检修完成后需投运,以投运1A为例,简要流程如下(详见98-71200-OM-001的4.1.5节):

1. 将凝汽器1A的入口电动阀7120-MV4107的电源断开。

2. 将凝汽器1A水室进出口电动阀控制手柄67120-HS4107置于OPEN。

3. 确认凝汽器1A水室出口电动阀7120-MV4119全开。

4. 打开凝汽器1A水室放气阀7120-V4605,进行充水放气,确认无连续排气后,关闭7120-V4605。

5. 将67124-HS4001置于"ON",投运1号凝汽器水室抽真空泵。

6. 凝汽器1A水室真空隔离阀控制手柄67124-HS4101置于OPEN,打开凝汽器1A水室真空隔离阀进行抽真空。

7. 确认凝汽器1A水室水位指示灯67120-IL4345熄灭。

8. 凝汽器1A水室进出口电动阀控制手柄67120-HS4107置于ISOLATE。

9. 确认凝汽器1A水室出口电动阀7120-MV4119全关。

10. 5434-MCC7/2RH(7120-MV4107)开关合上。

11. 凝汽器1A水室进出口电动阀控制手柄67120-HS4107置于OPEN。

12. 凝汽器1A水室进出口电动阀7120-MV4107/MV4119全开。

3.5.4.3　运行时停运一台CCW泵

目的:在正常功率运行时,如果一台CCW泵有故障需停泵检修,或多于一列凝汽器水室有泄漏,则需停运一台CCW泵,但需要确保能维持凝汽器真空,且机组仍然能维持功率运行。

以1号CCW泵7120-P4001为例,简要流程如下(详98-71200-OM-001的4.4.1节):

1. 根据海水温度确定降反应堆功率的幅度。

2. 将要隔离的那一列凝汽器对应汽侧抽真空隔离阀关闭。

3. 将要隔离的那一列凝汽器水室进出口电动阀控制手柄置于"Isolate",关闭进出口电动阀。

4. 确认1号CCW泵电动油泵控制手柄67121-HS4161在ON/AUTO位置。

5. 将1号CCW泵出口电动阀控制手柄67120-HS4101从"AUTO"打到"CLOSE/

PUMP TRIP",并确认7120-MV4101的行程指示灯亮。

6. 现场确认7120-MV4101开始自动回关,即阀位指示开始从"OPEN"位转向"CLOSE"位。

7. 现场确认7120-MV4101回关到开度约30度时,1号CCW泵7120-P4001自动停运。注:如果观察到7120-MV4101回关至开度约10度时,1号CCW泵仍未停运,则应立即手动停运1号CCW泵。

8.1号CCW泵电动油泵7121-P6001自动启动。

9. 确认1号CCW泵润滑油压指示67121-PI4365的指示大于2.0 bar(200 kPa)。

10. 确认1号CCW泵出口电动阀7120-MV4101完全回关到CLOSE位。

注意事项:如果两个凝汽器各一列水室必须同时隔离,可以按本规程降功率后隔离其中一列水室,再停运一台CCW泵,然后再隔离另一列水室。如果同一个凝汽器的两列水室(1A和1B,或2A和2B)必须同时隔离,则需降功率停堆停机。

3.5.5　异常运行相关

1. 一台CCW泵故障停运

自动动作:

- CCW泵出口电动阀自动关闭;
- 电动润滑油泵自动运行。

产生原因:

- 油系统压力低于1.3 bar(130 kPa);
- 气囊压力为2.0 bar(200 kPa);
- CCW泵出口电动阀手动开关置于"CLOSE AND PUMP TRIP"位置;
- 凝汽器水室没有投运;
- CCW泵启动后,出口电动阀90 s内未到达全开位置。

采取措施及检查:

- 确认出口电动阀关闭;
- 确认电动润滑油泵运行;
- 监视凝汽器真空、汽轮机负荷和反应堆负荷;
- 如果凝汽器真空持续下降,汽轮机降功率;
- 检查跳泵原因。

2.CCW泵润滑油压力低于1.6 bar(160 kPa)

自动动作:辅助油泵自动启动。

产生原因:

- 上油箱油位低;
- 油系统出现管道破裂。

采取措施及检查:

- 现场确认上、下油箱油位;
- 现场确认油系统无破口;
- 现场确认辅助电动油泵启动;

- 确认油压足够高；
- 检查产生报警的原因。

3. CCW 泵轴承室油位低于 65 mm

采取措施及检查：

- 现场确认油箱油位；
- 检查油箱是否有泄漏；
- 检查盘根泄漏水中是否含油；
- 如无异常状况,要求维修人员补油(在线进行)。

4. CCW 泵润滑油过滤器压差高于 1.5 bar(150 kPa)

产生原因:循环水泵油系统在线滤网堵塞。

采取措施及检查：

- 切换油系统过滤器；
- 要求维修人员更换和清理堵塞滤网。

5. CCW 泵上油箱油位低于 370 mm

采取措施及检查：

- 现场确认油箱油位；
- 检查油回路是否有泄漏；
- 如无异常状况,要求维修人员补油(在线进行)。

6. CCW 泵坑液位高于 80.45 m

产生原因：

- 盘根泄漏水过大；
- 泵坑潜水泵失效。

采取措施及检查：

- 现场确认泵坑液位,并用备用潜水泵紧急抽水；
- 现场确认盘根泄漏水流量,并调整泄漏量；
- 现场确认泵坑潜水泵动作正常；
- 要求对下轴承室油箱润滑油进行油分析。

7. CCW 泵润滑油油温高于 60 ℃

采取措施及检查

- 确认 RSW 系统运行正常(至少两台 RSW 泵运行)；
- 如果确认丧失来自 RSW 系统的冷却海水,则需投入备用冷却水系统；
- 用红外线测温仪测量中间轴承温度,如果温度超过 90 ℃,则必须立即停运 CCW 泵。

8. TB 底层液位高于 305 mm

采取措施及检查：

- 运行人员立即到现场检查；
- 根据现场泄漏管道、设备,隔离设备或停运相应系统。

9. 水室抽真空系统失效

自动动作：

- 处于"AUTO"状态的抽真空泵自动运行；

- 抽真空隔离阀自动开启。

产生原因：

- 某列凝汽器出口水室水不满；
- 抽真空系统有缺陷；
- 液位开关故障；
- 液位开关管线堵塞。

采取措施及检查：

- 检查抽真空系统是否正常；
- 检查液位开关；
- 检查液位开关管线是否堵塞。

10. 凝汽器水室真空泵流量低于 1.5 m³/h

采取措施及检查：

- 现场检查 1 号抽真空泵汽水分离器液位；
- 现场确认密封水流量。

3.5.6　失去Ⅳ级电源

循环水系统的大部分设备都是由Ⅳ级电源供电的。当发生Ⅳ级电源失去故障时,循环水系统将会停运,需采取下列措施：

- 将所有设备的手动开关置于"关闭"位置；
- 投运循环水泵气囊密封；
- 派运行人员到 CCW 泵泵坑观察泵坑水位,同时立即联系维修人员采用临时排水方式对泵坑进行排水,以免 CCW 泵下油箱被淹。

3.5.7　失去Ⅲ级电源

当发生失去Ⅲ级电源故障时对 CCW 系统无直接影响。

复习思考题

1. 简述凝汽器半侧隔离的操作及注意事项。

参考答案：

凝汽器半侧隔离操作：

- 手动隔离此凝汽器管侧抽真空手动隔离阀；
- 将此凝汽器的管侧抽真空气动隔离阀关闭(停运管侧抽真空系统)；
- 将此凝汽器二次滤网放在手动模式,并停运。确认滤网及排污电动阀的关闭；
- 主控关闭此凝汽器冷却水的前后隔离电动阀门；
- 确认凝汽器前后隔离阀关闭。

如果要进行疏水：

- 将二次滤网排污电动阀手动摇紧，并断电；
- 将凝汽器前后隔离阀手动摇紧，并断电；
- 打开通气阀和疏水阀，进行疏水。

注意事项：

- 凝汽器半侧隔离后，将凝汽器水室抽真空系统置于手动模式。如果出现凝汽器水室低液位报警时，需要到就地进行手动抽真空；
- 凝汽器半侧隔离要根据季节和海水温度会对汽轮机功率有所影响；
- 操作时要与主控保持良好的通信，并严格按照程序操作，并遵守监护制度。

2. 简述 CCW 泵跳泵原因及跳泵后采取的措施。

参考答案：

产生原因：

- 油系统压力低于 1.3 bar(130 kPa)；
- 气囊压力为 2.0 bar(200 kPa)；
- 凝汽器水室没有投运；
- CCW 泵启动后，出口电动阀 90 s 内未到达全开位置。

采取措施及检查：

- 确认出口电动阀关闭；
- 确认电动润滑油泵运行；
- 监视凝汽器真空、汽轮机负荷和反应堆负荷；
- 如果凝汽器真空持续下降，汽轮机降功率；
- 检查跳泵原因。

3. 简述抽真空管线淤泥堵塞的原因及冲洗过程中应注意的事项。

参考答案：

CCW 抽真空系统经常出现多处淤泥堵塞的现象，究其原因主要是由于杭州湾海水泥沙含量较大，每次在真空泵启动后，真空管线内的海水会很快上升并超过高液位开关，等真空泵停运时，从水室出口至分离水箱的真空管线内已经有很长一段积水。如此反复，海水中含有的泥沙在真空管线特别是在凝汽器顶部水平管段大量沉积，并最终造成管道堵塞。

在管道冲洗前应提前启动消防水泵，冲洗过程中应缓慢开启消防水隔离阀，密切关注冲洗管道上的压力表，一旦压力超过 300 kPa，应立即关闭消防水隔离阀，因为抽真空管线为玻璃管材料，承压低于 300 kPa，而消防水压力为 1.2 MPa 左右，如果抽真空管线堵塞严重，压力就会上升很快，抽真空管线有破管的风险。

第四章 重要海水冷却水系统 (71310)

内容介绍

课程名称:重要海水冷却水系统

课程时间:3 学时

学员:现场操作员

学员条件:完成本系统的课堂部分培训

培训目标:

1. 系统设备的现场布置;
2. 掌握各参数测量点的现场位置和在系统流程中的位置;
3. 熟练掌握现场巡检内容,正常参数、报警值、异常和故障识别技巧和技能;
4. 系统上操作和巡检存在的一些安全提示和危害,风险警示、运行实践;
5. 正常、应急时的操作和异常的现场响应;
6. 参照 OF 能进行本系统的主要操作项目的模拟操作。

教学方式及教学用具:

培训方式:岗位培训

教员需要:

a. 流程图:98-71310-1-1-OF-A1;98-71310-1-2-OF-A1;

b. 白板等。

考核方法:现场考核(实际操作和模拟相结合)、口试

4.1 系统设备

4.1.1 总体描述

重要海水冷却水(RSW)系统的目的是用来向汽轮机厂房和泵房中需要海水冷却的系统及设备提供冷却水,主要为 RCW 热交换器提供冷却水。供给 RSW 系统的海水在进入泵

前池以前,要先通过栅格和旋转滤网,除去从海水中带来的各种杂物,以便降低这些杂物对系统及设备的影响。RSW 系统共设有两条装有栅格/旋转滤网的 100％ 容量的涵道,这样,如果一条涵道退出运行而不会影响 RSW 系统的能力。海水在进入涵道前已经过氯化处理,防止海生物在涵道的墙壁及 RSW 系统内的生长。处理过的海水进入泵房前池,以便为 4 台 RSW 泵服务。海水再分别进入 4 个单独的 RSW 泵池。每个泵池可以通过设在每台泵前池的叠梁闸隔离,进行维修。

4 台 RSW 泵的出水进入一个公共出口集管中,从这个集管再分出 3 条管线,管线上设有 3 台能力为 50％ 的二次滤网,过滤掉大于 3 mm 的杂质。二次滤网出来进入一条直径为 84 英寸的总管,这条管道将 RSW 水送入汽轮机厂房,另一部分水供给泵房内用户。在汽轮机厂房,RSW 水经过 RCW 热交换器后,回流被收集到一条直径为 84 英寸的总管上,将水引入到 1 号机组与 2 号机组的汽轮机厂房中间靠南面的排水构筑物内,在这里与 CCW 排出来的水汇合,一同排到杭州湾。在泵房内的 RSW 水主要供给 CCW 泵润滑油冷却器、旋转滤网和淤泥控制系统。

电厂正常运行时,RSW 系统可向各个系统及设备提供足够的冷却流量。根据历来的机组运行经验得出:除机组大修期间用 CCW 系统代替其冷却 RCW 外,RSW 系统应保持连续运行。

图 4-1-1,图 4-1-2 分别为 RSW 系统标高简图和 RSW 系统示意图。

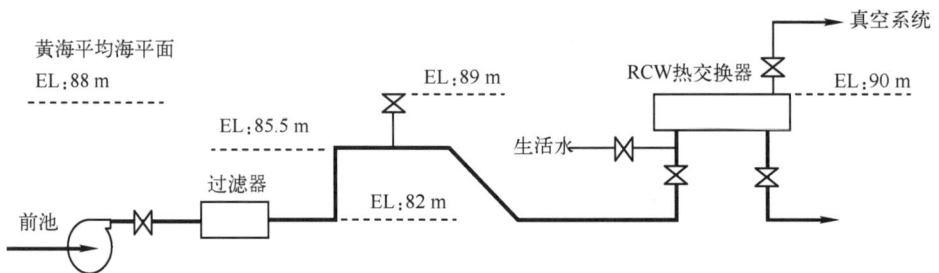

图 4-1-1 RSW 系统标高示意图

4.1.2　设备清单

· RSW 泵

RSW 系统共设 4 台泵,位于海水泵房内,1 号、2 号机组互相独立,每台机组设 4 台并列运行的容量为 33.3％ 的 RSW 泵。正常运行时由Ⅲ级电源 E,F 母线供电,3 台运行,1 台备用。当Ⅳ级电源部分/全部丧失后,由备用柴油机(SDG)自动启动恢复 E,F 母线,所有失电母线上的 RSW 泵出口电动阀自动关闭。当 RSW 泵经柴油发电机程序带载完成(E/F 母线带载为先泵 1/2,后泵 3/4,ON 和 STANDBY 之间没有优先级),先启动的 RSW 泵会闭锁同母线上的另外 1 台 RSW 泵,避免柴油机过负荷。在Ⅳ电源恢复后,被闭锁停运的 RSW 泵必须先手动复位,才能启动。RSW 泵为壳体分离式离心泵,垂直安装。泵体水平线低于最低海水水位,每台泵由垂直、常速电动机驱动。图 4-1-3 为 RSW 泵示意图。

· RSW 二次滤网

每台机组设有三台电动自清洗 RSW 二次滤网。在正常运行工况下要求至少两台

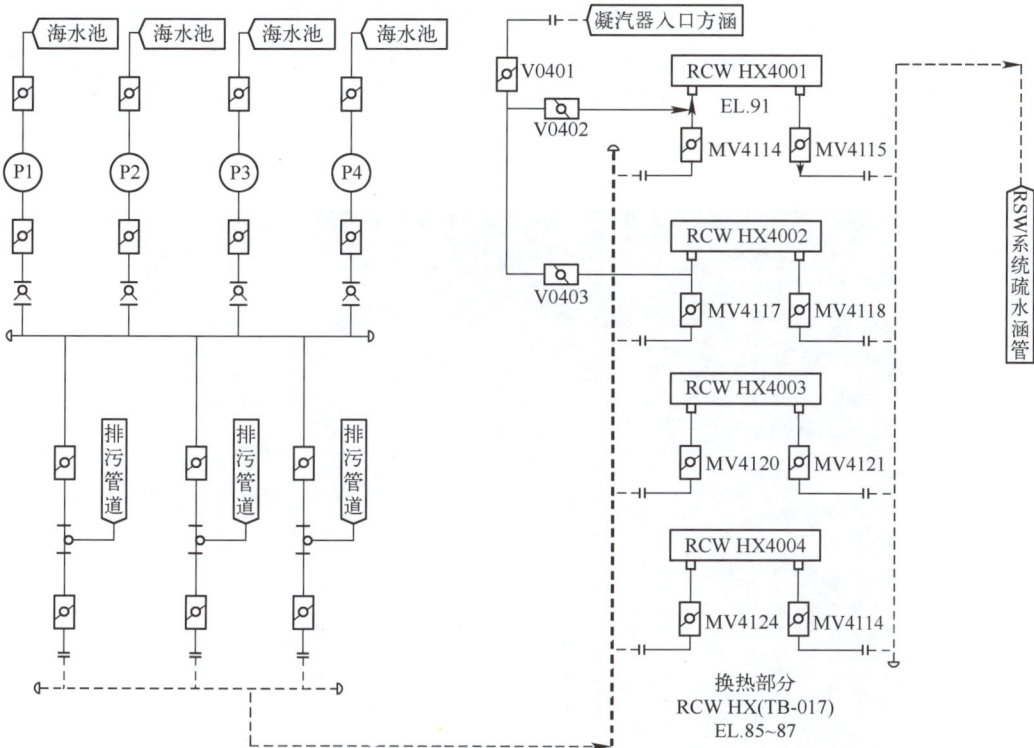

图 4-1-2　RSW 系统简图

图 4-1-3　RSW 泵示意图

RSW 二次滤网投入使用。一般来说,正常时第三台二次滤网也投入运行,主要是为了减少二次滤网两侧的压降,避免由于水的不流动引起内部腐蚀。

　　二次滤网的反冲洗是相互闭锁的,以便确保一次只能有一台二次滤网进行反冲洗。RSW 二次滤网如图 4-1-4 所示。

图 4-1-4　RSW 二次滤网

- 胶球管道清洗系统

　　该系统主要用于清洗 RCW 热交换器。合成橡胶海绵球被注进每台热交换器的 RSW 侧管道内。胶球在经过热交换器的管道后,将附着在管壁上的沉积物除掉,最后被每个热交换器出口处的过滤器所过滤,最后回到收集器中。这些胶球经过专用的循环泵再重新循环注入。

　　每台机组设有两套胶球清洗系统,奇偶热交换器各用一套。每个系统包含一台胶球循环泵,一个胶球收集器,两个胶球注入器,两个胶球过滤器及相应的管道、阀门和控制。胶球通过三通阀每次注入一台热交换器。两套清洗系统可同时运行,清洗一奇一偶热交换器。

　　胶球清洗系统是在就地进行控制的,运行频率及时间由运行经验来决定。胶球的收集和过滤器的反洗都是根据胶球收集过滤器两侧压差来手动控制的。

　　注:由于杭州湾海水泥沙含量较高,对热交换器传热管内壁的冲刷能力较强,沉积物附着在管壁上的可能性非常小,所以我厂从调试后至今一直未投运过该系统。

- RCW 热交换器

　　每台机组共设 4 台 RCW 热交换器,位于汽轮机辅助间 T017。每个热交换器的设计容量为 33.3%。RSW 冷却水流经 RCW 热交换器的管侧,带走 RCW 系统从电站设备吸收的热量。图 4-1-5 为 RCW 热交换器示意图。

图 4-1-5　RCW 热交换器示意图

- RCW 热交换器真空系统

真空系统包含两台真空泵,用来排除聚集在真空箱里的空气。真空箱通过一充水阀连到每台 RCW 热交换器的下游水箱上,这些阀门允许空气通过,但不允许水通过。

通常一台真空泵运行,第二台备用。每台真空泵由Ⅲ级母线供电,奇偶各一,这样以便确保Ⅳ级电源失去后仍能去除空气。

RCW 热交换器启动真空泵在 RSW 系统充水的最初投入,在系统运行时通过去除从水中溢出的空气来维持系统的真空。

真空泵为水环式真空泵。图 4-1-6 为 RCW 热交换器抽真空泵示意图。

4.1.3　现场布置

1. 以下设备都位于 RSW 泵房内:

　　4 台 RSW 泵(7131-P4001/P4002/P4003/P4004)

　　4 台 RSW 泵电机(7131-PM4001/PM4002/PM4003/PM4004)

　　8 个 RSW 泵进出口膨胀节(7131-EJ4001～EJ4008)

　　3 台 RSW 二次滤网(7131-STR8001/STR8002/STR8003)

　　3 个 RSW 二次滤网控制盘(67131-PL8001/PL8002/PL8003)

2. 以下设备都位于 RCW 热交换器房间(T017)内:

　　4 台 RCW 热交换器(7134-HX4001/HX4002/HX4003/HX4004)

　　2 台 RSW 抽真空泵(7131-P4015/P4016)

　　1 个 RSW 真空罐(7131-TK4001)

　　1 个 RSW 抽真空系统控制盘(67131-PL4092)

3. RSW 泵电机布置位置相对高于海水正常潮位,避免在系统出现较大的泄漏时电机

图 4-1-6　RCW 热交换器抽真空泵示意图

被淹。

4. RSW 系统母管排气阀 7131-V4962 位于 1 号机组和泵房之间的竖井内、CCW 泵润滑油齿轮箱冷却隔离阀 7131－V4680/V4681/V4682/V4683 位于 CCW 泵房内,除此之外,其他大部分系统阀门都位于 RSW 泵房和 RCW 热交换器房间(T017)内。

4.1.4　系统接口

CCW 泵润滑油齿轮箱冷却器(7120-HX4001/HX4002):1 号机组在 RSW 系统二次滤网 1-7131-STR8001 之后、2 号机组在 RSW 系统二次滤网 2-7131-STR8003 之后引出一路 RSW 冷却水流经 CCW 泵润滑油齿轮箱冷却器 7120-HX4001/HX4002 的壳侧冷却 CCW 泵润滑油。

RCW 热交换器(7134-HX4001/HX4002/HX4003/HX4004):RSW 冷却水流经 RCW 热交换器 7134-HX4001/HX4002/HX4003/HX4004 的壳侧,带走 RCW 系统从电站设备吸收的热量。

蒸汽发生器排污系统(36310):在 RSW 供水母管引出一路 RSW 冷却水到蒸汽发生器排污系统混合室 3631-MX4001 和蒸汽发生器排污水混合降温后,经 RSW 排放涵道排到海里。

旋转滤网冲洗泵供水(71100):1 号机组在 RSW 系统二次滤网 1-7131-STR8003 之后、2 号机组在 RSW 系统二次滤网 2-7131-STR8001 之后引一管线向旋转滤网冲洗泵入口母管提供旋转滤网冲洗水源。

泵房淤泥控制系统(71100):1 号机组在 RSW 系统二次滤网 1-7131-STR8003 之后、2 号机组在 RSW 系统二次滤网 2-7131-STR8001 之后引出一管线向泵房淤泥控制系统提供冲洗水。

CCW 系统(71200):

1. 当 RSW 系统需要停役检修或 RSW 二次滤网排污出口管道、CCW 泵油冷却器主冷却水管道需要隔离时,启动管道泵,投运 CCW 泵油冷却器备用冷却水,将油冷却器冷却水从正常的 RSW 系统供给切换到 CCW 系统自身供给。

2. 当 RSW 系统需要停役检修时(一般在机组大小修时),在 1 号、2 号 RCW 热交换器的 RSW 侧入口电动阀之后各引入一路 CCW 系统冷却水,作为 RSW 备用冷却水冷却 RCW 系统。

生活水系统(71510):

1. 向 RCW 热交换器 RSW 侧充生活水保养(系统接口在 RCW 热交换器 RSW 侧的入口侧);

2. 向 RSW 泵提供轴封水和上轴承冷却水。

消防水系统(71410):在生活水系统检修或失效时,向 RSW 泵提供备用轴封水和上轴承冷却水。

废液排放系统(79210):废液经 RSW 排放涵道排到海里。

4.1.5 就地盘台

1. 图 4-1-7 所示为 RSW 二次滤网控制盘(67131-PL8001/PL8002/PL8003)。

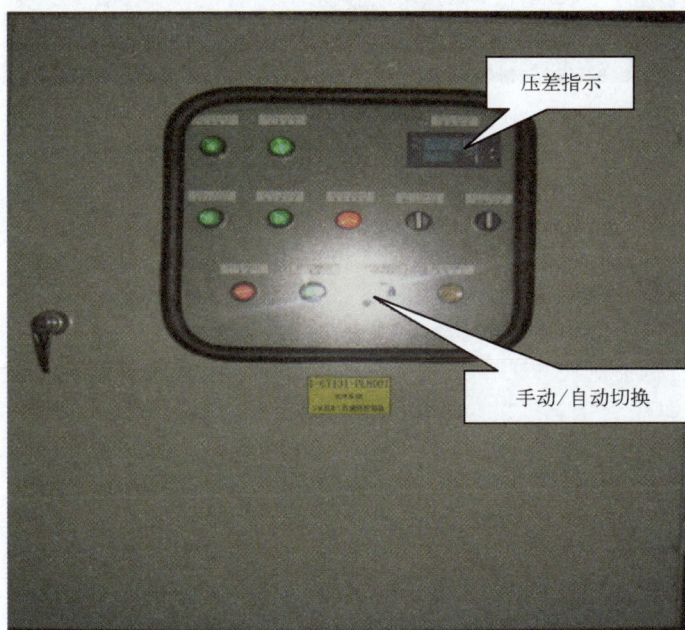

图 4-1-7 RSW 二次滤网控制盘

说明:RSW 二次滤网可以根据控制盘设定的时间周期(4 小时)、二次滤网前后的压差(12 kPa)自动启动滤网反冲洗,也可以通过手动控制启动反冲洗(二次滤网前后的压差大于 12 kPa 且未执行自动反冲洗),排出二次滤网收集的杂物,保持滤网的通流能力,从而确保 RSW 系统和 RCW 系统的安全运行。正常巡检时要求确认 RSW 二次滤网控制盘上的压差指示小于 12 kPa。

2. 图 4-1-8 所示为 RSW 抽真空系统控制盘(67131-PL4092)

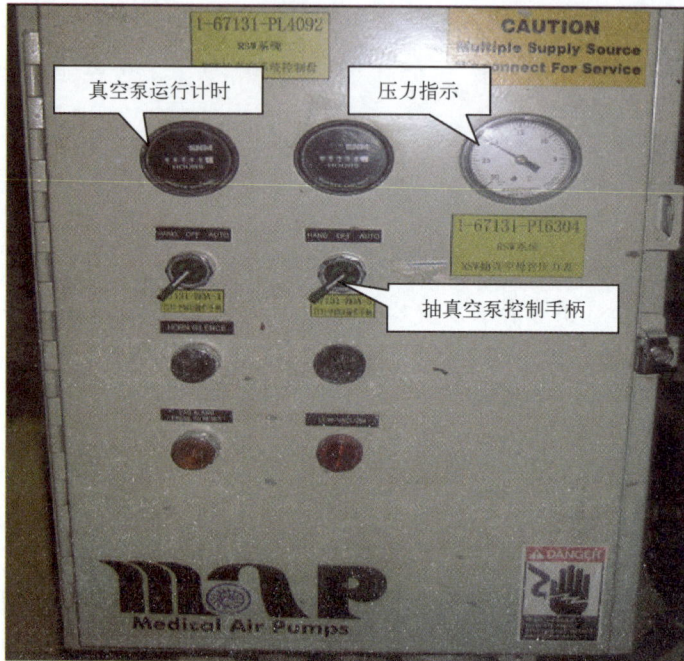

图 4-1-8   RSW 抽真空系统控制盘

说明：

抽真空泵控制手柄有三个位置："HAND"，"OFF"，"AUTO"。

当抽真空泵控制手柄在"HAND"位置时，抽真空泵可以手动启动。

当抽真空泵控制手柄在"OFF"位置时，抽真空泵处于停运状态。

当抽真空泵控制手柄在"AUTO"位置时，压力指示达到－19 in Hg，处于先导控制的抽真空泵自动启动，当压力达到－23 in Hg 后，抽真空先导泵自动停运；如未启动，压力指示继续上升，就地 RSW 抽真空系统控制盘 67131-PL4092 上 LOW VACUUM 低真空红色指示灯亮，当压力指示达到－17 in Hg，处于滞后控制的抽真空泵自动启动(先导和滞后自动交替控制)，主控产生 RSW VAC LAG PMP RUN，滞后泵启动报警，LAG ALARM 滞后报警橙色指示灯亮，当压力达到－21 in Hg 后，抽真空滞后泵自动停运，就地响应：1)在就地 RSW 抽真空系统控制盘 67131-PL4092 上按"HORN SILENCE"对报警进行消音；2)复位 LAG ALARM PRESS TO RESET，消除滞后泵启动报警，确认滞后报警橙色指示灯灭，同时确认 LOW VACUUM 低真空红色指示灯灭；3)检查抽真空先导泵是否跳闸，如跳闸，发工作申请联系维修人员处理；4)检查抽真空系统是否存在泄漏，如存在泄漏，查找处泄漏点进行处理；5)如上述检查项正常，就发工作申请，联系维修人员标定 PS。

4.2   系统参数

系统参数详见表 4-2-1 所示。

表 4-2-1　系统参数表

参数名称	单 位	正常值	报警值	仪表号(现场位置)	量 程
RSW 泵出口压力表	kPa	220～290	N/A	67131-PI4309/4310/4311/4312 (RSW P/H)	0～1 000
RSW 泵出口压力开关	kPa	220～290	134(↓)	67131-PS4305/4306/4307/4308 (RSW P/H)	N/A
RSW 泵出口母管压力开关	kPa	220～290	168(↓)	67131-PS4317(RSW P/H)	N/A
RSW 泵出口母管压力开关	kPa	220～290	328(↑)	67131-PS4318(RSW P/H)	N/A
RSW 泵出口母管压力开关	kPa	220～290	115(↓↓)	67131-PS4319(RSW P/H)	N/A
RSW 泵出口母管压力开关	kPa	220～290	400(↑↑)	67131-PS4320(RSW P/H)	N/A
RSW 二次滤网压差	kPa	0～12	17(↑)	67131-PL8001/PL8002/PL8003 (RSW P/H)	N/A
RSW 泵密封水流量	L/h	200～800	200(↓)	67131-FE4421/4422/4423/4426 (RSW P/H)	0～1 800
RSW 抽真空泵母管压力表	in Hg	-19～-24	N/A	67131-PI6304(T017)	0～-30
RCW HX 房间水位	mm	0	305	67134-LS4491(T017)	N/A
RCW HX 房间水位	mm	0	610	67134-LS4492(T017)	N/A
RCW HX 房间水位	mm	0	915	67134-LS4493(T017)	N/A

4.3　风险警示和运行实践

4.3.1　风险警示

4.3.1.1　人员风险

- RSW 泵房环境较潮湿,在设备上工作时应防止跌落摔伤。
- RSW 系统母管排气阀 7131-V4962 位于 1 号机组和泵房之间的竖井内,在进行操作或确认该阀时需攀爬竖梯,应防止跌落摔伤。
- 在对 RCW 热交换器 RSW 侧充水排气时需攀爬竖梯或搭设的脚手架,应防止跌落摔伤。
- 在运转设备旁工作时一定要小心,以免碰到运转设备受伤。
- 在对 RSW 泵电机开关送电或测试绝缘时,应严格遵守规程,以免人员触电。
- 在对需检修设备隔离疏水时准备工作一定要做到位,否则存在工作人员被水淹的风险。

4.3.1.2　设备风险

- RSW 系统主要设备及管道布置位于海平面以下,在做设备隔离前一定要注意潜在的水淹风险。
- 因为海水具有含泥沙量大的特点,在带海水隔离设备时应考虑泥沙的沉积对设备的影响及其泥沙对仪表管的堵塞。

- 因为海水具有腐蚀性,所以要考虑海水对设备及管道带来的腐蚀破坏。
- 在启动 RSW 泵前,务必确保系统处于满水状态,否则启泵后会引起泵体气蚀或管道水锤,进而损坏设备或管道。

4.3.2　运行实践

- 一般情况下,运行 RSW 泵的台数应和投用 RCW 热交换器的台数一致,不然会使 RSW 泵偏离理想运行工况。当运行泵台数超过投用 RCW 热交换器台数时泵出口压头过高,泵的振动升高;当运行泵台数少于投用 RCW 热交换器台数时泵流量增加,气蚀严重,泵叶轮受损加剧,泵振动升高。运行中的泵振动升高会对泵本体和轴承的运行造成不利的影响,有可能会对轴承造成损伤。
- 在对 RSW 泵进行定期切换过程中,会有运行 RSW 泵的台数和投用 RCW 热交换器台数不一致的运行模式,但是要加强对运行泵的监视。比如 RSW 泵切换过程中可以使运行 RSW 泵的台数比投用 RCW 热交换器的台数多一台,但是要加强对运行泵的监视,并且尽可能缩短切换时间。
- 在投用被隔离的 RSW 泵、RSW 二次滤网和热交换器前需要确认该设备已经充分放气,水已注满。
- 正常情况下三台 RSW 二次滤网都应投用,以防隔离备用后泥沙在二次滤网内沉积。
- 当海水温度高于 26 ℃时需要 3 台 RSW 泵和 3 台 RCW 热交换器投入运行。
- 如果备用 RSW 泵因其他 RSW 泵跳闸或系统母管压力低而启动,则应立即在现场和主控室确认该 RSW 泵运行正常。如果备用泵非正常启动则应调查原因,根据情况决定是否将其停运。
- 在 RSW 泵启动过程中,在非节流模式下对应泵的出口电动阀如果在泵启动后的 90 s 内不能达到全开位置,则该 RSW 泵将自动跳闸。
- 如果单台 RSW 泵运行,其出口电动阀门开度为 42°。
- RSW 泵在正常停运时采用关阀停泵模式,即:使用泵的出口电动阀控制开关 67131-HS4101～4104 来关闭需停运泵的出口电动阀使泵跳闸(停运)的方式;在紧急情况下则采用停泵关阀的模式,即:采用泵的控制开关 67131-HS4001～4004 来停运 RSW 泵(其出口电动阀将随着 RSW 泵的停运而自动关闭)。
- RSW 泵的上轴承冷却水阀门在夏天要全开,冬天气温比较低可以考虑节流。
- 停运 RSW 泵后不要关闭轴封水隔离阀,因为要用轴封水来顶泵体内的海水,防止海水泄出。
- 当处于运行中的 RSW 泵密封水流量低于 200 L/h 或高于 800 L/h 时,需联系维修人员调整盘根;当处于停运的 RSW 泵密封水流量低于 80 L/h 时,也需联系维修人员调整盘根。

4.3.3　变更

- RSW 二次滤网国产化改造

变更目的:

机组原 RSW 二次滤网存在的问题：RSW 系统有 3 台二次滤网，其作用是阻拦海水中的杂物，避免杂物进入 RCW 热交换器引起换热管堵塞或损坏。二次滤网的状况直接影响 RSW 系统运行，原二次滤网的冗余不足，不能满足 3 台泵 2 台二次滤网运行，如果一台二次滤网隔离维修，只能满足 2 台 RSW 泵的运行，这种工况下不能满足夏季高温季节 RCW 系统的冷却需求；另外，二次滤网漏水故障频繁，处理漏水故障需要对二次滤网进行隔离疏水，维修人员进入滤网内工作，工作量大，频繁的隔离和维修对 RSW 系统安全运行也构成了威胁。且原二次滤网还存在排污能力差、水阻大、密封差的缺点。

变更内容：

用常州苏源电力装备公司生产的 EDF-Ⅲ 型滤网替换掉原型号二次滤网，通过对其密封性能及控制措施上的技术改进，改变了其漏水频繁和维修工作量大的状况，为系统的安全可靠运行提供了保障。经过运行验证，改造后的二次滤网在运行 3 个月的时间内运转正常，压差正常、排污正常、没有发生漏水故障。

- RCW 热交换器海水侧降流速节流装置加装

变更目的：

因两个机组 RCW 热交换器传热管破损严重，对机组的安全运行存在比较严重的威胁。根据多方面分析的结果，认为 RCW 热交换器海水侧流速偏高是造成热交换器传热管破损的重要原因之一。

变更内容：

在 RCW 热交换器海水侧拆除原有的 1 945 mm 管道，更换成节流装置短节和过滤管道短节，节流装置夹在其中间。通过降低热交换器海水侧进出口压差，实现热交换器传热管内降流速，从而减轻流速对热交换器产生的冲刷腐蚀，保护设备，延长设备的使用寿命。

- 增设 RSW 备用冷却水系统

变更目的：

CANDU-6 重水堆电站 RSW 系统属安全相关系统，该系统设计时无备用，并且当反应堆停堆后，RSW 系统仍须连续运行带走堆芯衰变热，因此，无法对该系统进行维修。为了不影响电站今后的安全运行，故增设备用 RSW 系统，确保在 RSW 系统需要检修时可单独停役。

变更内容：

从凝汽器 CCW 进水涵管人孔处接出一根管线连接到 RCW 热交换器 HX4001、4002。此管线与 CCW 进水集管连接的阀门为 7120-V0401；下游一路连接至 1 号 RCW 热交换器 RSW 进水隔离电动阀 7131-MV4114 的下游，手动隔离阀为 7120-V0402；另一路连接至 2 号 RCW 热交换器 RSW 进水隔离电动阀 7131-MV4117 的下游，手动隔离阀为 7120-V0403。配套变更为在 2 台 CCW 泵出口分别增设一条备用冷却水管线接至油冷器入口，保证 CCW 泵在 RSW 泵停运的情况下，保证 CCW 泵润滑油的冷却，确保 CCW 泵的安全运行。两路备用冷却水分别引自两台 CCW 泵的出口，下游接至 7121-HX4001/4002 入口隔离阀的下游。自 1 号 CCW 泵引出的冷却水管线的上下有隔离阀为 7120-V4636 和 7120-V0410；自 2 号 CCW 泵引出的冷却水管线的上下有隔离阀为 7120-V4637 和 7120-V0408。

4.4 技　能

1. 根据运行经验,在系统正常运行时运行人员巡检应特别关注以下事项:1)系统设备及管道腐蚀导致的海水泄漏(例如:管道砂眼);2)系统内大型电动隔离阀轴外漏导致的海水泄漏。一旦发现有类似问题存在,应及时联系维修进行评估处理,防止泄漏点的进一步扩大。

2. 在对 RSW 系统、RSW 泵体、RSW 二次滤网、RCW 热交换器注水排气时,应确认排气口出水且呈连续流才能保证设备已处于满水状态。如果注水排气不充分,会引起泵体气蚀或管道水锤,进而损坏设备或管道。

3. RSW 泵的密封水流量突变(变大或变小)的可能原因:一是 RSW 泵盘根紧度的调整影响密封水流量;二是生活水管道内部锈蚀堵塞导致 RSW 泵密封水压力不足。

4. 在对系统手动隔离阀(海水边界隔离点)进行隔离上锁时,应用链条(建议用长度为1.5 m 的链条)穿过手轮锁定在固定位置(如图 4-4-1 所示),上锁后,必须再次确认该阀门无法往开的方向(即逆时针方向)操作,避免人为误碰或操作导致海水外泄。由于本系统大部分设备都布置在相对海平面以下,在建立设备安措时务必重视海水边界隔离点的完整性和可靠性。

图 4-4-1　手动隔离阀上锁

5. 系统电动隔离阀门的手动/自动切换操作:当系统处于正常运行状态下需要对设备(如:泵、二次滤网、RCW 热交换器等)进行维护或检修隔离疏水时,由于本系统的电动隔离阀是蝶阀,且处于腐蚀的海水环境中,导致电动隔离阀存在隔离不严密的可能性,进而使得设备或管道内的水无法疏空,此时应适当调节电动隔离阀来保证阀门在全关位置,具体操作步骤如下:1)如果待维护或检修的设备隔离疏水一段时间后(一般为 1 小时左右)排气口仍有大量出气,就表明被用作隔离的电动阀门有漏;2)在确认断电的前提下,将电动隔离阀门的手动/自动切换手柄由"MOTOR"改置"HAND",手动操作手轮(如图 4-4-2 所示),顺时针方向缓慢操作一圈,此时手感较吃力,等待一段时间后,观察排气口出气情况,直至排气口无气体排出。特别注意的是在操作期间如果发现排气口出气有增大趋势,应将阀门恢复至在此步操作之前的开度;3) 将电动隔离阀门的手动/自动切换手柄由"HAND"改置"MOTOR",再用安措锁具锁定(如图 4-4-3 所示),使得切换手柄不能被扳至"HAND"位置进行手动操作,防止人为误动导致海水外泄。

图 4-4-2　手动隔离阀

图 4-4-3　电动隔离阀

4.5　主要操作

4.5.1　系统停役、复役

- RSW 系统注水

确认所有与本系统相关的操作都已经完成并结票;确认系统无开口;在潮位高于 87 m 且在上升阶段时进行系统注水。具体程序参见 98-71310-OM-001 的 4.1.1 节。

- RSW 泵注水

简要流程如图 4-5-1 所示,具体程序参见 98-71310-OM-001 的 4.1.2 节。

注:只有在排气阀出口冒水且呈连续流后,才可保证泵体处于满水状态。

- RCW 热交换器 RSW 侧注水

简要流程如图 4-5-2 所示,具体程序参见 98-71310-OM-001 的 4.1.3 节。

注:只有在排气阀出口冒水且呈连续流后,才可保证热交换器处于满水状态。

- RSW 系统停运

当 RSW 系统需要检修时(一般在机组大小修期间),需要停运 RSW 系统,但前提是 RSW 备用系统已投运,即由 CCW 系统提供冷却水。具体程序参见 98-71310-OM-001 的 4.1.3 节。

确认RSW泵相关的维修工作已结束

↓

确认RSW泵进、出口膨胀节无破口

↓

注水前状态检查(以7131-P4001为例)

↓

确认1号RSW泵密封水流量大于80 L/h

↓

微开1号RSW泵泵体二次排气阀7131-V8017

↓

微开1号RSW泵入口隔离阀7131-V4610(如发现异常泄漏,应立即关闭此阀,检查泄漏点并联系维修处理)

↓

确认1号RSW泵体二次排气阀7131-V8017出口有气排出

↓

当1号RSW泵泵体二次排气阀7131-V8017出口冒水且呈连续流后,全开1号RSW泵入口隔离阀7131-V4610

↓

确认泵体、泵进出口膨胀节及法兰处无泄漏

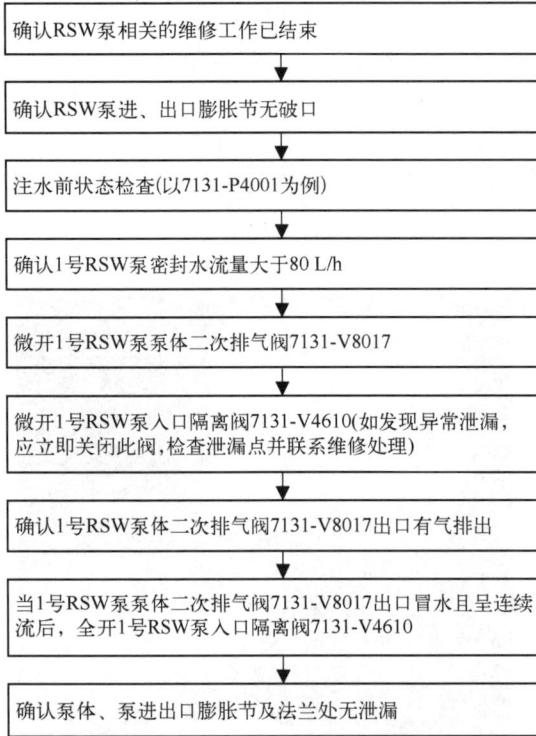

图 4-5-1　RSW 泵注水流程图

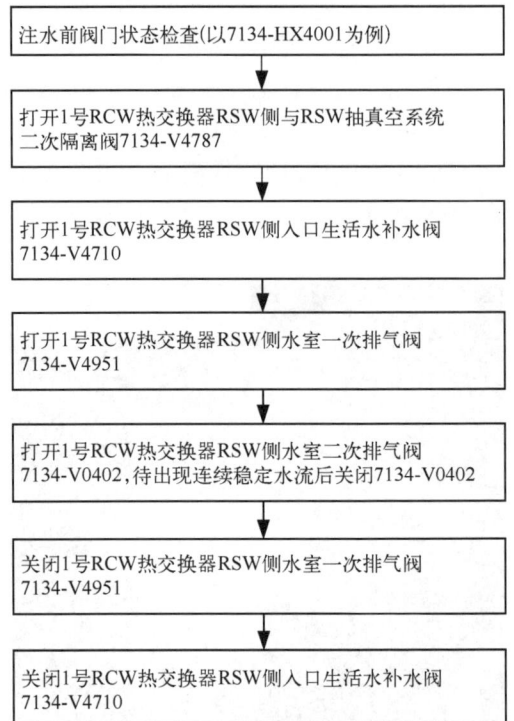

注水前阀门状态检查(以7134-HX4001为例)

↓

打开1号RCW热交换器RSW侧与RSW抽真空系统二次隔离阀7134-V4787

↓

打开1号RCW热交换器RSW侧入口生活水补水阀7134-V4710

↓

打开1号RCW热交换器RSW侧水室一次排气阀7134-V4951

↓

打开1号RCW热交换器RSW侧水室二次排气阀7134-V0402,待出现连续稳定水流后关闭7134-V0402

↓

关闭1号RCW热交换器RSW侧水室一次排气阀7134-V4951

↓

关闭1号RCW热交换器RSW侧入口生活水补水阀7134-V4710

图 4-5-2　RCW 热交换器 RSW 侧注水流程图

4.5.2　设备切换

- RSW 泵切换

在 RSW 泵运行到期(目前为 1 个月)后、或运行中的 RSW 泵运行不稳定并经评估需要停运检修时,需执行 RSW 泵切换。

简要流程如图 4-5-3 所示,具体程序参见 98-71310-OM-001 的 4.3.1 节。

注:在 RSW 泵切换过程中,就地和主控必须保持热线联系,一旦发生异常(如:投运泵运行时存在喘振现象、相关管线出现海水泄漏、相关电动隔离阀开关响应异常等等),应立即汇报并进行正常的响应,确保设备不受到损坏。

- RCW 热交换器切换

当运行的 RCW 热交换器需要进行定期维护或检修时,执行 RCW 热交换器的切换。具体程序参见 98-71310-OM-001 的 4.3.2 节。

注意事项:

- 切换操作须在海水潮位高于 87 m 时进行,否则在切换过程中处于 STANDBY 位置的 RSW 泵可能会自动启动;

- 切换过程中一定要先投入一台热交换器再停运另一台热交换器,否则可能导致 RCW 系统水锤。

- 在切换过程中,就地和主控必须保持热线联系,一旦发生异常(如:投运热交换器振动超标、相关管线出现海水泄漏、相关电动隔离阀开关响应异常等等),应立即汇报

| 确认待投用 RSW 泵的前池小闸板已提起 |

| 确认待投用 RSW 泵体注水放气已完成 |

| 确认待投用RSW泵及电机上、下轴承润滑能满足要求,且电机绝缘满足要求 |

| 确认待投用RSW泵轴封水流量大于80 L/h,盘根处轴封水有外泄 |

| 确认待投用 RSW 泵的上轴承冷却水连续流出 |

| RSW二次滤网已投用,并且投用数量能满足运行泵的数量 |

| 切换前状态检查(阀门、电源等) |

| 将原有处于STANDBY位置的RSW泵控制开关置于OFF/RESET位(警告:如未执行,在切换过程中处于STANDBY位置的泵会发生误启动) |

| 启泵,现场确认泵出口电动阀在打开,约45 s后全开 |

| 确认泵出口压力正常(约250 kPa) |

| 确认泵运行无异常后,关闭需停运的RSW泵出口电动阀,约45 s后全关,同时确认需停运的RSW泵停泵 |

| 将停运RSW泵的控制开关置于OFF/RESET位置 |

| 将停运RSW泵出口电动阀的控制开关从CLOSE放到NORMAL位置并确认该泵的跳闸报警恢复正常 |

| 将原来处于STANDBY位置的RSW泵控制开关置于STANDBY位置 |

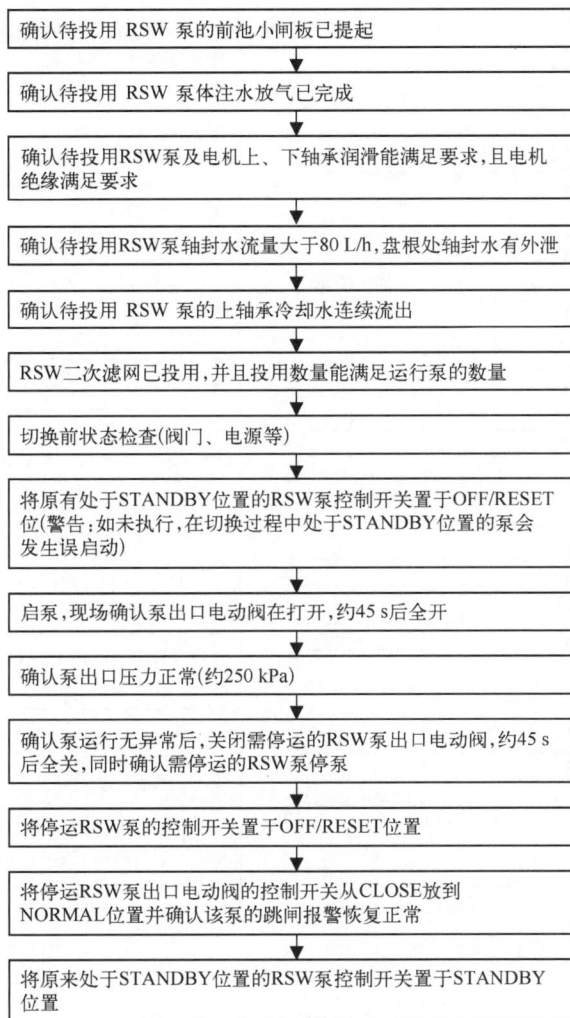

图 4-5-3　RSW 泵切换流程图

并进行正常的响应,确保设备不受到损坏。

4.5.3　单设备停役、复役操作

· RSW 泵启动

简要流程如图 4-5-4 所示,具体程序参见 98-71310-OM-001 的 4.2.1 节。

注:在 RSW 泵启动过程中,就地和主控必须保持热线联系,一旦发生异常(如:投运泵运行时存在喘振现象、相关管线出现海水泄漏、相关电动隔离阀开关响应异常等等),应立即汇报并进行正常的响应,确保设备不受到损坏。

· RSW 抽真空泵启动

简要流程如图 4-5-5 所示,具体程序参见 98-71310-OM-001 的 4.2.2 节。

· RSW 二次滤网投运

简要流程如图 4-5-6 所示,具体程序参见 98-71310-OM-001 的 4.2.3 节。

系统已注满水

↓

RSW泵前池小闸板7号)已提起(以7131-P4001为例)

↓

泵体注水放气已完成

↓

泵及电机上、下轴承润滑能满足要求,且电机绝缘满足要求

↓

泵轴封水流量大于80 L/h,盘根处有轴封水流出

↓

泵上轴承冷却水流量在1 g/min左右

↓

RSW二次滤网已投用,并且投用数量能满足运行泵的数量

↓

RSW系统排水口闸板已提起

↓

系统启动前状态检查(阀门、电源等)

↓

选择一列热交换器投入运行

↓

启泵,现场确认泵出口电动阀在打开直至全开

↓

确认RSW泵出口压力表读数正常(约250 kPa),现场泵的运行状况良好

↓

确认RSW泵出口管道过滤器压差指示正常(小于12 kPa)

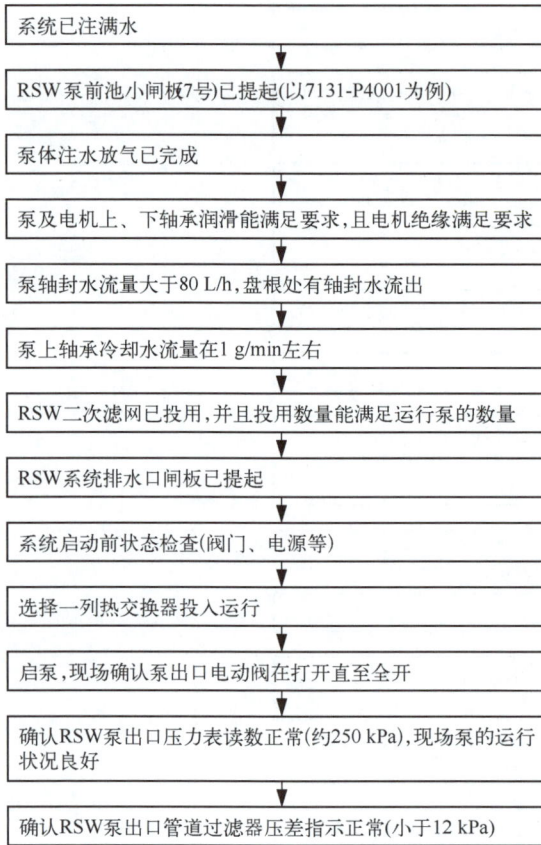

图 4-5-4　RSW 泵启动流程图

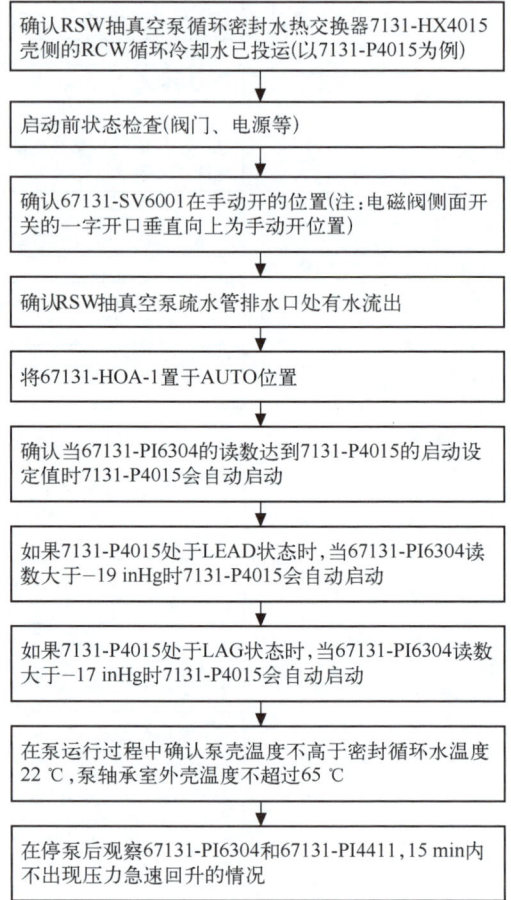

确认RSW抽真空泵循环密封水热交换器7131-HX4015壳侧的RCW循环冷却水已投运(以7131-P4015为例)

↓

启动前状态检查(阀门、电源等)

↓

确认67131-SV6001在手动开的位置(注:电磁阀侧面开关的一字开口垂直向上为手动开位置)

↓

确认RSW抽真空泵疏水管排水口处有水流出

↓

将67131-HOA-1置于AUTO位置

↓

确认当67131-PI6304的读数达到7131-P4015的启动设定值时7131-P4015会自动启动

↓

如果7131-P4015处于LEAD状态时,当67131-PI6304读数大于−19 inHg时7131-P4015会自动启动

↓

如果7131-P4015处于LAG状态时,当67131-PI6304读数大于−17 inHg时7131-P4015会自动启动

↓

在泵运行过程中确认泵壳温度不高于密封循环水温度22 ℃,泵轴承室外壳温度不超过65 ℃

↓

在停泵后观察67131-PI6304和67131-PI4411,15 min内不出现压力急速回升的情况

图 4-5-5　RSW 抽真空泵启动流程图

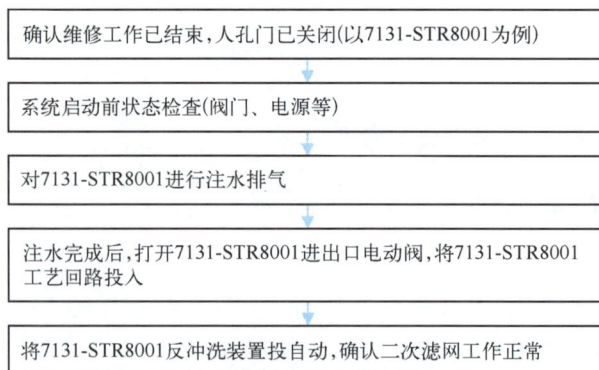

确认维修工作已结束,人孔门已关闭(以7131-STR8001为例)

↓

系统启动前状态检查(阀门、电源等)

↓

对7131-STR8001进行注水排气

↓

注水完成后,打开7131-STR8001进出口电动阀,将7131-STR8001工艺回路投入

↓

将7131-STR8001反冲洗装置投自动,确认二次滤网工作正常

图 4-5-6　RSW 二次滤网投运流程图

注:1. 只有在排气阀出口冒水且呈连续流后,才可保证二次滤网处于满水状态。

　　2. 在二次滤网投运过程中,就地和主控保持热线联系,一旦发生异常(如:投运后管线振动剧烈、相关管线出现海水泄漏、相关电动隔离阀开关响应异常等等),应立即汇报并进行正常的响应,确保设备不受到损坏。

- RCW 热交换器投运

具体程序参见 98-71310-OM-001 的 4.2.4 节。

注:在 RCW 热交换器投运过程中,就地和主控必须保持热线联系,一旦发生异常(如:投运热交换器振动超标、相关管线出现海水泄漏、相关电动隔离阀开关响应异常等等),应立即汇报并进行正常的响应,确保设备不受到损坏。同时考虑到可能对 RCW 系统产生扰动,投运过程中须严密监视 RCW 系统的运行情况。

- RSW 泵停运

具体程序参见 98-71310-OM-001 中的 4.4.2 节。

注:1. 如果机组处于正常运行,应确认停运一台 RSW 泵之后 RSW 系统的冷却能力是否能够满足机组运行要求,即海水温度高于 26 ℃时需 3 台 RSW 泵运行,海水温度低于 26 ℃时需 2 台 RSW 泵运行;

　　2. 如果在特殊情况下停泵后只有一台 RSW 泵运行,则需考虑停泵后前池旋转滤网冲洗水不可用、RSW 二次滤网反冲洗不可用,并且 CCW 泵油冷器需由备用冷却水系统提供冷却水。

- RCW 热交换器停运

具体程序参见 98-71310-OM-001 的 4.4.3 节。

注:1. 因本规程包含了热交换器 RCW 侧的隔离,所以在执行前要保证 RCW 运行泵台数少于 RCW 热交换器 RCW 侧投用列数,否则可能引起 RCW 系统水锤;

　　2. 隔离热交换器后应根据情况停运一台 RSW 泵以保持 RSW 泵的投运台数与热交换器投用台数一致,否则 RSW 运行泵振动将有所升高,对泵长期运行不利;

　　3. 隔离热交换器过程中需关注 RSW 和 RCW 系统的运行情况。

- RSW 二次滤网停运

具体程序参见 98-71310-OM-001 的 4.4.5 节。

注:停运 RSW 二次滤网过程中须关注 RSW 系统的运行情况。

- RSW 抽真空泵停运

具体程序参见 98-71310-OM-001 的 4.4.6 节。

- RSW 备用系统停运

具体程序参见 98-71310-OM-001 的 4.4.7 节。

4.5.4　异常运行工况

- RSW 二次滤网手动反冲洗

当 RSW 二次滤网自动反冲洗失效(出现故障报警)或 RSW 二次滤网压差大于 12 kPa 后仍然未执行自动反冲洗时,此时须对 RSW 二次滤网进行手动反冲洗。图 4-5-7 所示为 RSW 二次滤网控制盘盘面。

简要流程如图 4-5-8 所示,(以 1 号 RSW 二次滤网 7131-STR8001 为例),具体程序参见 98-71310-OM-001 的 5.1 节。

图 4-5-7　RSW 二次滤网控制盘盘面

```
┌─────────────────────────────────────────────┐
│ 如果1号RSW二次滤网控制盘顶部的综合故障报警灯亮,    │◀─────┐
│ 确认报警原因后,按下"故障复位"按钮67131-PB8103   │       │
└─────────────────────────────────────────────┘       │
              │                                         │
┌─────────────────────────────────────────────┐       │
│ 按下"停止"按钮67131-PB8102,确认其按钮背景灯亮    │       │
└─────────────────────────────────────────────┘       │
              │                                         │
┌─────────────────────────────────────────────┐       │
│ 将"手动-自动"操作手柄67131-HS8103置于"手动"位,  │       │
│ 确认"手动指示"灯67131-IL8101亮                   │      否
└─────────────────────────────────────────────┘    发WR处理
              │                                         │
┌─────────────────────────────────────────────┐       │
│ 将"排污阀开-关"操作手柄67131-HS8102置于"开"位   │       │
└─────────────────────────────────────────────┘       │
              │                                         │
        ╱────────────────────╲                         │
       ╱  30 s后确认排污阀       ╲────────────────────────┘
       ╲ 7131-MV4141 是否全开  ╱
        ╲────────────────────╱
              │是
┌─────────────────────────────────────────────┐
│ "排污阀开启"灯67131-IL8106亮                    │
└─────────────────────────────────────────────┘
              │
┌─────────────────────────────────────────────┐
│ 将"排污斗反转-正转"7131-HS8101置于"反转"位,    │
│ 确认"排污斗运行指示"灯67131-IL8105闪烁           │
└─────────────────────────────────────────────┘
              │
┌─────────────────────────────────────────────┐
│ 反冲洗结束后将"排污阀开-关"操作手柄67131-HS8102  │
│ 置于"关"位                                      │
└─────────────────────────────────────────────┘
              │
┌─────────────────────────────────────────────┐
│ 确认1号RSW二次滤网排污阀7131-MV4141全关,且       │
│ "排污阀关闭"灯67131-IL8107亮后将67131-HS8102和  │
│ 67131-HS8101置于中间竖直位                       │
└─────────────────────────────────────────────┘
              │
┌─────────────────────────────────────────────┐
│ 将"手动-自动"操作手柄67131-HS8103从"手动"置于    │
│ "自动"位,确认"手动指示"灯67131-IL8101灭,       │
│ 而"自动指示"灯67131-IL8102亮                     │
└─────────────────────────────────────────────┘
              │
┌─────────────────────────────────────────────┐
│ 按下"启动"按钮67131-PB8101,确认其按钮背景灯亮,   │
│ 1号RSW二次滤网开始第一轮自动反冲洗。(反冲洗过程中  │
│ "排污斗运行指示"灯67131-IL8105交替亮灭,整个反冲   │
│ 洗过程约需9 min18 s)                            │
└─────────────────────────────────────────────┘
              │
┌─────────────────────────────────────────────┐
│ 确认1号RSW二次滤网工作正常,67131-PL8001上        │
│ 无报警出现                                       │
└─────────────────────────────────────────────┘
```

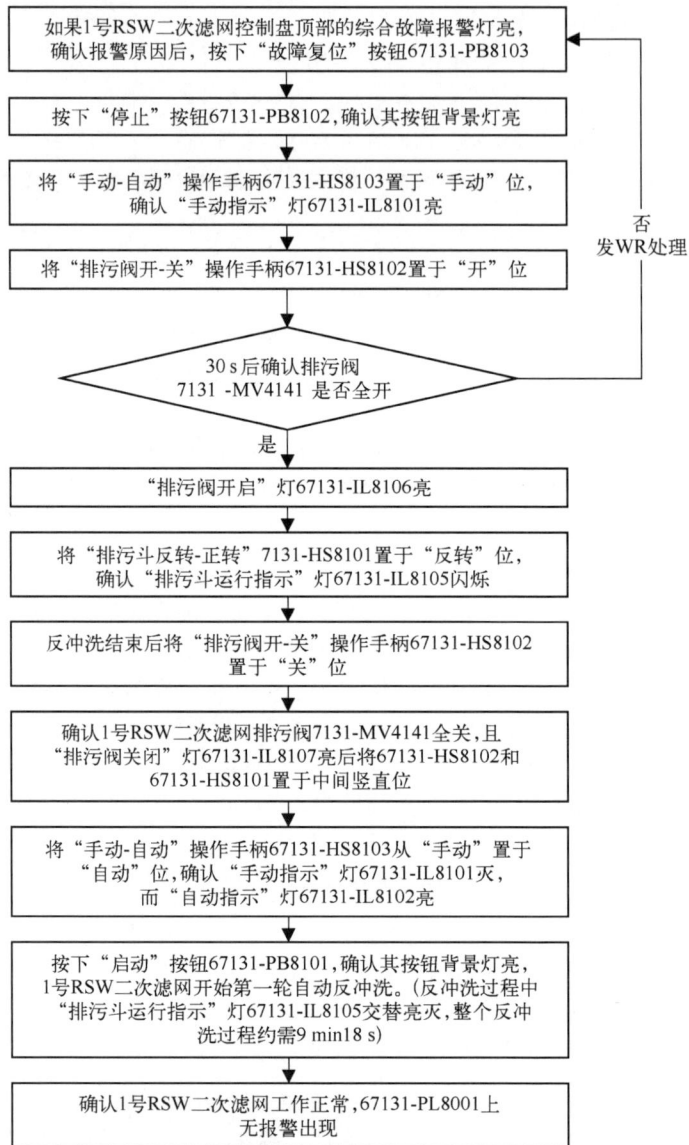

图 4-5-8　RSW 二次滤网手动反冲洗流程图

　　注:如果 7131-MV4141 没有全开而出现报警,则重新执行程序第 1 步,并且请维修人员检查处理 7131-MV4141;如果需要进行紧急反冲洗可以将 7131-MV4141 断电,再将 7131-MV4141 手动打开。

复习思考题

1. 简述 RSW 系统的功能。

参考答案:

原水供应系统用于在所有的设计和事故工况下,为再循环冷却水(RCW)的热交换器提供足够的冷却水;并且为汽轮机厂房及泵房中需要用海水冷却的系统和设备提供足够的冷却用水。

2. 简述 RSW 真空系统的作用。

参考答案:

RSW 系统利用虹吸的作用是在系统启动时建立真空;在系统正常运行过程中保持真空,以便降低对 RSW 泵的功率要求,提高泵的效率。

3. RSW 系统二次滤网反冲洗有哪几种启动方式?

参考答案:

• 间循环自动启动方式,其时间间隔可根据季节的变化和运行经验来确定和设置。

• 压差自动启动方式,根据某一过滤器的压差来启动,以处理过多的杂质负荷。

• 操纵员手动启动。

4. 在电厂正常运行时,RSW 为哪些系统和设备提供冷却水?

参考答案:

• CCW 泵润滑油齿轮变速箱冷却器;

• 循环冷却水(RCW)热交换器;

• 蒸发器排污系统;

• 旋转滤网冲洗泵供水;

• 泵房淤积控制;

• RSW 水泵密封备用水源。

5. 当 RSW 系统充水时,为什么要先对 RCW 侧充水?

参考答案:

先对 RCW 侧充水后再对 RSW 侧充水,以确保在发生泄漏时,泄漏是从热交换器的 RCW 侧漏向 RSW 侧,避免海水对 RCW 造成污染。

6. RSW 系统热交换器的 RSW 侧的进出口电动阀的供电电源分别由两个相对独立的电源供电,请简述原因。

参考答案:

电源的奇偶性的配置是为了确保在失去Ⅳ级电源时,仅靠一条Ⅲ级母线就可以隔离热交换器的 RSW 水,以限制 RSW 水流量。

7. RSW 系统备用泵自动启动的条件有哪些?

参考答案:

只要具备以下几个条件中的一个,备用泵就自动启动。

• 泵出口母管的压力降低到低压启泵设定值;

• 一台运行泵跳闸;

• 手动开关打到"ON"的泵启动失败。

第五章　再循环冷却水系统（71340）

内容介绍

课程名称：再循环冷却水系统
课程时间：4 学时

学员：现场操作员
学员条件：完成本系统的课堂部分培训

培训目标：

1. 系统设备的现场布置；
2. 掌握各参数测量点的现场位置和在系统流程中的位置；
3. 熟练掌握现场巡检内容，正常参数、报警值、异常和故障识别技巧和技能；
4. 系统上操作和巡检存在的一些安全提示和危害，风险警示、运行实践；
5. 正常、应急时的操作和异常的现场响应；
6. 参照 OF 能进行本系统的主要操作项目的模拟操作。

教学方式及教学用具：

培训方式：岗位培训

教员需要：

a. 流程图：98-71340-1-1-OF-A1；98-71340-1-2-OF-A1；98-71340-1-3-OF-A1；98-71340-1-4-OF-A1；98-71340-1-5-OF-A1；98-71340-1-6-OF-A1；98-71340-1-7-OF-A1；

b. 白板等。

考核方法：现场考核（实际操作和模拟相结合）、口试

5.1　系统设备

5.1.1　系统综述

再循环冷却水系统（RCW 系统）是一个封闭的除盐水冷却系统，用来向 R/B、S/B 和

T/B中由于水质或高压要求而不适合用海水来冷却的用户供水,对设备进行冷却。从电站设备吸收的热量通过 RCW 热交换器传递给重要海水冷却水系统(RSW 系统),并最终释放到大海之中。

每台机组主要包括 4 台卧式双吸单排离心泵和 4 台管壳式热交换器组成。在设计寿期内 RCW 系统要求保持连续运行,即便是在机组停堆大修期间,除非安全相关用户的冷却需求可以通过新的途径得到满足。

在电厂Ⅳ级电源有效的情况下,RCW 系统设计用来向电厂需要冷却的用户设备提供足够的冷却水;在失去电厂Ⅳ级电源的情况下,Ⅲ级电源将由两台备用柴油发电机带载,这时 RCW 系统需要向那些重要的确保反应堆安全的用户提供冷却水。

在电厂正常运行过程中,RCW 系统向下列系统及设备输送足够的冷却水。

T/B 内的设备:
- 发电机氢气冷却器和定子冷却器
- 汽轮机润滑油和 EHC 油冷却器
- 主给水泵
- 辅助给水泵
- 凝结水泵
- 仪用空气压缩机
- 隔离相母线冷却器
- 水质控制取样冷却器
- 厂用空压机(仅 1 号机组)
- 呼吸空压机(仅 1 号机组)
- 冷冻机冷却器
- 凝汽器启动真空泵冷却器
- 凝汽器维持真空泵冷却器
- CCW 水室抽真空泵冷却器
- RCW 热交换器 RSW 侧抽真空泵冷却器

S/B 内的设备:
- 端屏蔽冷却器热交换器
- 慢化剂净化系统热交换器
- D_2O 取样冷却器
- ECC 热交换器
- D_2O 升级塔(仅 1 号机组)
- 乏燃料池冷却热交换器

R/B 内的设备:
- 慢化剂热交换器
- 停冷热交换器
- HTS 净化冷却器
- R/B 的空气冷却器
- 压力与装量控制除气冷却器

- HTS 泵(轴承、空气冷却器、密封)
- LZC 热交换器
- 停冷泵
- 主慢化剂泵
- 换料机热交换器
- D_2O 收集箱排气冷却器
- D_2O 收集箱冷却器
- 压力与装量控制除气器排气冷却器
- 换料机油冷却器
- D 侧缓发中子探测器冷却器
- 上充泵
- 慢化剂覆盖气体热交换器
- D_2O 回收泵

图 5-1-1 所示为 RCW 系统简要流程。

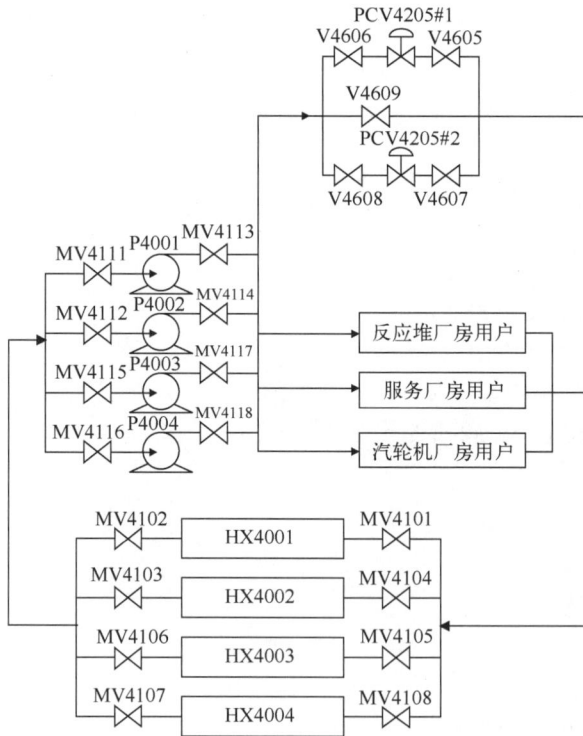

图 5-1-1   RCW 系统简要流程示意图

5.1.2   设备清单

- RCW 泵(见图 5-1-2)

RCW 系统配置了 4 台电机驱动、并列布置的双吸双蜗壳卧式离心泵(7134-P4001 至

P4004),位于 96.1 m 的 TB041 房间。每台 RCW 泵的设计流量为 132 498 L/min,额定工作压头 48.2 m。其中用于驱动的电机功率 1 300 kW,转速 742 r/min,电压等级 6 000 V。

图 5-1-2　RCW 泵

所有 RCW 泵的出口通过一条 54 英寸管道汇集到一起,然后送往各个 RCW 用户。

当由Ⅲ级电源供电时仅能运行 1~2 台泵,每台泵的流量增加到 170 343 L/min。在泵的出口设置一个旁路管线,通过控制阀控制出口的压力波动在额定值的±5%范围内。

· RCW 热交换器(见图 5-1-3)

图 5-1-3　RCW 热交换器

RCW 系统配备了 4 台管壳式热交换器(7134-HX4001 至 HX4004),位于汽轮机厂房辅助间标高 87.5 m 的 TB017 房间。其中壳侧为 RCW,流量 132 498 L/min;管侧为海水,流量 200 626 L/min。

RCW 将从电站设备吸收的热量通过 RCW 热交换器传递给重要海水冷却系统(RSW 系统),保证电站设备得到足够的冷却。管侧 RSW 海水的入口设计最高温度为 32 ℃,壳侧 RCW 的出口设计温度≤36.7 ℃。管壳侧的进出口压差均为 83 kPa。由于 RSW 系统的温度随着季节的变化而在 8 ℃和 32 ℃之间变化,因此 RCW 的温度也随之改变。在正常的运行工况下,2 台或 3 台热交换器投入运行,1 台备用。

· RCW 高位水箱(见图 5-1-4)

图 5-1-4　RCW 高位水箱(膨胀箱)

RCW 高位水箱(即膨胀箱)连接在 RCW 泵的吸入端上。该水箱用于维持 RCW 泵的吸入压头以及补偿系统温度变化引起的体积的变化。安装在 T/B 厂房的 125.25 m 标高的平台上(T601 区域),其排气管与室内大气相通。水箱的正常水位维持在 126 m 标高的位置(从水箱的底部开始为 0.76 m),可以提供大约 33.8 m 的静止压头。

· 过滤器

过滤器(7134-FR4001)为碳钢圆筒形过滤器,流通能力为 1 363 L/min,原过滤精度为 5 μm,后经运行验证,滤芯孔径为 5 μm 的过滤器投运后即会导致过滤器压差上升至满量程,而且滤芯骨架也被冲压变形,经过永久变更已将 RCW 系统旁路过滤器 FR4001 的滤芯孔径由 5 μm 改为 100 μm。该过滤器安装在 T/B 厂房内的 96.10 m 标高处(T041 房间)。无论是在Ⅳ级电源还是Ⅲ级电源供电时,该过滤器均投入运行。

· RCW 化学控制装置(见图 5-1-5)

为了控制 RCW 系统的 pH,设置了化学注入系统,它包括一台手动化学加药泵(7134-P4005),一台 246 L 的立式圆柱混合箱(7134-TK4002)和一个搅拌器(7134-MX4006)。由于 RCW 系统为一个闭式系统,在正常的运行工况下,要求系统的化学控制达到最小。

RCW 的水化学性质可以通过对水质的取样得到。当通过水质取样得出要求加入化学

图 5-1-5　RCW 化学控制装置

药物时,所需要的化学药物就在化学加药混合箱中混合,然后通过化学注入泵加入到系统中。

5.1.3　现场布置

1. 以下设备位于 RCW 泵房(T041)内:

4 台 RCW 泵(7134-P4001/P4002/P4003/P4004)

4 台 RCW 泵电机(7134-PM4001/PM4002/PM4003/PM4004)

8 个 RCW 泵进出口电动阀(7134-MV4111~MV4118)

1 个过滤器(7134-FR4001)

2. 以下设备位于 RCW 热交换器房间(T017)内:

4 台 RCW 热交换器(7134-HX4001/HX4002/HX4003/HX4004)

8 个 RCW 热交换器进出口电动阀(7134-MV4101~MV4108)

2 个 RCW 泵旁路压力控制阀(67134-PCV4205♯1/PCV4205♯2)

1 个化学加药混合箱(7134-TK4002)

1 台 RCW 化学加药泵(7134-P4005)

1 台 RCW 化学加药箱搅拌器(7134-MX4006)

3. RCW 高位水箱位于汽轮机厂房的 T601 区域,高位布置,是为了给 RCW 泵提供足够的静止压头。

4. 系统阀门的具体位置详见 98-71340-OM-001 的 4.5.1 节(正常运行时系统状态描述)。

5. RCW 系统的大部分温度控制阀(TCV)布置在热交换器的下游,目的是在热交换器中建立最大的冷却流压力。主慢化剂控制阀(63210-TCV6 和 8)和旁路阀(63210-TCV61 和 62)布置在慢化剂热交换器上游,避免热交换器中 H_2O 的压力比 D_2O 侧压力过高,如果热交换器传热管破裂时,不致使轻水流到慢化剂重水中去,从而引起重水浓度降级。

5.1.4　系统接口

消防水系统(71410):当 RCW 到主给水泵的冷却水流量低(FS4403/FS4404/FS4405 报警值:2.22 L/s)或者供水压力低(PS4401 报警值:400 kPa)时,120 s 延时后,主给水泵的冷却水会自动从 RCW 系统切换到消防水供水。

生活水系统(71510):当 RCW 到仪用(呼吸)空压机的冷却水供水压力低(PS4437 报警值:620 kPa)或者温度高(TS4438 报警值:36 ℃)时,5 s 延时后,空压机的冷却水将自动从 RCW 切换到生活水系统供给。

当 RCW 高位水箱液位降至 575 mm,且高位水箱除盐水补给阀 67134-LCV4202♯1 或 67134-LCV4202♯2 都处于全开位时,自动开启高位水箱生活水补给阀 67134-PV4201,用生活水向高位水箱以 189 L/min 的流量补水。

在应急情况下,如膨胀节破裂等,高位水箱液位快速下降,当液位降至 450 mm 时,相对应的液位开关自动触发启动生活水泵 7151-P4001 或 7151-P4002,然后自动打开 RCW 生活水应急补水阀 67134-PV4204,将生活水以 1 818 L/min 的流量直接注入 RCW 泵入口总管,以维持系统压力。

冷冻水系统(71910):在正常运行情况下,如果利用 RCW 进行冷却不能将核岛 R107 房间的温度维持在 40.7 ℃ 以下,就需要手动将 LAC9,10 的冷却水切换到冷冻水供给。

EWS 系统(34610):在事故工况下,当 RCW 系统不可用时,ECC 热交换器的冷却水将由 EWS 系统提供。

除盐水系统(71650):作为 RCW 高位水箱正常补水回路,通过高位水箱除盐水补给阀 67134-LCV4202♯1 或 67134-LCV4202♯2 将 RCW 高位水箱液位控制在 760 mm 左右。

在加药混合箱 7134-TK4002 上方接入一根除盐水管线,用于对加药混合箱 7134-TK4002 补水稀释药品,搅拌均匀后将药品通过化学注入泵 7134-P4005 加入 RCW 系统。另外在加药结束后,用于冲洗加药管线,防止管线腐蚀。

5.1.5　就地盘台

1.RCW 系统氢气冷却器入口母管压力控制器(见图 5-1-6)。

位于 T/B 94.7 m 层顶轴油泵对面。巡检要求确认压力设定值与实际压力指示值一致,否则发工作申请。

2.厂用压空系统空压机冷却水压力控制器

位于冷冻机房间内。控制器外形和 RCW 系统氢气冷却器入口母管压力控制器基本一样,巡检要求确认压力设定值与实际压力指示值一致,否则发工作申请。

5.1.6　取样点

系统取样点在任意运行 RCW 泵的入口取样阀处,此处样品具有代表性。由化学人员

图 5-1-6　RCW 系统氢气冷却器入口母管压力控制器

一周取样一次,分析 RCW 水质是否合格。如不合格,由化学人员配药,再由运行人员执行加药操作,确保 RCW 水质达标。

5.2　系统参数

系统参数详见表 5-2-1 所示。

表 5-2-1　系统参数表

仪表名称	单　位	正常值	报警值	仪表号 (现场位置)	量程/ 自动动作
1号 RCW 泵出口压力表	kPa	700±20 (如果泵运行)	N/A	67134-PI4301 (T041 房间)	0～1 600
2号 RCW 泵出口压力表	kPa	700±20 (如果泵运行)	N/A	67134-PI4302 (T041 房间)	0～1 600
3号 RCW 泵出口压力表	kPa	700±20 (如果泵运行)	N/A	67134-PI4303 (T041 房间)	0～1 600
4号 RCW 泵出口压力表	kPa	700±20 (如果泵运行)	N/A	67134-PI4304 (T041 房间)	0～1 600
RCW 泵出口母管压力表	kPa	670±20	N/A	67134-PI4312 (S326 房间)	0～1 000
RCW 泵出口母管压力变送器	kPa	670±20	N/A	67134-PT4312 (T041 房间)	N/A
RCW 泵出口母管压力开关	kPa	N/A	↑828	67134-PS4310 (T045 房间)	压力高报警

续表

仪表名称	单 位	正 常 值	报 警 值	仪表号 (现场位置)	量程/ 自动动作
RCW 泵出口母管压力开关	kPa	N/A	↓580	67134-PS4311 (T045 房间)	30 s 延时 自启备用泵
RCW 泵出口母管压力开关	kPa	N/A	↓580	67134-PS4314A/B/C (T045 房间)	50 s 延时,LOAD SHELDING
RCW 在线过滤器压差表	kPa	<138	N/A	67134-PDI4317 (T041 房间)	0～200
RCW 在线过滤器压差开关	kPa	N/A	↑138	67134-PDS4316 (T041 房间)	压差高报警
RCW 泵出口母管供水温度表	℃	10～36.5	N/A	67134-TI4313 (S326 房间)	0～80
RCW 泵出口母管供水温度变送器	℃	10～36.5	N/A	67134-TT4313 (T045 房间)	N/A
RCW 泵出口母管供水温度开关	℃	N/A	↑35.5	67134-TS4313 (T045 房间)	温度高报警
RCW 系统补水流量开关	L/s	N/A	↑4.1	67134-FS4308 (T501 区域)	N/A
RCW 高位水箱就地液位指示计	mm	760±20	N/A	67134-LG4300 (T601 区域)	100～2 000
RCW 高位水箱液位开关	mm	N/A	↓575	67134-LS4307♯2 (T601 区域)	高位水箱生活水补水阀自动打开
RCW 高位水箱液位开关	mm	N/A	↓450	67134-LS4307♯3 (T601 区域)	生活水应急补水阀自动打开、备用生活水泵自启
RCW 高位水箱液位开关	mm	N/A	↑1900	67134-LS4307♯1 (T601 区域)	处于开启的高位水箱生活水补水阀自动关闭

注:其他系统用户相关表计详见 98-71340-OM-001 的 4.5.2 节(正常运行时系统参数清单);N/A 表示无此内容。

5.3　风险警示和运行实践

5.3.1　风险警示

5.3.1.1　人员风险

- RCW 系统水质通过添加联胺和氢氧化锂来维持 pH 在 10 以上,所以在进行相关操作时要避免将这些化学添加剂溅到眼睛或者皮肤上。如一旦皮肤或眼睛接触到RCW水,则马上需要用生活水冲洗。

- 如果用户热交换器的传热管发生泄漏(比如慢化剂热交换器)会导致RCW系统包含重水和氚污染,从而使得系统可能带有放射性危害。
- RCW系统部分设备位于核岛内高辐射、高氚区域,如果要进入这些区域,必须采取必要的辐射防护措施。
- 在对RCW热交换器RCW侧进出口电动阀和部分排气阀进行操作或确认时,需攀爬竖梯或搭设的脚手架,应防止跌落摔伤。
- 在运转设备旁工作时注意工作保护,以免碰到或卷入运转设备受伤。
- 在对RCW泵电机开关送电或测试绝缘时,应严格遵守规程,以免人员触电。

5.3.1.2　设备风险

- 部分RCW系统管道位于室外,冬季可能会被冻结。为避免这一点,室外管道必须正确保温。
- RCW泵在启动之前必须进行充分的注水和排气,以防止泵产生气塞和系统压力的扰动。
- RCW系统初次启动之前必须进行充分的注水和排气,以防止由于系统内存在气体而产生的水锤和压力波动对系统设备,特别是对热交换器和RCW泵进出口膨胀节造成的损坏。
- RCW热交换器的管侧(RSW侧)注水之前,首先要确认壳侧(RCW侧)已经满水,以防止海水进入RCW系统;同时在壳侧(RCW侧)投运之前,必须要确认管侧(RSW侧)已经满水,以防止传热管振动,从而引起热交换器泄漏。
- 部分RCW用户热交换器的一次侧(用户侧)必须在二次侧(RCW侧)注水之前进行注水,以防止轻水泄漏到用户侧,引起重水降级,同时防止传热管振动造成热交换器泄漏。这些用户热交换器包括:慢化剂热交换器3211-HX1/HX2、停冷热交换器3341-HX1/HX2、主热传输热交换器3335-HX2和除气冷凝器冷却器3332-HX1。
- 在RCW泵启动之前,首先必须确认RCW热交换器RCW侧投运的数目与RCW泵运行的总数目相同,以降低系统发生水锤的可能性,保护系统和设备。
- RCW泵在环境温度下,可以连续启动两次,然后等待一小时进行下次尝试;在运行温度下,RCW泵只可以再启动一次,然后等待1小时进行下次尝试。

5.3.2　运行实践

1. 在RCW系统运行期间,生活水的备用补水必须保持可用。所有备用水源必须进行定期检查,巡检小神探路线里有安排。

2. 在对RCW泵体及系统用户注水时,应缓慢操作,且保持与主控的热线联系。根据以往操作经验,注水过快,会引起RCW系统压力的波动、运行泵的剧烈振动,甚至有停机、停堆的风险。在操作过程中,一旦有异常,应立即恢复至操作前初始的安全状态。

3. 有些RCW系统用户RCW侧管线没有安装排气阀,此类用户管径很小(如辅助给水泵、EHC油冷却器等)。如果经过检修后需要充水放气,应缓慢地将管线内的气体赶到RCW系统中去,最终通过高位布置的RCW高位水箱排出。在排气过程中,应严密监视

RCW 系统的运行情况，一旦发生异常，应立即停止操作。（此类情况一般在机组大小修时较为常见，机组正常运行时风险较大。）

4. RCW 系统在Ⅳ级电源和失去Ⅳ级电源的情况下，必须满足用户负荷的设计流量需求，包括在事故工况下的需求，除非有辅助的水源可用。

5. RCW 系统的最低允许温度是 10 ℃，这一温度限值没有相关报警信息。低于这一温度，可能会产生重水冰冻现象。为此，RCW 系统的温度正常必须维持在 10～36.7 ℃之间。

6. 任何时间，运行 RCW 泵的数量都不能超过 RCW 热交换器 RCW 侧的通道数目，以降低系统发生水锤的概率。

7. 在对液体区域控制热交换器 3481-HX1 进行隔离操作时，不能利用 7134-V82 进行隔离，因为这一阀门仅是用来保证到热交换器的设计流量。

8. 根据海水温度的变化情况，将 RCW 在系统正常运行期间的运行模式定义为如下三种：

- 单台 RCW 热交换器换热模式——当海水温度低于 10 ℃时适用。在此模式下，两台 RCW 泵运行，一台 RCW 泵备用，两列 RCW 热交换器的 RCW 侧投运，两列 RCW 热交换器的 RSW 侧投运，但相互只有一列热交换器正常换热；
- 两台 RCW 热交换器换热模式——当海水温度在 10～26 ℃之间时适用。在此模式下，两台 RCW 泵运行，一台 RCW 泵备用，两台 RSW 泵运行，两列 RCW 热交换器投运（包括 RCW 侧和 RSW 侧）；
- 三台 RCW 热交换器换热模式——当海水温度高于 26 ℃时适用。在此模式下，三台 RCW 泵运行，第四台 RCW 泵备用，三台 RSW 泵运行，三列 RCW 热交换器投运（包括 RCW 侧和 RSW 侧）。

9. 在系统低温模式运行期间，如果 7134-P4001 运行，则在 7134-P4001 运行期间 RCW 系统的温度指示要以运行的冷冻机盘台指示的冷却水温度为准。

10. 正常情况下，运行的两台 RCW 泵应该分别位于奇偶两段Ⅲ级母线上。

11. RCW 热交换器投运之前，必须确认该热交换器的 RCW 侧已经满水。

12. RCW 系统用户和设备投运之前必须确认用户热交换器和设备的 RCW 侧已经满水。

13. 因为 RCW 是一个闭式系统，如果系统装量的损失超过系统自动补水的能力，将会造成系统压力的波动，并对运行 RCW 泵的振动产生明显的影响。所以在对系统设备和热交换器注水的过程中，需要遵循以下原则：

- 尽量避免同时对两台以上设备或热交换器注水；
- 尽量使用设备或热交换器的注水阀门（如有）进行注水；
- 无注水阀门的设备或热交换器在注水时尽量使用出口侧隔离阀门进行注水；
- 对注水开启阀门的开度进行限制，并通过 67134-LC4202（参考值 500）密切监视高位水箱的液位，保证高位水箱的除盐水自动补水可以维持高位水箱的液位；
- 注水过程中排气点尽可能选取设备或热交换器可以用于排气的最高位置。比如 ECC 热交换器的注水可以把入口压力表 67134-PI7563/7564 的排污堵头用作排气点。

14. 对于备用状态的 RCW 泵，如果泵的出口压力表指示低于 240 kPa，需要重新进行排气操作,保证备用 RCW 泵处于满水状态。

15. 在 RCW 泵需要进行检修时,应该靠关闭注水一次阀(7134-V4311,V4313,V4315 和 V4317)来隔离注水管线。

16. 在 RCW 系统正常运行过程中,旁路压力控制阀 7134-PCV4205♯1 和♯2 的平均开度应该控制在 22%～64%。如果低于 22%,则需要另外启动一台 RCW 泵;如果海水温度小于 26 ℃且阀门开度大于 64%,则需要停运一台 RCW 泵。(注:阀门开度采用的是主控 AI 显示的百分数开度,而现场阀门上的开度是用角度表示的,它们之间的关系为:阀门百分数开度＝现场阀门角度开度/0.9)。

17. RCW 高位水箱液位控制器 67134-LC4202 设定值 500,代表 7134-TK4001 液位为 760 mm,量程 0～1 000 对应 7134-TK4001 的液位范围为 582～938 mm,所以 67134-LC4202 满量程指示并不意味着 RCW 高位水箱满水;67134-LC4202 零指示也不表示 RCW 高位水箱已经排空。

18. 在 RCW 泵启动过程中,如果其进口或出口电动阀门的开度在 20 秒内达不到 25% 满行程,则泵自动跳闸。

19. 在停堆期间,用户热交换器冷却水的隔离阀门状态根据用户自身的要求来进行。

20. RCW 泵在正常停运时使用泵的辅助停泵开关 67134-HS8001～8004,在紧急情况下停泵时使用控制开关 67134-HS4001～4004。

5.3.3　变更

• RCW 泵的常规盘根变更为泥状软填料

变更目的:

原先 RCW 泵用的常规盘根故障率非常高,经常出现盘根漏水过大或盘根过紧摩擦发热烧毁,所以将常规盘根变更为泥状软填料盘根以解决上述问题。

变更内容:

将 RCW 泵的常规盘根换成泥状软填料,该种盘根是由纤维、高纯度石墨、聚四氟乙烯、有机密封剂 4 种不同材料混合而成,为胶泥状混合体,具有摩擦系数低,混合体分子间吸引力小的特点。在轴运转过程中,材料中的纤维会缠绕在轴上,并随轴同步转动,形成一个旋转层,此旋转层可以起到保护轴的作用,避免了轴的磨损,也就不需要更换轴套。随着旋转层直径的逐步增大,轴对纤维的缠绕能力逐步减小,没有与轴缠绕在一起的部分材料,与填料腔内壁保持相对静止,从而形成一个不动层。这样,摩擦区域就形成在材料内部,而不是材料与轴之间。先前用的普通盘根因为填料与轴套之间产生较大的摩擦热,所以必须采用冷却水进行冷却。而新型的泥状填料由于摩擦区域在材料之间,产生的热量较小,利用系统内泄漏出来的一点水便可将热量带出,因而可将外部的冷却水回路省掉。

• RCW 系统母管压力控制回路改造

变更目的:

在原设计中,RCW 系统母管压力采用一台气动基地式调节器同时控制两台并联的气动调节阀的控制方式,在该方式中存在两个明显的缺陷:1) 控制设备不满足单一故障准则;2) 控制设备的精确度低,设备的可靠性差。为解决原设计存在的不足,改造后的控制系统要满足单一故障准则,控制设备采用冗余配置;控制系统的精确度高、设备的稳定性和可靠性好。

变更内容:

使用三台智能式压力变送器同时对 RCW 系统母管压力进行检测,将三台压力变送器输出的 4～20 mA 模拟信号通过控制电缆送到主控室设备间(S328)的 67134-PL8001[RCW 系统的 DCS 机柜]内,DCS 系统通过软件程序对三台压力变送器的输出信号进行质量判断,选择其中一台压力变送器的输出信号作为 DCS 系统压力控制器的输入信号。原则上在三台压力变送器工作正常时,选取三个测量值的中间值作为 DCS 系统压力控制器的输入值,即"三选中方案"。

DCS 系统输出两路独立的 4～20 mA 模拟信号,通过控制电缆分别送到控制 67134-PCV4205♯1、67134-PCV4205♯2 的智能式阀门定位器(67134-PY4205♯1 和 67134-PY4205♯2)上,智能阀门定位器将 4～20 mA 的模拟信号转换为控制双气缸气动执行机构工作的气信号去控制气动调节阀。

为监测两台气动调节阀的工作情况,在 DCS 系统控制柜内安装两台 HART 信号译码器(67134-ZY4025♯1 和 67134-ZY4205♯2),HART 信号译码器将智能式阀门定位器检测到的阀门实际开度信号转换为 4～20 mA 的模拟信号送 DCS 系统进行阀位显示。

DCS 系统采用奇、偶通道两路二级电源供电,交流电源电压:220 V,频率:50 Hz,每路电源额定功率:1.5 kVA。为监测两路电源的工作情况,在 DCS 系统机柜内安装有两个失电报警继电器,失电报警继电器输出的开关信号送 DCS 系统进行失电报警显示。

DCS 系统输出 RCW 系统母管压力信号、PCV4205♯1 和 PCV4205♯2 的阀位信号、控制系统总的故障报警信号去 DCC 系统。

· RCW 应急补水变更

变更目的:

RCW 系统应急补水设计的目的在于补偿系统大的泄漏,从而维持系统的正常运行。RCW 应急补水逻辑触发的条件是当高位水箱的水位从正常的 760 mm 下降至 450 mm 时,将生活水直接补入到 RCW 泵入口母管。高位水箱有两路补水,一路为除盐水,补水能力为 3.17 L/s;另一路为备用生活水,补水能力也为 3.17 L/s。这两路补水都是直接补入高位水箱,然后依靠重力通过水箱底部的管道补入 RCW 泵入口母管。由于在高位水箱到 RCW 泵入口母管的补水管线上有一个 1.2 英寸的节流孔板,这限制了 RCW 高位水箱到系统的补水能力,根据计算和实际测量的读数,该孔板的最大流通能力小于 6 L/s。因此当两路正常水箱补水同时开启时,水箱的水位不可能降至 450 mm 从而触发应急补水逻辑,这在以往 RCW 系统失水事故中已经得到过验证。只有在一路或两路正常补水失去的情况下,才可能触发应急补水逻辑。另一方面,由于 RCW 系统是一个封闭的水实体系统,一旦系统发生泄漏而造成装量损失或大用户进行大流量注水操作,都会引起系统压力迅速下降,而高位水箱水位下降需要一定时间,在这期间,很可能已经触发了系统低压力保护的相关逻辑,从而可能造成停机、停堆。

变更内容:

在 RCW 生活水应急补水阀 67134-PV4204 上游增加一个压力调节阀 67134-PRV8204,确保在应急补水动作期间阀后压力可以稳定在(315±15)kPa 左右;增加 RCW 应急补水根据高位水箱向系统高补水流量信号(4.1 L/s)触发的逻辑,另外在主控室增加一个控制开关 67134-HS8204,用来在高位水箱高液位(1 900 mm)条件下,手动复位该手柄才能终止应急补水,确保应急补水的可靠性;在应急补水管线上增加一块压力表及压力信号线。

图 5-3-1 所示为应急补水改造后示意图。

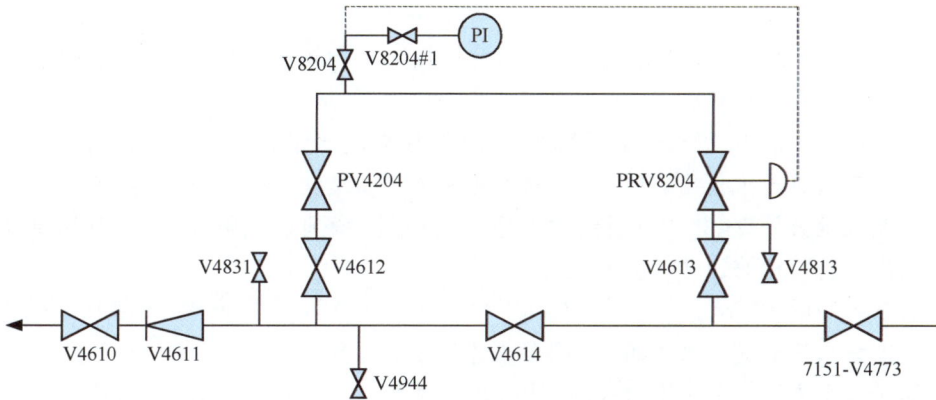

图 5-3-1　应急补水改造后示意图

- 增设 RCW 泵辅助停泵开关

变更目的：

在 RCW 泵的原设计中,其进出口两个电动阀门的开关和泵的启停是同步进行的。同时四台 RCW 泵并列布置,在每台泵的出口电动阀门之前都有一个逆止阀。这样的布置和设计造成的后果就是,在 RCW 泵停运后,其出口电动阀门需要 45 s 左右时间才会关闭,泵出口逆止阀由于泵出口母管仍然存在的高压力而在瞬间关闭,阀板回座对运行 RCW 泵的振动和管道产生很大的冲击,对系统的长期安全、可靠运行存在严重影响。

变更内容：

对 RCW 泵的停泵方式进行了修改,为每台 RCW 泵增设一个辅助停泵开关,通过这个辅助开关在 RCW 泵停运时,首先关闭 RCW 泵的出口电动阀门,待阀门全关时,再停运 RCW 泵。这样就消除了泵出口逆止阀回座时产生的巨大冲击。经过实践证明,这种停泵方式对系统管道和运行泵的振动影响非常小;停泵过程系统压力的变化幅度变小,且相对平缓。

- RCW 泵注水改造

变更目的：

原来 RCW 泵在检修后注水时没有专用的注水管线,只能通过手动摇开 RCW 泵入口电动蝶阀很小的开度来注水,不好控制注水流量,当注水流量过大时,会导致运行 RCW 泵振动增大。同时由于 RCW 泵入口静压头的急剧减少造成系统压力降低,甚至会造成机组停机、停堆。在改造之前就发生过因注水阀(RCW 泵入口电动蝶阀)开度过大导致机组停机、停堆的事件——因 RCW 系统压力低导致 2 号机组强迫停堆。

变更内容：

从 RCW 泵入口电动蝶阀前放气管线与电动蝶阀后放水(平时取样用)管线经一个三通相连接,在三通的另一端加装一个手动阀。注水管线的管径很小(3/8 in),在注水时即使同时全开前后两个手动隔离阀也不会影响 RCW 系统的正常运行。

5.4　技　能

1.根据运行经验,在系统正常运行时运行人员除小神探巡检要求外还应特别关注以下事项:

- 对于运行中的 RCW 泵:盘根甩水量正常,如果甩水量较大,应确认盘根漏水接水槽下端疏水管出水正常,同时确认接水槽内积水未超过中心线处的溢流孔,否则应立即联系维修处理,并进行后续的响应(如盘根已紧到最大限度,应及时切泵,将泵隔离出来进行检修—更换盘根)。
- 对于备用的 RCW 泵:确认泵出口压力不低于 240 kPa,如低于 240 kPa 应汇报主控立即派人进行充水放气操作,确保泵体处于满水状态。
- 对于 2 个 RCW 旁路压力控制阀:压空管线无漏气现象;管线振动无异常。

2.考虑到 RCW 系统的重要性,在对系统所有手动隔离阀进行开关操作时应注意以下事项:1)严禁使用 F 扳手进行操作,只允许靠人力打开或关闭手动隔离阀,特别是疏水阀,RCW 系统是需要连续不间断运行的系统,有些重要阀门一旦损坏,会影响到 RCW 系统或系统用户的可用性,甚至可能影响机组的安全可靠运行。如果人力无法操作,可在维修人员的指导下进行,避免使用 F 扳手对阀门造成硬损伤;2)在全开手动隔离阀后,应回关半圈,防止阀门卡涩。

3.系统电动蝶阀的手动/自动切换操作:当需要对设备(如:RCW 泵、RCW 热交换器等)进行维护或检修隔离疏水时,由于电动蝶阀在电动关闭的情况下不可能隔离得非常严密,此时需要手动摇紧电动蝶阀,这样既可确保检修工作的顺利进行,同时也防止系统装量的流失造成 RCW 系统压力的波动,确保 RCW 系统的可靠运行。具体操作步骤如下:1)确认电动蝶阀的 MCC 开关已断开;2)将电动蝶阀的手动/自动切换手柄由"MOTOR"改置"HAND",手动操作手轮(如图 5-4-1),顺时针方向摇紧;3)将电动蝶阀的手动/自动切换手

图 5-4-1　电动蝶阀

柄由"HAND"改置"MOTOR"，再用安措锁穿过锁定孔（如图 5-4-2），将其锁定在"MOTOR"位置，防止人为误开阀门。

图 5-4-2　电动蝶阀

4. 本系统绝大部分温控阀都属于系统用户内的设备，涉及的控制和操作特性请参考相对应系统的初级培训教材。

5.5　主要操作

5.5.1　系统停役、复役

5.5.1.1　RCW 系统启动

具体程序参见 98-71340-OM-001 的第 4.1.2 节，简要流程如图 5-5-1 所示。

注：只有在排气阀出口冒水且呈连续流后，才可保证设备处于满水状态。

5.5.2　设备切换

5.5.2.1　运行模式切换

这里详细介绍系统从两台热交换器换热模式向三台热交换器换热模式切换，一般在夏天海水温度较高时使用该模式。其他三种模式切换大同小异。

具体程序参见 98-71340-OM-001 的 4.3.1.3 节，简要流程如图 5-5-2 所示。

注：只有在排气阀出口冒水且呈连续流后，才可保证设备处于满水状态。

5.5.2.2　RCW 泵切换

这里详细介绍系统在两台热交换器换热模式下的 RCW 泵切换，其他两种模式下的 RCW 泵切换方法大同小异。

确认生活水系统(71510)、除盐水分配系统(71650)、
仪用压空系统(75120)可用

↓

Ⅰ、Ⅱ、Ⅲ和Ⅳ级电气系统可用

↓

RSW系统(71310)已投入

↓

RCW系统无影响系统启动的隔离阀门检修工作或工作已
经完成

↓

RCW热交换器至少有两台可用且RSW侧注水已完成

↓

RCW旁路压力控制阀PCV 4205 #1/#2至少一个可用

↓

系统启动前状态检查(阀门、电源等)

↓

对需要投运的两列热交换器、RCW系统主要管线及待投
运的用户RCW侧进行充水排气,确保满水

↓

确认RCW旁路压力控制阀7134 -PCV 4205 #1和(或)#2
投运

↓

投运两列RCW热交换器RCW侧

↓

启动第一台RCW泵,确认泵运行正常,系统压力控制正
常在(670±20) kPa,RCW高位水箱液位稳定在760 mm

↓

启动第二台RCW泵,需检查项同第一台泵一样

↓

逐个投运RCW系统待投用户,直至全部投入

↓

将第三台RCW泵的控制手柄置于STANDBY位置

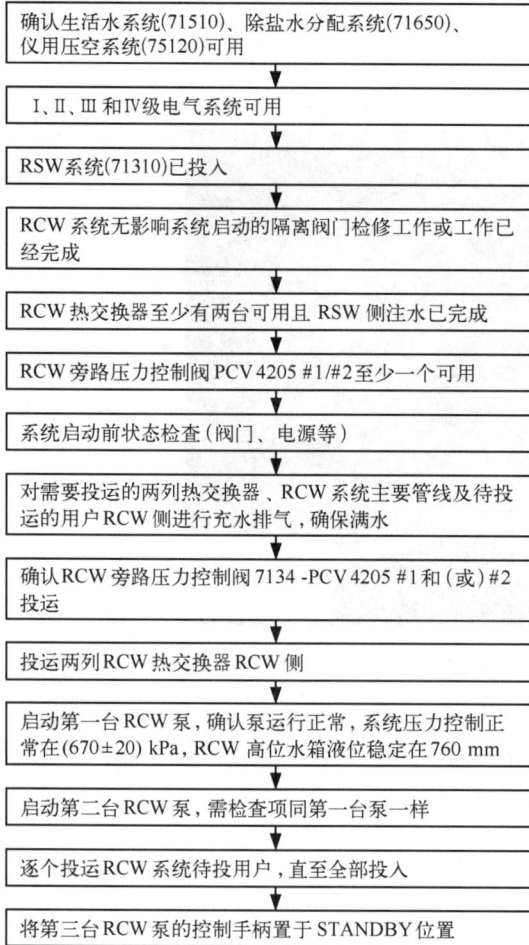

图 5-5-1　RCW 系统启动流程图

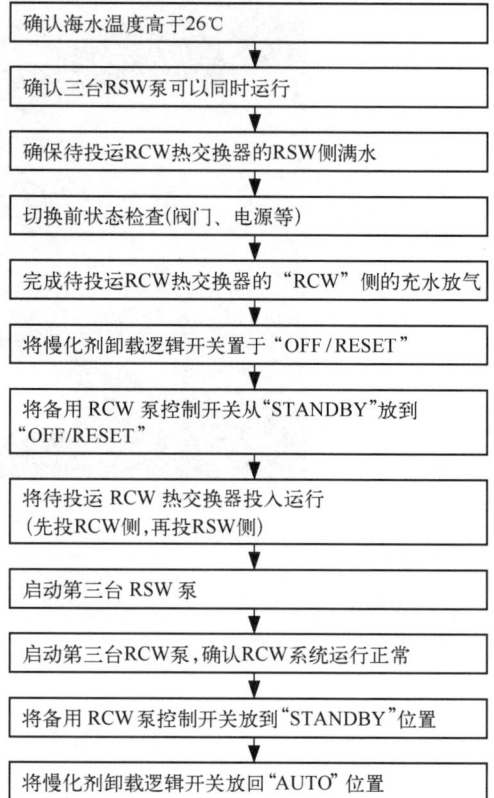

确认海水温度高于26℃

↓

确认三台RSW泵可以同时运行

↓

确保待投运RCW热交换器的RSW侧满水

↓

切换前状态检查(阀门、电源等)

↓

完成待投运RCW热交换器的"RCW"侧的充水放气

↓

将慢化剂卸载逻辑开关置于"OFF/RESET"

↓

将备用RCW泵控制开关从"STANDBY"放到
"OFF/RESET"

↓

将待投运RCW热交换器投入运行
(先投RCW侧,再投RSW侧)

↓

启动第三台RSW泵

↓

启动第三台RCW泵,确认RCW系统运行正常

↓

将备用RCW泵控制开关放到"STANDBY"位置

↓

将慢化剂卸载逻辑开关放回"AUTO"位置

**图 5-5-2　两台热交换器换热模式向
三台热交换器换热模式切换流程图**

具体程序参见 98-71340-OM-001 的 4.3.2.2 节,简要流程如图 5-5-3 所示。

注:1. 切换过程第三列 RCW 热交换器两侧投运的时间不应超过半小时;

2. 在投运待投热交换器之前应按照规程将备用 RCW 泵控制开关由 STANDBY 改至 OFF/RESET 位置,否则则可能由于系统压力的波动造成备用 RCW 泵的误启动;

3. 切换完成后,保持运行的两台 RCW 泵应该分别在奇偶母线上。

5.5.2.3　RCW 热交换器切换

具体程序参见 98-71340-OM-001 的 4.3.3 节,简要流程如图 5-5-4 所示。

注:1. 只有在排气阀出口冒水且呈连续流后,才可保证设备处于满水状态;

2. 在投运待投热交换器之前应按照规程将备用 RCW 泵控制开关由"STANDBY"改至"OFF/RE-SET"位置,否则则可能由于系统压力的波动造成备用 RCW 泵的误启动。

确认海水温度高于10℃且低于26℃

↓

确认海水潮位大于87 m

↓

确保待投运RCW热交换器的RSW侧满水

↓

切换前状态检查(阀门、电源等)

↓

完成待投运RCW热交换器的RCW侧的充水放气

↓

将慢化剂卸载逻辑开关置于OFF/RESET

↓

将备用 RCW 泵控制开关从"STANDBY"放到"OFF / RESET"

↓

将待投运 RCW 热交换器投入运行
(先投 RCW 侧，再投 RSW 侧)

↓

启动第三台RCW泵,确认运行正常

↓

停运需停役的RCW泵,确认RCW系统运行正常

↓

隔离之前投运的一台RCW热交换器

↓

将备用 RCW 泵控制开关放到"STANDBY"位置

↓

将慢化剂卸载逻辑开关放回"AUTO"位置

图 5-5-3　RCW 泵切换流程图

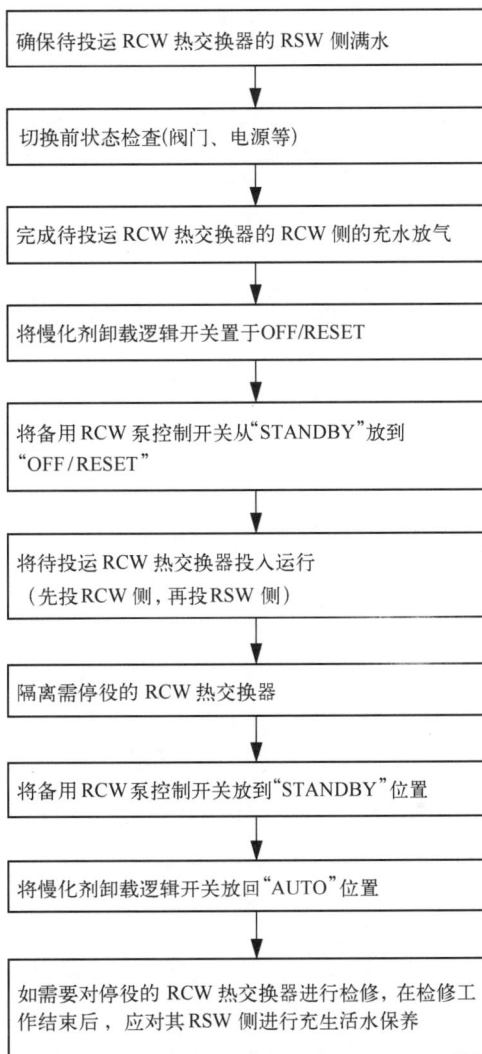

确保待投运 RCW 热交换器的 RSW 侧满水

↓

切换前状态检查(阀门、电源等)

↓

完成待投运 RCW 热交换器的 RCW 侧的充水放气

↓

将慢化剂卸载逻辑开关置于OFF/RESET

↓

将备用 RCW 泵控制开关从"STANDBY"放到"OFF/RESET"

↓

将待投运 RCW 热交换器投入运行
(先投 RCW 侧，再投 RSW 侧)

↓

隔离需停役的 RCW 热交换器

↓

将备用 RCW 泵控制开关放到"STANDBY"位置

↓

将慢化剂卸载逻辑开关放回"AUTO"位置

↓

如需要对停役的 RCW 热交换器进行检修，在检修工作结束后，应对其 RSW 侧进行充生活水保养

图 5-5-4　RCW 热交换器切换流程图

5.5.3　单设备停役、复役操作

5.5.3.1　RCW 泵注水

具体程序参见 98-71340-OM-001 的 4.2.3 节,简要流程如图 5-5-5 所示。

注:1. 只有在排气阀出口冒水且呈连续流后,才可保证泵体处于满水状态;

　　2. 在充水排气期间,必须保持与主控的热线联系,由主控监视系统的补水流量、运行泵的振动等参数,一旦出现异常,应立即停止操作。

5.5.3.2　RCW 泵启动

具体程序参见 98-71340-OM-001 的 4.1.1 节,简要流程如图 5-5-6 所示。

注:1. 只有在排气阀出口冒水且呈连续流后,才可保证泵体处于满水状态;

　　2. 在充水排气期间,必须保持与主控的热线联系,由主控监视系统的补水流量、运行泵的振动等参

数,一旦出现异常,应立即停止操作;

3. 如果 RCW 泵启动后 20 s,其进口或出口电动阀门的开度达不到 25%满行程,则泵自动跳闸。

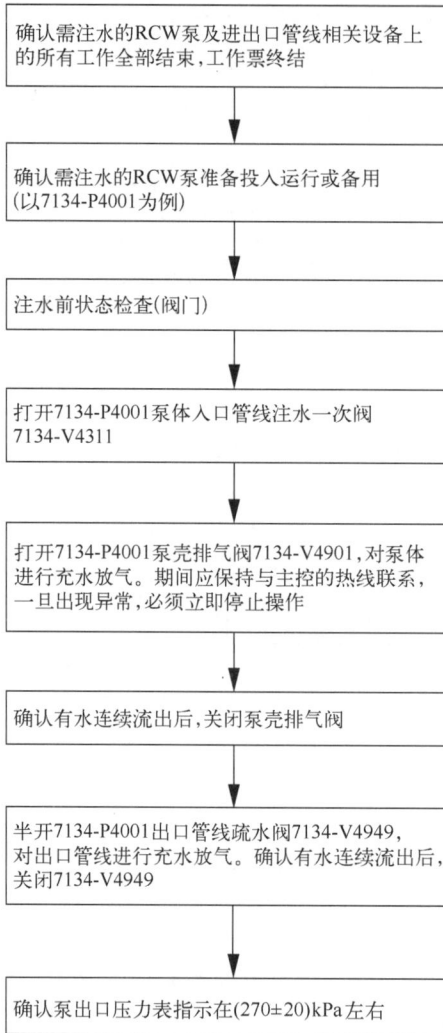

图 5-5-5　RCW 泵注水流程图

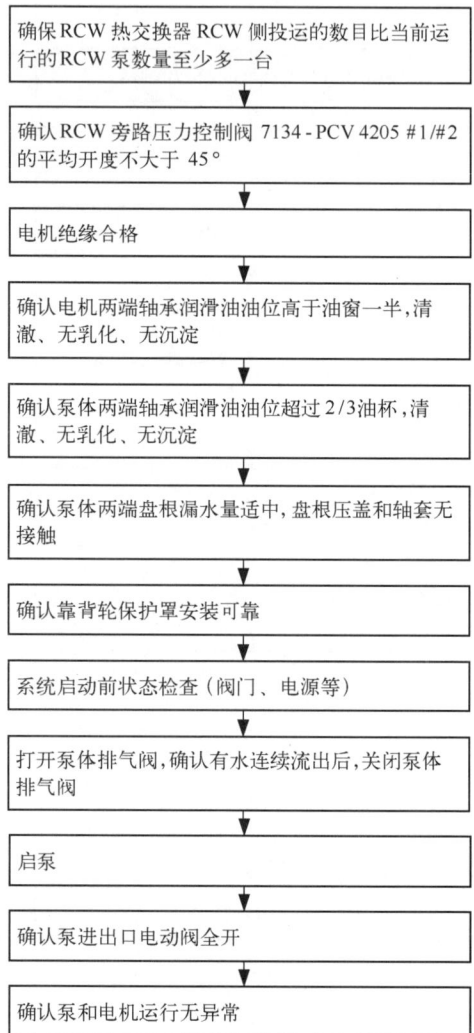

图 5-5-6　RCW 泵启动流程图

5.5.3.3　RCW 化学加药操作

具体程序参见 98-71340-OM-001 的 4.2.1 节,简要流程如图 5-5-7 所示。

注:在操作过程中要做好化学药品防护措施,避免将这些化学添加剂溅到眼睛或者皮肤上,如一旦接触到,应立即用流动的生活水进行冲洗。

5.5.3.4　RCW 在线过滤器投运

具体程序参见 98-71340-OM-001 的 4.2.2 节,简要流程如图 5-5-8 所示。

注:1. 只有在排气阀出口冒水且呈连续流后,才可保证泵体处于满水状态;

2. 操作过程要缓慢进行,避免管道发生剧烈的振动。

确认RCW化学取样分析需向RCW系统进行加药

7134-PM4005、7134-MXM4006电机绝缘合格

确认7134-P4005的油位高于量油计刻线

系统启动前状态检查(阀门、电源等)

向化学加药混合箱7134-TK4002加入所需的化学药品,补充除盐水至箱体3/4液位

启动搅拌器7134-MX4006,待化学药品充分溶解后,将其停运

打开7134-V6002后,启动化学加药泵7134-P4005向RCW系统加药,待化学加药混合箱7134-TK4002液位指示到0刻度时,将其停运

向化学加药混合箱7134-TK4002补充除盐水至箱体1/2液位后,再次启动化学加药泵7134-P4005,冲洗管线,防止腐蚀

待化学加药混合箱7134-TK4002液位指示到0刻度时,停运化学加药泵7134-P4005,关闭7134-V6002

确认RCW在线过滤器7134-FR4001滤芯已经清洗或更换完毕

确认RCW在线过滤器7134-FR4001顶盖已经安装恢复

投运前状态检查(阀门)

微开RCW在线过滤器出口隔离阀7134-V4632

打开过滤器排气阀7134-V4820,对过滤器进行充水放气,确认有水连续流出后,关闭排气阀

全开RCW在线过滤器出口隔离阀7134-V4632

缓慢打开RCW在线过滤器入口隔离阀7134-V4632,确认管线无异常震动后,投运差压计67134-PDI4317

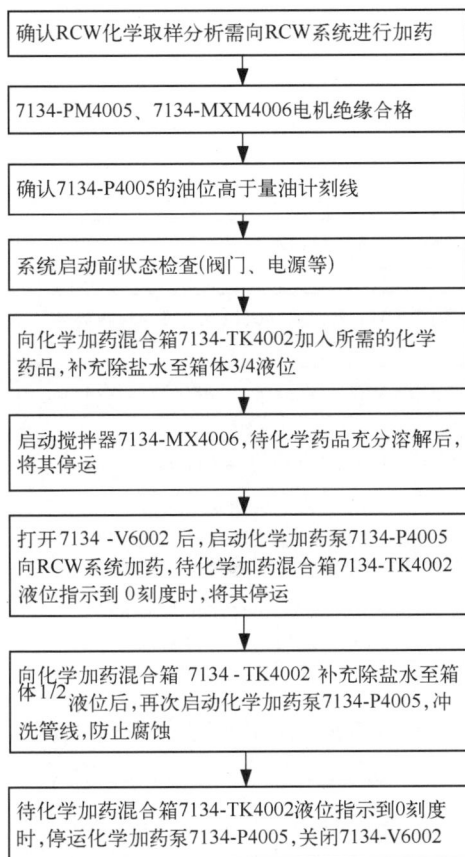

图 5-5-7　RCW 化学加药操作流程图　　图 5-5-8　RCW 在线过滤器 7134-FR4001 投运流程图

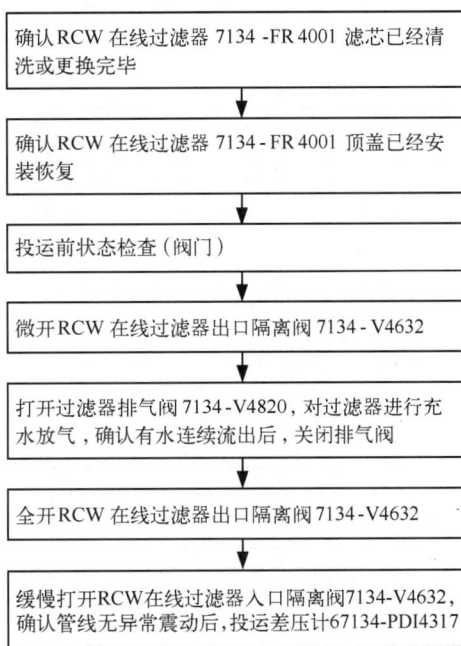

5.5.3.5　RCW 泵停运

具体程序参见 98-71340-OM-001 的 4.4.1～4.4.4 节,简要流程如图 5-5-9 所示。

注:停泵之前应按照规程将备用 RCW 泵控制开关由"STANDBY"改至"OFF/RESET",否则备用 RCW 泵会因停运泵的跳闸信号造成误启动。

5.5.3.6　RCW 在线过滤器停运

具体程序参见 98-71340-OM-001 的 4.4.5 节,简要流程如图 5-5-10 所示。

5.5.4　异常运行工况

5.5.4.1　RCW 旁路压力控制阀退出和复役

具体程序参见 98-71340-OM-001 的 5.6.3 节,简要流程如图 5-5-11 所示。

注:1. 操作期间必须与主控保持热线联系;
　　2. 操作过程要缓慢进行,避免系统压力的波动。

5.5.4.2　RCW 系统高位水箱向系统长期大量补水

具体程序参见 98-71340-OM-001 的 5.1.1 节,简要流程如图 5-5-12 所示。

确认RCW旁路压力控制阀7134-PCV4205 #1/#2的平均开度不小于30°

↓

停运前状态检查(阀、电源等)

↓

将备用RCW泵控制开关从"STANDBY"放到"OFF/RESET"

↓

将慢化剂卸载逻辑控制开关从"AUTO"打到"OFF/RESET"位置

↓

将需停运泵的辅助停泵开关从"NORMAL"打到"OFF"

↓

确认出口电动阀全关

↓

确认RCW泵停运

↓

确认入口电动阀全关

↓

将停运泵的控制开关放置"OFF/RESET"

↓

将停运泵的辅助停泵开关放置"NORMAL"

↓

确认系统压力正常,(670±20)kPa

↓

将慢化剂卸载逻辑控制开关放到"AUTO"位置

↓

将备用RCW泵控制开关从"OFF/RESET"放到"STANDBY"

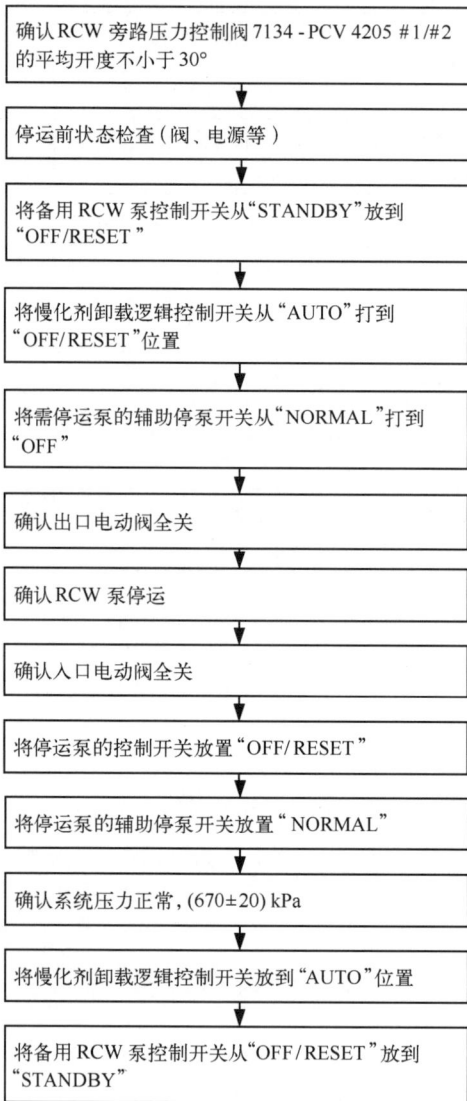

图5-5-9　RCW泵停运流程图

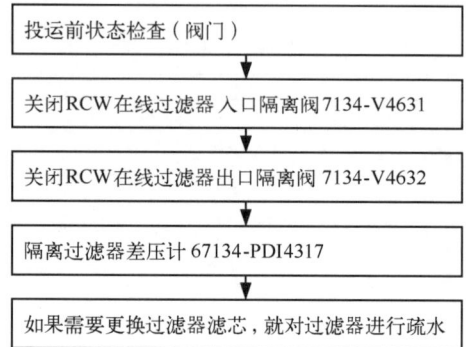

投运前状态检查(阀门)

↓

关闭RCW在线过滤器入口隔离阀7134-V4631

↓

关闭RCW在线过滤器出口隔离阀7134-V4632

↓

隔离过滤器差压计67134-PDI4317

↓

如果需要更换过滤器滤芯,就对过滤器进行疏水

图5-5-10　RCW在线过滤器
7134-FR4001停运流程图

5.5.4.3　RCW系统高位水箱瞬时大流量向系统补水

具体程序参见98-71340-OM-001的5.1.2节,简要流程如图5-5-13所示。

注:RCW系统高位水箱向系统补水速度瞬时突然增加,并触发高补水流量报警时,应立即用电厂广播通知现场停止与RCW系统相关的任何操作,并将系统恢复到初始安全状态,然后再进行后续的响应。

5.5.4.4　RCW系统Load Shedding后响应

· RCW系统压力低触发Load Shedding(甩负荷),如图5-5-14所示。

· 失去Ⅳ级电源触发Load Shedding,如图5-5-15所示。

确保一台或两台RCW泵运行,同时确认7134-PCV4205#1/#2的平均开度小于45°

在7134-PCV4205#1/#2所在RCW旁路压力控制管线退出运行期间,一般情况下禁止RCW系统用户进行投运/隔离操作

操作前状态检查(阀门)

缓慢开启旁路阀7134-V4609,同时检查7134-PCV4205#1/#2能跟随7134-V4609的开启而逐渐向关的方向动作,在此过程中RCW系统压力应稳定在(670±20) kPa

继续逐渐打开旁路阀7134-V4609,直到7134-PCV4205#1/#2的开度小于5°,然后停止操作

逐一缓慢关闭7134-PCV4205#1/#2的上游隔离阀7134-V4606/V4608,同时根据需要继续调节旁路阀7134-V4609,确保RCW系统压力稳定在(670±20) kPa

关闭7134-PCV4205#1/#2的下游隔离阀7134-V4605/V4607(如果需要)

根据需要调节7134-V4609使RCW系统压力稳定在(670±20) kPa

维修工作结束后,现场确认仪控回路已投运

打开或确认打开7134-PCV4205#1/#2的下游隔离阀7134-V4605/V4607

稍微增加旁路阀7134-V4609的开度,直到7134-PCV4205#1/#2全部关闭(如果有开度的话)

缓慢打开7134-PCV4205#1的上游隔离阀7134-V4606,同时缓慢关闭旁路阀7134-V4609,观察7134-PCV4205#1/#2的开度随之增加。直至7134-V4606全开,7134-V4609全关。其间确保RCW系统压力稳定在(670±20) kPa

确认7134-PCV4205#1/#2的开度基本一致

缓慢打开7134-PCV4205#2的上游隔离阀7134-V4608直至全开,同时观察7134-PCV4205#1/#2的开度随之减小

确认7134-PCV4205#1/#2的开度基本一致,调节正常,RCW系统压力稳定在(670±20) kPa

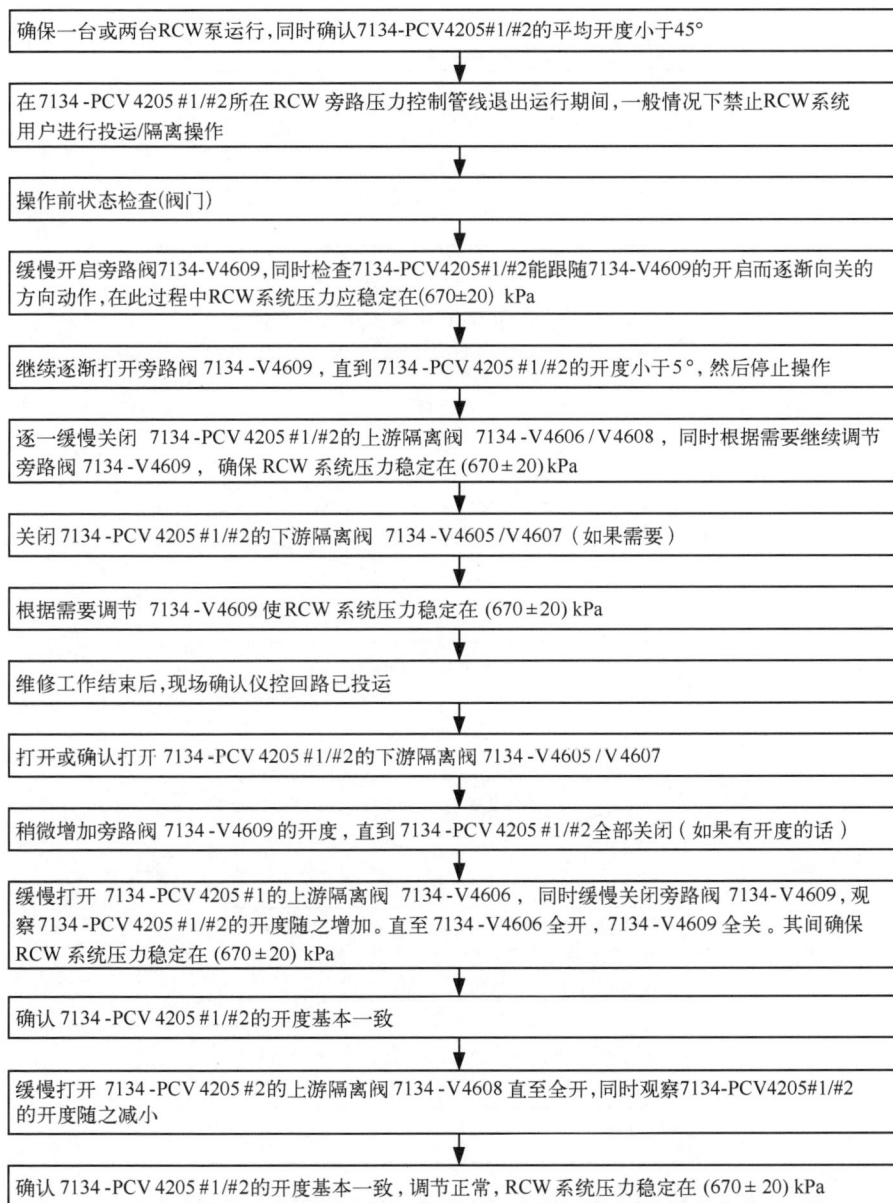

图 5-5-11　RCW旁路压力控制阀 67134-PCV4205♯1/♯2退出和复役流程图

RCW系统高位水箱向系统大流量补水
（AI2165 指示大于 2 L/s）

↓

确认无设备或热交换器在使用 RCW 进行注水操作

↓

确认没有开展为保证 RCW 系统水质化学指标而进行
的系统换水工作

↓

〈确认36910 系统是否从RCW 系统收集到轻水〉 ──是──→

否 ↓

〈通过热交换器切换组合试验确认热交换器是否存在泄漏〉 ──是──→

否 ↓（←是）

对存在的泄漏点进行处理 ←

↓

〈RCW 高位水箱向系统的补水流量是否小于 1 L/s〉 ──是──→

否 ↓

在适当的时机对可以隔离的RCW 用户热交换器
逐一进行隔离检查,确认泄漏的热交换器或内漏
的隔离阀门,并进行相关处理 ←（否）

↓（←是）

确认 RCW 高位水箱向系统的补水流量小于 1 L/s

↓

结束 ←

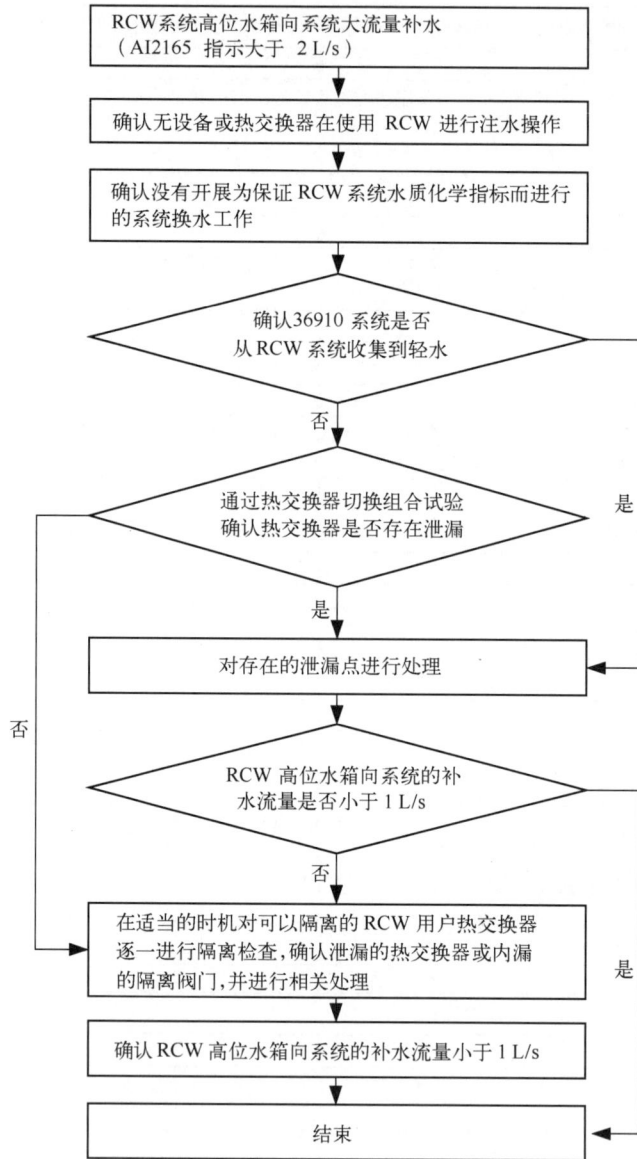

图 5-5-12　RCW 系统高位水箱向系统长期大量补水流程图

RCW 系统高位水箱向系统补水速度瞬时突然增加，
并触发高补水流量报警

是否有用户或热交换器在
使用RCW进行注水操作

否

全面检查系统是否出现破口

否

检查RCW 和EWS 管线之间
是否形成通路（ECC 热交换器）

否

检查RCW 和生活水管线之间
是否形成通路（仪用/呼吸空压机）

否

检查RCW 和消防水管线之间
是否形成通路（主给水泵）

否

检查RCW 和冷冻水管线之间
是否形成通路(7311-LAC9/10)

否

是

立即停止对设备的
注水或用户投切操
作，并关闭已经开
启的阀门。在RCW
高位水箱向系统补
水流量恢复正常
后，再缓慢地对设
备进行注水或用户
投切操作，并确保
在此期间高位水箱
液位正常，系统压
力正常

是

是

是

是

对发现的系统破口或已经形成通路的管线
立即进行隔离处理

确认RCW 高位水箱向系统的补水流量小于 1 L/s
结束

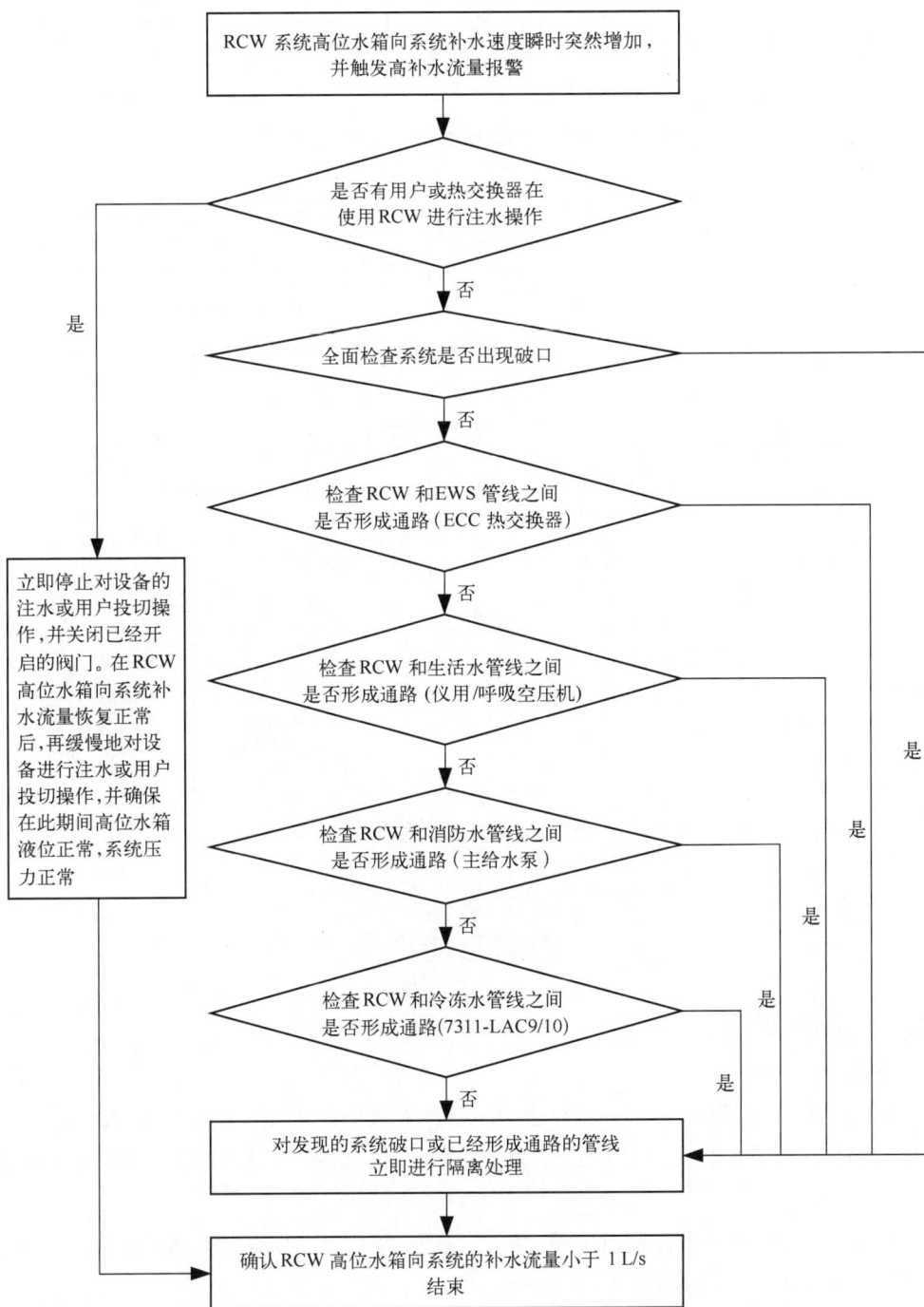

图 5-5-13　RCW 系统高位水箱瞬时大流量向系统补水流程图

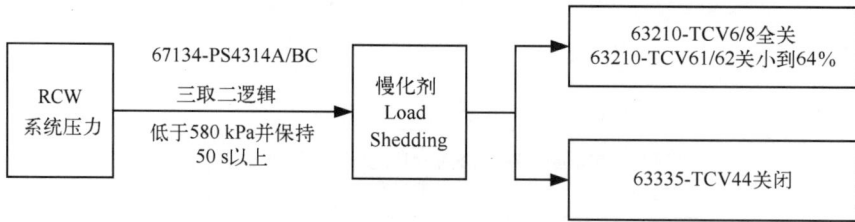

图 5-5-14　RCW 系统压力低触发 Load Shedding

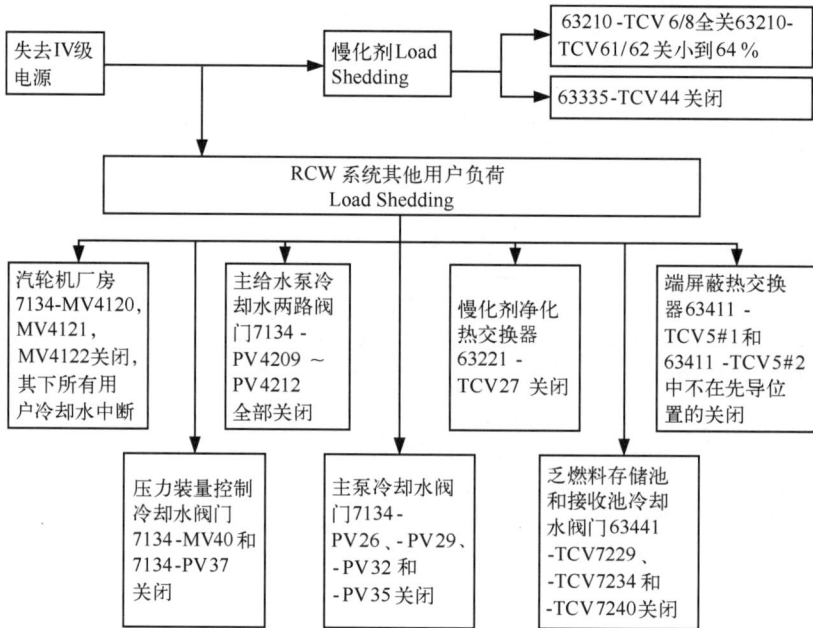

图 5-5-15　失去Ⅳ级电源触发 Load Shedding

复习思考题

1. 简述 RCW 系统的功能。

参考答案：

(1) RCW 系统为一闭式的除盐水冷却系统,在各种设计的正常工况下,有能力为 R/B、S/B 和 T/B 内需要由高品质、高压力冷却水进行冷却的设备提供足够的冷却水;

(2) 在丧失Ⅳ级电源下,RCW 系统有能力提供足够的冷却水到 R/B、S/B 和 T/B 内的相关设备,保证反应堆的冷却;

(3) 在发生 LOCA 时,RCW 系统有能力提供足够的冷却水到 R/B、S/B 和 T/B 内的相关设备,保证反应堆的冷却。

2. 简述 RCW 系统的三种补给方式。

参考答案：

（1）正常补给是通过 67134-LCV4202♯1 或 LCV4202♯2 从除盐水系统向高位水箱供给；

（2）如除盐水满足不了补给，则从生活水系统供给；

（3）为补偿系统的大泄漏，从生活水系统直接向 RCW 泵入口补给。

3. 在高位水箱到 RCW 泵入口总管间的管线上设一流量测量孔板 67134-FE4308 请简述其作用。

参考答案：

（1）测量补水流量；

（2）系统补水流量大于 4.1L/s 时，发出信号报警 C/I-1074；

（3）监测系统的泄漏。

4. RCW 系统的大部分温度控制阀（TCV）位于热交换器的下游，为什么？

参考答案：

RCW 系统的大部分温度控制阀（TCV）布置在热交换器的下游，目的是在热交换器中建立最大的冷却流压力。

5. 慢化剂热交换器温度控制阀 7134-TCV6、TCV8、TCV61、TCV62 位于热交换器的上游，为什么？

参考答案：

为了使热交换器内的轻水压力不致过高，如热交换器传热管破裂时，不致使轻水流到慢化剂重水当中去，从而引起重水浓度降级。

6. 主给水泵和仪用压空压缩机分别由什么作为后备冷却水？

参考答案：

（1）主给水泵由消防水做备用冷却水；

（2）仪用压空压缩机由生活水做备用冷却水。

第六章 消防水系统和烟烙烬系统 (71400)

内容介绍

课程名称：消防水系统和烟烙烬系统（注：本教材包括消防水系统和烟烙烬系统两部分，火灾控测系统另见教材 98-67147-TMT-FA714）

课程时间：4 学时

学员：现场操作员

学员条件：完成本系统的课堂部分培训

培训目标：

1. 系统设备的现场布置；
2. 掌握各参数测量点的现场位置和在系统流程中的位置；
3. 熟练掌握现场巡检内容，正常参数、报警值、异常和故障识别技巧和技能；
4. 系统上操作和巡检存在的一些安全提示和危害，风险警示、运行实践；
5. 正常、应急时的操作和异常的现场响应。

教学方式及教学用具：

培训方式：岗位培训

教员需要：

a. 流程图；

b. 白板等。

考核方法：现场考核（实际操作和模拟相结合）、口试

6.1 消防水系统设备

6.1.1 设备清单和现场位置

（1）系统设备的总体描述

厂区消防水系统分为主消防水系统和抗震消防水系统，主要有消防水源、消防水泵、供

水管网、灭火喷淋阀及消火栓等设备组成。消防水系统所有的管道和设备均为红色。

消防水源取自消防水和电厂应急水系统合用的应急水池,总容量约 14 030 m³,其中消防水储量约 2 300 m³,该水量至少能供应一台主消防泵运行 4 小时的水量。全厂的设计消防水流量约 162 L/s,它是由一个变压器区雨淋－水喷雾系统的最大喷水量和 4 个消防栓共 53 L/s 用水量同时作用时来确定的。系统的设计压力满足最高最远设备的要求,在 100.53 m 标高处主消防泵的出水管处的压力是 1 137 kPa(165 psi)①。

正常运行时系统压力由稳压泵维持,稳压泵的自动启动压力为系统压力低于 1 069 kPa (155 psi),当系统压力高于 1 137 kPa(165 psi)稳压泵继续运行 5 分钟后自动停止运行。发生火灾后当系统压力降低时两台主消防泵将相继自动启动,两台主消防泵的自动启动压力分别为系统压力低于 1 034 kPa(150 psi)和 965 kPa(140 psi),主消防泵只能在就地手动停运。

当电站失去Ⅳ级电源后,主消防泵和稳压消防泵将失去动力电源和控制电源。当备用柴油机启动,Ⅲ级电源恢复带载 0 秒后,主消防泵和稳压消防泵的动力电源和控制电源也将同时恢复。

消防水通过保护区的环网进入 T/B,S/B,WTP,P/H 等厂房,正常运行时,R/B 厂房的消防水经由 S/B 厂房提供。当发生地震后非抗震消防水不可用时,EPS(应急柴油机系统)启动提供应急电源给抗震消防泵,在 SCA 或 ESW 泵房的就地控制盘上启动抗震消房泵,在 SCA 手动切换水源,由抗震消防泵给 R/B 厂房提供消防水。

现场共采用四种消防水灭火方式,即湿式喷淋、雨淋/水喷雾喷淋、预作用喷淋等三种自动喷淋灭火和消火栓手动灭火。

为便于扑救备用柴油机厂房发生的油类火灾,在两个机组的备用柴油机厂房各配备了一套泡沫灭火系统。

同时,由于主控室及其设备间等区域的重要性与殊性,专门配制了烟烙烬系统,以适应在上述区域发生火灾时,运行人员仍能对电厂的运行状态进行有效的控制,将反应堆置于安全状态。

当现场确实发生火灾时,应根据秦山三期的《消防大纲》(98-90001-STP-SF03)及火灾区域的消防行动卡的规定响应。消防水系统简图如图 6-1-1 所示。

EWS 泵房如图 6-1-2 所示。

(2) 正常运行期间可能操作和需要监视的设备清单

a) 主消防泵(非抗震消防泵)见图 6-1-3。

b) 抗震消防泵见图 6-1-4。

c) 稳压泵及其控制盘见图 6-1-5。

d) 预作用喷淋阀见图 6-1-6。

e) 湿式喷淋阀见图 6-1-7。

f) 雨淋水喷雾喷淋阀见图 6-1-8。

g) T/B 消火栓见图 6-1-9。

h) S/B 消火栓见图 6-1-10。

---

① 1 psi＝6.895 kPa

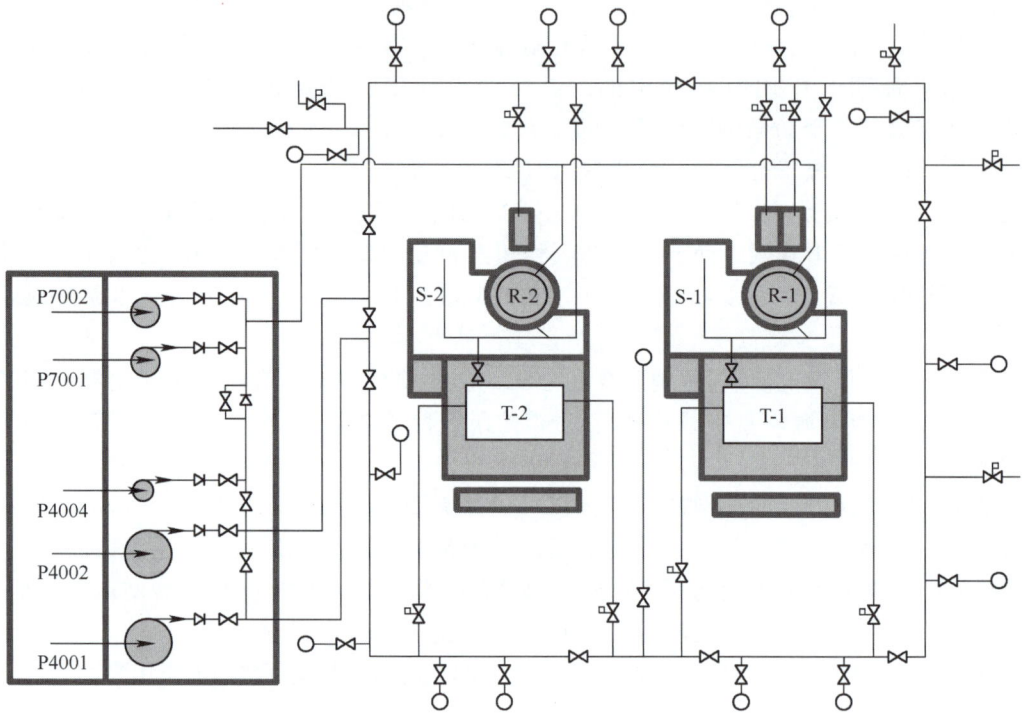

图 6-1-1　消防水系统示意图

图 6-1-2　EWS 泵房

图 6-1-3　主消防泵

图 6-1-4　抗震消防泵

图 6-1-5　稳压泵及其控制盘

图 6-1-6　预作用喷淋阀

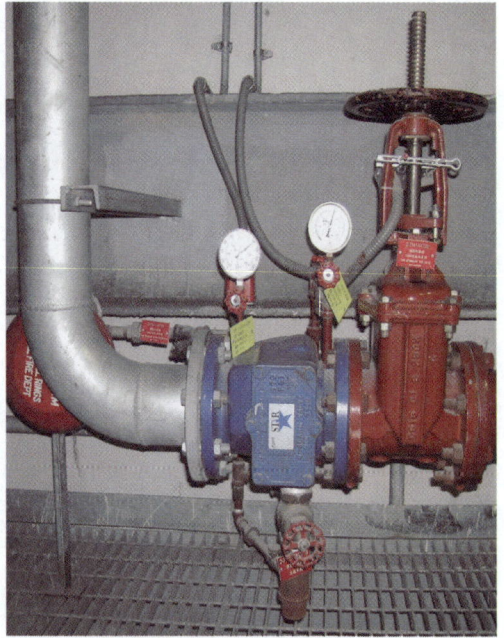

图 6-1-7　湿式喷淋阀

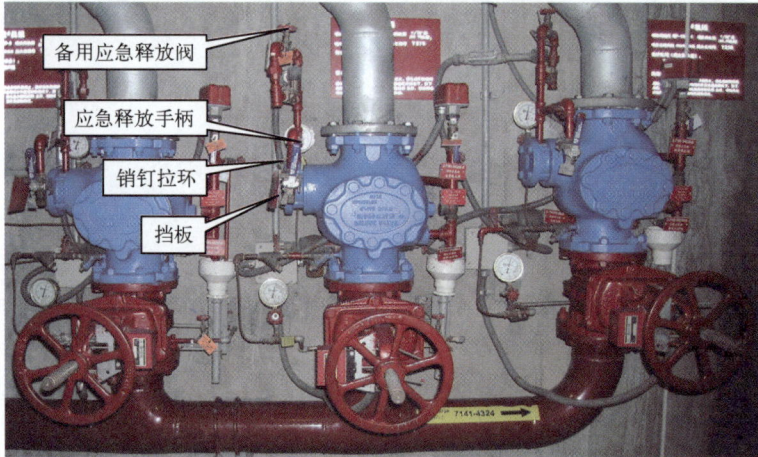

备用应急释放阀

应急释放手柄

销钉拉环

挡板

图 6-1-8　雨淋水喷雾喷淋阀

i) 保护区的厂房各区域的隔离阀见图 6-1-11。

j) 备用柴油发电机厂房的泡沫灭火系统见图 6-1-12。

6.1.2　现场布置

1) 消防水池(应急水池)

消防水源与应急水源来自同一水池,其上部为消防用水,下部为应急用水。在电站正常运行期间,消防水系统运行时可以满足一个最大防火区(变压器区域的一个喷淋阀)和 4 个消防栓同时使用时的水量,在这种情况下消防水的储量可以为消防系统提供 4 小时的供水。

图 6-1-9 T/B 消火栓

图 6-1-10 S/B 消火栓

图 6-1-11 保护区厂房隔离阀

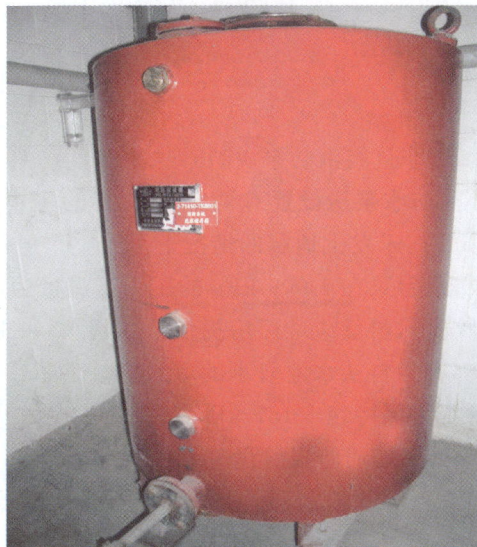

图 6-1-12 泡沫储存箱

由于 EWS 水有富裕的水量,在消防泵低液位自动停泵后,如果需要,操纵员可以打到手动控制位置,再次手动启动主消防泵,这些富裕的水量可以为主消防泵提供约 5 小时的水量。

消防水池的补水分为正常运行期间的补水和紧急情况下的补水,在正常运行情况下,由于水池水面的蒸发会产生水的消耗,因此需要正常补水。为保证水池水的质量,正常补水来自附近的水厂的两个生活水贮存箱,靠重力向水池供水,满足水池的正常消耗。

消防水池的紧急补水是由秦山一期和秦山二期给秦山三期水厂供水的管线提供的原

水,这两个方向的来水是相互独立的。来自秦山一期的水源,可以提供 340 m³/h 的流量,来自秦山二期的水源,可以提供 170 m³/h 的流量,它们都可以在 8 小时内为消防水池提供足够的水量。

图 6-1-13 所示为 EWS 水池供水简图。

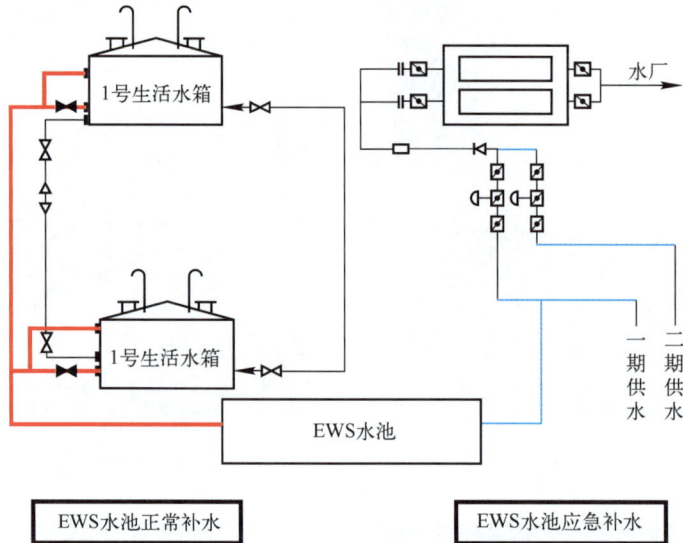

图 6-1-13　EWS 水池供水简图

2）非抗震消防泵、稳压泵、抗震消防泵

消防水泵房设置有两台非抗震的主消防水泵,每台泵额定流量 567 m³/h,额定压头 106 m,在未发生地震的情况下可给整个电厂提供消防用水,另外还设置了两台抗震的消防水泵,每台泵在 1 000 kPa 的压力下流量为 46 m³/h,在发生地震而且非抗震消防泵不可用的情况下,给反应堆厂房提供消防用水,每个泵(包括非抗震的主消防水泵和抗震的消防水泵)都有独自从水池取水的取水口。为了维持系统的压力还设置了一台稳压泵,使消防水系统的压力保持在 1 137 kPa。

3）就地消防报警盘

汽轮机厂房位于 T/B-411,核辅助厂房 S/B-005,S/B-105,S/B-229,S/B-302 和 S/B-030 各有一个,水厂有一个,泵房有一个,便于现场工作人员检查及减少主控室的报警信息量。

4）雨淋水喷雾喷淋阀

位于 T/B94.7 m 层 2 号/3 号低加旁边,用于变压器区域的火灾情况。正常运行期间,变压器带有高电压,采用雨淋水喷雾喷淋系统,是为了防止击穿后,导致人员受伤及设备损失的扩大,全厂共有 10 个雨淋水喷雾喷淋阀,每个机组各有 5 个,专门针对 MOT,UST,SST 区域的火灾。该雨淋水喷雾喷淋系统的喷头,立体密布在变压器的上、中、下三个部分,阀门位于厂房内,便于日常巡检维护。喷淋阀下游管线的开式喷头与空气相通,当变压器区域的火灾探头检测到有火灾信号时,通过电磁阀开启,对差压室泄压触发喷淋阀动作。当发生火灾时,若自动喷淋没有动作,现场人员需到就地手动开启应急释放阀触发喷淋阀;若应急释放阀也出现故障,应立即打开备用应急释放阀,此阀门上有铅封,操作前要先拉破铅封。

5）湿式喷淋阀、预作用喷淋阀、消火栓

根据防火区域设备的性质,分布于 T/B、S/B、水厂、次氯酸钠发生站、泵房等区域（详见附表1和表2）。湿式喷淋阀,其下游与喷淋管网末端的闭式喷头之间充满高压消防水,当管网末端闭式喷头由于高温爆开后,开始喷淋灭火。湿式喷淋阀一般用于热交换区域。预作用喷淋阀,其下游与闭式喷头之间充有仪用压空,当保护区域有火灾信号时,通过电磁阀自动开启给差压室泄压,若电磁阀未能开启,可通过就地控制盘上的紧急释放按钮来触发;或者通过手动开启喷淋阀组上的紧急释放阀来对差压室泄压,消防水则迅速充到喷淋管网内,此时与湿式喷淋阀一样,当管网末端闭式喷头由于高温爆开后,开始喷淋灭火。预作用喷淋阀一般用于电缆通道、开关室。消火栓遍布所有厂房内,在反应堆厂房内,没有湿式喷淋、雨淋水喷雾喷淋、预作用喷淋等三种自动喷淋灭火系统,只有消火栓,并结合灭火器对R/B内各区域的火灾进行防范。消火栓的分布原则是,在厂区内任何地方发生火灾时,都能保证有两路水源同时到达火灾现场,以提高灭火系统的可靠性。

6）备用柴油发电机厂房的泡沫灭火系统

调试初期由于消防水系统还不可用,在备用柴油发电机厂房设计了泡沫灭火系统,该系统于2002年2月投入使用。消防水正式可用后,保卫处认为泡沫灭火系统对扑灭油类火灾有着消防水系统不可替代的优越性,建议保留该设施作为消防水系统的备用系统,因此泡沫灭火系统被保留了下来。

使用该系统的注意事项:泡沫枪的水压较高,使用时要注意人员安全;泡沫灭火系统在备用柴油机厂房中,是其他消防设施的补充,与火灾探测系统没有联锁关系,不能自动触发,只能手动操作投运。当备用柴油发电机厂房发生油类火灾时,可用泡沫灭火系统灭火。

打开泡沫灭火系统供水阀充水待用;打开泡沫枪隔离总阀;打开泡沫储存箱隔离阀;通过4个泡沫枪手动扑灭相关区域的油类火灾。（详见98-71400-OM-001的4.2.6节）,图6-1-14所示为泡沫灭火系统简图。

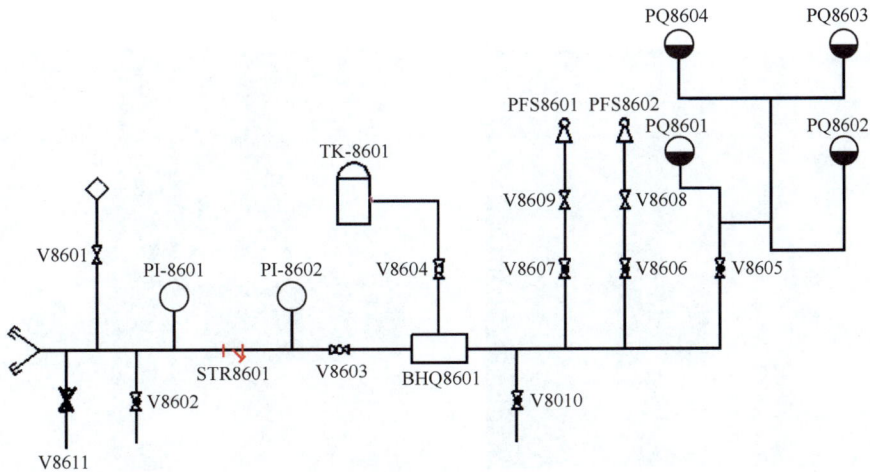

图 6-1-14　泡沫灭火系统简图

6.1.3　系统接口

EWS(34610)系统:使用消防水给蒸汽发生器供水。

RCW(71340)系统:作为主给水泵润滑油冷却器的备用冷却水,正常情况下,由 RCW 给主给水泵的润滑油冷却器提供冷却水,当 RCW 冷却水压力低或流量低的时候,自动切换到消防水对主给水泵的润滑油冷却器进行冷却。

RSW(71310)系统:作为 RSW 泵的备用密封冷却水,RSW 泵有三路密封冷却水,分别为生活水、消防水和 RSW 水。正常运行时,由生活水提供 RSW 泵的密封冷却水,当失去生活水时,则自动切换到消防水供水,接口位于 RSW 泵区域的楼梯侧消火栓上游。

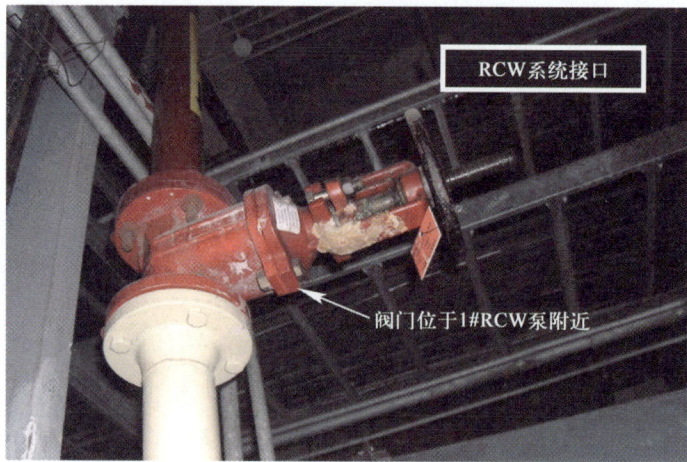

图 6-1-15　与 RCW 系统隔离阀

通风系统(73470,73120,73450 等)的活性炭过滤器:当活性炭发生起火情况时,需现场人员手动连接消防软管,并打开相应的手动隔离阀进行灭火,见图 6-1-16,图 6-1-17,图

图 6-1-16　通过消防带与乏燃料池通风系统(73470)的活性炭过滤器的接口(快接头)

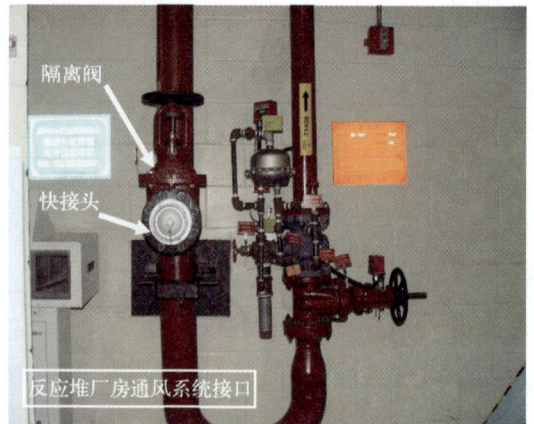

图 6-1-17　通过消防带与反应堆厂房通风系统(73120)的活性炭过滤器的接口(快接头)

6-1-18和图 6-1-19 所示。

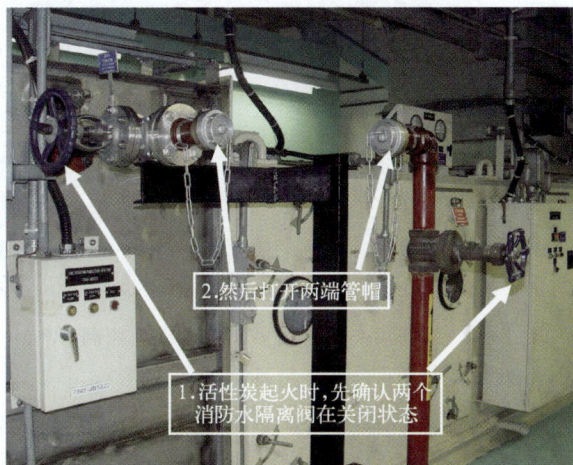

图 6-1-18　通过消防带与主控室通风系统(73450)
的活性炭过滤器的接口(快接头)

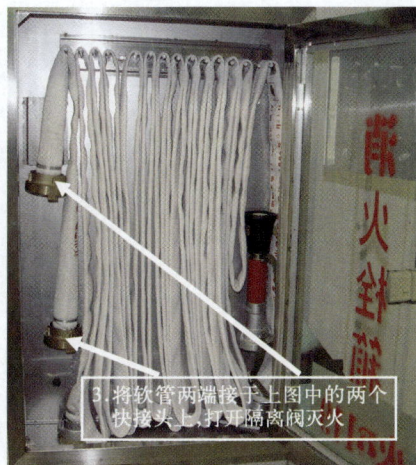

图 6-1-19　快接头软管

乏燃料池(34410)：作为乏燃料池的应急补水,当正常补水失去时,通过消防带向水池补水。

放射性废液系统(79210)：在放射性废液系统(79210)的接收池放射性超标且净化回路不可用时,用于稀释放射性废液。

6.1.4　就地盘台

就地盘台如图 6-1-20,图 6-1-21,图 6-1-22,图 6-1-23 和图 6-1-24 所示。

6.1.5　取样点

1）ESW 水池,定期对 ESW 水池内的水取样,控制水源的化学指标;

2）系统管网,定期从管网各区域的试水阀处取样,对水质进行分析,控制化学指标,防止或降低管道和阀门的腐蚀。

6.2　消防水系统参数

系统压力参数和喷油动作值如表 6-2-1 和表 6-2-2 所示。

表 6-2-1　系统压力

参数名称		正常读数(或设定值)
消防立管压力(标高 100 m 处)		约 1 000 kPa
抗震消防水进 R/B 的隔离阀 7141-PV40/41 的备用气瓶	7141-TK40 压力	约 830 kPa
	7141-TK41 压力	约 830 kPa

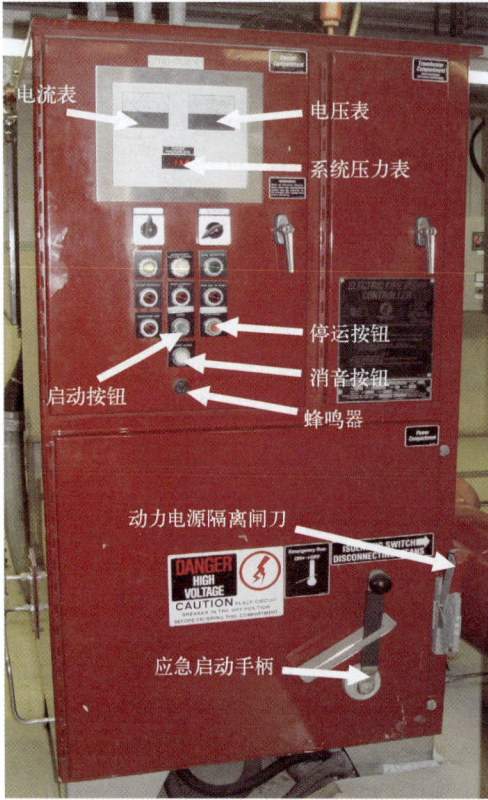

图 6-1-20 主消防泵就地控制盘

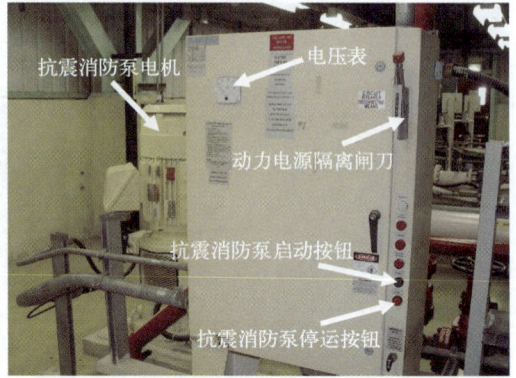

图 6-1-21 抗震消防泵就地控制盘

图 6-1-22 稳压泵就地控制盘

图 6-1-23 就地消防报警盘

图 6-1-24 预作用喷淋系统的就地显屏

表 6-2-2　各种颜色喷头的动作值报警开关的报警值

设备/仪表	自动动作值	报 警 值
红色喷头	>68 ℃	N/A
黄色喷头	>76 ℃	N/A
绿色喷头	>93 ℃	N/A
预作用低空气压力报警开关	N/A	<30 psi(270 kPa)
水流报警开关	N/A	>(6±1)psi(34~48 kPa)

6.3　消防水系统风险警示和运行实践

6.3.1　风险警示

6.3.1.1　对人员的风险

使用高压消防水带时,不正确的操作将会对人员造成伤害。

当进入已经喷淋后的区域时,电气设备可能会对人员造成电击伤害。因此,进入被淋湿的区域或电气设备前,必须先将相关电气设备的电源切断或是隔离。如电气间地面有积水必须穿绝缘靴,方可进入;如果电气间烟雾弥漫,还需戴空气呼吸器。

在进行变压器区域的雨淋水喷雾喷淋阀喷淋试验时,试验人员要带水桶,请维修人员在疏水阀上接软管。在手动触发时将有少量消防水排出,大约 2 L 左右,试验完成后管网中的水从软管排到地漏。手动触发喷淋后,操作人员应尽快复位手柄,以避免有过多的水排到水桶,导致溢流。另外,雨淋水喷雾喷淋阀在触发瞬间,声音比较大,且伴有较强的管道振动,同时可能引起相关的法兰漏水。

6.3.1.2　对设备的风险

预作用喷淋系统和变压器区域的开式喷淋系统都是能够被自动触发的,任何需要停用或是导致它们失效的工作,必须得到相应的工作许可。

可能引起某一区域的消防系统动作的任何工作都必须在得到工作许可下执行,并且需要采取其他相应替代措施。

预作用喷淋系统和变压器区域的开式喷淋系统在动作后,必须对阀后管道进行疏水以防止管道腐蚀或冻结。

主消防泵运行过程中,由于振动较大,可能将离泵较近的仪表管、PSV 等应力较集中的部位振裂或振断,从而使泵出口的高压水喷出,引起电机及房间内的 MCC 被水淋湿从而造成短路,损坏设备。

6.3.2　运行实践

为防止消防喷淋阀上的小阀门误关或误开而导致消防喷淋系统误动作或报警功能丧失,已在报警截止阀、差压室注水阀、备用释放阀等小阀门上设置了铅封线。这些铅封线只起警示作用,如工作需要,运行人员可以拉断这些铅封线后操作相关的阀门,工作完成后需恢复相关阀门的状态并恢复铅封线。备用释放阀在正常情况下严禁操作,否则将触发雨淋阀。只有在发生火灾时,电磁阀和应急释放阀均失效的情况下,才允许打开备用释放阀触发雨淋阀喷水灭火。如工作中需破坏相关小阀门上的铅封线,需带上相应的铅封工具,工作完成后及时恢复相关阀门的铅封。铅封工具(铅封钳1把、封线及小铅块若干)分别放在两个机组的WCA安措锁存放柜中。封线及小铅块属于消耗品,备品不足时通知运行支持科补充。铅封钳属于专用铅封工具不得用于其他用途,按照工器具管理要求管理使用。

另外,对于消防水系统中一些重要的阀门,也采取了挂行政隔离牌加铅封的措施,保证其不被误操作,改变阀门状态。这些阀门需要操作时,要先拆下铅封,工作结束后,要恢复相应的铅封。

6.4　消防水系统操作技能

6.4.1　现场手动启停主消防泵

启泵前应先准备的工具:钥匙、测温仪、耳塞等,就地启动主消防泵时,需到1号机组主控室或水处理厂房,借取主消防泵房间钥匙,由于主消防泵启动后,其出口大部分水经由PSV返回到EWS水池,PSV开启后的截流声音和泵本身的运行噪音比较大,需要戴耳塞。启泵前要先得到1号机组主控室操纵员的许可,在就地控制盘台上按下启动按钮,检查泵的运行情况,是否有剧烈振动及跑水情况,及时测量轴承、电机温度,及时向1号机组主控室操纵员汇报。

准备停泵前,得到1号机组主控室操纵员的许可后,在就地控制盘台上按下停止按钮,确认泵停运,系统压力正常,向1号机组主控室操纵员汇报消防泵停运。

6.4.2　手提式灭火器的使用方法

运行人员日常巡检时,要关注灭火器各部件无损坏,压力指示在绿色区域附近,当压力降到红色区域时,要联系保卫处更换。如图6-4-1和图6-4-2所示。

6.4.3　保护区厂房隔离阀的操作

正常运行期间,此阀门应处于锁开状态,2004年7月,运行处BOP管理科会同技术人员一起对消防水系统的隔离阀共13只状态确认后,采取了密码锁加锁措施。在操作前需到WCA借取行政隔离钥匙,在改变阀门状态时要对密码。

6.4.4　F型板手

由于消防水系统压力比较高,使得某些阀门的前后压差较大,且本系统阀门状态很少改变,

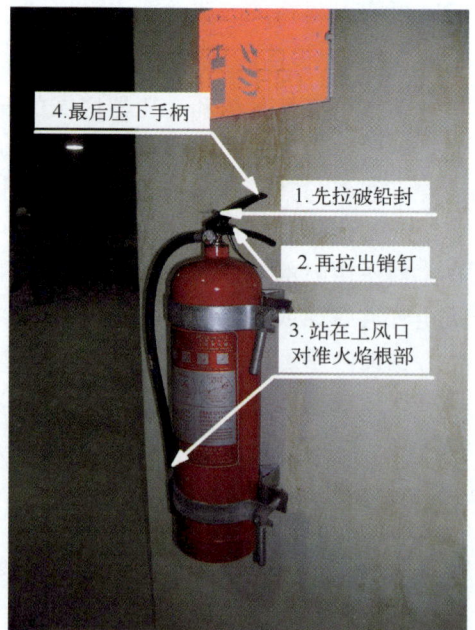

4.最后压下手柄
1.先拉破铅封
2.再拉出销钉
3.站在上风口对准火焰根部

图6-4-1　灭火器

可能因消防水渗漏引起的金属腐蚀,造成一些阀门很难开启或关严,因此在开关本系统的阀门时需选用适当的 F 型扳手。F 型扳手的应用,请遵照运行操作管理规定(98-90001-IDP-OP05)6.3.6 节的规定使用。

6.4.5 本系统中现场相关报警和指示的确认及报警的复位方法

1)主消防泵就地控制盘的报警复位

就地确认泵运行正常,在主消防泵的就地控制盘上,按下蜂鸣器消音按钮。

2)S/B 厂房预作用喷淋阀就地报警盘的复位

现场确认是否有真实的火灾情况,并检查阀后压力表是否正常,一般在(50 psi)345 kPa 左右,若一切正常确认是误报,汇报主控后,在就地报警盘台上,按下 REST 按钮。

图 6-4-2　保护区厂房隔离阀

3)预作用喷淋阀的低空气压力报警复位

现场检查相关区域是否有火灾情况,喷头是否有破损漏气现象,若确认无火灾情况,应检查空气压力表指示是否正常,压空管线是否有漏气,报警开关及其接线外观是否有破损。若压力表指示低于(50 psi)345 kPa,一般到(25~35 psi)172~241 kPa 之间就会出现低空气压力报警信号,可能是压空减压阀故障,或者是压空过滤器堵塞,应发工作申请,请维修人员处理,并通知保卫处加强对此区域的巡检。

4)湿式喷淋阀/预作用喷淋阀/雨淋水喷雾喷淋阀的水流报警复位

现场检查相关区域是否有火灾情况,湿式喷淋阀喷头是否有破损漏水现象,雨淋水雾式喷淋阀是否有水雾喷出,预作用喷淋阀参照上条进行检查。若确认无火灾情况,应检查阀后压力表指示是否正常,差压室注水管线是否有漏水,水流报警试验阀是否处于关闭状态,是否可能存在内漏情况,可通过按下滴水止回阀,验证水流报警开关内是否有水,而产生误报警。检查水流报警开关及其接线外观是否有破损,根据检查结果发工作申请,请维修人员处理,并通知保卫处加强对此区域的巡检。参见 98-71400-OM001 的 4.2.3 节。

5)湿式喷淋阀/预作用喷淋阀/雨淋水雾式喷淋阀的阀位监视开关报警复位

进水控制闸阀在全开位置时才不会有报警,现场应检查相应进水控制闸阀是否处于全开状态,位置开关的小滚柱是否在凹槽内,若小滚柱脱离凹槽,可稍微调整闸阀的开度,使小滚柱位复位即可消报。若不是上述原因,应检查报警开关及其接线外观是否有破损,报警装置支架是否有变形或错位,检查结果发工作申请,请维修人员处理。

6)两主消防泵的供电开关 1-5323-BUE/04(1-7141-PM4001)和 1-5323-BUF/18(1-7141-PM4002)上的继电器掉牌复位

消防泵由 1 号机组管辖,其供电开关位于 1 号机组的 T/B1-102 高压开关室内,正常运行时这两个开关处于合闸状态,通过泵房就地的接触器控制泵的启停,因此正常运行时,两个开关上应只有合闸继电器 3C 和低电压继电器 27TR 掉牌,其他均不掉牌。若发现其他继电器掉牌需要进行复位,打开继电器小门,顺时针旋转相应继电器上的黑色旋钮,红色小牌抬起后,松开旋钮,红色小牌应不再次落下来,掉牌即复位,关闭继电器小门。若不能复位应发工作申请,请维修人员处理。

7) 雨淋水雾式喷淋阀的手动触发

当变压器区域发生火灾而自动喷淋没有动作时,现场值班员需到就地手动开启应急释放阀触发喷淋阀:① 找到相应间隔的喷淋阀;② 拉出销钉;③ 转开挡板;④ 逆时针开启应急释放阀,确认喷淋阀动作,此类阀门开启后有较大声响,并有较强的管道震动,现场操作员可依此判断;⑤ 若应急释放阀也出现故障,应立即打开备用应急释放阀,此阀门上有铅封,操作前要先拉破铅封,判断方法如上条。(参见图 6-1-8)雨淋水喷雾喷淋阀。

6.4.6 主消防泵出口闸阀的隔离操作

主消防泵出口闸阀(1-7141-V4605/4606)是 12 英寸的大阀门,如果操作不到位,可能给运行人员造成阀门存在内漏的假象,故对这两个阀门进行隔离操作时要注意如下两点:

1) 这两个阀门属阀瓣衬胶的软密封闸阀,由于这一固有特性导致阀板与阀座及导向槽间的摩擦力较同类型、同口径的硬密封阀门大很多,这样直接导致其开关的力矩较大,进行开关操作时需多人配合操作,尤其是关闭时应以阀杆最上端基本与阀杆螺母上表面相平为准。如图 6-4-3 和图 6-4-4 所示。

图 6-4-3 阀门打开   图 6-4-4 阀门关闭

2) 阀门关闭后的疏水(隔离阀与逆止阀间管道的疏水)是通过 2 个 3/8 in 卡套连接 SWAGELOK 针形阀进行的,由于流道极小及空气不易进入,导致疏水时间很长,疏水没有压力后可以通过联系维修人员拆除近母管侧第一个针形阀进行验证或缩短疏水时间。如图 6-4-5 所示。

疏水没有压力后，可考虑拆除该阀进行验证或缩短疏水时间

图 6-4-5　疏水阀

6.5　消防水系统主要操作

6.5.1　消防水系统启动

1）非抗震消防水系统启动（详见 98-71400-OM-001 的 4.1.1 节），启动简要流程如图 6-5-1所示。

2）抗震消防水系统启动（详见 98-71400-OM-001 的 4.1.2 节），启动简要流程如图6-5-2所示。

在执行具体操作过程中，应注意的一些事项：

（1）由于本系统分布广阀门多，启动过程中存在跑水风险，因此在启动时应加强相关区域的检查；

（2）在启泵之前确认泵的出口阀门处于开启状态；

（3）如系统压力低于压力变送器设定值，1 号消防泵将自动启动；

（4）当观察到 1-67140-PL4061 盘面上的压力指示为(165 psi)1 137 kPa左右时，而这时稳压泵运行正常，可按下盘柜上的停止按钮停运 1 号消防泵；

（5）如果泵出口压力变送器出现故障，主消防泵也将自动启动，当盘柜上面的泵停止按钮被按下又释放后，泵在停止运行后又会重新启动。此时可采用将盘柜内的 67141-HS4001 ♯3 由正常位置切换到停运位置来停运主消防泵。停泵后提出工作申请请仪控维修检查、校验泵出口压力变送器。

左侧流程图：

确认EWS水池的水位要高于海拔98.71 m或水池标高3.36 m
↓
确认消防水泵1-7141-P4004/P4001/P4002的轴承润滑良好
↓
检查上述三台泵电机的相间绝缘和相对地绝缘合格
↓
根据OM将系统阀门、手柄、电源开关置于正确状态
↓
打开稳泵出口隔离阀1-7141-V4607
↓
闭合稳压泵的动力电源、报警电源、加热器电源
↓
将稳压泵控制手柄1-67141-HS4004由停运打到自动位置
↓
确认泵启动，运行正常，无异常振动、声音，系统无漏水情况
↓
当系统压力稳定在(160~170 psi)1 103~1 173 kPa之间后，稳压泵将自动停运
↓
按照OM的4.2.1.1和4.2.1.2节将两台主消防泵投入运行
↓
此时，如果现场没有使用消防水或无泄漏，主消防泵应不启动
↓
非抗震消防水系统启动完成

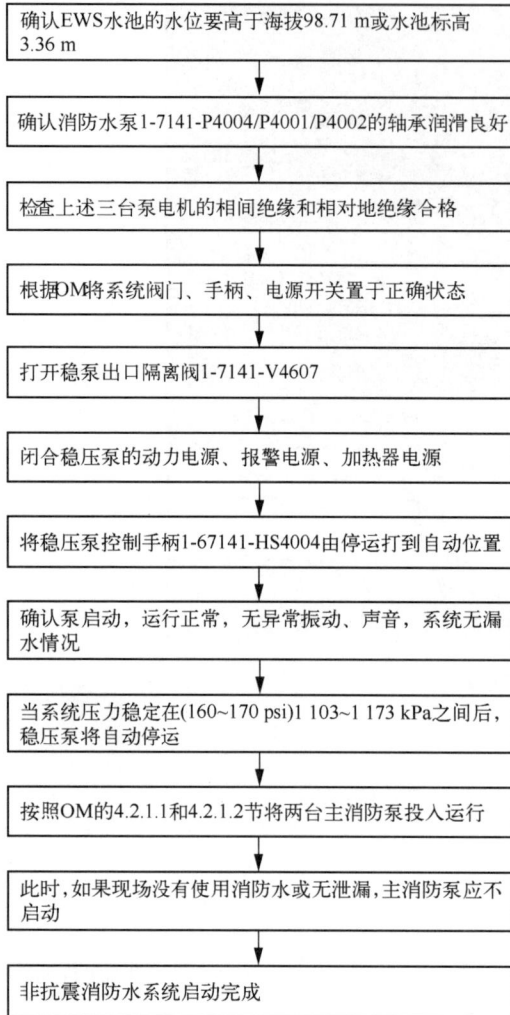

图 6-5-1　非抗震消防水系统启动简图

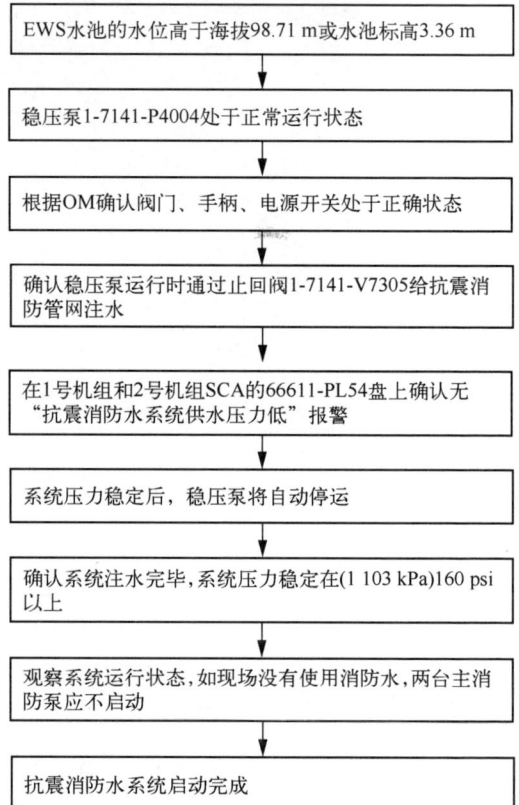

右侧流程图：

EWS水池的水位高于海拔98.71 m或水池标高3.36 m
↓
稳压泵1-7141-P4004处于正常运行状态
↓
根据OM确认阀门、手柄、电源开关处于正确状态
↓
确认稳压泵运行时通过止回阀1-7141-V7305给抗震消防管网注水
↓
在1号机组和2号机组SCA的66611-PL54盘上确认无"抗震消防水系统供水压力低"报警
↓
系统压力稳定后，稳压泵将自动停运
↓
确认系统注水完毕，系统压力稳定在(1 103 kPa)160 psi以上
↓
观察系统运行状态，如现场没有使用消防水，两台主消防泵应不启动
↓
抗震消防水系统启动完成

图 6-5-2　抗震消防水系统启动简图

3）湿式喷淋系统启动（详见 98-71400-OM-001 的 4.1.3 节），启动简要流程如图 6-5-3 所示。

4）雨淋水喷雾系统启动（详见 98-71400-OM-001 的 4.1.4 节），启动简要流程如图 6-5-4 所示。

5）预作用系统启动（详见 98-71400-OM-001 的 4.1.5 节），启动简要流程如图 6-5-5 所示。

6.5.2　消防水系统停役

消防水系统启动后，除单个设备故障或定期维护时短时间退出运行外，就要一直处于运行状态，以确保所有防火区域的安全。

（详见 98-71400-OM-001 的 4.4 节和 5.6 节）

确认湿式喷淋阀组检修工作已完成

↓

确认稳压泵1-7141-P4004处于正常运行状态

↓

确认阀组的进水控制闸阀关闭。参照附图一、二、三、四设置湿式报警阀小阀门状态,确认阀组无泄漏

↓

关闭报警截止阀(7141-V-7)以防在注水过程中产生报警

↓

在末端试水阀处连接疏水管

↓

打开阀组末端试水阀以便于系统注水时空气排出

↓

缓慢打开进水控制闸阀直到听到水流声,确认空气从末端试水阀里被赶出

↓

当水流声消失后,继续缓慢打开进水控制阀直至全开位置,让限位开关的限位杆回落到进水控制闸阀阀杆的沟槽内,同时确认主控主消防报警盘上无进水控制闸阀阀位监视报警

↓

确认阀前、阀后压力表显示的压力达到1.1 MPa左右,且阀后的压力≥阀前压力,说明阀后管网已注满水

↓

打开报警截止阀(7141-V____-7)、确认报警试验阀(7141-V____-6)在关闭位置,确认阀组上其他阀门在正常运行位置

↓

确认主消防报警屏上无此阀组相关报警信息

↓

通知主控,该湿式报警阀组已投用

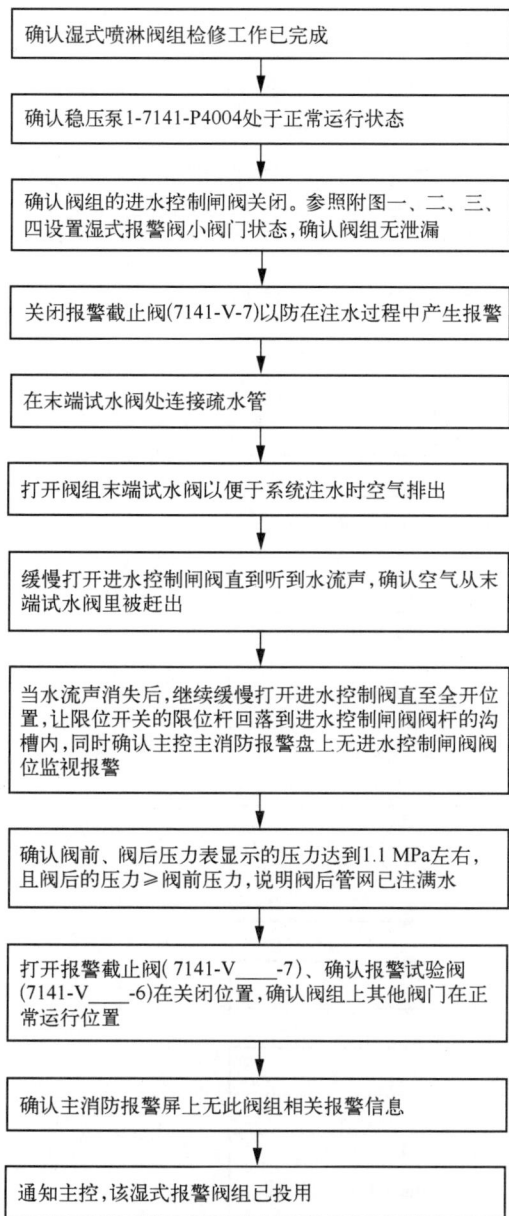

图 6-5-3　湿式喷淋系统启动简图

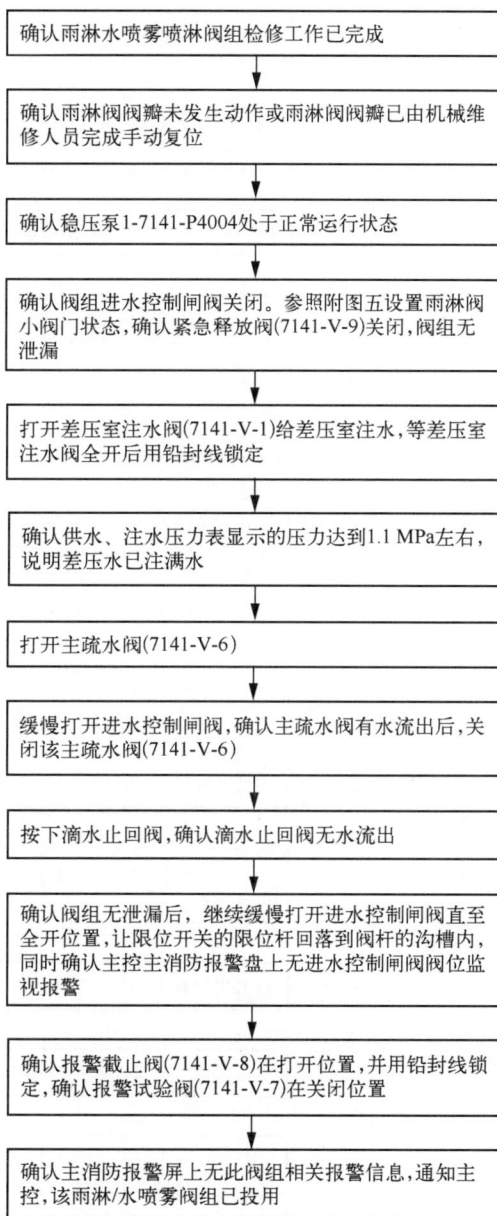

确认雨淋水喷雾喷淋阀组检修工作已完成

↓

确认雨淋阀阀瓣未发生动作或雨淋阀阀瓣已由机械维修人员完成手动复位

↓

确认稳压泵1-7141-P4004处于正常运行状态

↓

确认阀组进水控制闸阀关闭。参照附图五设置雨淋阀小阀门状态,确认紧急释放阀(7141-V-9)关闭,阀组无泄漏

↓

打开差压室注水阀(7141-V-1)给差压室注水,等差压室注水阀全开后用铅封线锁定

↓

确认供水、注水压力表显示的压力达到1.1 MPa左右,说明差压水已注满水

↓

打开主疏水阀(7141-V-6)

↓

缓慢打开进水控制闸阀,确认主疏水阀有水流出后,关闭该主疏水阀(7141-V-6)

↓

按下滴水止回阀,确认滴水止回阀无水流出

↓

确认阀组无泄漏后,继续缓慢打开进水控制闸阀直至全开位置,让限位开关的限位杆回落到阀杆的沟槽内,同时确认主控主消防报警盘上无进水控制闸阀阀位监视报警

↓

确认报警截止阀(7141-V-8)在打开位置,并用铅封线锁定,确认报警试验阀(7141-V-7)在关闭位置

↓

确认主消防报警屏上无此阀组相关报警信息,通知主控,该雨淋/水喷雾阀组已投用

图 6-5-4　雨淋水喷雾系统启动简图

6.5.3　定期试验

1) 执行非抗震消防水泵周试验(9801-91140-OM-719)

电厂相关工作有时需用到消防水,要手启动非抗震消防水泵,以及消防泵的自动启动,都需要到现场检查泵的运行情况,在不需要泵运行时,要在就地停运消防泵。

启泵前应先确认:

(1) 消防水系统压力正常(约 165 psi,1 137 kPa);

确认预作用喷淋阀组检修工作已完成

确认雨淋阀阀瓣未发生动作或雨淋阀阀瓣已由机械维修人员完成手动复位

确认稳压泵 1-7141-P4004 处于正常运行状态

确认仪表压空系统供应正常

确认阀组进水控制闸阀关闭。参照附图六设置雨淋阀小阀门状态，确认紧急释放阀（7141-V-9）关闭，阀组无泄漏

确认旁通注气阀(7141-V-11)关闭。打开空气压力调节阀前后截止阀(7141-V-13/14)，给阀后管网充注压缩空气

当阀后管网压力稳定后，确认阀后管网压力表的压力指示在(35-65 psi)241~448 kPa 范围内

打开差压室注水阀（7141-V-1）给差压室注水，等差压室注水阀全开后用铅封线锁定

确认供水、注水压力表显示的压力达到 1.1 MPa 左右，说明差压水已注满水

打开主疏水阀(7141-V-6)

按下滴水止回阀,确认滴水止回阀无水流出

确认阀组无泄漏后，继续缓慢打开进水控制闸阀直至全开位置，让限位开关的限位杆回落到阀杆的沟槽内，同时确认主控主消防报警盘上无进水控制闸阀阀位监视报警

确认报警截止阀（7141-V-8）在打开位置，并用铅封线锁定。确认报警试验阀（7141-V-7）在关闭位置

确认主消防报警屏上无此阀组相关报警信息

通知主控，该预作用喷淋阀组已投用

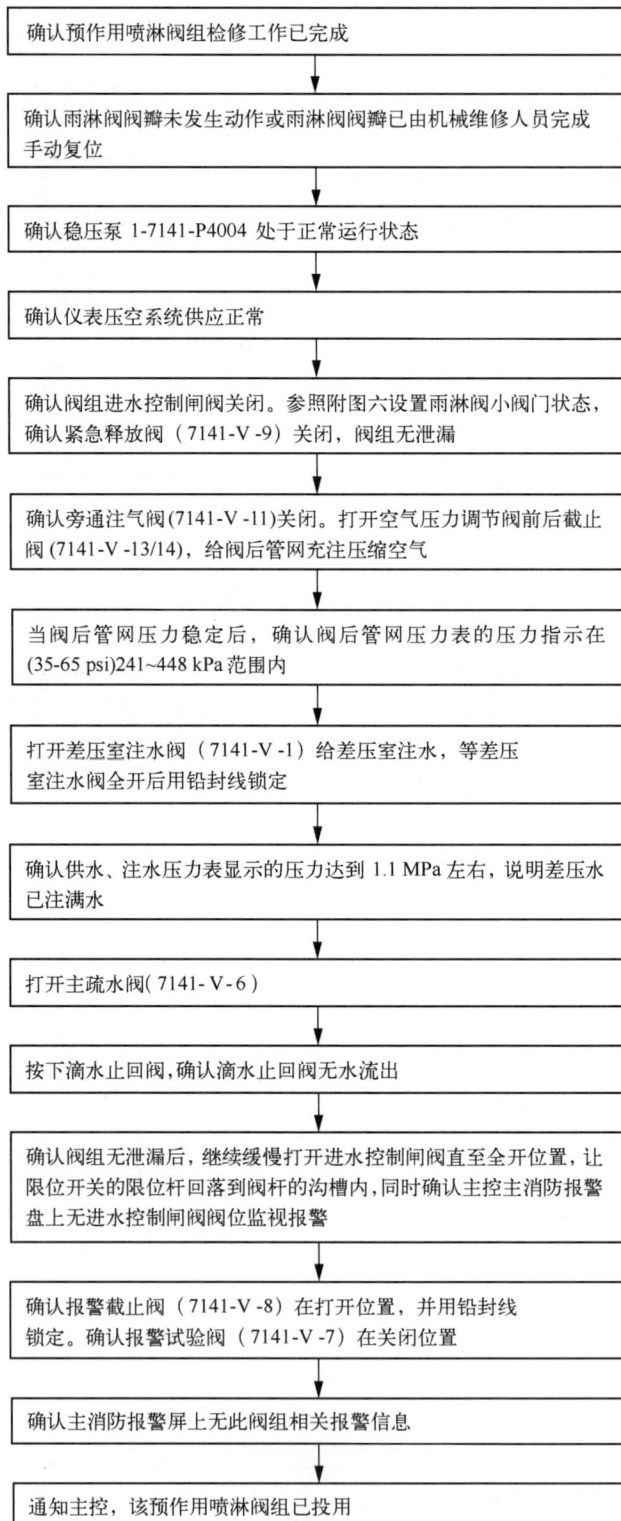

图 6-5-5　预作用系统启动简图

（2）EWS 水池水位在正常范围；

（3）两台非抗震消防泵(1-7141-P4001 和 1-7141-P4002)均无维修工作。

试验过程中的一些注意事项：

- 此设备属 1 号机组管辖,所有的操作要向 1 号机组主控汇报；
- 试验前查询该试验的历史记录,以确定采用何种方式启泵；
- 非抗震消防泵运行时如果产生很大振动或异常噪音,立即停泵；
- 确保非抗震消防泵每次启动后的运行时间不少于 10 min；
- 运行人员必须连续监视系统压力,保证压力不超过 1 137 kPa（165 psi）,并监视 1-67141-PSV4501/4502 的运行状况。

非抗震消防泵因系统压力低而自动启动,也可以通过主控室中的 67141-HS-4001 ♯1/4002 ♯1 或消防泵房中的 1-67141-PL4061/PL4062 上的 START 按钮手动启动；在泵启动后,就地盘台上的蜂鸣器会响起,操作人员要在盘按下消音按钮消音；就地盘台及 PT 疏水阀参见图 6-5-6。非抗震消防泵有两种启动模式：

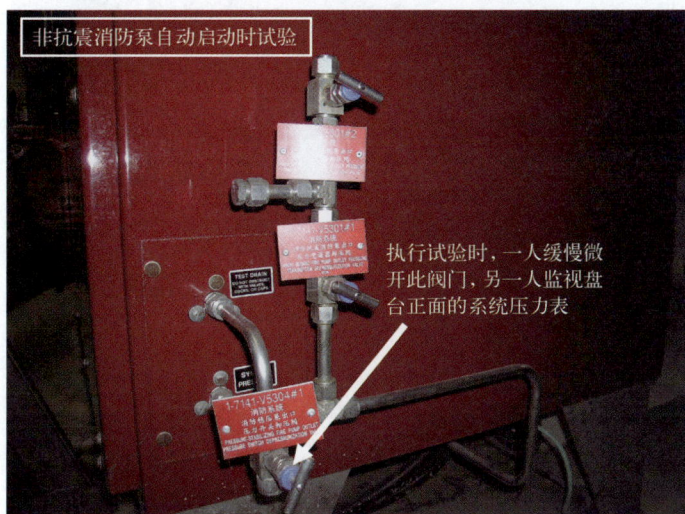

图 6-5-6　变送器疏水阀

A）自动模式：分为系统真实低压力的自动启动,和执行试验时的模拟低压力自动启动。

B）手动模式：分为从主控室启动主消防泵,和在就地控制盘台上启动主消防泵,如图 6-5-7。

2）湿式报警阀和预作用喷淋阀及雨淋阀的报警试验

A）闸阀阀位监视开关报警试验（98-91140-OM-717）,见图 6-5-8。

执行闸阀阀位监视开关报警试验时,将闸阀从全开位向全关位关闭,确认阀位报警开关的限位杆能从闸阀阀杆的沟槽轻松移出,并且当阀位报警开关的限位杆刚从闸阀阀杆沟槽移出时,确认闸阀阀位报警开关将同时动作。确认报警响应正常后,打开闸阀至阀位报警开关的限位杆回落到闸阀阀杆的沟槽内,确认报警信号消失。

图 6-5-7　主消防泵控制盘

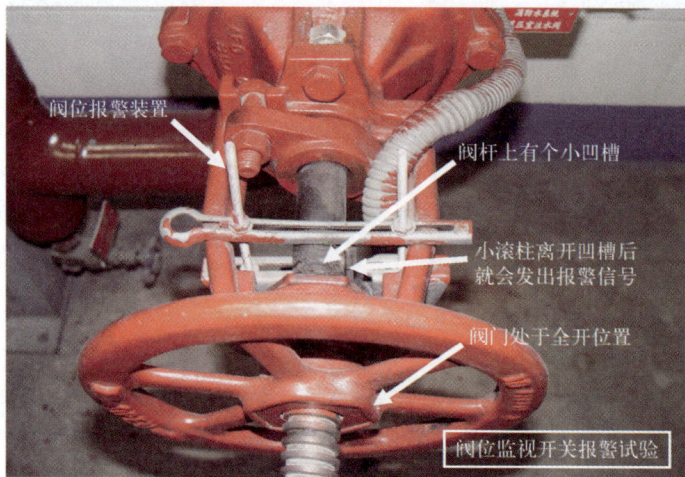

图 6-5-8　阀位监视开关

　　B) 三种喷淋阀的水流报警试验(98-91140-OM717),见图 6-5-9。

　　执行水流报警试验时,要先打开相应喷淋阀组上的报警试验阀。主控检查对应的报警出现,现场同时检查该阀站区域出现声光报警。然后关闭报警试验阀,当与压力开关相连的报警管线疏水完毕后,主控室操纵员复位消防报警,检查相关报警消报、就地声光报警停止。如果是预作用喷淋阀或雨淋水喷雾喷淋阀,要确认其出口腔室没有水,按下滴水止回阀顶杆

图 6-5-9　预作用喷淋阀

时无水从滴水止回阀流出即可。

C）消防喷淋系统低空气压力报警试验（98-91140-OM-718 以 S/B 喷淋阀为例），见图 6-5-10。

图 6-5-10　预作用喷淋阀

在执行消防喷淋系统低空气压力报警试验时，先关闭空气压力调节阀前隔离阀，停止仪用压空供气，打开监控管网止回阀注水试验阀卸压，当低压力报警信号出现时关闭监控管网止回阀注水试验阀。确认报警响应正常后，打开空气压力调节阀前隔离阀，打开旁通注气阀，重新向预作用灭火系统的下游管道充气。

3）T/B 消防报警信号与通风系统联锁试验（详见 98-71400-OM-001 的 4.3.2 节）

当汽轮机厂房内发生火灾后，为抑制火势的发展，在电站控制程序上设置了消防报警信号与通风系统风机自动停运的逻辑，即当某个区域发生火灾时，消防系统发出报警信号，将该区域的风机停运。为了验证该逻辑的有效性,每年的 12 月份,都要进行 T/B 消防报警信号联锁跳风机的逻辑试验,试验前要确认待试验的消防喷淋阀及相关区域的风机无检修工作,并准备好试验接水用的塑料桶。试验过程中,确认试验区域的风机或空调,在试验人员触发火灾报警信号后停运,试验结束后再重新启动试验区域停运的风机或空调。日常工作中,偶尔也会出现消防系统的误报警,导致相关区域风机自动停运的情况。

6.5.4　设备切换

正常运行期间,两台主消防泵均处于自动状态,1 号泵处于先导位置,当系统压力降到(150 psi)1 034 kPa时 1 号主消防泵自动启动,当系统压力继续下降到(140 psi)965 kPa时,2 号主消防泵也将自动启动,两台主消防泵只能在就地手动停运,正常无设备切换的操作。

6.5.5　系统取样

由化学人员定期对应急水池和管网内水质进行取样,保持消防水的水质,以降低对管网设备的腐蚀。

6.5.6　单设备的停役、复役操作

6.5.6.1　单设备的停役操作

1) 稳压泵退出运行

正常运行方式下稳压泵不应退出运行,稳压泵退出运行后,消防水系统的压力将由主消防泵维持。在稳压泵退出运行前,要先确认 1 号、2 号主消防水泵处于正常备用状态,验证至少有一台主消防泵可用,并启动一台主消防泵,确认泵运行正常。(具体见 98-71400-OM-001 的 5.7.1 节)

2) 将主消防泵退出运行

在任意一台主防泵退出运行时,要先确认消防稳压泵、另一台主消防水泵处于正常备用状态。(具体见 98-71400-OM-001 的 5.8.1 和 5.8.2 节)

3) 抗震消防泵退出运行

抗震消防泵退出运行前,要先确认非抗震消防泵、另一台抗震消防水泵处于正常备用状态。(具体见 98-71400-OM-001 的 5.9.1 节)

4) 单个喷淋阀退出运行

单个雨淋水喷雾喷淋阀、预作用喷淋阀退出运行时,现场将其隔离阀关闭,差压室注水阀关闭;湿式喷淋阀退出运行时,只需现场将其隔离阀关闭。相关区域要增加适当数量的灭火器,并通知保安人员加强巡视,同时运行人员每 4 小时也要对上述区域巡检一次,并记录检查结果。并应在一周内将喷淋阀恢复至可运行状态。(具体见 98-71400-OM-001 的 5.2和 5.3 节)

6.5.6.2　单设备的复役操作

稳压泵、主消防泵及抗震消防泵在维修工作完成后复役时,在执行相应泵的投运规程前,要确认具备下列基本条件:现场进行外观检查,泵体本身具备启动条件,如联轴节已接好、轴承润滑油油位正常、动力及控制回路接线完好、泵体转动部件周围无异物等;

EWS 水池的水位高于海拔 98.71 m 或水池标高 3.36 m；电机的相间绝缘和各相对地绝缘经检查合格。

在泵启动后，要检查泵的运行情况，如振动、轴承及电机温度、声音、气味等，同时在就地盘台上检查是否有报警，运行电流、电压及出口压力是否正常。如果出现异常情况，应立即向主控室汇报，若情况紧急可先停泵，再向主控室汇报。如果稳压泵的泵出口压力开关出现故障，将在自动启动后不能自动停止，此时应将稳压泵切换到手动方式运行，立即提出工作申请请仪控维修检查、校验或更换泵出口压力开关。

（具体见 98-71400-OM-001 的 4.2.1 和 4.2.2 节）

6.5.7 辅助系统故障和异常运行工况

1）失去Ⅳ级电源

当Ⅲ级母线失去Ⅳ级电源时，所有主消防泵、稳压泵将失去动力电源、控制电源和就地控制屏报警电源，如果是在运行的主消防泵或稳压泵将会停止运行，但其 6.3 kV 电源开关和 400 V 的 MCC 电源开关仍保持在合闸状态，待备用柴油发电机启动带载 0 秒后，主消防泵和稳压泵的动力电源、控制电源和就地控制屏报警电源将恢复供电。

2）失去Ⅲ级电源

当失去Ⅲ级电源时，所有主消防泵、稳压泵将失去动力电源、控制电源和就地控制屏报警电源，如果是在运行的主消防泵或稳压泵将会停止运行，但其 6.3 kV 电源开关和 400 V 的 MCC 电源开关仍保持在合闸状态，待Ⅲ级电源恢复后，主消防泵和稳压泵的动力电源、控制电源和就地控制屏报警电源将恢复供电。

3）失去Ⅰ级电源

当失去Ⅰ级电源时，将失去在副控区（SCA）的抗震消防泵的远方操作和报警功能，EPS 启动带载后，抗震消防泵能在就地进行启停操作；同时抗震消防水进 R/B 厂房气动阀 7141-PV40/41 也将不能从副控区（SCA）操作而只能到就地进行手动操作，见图 6-5-11。失去Ⅰ

图 6-5-11 抗震消防隔离阀

级电源不影响主消防泵和稳压消防泵的运行。

4）失去仪用压空

当失去仪用压空后气动阀 7141-PV40/41 将会自动关闭。如果需要，运行人员可到就地手动操作此阀门。如果停气时间较长，预作用喷淋系统阀后管网空气压力将会降低并且低空气压力监视开关将会动作而在主消防报警盘柜产生报警。

5）雨淋阀密封面渗漏后的响应

故障产生原因：部分预作用系统雨淋阀的密封面存在轻微的渗漏现象。如果长时间的渗水，雨淋阀的阀后腔室的水量就会越积越多，当压力达到（5～10 psi）34～69 kPa 时，压力开关节点就会动作，从而在火灾报警盘台上产生火警（误报）。另外预作用系统和雨淋-水喷雾系统雨淋阀可能误动作，造成雨淋阀阀瓣开启。对于预作用系统，阀后管网将迅速充满压力为 1 MPa 左右的水，并在火灾盘台上产生火警（误报），主消防泵有可能启动。对于变压器区的雨淋-水喷雾系统，水雾将直接喷出，火灾盘台上产生火警（误报），主消防泵将自动启动。

发生报警时，到现场确认是否有火灾。如没有发生火灾，则仔细查看报警喷淋阀阀站状况。阀后分配管网的正常压力值大约为 0.3 到 0.4 MPa，如果达到 1 MPa 左右就地有声光报警，说明喷淋阀已动作（主消防泵可能已启动）。关闭该喷淋阀前的进水控制闸阀 P 和差压室注水阀（7141-V-1），关闭压力调节阀前的隔离阀，停止已启动的主消防泵，见图 6-5-12。立即发 WR。

（具体见 98-71400-OM-001 的 5.12 节）

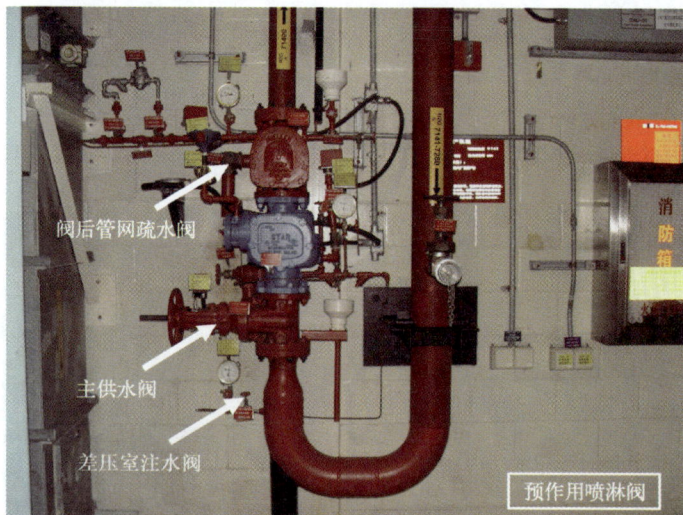

图 6-5-12　预作用喷淋阀

6）湿式报警阀阀后管网压力超过 1.5 MPa 时的响应

消防水系统部分湿式报警阀阀后管网的压力较高，特别是汽轮机厂房位置较低的区域，正常运行时有些区域的阀后管网压力可达 1.8～2.0 MPa，而正常的工作压力应为 1.2～1.3 MPa。因超压，这些区域存在一定的安全隐患，当湿式报警阀阀后管网的压力超过

1.5 MPa时,要对阀后管网泄压,见图 6-5-13。

（具体见 98-71400-OM-001 的 5.11 节）

图 6-5-13　湿式喷淋阀

7）雨淋水喷雾、预作用及湿式喷淋系统退出运行后的响应

雨淋水喷雾、预作用及湿式喷淋系统退出运行,应得到当班值长和保卫处消防科的同意后,关闭相关区域雨淋阀前的控制闸阀使雨淋阀退出运行,在 4 小时内在受影响的区域增加一定数量的手提式灭火器等辅助灭火设备,根据技术规格书规定,登记进入 TS 限制的时间,每 4 小时在受影响的区域巡视一次,并进行记录,在一周内应将相应的喷淋系统恢复至可运行状态。通知当班值长和保卫处雨淋阀已投入运行。当班值长撤销 TS 限制登记。

8）消火栓系统退出运行后的响应

消火栓系统退出运行,要得到当班值长和保卫处消防科的同意后,关闭相关区域消火栓前的控制闸阀使消火栓退出运行,在受影响的区域增加一定数量的手提式灭火器等辅助灭火设备,每 4 小时在受影响的区域巡视一次,并进行记录,并应在一周内将消火栓系统恢复至可运行状态,然后通知当班值长和保卫处退出的消火栓系统已投入运行。

6.6　烟烙烬系统总论

秦山三期的烟烙烬系统主要用于对主控室、主控室设备间、DCC 房间和工作控制区等区域的火灾探测、报警和气体灭火。系统的火灾探测部分由 VESDA 快速烟感探测器、温度探测器、烟雾探测器、气体灭火控制盘 GIFPP、压力开关等构成。报警部分由声光报警、光报警、警铃报警和气体灭火控制盘 GIFPP 峰鸣声报警等组成。每个受保护的房间顶部都有一个到多个喷头,用于喷放气体。喷头上的喷射孔均匀分布,且水平散射,减少喷射产生的力量。

烟烙烬气体(INERGEN)的主要成分为 N_2(52%),Ar(40%)和 CO_2(8%),气瓶压力一

般为 15 MPa。该气体的灭火原理是将被保护区内的氧气浓度降低到能支持燃烧的最低水平以下。正常空气中的含氧量为 21％,当氧气浓度降到 15％以下时,CO_2 浓度为 1％,此时绝大部分燃烧都已不能继续进行。烟烙烬气体喷完后,房间内的氧气浓度降低到 12.5％左右,CO_2 的浓度在 4％左右。一方面 12.5％的氧气浓度不会使人窒息,另一方面,CO_2 浓度的上升可以刺激人做深呼吸且加快呼吸频率,不至因氧气含量降低而窒息。

6.7 烟烙烬系统设备及现场位置

烟烙烬气瓶间布置如图 6-7-1 所示。

图 6-7-1 烟烙烬气瓶

控制盘台位于主控室内,所保护区域的手动释放装置及中断按钮,位于相应区域内的墙壁上,所有的气瓶位于辅助厂房 S-192 房间内,共 228 个,分 7 组,分别对应不同的房间,如表 6-7-1 所示。

表 6-7-1 气瓶分布表

序 号	设备编号	设备名称	保护区域	气 瓶
1	67141-PS-9001	气瓶 7140-Y7324 动作压力开关	S-324	26
2	67141-PS-9002	气瓶 7140-Y7325 动作压力开关	S-325	7
3	67141-PS-9003	气瓶 7140-Y7326 动作压力开关	S-326	44
4	67141-PS-9004	气瓶 7140-Y7327 动作压力开关	S-327	32
5	67141-PS-9007	气瓶 7140-Y7328 动作压力开关	S-328	96
6	67141-PS-9006	气瓶 7140-Y7329 动作压力开关	S-329	22
7	67141-PS-9005	气瓶 7140-Y7333 动作压力开关	S-333	1

6.8　烟烙烬系统参数

本系统正常投运后,房间温度在 0 ℃至 49 ℃时,每个气瓶的压力指示约为(217.5 psi)1 500 kPa并在绿区范围,图6-8-1所示为一气瓶压力表。

6.9　烟烙烬系统风险警示和运行实践

6.9.1　风险提示

1) 对人员的风险

瓶头阀和电磁激发器的不正确操作将会导致烟烙烬气体释放到保护区域,进而降低相关区域的氧气浓度,但不至于导致人员窒息。当通过手动释放装置释放烟烙烬气体时,存在30 秒延时,以便相关保护区域人员撤离。

图 6-8-1　气瓶压力表

当有火灾被探测到并发出火灾报警时,报警区域的所有人员应在 30 秒内撤离报警区域,烟烙烬气体将在 30 秒后释放到该区域。

火灾产生大量的有害气体,因此必须在完全通风至少 15 分钟后方可进入相关区域。如果必须在火灾后马上进入,必须佩戴防毒呼吸面具,以防止直接吸入有害气体。

烟烙烬气体为高压气体,释放时气体的喷射可能伤人。

2) 对设备的风险

火灾会对管道、喷头和支撑造成损害,火灾后须由机械维修人员对管道、喷头以及支撑进行检查,并且对管道连接法兰密封进行检查。

烟烙烬触发后,系统投运前由仪控维修人员对电磁阀进行绝缘检查,检查线圈电阻,对地绝缘检查,如果不合格则进行更换。

喷放后应该在 48 小时内由仪控维修人员配合,机械维修人员负责将空气瓶更换成压力合格的已充装好的气瓶。并且保证对瓶子高度比较矮的气瓶有规格统一的合适的垫子进行支撑。

6.9.2　运行实践

1) 火灾探测系统应在任何时候都可用。如由于某种原因某一区域的探测系统须退出运行,应得到值长的同意,其相关区域应加强巡视监督,监督的频率可根据该区域的火灾危险性、可接近性及探测系统停运时间决定。

2) 如果某一区域烟烙烬供气系统不可用,应在相关区域补充手提式灭火器等消防设备,相关区域应加强巡视监督,监督的频率可根据该区域的火灾危险性、可接近性及供气系统停运时间决定,一般定为 1 次/4 h。

3) 火灾后空气瓶或正常运行期间压力低的气瓶应尽快送到有资质的工厂冲洗进行补气,并在 7 天内重新恢复。

4) 任何火灾探测系统、灭火系统、供气系统的缺陷须记录在值班日志中。

5）可能引起某一区域的火灾探测系统动作的任何工作都必须在得到工作许可下执行，并且需要采取其他相应消防措施。

6）在调试期间多次发生误报警的事件。由于当时系统处于手动模式下，而且电磁激发器处于与系统断开的位置，故实际没有喷发。报警的主要原因是人员误动或设备误动。因此手动触发按钮附近严禁摆放易滑动的设备。

7）现场有动火操作时，只需要隔离工作区域的烟雾探测器。

8）系统环境温度须保持在 0 ℃至 49 ℃之间。

6.10　烟烙烬系统操作技能

本系统属于在线系统，除故障处理需停运系统外，系统均应处于运行状态。运行人员只对现场火灾探头的隔离、解隔离、异常工况及报警的响应、复位烟烙烬气体消防保护盘（GIFPP）67141-PL602，见图 6-10-1。而其他如系统的启动投运、解接线隔离、手动释放站和组合报警屏的复位及气瓶的更换等操作均由维修人员来执行。

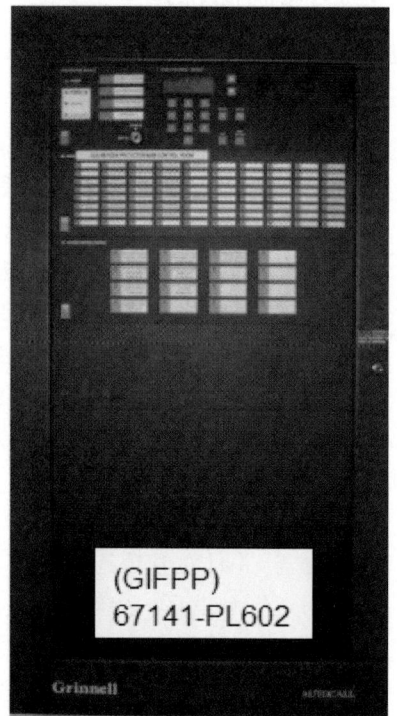

(GIFPP) 67141-PL602

图 6-10-1　气体消防保护盘

6.10.1　自动控制方式

在自动控制方式下，如果某个被保护区中一个/多个温度探测器或一个/多个烟雾探测器探测到火灾，则只触发被保护区的声光报警/光报警及 GIFPP 和 MFAP 上的蜂鸣声报警；如果某个被保护区中一个/多个温度探测器和一个/多个烟雾探测器探测到火灾，则在启动被保护区声光报警/光报警和 GIFPP 和 MFAP 盘台蜂鸣声报警的同时，自动关闭该保护区内的通风设备，并延迟 30 s 触发烟烙烬系统喷放。延时 30 s 后，GIFPP 将启动烟烙烬钢瓶组件释放阀上的电磁激发器，使气体沿管道通过喷头输送到相应保护区内灭火。气体释放的同时，通过压力开关把气体释放信号送回 GIFPP 盘台。当气体灭火系统处于 30 s 延时阶段内，若运行人员发现火灾报警为误动作，或虽有火灾发生，但仅用手提式灭火器或其他移动式灭火设备即可扑灭的情况下，主控室人员可按下相应保护区内的中断装置按钮并保持，系统将暂停释放气体，但是不能取消被保护区域声光报警、光报警和 GIFPP 盘台蜂鸣声报警。如需继续开启烟烙烬气体灭火系统，只需松开中断装置按钮即可。（温度探测器和烟雾探测器两者之一触发的被保护区内报警声音与两者同时触发报警并触发系统喷放时的报警声音是不一样的。）注意，中断装置按钮只在自动触发喷放的 30 s 内起作用，如果是手动触发，或已触发 30 s 以上，按下中断装置按钮也不起作用。

6.10.2　手动控制方式

　　烟烙烬系统也可设置为手动控制方式。如被保护区发生的火灾被主控室人员及时发现,而此时烟雾探测器和温度探测器尚未探测到火灾的情况下,主控室人员可以直接按下位于主控 GIFPP 盘台中相应区域的手动释放按钮。系统经过 30 s 的延时后,就会向被保护区释放烟烙烬气体灭火。不管 GIFPP 的选择按钮在自动还是在手动,只要砸破安装在墙上的手动释放站的玻璃,系统也会释放气体灭火。手动释放装置和中断装置的现场位置见图 6-10-2 和表 6-10-1 所示。

表 6-10-1　手动释放装置和中断装置的现场位置

序　号	手动释放装置		中断装置	
	编号	房间号	编号	房间号
1	71400-DS-4N01	S328	71400-AS-4N01	S-328
2	71400-DS-4N02	S328	71400-AS-4N02	S-328
3	71400-DS-4N03	S328	71400-AS-4N03	S-328
4	71400-DS-4N04	S328	71400-AS-4N04	S-328
5	71400-DS-4N05	S329	71400-AS-4N05	S-329
6	71400-DS-4N06	S329	71400-AS-4N06	S-329
7	71400-DS-4N07	S325	71400-AS-4N07	S-325
8	71400-DS-4N08	S324	71400-AS-4N08	S-324
9	71400-DS-4N09	S324A	71400-AS-4N09	S-324A
10	71400-DS-4N10	S333	71400-AS-4N10	S-333
11	71400-DS-4N11	S326	71400-AS-4N11	S-326
12	71400-DS-4N12	S326	71400-AS-4N12	S-326
13	71400-DS-4N13	S327	71400-AS-4N13	S-327

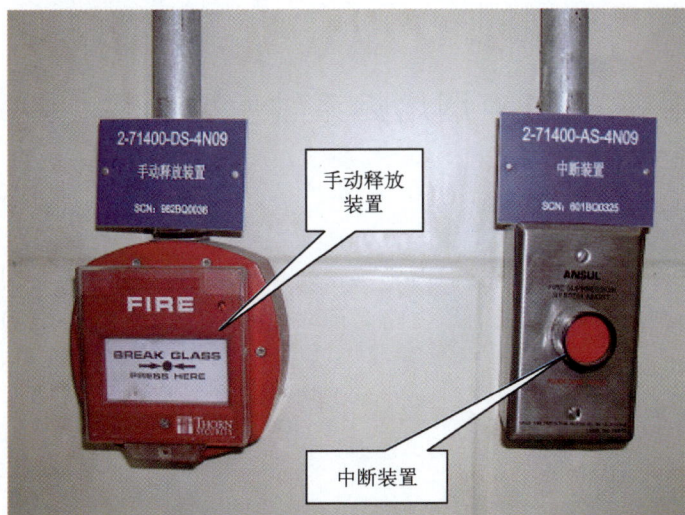

图 6-10-2　手动释放装置和中断装置

6.10.3　在气瓶间手动触发方式

系统的自动控制和手动控制均失效的情况下,需到烟烙烬气瓶间(S-192)内,通过手动拉下设在瓶头阀上的手动释放杆来启动该系统。

具体操作步骤如下:(参照图 6-10-3)

1) 带气瓶间 S-192 的房门钥匙;
2) 找到相应房间的气瓶组及引导气瓶;
3) 拉断塑料封带;
4) 拔出销钉;
5) 用力向下拉引导气瓶上的释放手柄;
6) 通过观察气瓶上的压力表及气流的声音判断触发成功。

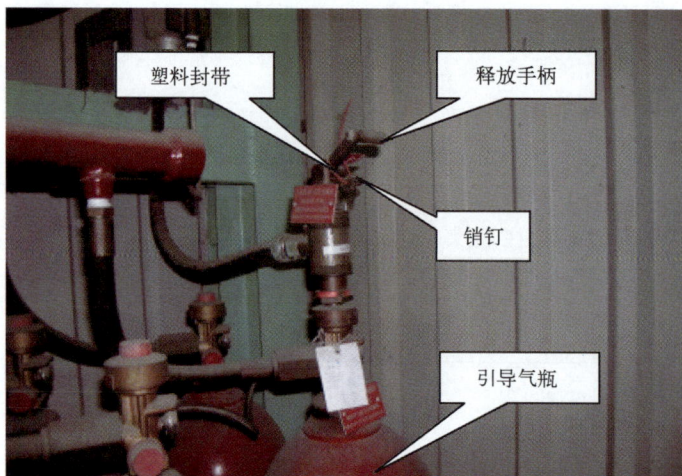

图 6-10-3　手动触发装置

6.11　烟烙烬系统主要操作

6.11.1　巡检要求

照明和卫生良好,由于此房间受温度影响较大,因此在冬季会出现个别气瓶压力略低于绿色区域,在夏季也会出现个别气瓶压力略高于绿色区域,这种情况不影响气瓶及相关气瓶组的有效性。

6.11.2　将烟烙烬系统投入运行

参见 71400-OM-002 的 4.1.1 节。

6.11.3　更换烟烙烬气瓶

参见 71400-OM-002 的 4.2.6 节。

6.11.4　切换与试验

不适用。

6.11.5　烟烙烬系统的停运

不适用。

6.12　烟烙烬系统异常工况

失去Ⅱ级电源以后,67141-PL602 和 VESDA 报警盘 67141-BS4N01/4N02/4N03/4N04 将自动切换到由盘内的蓄电池供电,但应在 12 小时内恢复至正常供电方式。失去Ⅱ级电源超过 12 小时后,VESDA,INERGEN 探测及报警系统将失效。当确认 12 小时内Ⅱ级电源不能恢复时,应在失去Ⅱ级电源 12 小时内及时将 VESDA,INERGEN 探测及报警盘电源隔离,将系统退出自动和 INERGEN 报警盘手动的运行方式,而只保留当发生火灾时值班人员到气瓶间直接拉下设在瓶头阀上的手动释放杆来释放 INERGEN 气体的运行方式。当Ⅱ级电源恢复后,及时恢复该系统。

复习思考题

1. 填空题

消防水与EWS共用一水池,消防水容积大于4小时的最大消防水供水容量,其水压满足最高最远设备的要求。

消防水由主消防水系统和抗震消防水系统组成。

抗震消防水系统中的安全壳隔离阀从关闭位置打开时是慢开的,以避免压力突然上升,当仪用空气失效时由备用仪用空气罐提供仪用空气。

消火栓的布置原则是任何保护区都能有两股水同时到达。

2. 简单描述主消防水系统的组成并说明系统的运行方式。

参考答案:

2 台主消防水泵、1 台稳压泵以及管道。整个厂区采用主消防环管,向 2 个堆的 T/B,S/B,R/B,P/H,水处理厂,SCA,EDG 房等及室外消火栓供水。

正常情况下,稳压泵选择开关投 AUTO 位,稳压泵根据消防管网里压力的大小自动启停,维持管网的压力,当压力低于(155 psi)1 069 kPa 时启动,高于(165 psi)1 138 kPa 时延时 5 分钟停止。泵运行时,多余的水量将通过压力释放阀返回 EWS 水池。)

两台主消防水泵保持备用,发生火灾时,由于用水量增加,管网压力下降,降至第一、二设定值(150 psi/1 034 kPa,140 psi/965 kPa),两台主消防水泵分别启动。

操纵员可在主控室或就地控制屏启动主消防水泵。

3. 简要说明反应堆厂房消防管网的组成及运行方式。

参考答案:

反应堆厂房消防管网包括一主环管,它由两路水源供水:辅助厂房供水管;抗震消防水系统。正常运行时来自 S/B 的供水管阀门常开;来自抗震消防水系统的阀门常闭,发生地震时可以在 SCA 手动切换水源。

4. 抗震消防水系统的作用、水源及抗震消防水泵的电源是什么? 在哪里控制?

参考答案:

作用:发生地震后,主消防水系统失效,抗震消防水系统向反应堆厂房消火栓系统提供消防水。

水源:EWS 水池;电源:EPS;

控制:在 SCA 及就地控制屏。

5. 消防自动喷淋系统的种类有几种? 举例说明各自的使用场合。

参考答案:

湿式自动喷淋系统,如热交换区;雨淋水喷雾系统,如变压器区;预作用喷水灭火系统,如电缆通道开关站。

6. 烟烙烬气体由哪些气体组成? 体积百分比各是多少? 该气体的灭火原理是什么?

参考答案:

烟烙烬气体的主要成分为 N_2(52%)、Ar(40%)和 CO_2(8%),该气体的灭火原理是将被保护区内的氧气浓度降低到能支持燃烧的最低水平以下。正常空气中的含氧量为 21%,当氧气浓度降到 15% 以下时,CO_2 浓度为 1%,此时绝大部分燃烧都已不能继续进行。烟烙烬气体喷完后,房间内的氧气浓度降低到12.5% 左右,CO_2 的浓度在 4% 左右。一方面 12.5% 的氧气浓度不会使人窒息,另一方面,CO_2 浓度的上升可以刺激人做深呼吸且加快呼吸频率,不至因氧气含量降低而窒息。

7. 如何手动触发烟烙烬系统?

参考答案:

在探测回路故障期间发生火灾时,砸破保护区域的手动释放站的玻璃,或者在烟烙烬盘上按下相应保护区域的释放按钮,释放 INERGEN 气体到火灾危险区域,或到气瓶间 S-191 内手动触发烟烙烬系统。

8. 烟烙烬系统动作后如何中止?

参考答案:

当气体灭火系统处于 30 秒延时阶段内,若运行人员发现火灾报警为误动作,或虽有火灾发生,但仅用手提式灭火器或其他移动式灭火设备即可扑灭的情况下,通过按下相应保护区内的中断装置按钮,中断系统动作。(注:仅对自动状态有效)

9. 如何在气瓶间手动触发烟烙烬?

参考答案:

带气瓶间 S-192 的房门钥匙;找到相应房间的气瓶组及引导气瓶;拉断塑料封带;拔出销钉;用力向下拉引导气瓶上的释放手柄;通过观察气瓶上的压力表及气流的声音判断触发成功。

附表 1 T/B 厂房喷淋阀位置

序　号	喷淋阀编号	喷淋阀类型	设备编号	保护区域	运行时状态	房间区域/盘台号
1	SP-T020	湿式报警阀	7141-V4720	润滑油过滤器室	打开	T/B 厂房 87.50 m 层(储油箱 TB020 旁)
2	SP-T021	湿式报警阀	7141-V4721	发电机定子冷却水	打开	T/B 厂房 87.50 m 层(凝汽器钛管装卸 TB025)
3	SP-T012	湿式报警阀	7141-V4722	凝泵区域	打开	T/B 厂房 87.50 m 层(空压机室 TB027 门口)
4	SP-T103	预作用喷淋阀	7141-V4723	备用柴油机	打开	T/B 厂房 94.70 m 层(冷冻机室门口)
5	SP-T024	湿式报警阀	7141-V4724	凝汽器区域	打开	T/B 厂房 87.50 m 层(空压机室 TB027 门口)
6	SP-T015	湿式报警阀	7141-V4725	凝汽器地坑	打开	T/B 厂房 87.50 m 层(1 号低加旁)
7	SP-T026	湿式报警阀	7141-V4726	低压加热器区域	打开	T/B 厂房 87.50 m 层(凝汽器钛管装卸 TB025)
8	SP-T027	湿式报警阀	7141-V4727	空压机室	打开	T/B 厂房 87.50 m 层(空压机室 TB027 门口)
9	SP-T212	湿式报警阀	7141-V4728	6 号高压加热器	打开	T/B 厂房 103.24 m 层(汽水分离再热器旁)
10	SP-T029	预作用喷淋阀	7141-V4729	给水泵	打开	T/B 厂房 87.50 m 层(TB029 门口)
11	SP-T301	预作用喷淋阀	7141-V4730	电缆层	打开	T/B 厂房 103.24 m 层(汽水分离再热器旁)
12	SP-T031	湿式报警阀	7141-V4731	汽轮发电机组区域	打开	T/B 厂房 94.70 m 层(冷冻机室门口)
13	SP-T502	湿式报警阀	7141-V4732	除氧器区域	打开	T/B 厂房 119.70 m 层(电梯间门口)
14	SP-T033	湿式报警阀	7141-V4733	发电机出口开关	打开	T/B 厂房 94.70 m 层(轴封冷凝器旁)
15	SP-T034	湿式报警阀	7141-V4734	主润滑油室	打开	T/B 厂房 94.7 m(MSR 分离器疏水箱旁)
16	SP-T105 *	湿式报警阀	7141-V4735	辅助锅炉	打开	T/B 厂房 103.24 m 层(备用柴油机室门口)

续表

序　号	喷淋阀编号	喷淋阀类型	设备编号	保护区域	运行时状态	房间区域/盘台号
17	SP-Y216	雨淋阀	7141-V4736	UST	打开	T/B厂房94.70 m层(2号低加旁)
18	SP-Y217	雨淋阀	7141-V4737	SST	打开	T/B厂房94.70 m层(2号低加旁)
19	SP-T101	预作用喷淋阀	7141-V4739	备用柴油机	打开	T/B厂房94.70 m层(冷冻机室门口)
20	SP-T504	预作用喷淋阀	7141-V4740	整流设备间	打开	T/B厂房119.70 m层(UPS间门口)
21	SP-T041	湿式报警阀	7141-V4741	RCW泵房	打开	T/B厂房94.70 m层(T/B013楼梯间门口)
22	SP-T102	预作用喷淋阀	7141-V4742	高压开关室	打开	T/B厂房94.70 m层(冷冻机室门口)
23	SP-T043	湿式报警阀	7141-V4743	冷冻机室	打开	T/B厂房94.70 m层(冷冻机室门口)
24	SP-T214	预作用喷淋阀	7141-V4744	汽轮机发电机轴承	打开	T/B厂房103.24 m(至主变YARD区门口)
25	SP-Y215-3	雨淋阀	7141-V4745	主变C相	打开	T/B厂房94.70 m层(3号低加旁)
26	SP-T412	湿式报警阀	7141-V4746	5号高压加热器	打开	T/B厂房112.45 m层(电梯间门口)
27	SP-T017	湿式报警阀	7141-V4747	RCW热交换器	打开	T/B厂房87.50 m层(主蒸汽联箱旁)
28	SP-Y215-2	雨淋阀	7141-V4748	主变B相	打开	T/B厂房94.70 m层(3号低加旁)
29	SP-T411	预作用喷淋阀	7141-V4749	MCC开关室	打开	T/B厂房112.45 m层(电梯间门口)
30	SP-Y215-1	雨淋阀	7141-V4750	主变A相	打开	T/B厂房94.70 m层(3号低加旁)

注:标注 * 的设备只有1号机组。

附表 2 S/B 厂房喷淋系统阀门

序号	喷淋阀编号	设备编号	设备名称	阀门位置	运行时状态	保护区域
1	SP-7025	7141-V8291	预作用喷淋阀控制阀	S014	打开	SCA
2	SP-7001	7141-V8001	预作用喷淋阀控制阀	S145	打开	S-145
3	SP-7002	7141-V8011	预作用喷淋阀控制阀	S307	打开	S-305,S-307,S-310 to S-313
4	SP-7002A	7141-V8021	湿式报警阀控制阀	S307	打开	S-305,S-307,S-310 to S-313
5	SP-7003	7141-V8031	预作用喷淋阀控制阀	S301	打开	S-301,S-350
6	SP-7004	7141-V8041	湿式报警阀控制阀	S318	打开	S-318
7	SP-7005	7141-V8051	预作用喷淋阀控制阀	S315	打开	S-315,S-316
8	SP-7005A	7141-V8061	湿式报警阀控制阀	S315	打开	S-315,S-316
9	SP-7006	7141-V8071	湿式报警阀控制阀	S200	打开	S-200A,B,C
10	SP-7007	7141-V8081	湿式报警阀控制阀	S237	打开	S-202,S-205,S-206,S-207,S-210,S-237
11	SP-7007A	7141-V8111	湿式报警阀控制阀	S237	打开	S-202,S-205,S-206,S-207,S-210,S-237
12	SP-7008	7141-V8101	湿式报警阀控制阀	S224	打开	S-212 至 S-214,S-224 至 S-228,S-240,S-241
13	SP-7008A	7141-V8311	湿式报警阀控制阀	S224	打开	S-212 至 S-214,S-224,S-226,S-240
14	SP-7009	7141-V8121	预作用喷淋阀控制阀	S230	打开	S-230,S-231,S-232A,S-232B,S-247
15	SP-7010	7141-V8131	湿式报警阀控制阀	S135	打开	S-129 to S-140
16	SP-7010A	7141-V8141	湿式报警阀控制阀	S135	打开	S-129 to S-140
17	SP-7011	7141-V8151	预作用喷淋阀控制阀	S248	打开	S-128,S-221,S-222
18	SP-7012	7141-V8161	湿式报警阀控制阀	S124	打开	S-124
19	SP-7013	7141-V8171	湿式报警阀控制阀	S107	打开	S-107,S-110,S-111,S-112,S-141,S-142
20	SP-7014	7141-V8181	湿式报警阀控制阀	S118	打开	S-115,S-116,S-118,S-121,S-122
21	SP-7015	7141-V8191	预作用喷淋阀控制阀	S143	打开	S-143
22	SP-7016	7141-V8201	湿式报警阀控制阀	S146	打开	S-144,S-146

序　号	喷淋阀编号	设备编号	设备名称	阀门位置	运行时状态	保护区域
23	SP-7017	7141-V8211	湿式报警阀控制阀	S147	打开	S-147,S-162
24	SP-7018	7141-V8221	湿式报警阀控制阀	S181	打开	S-149A,S-149B,S-150,S-151,S-152,S-159,S-163 至 S-167
25	SP-7019	7141-V8231	湿式报警阀控制阀	S003	打开	S-003,S-023
26	SP-7020	7141-V8241	预作用喷淋阀控制阀	S004	打开	S-004 to S-006,S-008,S-009,S-011,S-026
27	SP-7021	7141-V8251	湿式报警阀控制阀	S009	打开	S-001,S-019,S-022
28	SP-7022	7141-V8261	湿式报警阀控制阀	S016	打开	S-015,S-016,S-018,S-024,S-025
29	SP-7023	7141-V8271	湿式报警阀控制阀	S217	打开	S-217 to S-220,S-238,S-239,S-243
30	SP-7023A	7141-V8281	湿式报警阀控制阀	S218	打开	S-217 to S-220,S-238,S-239,S-243
31	SP-7026*	7141-V8301	湿式报警阀控制阀	S170A	打开	EPS 厂房

注:1. 防火区"A"表示该喷淋系统保护相应保护区域房间的天花板以上区域。

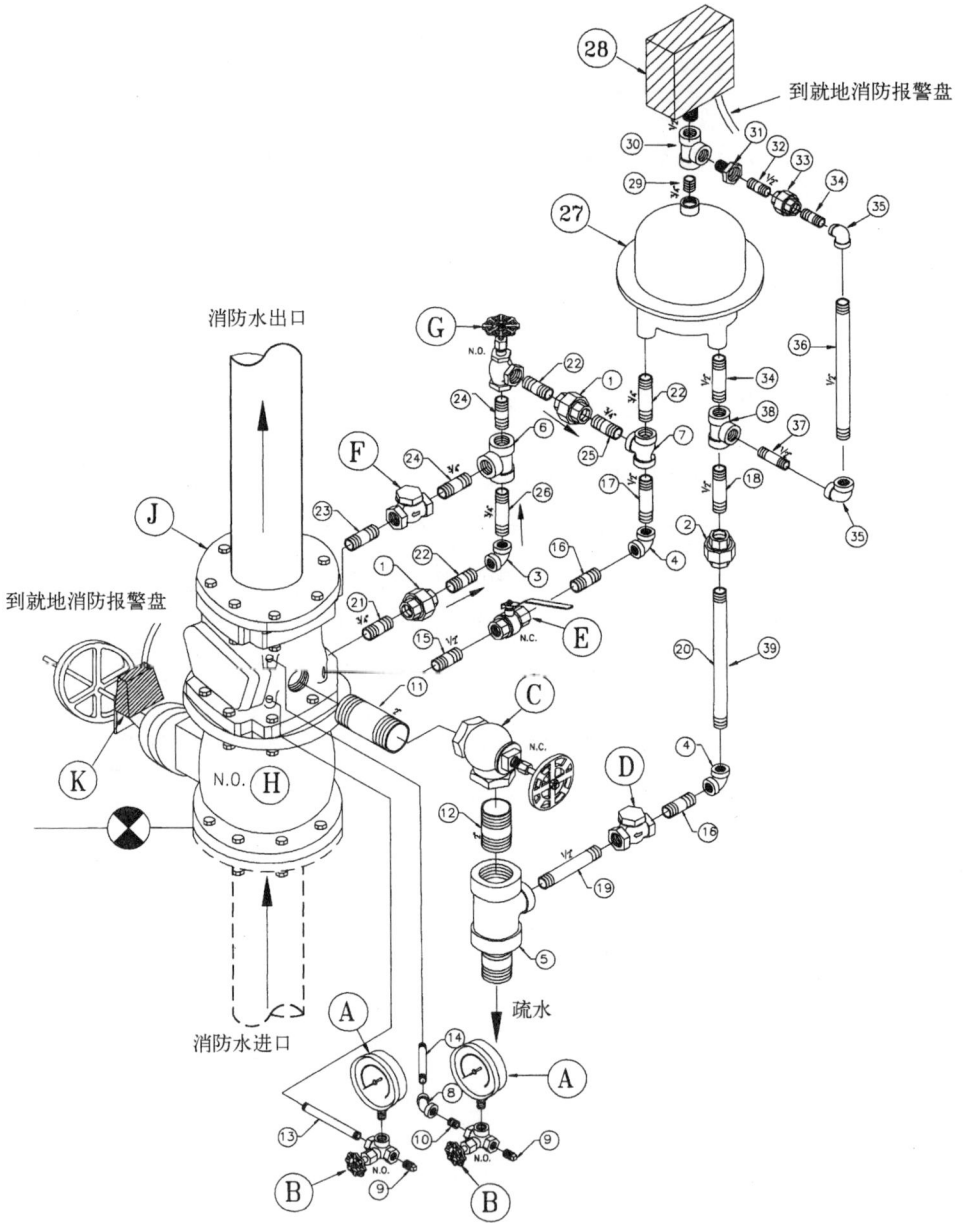

附图 1　S/B　湿式报警喷淋阀枝剪图(STAR MODEL F)

A—阀前与阀后压力表;B—压力表截止阀;C—主疏水阀;D—止回阀;E—报警截止阀;F—止回阀;
G—报警试验阀;H—进水控制闸阀;J—湿式报警阀;K—限位开关;27—延时器;28—压力开关

阀门类型	阀门编号示例	阀门名称	上图对应的阀门编号	正常运行时阀门状态	备　注
湿式报警阀	7141-V××××-1	阀前压力表截止阀	B	常开	
	7141-V××××-2	阀后压力表截止阀	B	常开	
	7141-V××××-3	主疏水阀	C	常关	
	7141-V××××-4	报警延时器疏水管止回阀	D	N/A	
	7141-V××××-5	旁通管止回阀	F	N/A	
	7141-V××××-6	报警试验阀	G	常关	
	7141-V××××-7	报警截止阀	E	常开	设有铅封
	备注:V××××为湿式报警阀阀门编号				

提示:本图 S/B 湿式报警阀编号请参考运行规程 98-F1400-OM-001 的 4.5.1.11 节 S/B 厂房喷淋系统阀门状态。

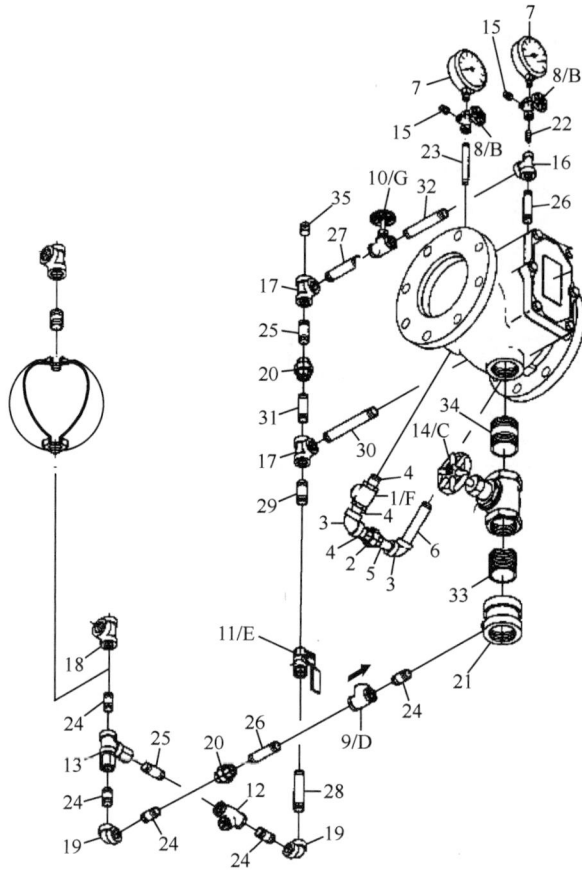

附图2 T/B 87.5 m 以上区域湿式报警系统枝剪图(STAR S300 Flange × Flange)

阀门类型	阀门编号示例	阀门名称	上图对应的阀门编号	正常运行时阀门状态	备 注
湿式报警阀	7141-V××××-1	阀前压力表截止阀	8/B	常开	
	7141-V××××-2	阀后压力表截止阀	8/B	常开	
	7141-V××××-3	主疏水阀	14/C	常关	
	7141-V××××-4	报警延时器疏水管止回阀	9/D	N/A	
	7141-V××××-5	旁通管止回阀	1/F	N/A	
	7141-V××××-6	报警试验阀	10/G	常关	
	7141-V××××-7	报警截止阀	11/E	常开	设有铅封
	备注:V××××为湿式报警阀阀门编号				

提示:本图湿式报警阀阀门编号请参考 98-F1400-OM-001 的 4.5.1.6 节。

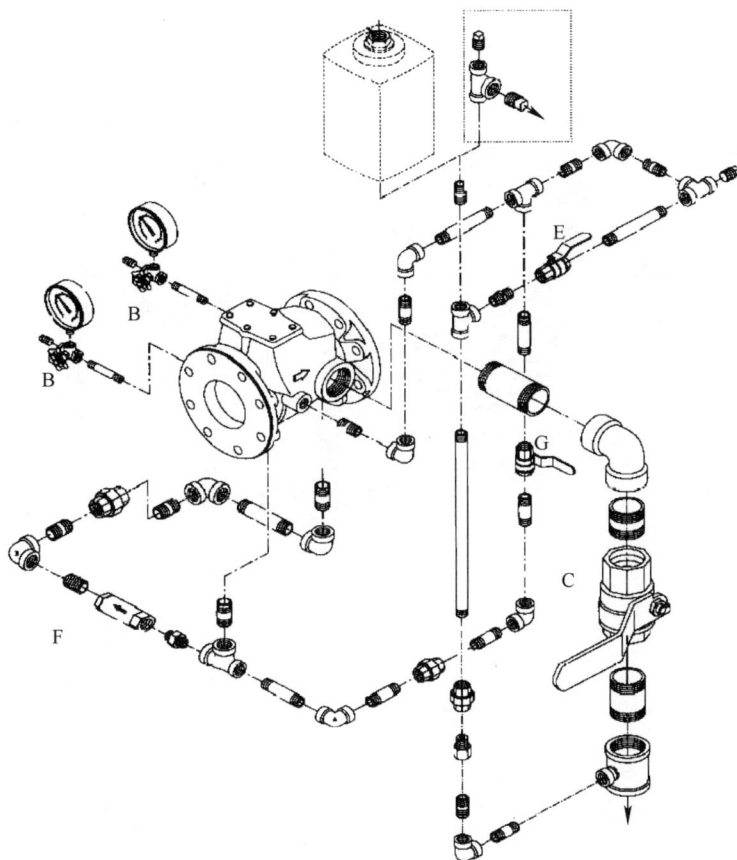

附图 3　T/B87.5 m 层湿式报警系统枝剪图(Viking Model J,水平布置)

(请参考 98-71400-OM-6400,Rev.01 第 43 页)

阀门类型	阀门编号示例	阀门名称	上图对应的阀门编号	正常运行时阀门状态	备　注
湿式报警阀	7141-V××××-1	阀前压力表截止阀	B	常开	
	7141-V××××-2	阀后压力表截止阀	B	常开	
	7141-V××××-3	主疏水阀	C	常关	
	7141-V××××-5	旁通管止回阀	F	N/A	
	7141-V××××-6	报警试验阀	G	常关	
	7141-V××××-7	报警截止阀	E	常开	设有铅封
	备注:V××××为湿式报警阀阀门编号				

提示:本图湿式报警阀阀门编号请参考 98-F1400-OM-001 的 4.5.1.6 节。

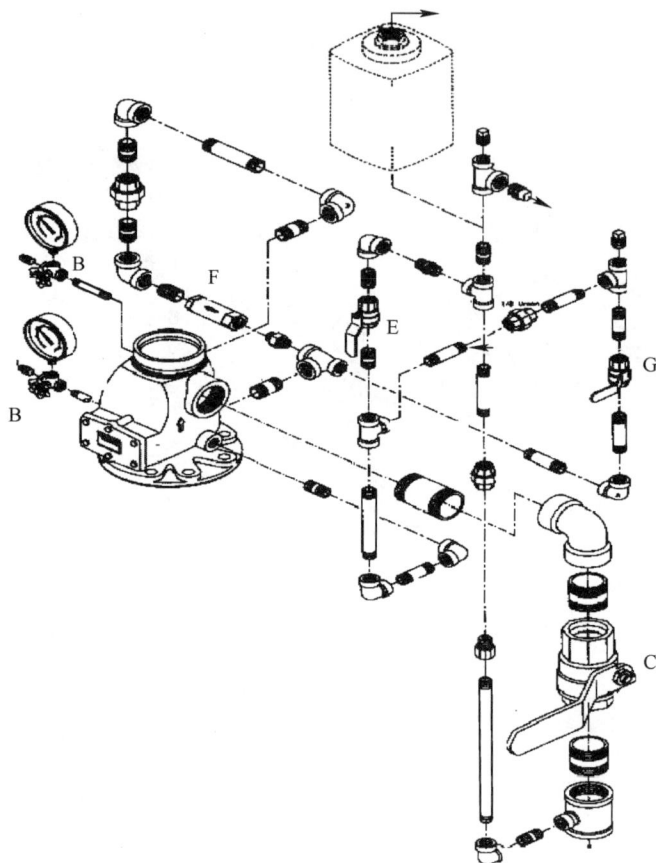

附图4　T/B 87.5 m层湿式报警系统枝剪图(Viking Model J-1,垂直布置)

(请参考 98-71400-OM-6400,Rev. 01 第 41 页)

阀门类型	阀门编号示例	阀门名称	上图对应的阀门编号	正常运行时阀门状态	备　注
湿式报警阀	7141-V××××-1	阀前压力表截止阀	B	常开	
	7141-V××××-2	阀后压力表截止阀	B	常开	
	7141-V××××-3	主疏水阀	C	常关	
	7141-V××××-5	旁通管止回阀	F	N/A	
	7141-V××××-6	报警试验阀	G	常关	
	7141-V××××-7 备注:V××××为湿式报警阀阀门编号	报警截止阀	E	常开	设有铅封

提示:本图湿式报警阀阀门编号请参考 98-F1400-OM-001 的 4.5.1.6 节。

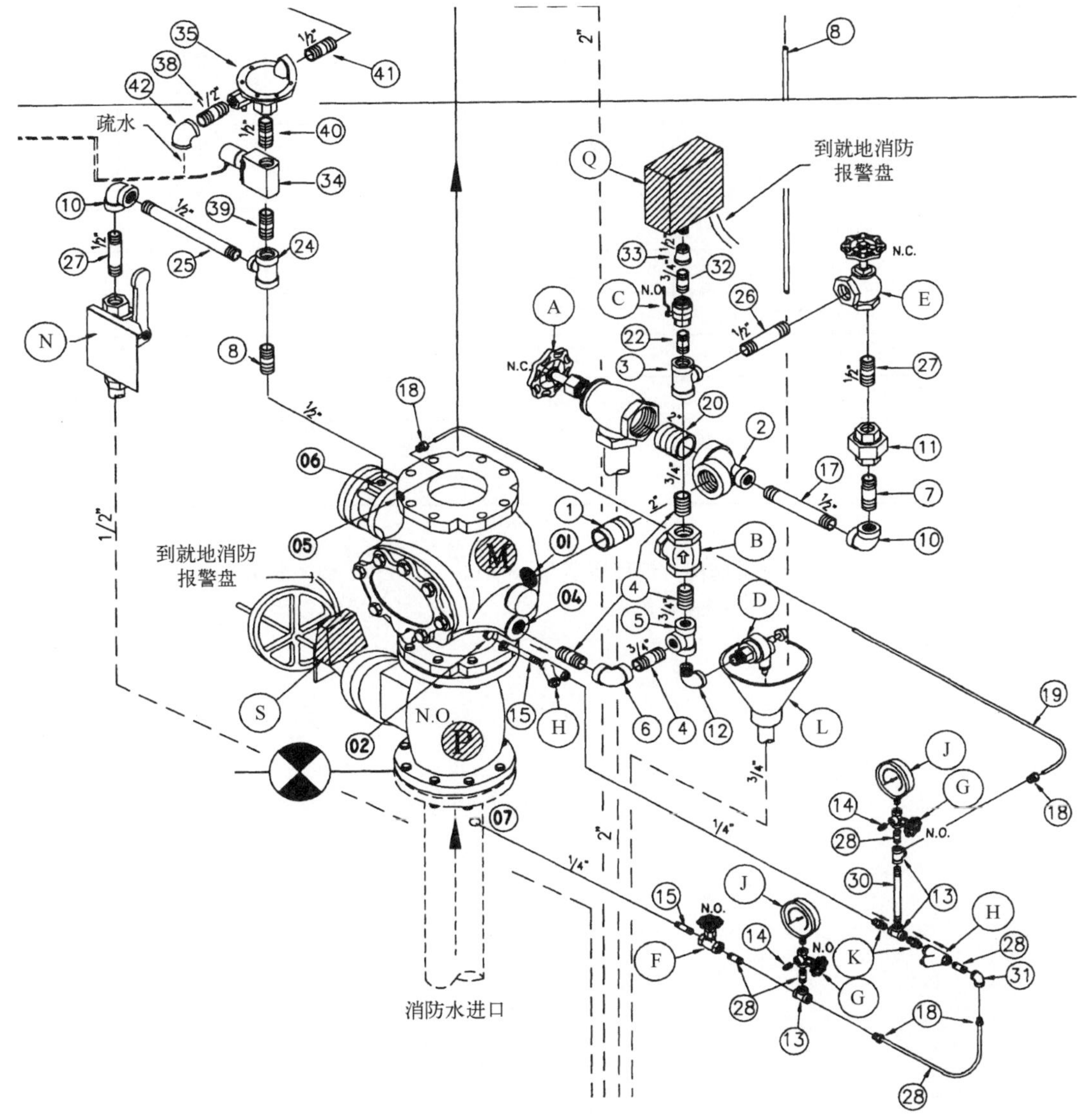

附图 5　雨淋/水喷雾系统枝剪图

A—主疏水阀;B—止回阀;C—报警截止阀;D—滴水止回阀;E—报警试验阀;F—注水阀;G—供水,
注水压力表截止阀;H—Y型过滤器;J—供水,注水压力表;K—在线止回阀;L—疏水杯;M—雨淋阀;
N—应急释放阀;P—进水控制闸阀;Q—压力开关;S—限位开关;34—电磁阀

阀门类型	阀门编号示例	阀门名称	上图对应的阀门编号	正常运行时阀门状态	备 注
雨淋阀	7141-V××××-1	差压室注水阀	F	常开	设有铅封
	7141-V××××-2	供水压力表截止阀	G	常开	
	7141-V××××-3	注水压力表截止阀	G	常开	
	7141-V××××-4	报警回路止回阀	B	N/A	
	7141-V××××-5	滴水止回阀	D	N/A	
	7141-V××××-6	主疏水阀	A	常关	
	7141-V××××-7	报警试验阀	E	常关	
	7141-V××××-8	报警截止阀	C	常开	设有铅封
	7141-V××××-9	紧急释放阀	N	常关	
	7141-V××××-10	备用释放阀		常关	设有铅封
	备注:V××××为雨淋阀阀门编号		M		

提示:1. 雨淋/水喷雾系统雨淋阀阀门编号请参考 98-F1400-OM-001 的 4.5.1.6 节。

备用释放阀(7141-V××××-10)参见附图 7。

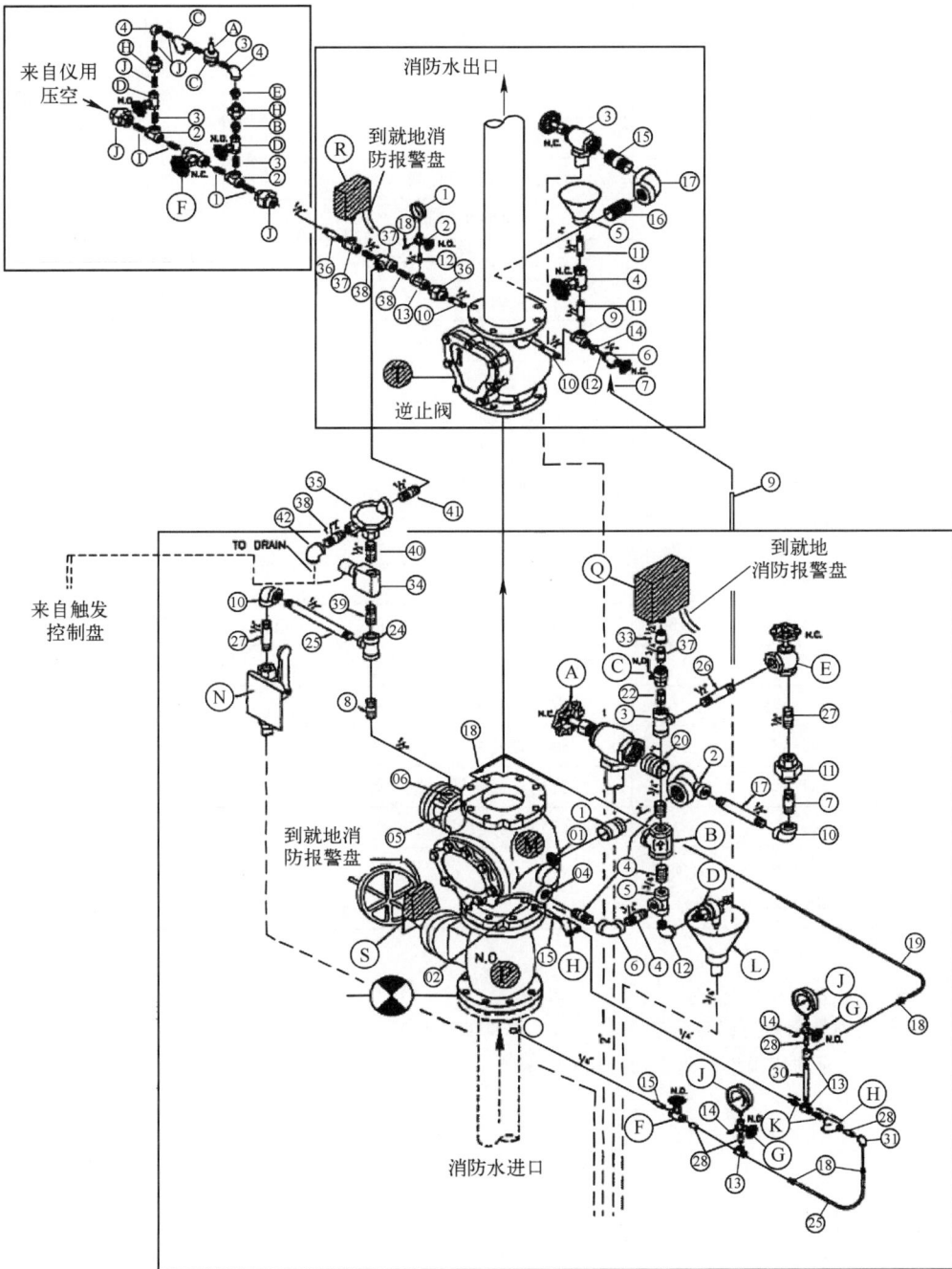

附图6　预作用喷淋系统枝剪图

A—主疏水阀;B—止回阀;C—报警截止阀;D—滴水止回阀;E—报警试验阀;F—注水阀;
G—供水,注水压力表截止阀;H—Y型过滤器;J—供水,注水压力表;K—在线止回阀;L—疏水杯;
M—雨淋阀;N—应急释放阀;O—气体稳压装置;P—进水控制闸阀;Q—压力开关;
R—低压空气压力开关;T—监控管网止回阀;S—限位开关;34—电磁阀

阀门类型	阀门编号示例	阀门名称	上图对应的阀门编号	正常运行时阀门状态	备注
预作用喷淋阀组	7141-V××××-1	差压室注水阀	F	常开	设有铅封
	7141-V××××-2	供水压力表截止阀	G	常开	
	7141-V××××-3	注水压力表截止阀	G	常开	
	7141-V××××-4	报警回路止回阀	B	N/A	
	7141-V××××-5	滴水止回阀	D	N/A	
	7141-V××××-6	主疏水阀	A	常关	
	7141-V××××-7	报警试验阀	E	常关	
	7141-V××××-8	报警截止阀	C	常开	设有铅封
	7141-V××××-9	紧急释放阀	N	常关	
	7141-V××××-10	备用释放阀		常关	设有铅封(S/B无此阀)
预作用喷淋阀组	7141-V××××-11	旁通注气阀	F	常关	T/B无此阀
	7141-V××××-12	空气压力调节阀	A	N/A	
	7141-V××××-13	空气压力调节阀阀前截止阀	D	常开	T/B无此阀
	7141-V××××-14	空气压力调节阀阀后截止阀	D	常开	T/B无此阀
	7141-V××××-15	空气压力表截止阀	2	常开	
	7141-V××××-16	阀后管网主疏水阀	3	常关	
	7141-V××××-17	监控管网止回阀注水试验阀	4	常关	
	7141-V××××-18	监控管网止回阀严密性疏水阀	6	常关	
	备注:V××××为预作用喷淋阀阀门编号				

提示:

1. 预作用喷淋阀阀门编号请参考 4.5.1.6 节和 4.5.1.11 节。

2. T/B 厂房预作用雨淋阀组上的备用释放阀(7141-V××××-10)请参见附图 7,而 S/B 厂房无此阀。

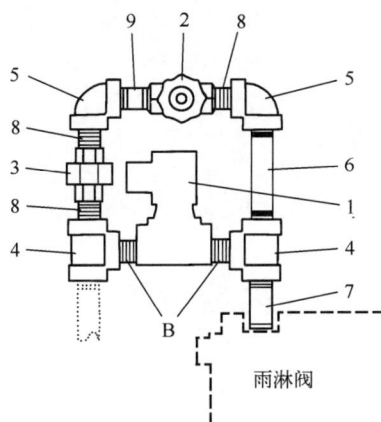

附图 7　T/B 厂房雨淋阀备用释放阀枝剪图
1. 电磁阀；2. 备用释放阀

提示：

1. 该图中的备用释放阀(7141-V××××-10)只适用于 T/B 的 7 个预作用翻板式雨淋阀组(7141-SP-T504/411/301/214/101/102/103)和 5 个雨淋-水喷雾翻板式雨淋阀组(7141-SP-Y215-1/2/3；7141-SP-Y216/217)，而 T/B 的隔膜式雨淋阀组(7141-SP-T029)和 S/B 厂房的预作用雨淋阀组上无此阀。

2. 备用释放阀(7141-V××××-10)在正常运行时已设置了铅封锁定为"常关"，正常情况下严禁操作，否则将触发雨淋阀。只有在发生火灾时，电磁阀和应急释放阀(7141-V××××-9)均失效的情况下，才允许打开备用释放阀触发雨淋阀喷水灭火。

第七章 生活水分配系统
（71500）

内容介绍

课程名称：生活水分配系统
课程时间：2学时

学员：现场值班员
学员条件：完成本系统的课堂部分培训

培训目标：
1. 了解系统设备的现场布置；
2. 掌握各参数测量点的现场位置和在系统流程中的位置；
3. 熟练掌握现场巡检内容，正常参数、报警值、异常和故障识别技巧和技能；
4. 系统上操作和巡检存在的一些安全提示和危害，风险警示、运行实践；
5. 掌握定期试验的方法；
6. 对照流程图进行本系统主要操作项目的模拟操作。

教学方式及教学用具：
培训方式：岗位培训
教员需要：
a. 流程图；
b. 白板等。

考核方法：现场考核（实际操作和模拟相结合）、口试

7.1 系统设备

7.1.1 设备清单

生活水系统分为生产用水管网和行政用水管网，正常运行时它们相互独立，各自运行，互不影响，在异常工况时又可以通过阀门切换实现互为备用。它的主要功能是为电站两个

机组提供足够压力和流量的设备冷却水和密封水、关键系统备用水源、系统配制药品用水、卫生用水、冲污用水以及厂区各区域、办公楼、食堂等生活饮用水。

主要由以下设备组成:

1) 两台生活水箱:用以向生活水系统供应生活水,同时起到澄清的作用。

2) 两台100%容量的生产用水生活水泵(7151-P4001/4002):一台运行,一台备用以向水处理厂房、两个 T/B 厂房、两个 S/B 厂房和泵房供水。

3) 两台100%容量的行政用水生活水泵(7151-P8003/8004):一台运行,一台备用以向水模拟体厂房、行政办公楼及仓库供水。

4) 一个生产用水管网和行政用水管网的隔离阀(1-7151-V8031):用于隔离行政用水管网和生产用水管网。正常运行时,将此阀门关闭,使两个管网相对分开;紧急情况时,可打开此阀门,两个管网相互备用。

5) 四台应急喷淋/洗眼器储水箱:它们分别位于水处理厂房、T/B 厂房、泵房的厂房标高较高的地方,利用重力,它可以向应急喷淋/洗眼器设备供水。当生活水系统失效时,水箱仍然可以向应急喷淋/洗眼器提供贮存的水。应急洗眼/喷淋器作为应急安全设备,需确保足够的水源可以使用,每次巡检时需要检查应急洗眼/喷淋储水箱的液位,当液位低于一半时就要进行补水。

6) 应急洗眼/喷淋器:当有害的化学药品溅到眼睛和皮肤上时,需要立即进行用流动生活水进行冲洗,以减轻化学药品对眼睛和皮肤的伤害,因此需要设置应急洗眼/喷淋器。由于应急洗眼/喷淋器长期不用,其管网及储水箱中的水质会变差,需要每月冲洗一次。

7) 五台热水箱:其中三台分别位于水处理厂房、1 号机组 T/B 厂房和 2 号机组 T/B 厂房,供应 60 ℃左右的高温热水,用于各种洗涤和除污。另外二台分别位于 1 号机组 S/B 厂房和 2 号机组 S/B 厂房,用于供应 85 ℃左右的热水给洗衣房。没有热水被分配到泵房和 R/B 厂房。热水箱内设置了电加热元件。

8) 两台热水循环泵:维持恒定的小流量,以保证系统内热水温度的均匀。

9) 两台冷水箱:该水箱由仪用压缩空气加压,以减少生活水系统压力的波动,保持各用户供水压力的稳定。

10) 防回流逆止阀:防回流逆止阀用于防止污染的水流回到系统的饮用水侧,从而避免了饮用水的污染。还可以减少生活水系统压力的波动。

11) 冷水热水分配管道、阀门以及相关的仪表:通过冷水热水分配管道以及相关的阀门的操作使用生活水分配到不同的用户。通过相关仪表对生活水的流量、压力、温度的监视使系统运行在正常的状态下。

7.1.2　现场布置

由于生活水分配系统用户较多,设备现场布置复杂而且分散。它们分布于水处理厂房、2 号机组 T/B 和 S/B 厂房、1 号机组 T/B 和 S/B 厂房、海水泵房、模拟体厂房、行政办公楼、食堂、仓库等地方。

具体现场布置见图 7-1-1。

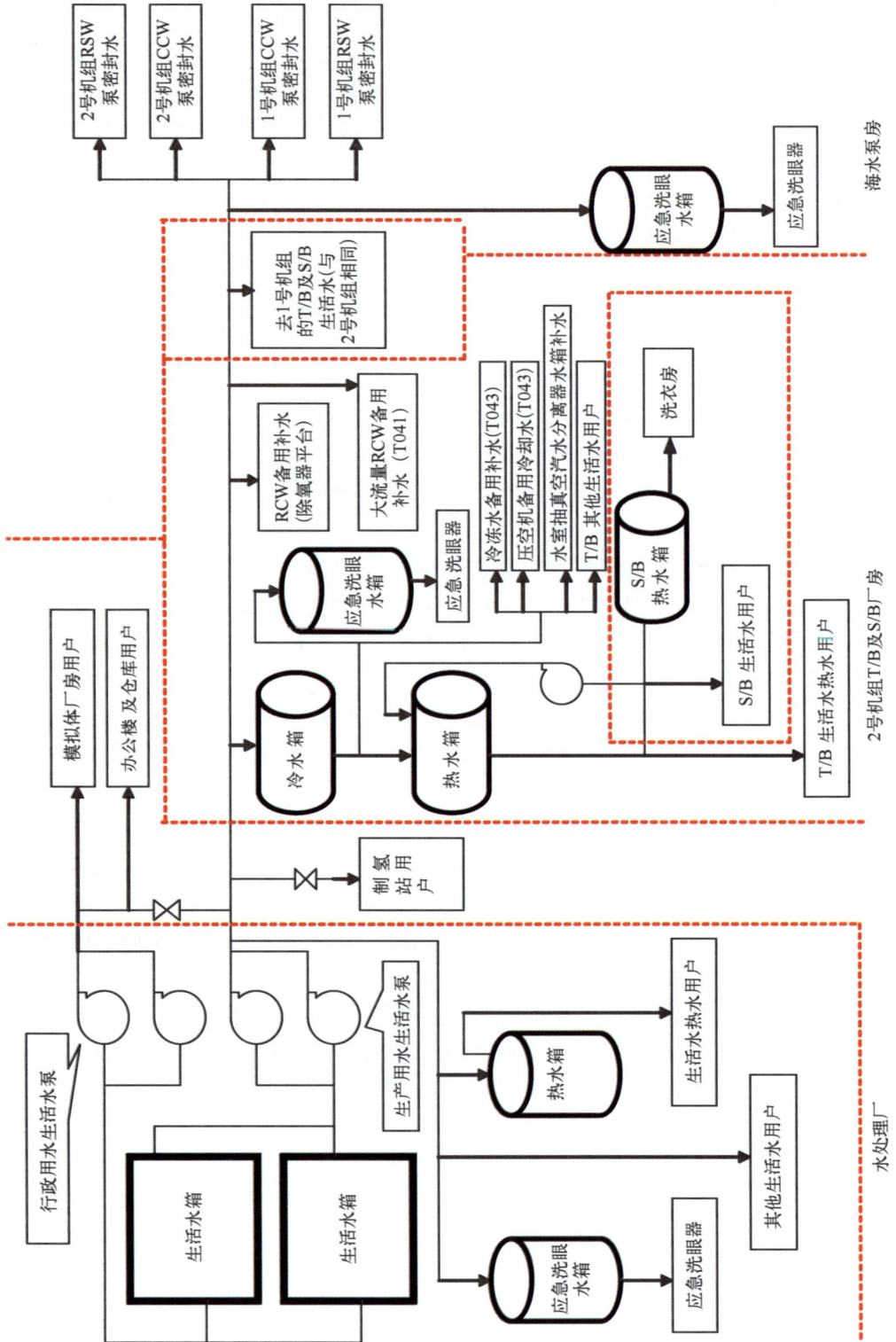

图7-1-1 生活水系统简图

7.1.3 系统接口

1）本系统与再循环冷却水系统 71340 相连,RCW 在高泄漏率情况下的补水:RCW 备用补给水、RCW 应急补给水。生活水将作为辅助的备用或者当除盐水用户出现以下工况时的应急补给水水源。

2）本系统与 CCW 系统 71210 相连,提供 CCW 泵的盘根密封冷却水。

3）本系统与 RSW 系统 71310 相连,提供 RSW 泵的盘根密封冷却水。

4）本系统与压空系统 75120 相连,提供空气压缩机备用冷却水,两台冷水液压气动水箱通过仪用压缩空气加压。

5）本系统与冷冻水系统 71920 相连,提供备用的冷却水的补水。

6）本系统与废液排放系统 79210 相连,为 79210 系统取样泵提供启动前的预注水。

7）本系统与 CCW 抽真空系统 71240 相连,为 CCW 抽真空系统汽水分离器水箱提供补水。

8）本系统与原水预处理系统 71610 相连,正常时原水预处理系统为生活水系统提供水质合格的生活水。

7.1.4 就地盘台

1）生活水泵就地盘台

生活水泵就地控制盘台 67151-PL4028 位于水处理厂一楼。生活水泵由就地控制手柄(67151-HS-4001/4002)来控制,它有三个位置分别是"ON"、"STBY/AUTO"、"OFF"。正常时一台生活水泵的控制手柄位于"ON"位置,另一台生活水泵的控制手柄泵位于"STBY/AUTO"位置。手柄位于"ON"位置的生活水泵处于连续运行状态。手柄位于"STBY/AUTO"位置的生活水泵正常时处于备用状态,只有生活水泵出口压力小于 420 kPa 或者当RCW 高位水箱出出现低低液位报警(小于 450 mm)时,才会自动启动。

在生活水泵就地控制盘台 67151-PL4028 上每台生活水泵有两个运行指示灯用于监视泵的运行状态,分别是绿色指示灯(灯亮时表示泵处于停运状态)和红色指示灯(灯亮时表示泵处于运行状态)。另外还有一个生活水泵手动开关位置异常指示灯用于监视两台生活水泵控制手柄的位置。只有当一台生活水泵的控制手柄位于"ON"位置,另一台生活水泵的控制手柄泵位于 STBY/AUTO 位置时,生活水泵手动开关位置异常指示灯才不亮。当生活水泵手动开关位置异常指示灯亮时,应该立即检查两台生活水泵手柄的位置,查明异常的原因,并及时恢复到正常状态。

2）热水循环泵就地盘台

热水循环泵(7151-P-4003)(1 号机组和 2 号机组的 T/B 厂房内各一台)都有一个入口压力表和出口压力表。并且出口压力比进口压力稍高约 50 kPa。每台泵由其手动开关来控制(67151-HS-4003),它有"ON"和"OFF"两个位置。

3）水箱就地仪表

每个热水箱还有一个温度计,正常读数在 60 ℃左右,温度小于 50 ℃或者大于 63 ℃时为不正常。温度过高热水箱压力就会升高,会引起安全阀动作:温度过低,就会达不热水用户的要求。应该立即检查电加热器的运行状态,热水箱压力是否正常,以及安全阀是否动作。

在 1 号机组和 2 号机组的 T/B 厂房内的生活水冷水箱上分别有一个就地压力表,正常时压力应该大于 371 kPa,当压力小于 371 kPa 时就会在主控室产生报警。应立即确认生活水系统是否运行正常。

7.1.5　取样点

水处理厂房内的取样将从生活水箱等系统关键的点周期抽出。超出水处理厂房的取样可以从水箱疏水阀或软管接头处取出。

7.2　系统参数

表 7-2-1 所示为系统就地各仪表参数。

表 7-2-1　就地各仪表参数表

仪表描述	仪表编号	位　置	正常值	限制值
生活水泵入口压力	67151-PI4322	WT100	大于 100 kPa	小于 100 kPa
生活水泵出口压力	67151-PI4301 67151-PI4302	WT100	大于 420 kPa	小于 420 kPa
生活水冷水箱压力	67151-PI4306	T043	大于 371 kPa	小于 371 kPa
生活水热水箱压力	67151-PI4311	T043	大于 420 kPa	小于 420 kPa
生活水热水循环泵出口压力	67151-PI4320	T043	大于 420 kPa	小于 420 kPa
生活水热水循环泵入口压力	67151-PI4321	T043	大于 420 kPa	小于 400 kPa
生活水热水箱温度	67151-TI4312	T043	60 ℃	小于 50 ℃ 或者大于 63 ℃
应急喷淋/洗眼器储水箱液位	N/A	N/A	高于水箱中心液位	低于溢流口 100mm
生活水冷水箱液位	67151-LG4305	T043	满刻度	没有注满
生活水热水箱液位	67151-LS4313	T043	610 mm	没有注满
生活水系统流量	67151-FI4303	WT100	17～30 L/s	生活水流量高 72 L/s

生活水泵出口压力表(67151-PI-4301/4302)安装在每台生活水泵的出口喷嘴的附近,处于运行的生活水泵的出口压力的正常值应该大于 420 kPa,并且运行生活水泵出口压力至少比备用生活水泵出口压力高 100 kPa。当压力异常时,应该立即检查备用生活水泵是否自动启动,如果没有自动启动则手动启动备用泵。然后检查运行生活水泵是否异常,生活水流量是否正常。一个公用的压力表(67151-PI-4311)被装在两台泵吸入口附近的集管上。

生活水流量计(67151-FI4303)安装在生活水泵公共出口集管上,正常值在 17～30 L/s 之间。当流量异常时,应该立即检查备用生活水泵是否自动启动,如果没有自动启动则手动启动备用泵,同时检查生活水管道是否存在大的泄漏或者是否存在大量使用生活水用户。

应急喷淋/洗眼器储水箱设置有就地液位计。当液位低于水箱就地液位计的一半时,应该打开位于水箱附近的补水阀进行补水。

7.3　风险警示和运行实践

1）确保应急洗眼和喷淋储水箱的排气孔与大气相通，以使应急洗眼/喷淋器能正常供水。

2）由于生活水作为许多重要设备冷却水和密封水、关键系统备用水源，因此必须确保生活水系统连续运行，即两台生活水给水泵不能同时停运。原设计中两台生活水给水泵分别由两路Ⅳ级电源供电(P4001-MCC29/2FM，P4002-MCC30/2RM)，一旦Ⅳ级电源失去，则两台生活水给水泵将停运，生活水系统将不可用。为此，需要将两台生活水给水泵的电源改为分别由两路Ⅲ级电源供电，以增加生活水系统的可靠性。

3）CCW泵、RSW泵是电厂的关键设备，而其轴承密封/冷却水由一路生活水供给，如果供应的生活水管线出现问题，严重时将影响CCW泵、RSW泵的正常运行，进而影响两个机组正常运行并存在停机风险。

为了提高生活水运行可靠性，从次氯酸钠发生站生活水进水隔离阀后的管道上接一路水管到泵房然后分接到两个机组CCW泵、RSW泵冷却水管，由现在的一路供水变成两路供水或一用一备(如图7-3-1中的虚线部分管线)。

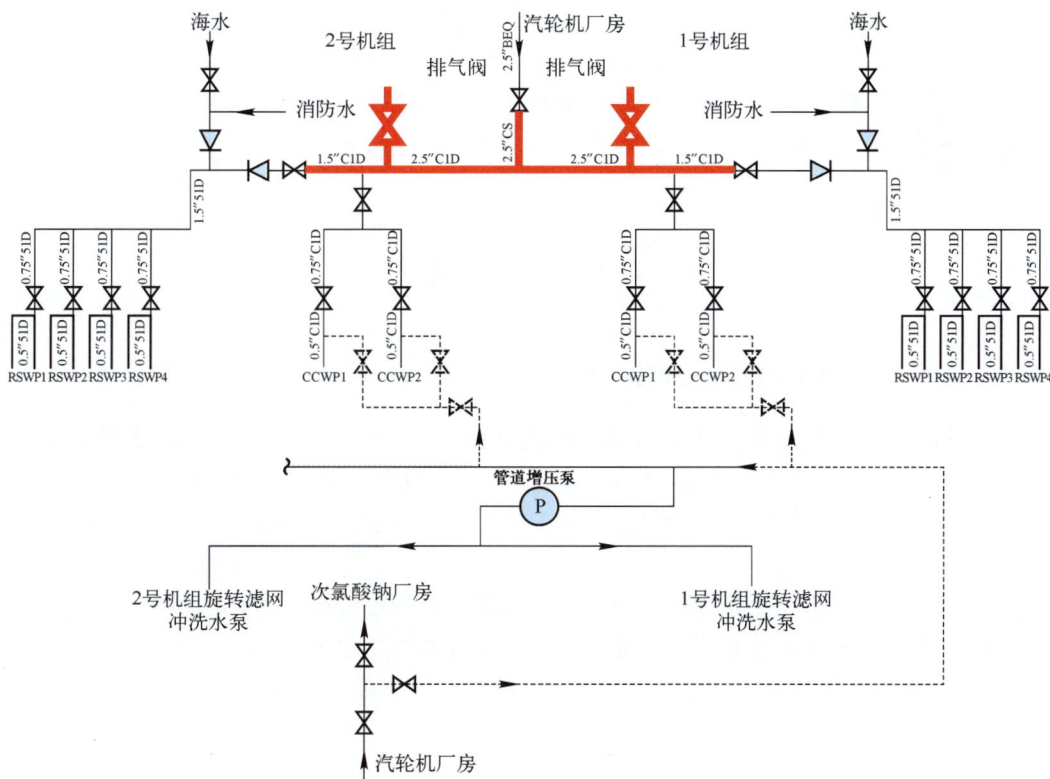

图7-3-1　生活水泵房供水支管改造后的简图

4）泵房生活水总阀到 RSW 泵密封水一次隔离阀之间的管道（长约 40 余米，约有 12 个直角弯头）（如图 7-2-1 加粗管线部分）曾经有堵塞。系统长时间运行后，生活水本身含有的杂质和碳钢管内壁冲刷脱落的锈蚀产物在管路曲折处堆积，使管道堵塞，引起 RSW 泵密封水供水流量低。在对这段管道进行冲洗后投运过程中，由于管道中无排气点设计，如果直接注水投用，长 40 多米的管道内的积气可能会直接注入 RSW 泵密封腔，可能导致盘根短时间缺水而损坏。因此在管道高位处安装一只排气阀。然后通过低位注水，高位排气的方法来保证整条管线满水。

5）生活水可以作为除盐水的备用给 RCW 系统补水。当 RCW 高位水箱的液位低于 575 mm 时会触发生活水向 RCW 的小流量备用补水阀动作，将生活水补充到 RCW 高位水箱。当 RCW 高位水箱的液位低于 450 mm 时，生活水应急补水阀动作，将生活水补充到 RCW 泵的入口集管。当生活水向 RCW 系统补水时，应该立即检查生活水泵的运行状况，尽量减少其他非关键生活水用户，并且启动备用生活水泵。在系统恢复正常后通知化学部门对系统水质进行取样分析。

6）生活水可以作为仪用/呼吸空压机的备用冷却水。RCW 系统供水压力低或者 RCW 系统供水温度高报警出现时，仪用/呼吸空压机的冷却水从 RCW 切换到生活水。此时，应该立即检查仪用/呼吸空压机的冷却水生活水侧气动阀以及 RCW 侧气动阀动作正常。防止 RCW 和生活水管线之间形成通路，引起 RCW 系统压力的波动。检查生活水泵运行状况，必要时可以启动备用生活水泵。检查生活水现场排水是否畅通，是否影响设备安全。如果短时间内报警无法消除，且现场排水不畅通导致地面积水影响设备的正常运行，则可以手动将仪用/呼吸空压机的冷却水从生活水侧切回 RCW 侧的旁路运行。

在报警消除后，恢复 RCW 对仪用/呼吸空压机的冷却，并通知化学部门对系统水质进行取样分析。

7.4　技　能

7.4.1　防回流逆止阀的泄压阀漏水

防回流逆止阀的用途是防止下游的水回流到上游中，见图 7-4-1。一旦逆止阀下游压力过高或上游出现低压，或压力波动，在逆止阀前后压差的作用下，安装在逆止阀中腔的疏水阀自动打开，将水排到地面上，使逆止阀下游卸压，从而保护逆止阀的上游的水不被下游的水污染。

阀门漏水初步原因是生活水系统压力波动，管线上防回流第一道止回阀前后压差变化，使依靠压差密封的疏水阀轻微动作引起滴漏，而阀门滴漏不影响防回流逆止阀的性能和作用，也不影响系统的正常运行。如果疏水阀继续漏水，就需要打开疏水。关闭该阀前后隔离阀，打开中腔疏水阀卸压，然后确认是否终止漏水。

7.4.2　防回流逆止阀操作方法

隔离防回流逆止阀操作方法：必须先关闭下游隔离阀，再关闭上游隔离阀，否则会在逆止阀前后形成压差，引起压力释放阀动作。

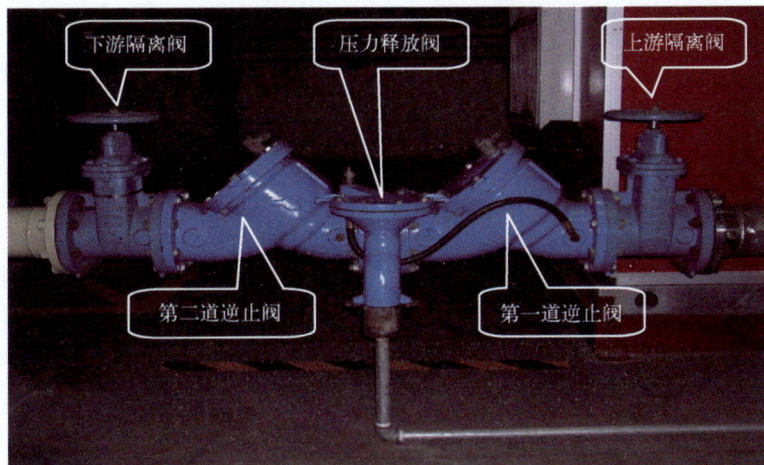

图 7-4-1　防回流逆止阀

投运防回流逆止阀操作方法:必须先打开上游隔离阀,再缓慢打开下游隔离阀,否则会在逆止阀前后形成压差,引起压力释放阀动作。

7.5　主要操作

7.5.1　系统启动、停运

由于生活水作为许多重要设备冷却水和密封水、关键系统备用水源,因此必须确保生活水系统连续运行。在调试期间首次启动后,系统就一直保持运行。

7.5.2　生活水泵的切换

为了使两台生活水泵交替运行,以防止因一台生活水泵长期运行引起机械疲劳部件磨损。需要每月对生活水泵进行一次切换。具体简要流程如图 7-5-1。

具体程序请参见 OM-71500-OM-001 的4.3.1节。

注意事项:

a) 切换前首先要确认生活水分配系统处于正常运行状态,生活水泵出口压力大于 420 kPa且流量计 1-67151-FI4303 的读数不超过 30 L/s。

b) 确认生活水给水泵手动开关位置异常指示灯 1-67151-IL4028 不亮。

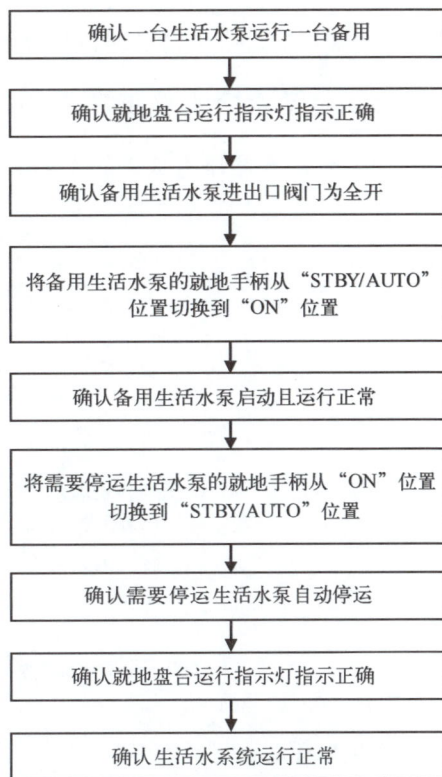

确认一台生活水泵运行一台备用

↓

确认就地盘台运行指示灯指示正确

↓

确认备用生活水泵进出口阀门为全开

↓

将备用生活水泵的就地手柄从"STBY/AUTO"位置切换到"ON"位置

↓

确认备用生活水泵启动且运行正常

↓

将需要停运生活水泵的就地手柄从"ON"位置切换到"STBY/AUTO"位置

↓

确认需要停运生活水泵自动停运

↓

确认就地盘台运行指示灯指示正确

↓

确认生活水系统运行正常

图 7-5-1　生活水泵的切换简要流程图

c)生活水泵的电源经过变更后,由Ⅲ级源(MCC38,39)供电到Ⅳ级电源(MCC29,30)再供电到生活水泵电机。因此,必须确认 MCC38/39,MCC29/30 上相应的开关都处于合闸状态。

d)当需要停运的生活水泵处于"STBY/AUTO"位置没有自动停运时,应该立即检查生活水泵出口压力和生活水流量。

7.5.3 应急喷淋/洗眼器定期冲洗试验

为了确保 T/B 厂房各区域的应急喷淋/洗眼器的出水清洁可用,使应急喷淋/洗眼器处于正常备用状态。

a)由于蓄电池间没有地漏,为防止试验水影响蓄电池间的设备运行,需准备塑料桶承接试验产生的水;

b)确认应急喷淋洗眼器的隔离阀 7151-V4667(TB505)或 7151-V8008(TB507)在打开状态;

c)打开应急洗眼器本体出水控制阀冲洗洗眼器,注意用塑料桶承接产生的水;

d)确认应急洗眼器的出水清洁;

e)关闭应急洗眼器本体出水控制阀;

f)将塑料桶内承接的试验产生的水倒掉;

注意事项:

a)若试验过程中喷淋出的水较脏或喷淋水压力较低,需提缺陷申请进行维修。

b)对于 119.70 m 层 UPS 蓄电池间 TB505 和 TB507 的应急喷淋/洗眼器,在冲洗应急喷淋/洗眼器的过程中请及时倒掉塑料桶中的水,以免水溢出影响蓄电池间设备的运行。

7.5.4 生活水冷水箱低压力的报警响应

生活水冷水箱压力低于 371 kPa 时,就会产生报警。简要处理流程如图 7-5-2。

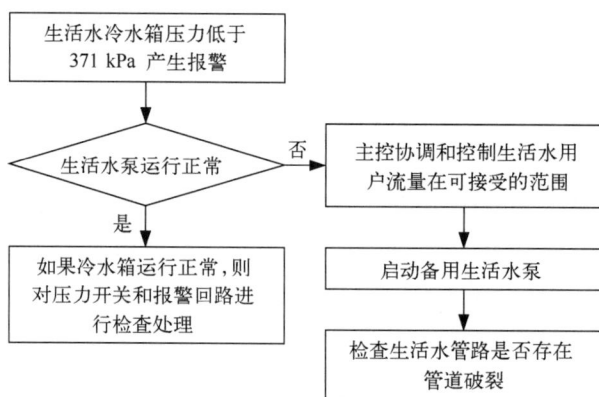

图 7-5-2 生活水冷水箱低压力的报警响应简要流程图

产生原因:

a)压力开关或报警回路故障;

b)生活冷水箱入口阀 7151-V4609 被关闭;

c) 存在大量使用生活水用户;

d) 两台生活水泵中的运行泵突然失效而备用泵没有启动;

e) 备用生活水泵在低压力时不能自动投入运行;

f) 生活水管路可能存在大量生活水泄漏。

复习思考题

1. 简述防回流逆止阀的作用以及操作方法。

参考答案:

防回流逆止阀的作用是用于防止污染的水流回到系统的饮用水侧,从而避免了饮用水的污染。还可以减少生活水系统压力的波动。

防回流逆止阀的操作方法:

- 隔离操作方法:必须先关闭下游隔离阀,再关闭上游隔离阀,否则会在逆止阀前后形成压差,引起压力释放阀动作。

- 投运操作方法:必须先打开上游隔离阀,再缓慢打开下游隔离阀,否则会在逆止阀前后形成压差,引起压力释放阀动作。

2. 备用生活水泵启动的条件是什么?

参考答案:

生活水系统低压力。

3. 生活水系统在 T/B 的用户有哪些?

参考答案:

汽轮机厂房用户主要包括:应急喷淋/洗眼器、卫生间、软管接头、CCW 抽真空系统、RCW 热交换器注水抽气真空泵、胶球清洗泵、辅助锅炉排污冷却水、空压机冷却水(RCW)备用水源、加热系统(73420)备用水源、除盐水用户(冷冻水和 RCW 系统)的备用水源等。

4. 生活水系统在海水泵房的用户有哪些?

参考答案:

海水泵房用户主要包括:次氯酸钠投加泵区域的应急喷淋/洗眼水箱 1-7151-TK4005、RSW 泵/CCW 泵的盘根密封水、次氯酸钠发生站盐溶液稀释、油务车间生活用水、泵房前池滤网冲洗泵等。

第八章 非放射性排水系统 (71770)

内容介绍

课程名称：非放射性排水系统

课程时间：2 学时

学员：现场操作员

学员条件：完成本系统的课堂部分培训

培训目标：

1. 了解系统设备的现场布置；
2. 掌握各参数测量点的现场位置和在系统流程中的位置；
3. 熟练完成现场巡检内容，正常参数、报警值、异常和故障识别技巧和技能；
4. 系统上操作和巡检存在的一些安全提示和危害，风险警示、运行实践；
5. 正常、应急时的操作和异常的现场响应；
6. 对照流程图进行本系统主要操作项目的模拟操作。

教学方式及教学用具：

培训方式：岗位培训

教员需要：

a. 流程图；

b. 白板等。

考核方法：笔试、现场考核（实际操作和模拟相结合）、口试

8.1 系统设备

8.1.1 设备清单和现场位置

该非放射性排水系统主要包括水处理厂、汽轮机厂房、汽轮机辅助厂房和泵房的非放射性排水。

汽轮机厂房排水地坑(7177-SU4001/4002/4003/4004)主要收集汽轮机厂房非放射性的地漏排水、相关设备的冷却水,然后排至厂房外的一个比重式油/水分离器中,经油水分离器处理后排入大海,这个油水分离器位于靠近汽轮机厂房东南角的场地上。

海水泵房地坑(7177-SU4010/4011/4012/4013)主要收集泵房海水系统设备疏水,然后排至泵房前池。(T/B SUMP♯1)收集汽轮机厂房地基渗透水,通过 RSW & CCW 系统排水口排入大海。

水处理厂和汽轮机辅助厂房地坑(7177-SU4014/4008/4009)收集相关厂房内化学系统的地漏排水和树脂再生酸碱废水,然后送至水处理厂中和水箱进行中和处理后通过雨水系统排入大海。

8.1.2　现场布置

该系统的设备现场布置设备清单如表 8-1-1 所示。

表 8-1-1　设备清单

地坑编号	地坑位置	对应地坑泵的编号	对应就地控制盘编号
1&2-7177-SU4001	汽轮机厂房底层(81.7 m)	1&2-7177-P4001/4003	1&2-67177-PL4011
1&2-7177-SU4002	汽轮机厂房底层(81.7 m)	1&2-7177-P4002/4004	1&2-67177-PL4012
1&2-7177-SU4003	汽轮机厂房底层(81.7 m)	1&2-7177-P4005/4007	1&2-67177-PL4013
1&2-7177-SU4004	汽轮机厂房底层(81.7 m)	1&2-7177-P4006/4008	1&2-67177-PL4014
1&2-7177-SU4008	精处理系统混床区域(87.5 m)	1&2-7177-P4014/4016	1&2-67177-PL4018
1-7177-SU4009	精处理再生间(100.0 m)	1-7177-P4009/4011	1-67177-PL4019
1-7177-SU4010	1 号机组 RSW 泵区域	1-7177-P4018/4020	1-67177-PL4020
1-7177-SU4011	1 号机组 CCW 阀门井	1-7177-P4021/4023	1-67177-PL4021
2-7177-SU4012	2 号机组 RSW 泵区域	2-7177-P4022/4024	2-67177-PL4022
2-7177-SU4013	2 号机组 CCW 阀门井	2-7177-P4025/4027	2-67177-PL4023
1-7177-SU4014	水处理厂(100.0m)	1-7177-P4026/4028	1-67177-PL4024
1 号机组汽轮机厂房地下废水地坑	柴油发电机油罐区域	1&2-7177-P7001/7002	1&2-67177-PL1602
2 号机组汽轮机厂房地下废水地坑	汽轮机厂房大门左侧马路边		

8.1.3　系统接口

地坑 7177-SU4001 收集来自冷凝器水箱二次滤网、冷凝器北侧地坑区域、电梯地坑、循环水区域和汽轮机的疏水以及来自较高位置的设备和地面疏水。地坑 7177-SU4002 收集来自冷凝器水箱胶球清洗捕捉器、冷凝器南侧地坑区域、真空泵和汽轮机的疏水以及来自较高位置的设备和地面疏水。地坑 7177-SU4003 收集来自冷凝器水箱胶球清洗捕捉器、冷凝器南侧地坑区域、真空泵、汽轮机的疏水以及来自较高位置的设备和地面疏水。地坑 7177-

SU4004 收集来自冷凝器水箱二次滤网、冷凝器北侧地坑区域、凝结水精处理装置、给水泵、压空设备、循环水区域和汽轮机的疏水以及来自较高位置的设备和地面疏水。汽轮机厂房辅助间内的非放射性疏水从设备和在柴油机与辅助锅炉区域内的地面收集含油的疏水,并通过管线也流到此地坑中。

汽轮机厂房辅助池非放射性疏水系统有一个化学废水地坑 7177-SU4008,该地坑收集来自样品水坑和设备的疏水以及从化学添加设备和较高处来的地面疏水。汽轮机厂房辅助间非放射性疏水系统有一个化学废水地坑 7177-SU4009。该地坑收集来自设备和凝结水精处理系统再生区域的地面疏水以及来自应急洗眼和沐浴地点的疏水。

水处理厂房内有一个化学废水地坑 7177-SU4014,收集来自北面、南面和厂房较高位置的设备和地面疏水,以及来自酸、碱计量泵区域、离子交换器、过滤筒和化学实验室的疏水。

泵房是 1 号、2 号机组共用的,这里有四个疏水地坑。两个 CCW 阀门井地坑,1-7177-SU4011,2-7177-SU4013,收集来自设备和从 CCW 阀门地坑和循环水泵疏水到地面的疏水。CCW 阀门井地坑的泵把海水输送到对应机组的 RSW 泵区域的地坑中。两个 RSW 泵区域的地坑,1-7177-SU4010,2-7177-SU4012,收集设备疏水和 RSW 区域地面疏水。RSW 泵区域的地坑泵把收集的海水输送到前池滤网冲洗水沟。

非放射性疏水系统把汽轮机大厅和汽轮机厂房辅助间的设备和地面疏水以及从变压器区域的疏水,输送到比重式的油/水分离器中。分离出来的油被收集起来并周期性对其排放,而水则排放到雨水疏水系统。

8.1.4　就地盘台和运行方式

每个地坑的两个泵都设有以下测量设备和控制作用:
1) 地坑泵的自动和手动控制;
2) 双联地坑泵的自动进行主导泵/延迟泵循环;
3) 在就地控制盘台上有运行状态的指示灯;
4) 对地坑的 HI-HI-HI 液位的主控室报警;
5) 地坑泵出口压头压力就地指示。

双联式的地坑泵的控制设备包括一个就地控制操纵台、一个机械浮子/上下可动式的液位开关、一个带有两个整体安装液位开关的机械浮子式交替器和一个出口压头压力测量表。

地坑泵的运行方式:

泵可手动或自动运行,由装设在就地操纵盘台(见图 8-1-1,以 1 号坑为例)上的手动开关决定。手动开关有三个位置:"HAND/AUTO/OFF"。"HAND"(或手动"ON")位置可使对应泵在对应地坑的任一水位下启动。手动开关有一个从"HAND"到"AUTO"位置的弹簧返回装置,因此只有在操纵员使开关保持在"HAND"位置,泵才能连续运动。"OFF"位置可以用来在任何时候手动停泵。当一个地坑的两台泵对应的手动开关都放在"AUTO"位置时,泵就会自动运行。一个泵为主导泵(Leading Pump),一个泵为延迟泵(Lag Pump)当地坑的液位上升到液位开关 LS#1 设定值 HI 水位时,主导泵启动。如果水位继续上升,当达到液位开关 LS#2 的设定值 HI-HI 液体时,延迟泵启动。地坑中液体下降,当交替器的浮子达到其低液位设定值时,运行的泵自动停止。

这种泵的一启一停为一个工作循环,这个工作循环结束后机械浮子式的交替器转换两泵的主导和延迟位置,即这个工作循环的主导泵变成延迟泵,而延迟泵则变成主导泵,在下个工作循环结束后也是这样转换。

如果泵的手动开关在"AUTO"位置,而另一台泵因为维修停止(它的手动开关在"OFF"位置),这台可运行的泵将在地坑的液位达到 HI(或 HI-HI)液位设定值时自动启动,在地坑液位达到低液位设定值时自动停泵。如果独立浮子/上下可动式的液位开关 LS♯3 探测到地坑中有极端高液位(HI-HI-HI),则通过 DCC 在主控室内有一个报警,通知操纵员地坑泵可能出现故障。

在就地地坑泵控制操纵台上,除了泵的手动开关外,每个泵还有一个红的"RUNNING"和一个绿的"OFF"指示灯。每个泵还设置一个时间累加器,用来计量每个泵的总体积累运行时间,以方便维修。

在泵的出口集管上有一个压力表,监测泵的运行。

8.2　系统参数

表 8-2-1 所示为系统运行参数。

该系统的任一地坑出现 HI-HI-HI 液位时,通过电厂计算机系统(DCC)在主控室有一个报警。另外在油/水分离器内出现极端高液位时主控室内也有报警。

注:如果没有特别注明,仪表编号适用于 1 号和 2 号机组。

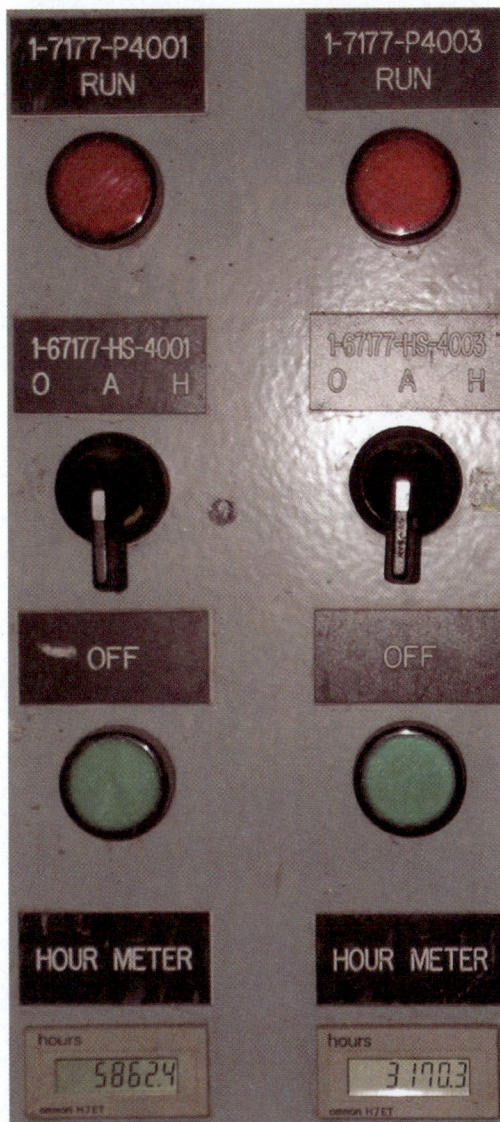

图 8-1-1　1 号地坑的泵的控制盘台

表 8-2-1　系统运行参数

参数名称	仪表编号	正常读数(或设定值)
地坑泵 7177-P4001/4003 出口压力	67177-PI-4401	大于 150 kPa
地坑泵 7177-P4002/4004 出口压力	67177-PI-4402	大于 150 kPa
地坑泵 7177-P4005/4007 出口压力	67177-PI-4403	N/A
地坑泵 7177-P4006/4008 出口压力	67177-PI-4404	N/A
地坑泵 1-7177-P4009/4011 出口压力	1-67177-PI-4409	大于 0 kPa
地坑泵 1-7177-P4014/4016 出口压力	1-67177-PI-4408	大于 0 kPa

参数名称	仪表编号	正常读数(或设定值)
地坑泵 2-7177-P4014/4016 出口压力	2-67177-PI-4408	大于 0 kPa
地坑泵 1-7177-P4018/4020 出口压力	1-67177-PI-4410	大于 150 kPa
地坑泵 1-7177-P4021/4023 出口压力	1-67177-PI-4411	N/A
地坑泵 2-7177-P4022/4024 出口压力	2-67177-PI-4412	大于 150 kPa
地坑泵 2-7177-P4025/4027 出口压力	2-67177-PI-4413	N/A
地坑泵 1-7177-P4026/4028 出口压力	1-67177-PI-4414	大于 0 kPa
SU4001,SU4002,SU4003,SU4004 Low 液位	67177-LS-4001	80.20 m
SU4001,SU4002,SU4003,SU4004 High 液位	67177-LS-4001♯1	80.81 m
SU4001,SU4002,SU4003,SU4004 High-High 液位	67177-LS-4001♯2	80.83 m
SU4001,SU4002,SU4003,SU4004 High-High-High 液位	67177-LS-4001♯3	81.10 m
SU4008 Low 液位	67177-LS-4014	85.94 m
SU4008 High 液位	67177-LS-4014♯1	86.55 m
SU4008 High-High 液位	67177-LS-4014♯2	86.57 m
SU4008 High-High-High 液位	67177-LS-4014♯3	86.87 m
SU4009 Low 液位	1-67177-LS-4009	97.66 m
SU4009 High 液位	1-67177-LS-4009♯1	98.27 m
SU4009 High-High 液位	1-67177-LS-4009♯2	98.29 m
SU4009 High-High-High 液位	1-67177-LS-4009♯3	98.90 m
SU4010,SU4012Low 液位	1-67177-LS-4018 2-67177-LS-4022	77.7 m
SU4010,SU4012High 液位	1-67177-LS-4018♯1 2-67177-LS-4022♯1	78.4 m
SU4010,SU4012High-High 液位	1-67177-LS-4018♯2 2-67177-LS-4022♯2	78.42 m
SU4010,SU4012High-High-High 液位	1-67177-LS-4018♯3 2-67177-LS-4022♯3	78.80 m
SU4011,SU4013 Low 液位	1-67177-LS-4021 2-67177-LS-4025	78.01 m
SU4011,SU4013 High 液位	1-67177-LS-4021♯1 2-67177-LS-4025♯1	78.31 m
SU4011,SU4013 High-High 液位	1-67177-LS-4021♯2 2-67177-LS-4025♯2	78.33 m
SU4011,SU4013 High-High-High 液位	1-67177-LS-4021♯3 2-67177-LS-4025♯3	78.48 m
SU4014 Low 液位	1-67177-LS-4026	96.11 m
SU4014 High 液位	1-67177-LS-4026♯1	97.33 m

参数名称	仪表编号	正常读数(或设定值)
SU4014 High-High 液位	1-67177-LS-4026 ♯ 2	97.35 m
SU4014 High-High-High 液位	1-67177-LS-4026 ♯ 3	98.00 m
汽轮机厂房地下排水 No.1 地坑 Very-Low 液位	67177-LS7003 ♯ 4	88.62 m
汽轮机厂房地下排水 No.1 地坑 Low 液位	67177-LS7003 ♯ 3	88.72 m
汽轮机厂房地下排水 No.1 地坑 High 液位	67177-LS7003 ♯ 2	89.6 m
汽轮机厂房地下排水 No.1 地坑 Very-High 液位	67177-LS7003 ♯ 1	89.7 m
汽轮机厂房地下排水 No.1 地坑 Ex-High 液位	67177-LS7003 ♯ 5	89.9 m
油/水分离器高液位	67177-LS4301	99.4 m

8.3　风险警示和运行实践

8.3.1　风险警示

8.3.1.1　人员风险

1) 由于化学废水地坑收集的是酸、碱及化学品废液,对人体有害,故需进入地坑内作业时,必须事先对地坑进行必要的通风,作业过程中保持持续的通风,且在地坑内进行检修时应穿戴必要的防护用具,避免直接接触化学废水;

2) 汽轮机厂房地下非放射性地坑由于深度较深,光线较暗,通风不好且湿度较大,故在进入工作进行操作时,须有两人以上同行,且有一人留在地坑外作为监护,并且要限制在工作区的停留时间;

3) 三号地坑的废水温度较高,应避免烫伤。

4) 在进入 T/B SMP1 时,因为此地坑较深,所以要带测氧仪进行坑内的氧含量的测量。

8.3.1.2　设备风险

1) 在无水情况下运行泵会造成泵体损坏和(或)轴承被抱死;

2) 在小流量或者关闭出口阀的情况下运行立式污水泵会造成泵体损坏;

3) 对于带有轴承组件的地坑泵,为防止下部轴承缺润滑脂损坏,需要定期添加润滑脂(时间间隔为运行 2 000 小时或者 3 个月中先到者);

4) 对于国产地坑泵,无需定期添加润滑脂,但需要采取措施防止污水进入轴承。

8.3.2　运行实践

1) 一地坑内的两台泵的手动开关都置于 AUTO 状态时,其中一台泵将处于 Lead 状态,另一台处于 Lag 状态。处于 Lead 状态的地坑泵将在地坑液位到达启泵设定值时优先启动运行,处于 Lag 状态的地坑泵在地坑液位达到高液位时也将启动运行;处于 Lead 状态的泵经过启—停的循环后,浮球式液位开关自动将两台泵的启动顺序切换,然后进行下一次循环;

2) 两台机组汽轮机厂房最底层(81.7 m层)的3、4号地坑的地坑泵均由奇、偶双路Ⅳ级电源供电,且可以通过自动电源切换开关(67177-ATS4013/4014)在失去一路电源时自动切换到另一路电源。

3) 由于系统原装泵需要泵出口排水回流来冷却下部轴承,为防止冷却水管被泥沙堵塞,应尽量避免将海水排入地坑;

4) 如果某一地坑中的两台地坑泵因故都不能运行,须马上进行处理,必要时在地坑中放置潜水泵,以将地坑中的水排到就近的地坑(对于汽轮机厂房非放射性排水系统)或者就近的雨水排水系统(对于汽轮机厂房地下非放射性排水系统)或者泵房前池(对于泵房非放射性排水系统);

5) 汽轮机厂房地下非放射性排水地坑中的两台地坑泵,可通过操作就地控制盘上的优先权(Lead/Lag)切换开关7177-LS7501来改变两台泵的启动先后顺序。当地坑中液位到达 High 设定点时,lead 泵启动运行,如果地坑水位继续上升到 Very High 液位时,lag 泵也启动运行。

8.4　技　能

8.4.1　系统的一些报警响应

1) 出现地坑液位极高报警,主要有以下原因:

a) 出现误报警,现场检查地坑的液位,如果地坑的液位正常,发工作申请要求仪控维修人员检修报警回路。

b) 地坑泵不能自动启动,检查确认地坑泵是否运行正常,如果地坑泵不能自动启动,并且液位较高有漫出地面的风险,操作员可以将控制手柄打至"H"(手动)位置启动地坑泵将水排出,待液位降低后再复位,然后发工作申请;如果地坑泵不能启动,则发工作申请。

c) 运行地坑泵的出口阀没有全开,确认相应的出口阀 7177-V4654/4656 的状态是否处于全开状态,如果阀门的状态不正确,调整阀门的状态。

d) 排入地坑的水量超过地坑泵的运行排出流量,如果两台地坑泵均能正常工作,则查找大流量排水的来源,并适当控制排水流量,如果地坑液位有漫出地面或淹没设备的危险,必要时在地坑中加装临时潜水泵抽水。

2) 出现油水分离器故障报警,主要有以下原因:

a) 出现误报警,现场确认油/水分离器的液位,如果液位正常,发工作申请要求维修仪控人员对报警回路进行检修;

b) 水流出口有杂物堵塞流使出水量变小,如果液位达到 HI-HI-HI 设定值,检查油/水分离器到雨排系统的排水管道和虹吸管,如果管道堵塞,发工作申请要求机械维修人员疏通堵塞;如果油水分离器四个坑中的第一个坑的液位较高,而其余三个坑的液位正常,可能第一个坑和第二个坑之间的管道被淤泥堵塞,应发工作申请要求机械维修人员疏通堵塞。

3) 出现 7177 T/B SMP 1 LVL HI OR PWR TRBL 报警并伴有光字牌报警,光字牌地址 60710-WN650♯4-7,主要有以下原因:

a) 液位开关误报警,确认地坑水位,如果地坑液位正常,发工作申请检查液位开关;

b) 地坑排水泵 7177-P7001/P7002 不能排水,检查潜水泵运行状态,泵出口阀 7177-V7002/V7015 开,管线疏水阀 7177-V7003/V7006 关;如果地坑泵能运转但液位不降,发工作申请检查泵体;如果地坑泵不能自动启动,并且液位较高有漫出地面的风险,操作员可以通过将控制手柄打至"HAND"(手动)位置启动地坑泵将水排出,待液位降低后再复位,然后发工作申请。

c) 大量水排到地坑来不及排出,确认两台泵运行,查找大流量排水的来源,如果有漫出地面或淹没设备的危险,必要时在地坑中加装临时潜水泵抽水;交流 120 Vac 控制回路失电,检查盘台 67177-PL1602 供电情况,手动启泵排水,发工作申请检查控制回路。

8.4.2　经验总结及操作时的注意事项

a) 手动启动地坑泵时,注意别让地坑液位排的太低,因为这样会造成泵体进气,当重新起泵时会造成泵打不出水。

b) 如遇到泵不能自动起停,很有可能是液位开关卡涩,液位开关的卡涩的原因可能是地坑的淤泥太多使浮球陷到淤泥从而使得液位开关动作不够灵活或浮球上的杆与液位开关连接处脱开等原因。

c) 在确认不是误报警、运行地坑泵的出口阀没有全开和排入地坑的水量超过地坑泵的运行排出流量情况时,并且液位较高有漫出地面的风险,操作员可以通过将控制手柄打至"HAND"(手动)位置启动地坑泵将水排出,如果泵手动还是没启动,可以在征得主控操纵员的同意打开柜门检查柜内的对应泵的空气开关是否在"trip"位(见图 2),如在可以进行复位,然后重新启动该泵,另外还有一种情况,看一下对应泵的热偶继电器(见图 8-4-1)是否动作(如果动作,右图蓝色的热偶复位按钮会弹出来,复位时将其按进即可),进行复位后重新启动该泵,这种情况也应征得主控操纵员的同意。

d) 汽轮机厂房南墙 2 号低压加热器附近的电缆套管如果有水就要考虑有可能是油水分离器故障而导致此区域积水。

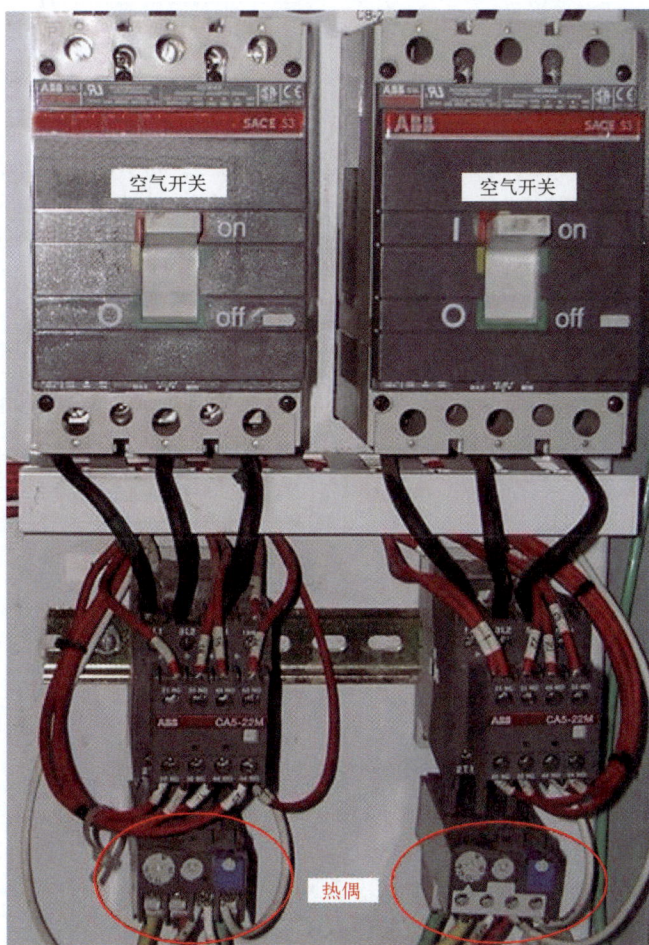

图 8-4-1　控制盘台内部结构

8.5　主要操作

8.5.1　系统的复役

a) 启动立式地坑泵投入自动运行

目的：将地坑泵投入运行状态。

流程如图 8-5-1。

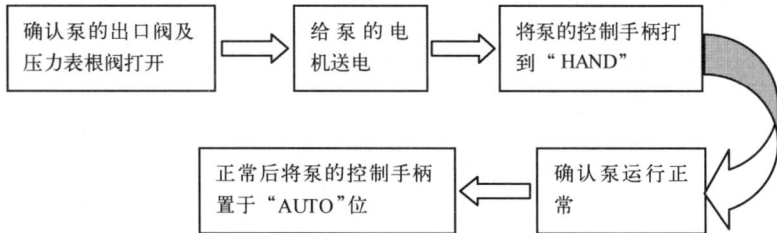

图 8-5-1　启动立式地坑泵投入自动运行

详见 71770 OM 第 4.1.1 节。

b) 启动地坑潜水泵 7177-P7001/P7002

目的：将汽轮机厂房地下非放射性地坑的潜水泵投入自动运行。

流程如图 8-5-2。

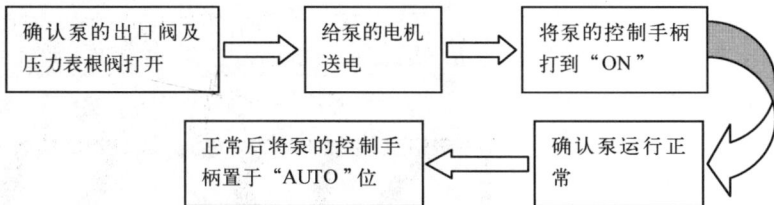

图 8-5-2　启动地坑潜水泵 7177-P7001/P7002

详见 71770 OM 第 4.1.2.1 节和第 4.1.2.2 节。

8.5.2　设备切换

a) 立式非放射性地坑泵切换试验

目的：为了定期检验相应地坑中的液位开关是否能实现立式非放射性地坑泵自动交替运行的功能。

流程如图 8-5-3。

详见 71770 OM 第 4.3.1 节。

b) 非放射性潜水泵 7177-P7001/P7002 定期切换

```
┌─────────────┐      ┌─────────────┐      ┌─────────────┐
│ 确认地坑泵处于 │ ==▶ │ 提起液位开关导 │ ==▶ │ 压下液位开关导 │
│ 可以启动状态  │      │ 杆,一台泵启动 │      │ 杆,确认泵已停运 │
│             │      │ 运行正常     │      │             │
└─────────────┘      └─────────────┘      └─────────────┘
                                                  ┃
┌─────────────┐      ┌─────────────┐             ┃
│ 压下液位开关导 │ ◀== │ 提起液位开关导 │ ◀═══════════┛
│ 杆,确认另一台 │      │ 杆,另一台泵运行 │
│ 泵已停运     │      │ 正常         │
└─────────────┘      └─────────────┘
```

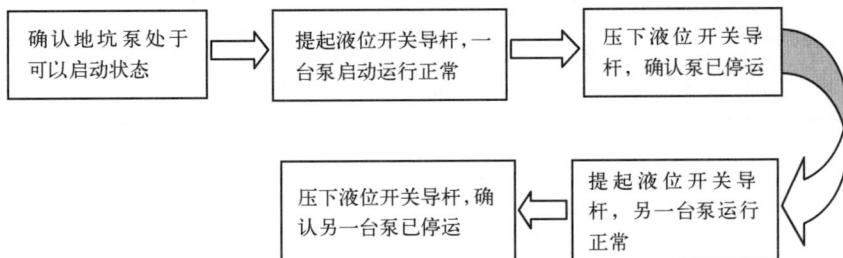

图 8-5-3　立式非放射性地坑泵切换试验

目的:为防止只有一台非放射性潜水泵长时间运行,而另一台非放射性潜水泵长时间不运行,应定期改变两台潜水泵的启动优先顺序。

流程如图 8-5-4。

```
┌─────────────┐      ┌──────────────────┐      ┌──────────────────┐
│ 通过优先权选   │ ==▶ │ 当67177-HS7051在P7001│ ==▶ │ 当67177-HS7051在P7002│
│ 择手柄改变泵   │      │ Lead/P7002 Lag位置时,│      │ Lead/P7001 Lag位置时,│
│ 的启动优先顺序 │      │ 67177-P7001优先启动   │      │ 67177-P7002优先启动   │
└─────────────┘      └──────────────────┘      └──────────────────┘
```

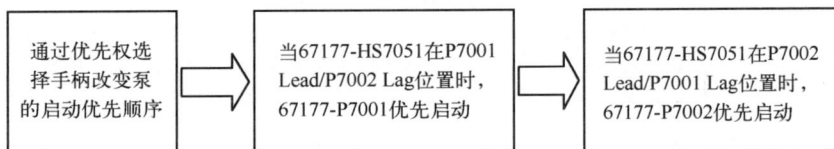

图 8-5-4　非放射性潜水泵 7177-P7001/P7002 定期切换

详见 71770 OM 第 4.3.2 节。

c) 立式地坑泵 1-7177-P4018/P4020,2-7177-P4022/P4024 控制变压器一次侧电源切换:

目的:使 1 号和 2 号机组 RSW 泵区域地坑中至少有一台地坑泵可用。

流程如图 8-5-5。

```
┌──────────┐   ┌────────┐   ┌──────────┐   ┌────────────┐
│ 确认双刀双  │▶ │ 确认失  │▶ │ 将双刀双置 │▶ │ 确认控制盘上两台泵的 │
│ 置开关的位  │   │ 电 的  │   │ 关置于相应的 │   │ 指示灯与地坑泵的状态 │
│ 置        │   │ MCC   │   │ 位置      │   │ 一致          │
└──────────┘   └────────┘   └──────────┘   └────────────┘
```

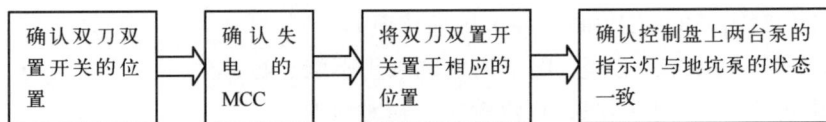

图 8-5-5　控制变压器一次侧电源切换

详见 71770 OM 第 4.3.3 和第 4.3.4 节。

8.5.3　单设备的停役操作

a) 立式地坑泵检修停泵,如图 8-5-6。
目的:将需要检修的泵停运以便于检修。
详见 71770 OM 第 4.4.1 节。
b) 非放射性潜水泵 7177-P7001/P7002 检修停泵
目的:将需要检修的泵停运以便于检修。
流程如图 8-5-7。

```
┌──────────────┐      ┌──────────────┐      ┌──────────────┐
│将地坑泵对应的 │ ==> │将控制盘的进线开关│ ==> │断开地坑泵对应 │
│手动开关置于   │      │置于"OFF"位置并 │      │的空气开关     │
│"OFF"位置     │      │打开控制盘门    │      │              │
└──────────────┘      └──────────────┘      └──────────────┘
                                                    ‖
┌──────────────┐      ┌──────────────┐              ‖
│关闭地坑泵对  │ <== │关闭控制盘门,将控│ <============
│应的出口阀门   │      │制盘的进线开关置于│
│              │      │"ON"位置       │
└──────────────┘      └──────────────┘
```

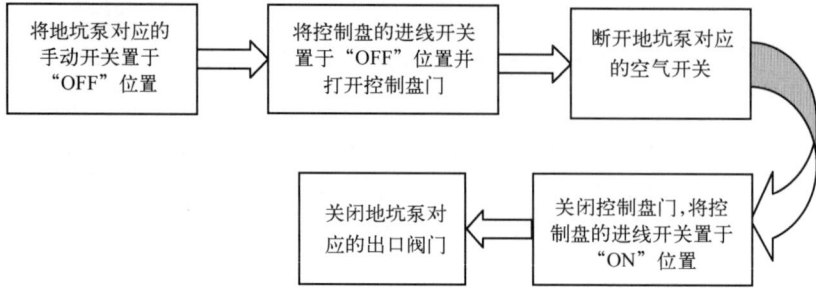

图 8-5-6　立式地坑泵停泵

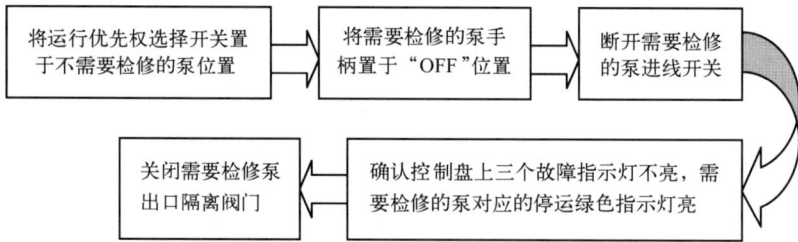

```
┌──────────────┐      ┌──────────────┐      ┌──────────────┐
│将运行优先权选择开关置│ ==> │将需要检修的泵手│ ==> │断开需要检修 │
│于不需要检修的泵位置 │      │柄置于"OFF"位置 │      │的泵进线开关   │
└──────────────┘      └──────────────┘      └──────────────┘
                                                    ‖
┌──────────────┐      ┌────────────────────┐        ‖
│关闭需要检修泵 │ <== │确认控制盘上三个故障指│ <====
│出口隔离阀门   │      │示灯不亮,需要检修的泵 │
│              │      │对应的停运绿色指示灯亮│
└──────────────┘      └────────────────────┘
```

图 8-5-7　非放射性潜水泵 7177-P7001/P7002 停泵

详见 71770 OM 第 4.4.2.1 和第 4.4.2.2 节。

8.5.4　异常运行工况介绍及一些操作

(1) 1 号机组失去Ⅳ级电源

a) 如果 1-5434-MCC8 失电,则下列地坑泵将不能运行:
1-7177-P7001/7002(汽轮机厂房地下非放射性排水泵)。

b) 如果 1-5434-MCC9 失电,则下列地坑泵将不能运行:
1-7177-P4021/4023(CCW 阀门井区域地坑泵)。

c) 如果 1-5434-MCC11 失电,则下列地坑泵将不能运行:
1-7177-P4001/4003/4009/4011(汽轮机厂房地坑泵)。

d) 如果 1-5434-MCC12 失电,则下列地坑泵将不能运行:
1-7177-P4002/4004/4014/1016(汽轮机厂房地坑泵)。

e) 如果 1-5434-MCC30 失电,则下列地坑泵将不能运行:
1-7177-P4026/4028(水处理厂地坑泵)。

f) 如果 1-5434-MCC11/12 同时失电,则下列地坑泵将不能运行:
1-7177-P4005/4007/4006/4008(汽轮机厂房底层地坑泵)

(2) 2 号机组失去Ⅳ级电源

a) 如果 2-5434-MCC8 失电,则下列地坑泵将不能运行:
2-7177-P7001/7002(汽轮机厂房地下非放射性排水泵)。

b) 如果 2-5434-MCC9 失电,则下列地坑泵将不能运行:
2-7177-P4025/4027(CCW 阀门井区域地坑泵)。

c) 如果 2-5434-MCC11 失电,则下列地坑泵将不能运行:

2-7177-P4001/4003(汽轮机厂房地坑泵)。

d) 如果 2-5434-MCC12 失电,则下列地坑泵将不能运行:

2-7177-P4002/4004/4014/1016(汽轮机厂房地坑泵)。

e) 如果 2-5434-MCC11/12 同时失电,则下列地坑泵将不能运行:

2-7177-P4005/4007/4006/4008(汽轮机厂房底层地坑泵)。

（3）失去Ⅲ级电源

a) 由于 1 号 RSW 泵区域地坑中的两台地坑泵 1-7177-P4018/P4020 的控制回路共用一路电源,并由其中一路主回路电源供给;当给控制变压器提供电源的一路主回路电源(MCC27 或者 MCC28)失去时,需要执行 71770 OM 的 4.3.3 节,通过手动切换控制盘内的双刀双置开关使控制变压器由另一路主回路电源供电,以确保至少有一台地坑泵可用。

b) 由于 2 号 RSW 泵区域地坑中的两台地坑泵 2-7177-P4022/P4024 的控制回路共用一路电源,并由其中一路主回路电源供给;当给控制变压器提供电源的一路主回路电源(MCC27 或者 MCC28)失去时,需要执行 71770 OM 的第 4.3.4 节,通过手动切换控制盘内的双刀双置开关使控制变压器由另一路主回路电源供电,以确保至少有一台地坑泵可用。

（4）当疏入 RSW 泵房地坑(1-7177-SU4010 或 2-7177-SU4012)的疏水量过大,两台 RSW 泵房地坑泵排水能力不足时,通过接临时潜水泵到地坑备用排水管上,进行辅助排水,需执行 OM 的 5.1.1 节。

（5）当疏入 CCW 泵房地坑(1-7177-SU4011 或 2-7177-SU4013)的疏水量过大,两台 CCW 泵房地坑泵排水能力不足时,通过接临时潜水泵到地坑备用排水管上,进行辅助排水,需执行 OM 的 5.1.2 节。

复习思考题

1. 指出下列厂房地坑中的非放射性疏水从地坑中被疏往何处。

参考答案:

汽轮机大厅的地坑疏水送往油/水分离器;汽轮机辅助间、汽轮机辅助厂房和水处理厂房的地坑疏水送往水处理厂房外的中和水箱;泵房的地坑疏水直接排往泵房前池。

2. 有关非放射性疏水系统在主控制室的报警有哪些?

参考答案:

任何一个地坑的高高高液位,油/水分离器的高液位。

第九章 冷冻水系统
（71900）

内容介绍

课程名称:冷冻水系统

课程时间:2 学时

学员:现场操作员

学员条件:完成本系统的课堂部分培训

培训目标:

1. 列出系统设备的现场布置;

2. 列出各参数测量点的现场位置和在系统流程中的位置;

3. 熟练完成现场巡检内容;

4. 列出正常参数、报警值、异常和故障识别技巧和技能;

5. 介绍系统上操作和巡检存在的一些安全提示和危害,风险警示;

6. 介绍正常、应急时的操作和异常的现场响应。

教学方式及教学用具:

培训方式:岗位培训

教员需要:

a. 流程图;

b. 白板等。

考核方法:现场考核(实际操作和模拟相结合)、口试

9.1 系统设备

9.1.1 总体描述

冷冻水系统是为 RB,SB,TB 的空调和其他设备提供水温为 6 ℃的冷水,用以冷却空气和设备,系统满负荷运行时,回水温度为 13 ℃。

　　冷冻水系统有 3 台 50％容量的冷冻机,2 台 100％容量的循环泵,6 台 100％容量的分配泵,分为 3 个冷却回路,向 RB,SB,TB 的用户供应冷冻水。

　　冷冻水系统有一个膨胀水箱和一个加药箱,分别用以调节系统压力和调节水质。本系统设有生活水和除盐水两个补水回路,以补充系统的水量损耗。

9.1.2　设备清单

1. 冷冻机

　　三台 50％容量的冷冻机 7192-CG4001,CG4002,CG4003,每台冷冻机由离心式压缩机、润滑油系统、ODP 电机(OPEN DRIP PROOF)、冷凝器、蒸发器、热气旁通及自动控制部分组成。工作原理如图 9-1-1 所示。冷冻机由Ⅲ级电源供电。

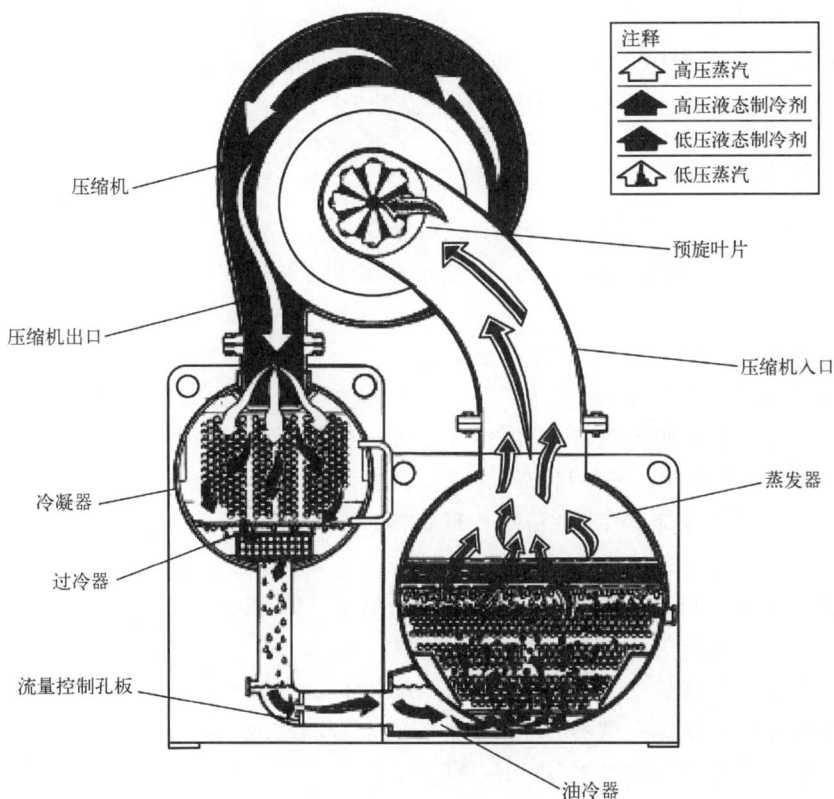

图 9-1-1　冷冻机工作原理图

2. 冷冻水循环泵

　　循环回路包括两台离心式水泵 7192-P4001 和 7192-P4002。两台循环水泵一台运行、一台备用,分别由Ⅲ级电源奇、偶母线供电。

3. 冷冻水分配泵

　　冷冻水经过循环泵进入冷冻机,在冷冻机出口集管汇集,再由分配泵 7192-P4003 至7192-P4008 输送到各环路的用户中。各环路流量必须满足电站的需求,流量随季节和其他条件的变化而变化。当用户需要的冷冻水流量小于通过冷冻机的流量时,冷冻水走旁路循环。其中 7192-P4007/P4008 由Ⅳ级电源供电,7192-P4003/P4004/P4005/P4006 均由Ⅲ级电源供电。

4. 化学药剂添加罐

化学药剂添加罐 7192-TK4001 用于向冷冻水中添加化学药剂,防止管道腐蚀及控制冷冻水的 pH。TK4001 与循环泵 P4001 和 P4002 的出、入口用小直径管道连接,建立循环流量,将 TK4001 中的药剂输送到系统中。冷冻水系统的 pH 必须≥10。

5. 膨胀箱

膨胀箱与冷冻水循环泵吸入口集管相连,内部充有 500 kPa 的仪用压空,当冷冻水用户变化时,导致冷冻水回流温度变化,系统体积变化,引起膨胀箱液位和压力的变化。膨胀箱的功能是用来补偿冷冻水系统由于温度变化而引起的体积变化,保持系统的压力稳定。

6. 卡盘过滤器

在冷冻水循环泵 7192-P4001/P4002 的小流量旁路上安装一个卡盘过滤器,流量为 0.63 L/s,用于控制冷冻水系统中的固体悬浮杂质。

9.1.3　现场布置

本系统的 3 台冷冻机、2 台冻水分配泵、6 台冷冻水分配泵、化学药剂添加罐、膨胀箱、卡盘过滤器、补水回路及就地控制盘台,均位于汽轮机厂房 T/B-043 房间内。其主要用户如下:

1. 一环路主要用户(7192-P4003/P4004)
- 喷淋水箱冷却器 3431-HX1
- 液体区域控制系统氦气冷却器 3481-HX2
- 3831-DR1I 冷凝器 3831-HX9
- 堆腔冷却风机冷却器 7311-HX1/ HX2/HX3/HX4
- R-107 就地空气冷却器 7311-LAC 9/10
- 主热传输辅助间就地空气冷却器 7311-LAC17/18/20/32/33
- 上充泵间就地空气冷却器 7311-LAC19
- 换料机维修间就地空气冷却器 7311-LAC 21/22
- 换料机辅助间就地空气冷却器 7311-LAC 23/24/25
- 变送器间就地空气冷却器 7311-LAC 30/31
- 放射性活度监测间就地空气冷却器 7311-LAC34/35
- ECC 泵坑就地空气冷却器 7342-LAC7101
- 端屏蔽冷却间就地空气冷却器 7342-LAC7102
- LOCA 后仪表压空压缩机 7512-CP 103
- 缓发中子探测器水箱 63105-TK 01/02
- 400 V 房间空调 7322-ACU4101
- UPS 房间空调 7322-ACU4106;7322-ACU4055
- 凝结水精处理系统控制间空调 7322-ACU 4103
- 电缆桥架和 11.6 kV/6.3 kV 房间空调 7322-ACU4143

- 水质控制盘台 64510-PL4001
2. 二环路主要用户(7192-P4005/P4006)
- 主控室空调 7345-AH7003/AH7004
- 化学实验室空调 7342-AH7005
- 仪表车间 7342-LAC7103
- 3831-DR1/DR2/DR3/DR4/DR7/DR8/DR9/DR10 的冷凝器：
3831-HX1/HX2/HX3/HX4,3831-HX5/HX6/HX7/HX8
- 维修工作间空调 7342-AH7002
- 现场值班员办公室外走廊空调 7342-LAC7107
- 现场值班员办公室空调 7342-LAC7108/7109
- 现场会议室空调 7342-LAC7110/7111
3. 三环路主要用户(7192-P4007/P4008)
- 11.6 & 6.3 kV 房间空调 7322-ACU4121
- 柴油机房控制间空调 7392-ACU8001/8002
- S/B 送风空调 7342-AH7001
- 重水升级塔 A/C 系统设备间空调 7194-CC7105(仅 1 号机组有)
- 反应堆厂房通风系统送风单元房间空调 7312-ACU1
- Locker Room 就地空气冷却器 7342-LAC7104
- Change Room 就地空气冷却器 7342-LAC7105
- H_2O 中 D_2O 监测设备间就地空气冷却器 7342-LAC7106
- D_2O 升级塔(仅 1 号机组有)

9.1.4　系统接口

(1) 与除盐水系统的接口

与膨胀箱相连,作为冷冻水系统的正常补水并维持系统压力,当系统压力降至 483 kPa 时,除盐水补水阀 67192-PRV4210 自动打开向系统补水。补水回路有一个流量传感器 67192-FT4402 用于测量补水流量,如果流量值大于正常补水流量,说明系统有泄漏。

(2) 与生活水系统的接口

与膨胀箱相连,作为冷冻水系统的应急补水,当系统压力持续下降至 413 kPa 时,备用补水回路的 67192-PRV4211 自动打开,向系统补充生活水。

(3) 与仪用压空系统的接口

与膨胀箱上部空间相连,用于控制膨胀箱的液位,从而保持冷冻水系统的压力稳定。

9.1.5　就地盘台

如图 9-1-2 和图 9-1-3 所示。

9.1.6　取样点

取样点位于 T/B-043 冷冻机房间内,每台冷冻水分配泵和循环泵入口管上各有一个取样点,当需要对冷冻水取样分析时,通过打开相应环路上的取样隔离阀取样。

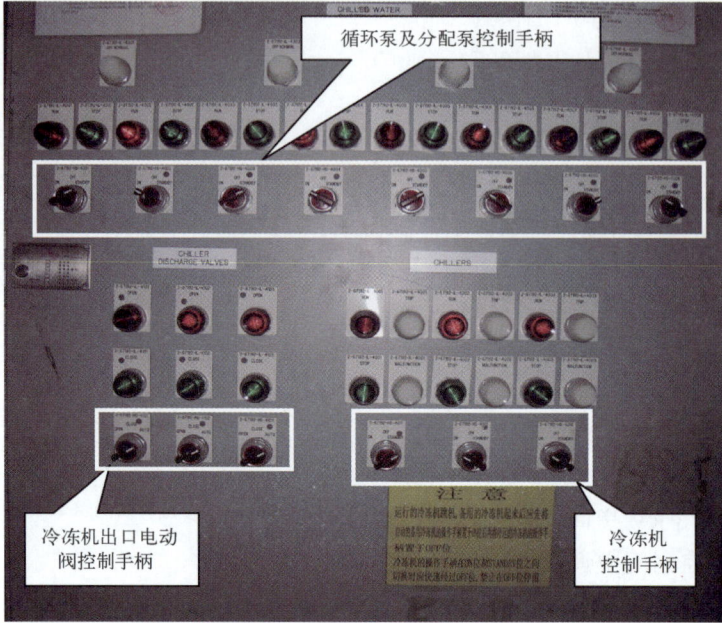

图 9-1-2　冷冻机就地控制盘 67320-PL4010

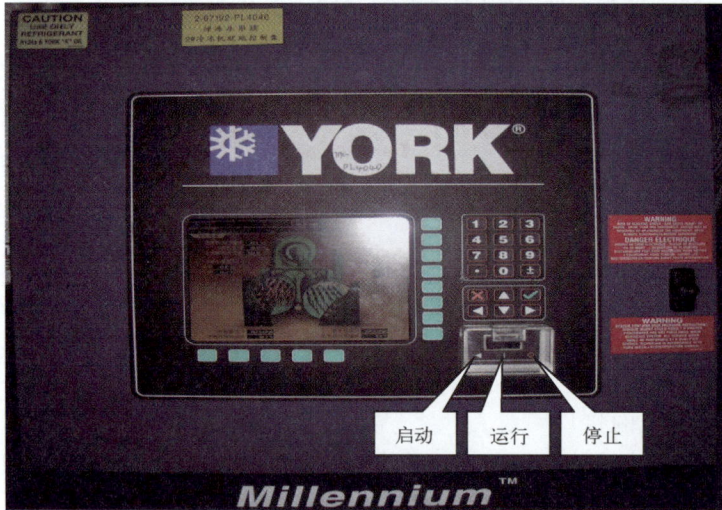

图 9-1-3　冷冻机本体液晶屏

9.2　系统参数

9.2.1　压力

表 9-2-1 所示为系统压力参数。

表 9-2-1　系统压力表

测量点及参数	位　置	设备标号	正常读数
循环泵入口压力	T043	67192-PI4408	480～520 kPa
循环泵 7192-P4001 出口压力	T043	67192-PI4311	560～600 kPa
循环泵 7192-P4002 出口压力		67192-PI4312	560～600 kPa
分配泵入口压力	T043	67192-PI4310	480～520 kPa
分配泵 7192-P4003 出口压力	T043	67192-PI4313	760～900 kPa
分配泵 7192-P4004 出口压力		67192-PI4314	760～900 kPa
分配泵 7192-P4005 出口压力		67192-PI4315	680～740 kPa
分配泵 7192-P4006 出口压力		67192-PI4316	680～740 kPa
分配泵 7192-P4007 出口压力		67192-PI4317	750～820 kPa
分配泵 7192-P4008 出口压力		67192-PI4318	750～820 kPa

9.2.2　温度和液位

温度和液位,如表 9-2-2 所示。

表 9-2-2　温度和液位表

测量点及参数	位　置	设备标号	正常读数
分配泵入口温度	T043	67192-TI4350	6～7 ℃
膨胀水箱液位	T043	67192-LG4321	中间位

9.2.3　系统设定值和报警点

系统设定值和报警点,如表 9-2-3 所示。

表 9-2-3　系统设定值和报警点

测量点及作用	位　置	设定设备标号	设定值	报警值
循环泵入口压力异常报警值	T043	67192-PS4404	NA	＜448 kPa
		67192-PS4405		＞580 kPa
除盐水补水压力调节	T043	7192-PRV4210	483 kPa	NA
生活水补水压力调节	T043	7192-PRV4211	413 kPa	NA
冷冻机出口温度	T043	7192-CG4001	6 ℃	4.2 ℃
		7192-CG4002		
		7192-CG4003		
补水流量高报警	T043	67192-FT4402	NA	＞0.63 L

9.3　风险警示和运行实践

9.3.1　风险警示

9.3.1.1　人员风险

制冷剂偏四氟乙烷对人员的健康有吸入体内的危害和皮肤接触的危害,吸入过量的偏四氟乙烷会导致人员头昏眼花、思维混乱、嗜睡无度,甚至失去意识,也有人曾经发生过心悸的现象,如发生上述现象须及时就医;当液体的制冷剂接触到皮肤须立即用水冲洗,以避免冻伤皮肤。

9.3.1.2　设备风险

严禁将水喷洒到冷冻机控制屏,否则会造成控制屏的损坏;严禁冷冻机长期处于断电状态,否则轴封会因为无油密封而致使制冷剂泄漏,并且会在下次冷冻机启动时因轴封润滑不充分,而损坏轴封。

9.3.2　运行实践

1. 当主控室有 CI-1120"冷冻水过滤器差压高"的报警时,需要到现场检查 67192-PDI4320 的指示,如指示超过 39 kPa,请发工作包要求更换或清理过滤器滤芯。

2. 冷冻机有两级开关柜(如图 9-3-1),此冷冻机电机绝缘的测量,应该是从冷冻机的二级开关柜 7192-PL4127/4128/4129 内进行的。测量绝缘前应确认上级电源开关断开,测量的具体位置为:打开二级开关柜 7192-PL4127/4128/4129 右柜的柜门,柜内左侧有三根电缆 6.3 kV 电缆的接线端子,从这三个接头处便可以对冷冻机电机进行绝缘测量了。(详见 98-71900-OM-001 的 4.5 节)

图 9-3-1　冷冻机开关柜

3. 如果系统排过水,重新注水投入运行后,若发现到 RB 厂房喷淋水箱的冷冻水流量不足时,应到 RB-601 通过排气阀 3431-V47 排气。

4. 备用冷冻机在接到其他冷冻机 TRIP 信号后,就会自动启动,无论是运行冷冻机中的 TRIP 信号,还是停运冷冻机的 TRIP 信号。因此当一台冷冻机处于 TRIP 状态时,为防止备用冷冻机非预期启动,需将备用冷冻机的操作手柄置于"OFF"位置,直到 TRIP 信号消失。在冷冻机长期断电后,冷冻机的润滑油温度会比较低,当冷冻机重新带电后,会有油温低的报警。为防止备用冷冻机自动启动,在冷冻机送电前,要将备用冷冻机操作手柄置于"OFF"位置,当润滑油温度达到要求后,再重新恢复备用状态。

5. 冷冻机处于停运备用期间,其就地控制盘上可能会出现"备用润滑-润滑油压低"的报警。此报警对冷冻机的启动和运行没有任何影响,因此运行人员在现场巡检时,如发现此报警,可以不处理,不提工作申请。

6. 冷冻机电源电压瞬时波动范围超过±2%时,在就地控制盘 67320-PL4010 上会出现冷冻机失电的误报警,此报警信息不影响冷冻机的运行,电压正常后在就地盘上复位即可。一般在执行备用柴油发电机月度试验时,会出现这种情况。

7. 单台冷冻机运行时,当运行的冷冻机的电流达到或接近 100%时,需要切换到"两台冷冻机运行模式";两台冷冻机模式运行时,当运行的两台冷冻机电流之和小于 100%时,需要切换到"单台冷冻机运行模式"。

8. 一年中的大多数时间里,冷冻水系统是一台冷冻机运行,一台冷冻机处于自动备用(其操作手柄在"STANDBY"位置),另一台冷冻机处于手动备用(其操作手柄在"OFF"位置)。为了保证系统流量和压力,需要将处于手动备用的冷冻机的出口电动阀手动打开。这种运行方式为"单台冷冻机运行模式"。冷冻水系统的启动,就是按照单台冷冻机运行模式的方式启动的。

在夏季而且反应堆处在满功率运行时,冷冻水系统的负荷比较大,这时需增加制冷量,满足负荷增加的要求,要保持两台冷冻机运行,另一台冷冻机处于自动备用状态,冷冻水系统的这种运行方式定义为"两台冷冻机运行模式"。

9. 冷冻机的润滑油是用来向压缩机提供润滑、冷却和密封作用的,如果润滑油油温没有达到设计温度,润滑油的黏度太高,起不到上述作用,对压缩机的运行不利,因此在设计上闭锁启动。冷冻机断电建立安措检修后,重新投运时要进行暖机,以提高润滑油的温度,若润滑油油温不能达到下列情况的规定的温度值将不能启动:(1) 机组停机时间小于或等于30 min,并且油温减去冷凝器饱和温度小于 16.7 ℃;(2) 机组停机时间大于 30 min,并且油温减去冷凝器饱和温度小于 22.2 ℃;(3) 油温已经降到 12.8 ℃以下。在操作上需要在冷冻机启动前 12 h(时间只是虚设,只要温度达到要求即可)将冷冻机润滑油电加热器投入,润滑油油温通过温度开关控制在要求的值。

9.4　技　能

9.4.1　运行冷冻机跳闸后的响应

当运行的冷冻机跳闸后,主控室会有相应的报警信息,现场人员应立即到现场进行以下确认和处理：

1. 确认运行的冷冻机跳机,检查备用冷冻机自动启动并运行正常。
2. 检查跳闸冷冻机本体控制屏上显示的报警信息。

> 注意：下面第 3 步和第 4 步的顺序不能颠倒,如果此
> 时备用冷冻机还在启动的倒计时阶段,将会使
> 其失去启动信号,导致备用冷冻机启动失败。

3. 在 67322-PL4010 上,将自动备用状态的冷冻机的控制手柄从"STANDBY"快速通过"OFF"打到"ON"位置。(注：冷冻机操作手柄处于"OFF"位置 2 秒钟内不会产生停机信号)
4. 在 67322-PL4010 上,将跳闸冷冻机的控制手柄从"ON"打到"OFF"位置。
5. 根据本 OM 4.3 节冷冻机切换程序,检查备用冷冻机启动运行正常。
6. 在所有故障都确认或解决以后,将跳闸冷冻机本体控制屏上的三位开关,从"|"压到"●"然后再到"|",使机组处于可重新启动状态,根据 OM 要求将冷冻机置于相应的状态。
(以上是简要操作步骤,详见 98-71900-OM-001 的 5.2.1 节和 5.2.2 节。)

9.4.2   冷冻水循环泵和分配泵故障后的响应

1. 主控室出现 CI1169 的报警"冷冻水循环泵或分配泵故障"。
2. 在通风控制盘 67320-PL4010 上检查报警,确认是循环泵或分配泵故障。
3. 确认备用循环泵或分配泵自动启动且运行正常,泵出口压力正常。
4. 将已自动启动的备用循环泵或分配泵操作手柄快速的从"STANDBY"经过"OFF"置于"ON"位置,并确认其运行正常。(注：循环泵/分配泵逻辑中,操作手柄在"OFF"位小于 1.5 秒,泵不会停运。)
5. 将故障跳机的循环泵或分配泵操作手柄置于"OFF"位置。
6. 检查冷冻机就地控制盘 67320-PL4010 上有无异常报警信号,如果有异常报警根据报警响应规程处理。
7. 从冷冻机就地控制屏上确认冷冻水出水温度维持在 6~7 ℃。
8. 对故障跳机的循环泵或分配泵发 WR 要求进行维修,结束。
以上是简要操作步骤,详见 98-71900-OM-001 的 5.1.1 和 5.1.2 节。

9.4.3   冷冻机供电开关的热备用状态

冷冻机的电源开关,在摇到热备用位置后,需要在开关室内手动按下"CLOSE"按钮,将开关合闸。

9.4.4   冷冻机导叶电机故障判断

冷冻机启动后,其导叶电机根据负荷情况自动将导叶打开到一定开度,可通过电机驱动连杆转动的角度来判断导叶是否打开,另外,也可观察冷冻机本体液晶屏上的压缩机出口温度,正常情况下一般在 50 ℃ 左右,若冷冻机启动后,其导叶未打开,压缩机出口温度将很快上升到 100 ℃,为防止冷冻机损坏,此时应立即将冷冻机停运,并汇报主控(见图 9-4-1)。

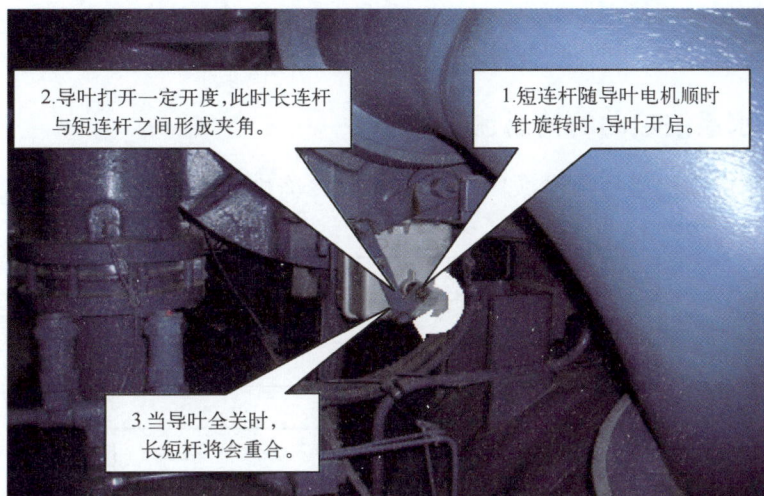

2. 导叶打开一定开度，此时长连杆与短连杆之间形成夹角。

1. 短连杆随导叶电机顺时针旋转时，导叶开启。

3. 当导叶全关时，长短杆将会重合。

图 9-4-1　冷冻机导叶电机

9.4.5　润滑油过滤器的切换

润滑油过滤器的切换，如图 9-4-2 所示。

手柄与管道平行时，A过滤器运行，手柄与管道垂直时，B过滤器运行。

A过滤器

B过滤器

图 9-4-2　润滑油过滤器

9.5　主要操作

在冷冻机启动之前，需要建立冷冻水的循环，防止制冷量在盘管处积聚，导致盘管内的水结冰，从而造成冷冻机的蒸发器热交换器铜管破裂，致使冷冻机失效。先启动一台冷冻水循环泵，依次启动一、二、三环路中的一台冷冻水分配泵，然后启动一台冷冻机，进入单台冷冻机运行模式。根据负荷情况,如果需要运行两台冷冻机,则按 98-71900-OM-001 的 4.2.2 节从单台冷冻机运行模式切换到两台冷冻机运行模式。

9.5.1　冷冻水系统启动的简易流程

冷冻水系统启动的简易流程,如图 9-5-1(单台冷冻机运行模式)。

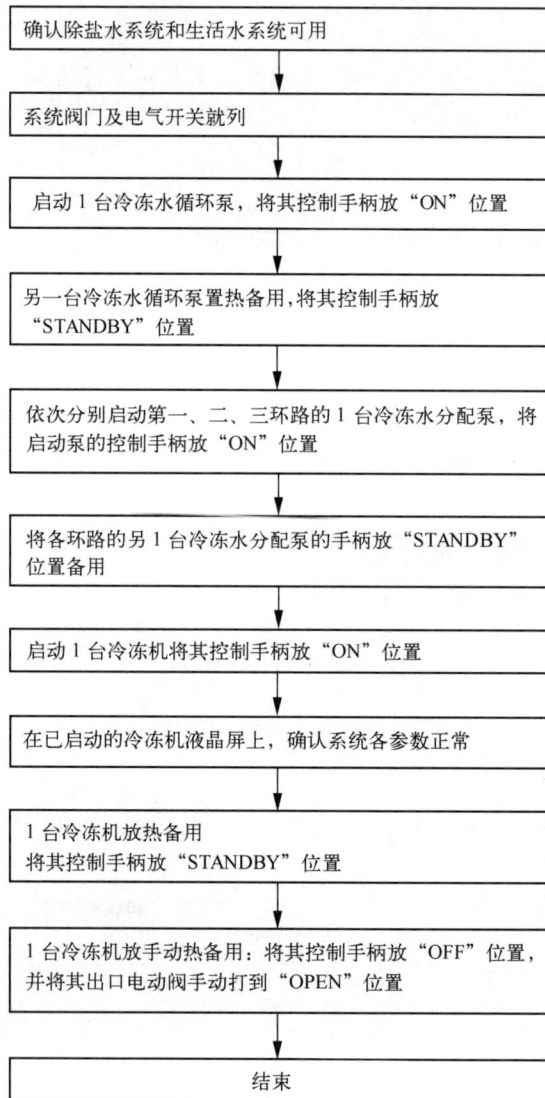

图 9-5-1　冷冻水系统启动的简易流程图

(详细操作步骤见 98-71900-OM-001 的 4.1.2 至 4.1.6 节)

9.5.2　冷冻水系统停役的简要流程

冷冻水系统一般情况下一直保持运行,只有在冷冻水系统管道破口并且无法隔离的情

况下才可能停运,在正常情况下停运,需要经过专门的评估,见图 9-5-2:(单台冷冻机运行模式)

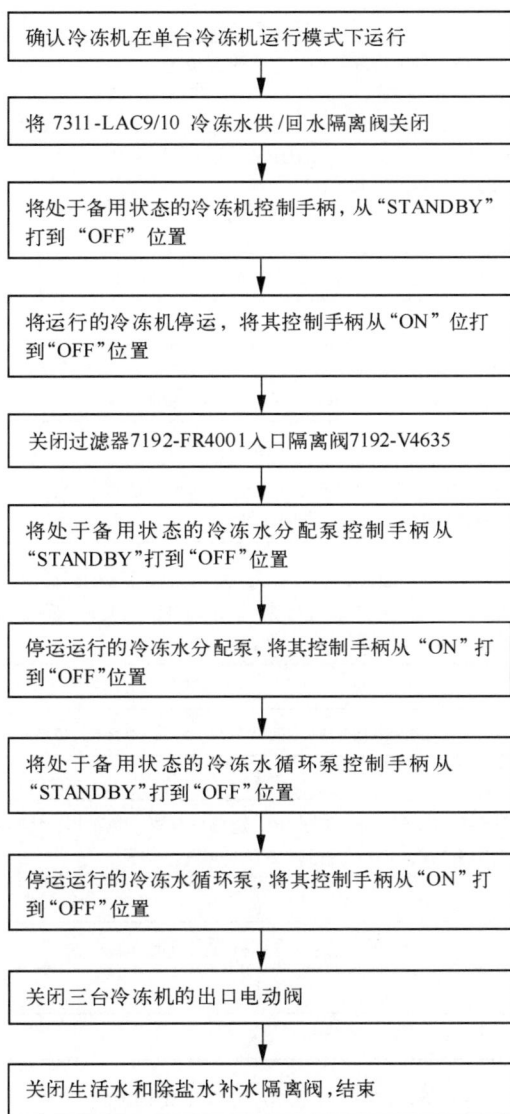

```
┌─────────────────────────────────┐
│  确认冷冻机在单台冷冻机运行模式下运行  │
└─────────────────────────────────┘
                 │
┌─────────────────────────────────┐
│  将 7311-LAC9/10 冷冻水供/回水隔离阀关闭  │
└─────────────────────────────────┘
                 │
┌─────────────────────────────────┐
│  将处于备用状态的冷冻机控制手柄,从"STANDBY"  │
│  打到"OFF"位置                      │
└─────────────────────────────────┘
                 │
┌─────────────────────────────────┐
│  将运行的冷冻机停运,将其控制手柄从"ON"位打   │
│  到"OFF"位置                       │
└─────────────────────────────────┘
                 │
┌─────────────────────────────────┐
│  关闭过滤器7192-FR4001入口隔离阀7192-V4635  │
└─────────────────────────────────┘
                 │
┌─────────────────────────────────┐
│  将处于备用状态的冷冻水分配泵控制手柄从       │
│  "STANDBY"打到"OFF"位置             │
└─────────────────────────────────┘
                 │
┌─────────────────────────────────┐
│  停运运行的冷冻水分配泵,将其控制手柄从"ON"打  │
│  到"OFF"位置                       │
└─────────────────────────────────┘
                 │
┌─────────────────────────────────┐
│  将处于备用状态的冷冻水循环泵控制手柄从       │
│  "STANDBY"打到"OFF"位置             │
└─────────────────────────────────┘
                 │
┌─────────────────────────────────┐
│  停运运行的冷冻水循环泵,将其控制手柄从"ON"打  │
│  到"OFF"位置                       │
└─────────────────────────────────┘
                 │
┌─────────────────────────────────┐
│  关闭三台冷冻机的出口电动阀            │
└─────────────────────────────────┘
                 │
┌─────────────────────────────────┐
│  关闭生活水和除盐水补水隔离阀,结束        │
└─────────────────────────────────┘
```

图 9-5-2 系统停役的简要流程图

(详细操作步骤见 98-71900-OM-001 的 4.1.1 节)

9.5.3 设备切换

1. 单台冷冻机运行模式下的冷冻机切换简要流程,见图 9-5-3:(详细操作步骤见98-71900-OM-001的 4.3.5 节)

```
┌─────────────────────────────────────────┐
│ 确认冷冻水系统在单台冷冻机运行模式运行,即一台冷 │
│ 冻机运行;一台冷冻机自动备用;一台冷冻机手动备用, │
│ 且其出口电动阀全开                          │
└─────────────────────────────────────────┘
                    │
┌─────────────────────────────────────────┐
│ 确认待启动的冷冻机处于正常热备状态             │
└─────────────────────────────────────────┘
                    │
┌─────────────────────────────────────────┐
│ 将处于备用状态"STANDBY"的冷冻机控制手柄从      │
│ "STANDBY"打到"OFF"位置                     │
└─────────────────────────────────────────┘
                    │
┌─────────────────────────────────────────┐
│ 将处于手动备用状态"OFF"的冷冻机的出口电动阀关闭   │
└─────────────────────────────────────────┘
                    │
┌─────────────────────────────────────────┐
│ 启动待投运的冷冻机,                          │
│ 将其控制手柄从"OFF"打到"ON"位置              │
└─────────────────────────────────────────┘
                    │
┌─────────────────────────────────────────┐
│ 确认现场阀门动作正常,在冷冻机本体液晶屏上检查,    │
│ 预润滑系统开始 180 秒倒计时                   │
└─────────────────────────────────────────┘
                    │
┌─────────────────────────────────────────┐
│ 倒计时结束后冷冻机将启动,确认冻机运行正常,系统   │
│ 参数正常,液晶屏上无异常报警信息               │
└─────────────────────────────────────────┘
                    │
┌─────────────────────────────────────────┐
│ 将需停运的冷冻机控制手柄从"ON"打到"OFF"位置     │
└─────────────────────────────────────────┘
                    │
┌─────────────────────────────────────────┐
│ 从两台"OFF"位置的冻机中,选择一台置于热备用,将其 │
│ 控制手柄从"OFF"打到"STANDBY"位置            │
└─────────────────────────────────────────┘
                    │
┌─────────────────────────────────────────┐
│ 打开处于"OFF"位置的冷冻机的出口电动阀          │
└─────────────────────────────────────────┘
                    │
┌─────────────────────────────────────────┐
│                   结束                    │
└─────────────────────────────────────────┘
```

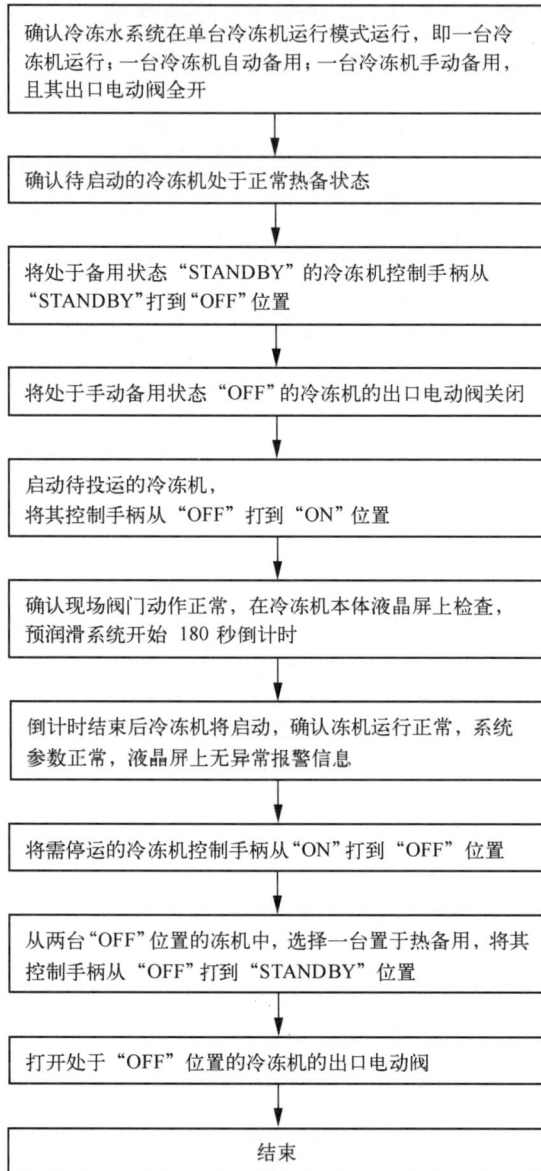

图 9-5-3　冷冻机切换简要流程图

　　2. 冷冻水循环泵和分配泵切换的简易流程,见图 9-5-4:(详细操作步骤见 98-71900-OM-001 的 4.3.1.1 至 4.3.4.2 节)

　　3. 系统模式切换

　　单台冷冻机运行情况下,当运行的冷冻机控制盘上显示冷冻机的运行电流达到 100%,或运行的冷冻机控制盘上显示冷冻水出水温度已经超过 6 ℃时,需要切换到两台冷冻机运行模式。以下是单台冷冻机运行模式向两台冷冻机运行模式的简要流程,见图 9-5-5。(详见 98-71900-OM-001 的 4.2.2 节)

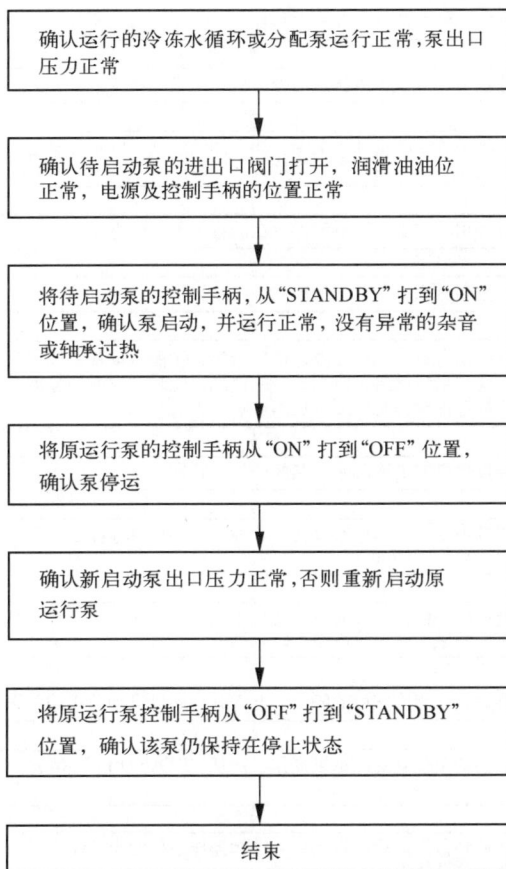

图 9-5-4　冷冻水泵切换的简易流程图

9.5.4　系统取样

为保护管道和设备,防止腐蚀,化学部门定期对冷冻水系统水质进行分析,根据分析结果认为系统内的水需要增加化学药剂的,按最新版规程 98-71900-OM-001 的 4.2.4 节对系统进行加药。加药完成后,通过 T/B-043 冷冻机房间内的取样点取样分析是否合格。

9.5.5　单设备停役、复役操作

1. 单台冷冻机停役的简要步骤:

1)确认另一台(或两台)冷冻机处于正常运行状态;

2)将处于自动备用状态冷冻机的控制手柄打到 OFF 位置,防止执行下一步操作时,备用冷冻机自动启动;

3)将要停役的冷冻机控制手柄打到"OFF 位置",确认冷冻机停运;

4)将要停役的冷冻机出口电动阀控制手柄打到"CLOSE"位置,确认电动阀全关(如果有检修工作,则根据具体工作内容,断开下列电源开关);

5)断开停役冷冻机的主电源开关;(T/B-102)

6)断开停役冷冻机油泵电源开关;(T/B-411)

确认冷冻机处于单台冷冻机运行模式

↓

确认待投用和待放备用状态的冷冻机的绝缘合格

↓

确认待投用的冷冻机动力电源、润滑油泵电源、电加热器电源、
出口电动阀电源可用且在合闸位置

↓

确认待投用冷冻机的润滑油油位在油箱上下窥镜之间

↓

确认待投用冷冻机屏幕上出现"系统就绪可以启动"的信息

↓

如果控制屏上有"润滑油温度低"报警,需保持屏幕亮屏直到屏幕
上会出现"系统就绪可以启动"的信息。此时"润滑油温度低"报
警作为最近报警信息保留,但不影响冷冻机启动

↓

确认待投用冷冻机冷却水回路阀门状态正常

↓

确认待投用冷冻机的控制模式为远控,冷冻机就地控制屏屏幕右上
角显示"数位(Digital)

↓

将待投用冷冻机控制屏的三位操作手柄置于中间位"│",确认控
制屏左上角显示"系统就绪可以启动"

↓

确认待放到备用冷冻机的阀门、电气开关满足自动备用的要求

↓

将处于热备用位置的冷冻机操作手柄从"STANDBY"置于"OFF"
位置

↓

确认待放到备用的冷冻机出口电动阀操作手柄处于"OPEN"位置,
阀门处于全开状态

↓

将待投用的冷冻机出口电动阀操作手柄置于"AUTO"位置,确认
电动阀处于全关状态

↓

将待投用的冷冻机操作手柄置于"ON"位置,确认其本体控制屏
上显示"系统预润滑"并开始180 s的润滑倒计时

↓

180秒计时结束后冷冻机启动,开始带载后冷冻机会转入"冷
冻水温控制"模式,确认冷冻机运行正常

↓

注:冷冻机转入"冷冻水温控制"模式前,冷冻机本体控制
屏上会显示"电流限制",此为正常现象

↓

将备用冷冻机出口电动阀操作手柄置于"AUTO"位置,确认其出
口电动阀处于全关状态

↓

确认另外两台冷冻机上没有"TRIP"报警

↓

将待放到备用位置冷冻机操作手柄置于"STANDBY"位

↓

结束

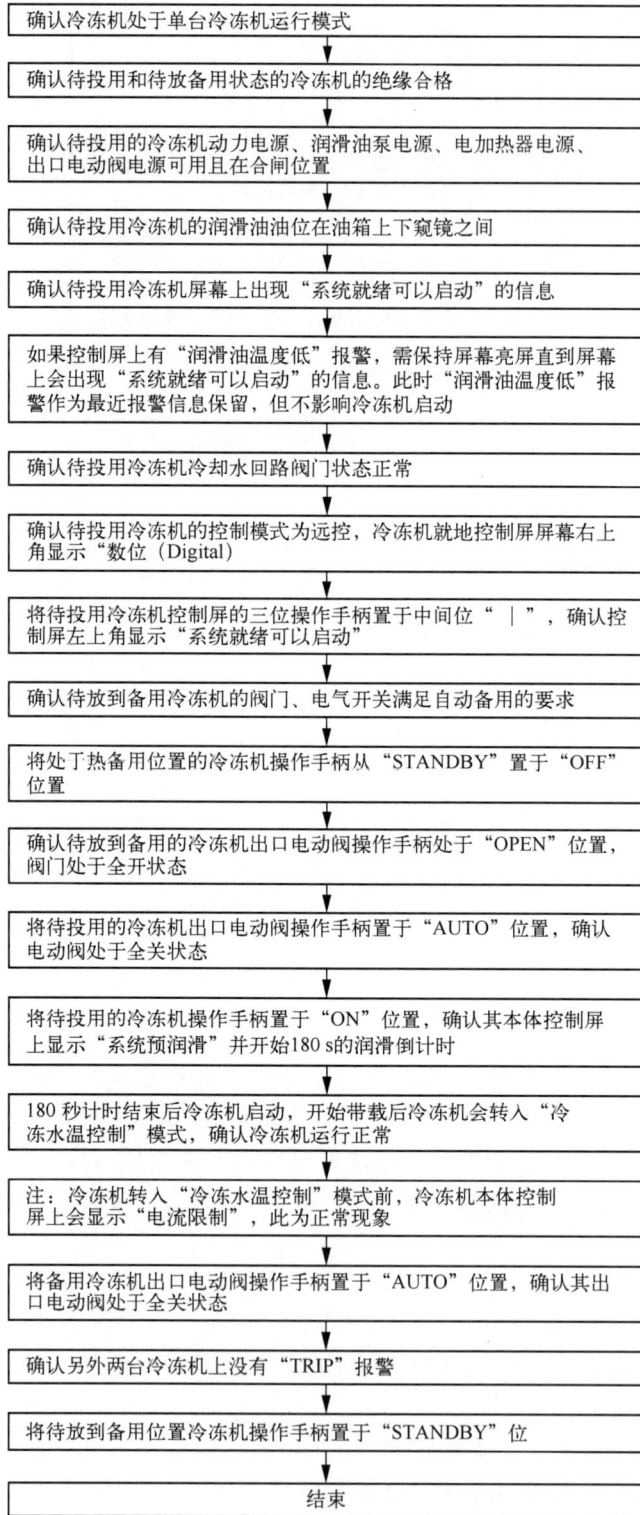

图 9-5-5　系统模式切换简易流程图

7）断开停役冷冻机电加热器开关。（T/B-411）

2. 单台冷冻机复役的简要步骤：

1）确认冷冻机检修工作完成；

2）泵与电机外观良好；

3）确认 T/B-043 内就地闸刀在"ON"；

4）确认油位、油质正常，无漏油、漏水；

5）确认阀门状态正常；

6）合上冷冻机电加热器开关开始暖机；（T/B-411）

7）合上冷冻机油泵电源开关；（T/B-411）

8）将冷冻机的主电源开关置于热备用，并在开关本体上按下"CLSOE"按钮，确认开关合闸；（T/B-102）

9）确认冷冻机本体控制屏上是否有"润滑油温低"的报警，如果有则继续暖机，直到报警消失，出现"系统启动准备就绪"后，将冷冻机的控制手柄置于"STANDBY"位置。

3. 单台冷冻水循环泵或分配泵停役的简要步骤：

1）确认同一回路中另一台泵运行正常；

2）将要停役的冷冻水泵控制手柄打到"OFF"位置；

3）断开冷冻水泵的供电开关；

4）关闭冷冻水泵进出口隔离阀。

4. 单台冷冻水循环泵或分配泵复役的简要步骤：

1）确认冷冻水泵检修工作完成；

2）泵与电机外观良好，连轴节已回装；

3）油位、油质正常，无渗油；

4）对泵体进行充水排气，充水时阀门开度不能太大，以免引起系统压力波动；

5）打开泵进出口隔离阀；

6）合上冷冻水泵的供电开关；

7）将冷冻水泵的控制手柄置于"STANDBY"位置。

9.5.6　应急运行规程相关

在 EOP-007《失去Ⅳ级和Ⅲ级电源》中，恢复Ⅲ级电源 BUE 和/或 BUF 母线后，需要确认相应的冷冻机运行正常；若需要有母联开关给 BUE 或 BUF 供电，则在母联开关合闸前，需要到冷冻机房间的 2-67320-PL4010 上，将相应的冷冻机的控制手柄置于"OFF"位置。

在 EOP-014《失去四级电源》中，需现场确认冷冻机运行正常。

9.5.7　事件学习——冷冻机多次跳机

1. 事件描述

2007 年 2 月 9 日，2 号机组 2 号冷冻机因为出水温度低而跳机，经检查为导叶电机故障。2 月 10 日，在维修人员更换 2 号冷冻机的导叶电机后，将 2 号冷冻机投入运行。2 月 11 日 5 点 6 分，2 号冷冻机再次因为出水温度低跳机，经维修仪控检查发现 2 号冷冻机导叶电机装偏。2 月 11 日 10 点 47 分，在调整 2 号冷冻机导叶电机后，在准备执行 3 号冷冻机向

2号冷冻机切换运行过程中,3号冷冻机因为出水温度低跳机。2月11日11点6分,2号冷冻机再次因为出水温度低跳机;2月11日14点,维修检查发现3号冷冻机导叶电机连杆螺栓的螺帽脱落,重新紧固后将1号冷冻机切换到3号冷冻机运行;2月11日14点14分,3号冷冻机再次因为出口水温度低跳机,3分钟后备用的1号冷冻机自启动,但是约数秒钟后1号冷冻机自动停运,现场检查为"遥控停机"报警(并在30分钟内闭锁重启),当时正在将跳闸的3号冷冻机控制手柄置于"OFF",立即手动启动2号冷冻机。

2. 原因分析

1) 2月9日,第一次2号冷冻机跳机是因为导叶电机本身出现故障所致。导叶电机内部的传动齿轮卡死,无法实现控制信号要求的开度变化。冷冻机出口温度的设定值是6℃,跳机值是5℃。在冷冻机出口温度低于设定值时,控制信号要求关小导叶开度,但是导叶开度没有关小,所以温度持续降低,直至达到了跳机值而跳机。

2) 2月11日5点6分,第二次跳机是由于2月10日更换导叶电机后,导叶的开度校准精度不够所致。在事后检查中发现,导叶在要求全关时未达到全关位置,所以在控制时导叶的开度偏大,使得出口温度偏低,最终低于跳机设定值而跳机。

3) 2月11日10点47分,第三次跳机的原因检查发现是由于导叶电机上连杆螺栓的螺帽脱落所致。

4) 2月11日11点6分,第四次跳机的原因是3号冷冻机向2号冷冻机切换时切换规程不完善所致。

5) 2月11日14点14分,第五次跳机的原因也是1号冷冻机向3号冷冻机切换时出于切换规程不完善所致。

(详见内部事件报告02IER0702003及状态报告:CR20070475)

6) 在第5次跳机后1号冷冻机自动启动后又跳机的原因是:

a) 当3号冷冻机出现跳机后,会在PLC内产生一个备用状态冷冻机的启动信号,因此处于备用的1号冷冻机启动;

b) 当3号冷冻机的TRIP信号消失或者3号冷冻机被置于"OFF"状态时,PLC内备用状态冷冻机的启动信号会消失,处于备用状态下已经运行的冷冻机会停运。在进行3号和1号冷冻机正常切换时(2号冷冻机处于"OFF"),3号冷冻机因冷冻水出水温度低而停机,180秒后处于备用状态的1号冷冻机启动,在将3号冷冻机置于"OFF"后,1号冷冻机失去启动条件而停机(1号冷冻机依旧处于备用状态),在1号冷冻机控制屏上出现"遥控停机"提示,无其他异常报警。该现象属于正常逻辑控制,1号冷冻机可用。而在运行规程中规定在这种情况下需要先将备用的冷冻机打到"ON",再停运跳机的冷冻机,这样就不会导致自动启动的冷冻机跳机。

复习思考题

1. 填空:

1) 71900冷冻水系统是安全相关系统。为确保系统的高可靠性,系统配备了<u>3</u>台<u>50%</u>容量的冷冻机。<u>2</u>台<u>100%</u>容量的循环水泵。冷冻机和循环水泵由

Ⅲ级电源供电。

　　2)冷冻水供给回路分为三条,每条供给回路配备了2台100%容量的供给水泵。No 1供给回路由Ⅲ级电源供电;No 2供给回路由Ⅲ级电源供电;No 3供给回路由Ⅳ级电源供电。

　　3)冷冻水系统为用户提供温度为6 ℃的冷冻水。系统满负荷运行时,回水温度为13 ℃。如果系统只带部分负荷并且流量恒定,回水温度将回有所下降。

　　2. 冻水系统的补水水源有哪两路? 如何判断系统的泄漏?

　　参考答案:

　　补水水源有除盐水和生活水两路;补水回路的流量传感器(67192-FT4402)测量补水流量,如果流量值大于正常补水流量,说明系统有泄漏。

　　3. 列出至少三个R/B冷冻水用户。

　　参考答案:

喷淋水箱冷却器	3431-HX1
堆腔冷却风扇	7311-HX1 至 HX4
就地空气冷却器	7311-LAC17 至 25 和 30 至 35
液体区域控制系统氦气冷却器	3481-HX2
D_2O 蒸气回收系统冷凝器	3831-HX9
D-N 监测系统冷却器	63105-TK1 和 TK2

　　另外,7311-LAC9 和 LAC10 通常由 RCW 冷却。在夏季或其他需要的时候可以由冷冻水冷却。

第十章 辅助锅炉系统 (72110)

内容介绍

课程名称：辅助锅炉系统

课程时间：1 学时

学员：现场操作员

学员条件：完成本系统的课堂部分培训

培训目标：

1. 了解系统设备的现场布置；
2. 掌握各参数测量点的现场位置和它们在系统流程中的位置；
3. 熟练掌握现场巡检内容；熟悉正常参数和报警值；掌握异常和故障的识别技巧和技能；
4. 熟悉系统存在的一些安全风险和运行实践；
5. 掌握正常、应急时的操作和异常的现场响应。

教学方式及教学用具：

培训方式：岗位培训

教员需要：

a. 流程图；

b. 白板等。

考核方法：现场考核(实际操作和模拟相结合)、口试

10.1 系统设备

10.1.1 设备清单和现场位置

- 总体概述

在 2 台机组的汽轮机均不能向辅助蒸汽系统提供蒸汽时,由辅助锅炉向辅助蒸汽系统

提供蒸汽。辅助锅炉系统是一个 1 号、2 号机组公用的系统,位于 1 号机组汽轮机厂房附属厂房。

辅助锅炉的设计压力为 1 090 kPa,运行压力为 862 kPa。输出的蒸汽为饱和蒸汽,最大流量为 20 638.5 kg/h。

• 设备清单

辅助锅炉系统主要包括以下单元:辅助锅炉本体,燃油单元,给水单元,凝结水单元和化学加药单元。

凝结水单元:主要包括两台凝结水泵和一个凝结水箱。凝结水箱负责收集来自厂房加热系统热交换器 7301-HX4001～HX4004、反应堆厂房通风系统干燥器 7312-DR1、重水升级系统(38420)加热器的加热蒸汽疏水。锅炉运行时,凝结水泵将凝结水送到除氧器水箱中。凝结水箱水位控制阀 67211-LCV6151 控制凝结水箱的水位在正常范围内。锅炉停运时,来自其他系统的疏水仍排往凝结水箱,当凝结水箱液位高时直接溢流到地漏。凝结水泵 7211-P6003/P6004 由就地控制盘台 67211-PL4067 上的手柄 67211-HS6003/HS6004 控制,手柄有"ON/OFF"两个位置。泵运行时,红色指示灯亮;泵停运时,绿色指示灯亮。

给水单元:主要包括两台给水泵和一个除氧器及水箱。给水泵将给水送到汽包中,汽包水位由汽包水位控制阀 67211-LCV6119 控制在正常范围内。除氧器水箱水位控制阀 67211-LCV6105 控制除氧器水箱的水位在正常范围内。给水泵 7211-P6001/P6002 由就地控制盘台 67211-PL4067 上的手柄 67211-HS6001/HS6002 控制,该手柄有"ON/OFF"两个位置。泵运行时,红色指示灯亮;泵停运时,绿色指示灯亮。

燃油单元:通过两台燃油传输泵将辅助锅炉燃油储存箱 7211-TK4007 的油从室外输送到锅炉的主油枪和点火油枪中。并通过厂用压空对燃油进行充分的雾化,便于点火和燃烧。如果锅炉蒸汽可用,也可以用辅助锅炉产生的蒸汽来雾化燃油。辅助锅炉燃油泵 7211-P007/P6008 由燃油泵控制盘(见图 10-1-1)手柄 67211-HS6007/HS6008 控制,手柄有"HAND/OFF/AUTO"三个位置。泵运行时,绿色指示灯亮;泵停运时,绿色指示灯灭;泵故障时,红色指示灯亮。室外燃油储存箱 7211-TK4007 可提供辅助锅炉 7 天满负荷运行所需要的油量。

图 10-1-1　燃油泵控制盘

化学加药单元:包括两个加药箱 7211-TK6005/TK6006、两台加药泵 7211-P6005/P6006 和两个搅拌器 7211-MX6009/MX6010。化学添加的药品有两种——联氨和吗啉。联氨用于除去凝结水中溶解的氧,使凝结水中溶解氧保持低于 7×10^{-9};吗啉用于控制给水的 pH。联氨和吗啉由加药泵打入除氧器水箱中。两台加药泵均为正排量泵,严禁在关闭出口阀的情况下启动加药泵。加药控制盘见图 10-1-2。

排污箱:辅助锅炉排污箱 7211-TK6001 主要接收上汽包的连续排污、下汽包的定期排污和水位计冲洗的疏水,经过生活水混合冷却后排到地漏。

辅助锅炉的三大安全附件为汽包卸压阀、汽包压力表和汽包水位计(见图 10-1-3,

10-1-4,10-1-5)。汽包卸压阀在锅炉汽包内蒸汽压力超过允许值时自动开启,向外排汽;当压力降到规定值时自动关闭,防止锅炉因超压而发生爆炸事故。

图 10-1-2　化学加药控制盘

图 10-1-3　汽包卸压阀

图 10-1-4　汽包压力表

图 10-1-5　汽包水位计

汽包压力表反映锅炉汽包内蒸汽压力的大小。

汽包水位计反映锅炉汽包内水位状况,便于监视汽包内水位的变化。

10.1.2　系统接口

- 辅助蒸汽系统(43330):辅助锅炉系统产生的蒸汽通过连接管道送往辅助蒸汽系统,再根据需要送往各个用户。
- 除盐水分配系统(71650):辅助锅炉系统的汽水损失和排污流量由除盐水分配系统补给。
- 生活水系统(71510):辅助锅炉系统的排污水经过生活水冷却后排到 71770 系统。

- 厂用压空系统(75110)：辅助锅炉系统的燃油通过厂用压空雾化后送到炉膛燃烧。
- 反应堆厂房通风系统(73120)：反应堆厂房通风系统的干燥器 7312-DR1 的再生用加热蒸汽疏水排到辅助锅炉的疏水箱 7211-TK4003 中。
- 重水升级系统(38420)：重水升级塔的加热蒸汽疏水排到辅助锅炉系统的凝结水箱。

10.1.3　就地盘台

就地控制盘台如图 10-1-6 所示。

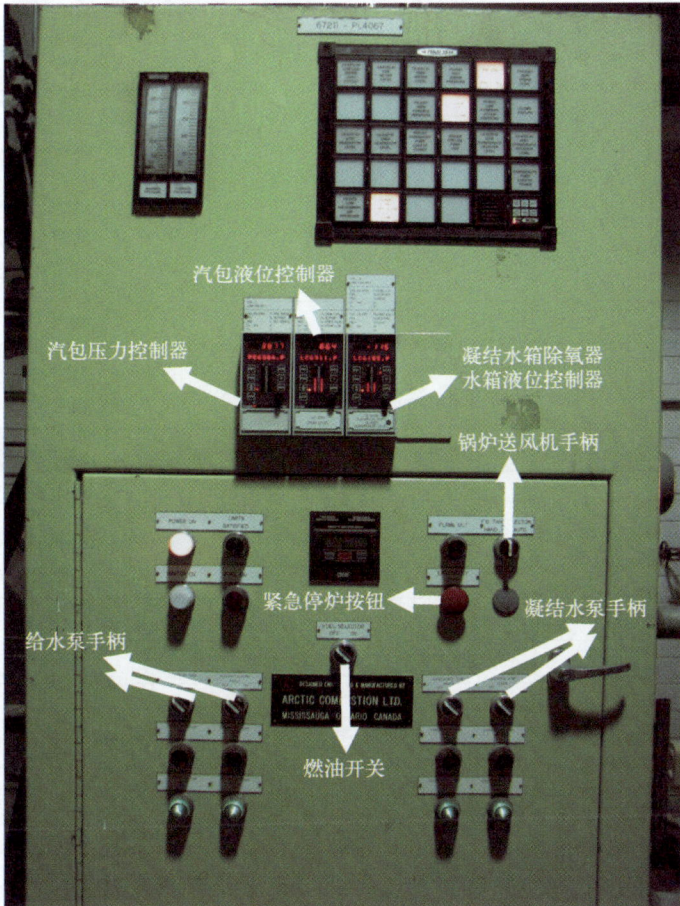

图 10-1-6　就地控制盘台 67211-PL4067

辅助锅炉系统的就地控制盘台 67211-PL4067 上设有凝结水泵、给水泵、锅炉送风机的控制手柄；锅炉点火手柄、紧急停炉按钮；以及辅助锅炉系统的窗口报警光字牌。

10.2　系统参数

系统参数见表 10-2-1 所示。

表 10-2-1　系统参数

序　号	参数名称	仪表号	正常工作范围	设定值
1	凝结水箱水位	67211-LG6355♯1 67211-LG6355♯2 67211-LIC6151	中心线以下 30 mm 0 mm	高液位报警： 液位计底部以上 1 524 mm 低液位报警： 液位计底部以上 381 mm 低低液位报警： 液位计底部以上 280 mm
2	凝结水泵出口压力	67211-PI6323 67211-PI6324	345 kPa	N/A
3	除氧器压力	67211-PI6335	45 kPa	45 kPa
4	除氧器液位	67211-LG6307♯1 67211-LG6307♯1 67211-LIC6105	中心线以下 32 mm	高液位报警： 液位计底部以上 1 245 mm 低液位报警： 液位计底部以上 305 mm
5	除氧器水温	67211-TI6336	110.6 ℃	N/A
6	给水泵出口压力	67211-PI6321 67211-PI6322	1 551 kPa	N/A
7	汽包压力	67211-PI6304	980 kPa	1 034.2 kPa
8	汽包液位	67211-LG6313♯1 67211-LG6313♯1 67211-LIC6311	液位计中心线以下 152 mm	高液位报警：－50 mm 低液位报警：－254 mm 低低液位报警：－304 mm
9	出口蒸汽压力	67211-PIC4182	700 kPa	700 kPa
10	蒸汽流量	67211-LIC6311	20 000 kg/h	N/A
11	燃油供应泵出口压力	67211-PI6408 67211-PI6409	860 kPa	590 kPa
12	主油枪入口油压	67211-PI6421 67211-PI6422	500 kPa	N/A
13	主油枪入口雾化介质压力	67211-PI6440 67211-PI6439	607 kPa	N/A
14	雾化介质压力	67211-PI6431	690 kPa	N/A
15	化学加药泵出口安全阀	7211-PSV6143 7211-PSV6144	N/A	345 kPa
16	除氧器安全阀	7211-PSV6108	N/A	340 kPa
17	热交换器安全阀	7211-PSV4127 7211-PSV4128 7211-PSV4157 7211-PSV4158	N/A	930 kPa 930 kPa 930 kPa 930 kPa

续表

序　号	参数名称	仪表号	正常工作范围	设定值
18	热交换器输水箱液位	67211-LC4311 67211-LC4312	N/A	箱体底部以上 546 mm
19	凝结水高电导率	67211-CIS4310	N/A	6 μS/cm
20	排污箱水温	7211-TCV6124	N/A	54.5 ℃
21	主蒸汽压力	67211-PIC4182	N/A	700 kPa
22	主蒸汽安全阀	7211-PSV4185	N/A	795 kPa
23	汽包卸压阀	7211-PSV6111 7211-PSV6112	N/A	1 089.4 kPa 1 123.8 kPa
24	炉膛压力高	67211-PS6301	N/A	2.5 kPa
25	仪用压空压力低	67211-PS6458	N/A	345 kPa
26	送风流量低	67211-PS6457	N/A	0.125 kPa
27	低油压停炉	67211-PS6414	N/A	517 kPa
28	PRV6232 前雾化压力低	67211-PS6433	N/A	345 kPa
29	PRV6232 后雾化压力低	67211-PS6434	N/A	<125 kPa
30	扫气流量开关	67211-FS6460	N/A	0.75 kPa
31	燃油供应泵出口安全阀	7211-PSV6208 7211-PSV6207	N/A	990 kPa 990 kPa
32	油压调节阀	7211-PRV6210	N/A	861 kPa
33	点火枪供油压力调节阀	7211-PRV6216	N/A	690 kPa
34	雾化介质压力调节阀	7211-PRV6232	N/A	124 kPa
35	汽包总溶解固体	N/A	≤3 500×10^{-6}	3 500×10^{-6}
36	汽包中碱度	N/A	≤700×10^{-6}	700×10^{-6}
37	汽包悬浮固体	N/A	≤15×10^{-6}	15×10^{-6}

10.3　风险警示和运行实践

10.3.1　风险警示

· 人员风险

1. 向化学药箱添加化学药品时,必须佩戴防护眼镜、面罩和乳胶手套;

2. 当进行液位计冲洗时,严禁靠近液位计玻璃管,以防液位计突然破裂而被烫伤。

· 设备风险

1. 严禁使用辅助工具(如 F 扳手)操作阀门,以免损坏阀体;

2. 一个主油枪在使用时，备用主油枪应取出并且妥善保管；

3. 化学加药泵为正排量泵，严禁在关闭出口阀的情况下启动加药泵。

10.3.2 运行实践

1. 辅助锅炉连续运行期间两台主给水泵必须每周切换一次；

2. 辅助锅炉连续运行期间两台凝结水泵必须每周切换一次；

3. 如果遇到紧急情况，手动按下紧急停炉按钮 67211-PB6451 停运锅炉；

4. 锅炉运行时，应连续监视其运行参数，确保锅炉运行正常；

5. 定期检查火焰，确保火焰呈橘黄色。如果火焰太亮表示空气流量太大，如果火焰呈暗红色则表示空气流量太小。

10.4 技　能

警告：涉及到辅助锅炉启停的操作，只能由持有司炉证的合格人员完成。其他人员严禁操作。

辅助锅炉点火成功后，要逐渐开大炉膛的入口挡板，增大空气量，加强燃烧。定期通过观火孔监视火焰的颜色：如果火焰呈微黄色或麦黄色，说明风油配比合适，燃烧良好；如果火焰发白或太亮表示空气流量太大，要适当关小炉膛的入口挡板减小空气量；如果火焰呈暗红色则表示空气流量太小，要适当开大炉膛的入口挡板增大空气量。还要检查锅炉烟囱的排烟情况，锅炉燃烧状况良好时，烟囱排烟呈白色。如果烟囱冒黑烟，也说明燃烧空气量偏小，要适当开大炉膛的入口挡板。

炉膛入口挡板在中间位置时为关闭，两边时为开启状态（见图 10-4-1）。

图 10-4-1 炉膛入口挡板位置示意图

10.5　主要操作

10.5.1　系统停役、复役

- 辅助锅炉启动,见图 10-5-1。
- 辅助锅炉停运,见图 10-5-2 所示。

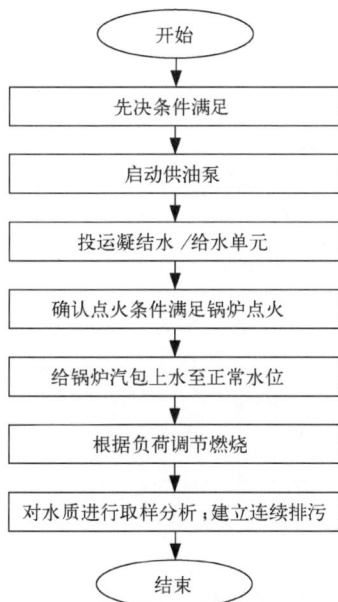

图 10-5-1 流程：

开始 → 先决条件满足 → 启动供油泵 → 投运凝结水/给水单元 → 确认点火条件满足锅炉点火 → 给锅炉汽包上水至正常水位 → 根据负荷调节燃烧 → 对水质进行取样分析；建立连续排污 → 结束

图 10-5-1　辅助锅炉启动流程图

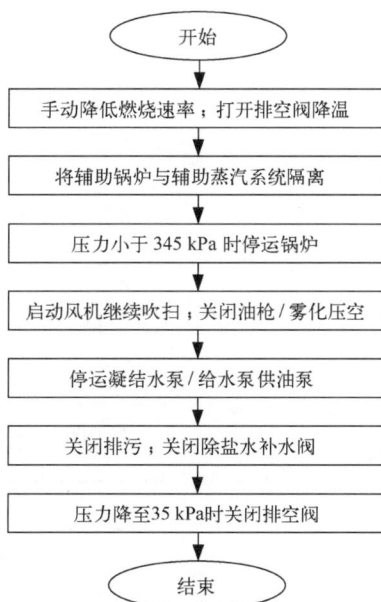

图 10-5-2 流程：

开始 → 手动降低燃烧速率；打开排空阀降温 → 将辅助锅炉与辅助蒸汽系统隔离 → 压力小于 345 kPa 时停运锅炉 → 启动风机继续吹扫；关闭油枪/雾化压空 → 停运凝结水泵/给水泵供油泵 → 关闭排污；关闭除盐水补水阀 → 压力降至35 kPa时关闭排空阀 → 结束

图 10-5-2　辅助锅炉停运流程图

10.5.2　设备切换

辅助锅炉系统在运行期间要定期切换凝结水泵和给水泵。简要流程如图 10-5-3。

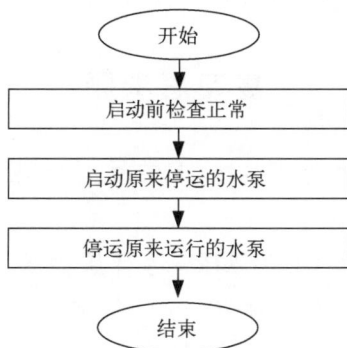

图 10-5-3 流程：

开始 → 启动前检查正常 → 启动原来停运的水泵 → 停运原来运行的水泵 → 结束

图 10-5-3　辅助锅炉系统在运行期间要定期切换凝结水泵和给水泵流程图

10.5.3 应急停炉规程

正在运行的辅助锅炉,如果火焰出现异常或者传热管破裂导致突然失去装水量,或者在其他应急工况下,应该立即停炉。其简要流程如图10-5-4。

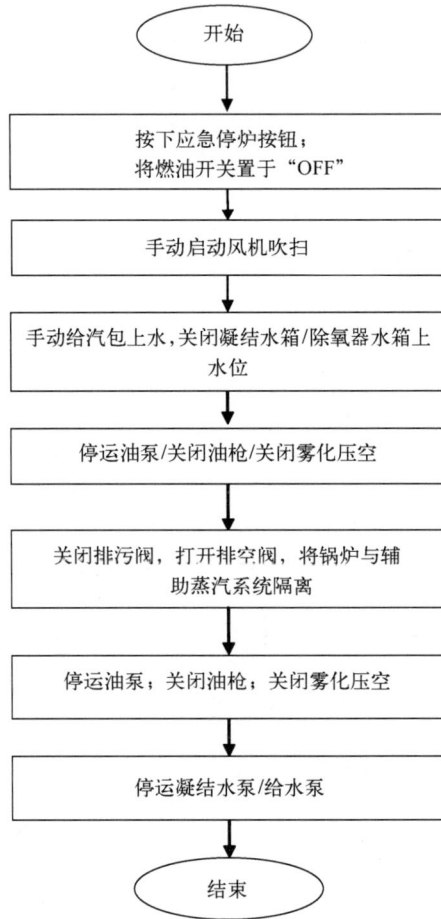

图 10-5-4　应急停炉流程图

复习思考题

1. 辅助锅炉的设计压力为多少? 正常运行时压力为多少?
参考答案:
辅助锅炉的设计压力为 1 090 kPa,运行压力为 862 kPa。
2. 辅助锅炉的三大安全附件是什么? 各有什么作用?
参考答案:
辅助锅炉的三大安全附件为汽包卸压阀、汽包压力表和汽包水位计。各自作用如下：

- 汽包卸压阀在锅炉汽包内蒸汽压力超过允许值时自动开启,向外排汽; 当压力降到规定值时自动关闭,防止锅炉因超压而发生爆炸事故。
- 汽包压力表反映锅炉内蒸汽压力的大小。
- 汽包水位计反映汽包内水位状况,便于监视汽包内水位的变化。

第十一章　厂房加热系统
（73010／73410）

内容介绍

课程名称：厂房加热系统
课程时间：1 学时

学员：现场操作员
学员条件：完成本系统的课堂部分培训

培训目标：

1. 系统设备的现场布置；
2. 掌握各参数测量点的现场位置和在系统流程中的位置；
3. 熟练现场巡检内容，正常参数、报警值、异常和故障识别技巧和技能；
4. 系统上操作和巡检存在的一些安全提示和危害，风险警示、运行实践；
5. 正常、应急时的操作和异常的现场响应。

教学方式及教学用具：

培训方式：岗位培训
教员需要：
a. 流程图；
b. 白板等。

考核方法：现场考核（实际操作和模拟相结合）、口试

11.1　系统设备

11.1.1　设备清单和现场位置

1. 系统的描述

厂房加热系统由泵、热交换器、加热器、温度控制阀等主要设备构成。主要用于厂房冬季采暖，以维持厂房内的合适温度，有利于厂房内的设备在寒冷的季节也能正常运行。同时

为厂房内的工作人员提供一个合适的工作环境。此系统包含了汽轮机厂房加热系统(BSI：73010)和辅助厂房加热系统(BSI：73410)。在系统停运期间需对系统进行定期运行实验，以保证本系统随时处于可用状态。

2．系统设备现场分布

本系统由两个循环回路(热水回路、热水-乙二醇回路)构成，其中热水回路主要包括 3 台循环泵、1 个循环加药箱、1 个热水膨胀箱、2 台热交换器和若干个加热器；热水-乙二醇回路主要包括 3 台循环泵、1 个循环加药箱、1 个热水膨胀箱、2 台热交换器、1 个乙二醇混合箱、1 台乙二醇添加泵和 1 个加热器及加热盘管。两个回路中均有一些气动温度控制阀、压力表、管道和隔离阀等。热水回路介质为热水，服务于汽轮机厂房和辅助厂房；热水-乙二醇回路介质为热水乙二醇混合物，服务于辅助厂房。乙二醇回路的主要负荷有 R/B、S/B 以及化学实验室送风单元加热盘管，以及 S-350 房间加热器；S/B 厂房其他区域加热器和 T/B 厂房加热器均由热水回路提供。

3．现场实物介绍的设备

1）循环泵

两个回路中各有 3 台循环泵，均为离心泵，为系统提供循环动力，位于 TA105 一楼(2 号机组在 TA106)。详见图 11-1-1。

图 11-1-1　循环泵

2）加药箱

当系统水质不合格，需要进行加药处理时，利用此箱给系统加药。两个回路各有一个加药箱，位于 TA105 一楼(2 号机组在 TA106)。详见图 11-1-2。

3）膨胀箱

系统由于温度的变化而引起的容积变化，由膨胀箱来承担。两个回路各有一个膨胀箱，位于 TA105(2 号机组在 TA106)二楼。详见图 11-1-3。

4）热交换器

本系统的热源来自于辅助蒸汽，利用热交换器将本系统进行升温，两个回路各有两台热交换器，位于 TA105(2 号机组在 TA106)三楼。详见图 11-1-4。

5）温度控制阀

系统的温度是由温度控制阀进行控制的，两个回路各有一个温度控制阀。位于 TA105(2 号机组在 TA106)三楼。详见图 11-1-5。

6）温度控制器

用来控制系统温度的温控阀是由温度控制器来实现开关的。本系统的温度控制器为手动控制,在温度控制器上利用手动设定温度设定值,来实现稳定控制阀的开关。两个回路各有一个温控器,位于 TA105(2 号机组在 TA106)三楼。详见图 11-1-6。

7)乙二醇添加泵

当热水-乙二醇回路需添加乙二醇溶液时,可利用乙二醇添加泵对本回路进行添加乙二醇,该泵位于 TA105(2 号机组在 TA106)一楼。详见图 11-1-7。

8)乙二醇混合箱

乙二醇混合箱是用来盛装乙二醇溶液,并与添加泵连接,为添加泵提供乙二醇溶液。该混合箱位于 TA105(2 号机组在 TA106)一楼。详见图 11-1-8。

9)加热器

本系统利用加热器将系统中的热量交换至厂房内,以维持厂房内的合适温度。本系统的加热器分为自然散热的加热器和带风扇的加热器。自然散热型只分布于 S/B 厂房;T/B 厂房全部为风扇型,S/B 厂房部分为风扇型;详见图 11-1-9 和图 11 1-10。

图 11-1-2　加药箱

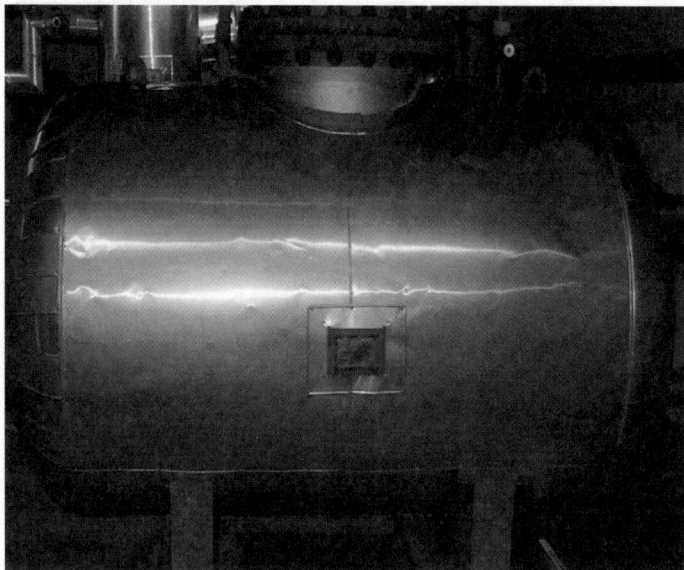

图 11-1-3　膨胀箱

11.1.2　现场布置

1 号机组厂房加热系统循环泵、膨胀箱、热交换器、化学加药箱、乙二醇添加泵等设备布置在 TA105 房间,加热器分布在汽轮机厂房和辅助厂房所需要加热的区域内。2 号机组厂

图 11-1-4 热交换器

图 11-1-5 温度控制阀

图 11-1-6 温度控制器

图 11-1-7 乙二醇添加泵

图 11-1-9　自然散热型加热器

图 11-1-8　乙二醇混合箱

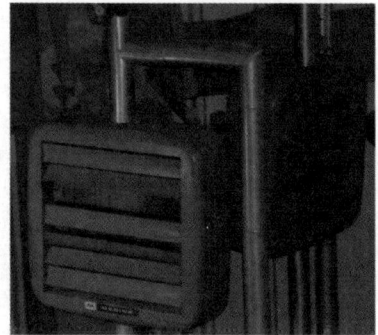

图 11-1-10　风扇型加热器

房加热系统循环泵、膨胀箱、热交换器、化学加药箱、乙二醇添加泵等设备布置在 TA106 房间,加热器分布在汽轮机厂房和辅助厂房所需要加热的区域内。

11.1.3　系统接口

43330:为本系统提供热源的辅助蒸汽系统;

71510:为本系统提供水源的生活水系统。

11.1.4　就地盘台

本系统 6 台循环泵控制手柄位于 T/B043 房间 73200-PL4010 见图 11-1-11。

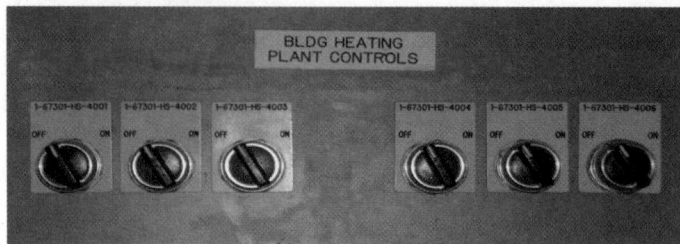

图 11-1-11　循环泵控制手柄图

乙二醇添加泵的控制手柄位于 TA105/106 一楼。见图 11-1-12。

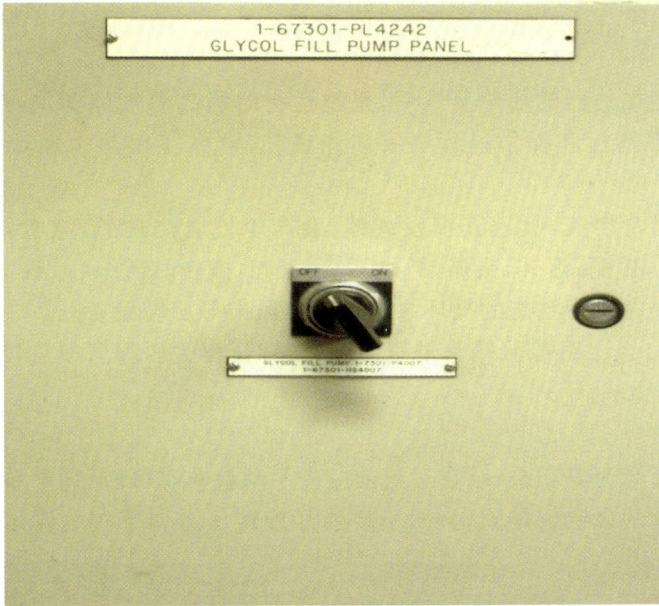

图 11-1-12　乙二醇添加泵的控制手柄图

11.1.5　取样点

本系统取样点的位于循环泵出口管线上的疏水阀,以确认系统内水质合格。

11.2　系统参数

1. 液位测量

膨胀箱 7301-TK4001/4002 的液位测量是翻板式液位计,用来显示膨胀箱内水位,正常液位为达到液位计 2/3-3/4 为宜,水箱液位过低则需手动打开补水手动阀对水箱进行补水。

2. 循环泵出入口压力

循环泵在启动前应确认泵入口压力应为 310 kPa 左右,而当循环泵启动后,泵入口压力不得小于 250 kPa,巡检要求在 375~250 kPa。泵的出口压力是通过泵的出口阀的开度进行控制的。在泵启动后要确认热水回路循环泵对应的热交换器出口压力在 600 kPa 左右,热水-乙二醇回路循环泵对应的热交换器出口压力在 700 kPa 左右。

3. 系统温度

系统在升温时,通过缓慢调节两个回路温度控制器,使温度控制阀逐渐开启,最终温度控制在 93 ℃,系统温度可以在温度控制器上读取。

11.3　风险警示和运行实践

1. 人员风险

1）在冬季投运加热器的加热蒸汽后，系统运行时为高温气体和水，热交换器区域管道和阀门温度较高，在巡检和操作过程中要防止烫伤，严禁接触热水和蒸汽管道，防止高温烫伤。

2）乙二醇为有毒溶液，吸入其挥发气体，会产生气管烧灼感、咳嗽、头晕头痛；皮肤干燥、发红；眼睛发红、疼痛、迟钝、头痛、神志不清、呕吐，操作时需小心，不允许随意排放。

3）严禁接触处在运行状态的循环泵和加热器风扇等旋转设备。

4）热水和热水-乙二醇膨胀箱为带压箱体，当打开相关的阀门或盖板时要小心，防止水或热水喷溅到人。

2. 设备风险

1）本系统循环泵为离心泵，泵在运行前应先手动盘车，以确认循环泵无卡、碰、摩擦等。

2）压力调节阀的设定值是固定的，不要随意旋转压力调节阀的设定螺丝，避免改变其设定点。

3）热水和热水-乙二醇膨胀箱为带压箱体，当打开相关的阀门或盖板时要小心，用力不能过猛。

4）不要拆除加热器风扇出口的防护罩，以防止异物进入风扇，人员误伤。

3. 运行实践

1）若循环泵进出口差压开关 PDIS 测得循环泵进出口压差值连续 10 s 低于设定点，在67320-PL4010 控制盘上将产生低流量报警信号，同时循环泵将自动停运。故在循环泵启动时，泵出口阀门不宜开得过大和过快，防止跳泵。

2）系统运行时，每月进行一次循环泵的定期切换，在系统停运期间每两个月对系统进行一次定期启动。

3）在运行期间每两个月一次对系统进行取样，以检查系统的化学指标以确定是否需要添加化学药品。

4）系统启动时、停运时、疏水、动态换水、补水后，请通知化学运行人员对系统的水质进行取样分析，以确认系统水质合格。

5）在冬季来临之前，投运加热系统循环泵。由于系统其他季节处于停运状态，系统的起动时间可适当提前，以检验系统的可用性，每年 11 月 1 日起动加热系统水回路，每年 3 月31 日停运加热系统。

6）系统运行配置为热水回路 3 台泵，任意两台泵运行，另外一台备用。热水-乙二醇回路配置与热水回路相同。

7）乙二醇溶液具有防冻作用，当热水-乙二醇回路需要添加乙二醇时，可启动乙二醇添加泵进行添加。添加乙二醇溶液时热水-乙二醇回路应处于停运状态，且系统为不满水状态，当乙二醇溶液添加完毕后，再将系统补满水。

8）加热器风扇在启动前应联系维修人员测量其绝缘。

9）系统补水总隔离阀为 7151-V4690，此阀门在 2 号 SDG 控制室后方墙面的上空，位置较高,若需要进行操作,需提前搭架子。

10)系统启动时,需要对系统进行排气操作,本系统排气阀的位置较高,位于 RCW 膨胀箱上方,操作时需要提前搭脚手架和连接软管。

11.4 技 能

本系统的循环泵均为离心泵,启泵方式为关阀启动。在泵启动后,缓慢打开泵出口阀,直至泵出口压力达到额定值。系统调试时对循环泵的出口流量进行测量时发现循环泵出口阀门开度达到 50% 时,系统已达到设计流量要求。

对加热系统进行升温操作时,微开 1 台运行中的循环泵出口管线疏水阀,控制泵入口压力在 $250\sim300$ kPa,避免升温时,频繁开阀卸压。投入加热蒸汽时,首先要进行暖管,暖管必须充分,其间如果热交换器或热交换器疏水箱振动较大,可以通过开关几次热交换器疏水箱的疏水阀,以减小振动。

在系统正常运行或定期启动运行时,若悬浮固体的取样结果过高,则需对系统进行动态换水(动态换水:利用回路中的疏水阀进行疏水的同时,回路中的膨胀箱会给系统进行自动补水),热水回路动态换水疏水阀为 7301-V4815,该阀门在汽轮机厂房 017 房间应急洗眼器的正上方。热水-乙二醇回路动态换水疏水阀为 7301-V8003,该阀门在 1 号 SDG 房间至 11.6 kV 房间左手侧墙边。系统进行动态换水后,需对系统进行加药处理。

在加热系统运行期间,有时发生热交换器蒸汽侧疏水管线疏水不畅或未凝结蒸汽进入凝结水回路,致使管道和热交换器产生振动。当系统产生振动时建议对蒸汽侧凝结水系统进行手动疏水,以消除振动。

11.5 主要操作

本系统的主要操作为系统的启停、加热蒸汽的投/停运和定期启动试验。该系统的所有阀门在系统就列时,均已操作到正常位置,一般不需要操作,需要操作的阀门只涉及取样、投/停加热蒸汽和启停泵时开关阀门。

11.5.1 系统复役、停役

系统启动时,两个回路各启两台泵即可满足流量的要求。循环泵启动后,要检查泵运行声音、振动情况。两台泵运行过程中要保持两台泵出口压力相同,若相差较大,将会导致压力低的循环泵出口流量降低,从而导致泵体过热。同时,需加强巡视厂房内系统管道和加热器的运行情况,防止发生漏水等异常情况。

系统投运简易流程如图 11-5-1(参见 73101-OM-001 的 4.1.1 节和 4.2.1 节)。

在系统升温操作时,投运热交换器蒸汽侧前,应先将循环泵出口疏水阀微开,防止系统升温时系统压力升高而频繁开阀卸压。蒸汽投运时应先进行暖管,利用温度控制器进行逐步的升温,若暖管期间发生热交换器或管线振动较大,可以打开几次热交换器疏水箱的疏水阀,来减小振动。

在每年 3 月 31 日后,或环境最低温度高于 10 ℃,可将系统停运。

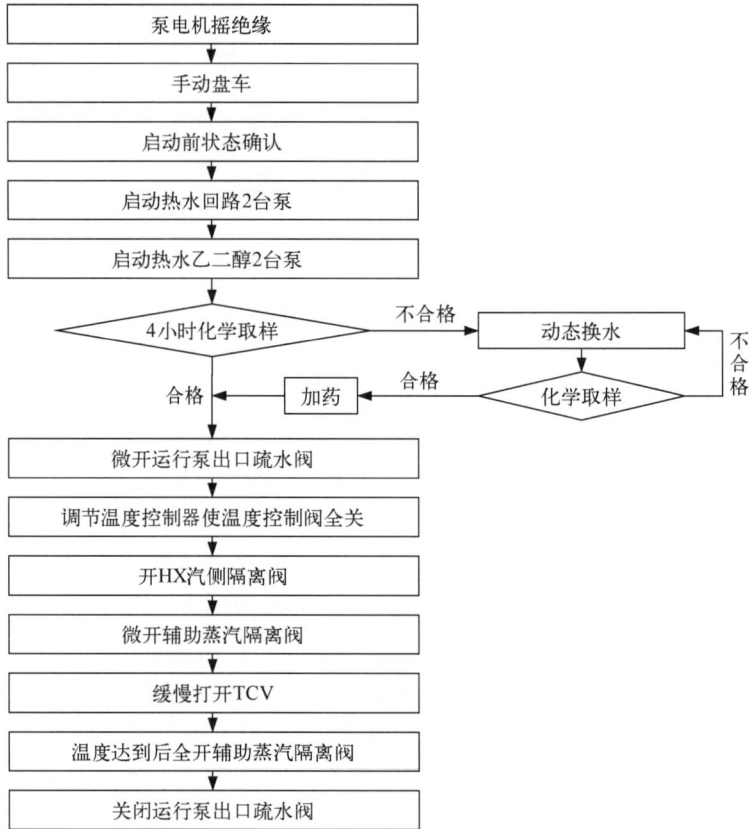

图 11-5-1　系统投运流程图

系统停运的主要流程如图 11-5-2(参见 98-73010-OM-001 的 4.4.1 节)。

11.5.2　添加乙二醇

热水-乙二醇回路添加乙二醇(参见 98-73010-OM-001 的 4.1.2 节)。

11.5.3　化学药品添加

热水和热水-乙二醇回路化学药品添加(参见 98-73010-OM-001 的 4.2.2 节)。

11.5.4　设备切换

在加热系统正常运行期间循环泵 7301-P4001～P4006 应每月切换一次,以保证设备的可用性。具体切换流程如图 11-5-3。

11.5.5　系统取样

在系统启动后和停运前均需要对系统进行取样,以确认水质合格。取样点是循环泵的出口管线的疏水阀,运行人员应配合化学人员进行取样,开关疏水阀。

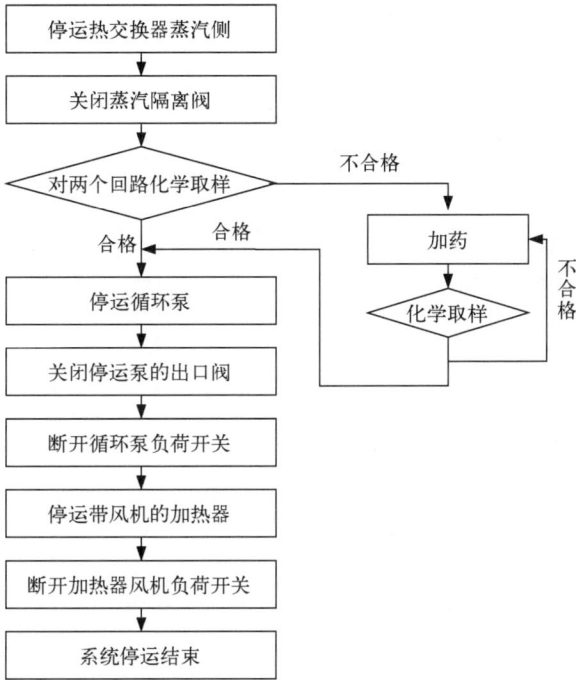

图 11-5-2　系统停运流程图

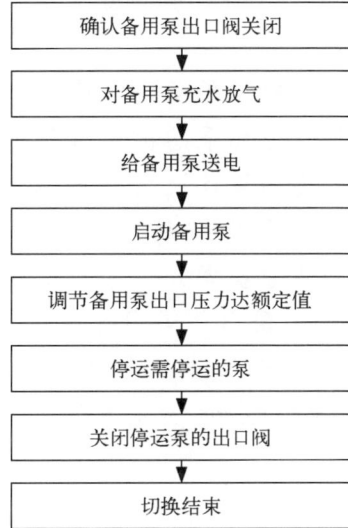

图 11-5-3　循环泵切换流程图

11.5.6　异常运行工况

膨胀箱液位失控时的响应(参见 98-73010-OM-001 的 5.1 节)。详见图 11-5-4。

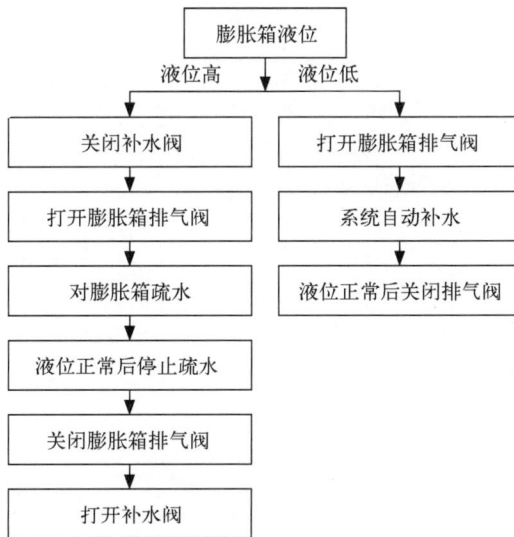

图 11-5-4　膨胀箱液位失控响应流程图

复习思考题

1. 厂房加热系统循环泵出口隔离阀为什么在泵运行时没有全开?

参考答案:

泵出口隔离阀开度过大,将会导致泵进出口压差过低而引起跳泵。系统调试时对循环泵的出口流量进行测量时发现循环泵出口阀门开度达到 50% 时,系统已达到设计流量要求。

2. 循环泵低压差开关动作导致跳泵可能原因?

参考答案:

a) 泵出口阀门开度过大;

b) 热水管路泄漏;

c) 低压差开关故障。

第十二章 汽轮机厂房通风系统 (73200)

内容介绍

课程名称：汽轮机厂房通风系统
课程时间：1.5学时

学员：就地操作员
学员条件：完成本系统的课堂部分培训

培训目标：

1. 系统设备的现场布置；
2. 掌握各参数测量点的现场位置和在系统流程中的位置；
3. 熟练掌握现场巡检内容，正常参数、报警值、异常和故障识别技巧和技能；
4. 系统上操作和巡检存在的一些安全提示和危害，风险警示、运行实践；
5. 正常、应急时的操作和异常的现场响应。

教学方式及教学用具：

培训方式：岗位培训

教员需要：

a. 流程图；

b. 白板等。

考核方法：现场考核（实际操作和模拟相结合）、口试

12.1 系统设备

12.1.1 设备清单和现场位置

1. 汽轮机厂房通风系统是指汽轮机厂房、汽轮机附属厂房的冷却、加热和通风系统。该系统设备包括74台风机（2号机组为75台），10台空调和4台电加热器。

2. 系统的大部分设备由位于冷冻机房间T/B043内的控制盘67320－PL4010集中控

制;另有一些风机由附近的盘台控制。

　　3. 一些空调和风机在其入口处装有过滤器,过滤器装有压差表,压差大小用以反映过滤器的脏污程度;空调机组由冷冻水冷却进风。

12.1.2　现场布置

　　汽轮机厂房风机布置在厂房周边区域,风机进风口一般布置在厂房的侧墙上,而排风机则大多直接布置在屋顶。

12.1.3　系统接口

　　本系统中的下列空调机组由冷冻水来提供冷却,冷冻水来自 71900 系统的冷冻机组,如表 12-1-1 所示。

表 12-1-1　T/B 厂房用冷冻水冷却的空调

空调编号	服务区域	空调编号	服务区域
7322-ACU4106/4055	UPS 房间(正式空调/备用空调)	7322-ACU4121	11.6/6.3 kV 电气间
7322-ACU4101	400 V 电气间	7322-ACU4103	凝结水精处理控制间
7322-ACU4143	电缆间	7392-ACU8001/8002	1 号/2 号 SDG 就地控制间

　　励磁间主运空调 7322-ACU4040 和备用空调 7322-ACU4050 由自身的压缩机提供冷源,这两台空调的设备是独立的;正常运行时,两台空调的温度设定值不同,一台运行,另一台处于自动备用。当主运空调故障检修或进行定期维护时,需要将备用空调的温度设定值调低,启动备用空调。

　　RCW 泵房和主给水泵房空调机组 7322-AH8001～AH8006 则由 7322-ACU8001 提供冷却,7322-ACU8001 冷却循环水,被冷却了的水进入每个空调的冷却盘管,从而冷却进风。该系统要求在每年 4 月初投运,10 月底停运。

　　该系统中的风机与相应区域的消防报警有联锁关系,当某区域出现消防报警时,该区域的风机会自动停运,防止火势蔓延。

12.1.4　就地盘台

　　本系统中风机分布很广,控制盘台分布也很广。

　　1. 位于冷冻机房间的 67320-PL4010(见图 12-1-1),是该系统的主要控制盘台。盘台上设有报警窗和用以改变设定参数的液晶屏。在液晶屏上可查看或更改各区域风机的启动温度设定值和死区值;当风机异常停运时报警窗显示报警,同时风机对应的操作手柄不一致灯亮起,并把共用的报警信息 C/I 987 送到主控报警 CRT 上。该盘台上除了有风机的操作手柄外,还有冷冻水系统(71900)和厂房加热系统(73010)循环泵的操作手柄,在启动风机时应特别注意,防止误操作设备。

　　2. RCW 泵房及主给水泵房空调 7322-AH8001～AH8006 共用一台冷冻机组 7322-ACU8001,配电盘柜 67322-PL8001/8003 位于 RCW 泵房间。7322-ACU8001 位于 RCW 泵房的室外区域,其带有两台 2×100% 的循环泵 7322-P8001/8002。循环泵控制盘台

图 12-1-1　67320-PL4010 的风机控制开关

67322-PL8807 位于泵边上;7322-ACU8001 的启停在就地的触摸屏上进行,在该屏上也可以查看机组的相关参数和报警信息。室内空调机组 AH8001～8006 的控制盘台位于设备本体旁边,就地控制箱上有一小的液晶控制屏,可以显示温度设定值以及环境温度。

3. RCW 泵房备用散热风机 7322-F4600 用于排出 RCW 泵电机运行时出风口的热风,从而有效降低电机绕组的温度及房间温度。该风机的控制盘台 67320-PL4600 位于 RCW 泵房间内;在排风管道上设有手动并带有锁定装置的风门(见图 12-1-2),各风门的开度在 OM 中有具体的要求:1 号泵电机对应风门 7322-V4600♯1/♯2 全开,2 号泵电机对应风门 7322-V4600♯5 和 3 号泵电机对应风门 7322-V4600♯3/♯4 为 45°,4 号泵未设排风管。该风机在正常运行时处于停运状态,当 RCW 泵房主力风机(7322-F4145/F4146/F4181)或空调 7322-ACU8001 检修不可用时,需要投运该风机。

4. 润滑油主油箱房间排风机 7322-F4042 的控制盘台 67322-PL8005 位于该房间门口墙上。

5. 励磁间设有两台空调,正常时 7322-ACU4040 提供冷却,自身带有加湿装置;7322-ACU4050 处于自动备用状态。ACU4040 运行时,将励磁间温度控制在 23～24.5 ℃,湿度在 35%～65%;ACU4050 设定值为 27 ℃。控制盘台位于空调本体上,在液晶屏上可查看相关参数。

6. UPS 房间有两台空调,正常时 7322-ACU4106 自动运行。7322-ACU4055 作为 ACU4106 的备用,处于停运状态,其控制盘台 67320-PL4055 位于空调机组旁边。

7. 主给水泵房间备用散热风机用于排出主给水泵电机运行时风口的热风,1 号机组只设有一台风机,2 号机组设有 3 台风机分别对应 3 台主给水泵电机。风机控制盘台 67320-PL4323 位于 UPS 房间门口的墙上。

8. 为防止在冬季电气间温度过低,在 11.6 kV/6.3 kV、电缆间、400 V 及 UPS 房间设有电加热器 7322-EHTR4101/4102/4103/4104。

9. 11.6 kV/6.3 kV 及 400 V 电气间由于采取了奇偶系列实体隔离,所以在通风管道上

图 12-1-2　RCW 泵电机排风管道上的风门

增加了防火阀。防火阀设定在 70 ℃时自动关闭,从而降低火灾蔓延扩大的风险。该区域的消防报警联锁停运风机的设计被取消,当出现火情时应及时关闭火灾区域的防火阀,防火阀的控制盘台 67322-PL3411/3102 分别位于 400 V 和 11.6 kV/6.3 kV 房间门口。

10. 该系统中的部分风机设有电源闸刀,在风机投运时应确认闸刀合闸。部分风机的控制开关比较特殊,图 12-1-3 中三类控制开关直接控制风机的动力电源,与图 12-1-1 中的所示带有控制回路的开关是不同的,在实际操作中应注意区别。

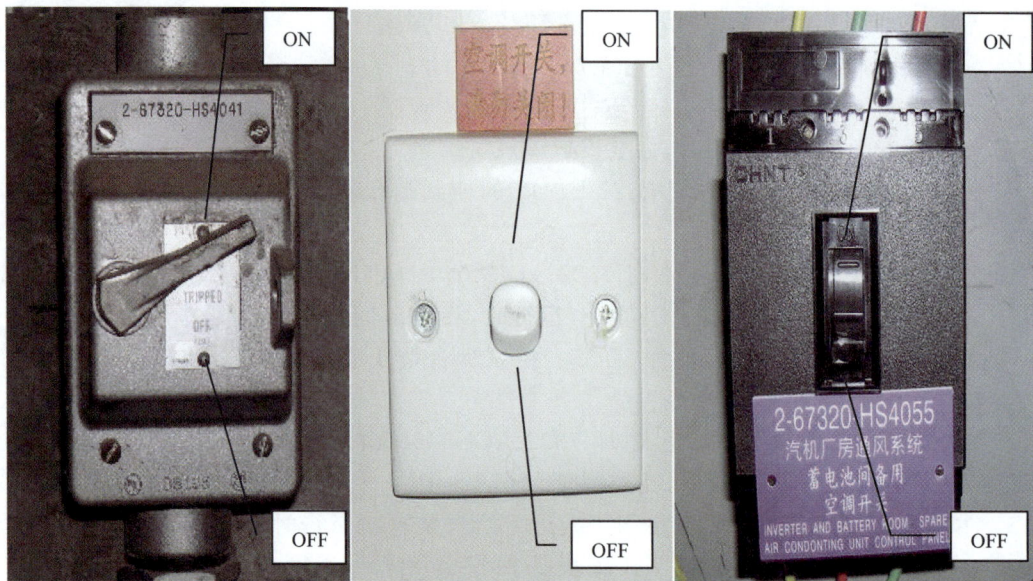

图 12-1-3　现场比较特殊的风机(空调)控制开关

12.1.5　取样点

N/A。

12.2　系统参数

1. 本系统中不同区域的温度控制要求也不相同,布置在相应区域内的温度探头测量该区域的温度,从而控制风机的运行状态。在 PL4010 上可查看不同区域的温度参数及风机状态。OM 的 4.5.2 节列出了正常运行期间各区域的温度控制范围。

2. 本系统中的大部分风机和空调是基于设定值控制。这些设定值分两种类型,一种是启动设定值,一种是死区值。风机与空调的设定值推荐在 25～35 ℃左右,并且服务于同一区域的风机组的设定值应遵循依次增大的原则。一般死区值推荐设定在 3 ℃,RCW 泵房、主给水泵房的风机死区值推荐设定在 5 ℃,柴油发电机房风机的死区值推荐为 8～10 ℃,如果实际运行中出现风机频繁启停,可适当增大死区值。OM 的 4.2.2 节给出了更改风机控制参数的程序。

3. 在带有过滤器的风机及空调机组的入口设有压差表用以判断过滤器是否堵塞,空调机组的压差要求小于 2.2 inH$_2$O(英寸水柱),风机压差要求控制在 1.5 inH$_2$O(英寸水柱)以下。当前后压差达到限值时应及时更换,否则风机有可能过载。

4. 在一些重要设备通风敏感房间或区域,通风系统的停运可能会对设备或装置的运行带来不利影响。对于有备用通风设备的区域应及时投运备用设备,没有备用通风、冷却设备的关键区域,应采取临时通风措施。主要房间区域的温度控制要求如表 12-2-1 所示:

表 12-2-1　T/B 重要房间区域的温控要求

房间或区域	通风设备故障对该房间设备的影响	运行应采取的应对措施
励磁间	房间温度上升,可能对该房间内的励磁控制盘的电气元件产生影响 设计最高温度值 40 ℃ 设备安全运行温度(25±3)℃	检查备用空调的自动运行情况,并调整备用空调的设定值为 25 ℃
蓄电池房间	房间温度上升,可能对该房间的蓄电池功能产生影响,蓄电池间排风机停运影响排氢,有爆炸风险 设计最高温度 25 ℃ 设备安全运行温度<28 ℃	投运备用空调 蓄电池房间排风机停运时应尽快加装临时风机,用于排出蓄电池组充电时产生的氢气
RCW 泵房	房间温度上升,可能对 RCW 泵电机运行产生影响 设计最高温度值 40 ℃ 设备安全运行温度<40 ℃	打开房门,在 RCW 泵电机周围加装临时风机以加强电机散热效果
主给水泵房	房间温度上升,可能对主给水泵电机运行产生影响 设计最高温度值 43.5 ℃ 设备安全运行温度<45 ℃	投运备用散热风机

续表

房间或区域	通风设备故障对该房间设备的影响	运行应采取的应对措施
11.6 kV/6.3 kV 开关站	房间温度上升,可能对该房间的电气设备产生影响 设计最高温度值 40 ℃ 设备安全运行温度＜30 ℃	打开房门,加装临时风机以加强通风
400 V 开关站	房间温度上升,可能对该房间的电气设备产生影响 设计最高温度值 40 ℃ 设备安全运行温度＜35 ℃	打开房门,加装临时风机以加强通风

12.3　风险警示和运行实践

1. 旋转的风机和空调可能导致人员伤亡。当设备运行时,无论设备或风管是正压或负压,都不能打开风机或空调风管或设备上的人孔。T/B通风系统应保持汽轮机厂房相对于反应堆和辅助厂房有轻微的正压,从而使得空气始终从低污染区流向高污染区。

2. 风机和空调设备的启停控制由设定好的参数自动控制,禁止随意改动温度设定值或死区值,特别是死区值变为 0 时,将导致风机或空调频繁启停,容易使风机出现故障。

3. RCW泵房和主给水泵房空调机组 7322-ACU8001 在冬季停运期间必须保持通电状态,使电脑板及控制模块保持干燥不变形,系统内的冷冻水不允许排空,在启动前需要预热至少 24 小时;励磁间空调 7322-ACU4040/4050 在启动前也需要预热至少 8 小时。

4. RCW泵房和主给水泵房空调机组的室内机的冷冻水进出口手动隔离阀的开度在调试时已调节到最合适的位置,无特殊情况不要随意改变开度大小;室内机组的温度设定值 25 ℃已在调试期间由厂家设定好,不要随意修改设定值。

5. RCW泵房和主给水泵房空调机组的冷冻水在冬季有可能结冰,可以向系统添加乙二醇,还可手动启动两台循环泵 7322-P8001/8002 中的一台,使冷冻水在管道中保持流动。

6. 风机和空调出现较多的问题有:电源开关热跳或磁跳,流量开关故障引起风机跳闸等。

7. 消防报警联锁停运的风机在确认无火情时应尽快恢复运行。电气间出现火灾报警时应立即按照 OM 的 5.8 节进行响应;当主控室火灾报警盘或火灾图形显示计算机出现电气间火灾报警信息,立即到相应电气间确认是否有火灾发生。若火情属实,立即到该电气间的防火阀控制盘台关闭相应区域的防火阀,同时确认相应防火阀关闭指示灯变亮。火灾扑灭后,联系维修人员到就地手动打开被关闭的防火阀,确认防火阀关闭指示灯灭。

8. 蓄电池房间的排风机停运后应及时添加临时通风,并注意监测氢气浓度,防止氢气积聚发生爆炸。

9. 在巡检时应注意检查风机和空调运行是否正常,包括声音及振动情况,过滤器的压差是否超标;下雨时应关注风机的进风口及排风口是否有漏水;空调机组的排水是否通畅等。

12.4　技　能

正常、应急时的操作和异常的现场响应。

1. 在启动风机时，就地检查相应风门开启，否则可能跳风机。

2. 励磁间备用空调 7322-ACU4050 正常处于备用状态，巡检时若发现其控制面板上的雪花标志在闪烁，则说明机组在运行，此时应检查 ACU4040 运行情况，避免两台空调同时运行。

3. RCW 泵及主给水泵电机排风管道上的手动风门和 7322-AH8001～7322-AH8006 进风门带有锁定装置，当需要操作时只需将手柄逆时针方向旋松即可手动改变开度，顺时针旋紧即可锁定。

4. 当某区域的消防系统探测到火灾时，该区域的通风系统将会自动停运，并且在 67320-PL4010 盘台报警。当运行的风机跳闸时，会在 PL4010 盘台出现报警，风机控制手柄的不一致灯会亮起，报警窗及液晶屏上将会显示报警信息，主控也会出现 C/I 987 报警。电气间出现火情时应及时做出响应，关闭房间内的防火阀，防止火灾蔓延。

5. 该系统中的风机多数为皮带传动，长期运行易出现皮带松动；电机及风机的轴承经过长期运行出现缺油等故障，可通过声音来判断。

12.5　主要操作

总体要求：

1. 在启动本系统中的风机或空调时应首先确认风机或空调的风门仪表压空供气阀打开，风机区域没有消防报警，风机及相连的风管的人孔门关闭，且无人或物在内。

2. 设备启动后应检查相应风门动作正常，风机无异常噪音或振动，过滤器压差是否正常，有连锁启动的风机是否运行等，若发现异常应及时停运。

12.5.1　系统停役、复役

1. 本系统中设备的启动可参照 OM 的 4.1/4.2 节。

风机启动典型操作如下：

- 首先检查风机具备启动条件，相关的辅助系统投入。例如：电源可用、相关风门仪表压空投入、风机服务区域无消防报警、风管内无杂物且人孔门关闭、冷却水供给正常等。
- 按照启动规程将准备启动的风机控制开关置于"AUTO"；检查风机运行情况：风门动作正常、风机无异常噪音或振动、过滤器的压差指示正常等。

2. 停运规程可参照 OM 的 4.4 节。

风机停运典型操作如下：

- 检查将要停运的风机运行情况，将需要停运风机的控制开关置于"OFF"。
- 检查风机停运，并按照要求将风机断电或隔离冷却水等。

12.5.2   设备切换

RCW 泵房和主给水泵房空调系统中的冷冻水循环泵 7322-P8001/8002 定期切换,请参照 OM 的 4.3.1/4.3.2 节。

举例:7322-P8001 切换至 7322-P8002,如图 12-5-1。

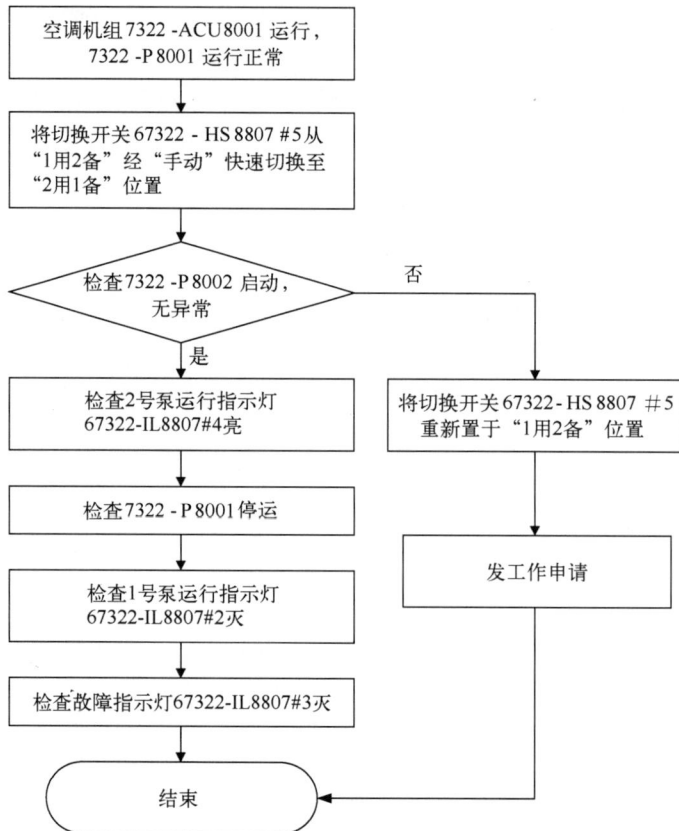

图 12-5-1   7322-P8001 切换至 7322-P8002 流程图

12.5.3   系统取样

不适用。

12.5.4   单设备停役、复役操作

不适用。

12.5.5   应急运行规程相关

不适用。

12.5.6　其他

不适用。

复习思考题

1. 如何判断该系统中带有滤网的设备的过滤器的脏污程度？

参考答案：

空调机组的入口滤网压差正常应小于 $2.2\ \mathrm{inH_2O}$，风机入口滤网的压差正常应小于 $1.5\ \mathrm{inH_2O}$，压差指示若大于限值应及时更换过滤器，否则有可能导致风机过载。

2. 蓄电池房间通风若停运，存在什么风险？

参考答案：

蓄电池组在充电过程中会产生氢气，正常应保持排风机连续运行，若排风机停运应及时添加临时风机加强通风，防止氢气积聚，消除爆炸隐患，还应加强氢气浓度的监测。

3. 400 V 电气间发生火灾报警时应如何响应？

参考答案：

当出现 400 V 电气间火灾报警时，应立即到该房间检查确认是否有火灾发生。若确认火灾属实应立即到该房间门口的防火阀控制盘 67322-PL3411 上关闭相应房间的防火阀，防止火灾蔓延，并启动消防行动卡灭火，火灾扑灭后应及时打开之前关闭的防火阀，保持房间的通风可用。

第十三章　泵房通风系统
（73300）

内容介绍

课程名称：泵房通风系统
课程时间：2 学时

学员：运行现场操作员
学员条件：完成本系统的课堂部分培训

培训目标：

1. 了解系统设备的现场布置；
2. 掌握各参数测量点的现场位置和在系统流程中的位置；
3. 熟练掌握现场巡检内容，正常参数、报警值、异常和故障识别技巧和技能；
4. 系统上操作和巡检存在的一些安全提示和危害，风险警示、运行实践；
5. 正常、应急时的操作和异常的现场响应；
6. 参照 OF 能进行本系统的主要操作项目的模拟操作。

教学方式及教学用具：

培训方式：岗位培训
教员需要：
a. 流程图：9801-73200-1-5-OF-A1；9801-73000-4002-1-FS-E；
b. 白板等。

考核方法：现场考核（实际操作和模拟相结合）、口试

13.1　系统设备

13.1.1　系统概述及设备清单

　　海水泵房通风系统设备主要由 6 台排风机，2 台空气处理单元（每台空气处理单元由入口滤网、送风机、流量开关等组成），8 台电加热器组成。

海水泵房通风系统主要用于海水泵房一年四季的通风及采暖,以维持厂房内的合适温度,有利于厂房内的设备在任何季节都能正常运行,同时为厂房内的工作人员提供一个合适的工作环境。

13.1.2　现场布置

67332-PL4007(泵房暖通控制盘)(见图 13-1-1)位于 1 号机组 CCW 泵电机区域,1 号机组和 2 号机组的风机控制都通过该盘台控制。

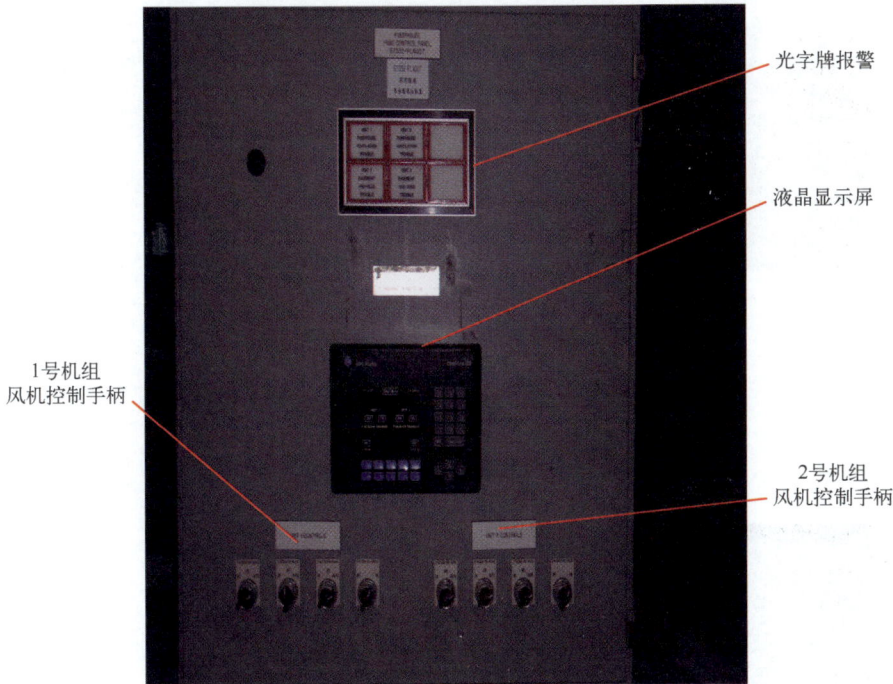

图 13-1-1　海水泵房通风系统控制盘台(67332-PL4007)

6 台排风机位于海水泵房屋顶。

2 台空气处理单元(见图 13-1-6)分别位于海水泵房上方平台上,位置较高,通过楼梯一直往上再通过一段直梯即可到达。

1 号机组的空气处理单元维持泵房 1 号机组区域设备和人员的温度需要。

2 号机组的空气处理单元维持泵房 2 号机组区域设备和人员的温度需要。

13.1.3　就地盘台

泵房通风系统通过就地控制盘 1-67332-PL4007 对风机进行控制(图 13-1-2 为 1 号机组风机控制手柄,图 13-1-3 为 2 号机组风机控制手柄),并通过液晶显示屏(见图 13-1-4)设定参数和提供相关风机的运行情况以及故障诊断。当风机出现故障时,该风机控制手柄的不一致红灯会点亮,出现光字牌报警(见图 13-1-5)并有报警送到主控,同时会液晶显示屏上显示相关风机报警信息。

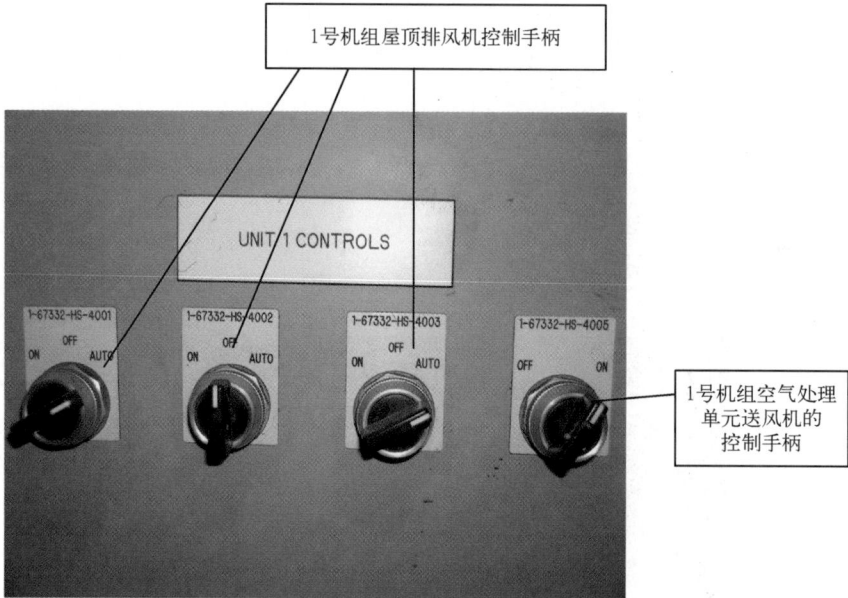

图 13-1-2　1 号机组风机控制手柄(位于 67332-PL4007)

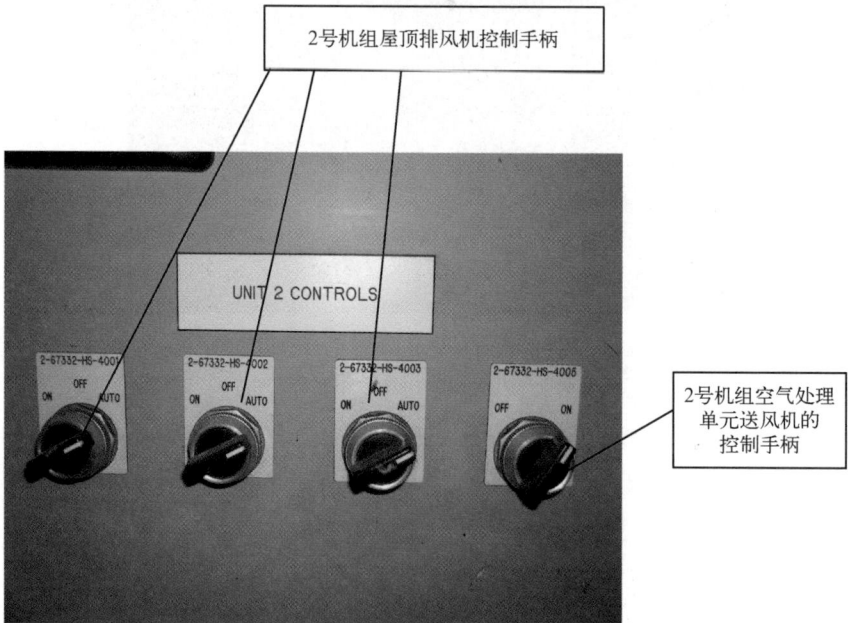

图 13-1-3　2 号机组风机控制手柄(位于 67332-PL4007)

　　液晶显示屏可以显示风机运行状态,并提供报警信息,用于风机的故障诊断。

　　液晶显示屏上的其他按键用于切换到风机界面,可以查看风机的运行状态以及相关参数。

图 13-1-4　风机操作控制液晶显示屏

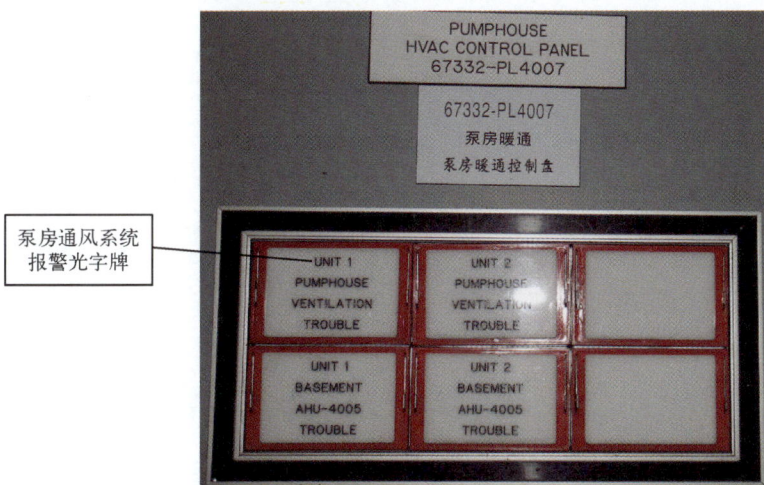

图 13-1-5　风机故障报警光字牌

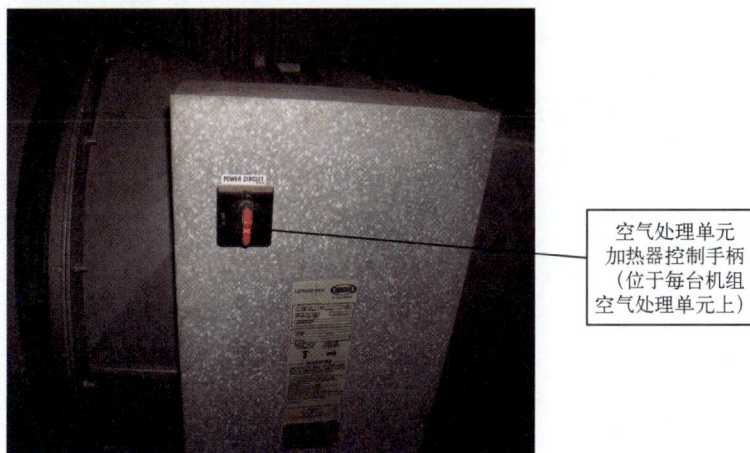

图 13-1-6　空气处理单元加热器控制手柄

当出现风机故障时,控制盘上风机相对应的光字牌会点亮并闪烁,需要现场确认和复位。

13.2 系统参数

当泵房日最低温度连续高于 7 ℃时,天气逐渐变暖,加热器需停运,各参数如表 13-2-1所示。

表 13-2-1 各区域温度参数

序 号	仪表号	参数名称及测量位置	单 位	正常范围
1	1-67332-TE4301	1号机组泵房大厅温度传感器	℃	7<t<43.5
2	1-67332-TE4302	1号机组泵房大厅温度传感器	℃	7<t<43.5
3	1-67332-TE4304	1号机组 RSW 泵区域温度传感器	℃	7<t<43.5
4	1-67332-TE4305	1 RSW 泵区域温度传感器	℃	7<t<43.5
5	2-67332-TE4301	2号机组泵房大厅温度传感器	℃	7<t<43.5
6	2-67332-TE4302	2号机组泵房大厅温度传感器	℃	7<t<43.5
7	2-67332-TE4304	2号机组 RSW 泵区域温度传感器	℃	7<t<43.5
8	2-67332-TE4305	2号机组 RSW 泵区域温度传感器	℃	7<t<43.5

泵房通风系统风机设定值及死区设定值,见表 13-2-2。

表 13-2-2 设备温度及死区温度设定值

序 号	设备名称	设备描述	设定点	死 区	单 位
1	1-7332-F4001	1号机组泵房屋顶排风机	25	3	℃
2	1-7332-F4002	1号机组泵房屋顶排风机	30	3	℃
3	1-7332-F4003	1号机组泵房屋顶排风机	35	3	℃
4	1-7332-EHTR4005	1号机组泵房空气处理单元电加热器	18	3	℃
5	2-7332-F4001	2号机组泵房屋顶排风机	25	3	℃
6	2-7332-F4002	2号机组泵房屋顶排风机	30	3	℃
7	2-7332-F4003	2号机组泵房屋顶排风机	35	3	℃
8	2-7332-EHTR4005	2号机组泵房空气处理单元电加热器	18	3	℃
9	1-7332-EHTR4001	1号机组泵房电加热器	7		℃
10	1-7332-EHTR4002	1号机组泵房电加热器	7		℃
11	1-7332-EHTR4003	1号机组泵房电加热器	7		℃
12	1-7332-EHTR4004	1号机组泵房电加热器	7		℃
13	2-7332-EHTR4001	2号机组泵房电加热器	7		℃
14	2-7332-EHTR4002	2号机组泵房电加热器	7		℃
15	2-7332-EHTR4003	2号机组泵房电加热器	7		℃
16	2-7332-EHTR4004	2号机组泵房电加热器	7		℃

13.3　风险警示和运行实践

1. 由于泵房通风系统是 2 台机组公用的,因此在操作时要防止走错间隔,避免不必要的误操作,操作前确认你所需要操作风机的机组以及风机编号。

2. 旋转的风机有可能致人伤害或死亡。特别值得注意的是"当系统在带压(正压或负压)运行时,不要试图打开风机上的任何人孔门"。在带电设备附近工作时应特别当心。

3. 在 1 号和 2 号机组泵房各有 4 台独立的电加热器,它们通过自己的温度开关来控制自身的运行。电加热器的风机必须保持非常好的运行状态,如果电加热器产生的热量不能及时被带走,在没有任何报警的情况下,过高的温度将导致电加热器损坏。因此如果电加热器的风机出现任何异常情况,必须立即停运加热器,防止电加热器过热损坏,并发 WR。

4. 在空气处理单元的入口装有空气过滤器,当这些过滤器在其前后差压达到限值时需及时更换,否则风机有可能过载。

5. 当设备出现异常振动或噪音,应立即停运设备,以避免设备受损。

6. 当温度传感器在控制盘 67332-PL4007 上指示的温度明显偏离实际时,应及时发WR,防止设备出现故障报警或停运。

7. 投运泵房风机时需要确认风机启动后运行是否正常,电机没有异常噪音以防止设备损坏。

8. 系统操作上的经验及经验反馈或出现过的事件:

- 风机流量开关经常出现无流量报警;
- 温度传感器出现故障导致风机频繁启停造成开关热跳;
- 加热器过热保护开关动作;
- 排风机顶盖未开启正常。

9. 系统现场巡检需要关注的项目:

- 风机声音或振动异常;
- 过滤器脏;
- 控制盘报警(报警信息);
- 控制盘温度显示正常(7～43.5 ℃);
- 排风机顶盖开启正常;
- (冬季)加热器工作正常。

13.4　技　　能

1. 当风机的手动开关选择"ON"时,排风机将直接启动,风机不受泵房温度的控制;当排风机手动开关选择"AUTO"时,风机的起动将受泵房内的温度控制。当泵房环境温度的平均温度高于风机设定点时,风机将自动启动。通常风机的手动开关应置于"AUTO"位。

当空气处理单元手动开关选择至 ON 位置时,风机将直接启动,风机的运行不受泵房环境温度的控制。而风机管道内的电加热器则受泵房环境温度控制。只有测量环境温度的

2 个温度传感器测得的任意一个温度低于加热器的设定点(电加热器的温度设定点为 18 ℃)时,加热器将自动投运;当测量环境温度的 2 个温度传感器测得的温度均高于加热器的设定点加死区温度时,加热器才停止加热。

2. 风机启停时可以通过现场控制盘上通过液晶显示器的界面来确认风机的状态,以及相关参数的设定是否正确。

3. 当出现泵房消防报警时会引起泵房送风机自动停运,防止火灾的扩大。

4. 当泵房风机出现下列任何一种情况时均产生报警信号并送到 DCC。

- 泵房火灾探测信号动作;
- 风机的 MCC 电源故障;
- 空气处理单元风机无流量报警;
- 风机状态与手动开关不一致报警;
- 当控制盘 1-67332-PL4007 失电或控制盘中的 PLC 处理器故障。

现场响应:

- 根据控制盘上功能键的提示,操作相应的功能键,检查控制盘 1-67332-PL4007 的报警画面,将出现的报警进行确认。将出现报警的风机的操作手柄选择至 OFF 位置。
- 检查控制盘 1-67332-PL4007 电源 1-5653-LP65/13 供电是否正常。
- 打开控制盘柜门,目视检查控制盘 1-67332-PL4007 中的 PLC 处理器是否工作正常(PLC 处理器正常运行时,处理器上的指示灯 RUN LED 亮;PLC 处理器有故障时,处理器上的故障指示灯 FLT LED 亮)。如果 PLC 处理器上的故障指示灯 FLT LED 亮,则需仪控人员对 PLC 处理器及通风系统进行相应的检查。排除故障后重新投运 PLC 处理器,并恢复泵房通风系统的运行。

13.5　主要操作

13.5.1　系统启动和停运

泵房通风系统的投运操作比较简单,主要的步骤如下:

1) 确认泵房通风控制盘 1-67332-PL4007 已送电;

2) 将要启动的风机所对应的百叶窗打开;

3) 确认相应风机的就地闸刀已合上,将相应风机的 MCC 电源开关合上;

4) 在控制盘 1-67332-PL4007 将风机的操作手柄置于"AUTO"或"ON"(正常情况下控制手柄应处于"AUTO",此时由测量的温度自动控制风机起停);

5) 就地确认风机启动运行正常,无异常振动和噪音;

6) 如果环境温度低于 7 ℃,将泵房通风的电加热器投入运行(将电加热器相应的 MCC 电源置于"ON",电加热器将根据测量的环境温度自动起停)。

系统停运的操作步骤大致与上面启动的步骤顺序相反,具体操作参照运行规程执行。

13.5.2　辅助系统故障

1. 失去Ⅳ级电源

除了屋顶排风机 1-7332-F4001,2-7332-F4001 和控制盘 1-67332-PL4007 由Ⅲ级电源供电之外,泵房通风系统的其他设备(屋顶排风机、空气处理单元风机、电加热器和管道加热器)均由Ⅳ级电源供电。当 1 号机组或 2 号机组的Ⅳ级电源奇系列或偶系列母线失电,由该母线供电的相应设备(风机或加热器)将停运。当电源恢复后,需到就地控制盘上将风机复位后重新投运。

2. 失去Ⅲ级电源

当丧失 1 号机组奇母线Ⅲ级电源时(Ⅳ级电源仍可用),此时控制盘 1-67322-PL4007 (由 1-5653-LP65/13 供电)由于失电而停止工作,1、2 号机组泵房通风系统的所有风机将停止运行。当 1 号机组奇母线Ⅲ级电源恢复后(Ⅳ级电源仍可用),所有风机将自动启动。

如果 1 号机组Ⅲ级电源偶母线或 2 号机组Ⅲ级电源奇、偶母线失电时(Ⅳ级电源仍可用),只影响该母线供电的风机停运,当电源恢复后,停运的风机将自动启动。

3. 失去计算机

如果现场控制盘 1-67332-PL4007 中的 PLC 故障,泵房内的所有风机将停止运行。同时在 1、2 号 DCC 系统中将产生 1、2 泵房通风系统故障报警。

复习思考题

1. 简述海水泵房通风系统的功能。

参考答案:

海水泵房通风系统主要用于海水泵房一年四季的通风及采暖,以维持厂房内的合适温度,有利于厂房内的设备在任何季节都能正常运行。同时为厂房内的工作人员提供一个合适的工作环境。

2. 简述泵房通风系统的巡检要求。

参考答案:

- 风机声音或振动异常
- 过滤器脏
- 控制盘报警(报警信息)
- 控制盘温度显示正常(7~43.5 ℃)
- 排风机顶盖开启正常
- (冬季)加热器工作正常

第十四章 厂用压空系统 (75110)

内容介绍

课程名称：厂用压空系统
课程时间：4 学时

学员：现场操作员
学员条件：完成本系统的课堂部分培训

培训目标：

1. 了解系统设备的现场布置；
2. 掌握各参数测量点的现场位置和在系统流程中的位置；
3. 熟练掌握现场巡检内容，正常参数、报警值、异常和故障识别技巧和技能；
4. 系统上操作和巡检存在的一些安全提示和危害，风险警示、运行实践；
5. 正常、应急时的操作和异常的现场响应；
6. 参照 OM 列出本系统的主要操作项目。

教学方式及教学用具：

培训方式：岗位培训

教员需要：

a. 流程图：9801-75110-6002-01-FS-B；9801-75110-1-1-OF-A1；9801-75110-1-2-OF-A1；9801-75110-1-3-OF-A1；9801-75110-1-4-OF-A1；9801-75110-1-5-OF-A1；9802-75110-1-2-OF-A1；9802-75110-1-3-OF-A1；9802-75110-1-5-OF-A1；

b. 白板等。

考核方法：现场考核（实际操作和模拟相结合）、口试

14.1　系统设备

14.1.1　总体描述

厂用压空系统由两台容量为 100% 的喷油螺杆式空压机、两台立式 5.9 m³ 的储气罐、吸入口过滤器、四台前置过滤器、两台干燥塔和两台后置过滤器、气站等设备组成。它主要用于为电站使用的气动工具及维修吹扫等提供气源,此外,还为电站仪用压空系统和呼吸压空系统提供备用气源。除送至各个厂房的管道、气站外,其余设备均位于 1 号机组的 TB027 房间。

14.1.2　系统接口

厂用压缩空气与呼吸压空系统有接口,目的是作为呼吸压空的备用。

厂用压缩空气与仪用压空系统有接口,目的是作为仪用压空的备用。

厂用压缩空气与 RCW 系统有接口,它是压空机正常冷却水源。

14.1.3　就地盘台及运行方式

图 14-1-1 是厂用压空机的就控制盘 1-67511-PL4071 或 1-67511-PL4072:

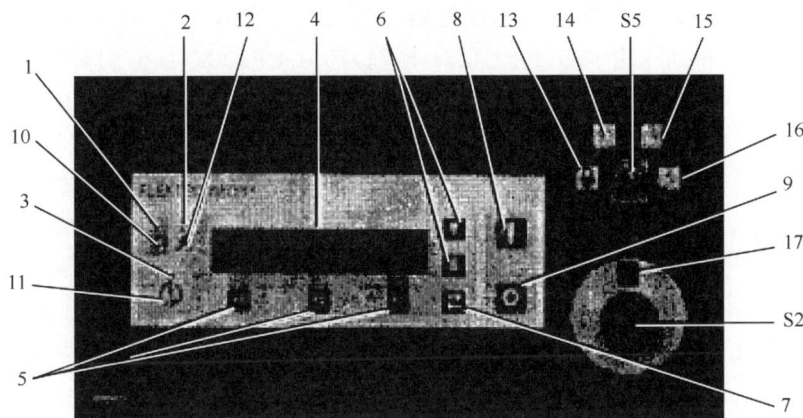

图 14-1-1　厂用压空机就地控制盘

1—自动运行指示灯;2—带电指示灯;3——般报警指示灯;4—显示屏;5—功能键(F1,F2,F3);6—选择键;
7—Tab 键;8—启动按钮;9—停机按钮;10—自动运行;11——般报警;12—带电指示;
13—空压机锁定(在"OFF"位置);14—就地控制;15—远程模式 1(外部开关);
16—远程模式 2(计算机);17—紧急停机;S5—模式控制钥匙;S2—紧急停机按钮

图 14-1-2 是顺序选择器盘台 1-67511-PL4070(ES100):

在正常情况下,一台压缩机处于"Lead(先导)",而另一台压缩机处于"Lag";当总管的压力下降到 820 kPa 时处于"Lead"的压缩机自动带载,当达到 880 kPa 时自动卸载;而处于

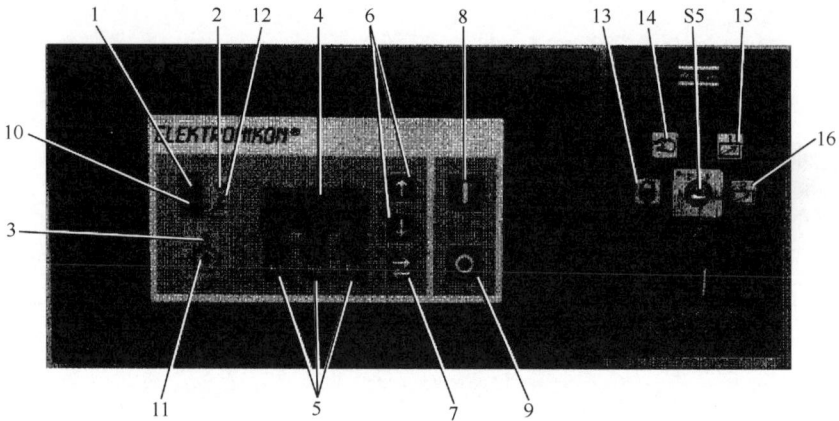

图 14-1-2　厂用压空机顺序选择器盘台(ES100)

1—自动运行指示灯;2—带电指示灯;3——一般报警指示灯;4—显示屏;5—功能键(F1,F2,F3);6—选择键;
7—Tab 键;8—启动按钮;9—停机按钮;10—自动运行;11——一般报警;12—带电指示;
13—远程控制器锁定(在"OFF"位置);14—就地控制;15—远程模式 1(外部开关);
16—远程模式 2(ES100 或计算机);S5—模式控制钥匙

"Lag"的压缩机只有当处于"Lead"的压缩机在 5 分钟内没有将压力提高到 880 kPa 时马达才会启动并且带载。67511-PL4070 上的顺序选择器决定其中一台压缩机为"Lead",另一台为"Lag","Lead"和"Lag"的压缩机能够根据设定的时间周期进行定期自动切换,也可以由操作员从 ES-100 上手动选择其中一台压缩机作为先导压缩机。压缩机也可以由各自的就地盘台控制:7511-CP4001 由 67511-PL4071 控制,7511-CP4002 由 67511-PL4022 控制。位于联合过滤器 7511-FR8003/8006 后管线交接处的压力变送器 7511-PT4319 把系统压力传送到压缩机就地控制盘台、压缩机顺序器和主控室的报警系统。电磁阀 7511-SV4123 会在其下游的呼吸压空压力降到 700 kPa 时自动打开,由厂用压空向呼吸压空供气;而电磁阀 7511-SV4121/SV4122 会在其下游的 1 号/2 号机组仪用压空压力降到 780 kPa 时自动打开,厂用压空向 1 号/2 号机组的仪用压空供气。压力开关 67511-PS4311 和 PS4312 分别用于闭锁电磁阀 7511-SV4123 和 SV4121/SV4122 在厂用压缩空气系统压力低时打开。

压缩机的空气通常从 TB 厂房吸气,为了防止空气中的杂质进入压缩机,在吸入口采用纸质过滤器进行过滤。

厂用压空在 R/B 入口处有一个逆止阀,用于防止在发生 R/B 外管道破裂后 R/B 内气体倒流出来。

厂用压缩空气接收箱(7511-TK4001 和 TK4002)各安装了一个压力释放阀(67511-PSV4101 和 PSV4102)和一个就地压力计(67511-PI4301 和 PI4302),压力释放阀的整定压力为 1 035 kPa。

14.2　系统参数

表 14-2-1 所示为系统参数。

表 14-2-1　系统参数

位　置	仪　表	正常读数
1-7511-TK-4001	1-67511-PI-4301	约 900 kPa
1-7511-TK-4002	1-67511-PI-4302	约 900 kPa
1-7511-FR-4001	1-67511-PDI-4315	(2~3 psi)(13.8~20.7 kPa)表压
1-7511-FR-4002	1-67511-PDI-4316	(2~3 psi)(13.8~20.7 kPa)表压
1-7511-FR-4003	1-67511-PDI-4317	(2~3 psi)(13.8~20.7 kPa)表压
空压机出口压力	67511-PT20	约 900 kPa
空压机入口过滤器压差	67511-PDT02	约 50 kPa(空压机运行时)
空压机油分离器压差	67511-PDT14	<80 kPa(空压机运行时)
空压机出口温度	67511-TT19	约 25 ℃
空压机一级出口温度	67511-TT11	55~100 ℃
空压机冷却水温度	67511-TT51	<50 ℃
空压机电机轴承温度		<85 ℃
SB 厂用压空压力(S105)(两个机组)	67511-PI-7540	约 880 kPa

14.3　风险警示和运行实践

14.3.1　风险警示

14.3.1.1　人员风险

空压机运行时噪音很大,这个区域内的噪声有可能达到或超过 90 dB(A),因此,在此区域内工作的人员必须佩戴耳塞,保护耳朵。

空压机入口如果有灰尘、杂物等污染物,当作为呼吸压空时,将有可能被工作人员吸入,因此,必须保持空压机入口的清洁。

空压机运行时,机体表面温度有可能超过 80 ℃,因此,打开空压机箱体检修时,注意防烫伤。

14.3.1.2　设备风险

空压机入口必须远离易燃、易爆、易挥发和有毒物体。

14.3.2　运行实践

为保证仪用压空和呼吸压空备用回路的正常运行,应保证至少一台厂用空压机运转。

在正常情况下,厂用压空系统所有时间内必须可用,以便为两个机组的仪用压空系统和呼吸压空系统提供备用。对于任何危及厂用压空向仪用压空和呼吸压空备用的故障,必须及时进行检修。对于 1-7511-CP4001,1-7511-CP4002,1-7511-FR4001,1-7511-FR4002 的检修必须事先做出计划,至少保证一台厂用空压机和一台过滤器在运行,为仪用压空和呼吸压空提供备用。当 1 台厂用空压机停运进行检修时,必须保证两台空压机组间的联络阀

1-7511-V4630和 1-7511-V4632 在打开状态。

如果两台厂用压空都不可用,需通知水厂值班员,因为水厂的一些设备是用厂用压空作为动力,如澄清池的淤泥冲洗泵等。

14.4 技 能

1. 厂用压空的油—气接收器的油位的确认如图 14-4-1 所示。

橙色为高油位区,绿色为正常油位区,红色为低油位区,油位指示器应在绿区或橙区。

2. ES100 盘台显示说明:

如果盘台上的数字显示稳定表示该空压机由 ES100 控制,如果数字闪烁表示该空压机被隔离;数字上的方框表示:1 个方框表示该空压机在卸载运行,两个方框表示该空压机在带载运行,什么都没有表示该空压机停运;数字上如果是其他符号:"?"表示该空压机停止运行或该空压机与 ES100 通信有问题,"!"表示该空压机对 ES100 的命令没有响应。

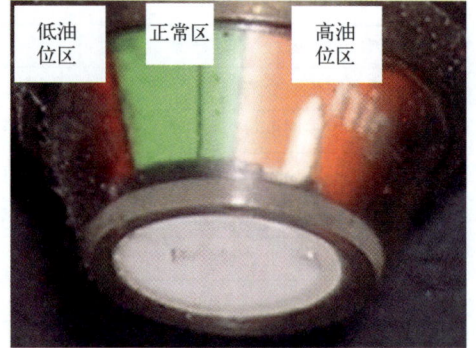

图 14-4-1 油—气接收器油位指示

3. 本系统中现场相关报警及处理办法如下。

1) 当主控出现"7511-P4071,4072 SERVC AIR CP TRBL C 905"报警时的响应,如图 14-4-2,图 14-4-3,图 14-4-4,图 14-4-5 和图 14-4-6 所示。

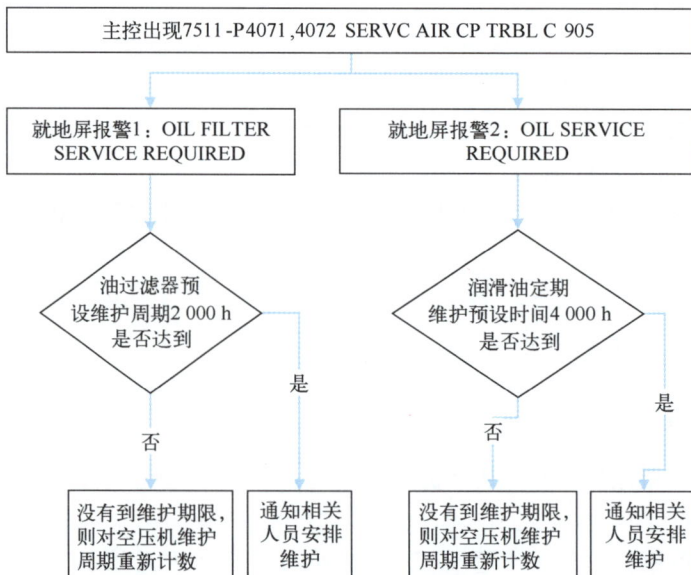

图 14-4-2 报警处理流程图

主控出现 7511-P4071,4072 SERVC AIR CP TRBL C 905　（续）

就地屏报警3：HIGH OUTLET TEMPERATURE

就地屏报警4：AIR FILTER SERVICE REQUIRED

原因1：油位太低或油冷却器堵塞

原因2：冷却水温度太高或流量太低

空气过滤器堵塞

在就地控制盘上的紧急停机

检查RCW水温在35 ℃以下或冷却水阀门

空气过滤器压差是否大于5 kPa

是

否

打开空压机柜门检查有无过热和火灾隐患

在就地控制盘上的紧急停机

联系检修人员处理

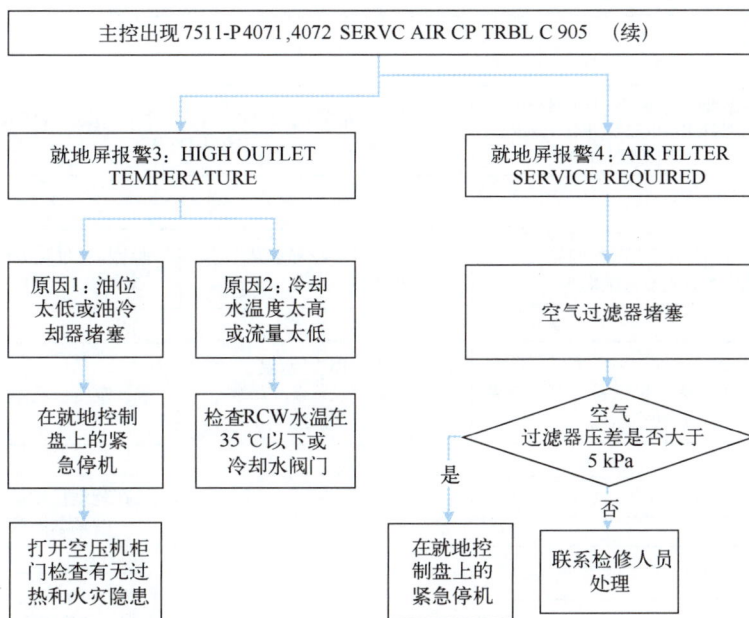

图 14-4-3　报警处理流程图

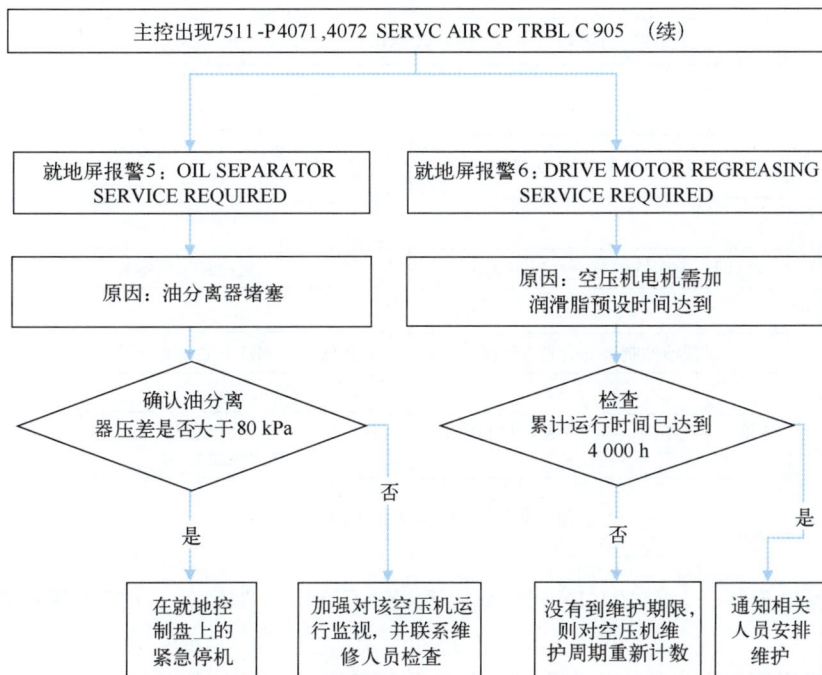

主控出现 7511-P4071,4072 SERVC AIR CP TRBL C 905　（续）

就地屏报警5：OIL SEPARATOR SERVICE REQUIRED

就地屏报警6：DRIVE MOTOR REGREASING SERVICE REQUIRED

原因：油分离器堵塞

原因：空压机电机需加润滑脂预设时间达到

确认油分离器压差是否大于80 kPa

检查累计运行时间已达到4 000 h

是

否

否

是

在就地控制盘上的紧急停机

加强对该空压机运行监视，并联系维修人员检查

没有到维护期限，则对空压机维护周期重新计数

通知相关人员安排维护

图 14-4-4　报警处理流程图

主控出现 7511-P 4071,4072 SERVC AIR CP TRBL C 905 （续）

就地屏报警 7：HIGH OIL INJECTION PRESSURE START PREVENTED

就地屏报警 8：HIGH OUTLET TEMPERATURE SHUT-DOWN

启/停空压机时间间隔太短或油系统堵塞

原因 1：冷却水温度太高或流量太低

原因 2：油位太低或油冷却器堵塞

待一段时间，油注射压力低于设定值250 kPa，先复位报警，然后重新启动空压机

检查 RCW 水温在35 ℃以下或冷却水阀门

确认空压机已停运

再次启动不成功

在就地控制盘上的紧急停机

在就地控制盘上的紧急停机

打开空压机柜门，检查有无过热和火灾隐患

联系维修人员检查

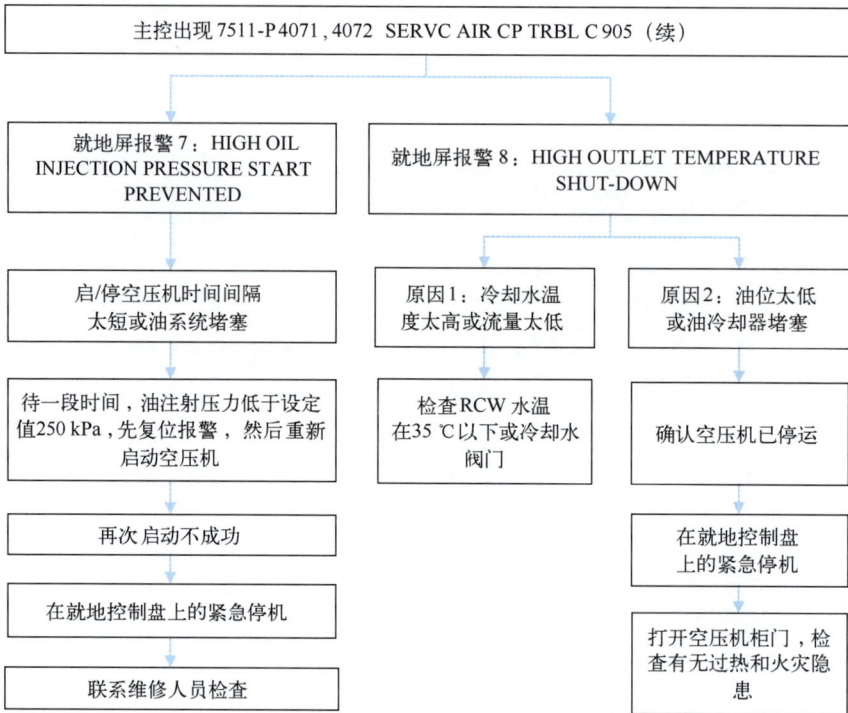

图 14-4-5　报警处理流程图

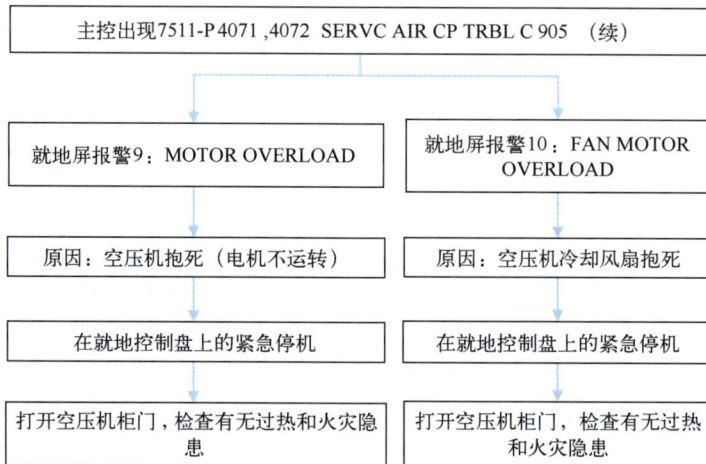

主控出现 7511-P 4071,4072 SERVC AIR CP TRBL C 905 （续）

就地屏报警9：MOTOR OVERLOAD

就地屏报警10：FAN MOTOR OVERLOAD

原因：空压机抱死（电机不运转）

原因：空压机冷却风扇抱死

在就地控制盘上的紧急停机

在就地控制盘上的紧急停机

打开空压机柜门，检查有无过热和火灾隐患

打开空压机柜门，检查有无过热和火灾隐患

图 14-4-6　报警处理流程图

2）当主控出现"7511-Z4121 INST/AIR TAKNG SRV/AIR C 1083"报警时的响应,见图 14-4-7。

3）当主控出现"7511-Z4123 BRTH/AIR TAKNG SRV/AIR C 1085"报警时的响应,见图 14-4-8。

4）当 2 号机组主控出现"7511-Z4122 INST/AIR TAKNG SRV/AIR C 1083"报警时的响应,见图 14-4-9。

主控出现7511-Z4121 INST/AIR TAKNG SRV/AIR C1083报警

确认67511-SV4121带电，否则打开
67511-SV4121的旁路阀7511-V4641

原因1：仪用空压机故障

原因2：仪用压空用户用气量大或仪用压空系统有泄漏

原因3：仪控回路故障

现场检查仪用压空机运行是否正常

检查是否有临时用气

检查仪用压空系统压力AI1200一直保持在780 kPa

是

否

否

是

启动仪用压空机

停止临时用气，并查找仪用压空泄漏

关闭电磁阀隔离阀1-7511-V4637，联系仪控人员检查67511-SV4121，67512-PS4313等仪控回路

原因查明并处理完成后，将1-67511-HS 412 1由"AUTO"
置于"RESET"保持5 s复位，然后重新置于"AUTO"

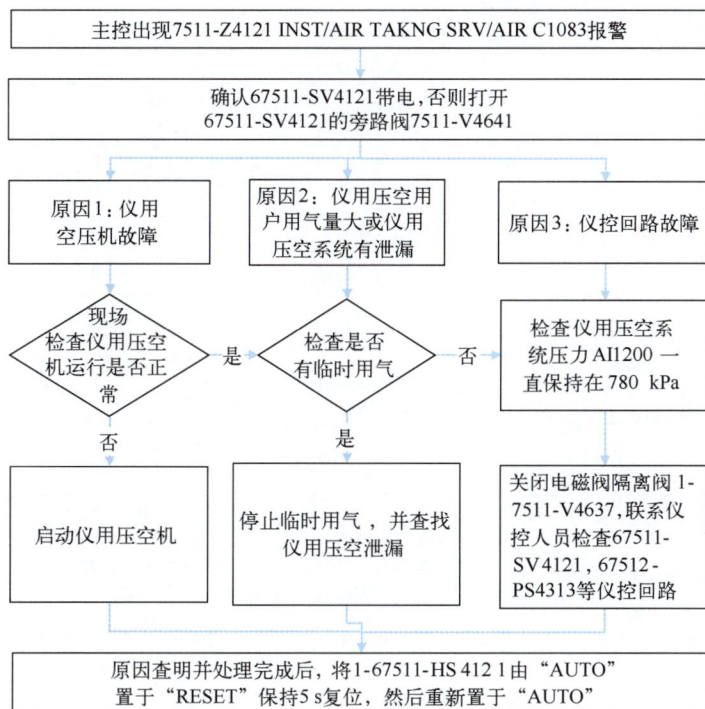

图 14-4-7　报警处理流程图

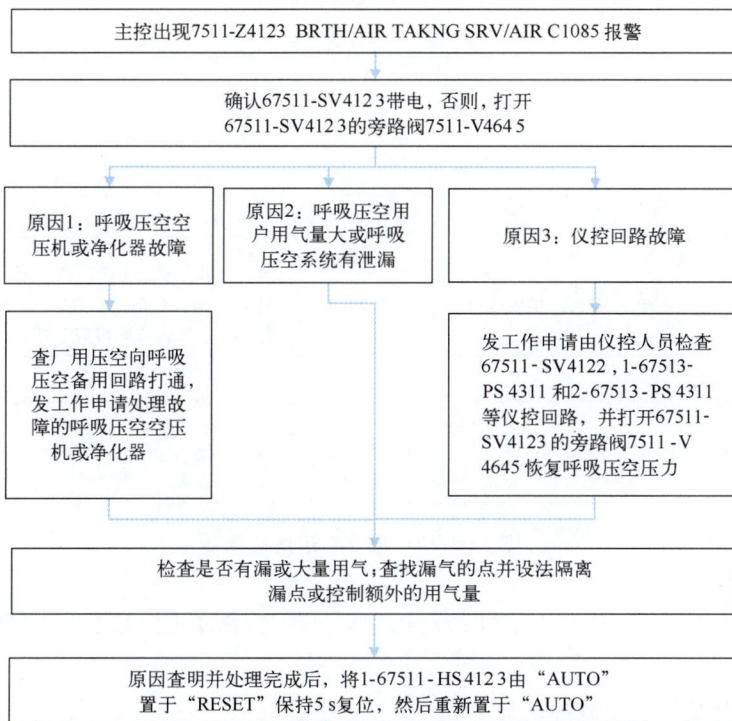

主控出现7511-Z4123 BRTH/AIR TAKNG SRV/AIR C1085 报警

确认67511-SV4123带电，否则，打开
67511-SV4123的旁路阀7511-V464 5

原因1：呼吸压空空压机或净化器故障

原因2：呼吸压空用户用气量大或呼吸压空系统有泄漏

原因3：仪控回路故障

查厂用压空向呼吸压空备用回路打通，发工作申请处理故障的呼吸压空空压机或净化器

发工作申请由仪控人员检查67511-SV4122，1-67513-PS 4311和2-67513-PS 4311等仪控回路，并打开67511-SV4123的旁路阀7511-V 4645恢复呼吸压空压力

检查是否有漏或大量用气；查找漏气的点并设法隔离
漏点或控制额外的用气量

原因查明并处理完成后，将1-67511-HS 412 3由"AUTO"
置于"RESET"保持5 s复位，然后重新置于"AUTO"

图 14-4-8　报警处理流程图

```
┌─────────────────────────────────────────────────────┐
│ 主控出现7511-Z4122 INST/AIR TAKNG SRV/AIR C 1083 报警 │
└─────────────────────────────────────────────────────┘
                          ↓
┌─────────────────────────────────────────────────────┐
│ 确认2-67511-SV4122带电,否则,打开67511-SV4122的旁路阀  │
│                  2-7511-V4640                         │
└─────────────────────────────────────────────────────┘
```

原因1:仪用空压机故障 / 原因2:仪用压空用户用气量大或仪用压空系统有泄漏 / 原因3:仪控回路故障

现场检查仪用压空机运行是否正常 —是→ 检查是否有临时用气 —否→ 检查仪用压空系统压力AI1200一直保持在780 kPa

否↓ ; 是↓ ; ↓

启动仪用压空机 ; 停止临时用气,并查找仪用压空泄漏 ; 关闭电磁阀隔离阀2-7511-V4636,联系仪控人员检查67511-SV4122,67512-PS4313等仪控回路

原因查明并处理完成后,将2-67511-HS4122由"AUTO"置于"RESET"保持5 s复位,然后重新置于"AUTO"

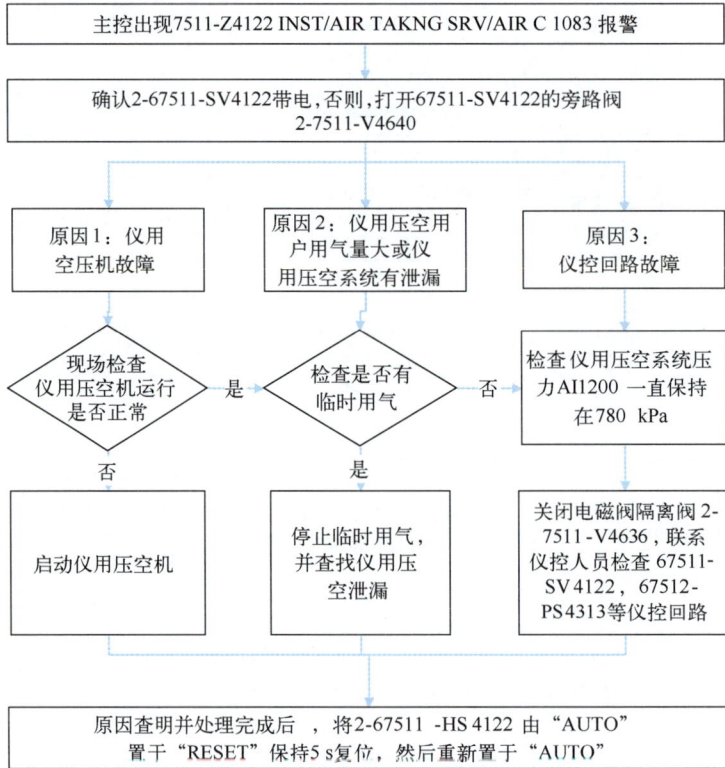

图 14-4-9　报警处理流程图

5)当主控出现"7511-CP4001/02(SRV/ AIR) SHUT DOWN C 1089"报警时的响应,见图 14-4-10。

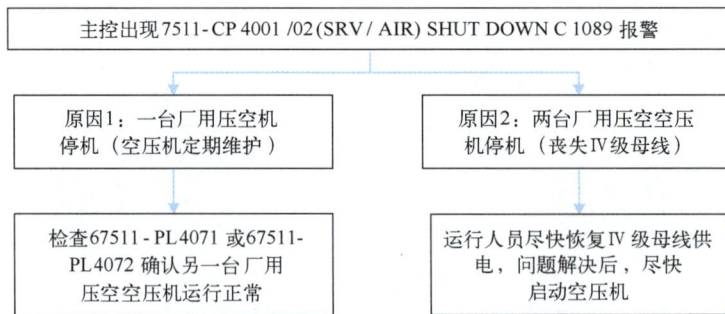

主控出现7511-CP 4001 /02(SRV/ AIR) SHUT DOWN C 1089 报警

原因1:一台厂用压空机停机(空压机定期维护) / 原因2:两台厂用压空空压机停机(丧失Ⅳ级母线)

检查67511-PL4071 或67511-PL4072 确认另一台厂用压空空压机运行正常 / 运行人员尽快恢复Ⅳ级母线供电,问题解决后,尽快启动空压机

图 14-4-10　报警处理流程图

6)当主控出现"7511PL4071,2 BOTH SRV AIR COMP ON C 1090"报警时的响应,见图 14-4-11。

7)当就地干燥器盘面故障或报警灯亮时的响应,见图 14-4-12。

8)当就地显示屏上显示"!!"时的响应,见图 14-4-13。

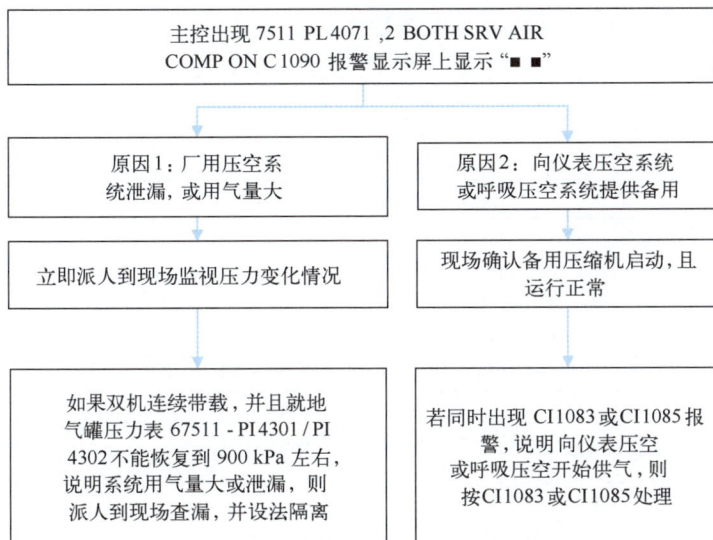

图 14-4-11 报警处理流程图

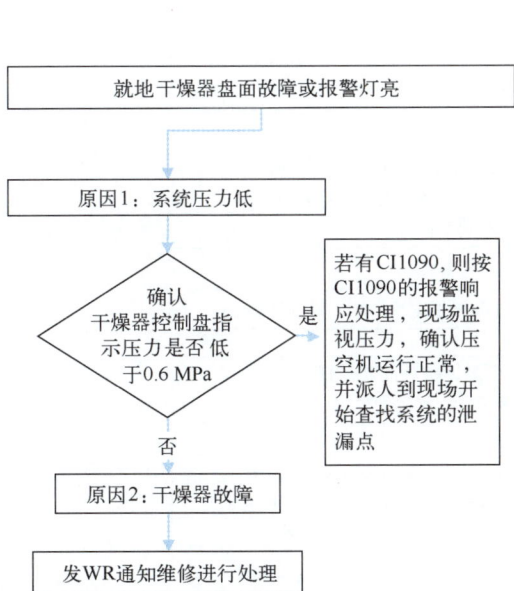

```
┌─────────────────────────────────────────────┐
│ 主控出现 7511 PL 4071 ,2 BOTH SRV AIR         │
│ COMP ON C 1090 报警显示屏上显示"■ ■"           │
└─────────────────────────────────────────────┘
        │                          │
┌──────────────────┐     ┌──────────────────┐
│ 原因1:厂用压空系   │     │ 原因2:向仪表压空系统 │
│ 统泄漏,或用气量大  │     │ 或呼吸压空系统提供备用│
└──────────────────┘     └──────────────────┘
        │                          │
┌──────────────────┐     ┌──────────────────┐
│ 立即派人到现场监视  │     │ 现场确认备用压缩机启动,│
│ 压力变化情况       │     │ 且运行正常          │
└──────────────────┘     └──────────────────┘
        │                          │
┌──────────────────────┐ ┌──────────────────┐
│ 如果双机连续带载,并且就地│ │ 若同时出现 CI1083 或  │
│ 气罐压力表 67511-PI 4301/│ │ CI1085 报警,说明向仪表│
│ PI 4302 不能恢复到 900 kPa│ │ 压空或呼吸压空开始供气,│
│ 左右,说明系统用气量大或泄漏,│ │ 则按CI1083 或 CI1085 │
│ 则派人到现场查漏,并设法隔离│ │ 处理              │
└──────────────────────┘ └──────────────────┘
```

图 14-4-11 报警处理流程图

```
┌──────────────────────────┐
│ 就地干燥器盘面故障或报警灯亮   │
└──────────────────────────┘
             │
┌──────────────────┐
│ 原因1:系统压力低   │
└──────────────────┘
             │
       ◇ 确认
    干燥器控制盘指      是   ┌──────────────────┐
    示压力是否低  ─────────→│ 若有 CI1090,则按    │
    于0.6 MPa              │ CI1090 的报警响应处理,│
       ◇                  │ 现场监视压力,确认压   │
       │ 否               │ 空机运行正常,并派人到 │
┌──────────────────┐      │ 现场开始查找系统的泄   │
│ 原因2:干燥器故障   │      │ 漏点              │
└──────────────────┘      └──────────────────┘
             │
┌──────────────────┐
│ 发WR通知维修进行处理 │
└──────────────────┘
```

图 14-4-12 报警处理流程图

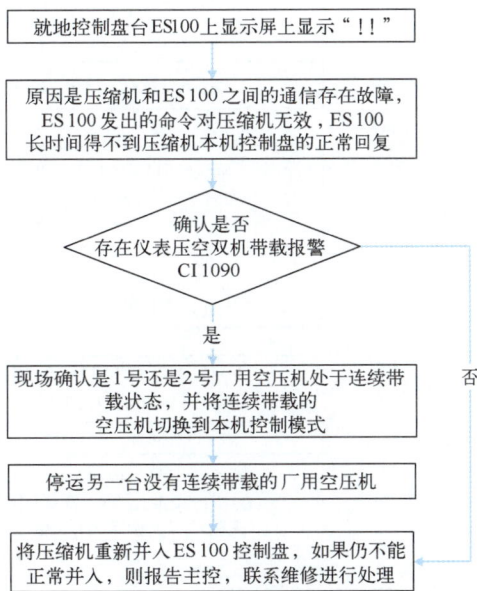

```
┌──────────────────────────────┐
│ 就地控制盘台ES100上显示屏上显示"!!" │
└──────────────────────────────┘
             │
┌──────────────────────────────┐
│ 原因是压缩机和ES100之间的通信存在故障,│
│ ES100 发出的命令对压缩机无效,ES100  │
│ 长时间得不到压缩机本机控制盘的正常回复  │
└──────────────────────────────┘
             │
       ◇ 确认是否
     存在仪表压空双机带载报警
          CI 1090
       ◇
       │ 是
┌──────────────────────────────┐
│ 现场确认是1号还是2号厂用空压机处于连续带 │
│ 载状态,并将连续带载的                │
│ 空压机切换到本机控制模式              │
└──────────────────────────────┘
             │
┌──────────────────────────────┐
│ 停运另一台没有连续带载的厂用空压机       │
└──────────────────────────────┘
             │
┌──────────────────────────────┐
│ 将压缩机重新并入ES100控制盘,如果仍不能  │
│ 正常并入,则报告主控,联系维修进行处理    │
└──────────────────────────────┘
```

图 14-4-13 报警处理流程图

14.5 主要操作

14.5.1 系统的启动或单个设备的启动

14.5.1.1 使用顺序选择器启动压缩机

目的:正常情况下,厂用压空系统将保持连续运行。厂用压空系统作为仪用压空系统和呼吸压空系统的备用,依照电站的计划安排停运。

备注:本节主要由1号机组完成,2号机组配合,系统启动简要流程如图14-5-1、图14-5-2所示。具体步骤见OM的4.1.1节。

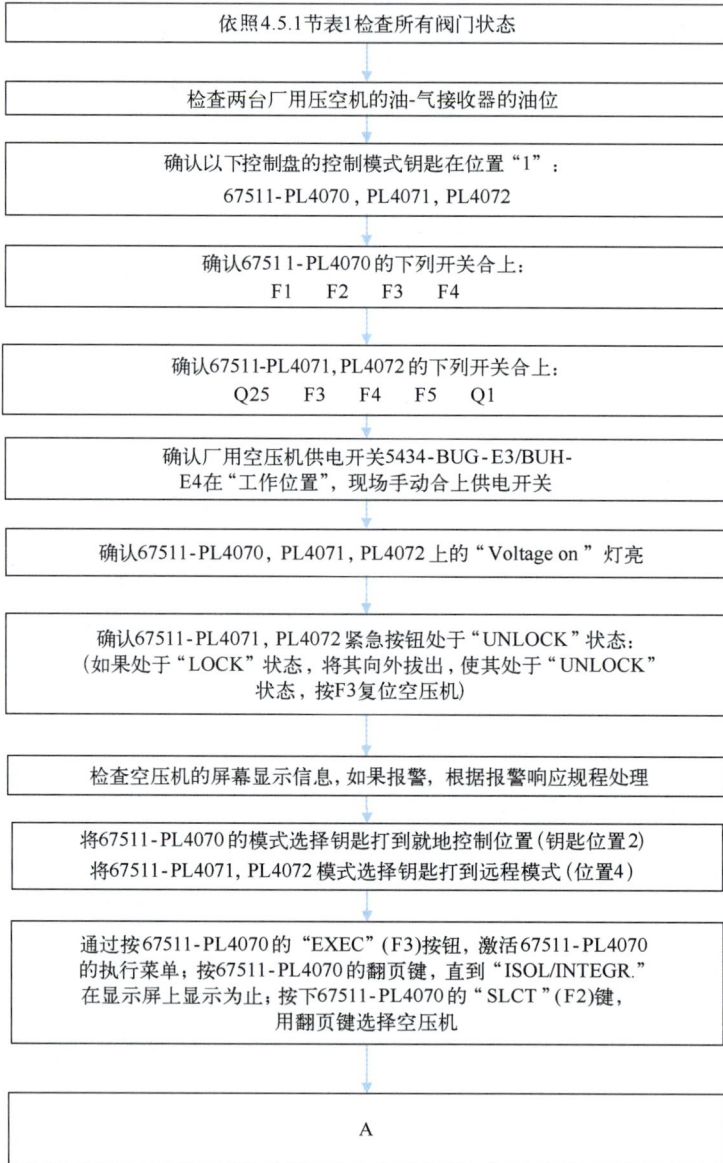

依照4.5.1节表1检查所有阀门状态

检查两台厂用压空机的油-气接收器的油位

确认以下控制盘的控制模式钥匙在位置"1":
67511-PL4070,PL4071,PL4072

确认67511-PL4070的下列开关合上:
F1　F2　F3　F4

确认67511-PL4071,PL4072的下列开关合上:
Q25　F3　F4　F5　Q1

确认厂用空压机供电开关5434-BUG-E3/BUH-E4在"工作位置",现场手动合上供电开关

确认67511-PL4070,PL4071,PL4072上的"Voltage on"灯亮

确认67511-PL4071,PL4072紧急按钮处于"UNLOCK"状态:
(如果处于"LOCK"状态,将其向外拔出,使其处于"UNLOCK"状态,按F3复位空压机)

检查空压机的屏幕显示信息,如果报警,根据报警响应规程处理

将67511-PL4070的模式选择钥匙打到就地控制位置(钥匙位置2)
将67511-PL4071,PL4072模式选择钥匙打到远程模式(位置4)

通过按67511-PL4070的"EXEC"(F3)按钮,激活67511-PL4070的执行菜单;按67511-PL4070的翻页键,直到"ISOL/INTEGR."在显示屏上显示为止;按下67511-PL4070的"SLCT"(F2)键,用翻页键选择空压机

A

图 14-5-1　系统启动简要流程图

14.5.1.2　1号压缩机单机启动

目的:当空压机检修或维护完毕后,应依照下列规程尽快启动。本节只适用于1号机组,单机启动见图14-5-3。具体步骤请见OM的4.1.2节。

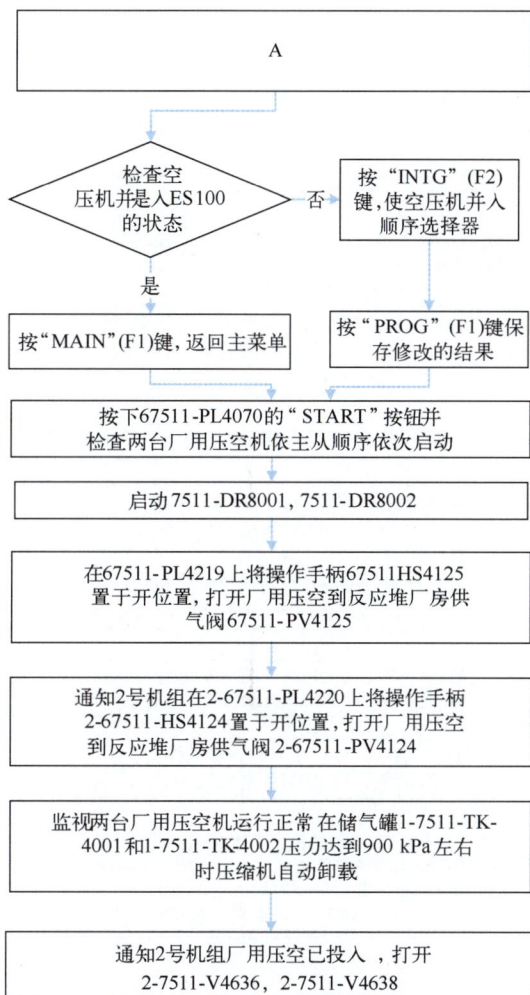

图 14-5-2　系统启动流程图

14.5.1.3　2 号压缩机单机启动

目的:当空压机检修或维护完毕后,应依照下列规程尽快启动。本节只适用于 2 号机组。具体步骤见 OM 的 4.1.3 节,简要流程见图 14-5-4。

14.5.1.4　1 号厂用压空干燥器的启动

目的:正常情况下,厂用压空系统干燥器将保持连续运行。当一台干燥器出故障,必须立即停运检修,在这一期间,另一台干燥器将自动连续运行。当干燥器检修完毕后,应依照下列规程尽快启动,见图 14-5-5。具体步骤见 OM 的 4.1.4 节。

14.5.1.5　2 号厂用压空干燥器的启动

目的:正常情况下,厂用压空系统干燥器将保持连续运行。当一台干燥器出故障,必须立即停运检修,在这一期间,另一台干燥器将自动连续运行。当干燥器检修完毕后,应依照下列规程尽快启动,见图 14-5-6。具体步骤见 OM 的 4.1.5 节。

关闭手动疏水阀 7511-V4801,检查厂用压空机 7511-CP4001 油气
接收器的油位,确认 67511-PL4071 的模式控制钥匙在位置 "1",
确认 67511-PL4071 的下列开关合上:Q25,F3,F4,F5,Q1

↓

1号厂用空压机供电开关在工作位置,现场手动合上供电开关

↓

确认 67511-PL4071 上的 Voltage on 灯亮

↓

确认 67511-PL4071 紧急按钮处于 UN LOCK 状态,如果处于
LOCK 状态,将其向外拔出,使其处于 UN LOCK 状态,
按 F3 复位空压机

↓

检查空压机的屏幕显示信息,如果报警,根据报警响应规程处理

↓

打开1号厂用压空机出口阀 7511-V4601,并确认以下阀
门在打开位置:7511-V4603,V4604,V4630,V4632

↓

将控制盘 1-67511-PL4071 的模式控制
钥匙打到就地控制位置(钥匙位置2)

↓

按下控制盘 1-67511-PL4071 上的启动按钮,启动
空压机,确认 1-7511-CP4001 自动加载,运行正常

↓

将控制盘 1-67511-PL4071 的模式控
制钥匙打到远程模式(钥匙位置4)

↓

通过按 67511-PL4070 的 exec(F3)按钮,激活
67511-PL4070 的执行菜单;按 67511-PL4070 的翻页键,
直到 Isol/Integr 在显示屏上显示为止;按下
67511-PL4070 的 Slct(F2)键,用翻页键选择空压机

↓

检查空压机是否并入 ES100 的状态 ——否→ 按intg(F2)键,使空压机并入顺序选择器

是↓   ↓

按main(F1)键,返回主菜单   按prog(F1)键保存修改的结果

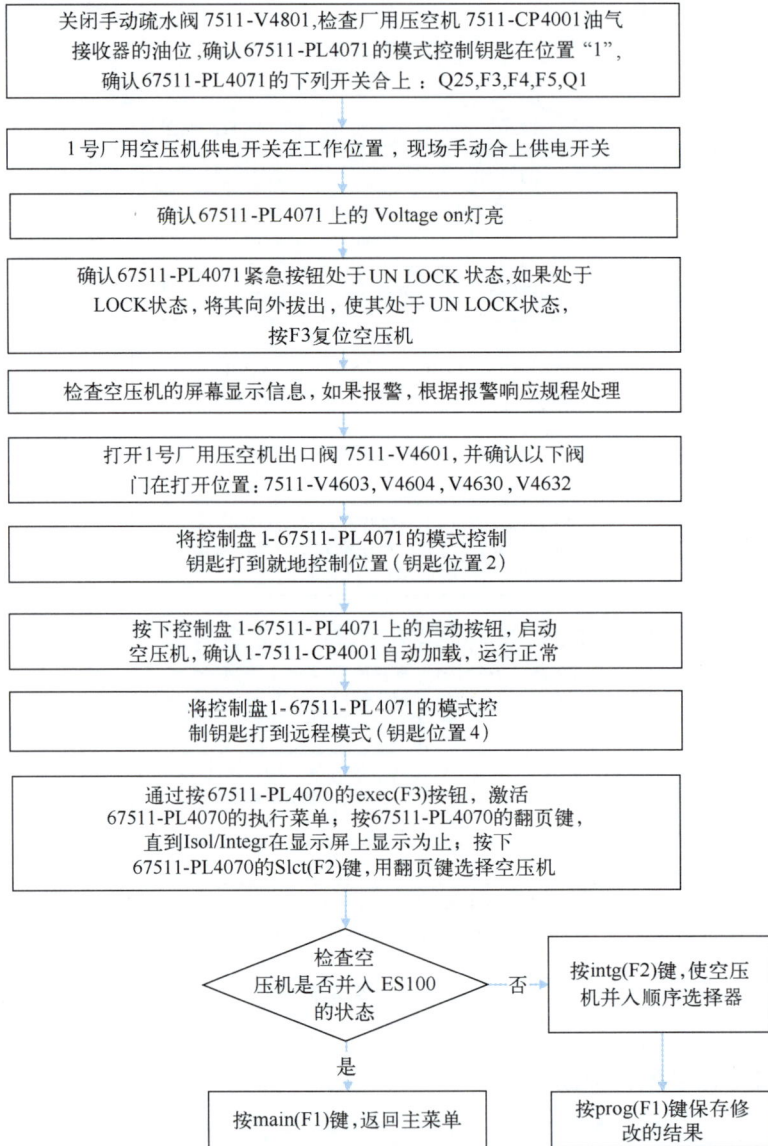

图 14-5-3   单机启动流程图

14.5.2   设备切换

14.5.2.1   将空压机并入顺序选择器

目的:在正常运行情况下,空压机是在 ES100 的控制下运行;但是,当空压机故障时,空压机必须停下来进行检修;在故障消除后,空压机应启动,并且并入顺序选择器 ES100(1-67511-PL4070)。本节只适用于 1 号机组。具体步骤见 OM 的 4.3.1 节,见图 14-5-7。

关闭手动疏水阀 7511-V4802,检查厂用压空机 7511-CP4002油气
接收器的油位,确认67511-PL4071的模式控制钥匙在位置"1",
确认67511-PL4072的下列开关合上：Q25,F3,F4,F5,Q1

2号厂用压机供电开关在工作位置，现场手动合上供电开关

确认67511-PL4072上的 Voltage on 灯亮

确认67511-PL4072紧急按钮处于 UN LOCK 状态,如果处于
LOCK状态，将其向外拔出，使其处于 UN LOCK状态，
按F3复位空压机

检查空压机的屏幕显示信息，如果报警，根据报警响应规程处理

打开2号厂用压机出口阀 7511-V4602,并确认以下阀
门在打开位置：7511-V4603,V4604,V4630,V4632

将控制盘1-67511-PL4072的模式控制
钥匙打到就地控制位置 (钥匙位置2)

按下控制盘 67511-PL4072上的启动按钮，启动
空压机，确认 7511-CP4002自动加载，运行正常

将控制盘1-67511-PL4072的模式控
制钥匙打到远程模式(钥匙位置4)

通过按67511-PL4070的exec(F3)按钮，激活
67511-PL4070的执行菜单；按67511-PL4070的翻页键，
直到isol/integr在显示屏上显示为止；按下
67511-PL4070的Slct(F2)键，用翻页键选择空压机

检查空
压机是否并入 ES100
的状态 — 否 → 按intg(F2)键，使空压
机并入顺序选择器

是

按main(F1)键，返回主菜单

按prog(F1)键保存修
改的结果

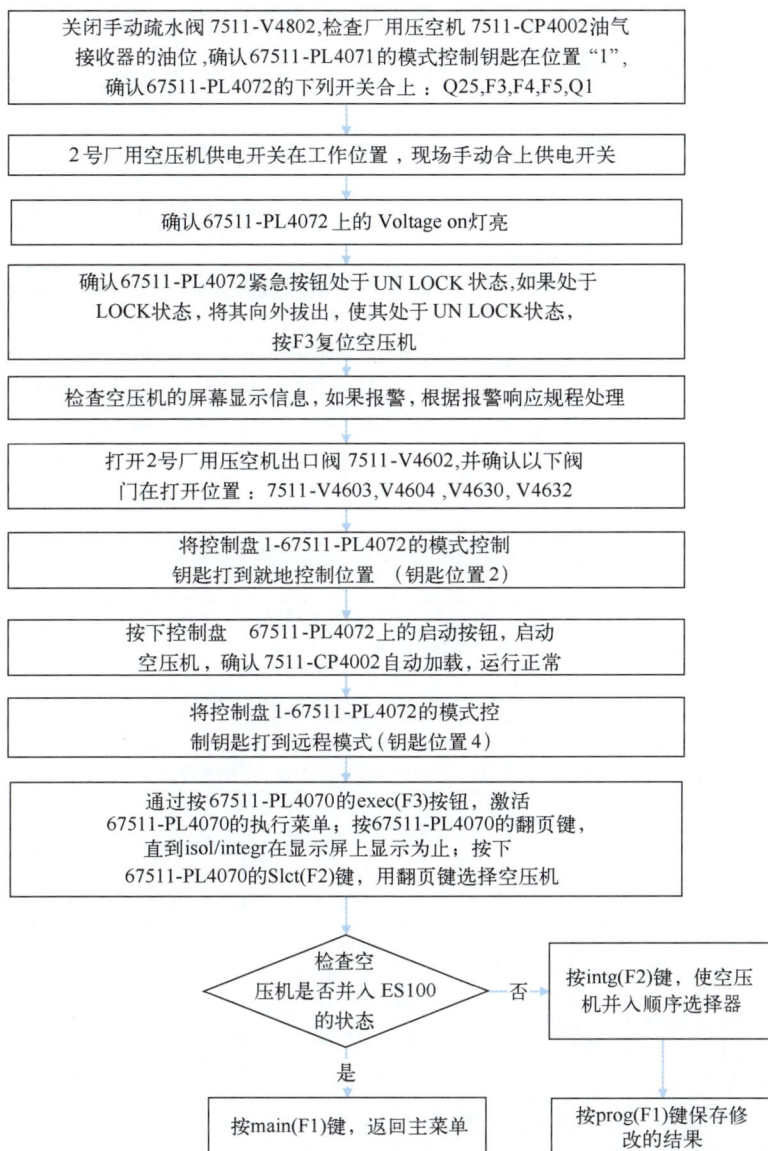

图 14-5-4 单机启动流程图

14.5.2.2 改变空压机主从位置

目的:空压机能够运行在两种主从顺序模式下:"手动"和"系统时间"。正常情况下,空压机运行在"系统时间"模式下,空压机的主从顺序变化是自动的。如果空压机在做定期维护时需要将空压机的主从顺序更改,可以依照如下的规程进行手动调整。本节只适用于1号机组。具体步骤见 OM 的 4.3.2 节,见图 14-5-8。

先决条件及系统起动前状态检查

给7511-DR8001供电,确认干燥器DR8001盘面上的"Power On"指示灯亮

缓慢打开7511-V8202,V8221,确认排污正常后关闭7511-V8221

在干燥器DR8001盘面上按下启动按钮"I"

缓慢打开7511-V8203并确认干燥器DR8001盘面上无报警

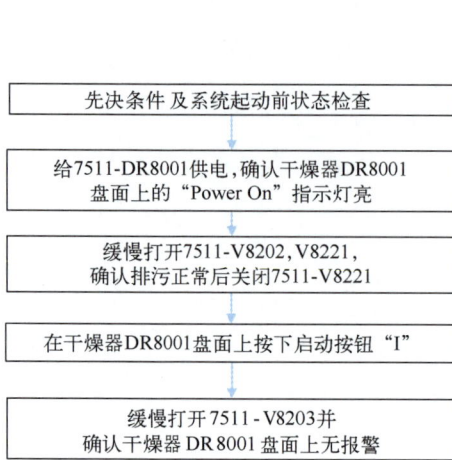

图 14-5-5 干燥器启动流程图

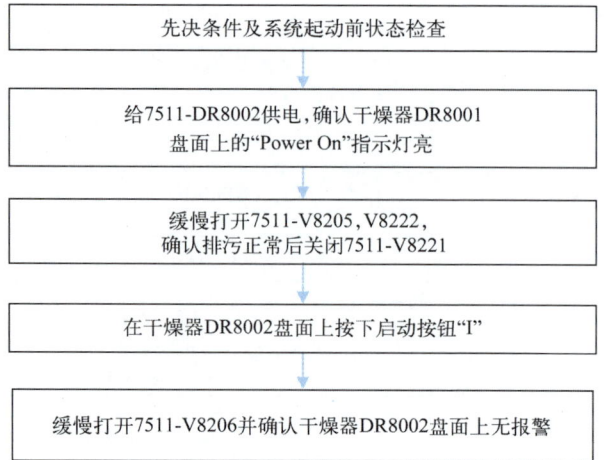

先决条件及系统起动前状态检查

给7511-DR8002供电,确认干燥器DR8001盘面上的"Power On"指示灯亮

缓慢打开7511-V8205,V8222,确认排污正常后关闭7511-V8221

在干燥器DR8002盘面上按下启动按钮"I"

缓慢打开7511-V8206并确认干燥器DR8002盘面上无报警

图 14-5-6 干燥机启动流程图

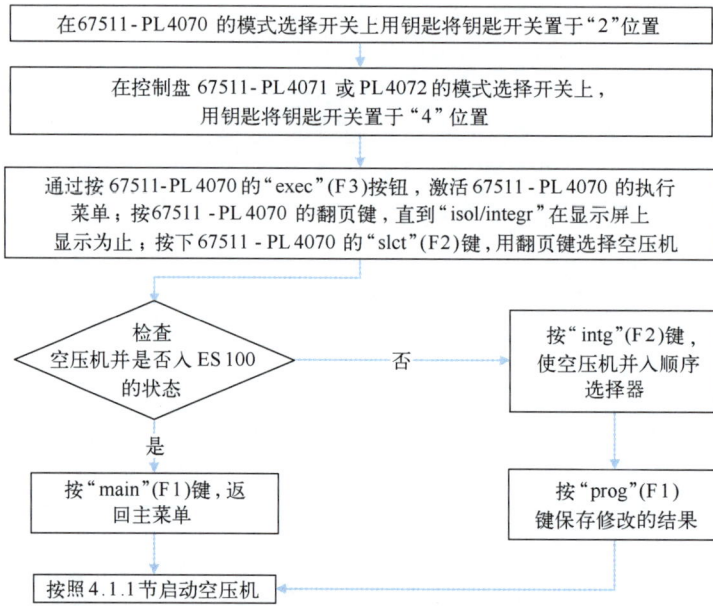

在67511-PL4070 的模式选择开关上用钥匙将钥匙开关置于"2"位置

在控制盘 67511-PL4071 或 PL4072 的模式选择开关上,用钥匙将钥匙开关置于"4"位置

通过按 67511-PL4070 的"exec"(F3)按钮,激活 67511-PL4070 的执行菜单;按67511-PL4070 的翻页键,直到"isol/integr"在显示屏上显示为止;按下 67511-PL4070 的"slct"(F2)键,用翻页键选择空压机

检查空压机并是否入 ES100 的状态

否 → 按"intg"(F2)键,使空压机并入顺序选择器

是 → 按"main"(F1)键,返回主菜单

按"prog"(F1)键保存修改的结果

按照4.1.1节启动空压机

图 14-5-7 空压机并入选择器

14.5.3 系统的停运或单个设备的停运

14.5.3.1 停运 1 号压缩机

目的:当一台空压机故障或定期维护时,必须紧急停机或停运以便维修或维护,在这一期间,另一台空压机将保持自动运行,提供厂用压空为仪用压空和呼吸压空的备用。因此,对于单台空压机来说,依照下列规程停运空压机。本节只适用于 1 号机组,见图 14-5-9。具体步骤见 OM 的 4.4.2 节。

通过按67511-PL4070的"exec"(F3)
按钮,激活67511-PL4070的执行菜单

按67511-PL4070的翻页键,直到"shift method"出现;
按下"slct"(F2)键,将顺序模式从"systemhours"
改成"manual";按"prog"(F1)键,以便编排新的顺序模式

按翻页键翻动菜单,直到"shift sequence"出现,按
"slct"(F2)键,显示屏上显示目前的顺序,按翻页键修改顺序

按"prog"(F1)键,以便编排新的顺序模式

按67511-PL4070的翻页键翻动菜单,直到
"shift method"出现

按"slct"(F2)键,并且按翻页键,将顺序模式从
"manual"改成"systemhours"

按"prog"(F1)键,以便编排新的顺序模式

按"main"(F1)键,返回主菜单

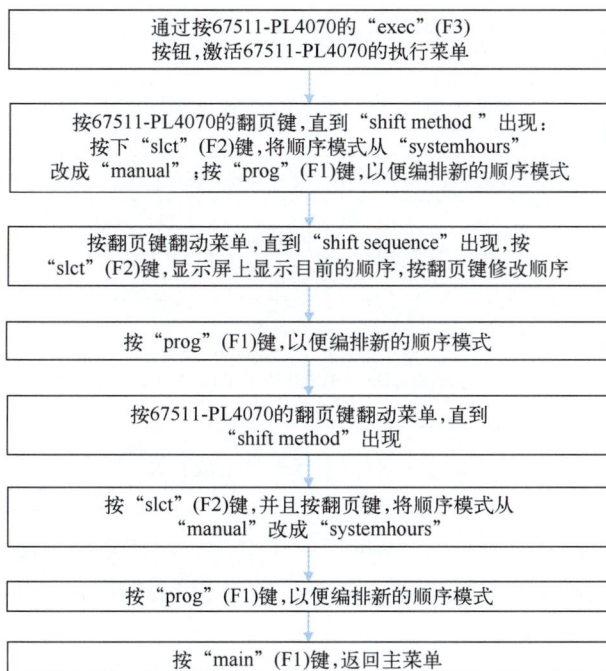

图 14-5-8　改空压机带载顺序

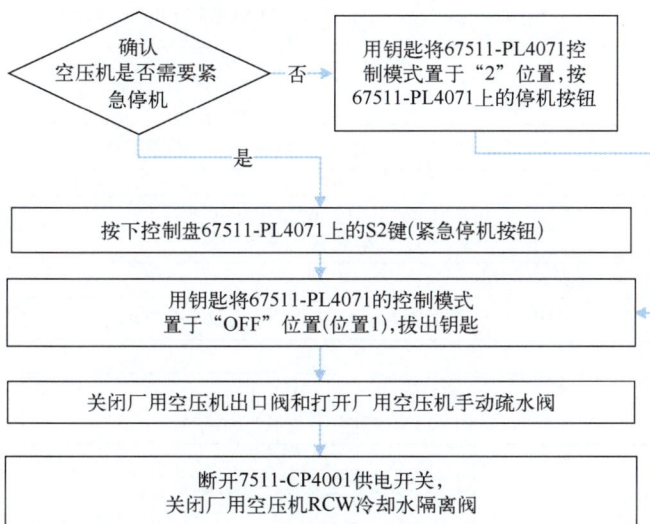

图 14-5-9　空压机停运流程图

14.5.3.2　1号厂用压空干燥器的停运

目的:本规程用于当1号厂用干燥器1-7511-DR8001故障或定期维护时的停运操作,见图14-5-10。具体步骤见OM的4.4.4节。

14.5.3.3　停运2号压缩机

目的:当一台空压机故障或定期维护时,必须紧急停机或停运以便维修或维护,在这一

缓慢关闭1号后置除尘过滤器隔离阀7511-V8203

缓慢关闭1号前置除油过滤器隔离阀7511-V8202

在干燥器DR8001盘面上按下停止按钮"O"

打开1号后置除尘过滤器排污阀7511-V8221
对干燥器进行泄压

将1号厂用压空干燥器7511-DR8001供电开关断开,
确认干燥器DR8001盘面上的"Power On"
的指示灯灭

图 14-5-10   干燥器停运流程图

期间,另一台空压机将保持自动运行,提供厂用压空为仪用压空和呼吸压空的备用。因此对于单台空压机来说,依照下列规程停运空压机。本节只适用于 1 号机组,见图 14-5-11。具体步骤请见 OM 的 4.4.3 节。

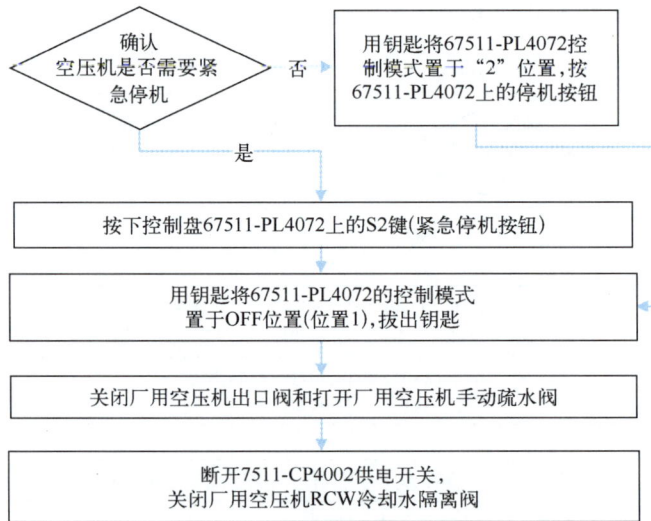

确认
空压机是否需要紧
急停机

否 → 用钥匙将67511-PL4072控制模式置于"2"位置,按67511-PL4072上的停机按钮

是

按下控制盘67511-PL4072上的S2键(紧急停机按钮)

用钥匙将67511-PL4072的控制模式
置于OFF位置(位置1),拔出钥匙

关闭厂用空压机出口阀和打开厂用空压机手动疏水阀

断开7511-CP4002供电开关,
关闭厂用空压机RCW冷却水隔离阀

图 14-5-11   空压机停运流程

14.5.3.4   2号厂用压空干燥器的停运

目的:本规程用于当 1 号厂用干燥器 1-7511-DR8001 故障或定期维护时的停运操作,见图 14-5-12。具体步骤见 OM 的 4.4.5 节。

14.5.3.5   通过顺序选择器 ES100 停运两台空压机

目的:当两台空压机均出现故障时,空压机必须紧急停机或停运以便维修,这期间将失去厂用压空;因此对于两台空压机来说,依照下列规程停运空压机。本节只适用于 1 号机组,2 号机组配合执行,见图 14-5-13。具体步骤见 OM 的 4.4.1 节。

```
┌─────────────────────────────────────────┐
│  缓慢关闭1号后置除尘过滤器隔离阀7511-V8206  │
└─────────────────────────────────────────┘
                    │
┌─────────────────────────────────────────┐
│  缓慢关闭1号前置除油过滤器隔离阀7511-V8205  │
└─────────────────────────────────────────┘
                    │
┌─────────────────────────────────────────┐
│   在干燥器DR8002盘面上按下停止按钮"O"      │
└─────────────────────────────────────────┘
                    │
┌─────────────────────────────────────────┐
│   打开1号后置除尘过滤器排污阀7511-V8222     │
│           对干燥器进行泄压                  │
└─────────────────────────────────────────┘
                    │
┌─────────────────────────────────────────┐
│  将1号厂用压空干燥器7511-DR8002供电开关断开, │
│   确认干燥器DR8002盘面上的"Power On"         │
│            的指示灯灭                       │
└─────────────────────────────────────────┘
```

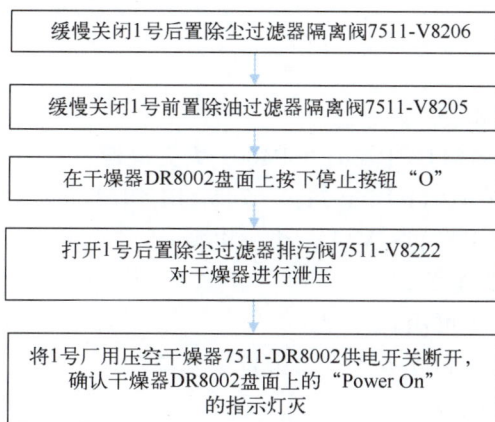

图 14-5-12 干燥器停运流程图

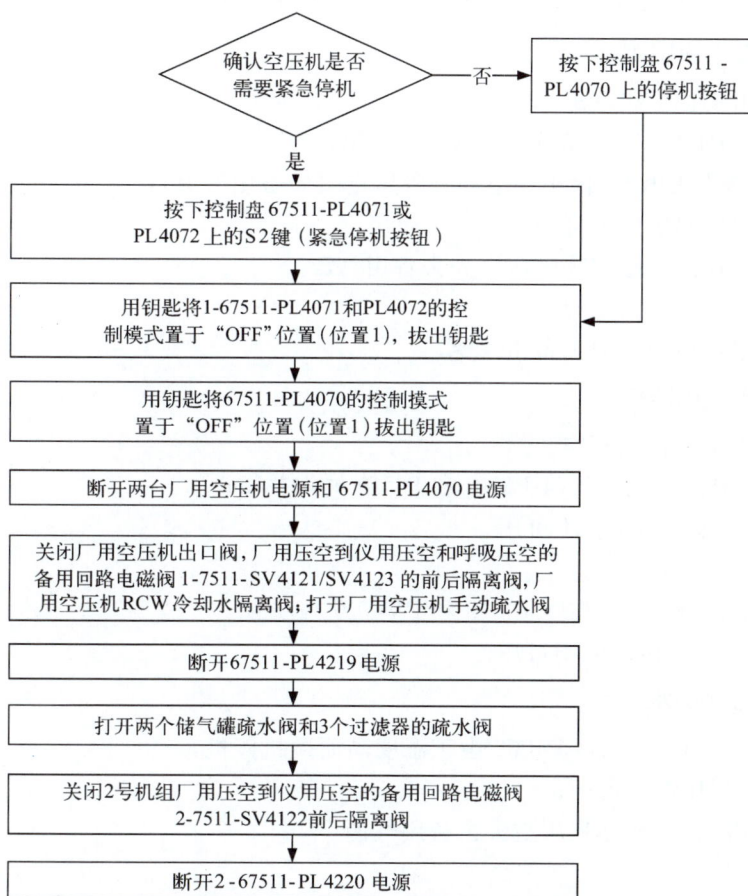

```
            ┌──────────────┐    否    ┌──────────────────┐
            │  确认空压机是否 │────────→│  按下控制盘67511-   │
            │  需要紧急停机   │         │  PL4070上的停机按钮 │
            └──────────────┘         └──────────────────┘
                    │是                        │
┌─────────────────────────────────────────┐    │
│   按下控制盘67511-PL4071或                 │    │
│   PL4072上的S2键(紧急停机按钮)            │    │
└─────────────────────────────────────────┘    │
                    │                          │
┌─────────────────────────────────────────┐    │
│   用钥匙将1-67511-PL4071和PL4072的控       │←───┘
│   制模式置于"OFF"位置(位置1),拔出钥匙     │
└─────────────────────────────────────────┘
                    │
┌─────────────────────────────────────────┐
│   用钥匙将67511-PL4070的控制模式            │
│   置于"OFF"位置(位置1)拔出钥匙            │
└─────────────────────────────────────────┘
                    │
┌─────────────────────────────────────────┐
│   断开两台厂用空压机电源和67511-PL4070电源  │
└─────────────────────────────────────────┘
                    │
┌─────────────────────────────────────────┐
│  关闭厂用空压机出口阀,厂用压空到仪用压空和呼吸压空的│
│  备用回路电磁阀1-7511-SV4121/SV4123的前后隔离阀,厂│
│  用空压机RCW冷却水隔离阀;打开厂用空压机手动疏水阀   │
└─────────────────────────────────────────┘
                    │
┌─────────────────────────────────────────┐
│   断开67511-PL4219电源                     │
└─────────────────────────────────────────┘
                    │
┌─────────────────────────────────────────┐
│   打开两个储气罐疏水阀和3个过滤器的疏水阀   │
└─────────────────────────────────────────┘
                    │
┌─────────────────────────────────────────┐
│   关闭2号机组厂用压空到仪用压空的备用回路电磁阀│
│   2-7511-SV4122前后隔离阀                  │
└─────────────────────────────────────────┘
                    │
┌─────────────────────────────────────────┐
│   断开2-67511-PL4220电源                   │
└─────────────────────────────────────────┘
```

图 14-5-13 远方停运空压机流程图

14.5.4　异常运行工况

14.5.4.1　失去Ⅳ级电源

1）1 号机组失去Ⅳ级电源
- 厂用压空空压机 1-7511-CP4001/CP4002 失去电源；
- 1-67511-PL4070，1-67511-PL4071，1-67511-PL4072，1-67511-PL4219 失去电源；
- 1-7511-SV4121 和 1-7511-SV4123 失去电源；
- 1-67511-PV4125 失电关；
- 2 个机组厂用压空不可用。
- 2 个机组的仪用压空和呼吸压空失去备用气源。

2）2 号机组失去Ⅳ级电源
- 2-67511-PL4220 失电；
- 2-7511-SV4122 失电；
- 2-67511-PV4124 失电关；
- SB 和 RB 厂房失去厂用压空（2 号机组其余厂房的厂用压空均可用）。

14.5.4.2　失去Ⅰ级电源

1）1 号机组失去Ⅰ级电源
- 1-7511-CP4001 和 1-7511-CP4002 不可用；
- 逻辑回路失去电源（仪用压空和呼吸压空丧失备用气源）；
- 2 个机组厂用压空不可用；
- 2 个机组仪用压空和呼吸压空失去备用气源。

2）2 号机组失去Ⅰ级电源
- 2 号机组仪用压空失去备用气源。

14.5.4.3　失去仪用压空

1）1 号机组失去仪用压空
- 1-67511-PV4125，1-7314-PV48 和 PV49 失气关闭；
- 反应堆厂房厂用压空不可用。

2）2 号机组失去仪用压空
- 2-67511-PV4124，2-7314-PV48 和 PV49 失气关闭；
- 反应堆厂房厂用压空不可用。

14.5.4.4　失去冷却水

空压机 1-7511-CP4001/CP4002 由于温度高而跳机停机；
2 个机组厂用压空不可用；
2 个机组仪用压空和呼吸压空失去备用气源。

14.5.5　其他

14.5.5.1　顺序选择器 ES100 参数修改

注意：本节规程只是向运行人员说明，ES100 控制盘上的参数可以修改以及如何修改，并不建议在运行期间对 ES100 的参数进行重新设定。

目的:调整顺序选择器(ES100)的正常运行参数,本节只适用于 1 号机组,见图14-5-14。具体步骤请见 OM 的 4.2.2 节。

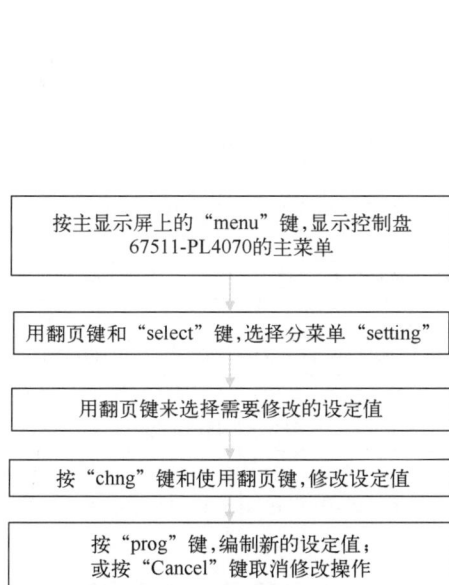

按主显示屏上的"menu"键(F1键),显示控制盘67511-PL4071或PL4072的主菜单

用翻页键和"select"键(F2键),选择分菜单"Modify setting"

按主显示屏上的"menu"键,显示控制盘67511-PL4070的主菜单

通过翻页键和"select"键(F2键),选择到"Regulation","Protections","Service"选项

用翻页键和"select"键,选择分菜单"setting"

用翻页键(F2键),来选择需要修改的设定值;按"Modify"键和使用翻页键,修改设定值

用翻页键来选择需要修改的设定值

按"prog"键(F1键),编制新的设定值;或按"Cancel"键(F3键),取消修改操作

按"chng"键和使用翻页键,修改设定值

按"Menu"键(F1键)返回上一级菜单,使用翻页键选择其他所需选项.并依照同样的步骤进行修改

按"prog"键,编制新的设定值;或按"Cancel"键取消修改操作

所有修改完成后,按"Menu"键(F1键)返回主菜单

图 14-5-14　参数修改流程图　　　　图 14-5-15　参数修改流程图

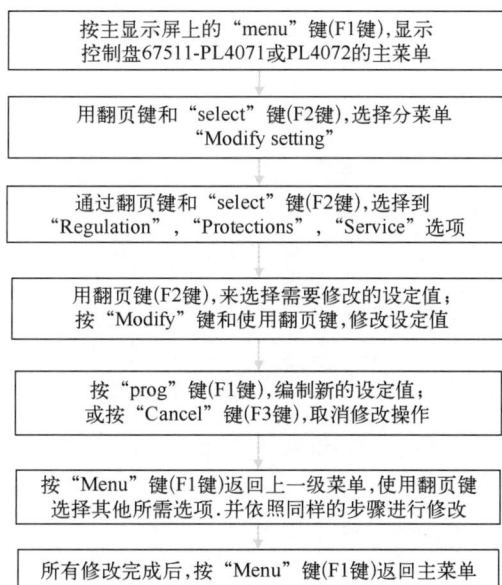

14.5.5.2　空压机本体参数修改

注意:本节规程只是向运行人员说明,空压机控制盘上的参数可以修改以及如何修改,并不建议在运行期间对空压机的参数进行重新设定。

目的:调整空压机本体的正常运行参数,保护参数以及保养参数,本节只适用于 1 号机组。

先决条件:在空压机正常运行情况下,系统没有报警,见图 14-5-15。具体步骤请见 OM 的 4.2.1 节。

14.5.5.3　空压机保护动作后的复位

目的:空压机本体的控制器(1-67511-PL4071/PL4072)持续监视空压机的压力,压缩气体温度、冷却水以及润滑油温度等保护性参数,每次采集到的参数均与控制器本身存储的参数设定值比较,如果超过了设定值,则空压机立即自动停机,并在控制器显示屏上出现停机报警信息并不断闪烁。此时应及时通知维修部门进行维修,故障排除后,维修人员依照下列规程复位停机报警信息。见图 14-5-16。具体步骤请见 OM 的 4.2.4 节。

注意:对于空压机热偶保护(F21)动作后,应先复位 F21 上的复位按钮(绿色),然后在依照上面的步骤复位报警。

14.5.5.4　空压机维护周期重新计数

目的:空压机本体的控制器(1-67511-PL4071/PL4072)持续监视空压机润滑油、电机轴承、油过滤器、空气过滤器等设备的参数,每次采集到的参数均与控制器本身存储的时间间

隔或压降等设定值比较,如果超过了设定值,则在控制器显示屏上出现"Service Required",由于空压机实际维护周期与控制器本身存储的时间间隔不一致,现场应以空压机实际维护周期为准,因此运行人员应发邮件通知维修人员,由维修人员决定是否复位或维护。如运行人员需要了解最近一次空压机维护的时间,可以在 TEAM 系统中查看空压机定期维护的WR。见图 14-5-7。具体步骤请见 OM 的 4.2.3 节。

按主显示屏上的"menu"键(F1键),显示
控制盘67511-PL4071(或PL4072)的主菜单

用翻页键,选择分菜单"status data"

按"select"键(F2键)

按"reset"键(F3键)复位停机报警信息

按"menu"键(F1键)返回上一级菜单

按"menu"键(F1键)返回上主菜单

图 14-5-16　复位流程图

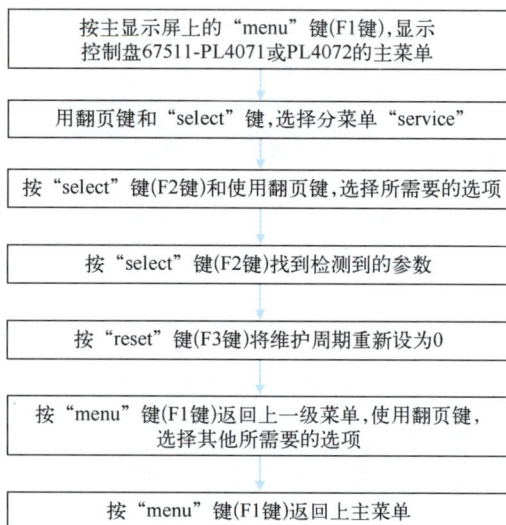

按主显示屏上的"menu"键(F1键),显示
控制盘67511-PL4071或PL4072的主菜单

用翻页键和"select"键,选择分菜单"service"

按"select"键(F2键)和使用翻页键,选择所需要的选项

按"select"键(F2键)找到检测到的参数

按"reset"键(F3键)将维护周期重新设为0

按"menu"键(F1键)返回上一级菜单,使用翻页键,
选择其他所需要的选项

按"menu"键(F1键)返回上主菜单

图 14-5-17　维护周期设定

复习思考题

1. 厂用压空的功能是什么?

参考答案:

厂用压空的功能除了作为气动工具的气源外,还有当仪用压空系统或呼吸压空系统出现低压时作为这两系统的备用气源。

2. 厂用压空的品质是什么?

参考答案:

厂用压空的品质是清洁,无油,无味,露点低于 5 ℃。

3. 当 1 号、2 号机组主控出现 CI1083 报警时,各个机组有什么自动响应?

参考答案:

1 号机组 1-67511-SV4121 带电打开,2 号机组 2-67511-SV4122 带电打开。

第十五章　仪用压空系统
(75120)

内容介绍

课程名称:仪用压空系统
课程时间:6学时

学员:现场值班员
学员条件:完成本系统的课堂部分培训

培训目标:

1. 系统设备的现场布置;
2. 掌握各参数测量点的现场位置和在系统流程中的位置;
3. 熟练掌握现场巡检内容,正常参数、报警值、异常和故障识别技巧和技能;
4. 系统上操作和巡检存在的一些安全提示和危害,风险警示、运行实践;
5. 正常、应急时的操作和异常的现场响应。

教学方式及教学用具:

培训方式:岗位培训

教员需要:

a. 流程图:9801-75120-1-1-OF-A1;9801-75120-1-2-OF-A1;9801-75120-1-3-OF-A1;9801-75120-1-4-OF-A1;9801-75120-1-5-OF-A1;9801-75120-1-6-OF-A1;9801-75120-1-7-OF-A1;9801-75120-1-8-OF-A1;9801-75120-1-9-OF-A1;

b. 白板等。

考核方法:现场考核(实际操作和模拟相结合)、口试、笔试

15.1　系统设备

仪用压空系统用于向电站内的控制仪表、气动阀、空气闸门及其他用户提供可靠、清洁、

无油、干燥(露点低于－40 ℃)的仪表用压缩空气,正常工作压力为 840～900 kPa。

LOCA 后安全壳隔离系统动作,为防止因仪用压空排放导致反应堆厂房内的压力升高而使反应堆厂房超压,系统还配置了一套仅在 LOCA 发生后投运的 LOCA 后仪用压空系统(Post LOCA Instrument Air System,以下简称 PLIA 系统)。该系统在 LOCA 后从反应堆厂房内抽取空气,经压缩机压缩和干燥器干燥后,再送回反应堆厂房,并借助反应堆厂房仪表压空分配系统向重要的用户提供仪表压空。

15.1.1　设备清单和现场位置

两个机组各有一套完全一样的仪用压空系统和 PLIA 系统。

仪用压空系统由两台无油螺杆压缩机、两台缓冲罐、两台前置过滤器、两台干燥器、两台后置过滤器、一台储气罐及相应的仪表控制、管道和阀门以及分配系统组成。

系统主要流程是:两台仪用压空机(7512-CP4001/4002)从 TB027 房间内吸入空气,经压缩后暂存入两台仪用压空缓冲罐(7512-TK4001/4002),然后经两台干燥过滤单元(7512-DR4001/4002)提高露点,干燥清洁的仪用压空存入一台仪用压缩空气储存罐(7512-TK4003),最后分配到各个主分配集管,再通过与这些集管相联的仪用压空气站将仪用压空分配到各个用户。系统简图如图 15-1-1(详细流程图请参考 9801/02-75120-1-1-OF-A1)。

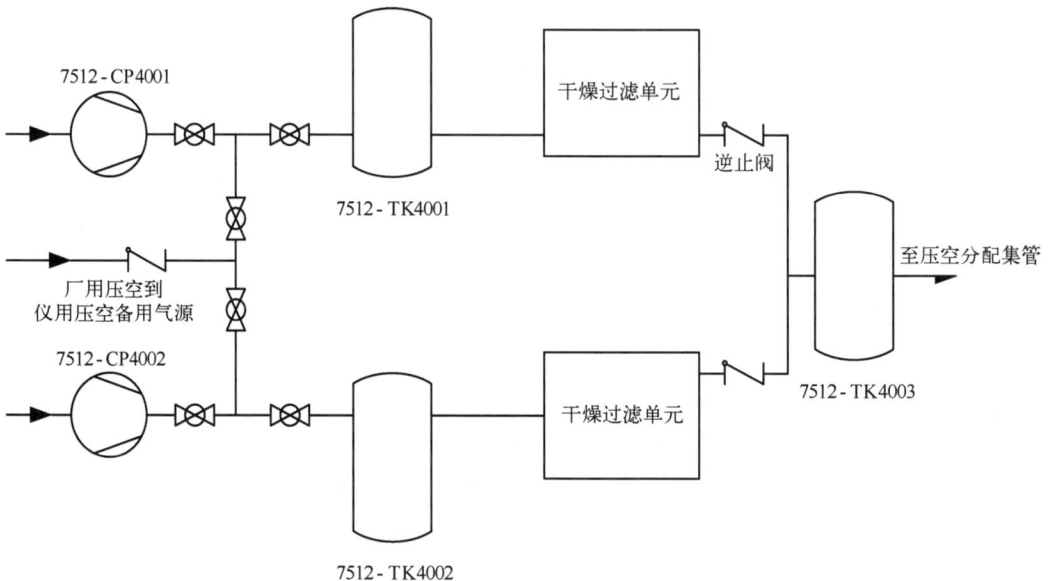

图 15-1-1　仪用压空系统简图

PLIA 系统由一台压缩机(7512-CP103)、一台贮气罐(7512-TK4)、一台热交换器(7512-HX600)、一台冷凝水疏水罐(7512-TK11)、两台干燥器(7512-DR3/DR4)、一台冷凝水疏水泵(7512-P101)和相应的仪表控制、管道和阀门组成。除两台干燥器位于 R/B101 房间以外,其他设备均位于 S/B-006 房间。

LOCA 发生后,PLIA 系统投入运行,并可以保持运行至少 3 个月。PLIA 运行要求

R/B内最大的温度为 62.7 ℃,压力为 40 kPa。PLIA 系统压缩机 7512-CP103 通过两安全壳隔离阀 7512-PV216/PV217 从反应堆厂房 R/B107 房间内吸入空气,经过压缩机后的压缩空气排至贮气罐 7512-TK4,贮气罐排出的压缩空气经过干燥器 7512-DR3/DR4 将露点降至 -20 ℃ 以下,之后干燥、清洁的压缩空气进入反应堆厂房仪用压空系统的分配管网给各重要用户供气。除盐水分配系统(71650)为压缩机提供密封水的补给,压缩机运行产生的热量通过热交换器 7512-HX600 由冷冻水带走。在 LOCA 后 PLIA 系统运行时,汽水分离器和贮气罐中的放射性疏水通过 7512-P101 输送到 R/B 放射性疏水地坑 7173-SUMP4。

系统简图如图 15-1-2(详细流程图请参考 9801-75120-1-2-OF-A1)

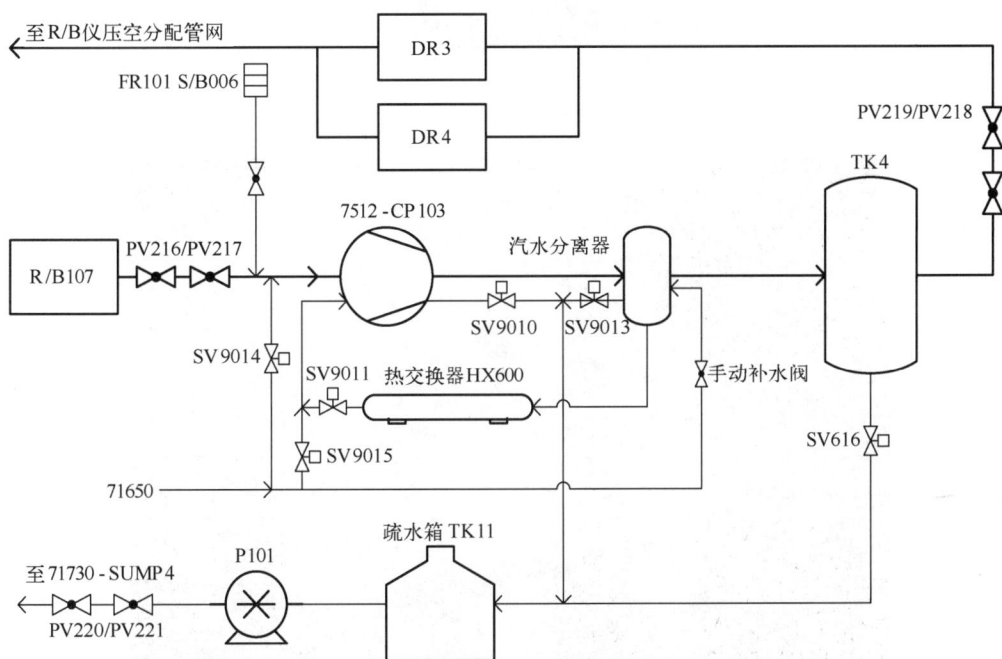

图 15-1-2　PLIA 系统简图

15.1.1.1　仪用压空机

秦山三期共有 4 台 100% 的无油螺杆式仪用压空机,每个机组各有两台(7512-CP4001/CP4002),位于汽轮机厂房 TB027 房间内。压缩机由 RCW 冷却,生活水作为应急冷却水。两台压缩机分别由Ⅲ级奇偶母线供电,其电源为 5433-BUM/D2(7512-CP4001)和 5433-BUN/C2(7512-CP4002)。在Ⅳ级电源失电后,由备用柴油发电机顺序带载。每个机组中,一台压缩机处于先导运行("Lead")维持压力在 840～900 kPa,一台备用("Lag")。在电厂正常运行期间压缩机连续运行,并且根据用气的需求自动进行带载和空载的运行方式,带载压力设定值为 840 kPa,卸载压力设定值为 900 kPa,如果处于先导运行的压缩机带载后不能在 5 分钟之内将压力提到 900 kPa,则处于备用("Lag")的这台压缩机开始带载,此时即双机带载。仪用压缩机简图如图 15-1-3。

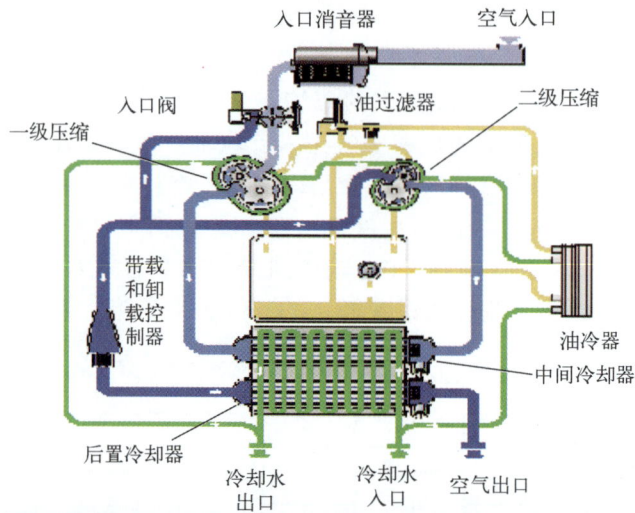

图 15-1-3　仪用压缩机简图

15.1.1.2　缓冲罐

在每台压缩机后设有一台缓冲罐(7512-TK4001 和 TK4002),它们用于储存气体和减小系统压力的波动,位于汽轮机厂房 TB027 房间内。缓冲罐上有安全阀 67512-PSV4101 和 PSV4102 用于超压保护,其设定值为 1 035 kPa。压力表(67512-PI4301/PI4302)用于现场监视缓冲罐的压力。缓冲罐底部有手动疏水阀和自动捕水器,手动疏水阀保持常关,自动捕水器在正常运行期间自动疏排缓冲罐内的积水。

15.1.1.3　干燥过滤单元

秦山三期共有 4 台 100% 双塔无热再生型干燥过滤单元,每个机组各两台(7512-DR4001/4002),都位于汽轮机厂房 TB027 房间内,主要用来净化和干燥仪用压缩空气气体,保持干燥器下游的气流露点低于−40 ℃。每台干燥过滤单元由一台前置过滤器、两台干燥床、一台后置过滤器及用于模式切换的气动阀组成。每个单元的两台干燥床以一塔吸附一塔再生的方式轮换工作。

压缩空气首先进入前置过滤器,经活性炭吸附剂吸附空气中异味气体、油气及其他有害气体,并吸附大部分水分,以保护干燥剂并延长干燥剂使用寿命。前置过滤器部分设有电子控制的定时疏水装置,能将水分定时排掉,排水间隔和排水时间可根据实际情况由维修仪控人员来设定。之后压缩空气进入干燥塔内经分子筛干燥剂干燥,干燥后的压缩空气露点达到低于−40 ℃。干燥塔后设有后置过滤器,其作用是防止破碎的干燥剂和其他杂质进入仪用压空用户,以保护下游敏感的气动控制部件。经干燥过滤单元的仪用压缩空气达到了清洁、干燥、无油的要求。

两台干燥床以一塔吸附一塔再生的方式自动轮换工作,干燥和再生的切换由干燥器的控制器来控制,使一台干燥床处于在线吸附状态,另一台干燥床处于再生或备用,不能两台同时处于再生模式。吸附模式向再生模式切换有时间模式(限制吸附时间为 4 分钟或 8 分钟)和露点模式(露点测量不合格后进入再生),可通过干燥再生单元控制盘上的微型开关进行选择。

经过干燥塔前置过滤器的总气流量分成两部分,80%经在线干燥床干燥后到仪用压空储气罐,20%用于对另一干燥塔进行再生(再生气体流量可以通过 V5 调节)。干燥床再生的原理是(如图 4 所示,以左床再生为例):当左床吸附时间(4 分钟或 8 分钟)完成或干燥床出口露点低于设定值时,V1 开启将备用状态的右床投入在线吸附,V2 关闭隔离失效的左床,V13、V4 开启将左床快速泄压,左床干燥剂中的大部分水分在闪蒸的作用下被排出,接下来右床出口的干燥压空经过截流阀 V5、截流孔板、CV4 进入左塔后从消音器对空排出进一步去除干燥剂中的水分。当左塔中的干燥剂再生合格后 V13、V4 关闭,左塔升压到系统压力,至此左塔进入备用状态。见图 15-1-4。

15.1.1.4 储气罐

每个机组各设有 1 个立式 5.9 m³ 储气罐(7512-TK4003)。在失去 Ⅳ 级电源时,储气罐的容量保证 5 分钟的用气需求。储气罐带有安全阀(67512-PSV4103)用于超压保护,安全阀的设定值为 1 035 kPa。压力表(67512-PI4303)用于监视压力。储气罐底部有手动疏水阀和自动捕水器,手动疏水阀保持常关,自动捕水器在正常运行期间自动疏排储气罐内的积水。

15.1.1.5 PLIA 系统设备

PLIA 系统包括一台 100%水环密封、单级螺杆压缩机 7512-CP103。在发生 LOCA 事故以后,压缩机通过 7512-PV217/PV216 从 R/B107 房间吸入空气。在系统进行定期试验时,也可就地手动打开 7512-V605/V606 从 S/B006 房间吸入空气。7512-CP103 在 6 分钟之内能将 7512-TK4 的压力从接近大气压提升到(862±17)kPa。当 7512-TK4 压力上升到(862±17)kPa 时,7512-CP103 将自动停运。当 7512-TK4 压力下降到(759±15)kPa 时,7512-CP103 将自动启动。

空气经压缩后进入气水分离器分离水分,气水分离器还安装有 7512-PSV665 用于压缩机出口和气水分离器的超压保护,通过 7512-SV9012 还能为压缩机提供最小流量保护。

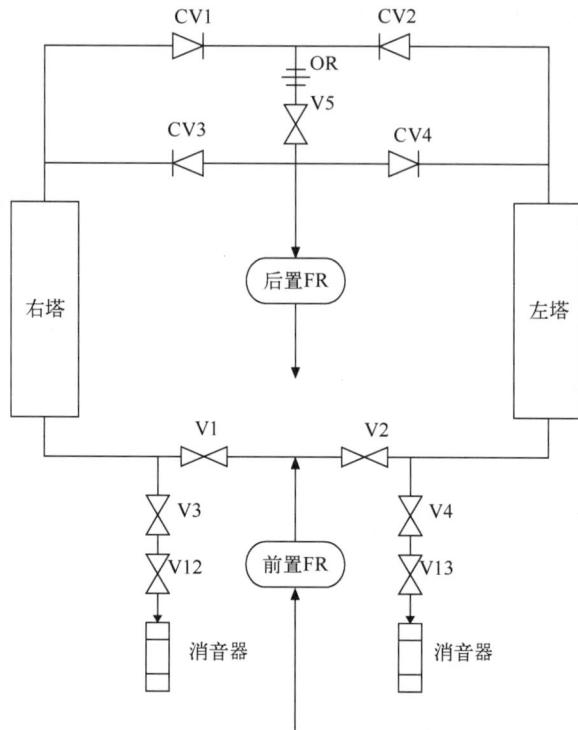

图 15-1 4 干燥塔简图

在正常工作时,压缩机的密封水由气水分离器中的水经热交换器 7512-HX600 冷却后提供,热量由冷冻水带出。当气水分离器中的液位低时可以通过 7512-V9020 对其进行手动补充除盐水,压缩机运行时也可以通过 7512-SV9015 将除盐水直接自动补水到压缩机密封水入口管线,还可以通过 7512-SV9014 直接自动补水到压缩机的空气吸入口。

储气罐 7512-TK4 用于贮存压空和缓冲压空压力的波动,67512-PI4 用于就地监视压力,67512-PT686 则用于主控室指示和就地数字压力表显示。其底部安装有 7512-SV616 用于疏排罐中的残余凝结水,当 7512-TK4 内液位高时开启 7512-SV616 进行疏水,到低液位时 7512-SV616 关闭停止疏水。

7512-TK11 用于收集压缩机和 7512-TK4 中的疏水,当到高液位时处于自动位置的 7512-P101 将启动,将疏水泵送到 R/B 放射性疏水系统 7173-SUMP4。

两台无热再生型干燥过滤单元 7512-DR3/DR4 位于 R/B101 房间,其工作原理与仪用压空系统中的 7512-DR4001/DR4002 相同。只是由于 PLIA 系统的压缩机等设备在正常运行期间保持停运卸压状态,只有在安全壳内部(R-101 房间内)的干燥器部分处于加压状态,因而从仪用空气系统引入小流量气流流经干燥塔,以保持干燥剂干燥。

15.1.1.6 压空分配系统

仪用压空的分配系统主要包括如下几路(见图 15-1-5)。

除反应堆厂房供气总管以外其他总管上均设有电磁阀。当电磁阀前后出现高压差(设定值为 35 kPa,延时 5 s)时,电磁阀会自动关闭,这是为防止在集管发生管道破裂时导致整个仪用压空气系统压力下降。其中的辅助厂房的非重要用户管线的电磁阀(7512-SV4113)

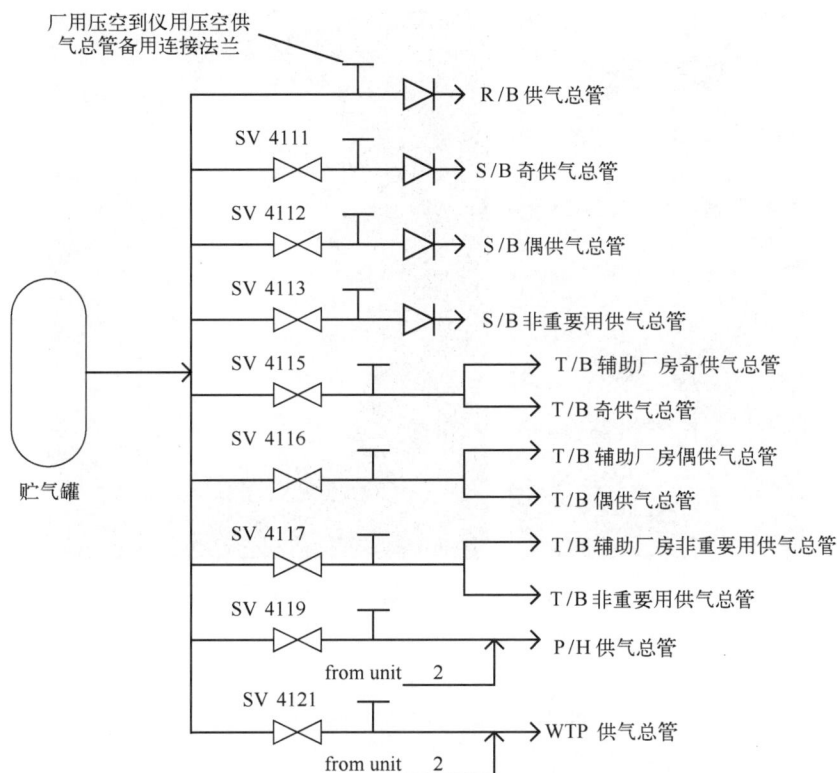

图 15-1-5　仪用压空系统分配简图

和汽轮机厂房的非重要用户管线的电磁阀(7512-SV4117)在仪用压缩空气供气母管低压(设定值为 704 kPa,延时 5 s)时,该两电磁阀也会自动隔离,以保证其他重要管线用户的用气。

与用户的连接采用气站(见图 15-1-6)的形式,每个气站可以接 8 或 10 个用户,并设有总的气站隔离阀。图中左边为 T/B,P/H,WTP 中的气站样式,右边为 S/B 和 R/B 中的气站样式。图 15-1-7 和图 15-1-8 为气站简图。

给 R/B 供气有两条路径,一条经安全壳隔离阀 7512-PV208/PV209 进入 R/B 到 3 个气体储存箱 7512-TK1/2/3,供气给 R/B 内大部分用户。另一条是从 S/B 仪用压空系统经安全壳隔离阀 7512-PV222/PV224 供气到达乏燃料卸料房间 R-001。R/B 内有 3 个 8.5 m³ 储气罐,分别为 7512-TK1(位于 R-401),7512-TK2(位于 R-302),7512-TK3(位于 R-009),以满足在失去外部气源供气时,能保证向 R/B 内所有用户至少 5 分钟的供气。储气罐 7512-TK1,-TK2,-TK3 分别设有压力表 67512-P1,-P2 和-P3,正常情况下,这三个压力表指示值为 800～900 kPa。当这 3 个储气罐的压力低于 704 kPa 时,在主控会产生 CRT 报警 CI0155(TK1),CI0156(TK2),CI0157(TK3)。为保证重要仪用压空用户供气可靠,采用双重、甚至是三重供气方式,R/B 内仪用压空分配原则,如图 15-1-9 所示。

PLIA 系统供气管线连接在 R/B 厂房内的仪用压空母管上。

S/B 厂房内仪用压空供气有 3 根分配集管:重要奇路、重要偶路和非重要用户供气集管。在这三个集管上各设有压力表,分别为 67512-PI7525,-PI7524 和-PI7526,位于 S/B

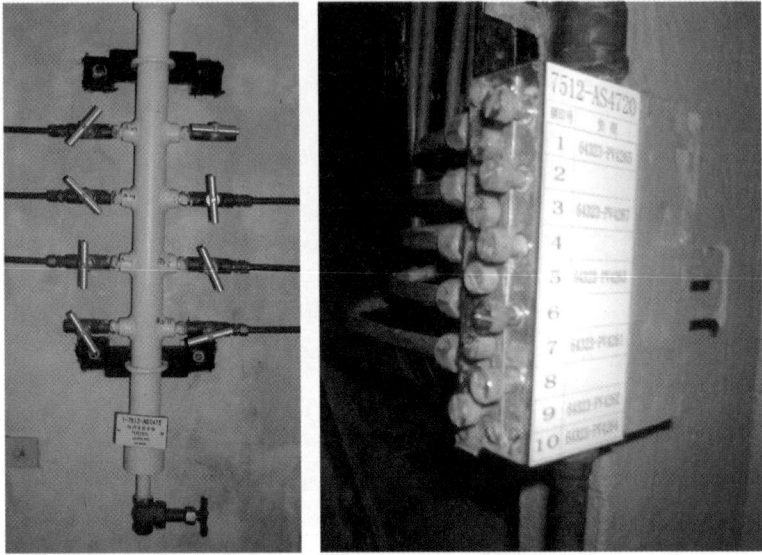

图 15-1-6　与用户连接的气站

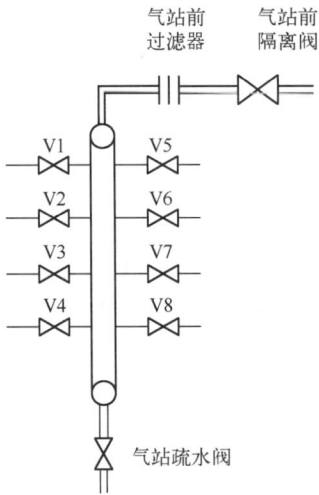

图 15-1-7　R/B、S/B 气站简图

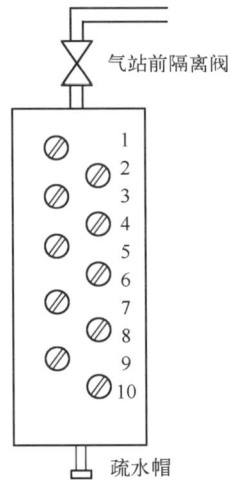

图 15-1-8　T/B、WTB、P/H 气站简图

EL100 m 的走廊内。正常情况下,这三个压力表指示值为 $800\sim900$ kPa。在 S/B 没有通用的储气罐,但有些用户有单独的储气罐或气瓶,如安全壳隔离阀和主蒸汽安全阀(MSSV)等。

汽轮机厂房及其附属厂房中各有 3 根仪用压空分配集管:重要奇路、重要偶路和非重要用户供气集管。

正常运行时海水泵房中 1 号机组的设备由 1 号机组仪用压空系统提供,2 号机组的设备由 2 号机组仪用压空系统提供。在两个机组的泵房供气集管之间设有联通阀 1-7512-V8006 以使两台机组泵房仪用压空供应可以互为备用,但是正常运行情况下该联通阀保持锁关状态。1 号机组的泵房供气集管还向次氯酸钠发生站提供仪用压空。

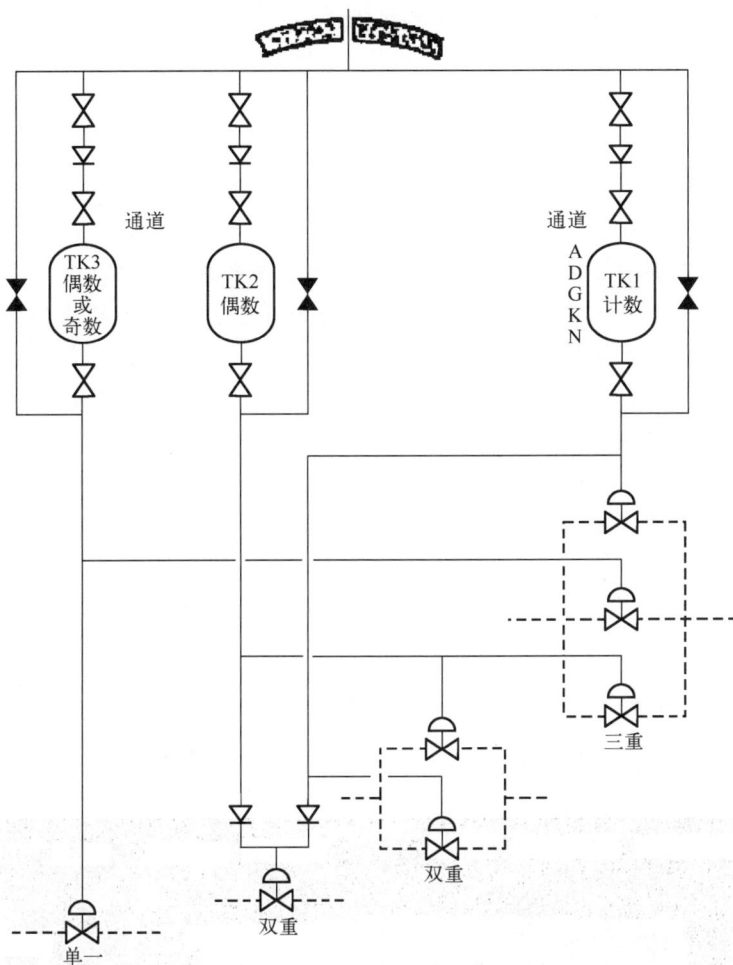

图 15-1-9 R/B 内仪用压空分配示意图

正常运行时水处理厂房(WTP)的仪用压空由 1 号机组提供。2 号机组仪用压空总管到水处理厂房的供气集管设置有备用供气阀 2-7512-V8006,但是正常运行情况下该阀保持锁关状态。水处理厂房供气集管还向氢气发生站提供仪用压空。

15.1.2 系统接口

1. RCW 和生活水系统(71340/71510):正常运行时 RCW 冷却水为仪用压空压缩机及一、二级空气冷却器提供冷却。在仪用压空系统冷却水 RCW 压力低(7134-PS4437)或者温度高(7134-TS4438)时将 RCW 将自动隔离并切换到生活水冷却。生活水经过仪用压空机热交换器后直接排到 T/B027 房间地面上,最终排入 T/B 非放疏水系统。

2. 厂用压空系统(75110):厂用压空系统经 1-7511-SV4121 连接到 1 号机组两台仪用压空系统两个缓冲罐,经过 2-7511-SV4122 连接到 2 号机组两台仪用压空系统两个缓冲罐。当仪用压空系统低于 780 kPa 时,相应的电磁阀会自动打开为仪用压空系统提供备用。另外,仪用压空分配母管与到各厂房的分配支管通过法兰连接,法兰之间的垫片为橡胶垫片,经过长时间的运行,目前这些法兰垫片已经老化,致使法兰连接处漏气。要根本消除仪表压空分配母管与支管的法兰连接处的漏气缺陷,必须将分配母管上的所有分配支管隔离。由于部分重要仪表压空用户在任何时候都不能停运,故必须为这些用户提供备用气源。鉴于厂用压空系统经过变更改造以后其空气品质可以达到仪用压空的要求,且仪用压空各分配支管已增加了备用接口,故备用气源可以通过新增加的厂用压空分配母管来提供,详细系统接口请查看 9801-75110-1-1-OF-A1。

3. 冷冻水系统(71940):PLIA 系统的压缩机由冷冻水提供冷却。

4. 除盐水系统(71650):PLIA 系统压缩机的水环密封用水由除盐水提供补给。

5. R/B 放射性疏水系统(71730):PLIA 系统的放射性疏水排放到 7173-SUMP4。

6. 辅助厂房通风系统(73420):PLIA 系统在正常处于备用状态时,S-006 房间的通风通过排风风门 7342-PV7193B 排到辅助厂房通风系统。在将 PLIA 系统投入运行之前,应将 S-006 房间的排风切换到 7342-PV7193,排至乏燃料池排风系统。这是为了防止 LOCA 后放射性通过辅助厂房通风系统释放到环境。出于同样的原因,在正常运行期间应随时将 S-006 房间的门保持关闭。

15.1.3 就地盘台

15.1.3.1 仪用压空机就地控制盘

通过仪用压空机就地控制盘 67512-PL4073/PL4074 可以完成以下操作,见图 15-1-10:

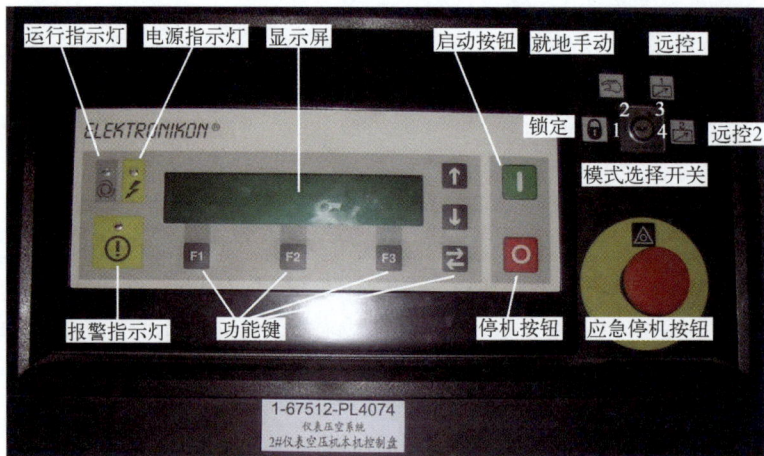

图 15-1-10 仪用压空机就地控制盘

1) 查看仪用压空机的运行状态和参数。

2) 调整仪用压空机的正常运行参数设定,保护参数设定以及保养参数设定(运行人员一般不对空压机的参数进行重新设定)。

3) 当空压机在就地控制模式时,可以对空压机进行启、停、复位等操作。

从盘面上看,空压机有四种控制模式:

1) 锁定模式:在此模式下,空压机被锁定在停运状态。

　　2)就地控制模式:此时控制调节器只对空压机就地控制面板输入的命令响应,可以在就地控制盘上启停和修改参数。

　　3)远程模式1:空压机能被远端的计算机控制(此模式在本厂没有采用)。

　　4)远程模式2:空压机只能被ES100(一种顺序选择控制器),但此时控制面板上的紧急停机开关仍旧有效的工作模式。

　　注意事项:

　　1)为避免非操作人员转换模式,当模式转换完成后应取走模式转换钥匙;

　　2)当从一种控制模式转换到另一种模式时,必须在新模式上保持3秒以上,才能完成。

15.1.3.2　仪用压空机顺序选择器(ES100)

　　在正常情况下,一台仪用压空机处于"Lead(先导)",而另一台压缩机处于"Lag",当总管的压力下降时处于"Lead"的压缩机先自动带载,而处于"Lag"的压缩机只有用气需求进一步增加,当处于先导的压缩机带载5分钟后仍无法将系统压力提升至900 kPa时电机才会启动并且带载。空压机能够运行在两种主从顺序模式:"手动"和"系统时间"。正常情况下,空压机运行在"系统时间"模式下,空压机运行时间达到设定的时间后将自动轮换先导和置后的顺序。"手动"模式下可由操作员从ES-100上手动选择其中一台压缩机作为先导压缩机。切换步骤请查看98-75120-OM-001 4.3.1节:改变压空机主从顺序,见图15-1-11。

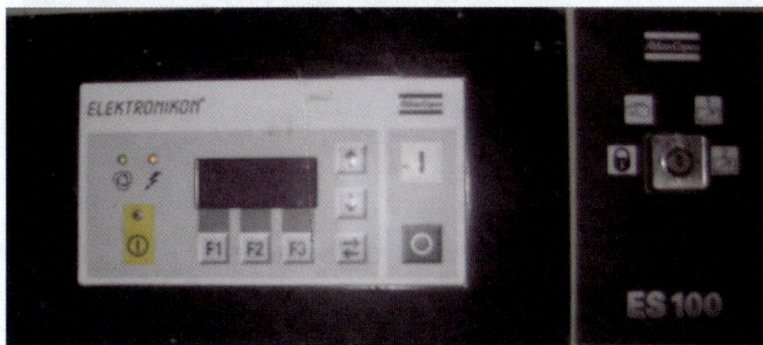

图15-1-11　仪用压空机顺序选择器67512-PL4075(ES100)

15.1.3.3　干燥再生单元控制盘

　　干燥再生单元控制盘67512-PL4069/PL4068用于显示干燥床的工作状态、发出报警信息和干燥床再生/吸附模式的选择。

　　模式转换步骤:

　　打开7512-DR4002控制屏的保护罩,在控制面板的右下角找到模式转换钮(上面标有:DEWPOINT/TIMER(1号钮),8MINUTER/4MINUTER(2号钮))。前后拨动1号钮选择"Timer"(时间)模式还是"Dewpoint"(露点)模式(如果选择"Timer"(时间)模式,则前后拨动1号钮直到控制面板左半部SETTINGS下面的DEWPOINT指示灯熄灭,TIMER指示灯亮为止);前后拨动2号钮选择在"Timer"(时间)模式下采用8 MINUTER CYCLE还是 4MINUTER CYCLE(如果选择 8 MINUTER CYCLE,则前后拨动 2 号钮直到控制屏左半部 SETTINGS 下面的 8 MINUTER CYCLE 指示灯亮,4MINUTER CYCLE 指示灯熄灭为止。前提条件是:选择"Timer"(时间)模式。重新安装保护罩,见图 15-1-12。

图 15-1-12   干燥再生单元控制盘 67512-PL4069/PL4068

15.1.3.4   仪用压空分配控制盘

仪用压空分配控制盘 67512-PL4079 上每个手柄控制一个仪用压空分配集管上的电磁阀,每个手柄都有"CLOSE/RESET"和"AUTO"两个位置,在正常运行时手柄处于"AUTO"位置,当电磁阀前后压差大于 35 kPa 时,电磁阀自动关闭隔离可能存在破口的分配集管。手柄上方的绿、红、黄三个指示灯分别指示阀门的关、开、故障状态。见图 15-1-13。

15.1.3.5   PLIA 就地控制盘

PLIA 就地控制盘 67512-PL1652 位于 S-006 房间内,主要有就地参数显示、报警指示和控制功能。

报警/指示灯有:
- POWER AVAILABLE(电源指示灯);
- COMPRESSOR RUN(压缩机运行);
- AIR SUCTION PRES. LOW(入口压力低);
- AIR SUCTION PRES. HIGH(入口压力高);
- AIR DISCHARGE PRES. LOW(出口压力低);
- AIR DISCHARGE PRES. HIGH(出口压力高);

图 15-1-13　仪用压空分配控制盘 67512-PL4079

- SEPARATOR WATER LEVEL HI HI(分离器水位高高)；
- SEPARATOR WATER LEVEL HI(分离器水位高)；
- SEPARATOR WATER LEVEL NORMAL(分离器水位正常)；
- SEPARATOR WATER LEVEL LOW(分离器水位低)；
- SEPARATOR WATER LEVEL LOW LOW(分离器水位低低)；
- CRC. WATER PRES. LOW(循环水压力低)；
- CRC. WATER INLET TEMP. HIGH(循环水入口温度高)；
- COOLING WATER FLOW LOW(循环水流量低)；
- CHILLED WATER RETURN TEMP. HIHG(冷冻水回水温度高)；
- AIR DISCHARGE TEMP. HIGH(压缩空气出口温度高)。

显示的参数有：
- PI-9001：AIR SUCTION PRES. (入口空气压力)；
- PI-9003：AIR DISCHARGE PRES. (出口空气压力)；
- TI-9025：AIR DISCHARGE TEMP. (出口空气温度)；
- TI-9027：CHILLED WATER RETURN TEMP. (冷冻水回水温度)；
- PI-9002：CRC. WATER PRES. (循环水压力)；
- PI-686：AIR RECEIVER PRES. (储气罐压力)；
- TI-9026：CRC. WATER INLET TEMP. (循环水入口温度)。

控制手柄：见图 15-1-14。
- HS-7193♯1：(CLOSE/REMOTE/OPEN)正常排风阀控制手柄；
- HS-7193B♯1：(CLOSE/REMOTE/OPEN)事故后排风阀控制手柄；
- HS-7588：(CLOSE/REMOTE/OPEN)冷冻水隔离气动阀控制手柄；
- HS-650：(OPEN/CLOSE)除盐水电磁阀控制手柄；

- HS-664：(ON/OFF/REMOTE)启动停止控制手柄；
- PB-9033：(RESET)报警复位按纽。

15.1.3.6 放射性监测控制盘

放射性监测控制盘 67512-RZ1 位于 S-006 房间门口，主要用于监视 S-006 房间的放射性。

高报(HIGH ALARM)设定值为 6.0E+5 cps；报警(ALERT ALARM)设定值为 3.0E+5 cps；当监测装置测得计数率高于设定值时就地产生声光报警，同时触发主控 CI 报警。可以通过将 RZ1 的控制钥匙置于"KEYPAD"位置后，通过键盘更改 RZ1 的高报值。见图 15-1-15。

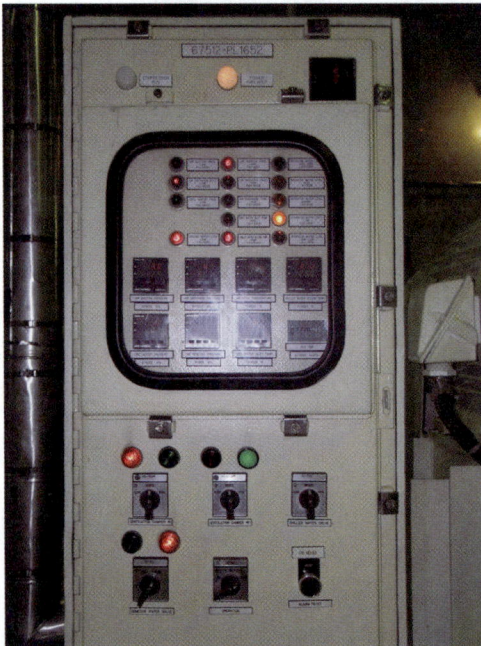

图 15-1-14   PLIA 就地控制盘 67512-PL1652

图 15-1-15   放射性监测控制盘 67512-RZ1

15.2 系统参数

15.2.1 仪用压空系统参数

仪用压空系统参数，见表 15-2-1。

15.2.2 PLIA 系统参数

PLIA 系统参数，见表 15-2-2。

表 15-2-1　仪用压空系统参数

参　　数	仪　　表	正常读数
7512-CP4001/4002 中间冷却器压力	67512-PT6018	100～370 kPa
7512-CP4001/4002　出口压力	67512-PT6029	840～900 kPa
7512-TK-4001 压力	67512-PI-4301	840～1 034 kPa
7512-TK-4002 压力	67512-PI-4302	840～1 034 kPa
7512-CP4001/CP4002 集管压力	67512-PI-4321	840～1 034kPa
7512-DR4001 左塔出口压力	67512-PI-6104-1	0～1 034 kPa
7512-DR4002 左塔出口压力	67512-PI-6104-2	0～1 034 kPa
7512-DR4001 右塔出口压力	67512-PI-6105-1	0～1 034 kPa
7512-DR4002 右塔出口压力	67512-PI-6105-2	0～1 034 kPa
7512-FR4001 差压	67512-DPG6101-1	(0～5 psi)(0～34.5 kPa)
7512-FR4002 差压	67512-DPG6101-2	(0～5 psi)(0～34.5 kPa)
7512-FR4003 差压	67512-DPG6102-1	(0～5 psi)(0～34.5 kPa)
7512-FR4004 差压	67512-DPG6102-2	(0～5 psi)(0～34.5 kPa)
7512-TK-4003 压力	67512-PI-4303	840～900 kPa
仪表压空母管压力	67512-PI-4341(MCR PL-14)	700～900 kPa
SB 厂房非重要母管压力	67512-PI-7526	550～900 kPa
SB 厂房重要奇母管压力	67512-PI-7525	550～900 kPa
SB 厂房重要偶母管压力	67512-PI-7524	550～910 kPa
7512-TK-1(R-401 房间)压力	67512-PI-1	550～900 kPa
7512-TK-2(R-302 房间)压力	67512-PI-2	550～900 kPa
7512-TK-3(R-009 房间)压力	67512-PI-3	550～900 kPa

表 15-2-2　PLIA 系统参数

序　号	参数名称	仪表名称	参数范围/自动动作	AI/CI 号
1	7512-TK4 压力	67512-PT686	低:759 kPa 时启动 CP103 高:863 kPa 时停运 CP103	
2	凝结水箱 7512-TK11 液位	67512-LS11♯1 67512-LS11♯2	高报:950 mm,P101 自动启动 低报:305 mm,P101 自动停运	CI 2308 CI 2309 WN15-11
3	贮气罐 7512-TK4 液位	67512-LS4♯1 67512-LS4♯2	高报:442 mm 低报:264 mm	CI 2298 CI 2299 WN15-10
4	干燥器 7512-DR3/DR4 差压	67512-PT007(DR3) 67512-PT017(DR4)	高报:85 kPa 高报:85 kPa	WN15-13
5	干燥器出口压力	67512-PS6	低报:620.5 kPa	CI 0996
6	3 号干燥器出口露点	67512-ME003	高报:-20 ℃	WN15-15

序　号	参数名称	仪表名称	参数范围/自动动作	AI/CI 号
7	4 号干燥器出口露点	67512-ME004	高报：−20 ℃	WN15-16
8	S-006 房间放射性	67512-RE1	高报：125 mrem/h 安全壳隔离阀 7512-PV216 至 PV221 关闭； 7512-CP103 停运； 7512-P101 停运	就地声光报警 CI 2318 WN15-1

15.3　风险警示和运行实践

1. 空压机运行时噪音很大，这个区域内的噪声有可能达到或超过 90 dB(A)，因此，在此区域内工作的人员必须佩戴耳塞，以保护听力。

2. 空压机入口如果有灰尘、杂物等污染物，将有可能被吸入，因此，必须保持空压机入口的清洁。

3. 空压机运行时，机体表面温度有可能超过 80 ℃，因此，在空压机运行时打开空压机箱体检修，须注意防止烫伤。

4. 仪表空压机具有失电后重启功能，在空压机失电后，重新带电时严禁在空压机本体上工作，以防空压机启动对人员造成伤害。

5. 管道振动引起法兰连接螺栓的松动以及法兰连接处的橡胶垫片老化，将造成压空大量泄漏。

6. LOCA 后仪用压空系统设计为在 LOCA 后使用，以向反应堆厂房压空用户供给仪用压空，因此，在本系统运行时，进入 S-006 房间，必须对该房间内辐射水平进行监测。

7. 在出口阀完全关闭的情况下，凝结水疏水泵 7512-P101 的运行时间不能超过 1 分钟。

8. 不能在超过额定容量、速度、压力和温度情况下运行压缩机。以免使压缩机遭受超过设计能力的应力和应变。

9. 在打开压缩机或压缩系统的任何部件前，必须确认其内部的所有压力已完全释放并采取必要措施防止本系统重新意外加压。

10. 为了避免由于两台干燥过滤再生单元同时再生引起仪用压空系统压力发生波动，应尽量避免两台干燥过滤单元同时处于时间模式。

15.4　技　能

1. 仪用压空干燥器用于再生的空气流量应通过 7512-V5 调整为 350SCMH，若干燥器再生空气流量大于设定值时，将加重压缩机的负荷导致频繁出现双机带载甚至出现系统低压力报警。

2.当现场检查时发现仪用压空干燥单元设备本体上有大量白色粉末覆盖时,可能是由于干燥床内的干燥剂发生破碎,在再生过程中通过消音器被排出,应发工作申请要求进行检查更换。

3.仪用压空系统管道之间的法兰连接,由于管道振动或法兰垫片的老化,可能导致严重的压空泄漏事故,现场巡检时应加强关注。

4.通过在 ES-100 控制盘显示屏上显示数字可以确认哪一台仪用压空机处于先导位置:

- 若"1"在数字"2"之前,则表示 1 号仪用空压机在 LEAD 模式,2 号仪用压空机在 LAG 模式。代表压空机的数字上方的符号表示压空机状态:
- 若数字上方有一个"■"符号时,表示压缩机的电机运行,压缩机为卸载状态。
- 若数字上方有两个"■"符号时,表示压缩机的电机运行,压缩机为带载状态。
- 若数字上方没有任何符号时,表示压缩机的电机停运,压缩机在备用状态。
- 若发现数字上方的符号为两个"!"时,有可能是 ES100 与压空机之间的通信出现故障,此时 ES100 将不能正常控制压缩机的带载或甩负荷运行,可能导致系统低压或超压,应及时汇报主控并将对应仪用压空机切换到就地控制。

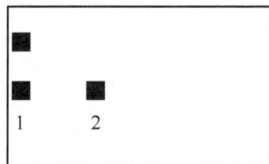

图 15-4-1　仪用空压机状态显示

- 若发现数字上方的符号为两个"?"时,有可能是对应联机的压缩机发生故障或停运状态。

如图 15-4-1 的状态表示:表示 1 号仪用空压机在"LEAD"位置且在带载运行,2 号仪用压空机在 LAG 位置且在卸载状态。

15.5　主要操作

如下只说明系统启动、停运、切换的原理性步骤,实际操作中请查看 OM 中相关章节。

15.5.1　使用顺序选择器 ES100 启动两台仪用压空

使用顺序选择器 ES100 启动两台仪用压空,见图 15-5-1 所示。

15.5.2　仪用压空机单机启动

仪用压空机单机启动,见图 15-5-2。

15.5.3　仪用压空机单机停运

仪用压空机单机停运,见图 15-5-3。

15.5.4　干燥器过滤单元的启动

干燥器过滤单元的启动,见图 15-5-4。

15.5.5　干燥器过滤单元的停运

干燥器过滤单元的停运,见图 15-5-5。

根据OM检查系统阀门状态符合要求

↓

确认两台CP的RCW冷却水可用

↓

检查两台仪用空压机润滑油位:空压机油位指示油位应高于1/2

↓

将两台CP的控制模式钥匙打到位置"1":锁定就地停机位置

↓

确认两台CP的控制回路的熔丝、电源开关状态是否正确,检查过载保护继电器是否复位

↓

打开压空机出口隔离阀

↓

打开缓冲罐入口隔离阀

↓

确认两台CP的供电开关在热备用,在就地手动合闸给压空机送电

↓

合上ES 100的供电开关

↓

检查压空机就地显示屏上没有其他报警信息,否则按OM报警响应处理

↓

将ES 100的控制模式钥匙打到位置"2":就地控制位置

↓

将两台CP的模式控制钥匙打到位置"4":远控位置

↓

在ES 100上将两台CP并入远程控制

↓

按下ES 100的启动按钮;确认两台空压机启动,并能正常卸载和带载

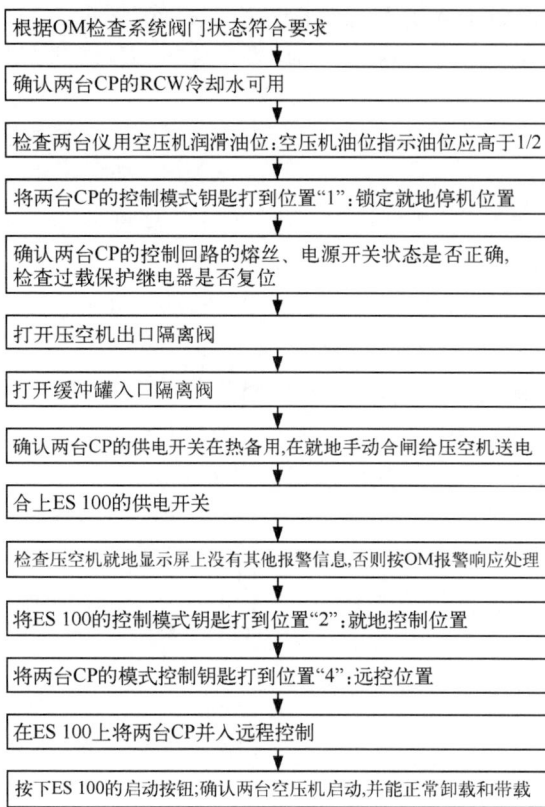

图 15-5-1　远方启动空压机流程图

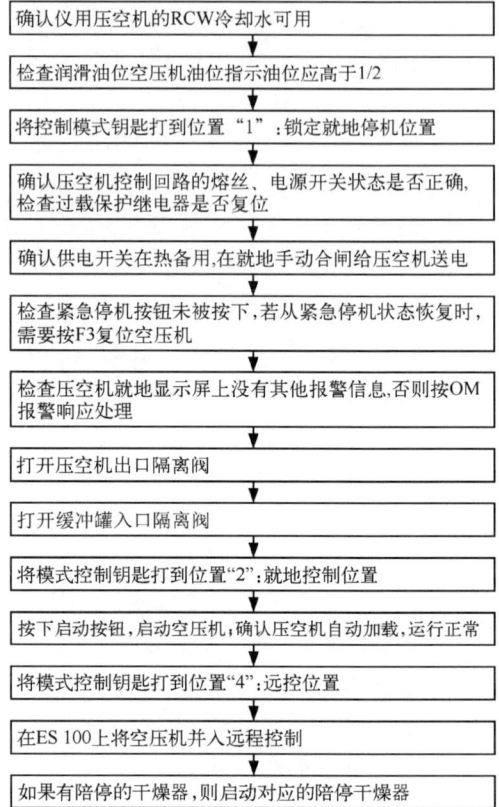

确认仪用压空机的RCW冷却水可用

↓

检查润滑油位空压机油位指示油位应高于1/2

↓

将控制模式钥匙打到位置"1":锁定就地停机位置

↓

确认压空机控制回路的熔丝、电源开关状态是否正确,检查过载保护继电器是否复位

↓

确认供电开关在热备用,在就地手动合闸给压空机送电

↓

检查紧急停机按钮未被按下,若从紧急停机状态恢复时,需要按F3复位空压机

↓

检查压空机就地显示屏上没有其他报警信息,否则按OM报警响应处理

↓

打开压空机出口隔离阀

↓

打开缓冲罐入口隔离阀

↓

将模式控制钥匙打到位置"2":就地控制位置

↓

按下启动按钮,启动空压机,确认压空机自动加载,运行正常

↓

将模式控制钥匙打到位置"4":远控位置

↓

在ES 100上将空压机并入远程控制

↓

如果有陪停的干燥器,则启动对应的陪停干燥器

图 15-5-2　单机启动流程图

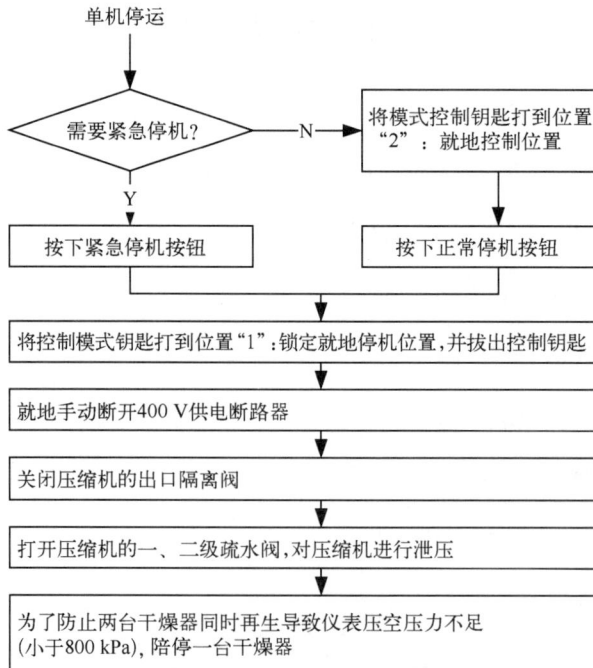

单机停运

↓

需要紧急停机? ──N──→ 将模式控制钥匙打到位置"2":就地控制位置

│Y   ↓

按下紧急停机按钮   按下正常停机按钮

↓

将控制模式钥匙打到位置"1":锁定就地停机位置,并拔出控制钥匙

↓

就地手动断开400 V供电断路器

↓

关闭压缩机的出口隔离阀

↓

打开压缩机的一、二级疏水阀,对压缩机进行泄压

↓

为了防止两台干燥器同时再生导致仪表压空压力不足(小于800 kPa),陪停一台干燥器

图 15-5-3　空压机停运流程图

确认干燥过滤单元的疏水阀和放气阀关闭

↓

确认前置和后置过滤器的旁路阀关闭

↓

打开干燥器前、后过滤器的隔离阀

↓

慢慢打开缓冲罐出口隔离阀对左右干燥床进行升压到700~900 kPa

↓

检查干燥器是否漏气,如果有立即隔离漏气设备并汇报主近控

↓

从MCC给干燥床控制盘送电

↓

合上就地控制电源开关,确认控制盘上电源指示灯"Power On"亮

↓

如果更换过干燥剂,则将干燥床置于4分钟时间模式下运行2周 。之后干燥器的运行模式应转为"Dewpoint"(露点)模式

↓

如果干燥器的检修工作造成干燥剂与外界空气接触,则将干燥床置于8分钟时间模式下运行2周。之后干燥器的运行模式应转为"Dewpoint"(露点)模式

↓

如果干燥床停运后没进行过检修工作,可以直接将干燥器的运行模式置于"Dewpoint"(露点)模式

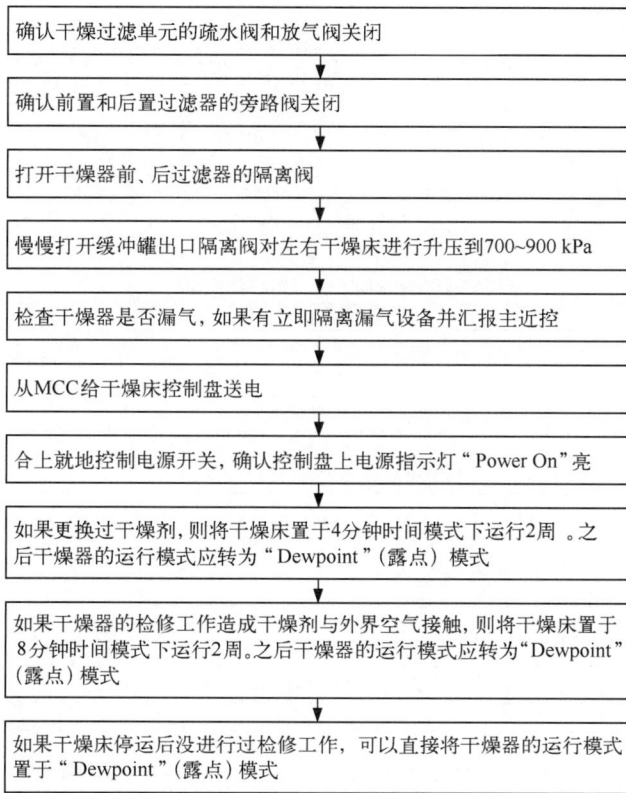

图 15-5-4　过滤单元启动流程图

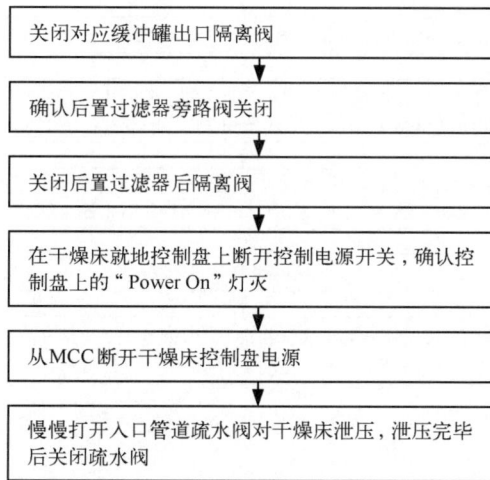

关闭对应缓冲罐出口隔离阀

↓

确认后置过滤器旁路阀关闭

↓

关闭后置过滤器后隔离阀

↓

在干燥床就地控制盘上断开控制电源开关,确认控制盘上的"Power On"灯灭

↓

从MCC断开干燥床控制盘电源

↓

慢慢打开入口管道疏水阀对干燥床泄压,泄压完毕后关闭疏水阀

图 15-5-5　干燥器停运流程图

15.5.6　PLIA 系统启动

PLIA 系统启动,见图 15-5-6。

开启压缩机反应堆厂房的吸入口 安全壳隔离阀 7512 - PV216 和 PV 217

开启压缩机排气至干燥器的安全壳 隔离阀 7512 - PV218 和 PV 219

开启 7512 - P101 排放至反应堆厂房放射性疏水系统的安全壳 隔离阀 7512 - PV 220/ PV 221

开启冷冻水回水阀 7194 - PV 7588

开启 S-006 房间至乏燃料池排风系统的隔离风门 7342 - PV 7193

关闭 S-006 房间正常排风门 7342 - PV 7193B

开启除盐水供水阀门 67512 - SV 650

注意：所有上述操作与启动 7512-CP103 联锁，如与要求状态不一致，7512 - CP 103 无法启动

将干燥器 7512 - DR 3 投入运行

启动压缩机 7512 - CP 103

确认 7512 - CP 103 运行正常
(7512 - CP 103 在 863 kPa 时停运，在 759 kPa 时重新启动)

确认 7512 - TK11 高液位报警 (CI 2308) 时疏水泵 7512-P101 启动，低液位报警 (CI 2309) 时疏水泵 7512 - P 101 停运

关闭仪用压空进入 R/B 的隔离阀 7512 - PV 208、7512 - PV 209

在与燃料操作盘台操作员确认可以停运 R - 001 仪用压空后 关闭仪用压空进入 R/B-001 的隔离阀 7512 - PV 222、7512 - PV 224

确认 R/B 内仪用压空压力保持稳定，没有出现窗报 WN 15 -7 (LOSS OF R / B INSTRUMENT AIR TROUBLE)

对反应堆厂房空气进行取样

当储气罐 7512 - TK4 液位高报 (CI2298) 时，通过开启 7512 - SV 616 对储气罐 7512 - TK4 进行疏水

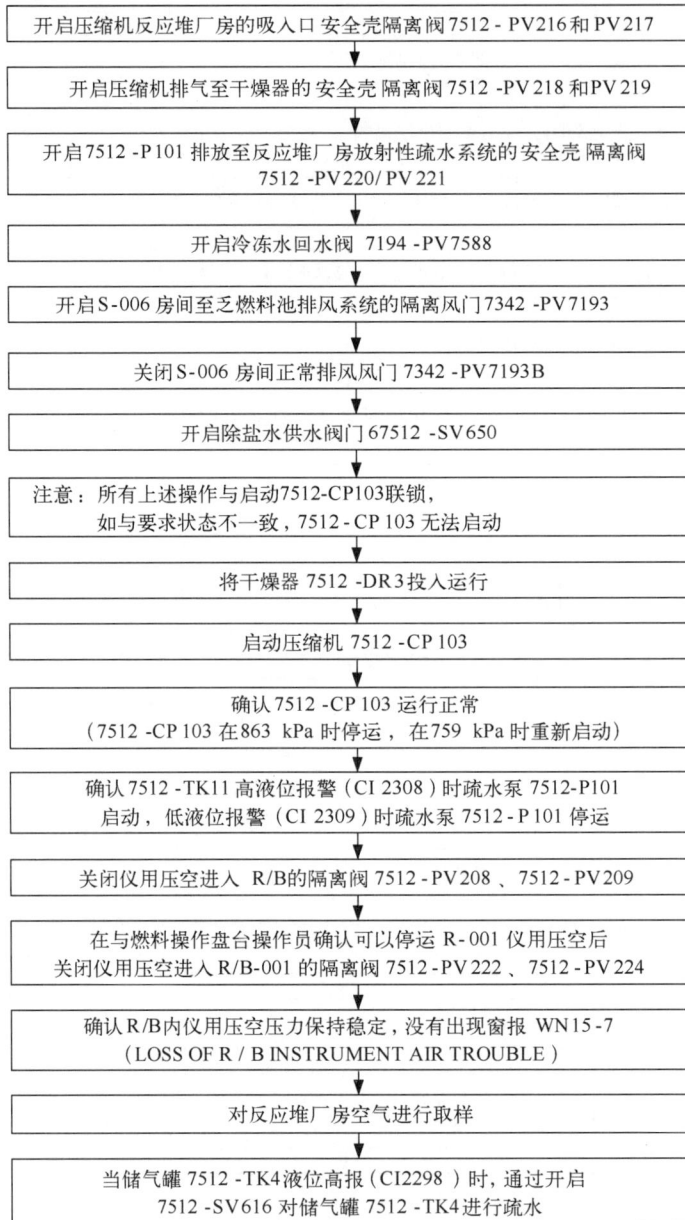

图 15-5-6　启动流程图

15.5.7　仪用空压机先导顺序切换

如果空压机的主从顺序需要手动更改，可以依照如下的规程进行调整(以从 1 号空压机先导改为 2 号空压机先导为例)。见图 15-5-7。

通过在 ES-100 控制盘显示屏上显示数字"1"在数字"2"之前，确认1号仪用空压机在先导运行模式

↓

通过按 ES 100 上的"exec"(F3)按钮，激活 ES 100 的执行菜单

↓

按翻页键翻动菜单，直到"Shift Method"出现

↓

按"slct"(F2)键，并且按翻页键，将切换方式从"System Hours"(1号机组为"System Clock")改成"Manual"

↓

按"prog"(F1)键，存储更改的设定

↓

按翻页键翻动菜单，直到"Shift Sequence"出现

↓

按"slct"(F2)键，显示屏上显示数字为"1"

↓

按翻页键修改顺序从数字"1"变成数字"2"

↓

按"prog"(F1)键，存储更改的设定

↓

按翻页键翻动菜单，直到"Shift Method"出现

↓

按"slct"(F2)键，并且按翻页键，将顺序模式从"Manual"改成"System Hours"(1号机组为"System Clock")

↓

按"prog"(F1)键，存储更改的设定

↓

按"main"(F1)键，返回主菜单

↓

按"Sequence"(F2)键，通过在 ES-100 控制盘显示屏上显示数字"2"在数字"1"之前，确认2号仪用空压机在先导运行模式

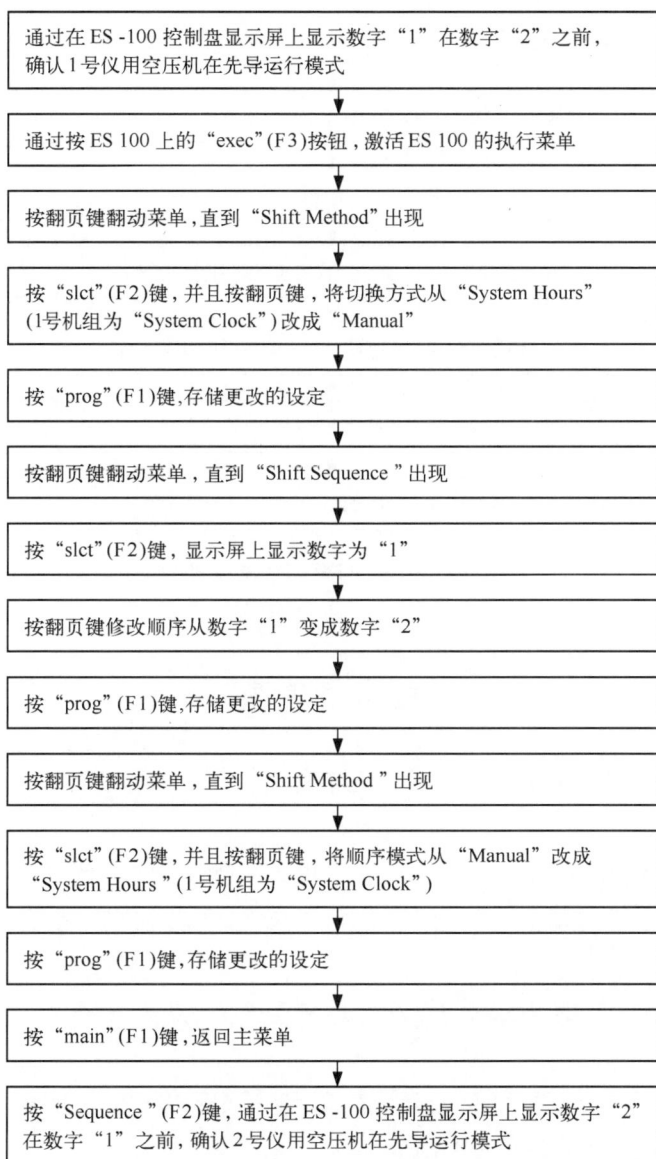

图 15-5-7　顺序切换流程图

15.5.8　仪表压空母管向仪表压空备用母管切换

正常情况下，仪表压空负荷用气都是通过仪表压空母管向各个厂房的负荷供气。只有当仪表压空母管出现泄漏需要停运检修时，依照下列规程，由厂用压空系统通过仪表压空支管的备用接口向各个厂房的仪表压空负荷供气。前提是厂用压空系统正常运行，干燥器出气露点达到－40 ℃。见图 15-5-8。

用临时短管将厂用压空分配支管与仪表压空分配支管的备用接口连接好

↓

确认两台厂用空压机运行正常,系统压力大于0.8 MPa

↓

确认厂用压空干燥器投运,干燥器出气露点达到−40 ℃

↓

缓慢打开厂用压空系统至仪表压空备用管线隔离阀

↓

缓慢打开仪用压空系统分配支管备用接口隔离阀

↓

缓慢关闭仪用压空正常供气母管隔离阀

↓

检查没有漏气,并确认厂房内压空压力正常

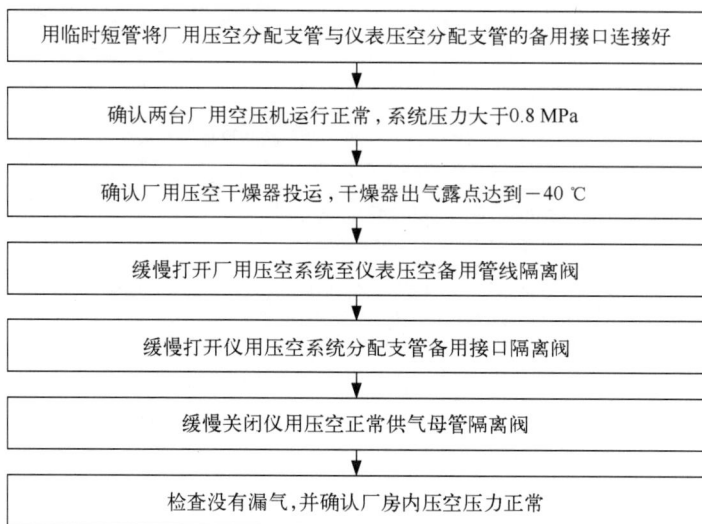

图 15-5-8　母管切换流程图

复习思考题

1. 仪用压缩空气系统由哪些设备组成?

参考答案:

仪用压空系统由两台无油螺杆压缩机、两台缓冲罐、两台前置过滤器、两台干燥器、两台后置过滤器、一台储气罐及相应的仪表控制、管道和阀门以及分配系统组成。

2. 仪用压缩空气的要求是什么? 正常运行压力是多少?

参考答案:

仪表用压缩空气的要求是可靠、清洁、无油、干燥(露点低于−40 ℃)。

正常工作压力为 840～900 kPa。

第十六章 呼吸空气系统 (75130)

内容介绍

课程名称: 呼吸空气系统

课程时间: 3 学时

学员: 现场操作员

学员条件: 完成本系统的课堂部分培训

培训目标:

1. 系统设备的现场布置;

2. 掌握各参数测量点的现场位置和在系统流程中的位置;

3. 熟练掌握现场巡检内容,正常参数、报警值、异常和故障识别技巧和技能;

4. 系统上操作和巡检存在的一些安全提示和危害,风险警示、运行实践;

5. 正常、应急时的操作和异常的现场响应;

6. 参照 OM 列出本系统的主要操作项目。

教学方式及教学用具:

培训方式:岗位培训

教员需要:

a. 流程图:9801-75130-6002-01-FS-B-02;9801-75130-6004-01-FS-C;9801-75130-1-1-OF-A1;9801-75130-1-2-OF-A1;9801-75130-1-3-OF-A1;9802-75130-1-2-OF-A1;9802-75130-1-3-OF-A1;

b. 白板等。

考核方法:现场考核(实际操作和模拟相结合)、口试

16.1 系统设备

呼吸空气系统由一台无油、螺杆压缩机、一台储气罐、两套过滤器、相应的仪表控制、管

道和阀门以及分配系统组成。呼吸空气系统为两台机组共用,除分配系统外,所有设备都设在 1 号机组的汽轮机厂房 TB-027 内。

16.1.1　设备清单和现场位置

16.1.1.1　压缩机(7513-CP4001)

一台 100％容量、水冷式、无油压缩机;设计流量 1 316 SCMH(标准立方米每小时),压力 826 kPa。由Ⅲ级偶数母线供电,RCW 提供冷却。

16.1.1.2　储气罐(7513-TK4001)

设有一台 11 m³ 的储气罐。带有压力表,安全阀和自动疏水阀,其中安全阀的整定压力为 1 035 kPa。

16.1.1.3　过滤器(1-7513-FR4001 和 2-7513-FR4001)

在呼吸压空向 1 号和 2 号机组供气的总管上各设一套过滤器,每套过滤器由两个前置过滤器、两个干燥床、一个活性碳过滤器及一个后置过滤器组成,用于除去多余的水雾、油雾、一氧化碳、灰尘等杂质。

16.1.1.4　呼吸压空系统就地气站

如图 16-1-1 所示呼吸压空系统就地气站,这种气站不但能提供呼吸压空而且还带有通信接口,用于气衣通信。

16.1.2　系统接口

- 呼吸压空系统与厂用压空系统通过 1-7513-V4601 相连,由厂用压空给呼吸压空提供备用。一台活性炭过滤器 1-7511-FR4003 设在来自厂用压空的备用供气管上,用于去除异味。

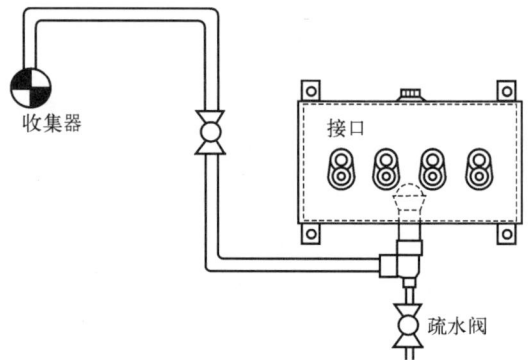

图 16-1-1　呼吸压空系统就地气站

- 呼吸压空系统与 RCW 系统在压空机本体上有接口,RCW 系统冷却水是压空机的正常冷却水。在 RCW 不可用(由 RCW 冷却水回路上的压力开关或温度开关触发)时,可以由生活水给呼吸压空机提供备用冷却水。

16.1.3　就地盘台及运行方式

图 16-1-2 是呼吸压空机的就地控制盘 1-67513-PL4076:

压缩机由就地盘台 67513-PL4076 控制,呼吸空气系统的空气杂质过滤器由盘台 7513-PL4078 控制。

储气箱 7513-TK4001 带有一个安全阀 67513-PSV4101 和一个就地压力表 6713-PI4301。

当呼吸压空集管的压力低到 800 kPa 时,呼吸压空机开始带载运行;当呼吸压空集管的

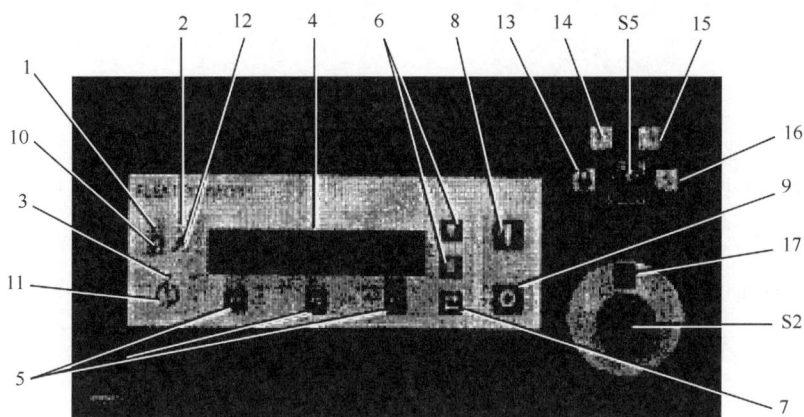

图 16-1-2　就地控制盘 67513-PL4076

1—自动运行指示灯;2—带电指示灯;3—一般报警指示灯;4—显示屏;5—功能键(F1,F2,F3);

6—选择键;7—Tab 键;8—启动按钮;9—停机按钮;10—自动运行;11—一般报警;12—带电指示;

13—空压机锁定(在"OFF"位置);14—就地控制;15—远程模式 1(外部开关);16—远程模式 2(计算机);

17—紧急停机;S5—模式控制钥匙;S2—紧急停机按钮

压力达到 862 kPa 时,呼吸压空机进入空载运行。当呼吸空气系统压力低于 700 kPa 时,压力开关 67513-PS4311 触发信号到厂用压空系统的电磁阀 7511-SV4123 使它打开,由厂用压空供气至呼吸压空系统。在 R/B,经减压阀 67513-PRV22 压力减压至 520 kPa;在 S/B,经减压阀 67513-PRV7509 减压至 380 kPa。

16.2　系统参数

压力如表 16-2-1 所示为系统压力参数。

表 16-2-1　压力参数

位　置	仪　表	正常读数
1-7513-CP4001 中间冷却器压力(1 号机组适用)	1-67513-PI6018	190~240 kPa
1-7513-CP4001 出口压力(1 号机组适用)	1-67513-PI6029	800~862 kPa
1-7513-TK4001　压力(1 号机组适用)	1-67513-PI4301	700~862 kPa
呼吸压空母管压力	67513-PI4323	750~862 kPa
7513-FR4001 过滤器压力	67513-PI6314	约 390 kPa
7513-FR4001 入口压力	67513-PI6306	750~862 kPa
7513-FR4001 出口压力	67513-PI6308	750~862 kPa
SB 厂房入口压力	67513-PI7508	约 380 kPa

温度如表 16-2-2 所示为温度参数。(1 号机组适用)

表 16-2-2　温度参数表

位　置	仪　表	正常读数
压空机低压级出口空气温度	1-67513-TI6011	160～180 ℃
压空机高压级进口空气温度	1-67513-TI6018	25～30 ℃
压空机高压级出口空气温度	1-67513-TI6021	140～175 ℃
压空机出口空气温度	1-67513-TI6029	约 25 ℃
压空机油温	1-67513-TI6044	约 40 ℃
压空机冷却水入口温度	1-67513-TI6051	小于 40 ℃
压空机冷却水出口温度	1-67513-TT6059	小于 50 ℃

16.3　风险警示和运行实践

16.3.1　风险警示

16.3.1.1　人员风险

压空机运行时噪声很大,这个区域内的噪声有可能达到或超过 90 dB(A),因此,在此区域内工作的人员必须佩戴耳塞,保护耳朵。

压空机入口如果有灰尘、杂物等污染物,将有可能被工作人员吸入,因此,必须保持压空机入口的清洁。

压空机运行时,机体表面温度有可能超过 80 ℃,因此,打开压空机箱体检修时,注意防止烫伤。

16.3.1.2　设备风险

压空机入口必须远离易燃、易爆、易挥发和有毒物体。

16.3.2　运行实践

对呼吸压空系统的维护不能使用有毒或有气味的材料,以防对呼吸压空系统造成污染。

16.4　技　能

本系统中现场相关报警及处理办法:

1)当主控出现"INSTRUMENT/BREATHING AIRPRESSURE LOW"报警时的响应,如图 16-4-1 所示。

2)当主控出现"7513PL4076 BREATH AIR CP4001 TRBL C 906"报警时的响应。

主控出现INSTRUMENT/BREATHING AIR PRESSURE LOW的光字牌报警

原因1：仪用压空系统压力降到800 kPa

检查PL14上仪表压空压力67512-PI4341

如果仪表压空压力降到 800 kPa 以下，根据98-75120-OM-001进行处理

监视呼吸压空压力 67513-PI 4323，如果持续下降，并低于 700 kPa，确认1号机组出现厂用压空接入呼吸压空报警 CI1085，并监视呼吸压空压力 67513-PI 4323 回升到 900 kPa 左右

原因2：呼吸压空系统压力降到750 kPa

检查PL14上呼吸压空压力67513-PI4323

如果呼吸压空压力降到 750 kPa 以下

检查是否出现 CI 0906，并派人现场检查呼吸空机和干燥器运行是否正常

否

是

广播通知全厂呼吸压空使用人员联系主控室，并派人现场查漏

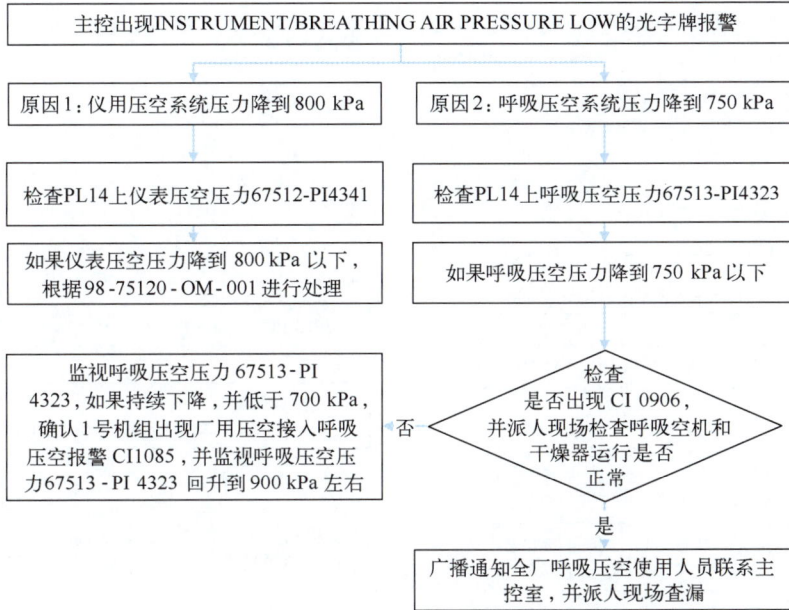

图 16-4-1　主控室光字牌报警响应处理流程图

CI 906 是在主控出现的一个总报警，就地屏上一般还会有具体的报警信息，需根据就地具体的报警采取相应的响应，如图 16-4-2 至图 16-4-13 所示。

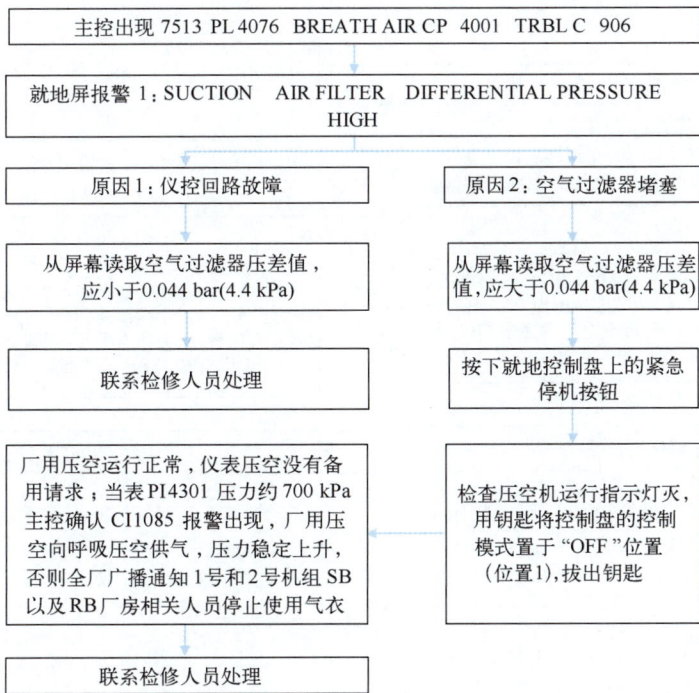

主控出现 7513 PL 4076　BREATH AIR CP 4001　TRBL C 906

就地屏报警 1：SUCTION　AIR FILTER　DIFFERENTIAL PRESSURE HIGH

原因1：仪控回路故障

从屏幕读取空气过滤器压差值，应小于0.044 bar(4.4 kPa)

联系检修人员处理

厂用压空运行正常，仪表压空没有备用请求；当表 PI4301 压力约 700 kPa 主控确认 CI1085 报警出现，厂用压空向呼吸压空供气，压力稳定上升，否则全厂广播通知1号和2号机组 SB 以及 RB 厂房相关人员停止使用气衣

联系检修人员处理

原因2：空气过滤器堵塞

从屏幕读取空气过滤器压差值，应大于0.044 bar(4.4 kPa)

按下就地控制盘上的紧急停机按钮

检查压空机运行指示灯灭，用钥匙将控制盘的控制模式置于"OFF"位置（位置1)，拔出钥匙

图 16-4-2　CI 906 报警响应处理流程图 1

主控出现
7513 PL4076 BREATH AIR CP 4001 TRBL C906

就地屏报警:LP OUTLET AIR TEMPERATURE HIGH

原因1:仪控
回路故障

原因2:冷却水温
度太高或流量太低

从屏幕读取温度
低于225 ℃

从屏幕读取温
度高于225 ℃

联系检修人员处理

主控室检查RCW系统压力是否在670 kPa左右,确认RCW
水温是在35 ℃以下;现场确认呼吸压空机的RCW冷却水
隔离阀7134-V4692/V4693是否全开

如果冷却水供给没有异常,可能是压空机故障或压空机
中间和后置冷却器故障

按下就地控制盘上的紧急停机按钮

检查压空机运行指示灯灭,用钥匙将控制盘的
控制模式置于"OFF"位置(位置1),拔出钥匙

厂用压空运行正常,仪表压空没有备用请求;当表PI4301
压力约700 kPa主控确认CI1085报警出现,厂用压空向呼
吸压空供气,压力稳定上升,否则全厂广播通知1号和2号
机组SB以及RB厂房相关人员停止使用气衣

联系检修人员处理

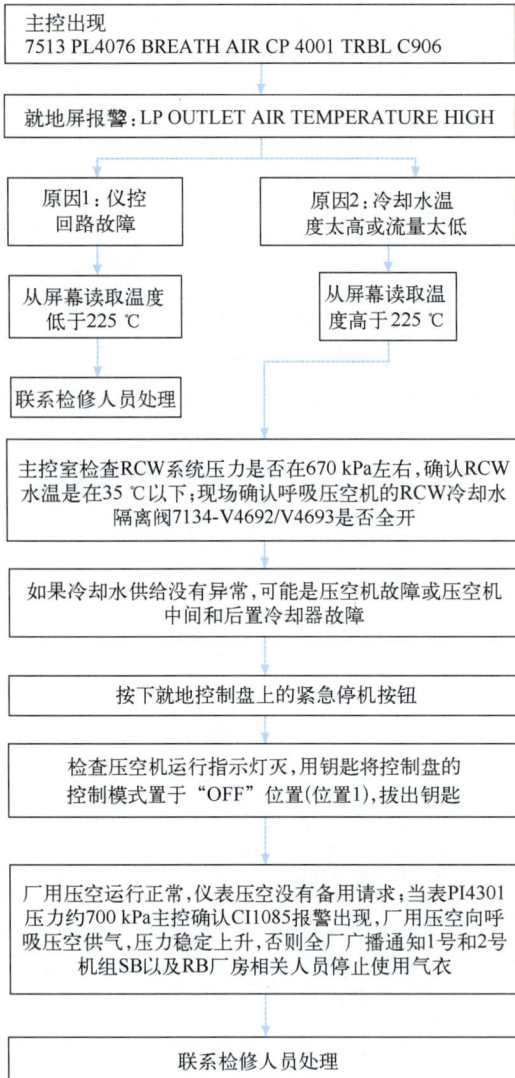

图 16-4-3　CI 906 报警响应处理流程图 2

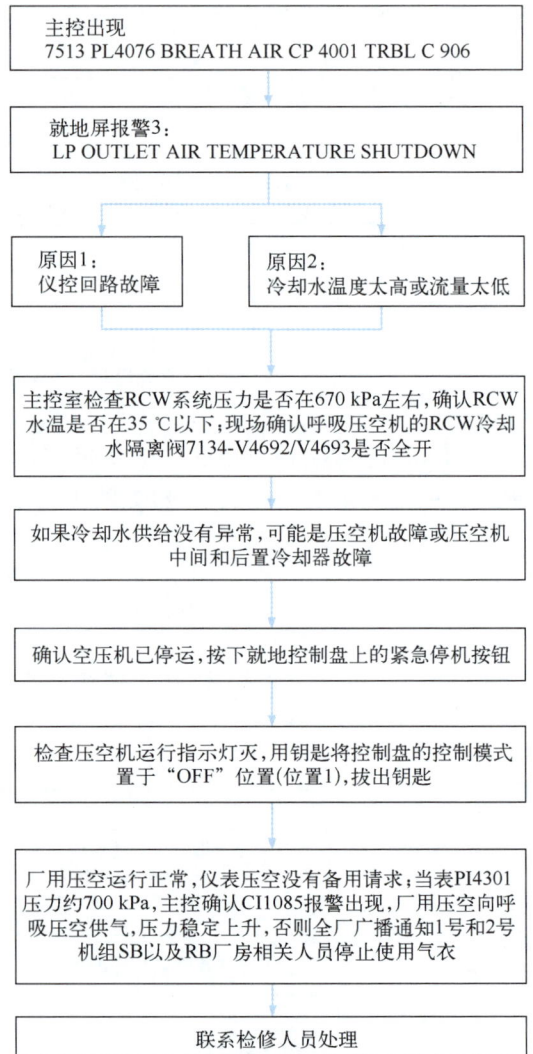

主控出现
7513 PL4076 BREATH AIR CP 4001 TRBL C 906

就地屏报警3:
LP OUTLET AIR TEMPERATURE SHUTDOWN

原因1:
仪控回路故障

原因2:
冷却水温度太高或流量太低

主控室检查RCW系统压力是否在670 kPa左右,确认RCW
水温是否在35 ℃以下;现场确认呼吸压空机的RCW冷却
水隔离阀7134-V4692/V4693是否全开

如果冷却水供给没有异常,可能是压空机故障或压空机
中间和后置冷却器故障

确认空压机已停运,按下就地控制盘上的紧急停机按钮

检查压空机运行指示灯灭,用钥匙将控制盘的控制模式
置于"OFF"位置(位置1),拔出钥匙

厂用压空运行正常,仪表压空没有备用请求;当表PI4301
压力约700 kPa,主控确认CI1085报警出现,厂用压空向呼
吸压空供气,压力稳定上升,否则全厂广播通知1号和2号
机组SB以及RB厂房相关人员停止使用气衣

联系检修人员处理

图 16-4-4　CI 906 报警响应处理流程图 3

主控出现7513 PL4076 BREATH AIR CP 4001 TRBL C 906

就地屏报警4：HP INLET AIR TEMPERATURE HIGH

原因1：仪控回路故障

原因2：冷却水温度太高或流量太低

从屏幕读取温度低于65 ℃

从屏幕读取温度高于65 ℃

联系检修人员处理

主控室检查RCW系统压力是否在670 kPa左右，确认RCW水温是否在35 ℃以下；现场确认呼吸压空机的RCW冷却水隔离阀7134-V4692/V4693是否全开

如果冷却水供给没有异常，可能是压空机故障或压空机中间和后置冷却器故障

按下就地控制盘上的紧急停机按钮

检查压空机运行指示灯灭，用钥匙将控制盘的控制模式置于"OFF"位置(位置1)，拔出钥匙

厂用压空运行正常，仪表压空没有备用请求；当表PI4301压力约700 kPa，主控确认CI1085报警出现，厂用压空向呼吸压空供气，压力稳定上升，否则全厂广播通知1号和2号机组SB以及RB厂房相关人员停止使用气衣

联系检修人员处理

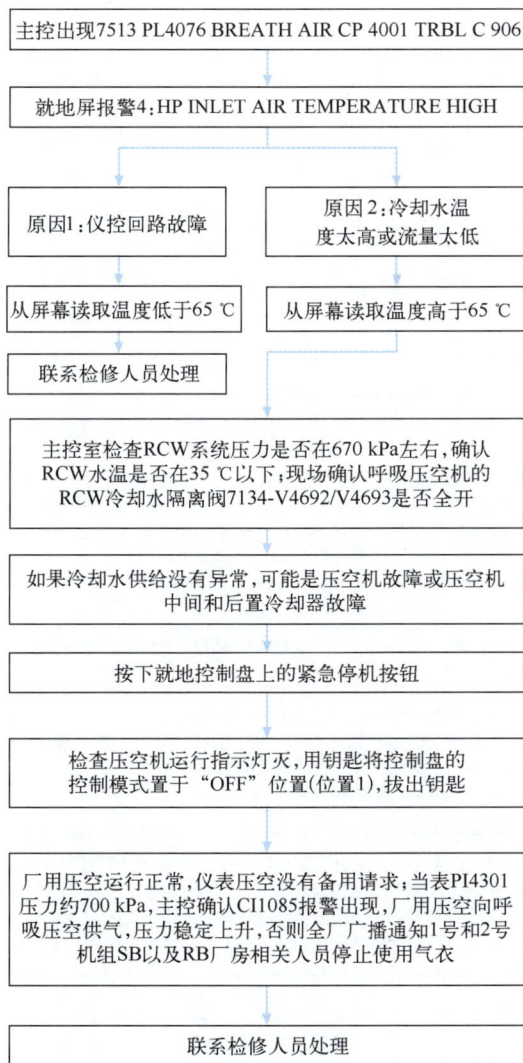

图 16-4-5　CI 906 报警响应处理流程图 4

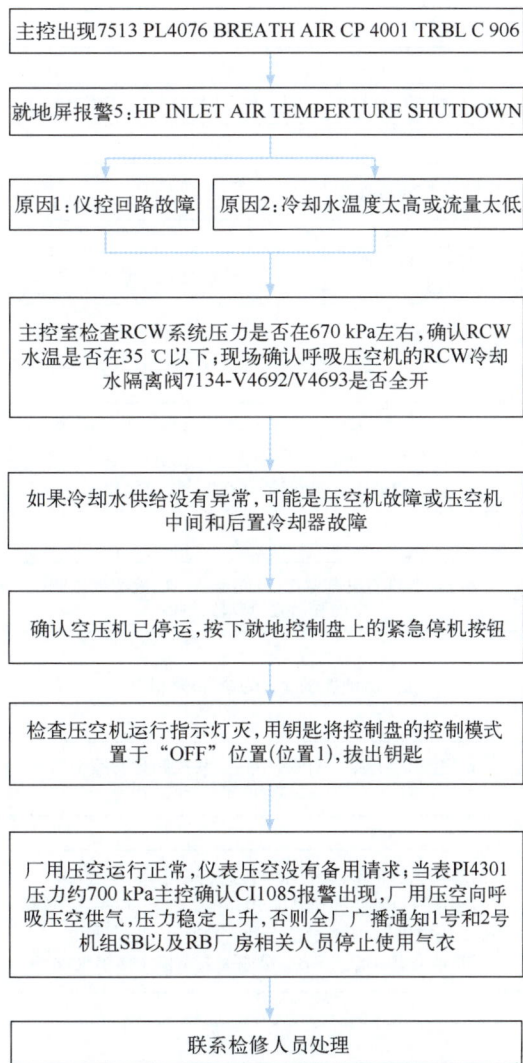

主控出现7513 PL4076 BREATH AIR CP 4001 TRBL C 906

就地屏报警5：HP INLET AIR TEMPERTURE SHUTDOWN

原因1：仪控回路故障

原因2：冷却水温度太高或流量太低

主控室检查RCW系统压力是否在670 kPa左右，确认RCW水温是否在35 ℃以下；现场确认呼吸压空机的RCW冷却水隔离阀7134-V4692/V4693是否全开

如果冷却水供给没有异常，可能是压空机故障或压空机中间和后置冷却器故障

确认空压机已停运，按下就地控制盘上的紧急停机按钮

检查压空机运行指示灯灭，用钥匙将控制盘的控制模式置于"OFF"位置(位置1)，拔出钥匙

厂用压空运行正常，仪表压空没有备用请求；当表PI4301压力约700 kPa主控确认CI1085报警出现，厂用压空向呼吸压空供气，压力稳定上升，否则全厂广播通知1号和2号机组SB以及RB厂房相关人员停止使用气衣

联系检修人员处理

图 16-4-6　CI 906 报警响应处理流程图 5

主控出现 7513 PL4076 BREATH AIR CP 4001 TRBL C 906

就地屏报警6：HP OUTLET AIR TEMPERATURE HIGH

原因1：仪控回路故障

原因2：
冷却水温度太高或流量太低

从屏幕读取温度
低于225 ℃

从屏幕读取温度高于225 ℃

联系检修人员处理

主控室检查RCW系统压力是否在670 kPa左右,确认RCW
水温是否在35 ℃以下;现场确认呼吸压空机的RCW冷却
水隔离阀7134-V4692/V4693是否全开

如果冷却水供给没有异常,可能是压空机故障或压空机
中间和后置冷却器故障

按下就地控制盘上的紧急停机按钮

检查压空机运行指示灯灭,用钥匙将控制盘的控制模式
置于"OFF"位置(位置1),拔出钥匙

厂用压空运行正常,仪表压空没有备用请求;当表PI4301
压力约700 kPa,主控确认CI1085报警出现,厂用压空向
呼吸压空供气,压力稳定上升,否则全厂广播通知1号
和2号机组SB以及RB厂房相关人员停止使用气衣

联系检修人员处理

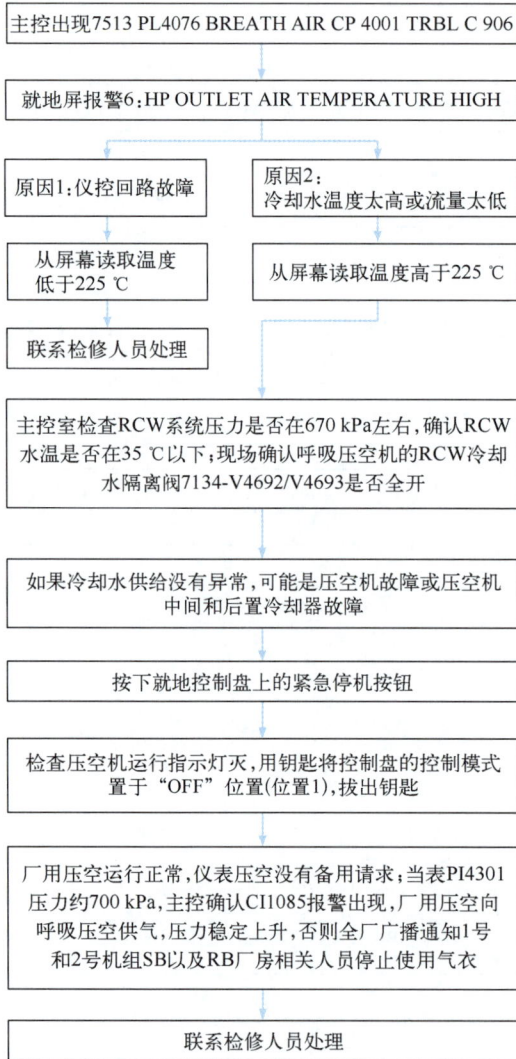

图 16-4-7　CI 906 报警响应处理流程图 6

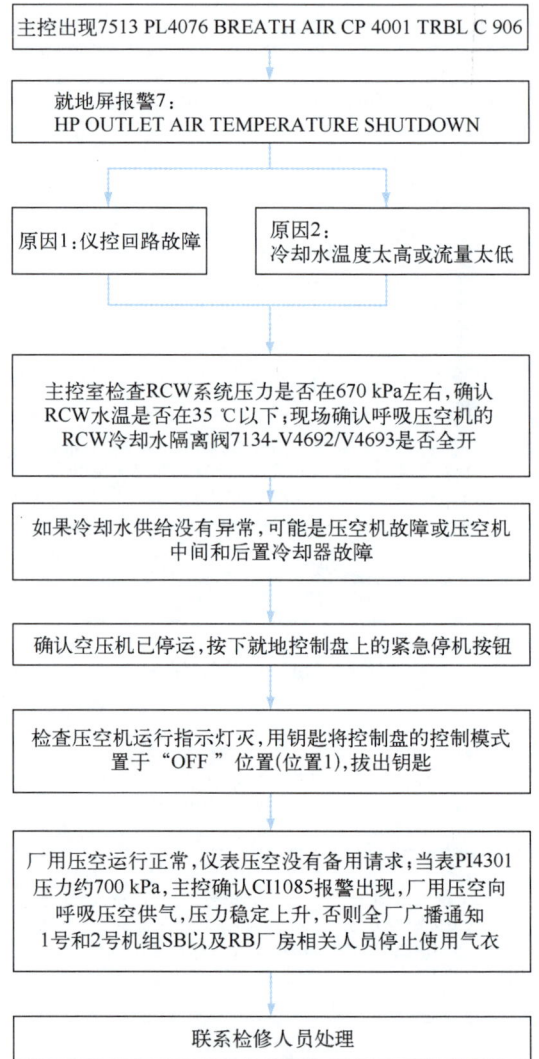

主控出现 7513 PL4076 BREATH AIR CP 4001 TRBL C 906

就地屏报警7：
HP OUTLET AIR TEMPERATURE SHUTDOWN

原因1：仪控回路故障

原因2：
冷却水温度太高或流量太低

主控室检查RCW系统压力是否在670 kPa左右,确认
RCW水温是否在35 ℃以下;现场确认呼吸压空机的
RCW冷却水隔离阀7134-V4692/V4693是否全开

如果冷却水供给没有异常,可能是压空机故障或压空机
中间和后置冷却器故障

确认空压机已停运,按下就地控制盘上的紧急停机按钮

检查压空机运行指示灯灭,用钥匙将控制盘的控制模式
置于"OFF"位置(位置1),拔出钥匙

厂用压空运行正常,仪表压空没有备用请求;当表PI4301
压力约700 kPa,主控确认CI1085报警出现,厂用压空向
呼吸压空供气,压力稳定上升,否则全厂广播通知
1号和2号机组SB以及RB厂房相关人员停止使用气衣

联系检修人员处理

图 16-4-8　CI 906 报警响应处理流程图 7

主控出现7513 PL4076 BREATH AIR CP 4001 TRBL C 906

就地屏报警8：OIL TEMERATURE HIGH

原因1：仪控回路故障

原因2：冷却水温度太高或流量太低

从屏幕读取温度低于65 ℃

从屏幕读取温度高于65 ℃

联系检修人员处理

主控室检查RCW系统压力是否在670 kPa左右，确认RCW水温是否在35 ℃以下；现场确认呼吸压空机的RCW冷却水隔离阀7134-V4692/V4693是否全开

如果冷却水供给没有异常，可能是压空机故障或压空机中间和后置冷却器故障

按下就地控制盘上的紧急停机按钮

检查压空机运行指示灯灭，用钥匙将控制盘的控制模式置于"OFF"位置(位置1)，拔出钥匙

厂用压空运行正常，仪表压空没有备用请求；当表PI4301压力约700 kPa，主控确认CI1085报警出现，厂用压空向呼吸压空供气，压力稳定上升，否则全厂广播通知1号和2号机组SB以及RB厂房相关人员停止使用气衣

联系检修人员处理

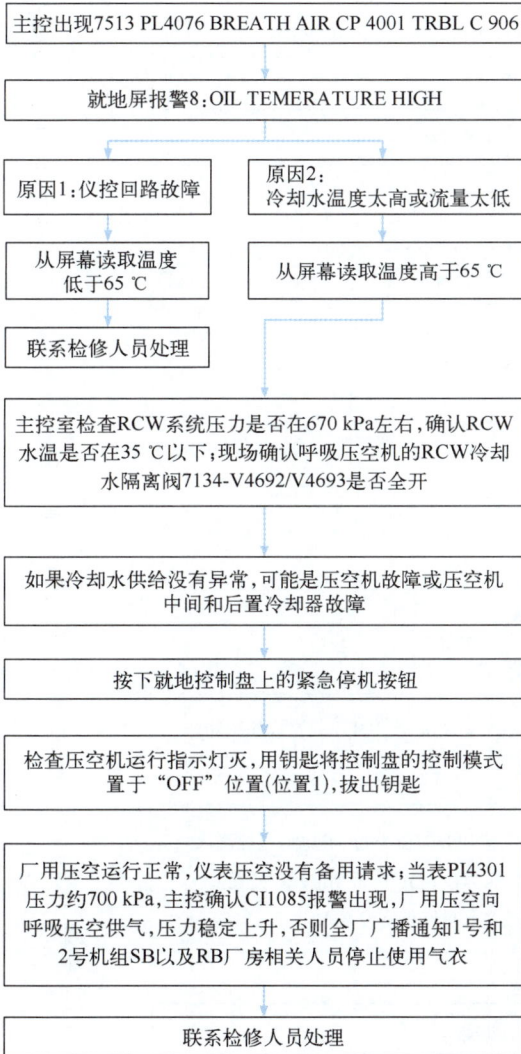

图 16-4-9　CI 906 报警响应处理流程图 8

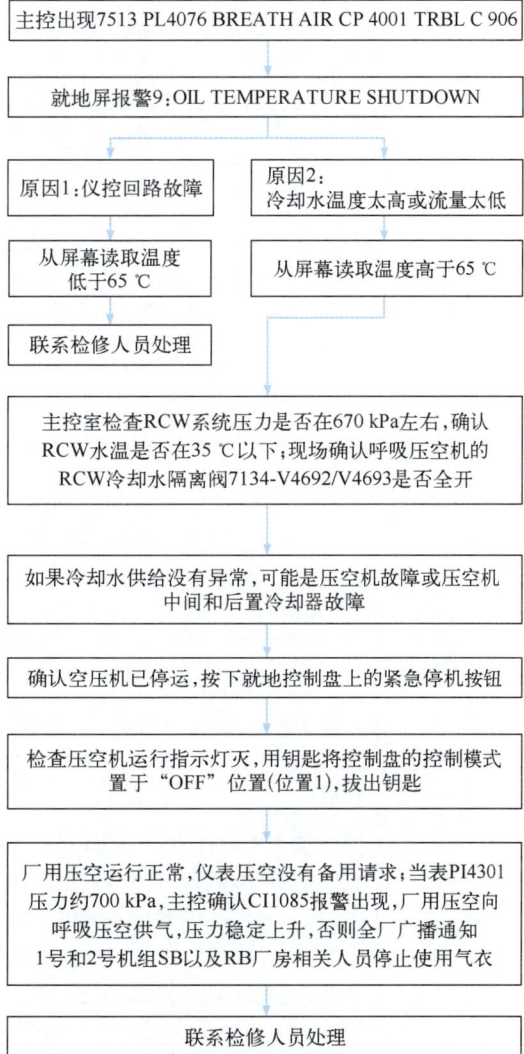

主控出现7513 PL4076 BREATH AIR CP 4001 TRBL C 906

就地屏报警9：OIL TEMPERATURE SHUTDOWN

原因1：仪控回路故障

原因2：冷却水温度太高或流量太低

从屏幕读取温度低于65 ℃

从屏幕读取温度高于65 ℃

联系检修人员处理

主控室检查RCW系统压力是否在670 kPa左右，确认RCW水温是否在35 ℃以下；现场确认呼吸压空机的RCW冷却水隔离阀7134-V4692/V4693是否全开

如果冷却水供给没有异常，可能是压空机故障或压空机中间和后置冷却器故障

确认空压机已停运，按下就地控制盘上的紧急停机按钮

检查压空机运行指示灯灭，用钥匙将控制盘的控制模式置于"OFF"位置(位置1)，拔出钥匙

厂用压空运行正常，仪表压空没有备用请求；当表PI4301压力约700 kPa，主控确认CI1085报警出现，厂用压空向呼吸压空供气，压力稳定上升，否则全厂广播通知1号和2号机组SB以及RB厂房相关人员停止使用气衣

联系检修人员处理

图 16-4-10　CI 906 报警响应处理流程图 9

```
┌─────────────────────────────────────────────────────┐
│  主控出现 7513 PL4076  BREATH AIR CP 4001  TRBL C 906  │
└─────────────────────────────────────────────────────┘
                          │
┌─────────────────────────────────────────────────────┐
│         就地屏报警 10：LOW OIL PRESSURE                │
└─────────────────────────────────────────────────────┘
```

原因 1：油过滤器堵塞   原因 2：油箱中油位过低   原因 3：油路泄漏

从屏幕读取油压是否大于1.3 bar —否→ 加油确认报警是否消失 —否→ 按下就地控制盘上的紧急停机按钮

是↓ 联系检修人员处理

是↓ 结束

检查压空机运行指示灯灭，用钥匙将控制盘的控制模式置于"OFF"位置，拔出钥匙

厂用压空运行正常，仪表压空没有备用请求；当表PI4301压力约700 kPa，主控确认CI1085报警出现，厂用压空向呼吸压空供气，压力稳定上升，否则全厂广播通知1号和2号机组SB以及RB厂房相关人员停止使用气衣

联系检修人员处理

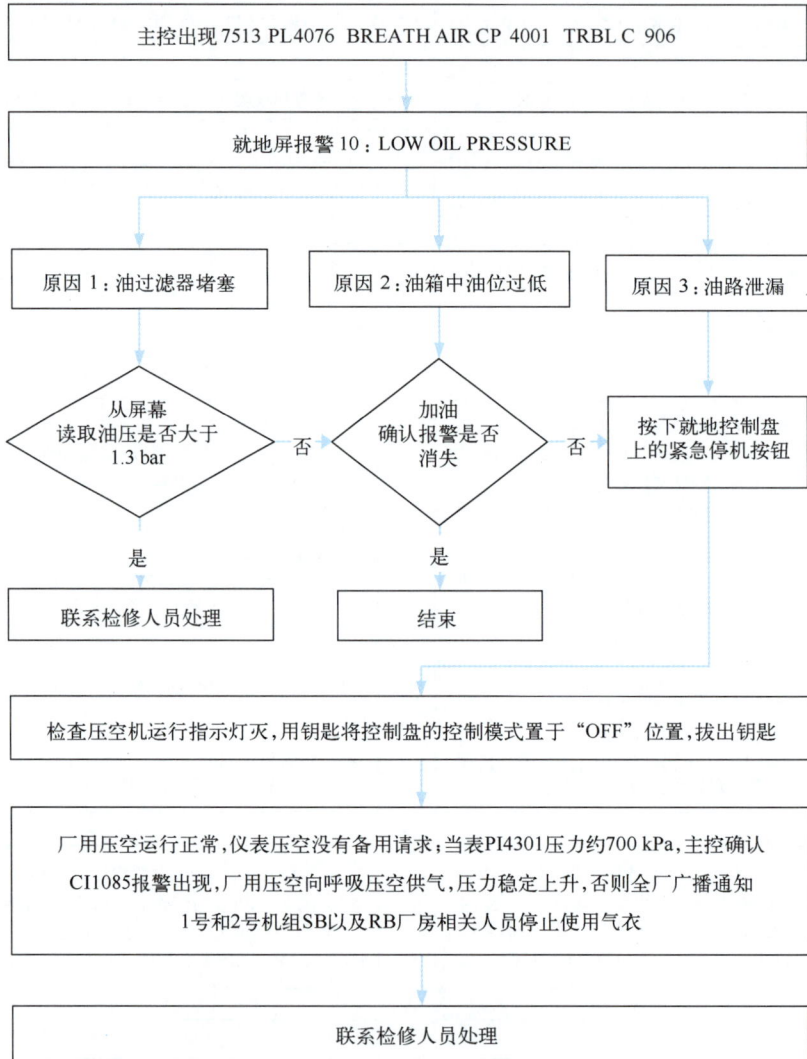

图 16-4-11　CI 906 报警响应处理流程图 10

主控出现 7513 PL4076 BREATH AIR CP 4001 TRBL C 906

就地屏报警 11：LOW OIL PRESSURE SHUTDOWN

原因 1：油过滤器堵塞　　　　原因 2：油箱中油位过低　　　　原因 3：油路泄漏

从屏幕
读取油压是否大于
1.3 bar　　否

加油
确认报警是否
消失　　否

确认压空机已停运

是

联系检修人员处理

是

结束

按下就地控制盘
上的紧急停机按钮

检查压空机运行指示灯灭,用钥匙将控制盘的控制模式置于"OFF"位置,拔出钥匙

厂用压空运行正常,仪表压空没有备用请求;当表 PI4301 压力约 700 kPa 主控确认
CI1085 报警出现,厂用压空向呼吸压空供气,压力稳定上升,否则全厂广播通知
1 号和 2 号机组 SB 以及 RB 厂房相关人员停止使用气衣

联系检修人员处理

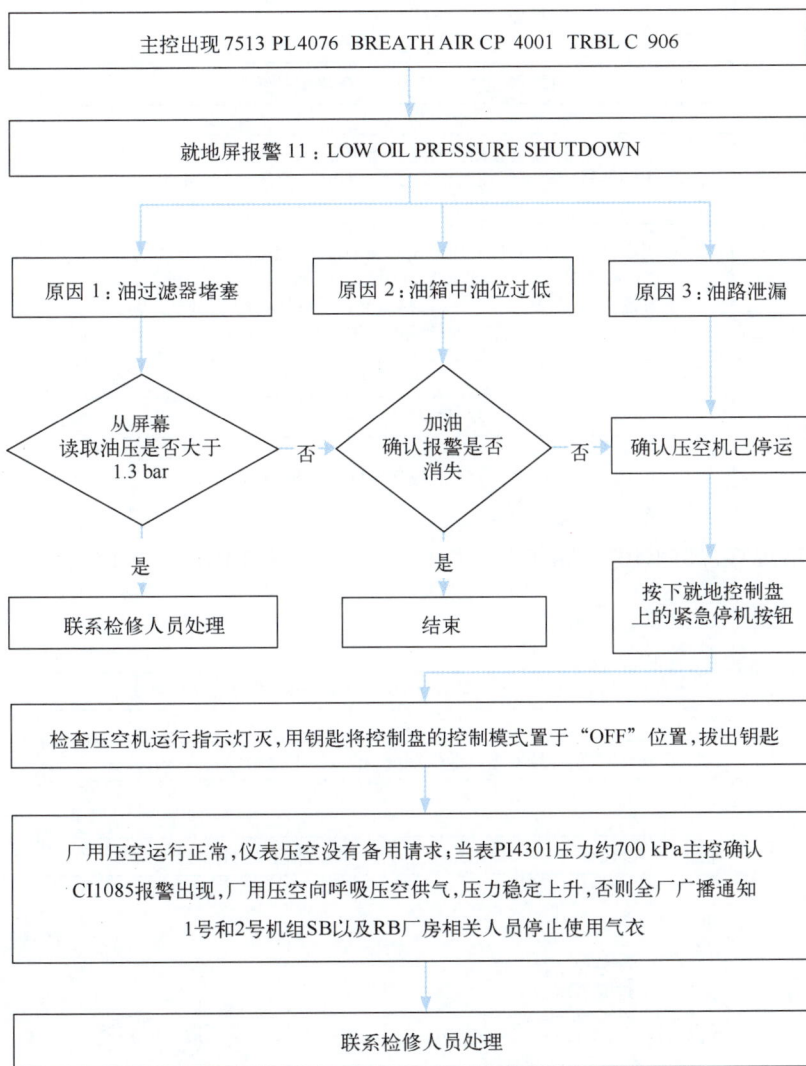

图 16-4-12　CI 906 报警响应处理流程图 11

```
┌─────────────────────────────────────────────┐
│ 主控出现 7513 PL 4076  BREATH AIR CP  4001  TRBL C  906 │
└─────────────────────────────────────────────┘
                      │
┌─────────────────────────────────────────────┐
│ 就地屏报警12：MOTOR OVERLOAD │
└─────────────────────────────────────────────┘
                      │
┌─────────────────────────────────────────────┐
│ 原因：空压抱死（电机不转动） │
└─────────────────────────────────────────────┘
                      │
┌─────────────────────────────────────────────┐
│ 按下就地控制盘上的紧急停机按钮 │
└─────────────────────────────────────────────┘
                      │
┌─────────────────────────────────────────────┐
│ 检查压空机运行指示灯灭，               │
│ 用钥匙将控制盘的控制模式置于"OFF"位置,拔出钥匙 │
└─────────────────────────────────────────────┘
                      │
┌─────────────────────────────────────────────┐
│ 厂用压空运行正常,仪表压空没有备用请求;当表PI4301压力约 │
│ 700 kPa,主控确认CI1085报警出现,厂用压空向呼吸压空供气, │
│ 压力稳定上升,否则全厂广播通知1号和2号机组SB以及RB厂房 │
│ 相关人员停止使用气衣                   │
└─────────────────────────────────────────────┘
                      │
┌─────────────────────────────────────────────┐
│ 联系检修人员处理 │
└─────────────────────────────────────────────┘
```

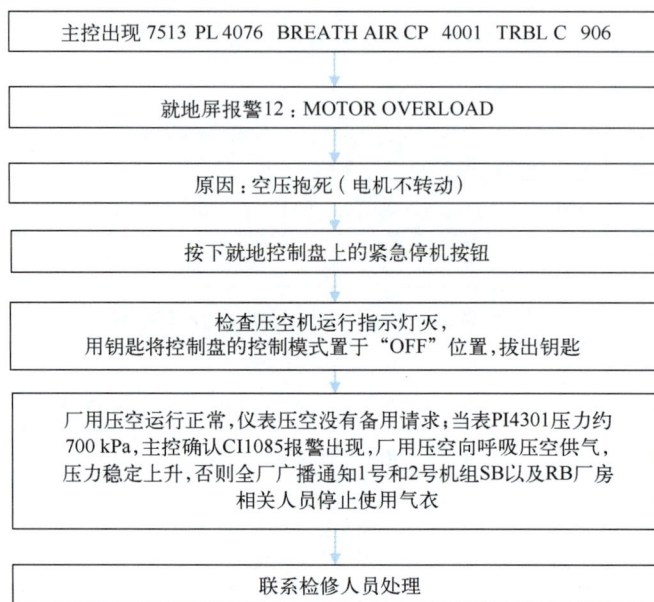

图 16-4-13   CI 906 报警响应处理流程图 12

3）主控出现"7513PL4078 BREATHNG AIR FLTR TRBL C1017"报警时的响应,如图 16-4-14 所示。

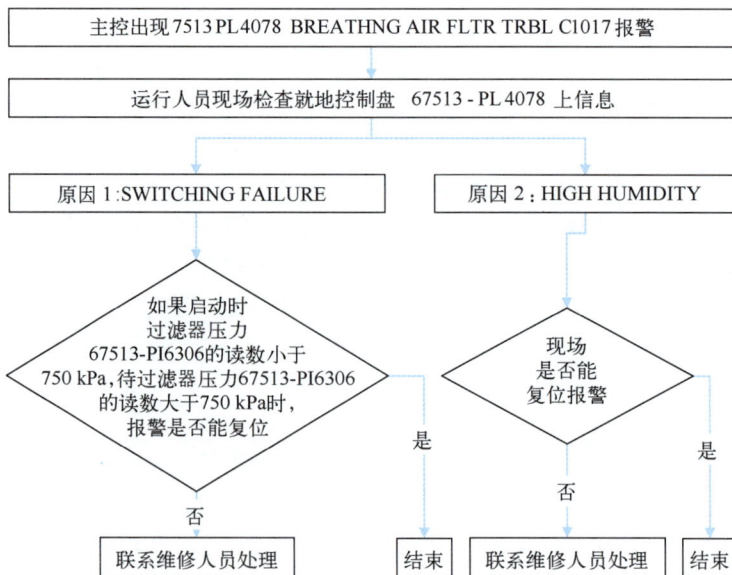

```
┌─────────────────────────────────────────────┐
│ 主控出现 7513 PL 4078  BREATHNG AIR FLTR TRBL C1017 报警 │
└─────────────────────────────────────────────┘
                      │
┌─────────────────────────────────────────────┐
│ 运行人员现场检查就地控制盘  67513 - PL 4078 上信息 │
└─────────────────────────────────────────────┘
              │                      │
┌─────────────────────────┐   ┌─────────────────────────┐
│ 原因 1：SWITCHING FAILURE │   │ 原因 2：HIGH HUMIDITY │
└─────────────────────────┘   └─────────────────────────┘
              │                      │
        ◇ 如果启动时             ◇ 现场
        过滤器压力                是否能
        67513-PI6306的读数小于     复位报警 ◇
        750 kPa,待过滤器压力67513-PI6306         │是
        的读数大于750 kPa时,                 │
        报警是否能复位 ◇                    │否
              │是              结束
              │否
   ┌─────────────┐  结束   ┌─────────────┐  结束
   │ 联系维修人员处理 │       │ 联系维修人员处理 │
   └─────────────┘         └─────────────┘
```

图 16-4-14   CI 906 报警响应处理流程图 13

4）主控出现"7513-P4321 BREATHG AIR HDR PRS LO C1084"报警时的响应,如图 16-4-15 所示。

主控出现7513-P4321 BREATHG AIR HDR PRS LO C 1084报警

原因1：仪控回路故障　　原因2：呼吸压空系统压力降到750 kPa

呼吸压空压力是否大于750 kPa

是　　否

监视呼吸压空压力67513-PI4323并联系维修人员处理，现场检查呼吸压空机运行情况

1号机组人员检查是否出现呼吸压空机报警CI0906，并派人现场检查呼吸压空机和干燥器运行情况；如果呼吸压空机和干燥器运行正常，广播通知全厂呼吸压空使用人员联系主控室，并派人现场查漏；监视呼吸压空压力67513-PI4323，如果持续下降，并低于700 kPa，确认1号机组出现厂用压空接入呼吸压空报警CI1085，并监视呼吸压空压力67513-PI4323回升到900 kPa左右

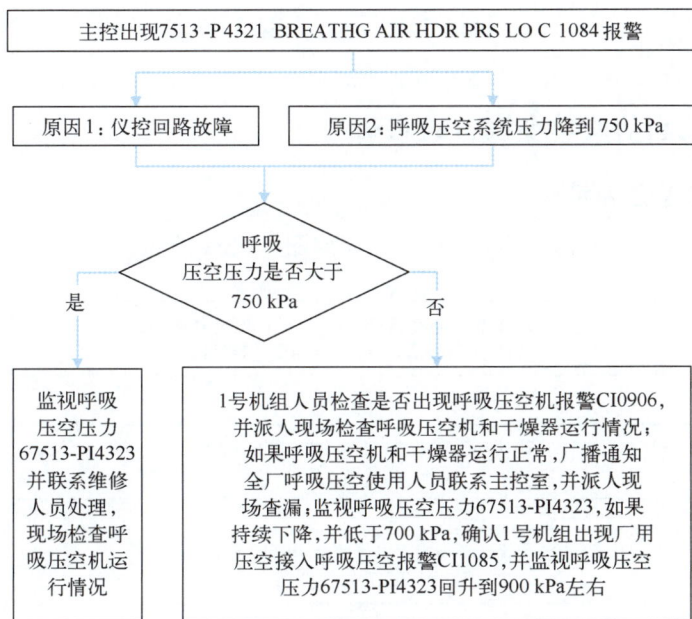

图16-4-15　CI 906报警响应处理流程图14

5）主控出现"7513PL4076 BREATH AIR COMP OFF C1087"报警时的响应，如图16-4-16所示。

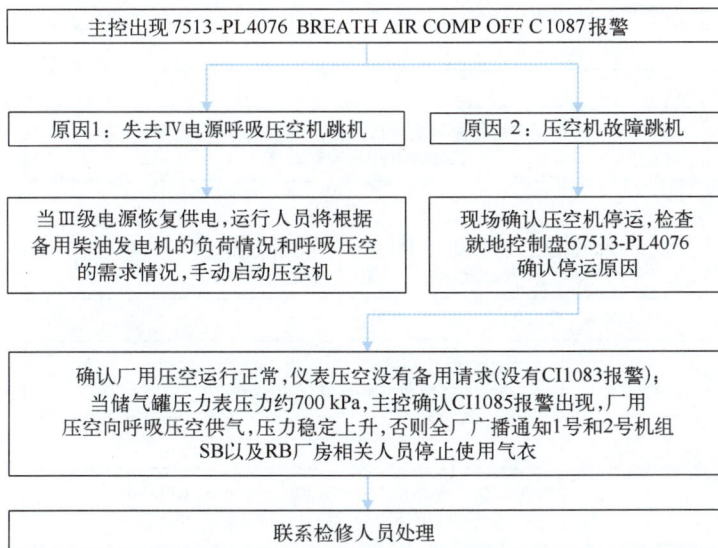

主控出现7513-PL4076 BREATH AIR COMP OFF C1087报警

原因1：失去Ⅳ电源呼吸压空机跳机　　原因2：压空机故障跳机

当Ⅲ级电源恢复供电，运行人员将根据备用柴油发电机的负荷情况和呼吸压空的需求情况，手动启动压空机

现场确认压空机停运，检查就地控制盘67513-PL4076确认停运原因

确认厂用压空运行正常，仪表压空没有备用请求(没有CI1083报警)；当储气罐压力表压力约700 kPa，主控确认CI1085报警出现，厂用压空向呼吸压空供气，压力稳定上升，否则全厂广播通知1号和2号机组SB以及RB厂房相关人员停止使用气衣

联系检修人员处理

图16-4-16　CI 906报警响应处理流程图15

16.5　主要操作

16.5.1　系统的启动或单个设备的启动

16.5.1.1　启动 1 号压缩机

目的:呼吸压空机在维修后启动,简要流程如图 16-5-1 所示。

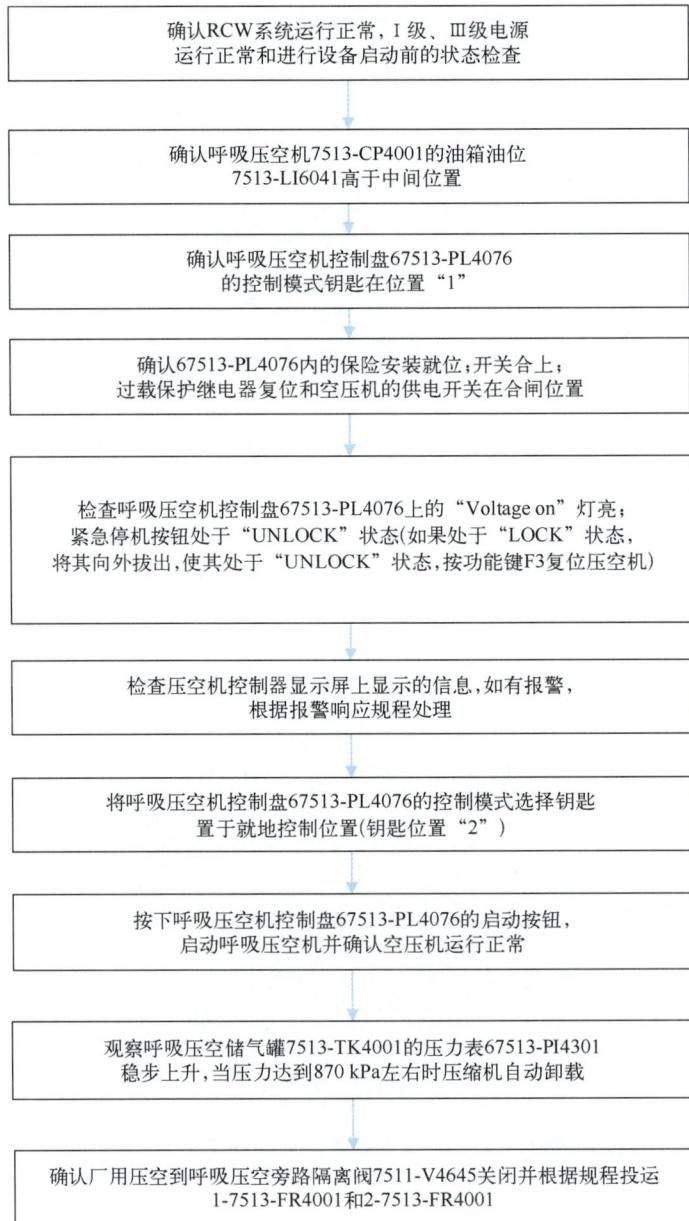

```
┌─────────────────────────────────────────────┐
│ 确认RCW系统运行正常,Ⅰ级、Ⅲ级电源             │
│ 运行正常和进行设备启动前的状态检查            │
└─────────────────────────────────────────────┘
                    ↓
┌─────────────────────────────────────────────┐
│ 确认呼吸压空机7513-CP4001的油箱油位           │
│ 7513-LI6041高于中间位置                       │
└─────────────────────────────────────────────┘
                    ↓
┌─────────────────────────────────────────────┐
│ 确认呼吸压空机控制盘67513-PL4076              │
│ 的控制模式钥匙在位置"1"                        │
└─────────────────────────────────────────────┘
                    ↓
┌─────────────────────────────────────────────┐
│ 确认67513-PL4076内的保险安装就位;开关合上;     │
│ 过载保护继电器复位和空压机的供电开关在合闸位置 │
└─────────────────────────────────────────────┘
                    ↓
┌─────────────────────────────────────────────┐
│ 检查呼吸压空机控制盘67513-PL4076上的"Voltage on"灯亮; │
│ 紧急停机按钮处于"UNLOCK"状态(如果处于"LOCK"状态,       │
│ 将其向外拔出,使其处于"UNLOCK"状态,按功能键F3复位压空机) │
└─────────────────────────────────────────────┘
                    ↓
┌─────────────────────────────────────────────┐
│ 检查压空机控制器显示屏上显示的信息,如有报警,  │
│ 根据报警响应规程处理                          │
└─────────────────────────────────────────────┘
                    ↓
┌─────────────────────────────────────────────┐
│ 将呼吸压空机控制盘67513-PL4076的控制模式选择钥匙 │
│ 置于就地控制位置(钥匙位置"2")                  │
└─────────────────────────────────────────────┘
                    ↓
┌─────────────────────────────────────────────┐
│ 按下呼吸压空机控制盘67513-PL4076的启动按钮,   │
│ 启动呼吸压空机并确认空压机运行正常            │
└─────────────────────────────────────────────┘
                    ↓
┌─────────────────────────────────────────────┐
│ 观察呼吸压空储气罐7513-TK4001的压力表67513-PI4301 │
│ 稳步上升,当压力达到870 kPa左右时压缩机自动卸载 │
└─────────────────────────────────────────────┘
                    ↓
┌─────────────────────────────────────────────┐
│ 确认厂用压空到呼吸压空旁路隔离阀7511-V4645关闭并根据规程投运 │
│ 1-7513-FR4001和2-7513-FR4001                  │
└─────────────────────────────────────────────┘
```

图 16-5-1　1 号压缩机启动简易流程图

16.5.1.2 启动过滤器

目的:当 1 号机组过滤器 1-7513-FR4001 检修或维护完毕后启动,过滤器启动简易流程如图 16-5-2 及图 16-5-3 所示。

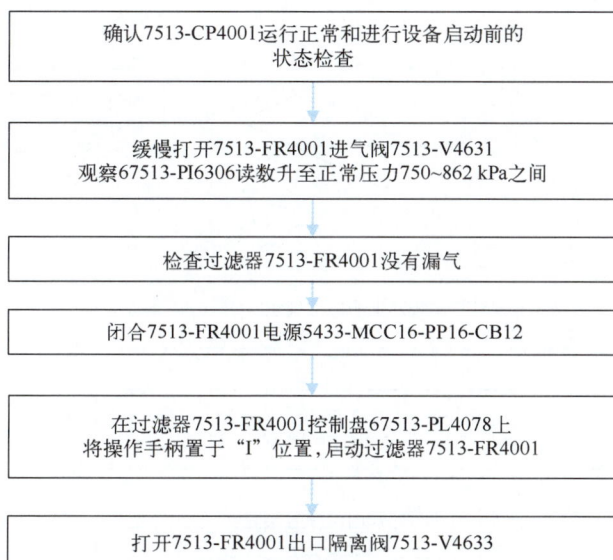

确认7513-CP4001运行正常和进行设备启动前的
状态检查

缓慢打开7513-FR4001进气阀7513-V4631
观察67513-PI6306读数升至正常压力750~862 kPa之间

检查过滤器7513-FR4001没有漏气

闭合7513-FR4001电源5433-MCC16-PP16-CB12

在过滤器7513-FR4001控制盘67513-PL4078上
将操作手柄置于"I"位置,启动过滤器7513-FR4001

打开7513-FR4001出口隔离阀7513-V4633

图 16-5-2　过滤器启动简易流程(1 号机组适用)

目的:2 号机组过滤器 2-7513-FR4001 检修或维护完毕后启动。

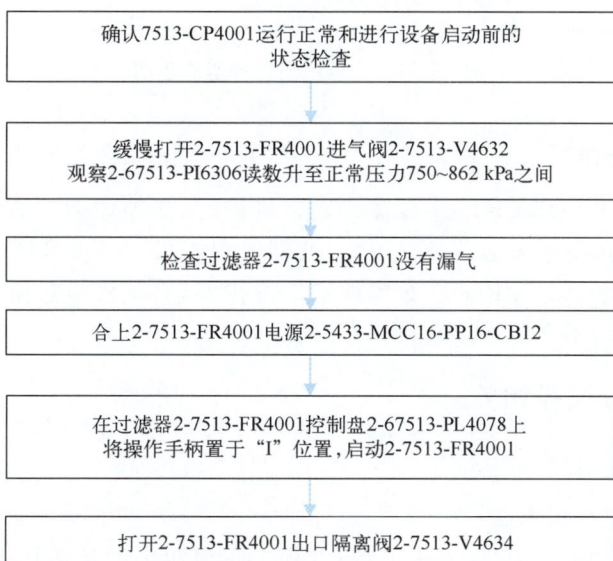

确认7513-CP4001运行正常和进行设备启动前的
状态检查

缓慢打开2-7513-FR4001进气阀2-7513-V4632
观察2-67513-PI6306读数升至正常压力750~862 kPa之间

检查过滤器2-7513-FR4001没有漏气

合上2-7513-FR4001电源2-5433-MCC16-PP16-CB12

在过滤器2-7513-FR4001控制盘2-67513-PL4078上
将操作手柄置于"I"位置,启动2-7513-FR4001

打开2-7513-FR4001出口隔离阀2-7513-V4634

图 16-5-3　过滤器启动简易流程图(2 号机组适用)

16.5.2　单设备停役操作

16.5.2.1　停运 1 号压缩机

目的:当压空机需要停运维护时,依照下列规程停运压空机,如图 16-5-4 所示。

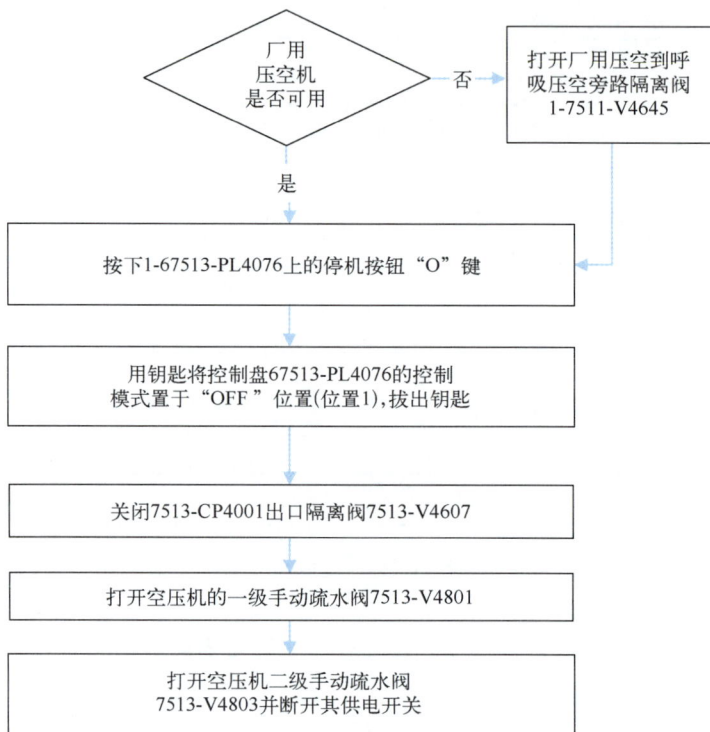

```
                                                   ┌─────────────────┐
          ╱╲  厂用                            否    │ 打开厂用压空到呼  │
         ╱  ╲ 压空机  ─────────────────────────────▶│ 吸压空旁路隔离阀  │
         ╲  ╱ 是否可用                             │ 1-7511-V4645    │
          ╲╱                                        └────────┬────────┘
           │ 是                                              │
           ▼                                                 │
  ┌────────────────────────────────────┐                    │
  │ 按下1-67513-PL4076上的停机按钮"O"键  │◀───────────────────┘
  └───────────────┬────────────────────┘
                  ▼
  ┌────────────────────────────────────┐
  │ 用钥匙将控制盘67513-PL4076的控制      │
  │ 模式置于"OFF"位置(位置1),拔出钥匙    │
  └───────────────┬────────────────────┘
                  ▼
  ┌────────────────────────────────────┐
  │ 关闭7513-CP4001出口隔离阀7513-V4607  │
  └───────────────┬────────────────────┘
                  ▼
  ┌────────────────────────────────────┐
  │ 打开空压机的一级手动疏水阀7513-V4801  │
  └───────────────┬────────────────────┘
                  ▼
  ┌────────────────────────────────────┐
  │ 打开空压机二级手动疏水阀             │
  │ 7513-V4803并断开其供电开关           │
  └────────────────────────────────────┘
```

图 16-5-4　1 号压缩机停运流程图

16.5.2.2　停运过滤器

目的:当过滤器 1-7513-FR4001 故障或定期维护时,必须停运过滤器以便维修或维护,过滤器可以单独停运,不必停运压空机,停过滤器流程如图 16-5-5 和图 16-5-6 所示。

目的:当过滤器 2-7513-FR4001 故障或定期维护时,必须停运过滤器以便维修或维护,过滤器可以单独停运,不必停运压空机。

16.5.3　应急运行规程相关

16.5.3.1　失去Ⅳ级电源

· 1 号机组失去Ⅳ级电源

呼吸压空机 1-7513-CP4001 失去电源;在失去Ⅳ电源之后和在Ⅲ级电源可用之前的期间,SB 及 RB 厂房将失去呼吸压空。当Ⅲ级电源恢复供电,运行人员根据备用柴油发电机的负荷情况和呼吸压空的需求情况,手动启动空压机。

1-7513-FR4001 失去电源(当Ⅲ级电源恢复供电时,过滤器将自动启动,运行人员应在

```
┌─────────────────────────┐      ┌─────────────────────────┐
│打开7513-FR4001旁路阀      │      │打开2-7513-FR4001旁路阀     │
│7513-V4619               │      │2-7513-V4620             │
└─────────────────────────┘      └─────────────────────────┘
           │                                │
┌─────────────────────────┐      ┌─────────────────────────┐
│将67513-PL4078上的操作手柄  │      │将2-67513-PL4078上的操作手柄 │
│置于"O"位置,确认67513-PL4078│      │置于"O"位置,确认2-67513-PL4078│
│上的指示灯灭              │      │上的指示灯灭              │
└─────────────────────────┘      └─────────────────────────┘
           │                                │
┌─────────────────────────┐      ┌─────────────────────────┐
│断开7513-FR4001电源        │      │断开2-7513-FR4001电源       │
│5433-MCC16-PP16-CB12     │      │2-5433-MCC16-PP16-CB12   │
└─────────────────────────┘      └─────────────────────────┘
           │                                │
┌─────────────────────────┐      ┌─────────────────────────┐
│关闭7513-FR4001入口隔离阀   │      │关闭2-7513-FR4001入口隔离阀  │
│7513-V4631和出口隔离阀      │      │2-7513-V4632和出口隔离阀    │
│1-7513-V4633             │      │2-7513-V4634             │
└─────────────────────────┘      └─────────────────────────┘
```

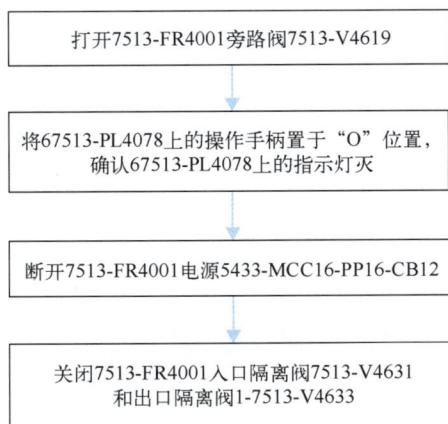

图 16-5-5　过滤器停运流程图(1 号机组适用)　　图 16-5-6　过滤器停运流程图(2 号机组适用)

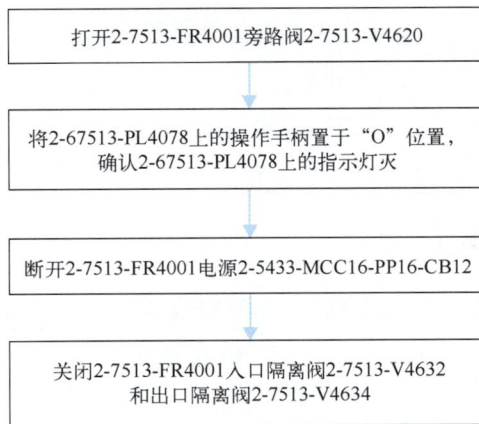

就地 67513-PL4078 控制盘上手动复位,消除报警)。

· 2 号机组失去Ⅳ级电源

1-7513-FR4001 失去电源(当Ⅲ级电源恢复供电时,过滤器将自动启动,运行人员应在就地 67513-PL4078 控制盘上手动复位,消除报警)。

16.5.3.2　失去Ⅲ级电源

1-7513-CP4001 失电(当Ⅲ级电源恢复供电时,运行人员根据备用柴油发电机的负荷情况,手动启动空压机)。

7513-FR4001 失去电源(当Ⅲ级电源恢复供电时,过滤器将自动启动,运行人员应在就地 67513-PL4078 控制盘上手动复位,消除报警)。

16.5.3.3　失去Ⅱ级电源

报警不可用。

16.5.3.4　失去Ⅰ级电源

· 1 号机组失去Ⅰ级电源

呼吸压空机不可用。

· 2 号机组失去Ⅰ级电源

没有影响。

16.5.3.5　失去仪表压空

安全壳隔离阀 7314-PV46/47 将关闭;

反应堆厂房呼吸压空不可用。

16.5.3.6　失去冷却水

· 1 号机组失去冷却水

空压机 1-7513-CP4001 由于润滑油温度高,空压机出口温度高等而停机。

当 RCW 压力低或温度高时,空压机的冷却水将自动切换至由生活水供应。

· 2 号机组失去冷却水

对呼吸压空系统没有影响。

16.5.3.7　失去电站控制计算机

失去 CRT 报警。

16.5.3.8　失去其他服务系统

失去生活水,使空压机失去备用冷却水。

16.5.4　其他

16.5.4.1　压空机本体参数修改

目的:调整压空机本体的正常运行参数,保护参数以及保养参数(本节规程只是向运行人员说明,压空机控制盘上的参数可以修改以及如何修改,但并不建议在运行期间对压空机的参数进行重新设定),如图 16-5-7 所示。

16.5.4.2　压空机维护周期重新计数

目的:压空机本体的控制器(1-67513-PL4076)持续监视压空机润滑油,电机轴承,油过滤器,空气过滤器等设备的参数,每次采集到的参数均与控制器本身存储的时间间隔或压降等设定值比较,如果超过了设定值,则在控制器显示屏上出现"Service Required",由于空压机实际维护周期与控制器本身存储的时间间隔不一致,现场应以空压机实际维护周期为准,因此运行人员应发邮件通知维修人员,由维修人员决定是否复位或维护。如运行

确认压空机运行正常,系统没有报警

在67513-PL4076按主显示屏上的"MENU"键(F1键),显示主菜单

用翻页键和"select"键(F2键),选择分菜单"Modify setting"

通过翻页键和"select"键(F2键),选择到"Regulation","Protections","Service"选项

用翻页键来选择需要修改的设定值

按"Modify"键(F2键)和使用翻页键,修改设定值

按"prog"键(F1键),编制新的设定值;或按"Cancel"键(F3键)取消修改操作

按"Menu"键(F1键)返回上一级菜单,使用翻页键选择其他所需选项,并依照同样的步骤进行修改

所有修改完成后,按"Menu"键(F1键)返回主菜单

图 16-5-7　修改参数流程图

人员需要了解最近一次空压机维护的时间,可以在 TEAM 系统中查看空压机定期维护的 WR,如图 16-5-8 所示。

16.5.4.3　压空机保护动作后的复位

目的:压空机本体的控制器(1-67513-PL4076)持续监视压空机的压力,气、冷却水以及润滑油温度等保护性参数,每次采集到的参数均与控制器本身存储的参数设定值比较,如果超过了设定值,则压空机会立即自动停机,在控制器显示屏上出现停机报警信息并不断闪烁。此时应及时通知维修部门进行维修,故障排除后,由维修人员依照下列规程复位停机报警信息,如图 16-5-9 所示。

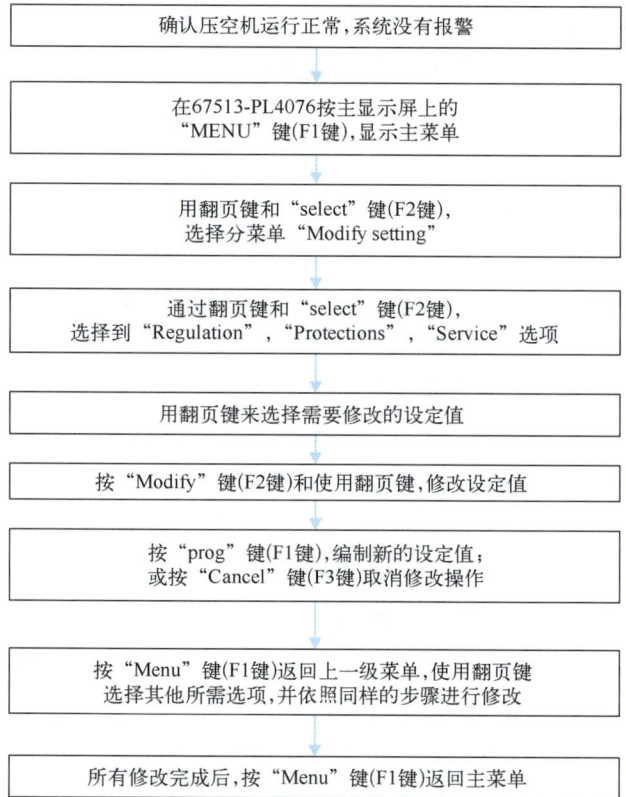

确认压空机运行正常,系统没有报警

在67513-PL4076按主显示屏上的
"MENU"键(F1键),显示主菜单

用翻页键和"select"键(F2键),选择分菜单"Service"

按"select"键(F2键)和使用翻页键,
选择所需要的选项

按"select"键(F2键)找到检测到的参数

按"Reset"键(F3键)将维护周期重新设为0

按"Menu"键(F1键)返回上一级菜单,使用翻页键,
选择其他所需要的选项

按"Menu"键(F1键)返回上主菜单

图 16-5-8　设定维护周期图

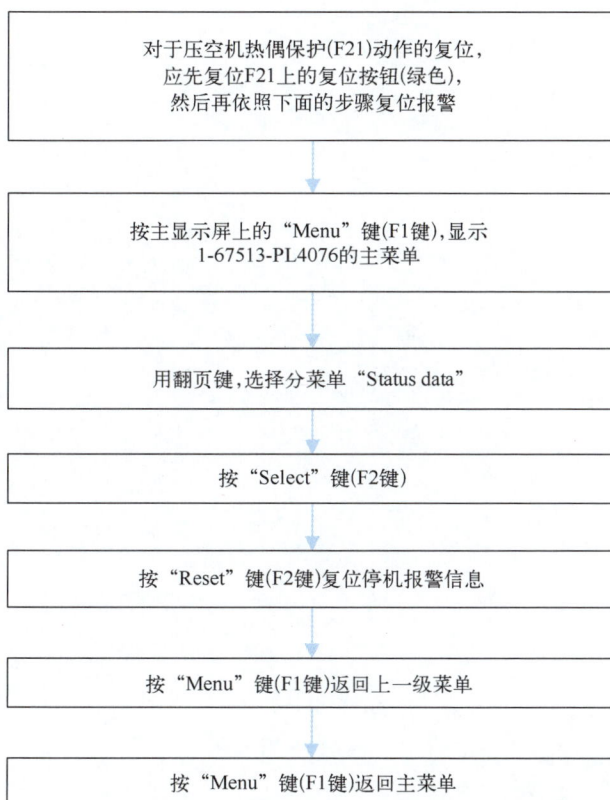

对于压空机热偶保护(F21)动作的复位,
应先复位F21上的复位按钮(绿色),
然后再依照下面的步骤复位报警

按主显示屏上的"Menu"键(F1键),显示
1-67513-PL4076的主菜单

用翻页键,选择分菜单"Status data"

按"Select"键(F2键)

按"Reset"键(F2键)复位停机报警信息

按"Menu"键(F1键)返回上一级菜单

按"Menu"键(F1键)返回主菜单

图 16-5-9　报警信息复位流程图

复习思考题

1. 呼吸压空系统的功能是什么?

参考答案:

它一般用于反应堆厂房和辅助厂房中可能存在放射性气溶胶的工作区域,向工作人员提供呼吸面罩和塑料衣供气,用于工作人员的呼吸和身体所需舒适的温度。

2. 呼吸压空的品质有什么要求?

参考答案:

呼吸压空应是清洁、无油、湿润和无味的。

第十七章　水厂预处理系统 (71610)

内容介绍

课程名称:水厂预处理系统
JRTR 编码:FC351
课程时间:12 学时

学员:现场操作员
学员条件:完成本系统的课堂部分培训

培训目标:

1. 陈述系统现场工艺布置和设备布置状况;

2. 陈述系统人机界面和单元控制功能;

3. 叙述系统存在的风险和运行良好实践;

4. 陈述系统相关的运行参数;

5. 根据 9801-71610-OM-001 正确完成相应的系统操作:

1) 隔离及投运预混箱和絮凝箱;

2) 隔离、排空及投运澄清池;

3) 隔离及投运压力过滤器;

4) 反洗压力过滤器;

5) 运行压泥机。

教学方式及教学用具:

培训方式:课堂培训、岗位培训

教员需要:

a.流程图:9801-71610-1-1-OF-A1;9801-71610-1-2-OF-A1;9801-71610-1-3-OF-A1;9801-75110-1-6-OF-A1;9801-75120-1-11-OF-A1;9801-71810-1-1-OF-A1;9801-71510-1-7-OF-A1;

b.电脑;

c.运行手册:9801-71610-OM-001;

d.白板等。

教员需要：本教材、流程图

考核方法：现场考核(实际操作和模拟相结合)、口试

17.1 系统设备

17.1.1 系统描述

从秦山一期、秦山二期来的原水经过两个流量调节阀进入室外加氯接触池,在与次氯酸钠充分混合后,进入2个预混箱。在预混箱中由搅拌器快速转动,将加入的高锰酸钾溶液、氢氧化钠溶液与水混合均匀,然后进入2个絮凝池。在絮凝池中由搅拌器慢速转动,使加入的三氯化铁、聚合氯化铝、硫酸与水混合均匀,形成矾花,然后流经配水盒,进入2个澄清池。在澄清池中,清水由顶部流入澄清水池,然后由清水井泵打入2个压力过滤器,在压力过滤器出口,根据余氯的含量,适当添加次氯酸钠,然后进入2个生活水储存箱,供给各生活水用户。

系统的流程简图见图 17-1-1：

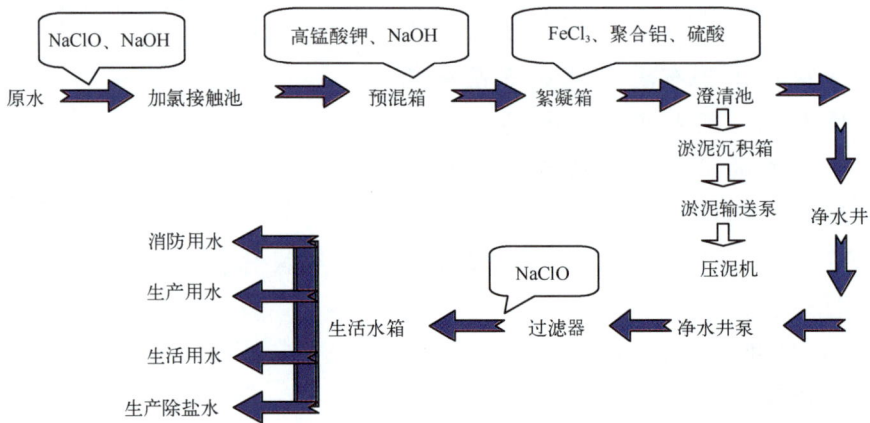

图 17-1-1 水厂预处理系统的流程简图

整个水厂预处理系统由 PLC 进行自动或半自动控制,通过 HMI 上提供的各种软操作,运行人员可以在控制室实现整个系统的监控。

17.1.2 现场布置

所有预处理系统的设备布置于水厂一楼(WTP100 m层),具体的设备布置参照表17-1-1：

表 17-1-1 设备现场布置位置

设备编号	设备名称	现场位置
7161-TK4007	加氯接触池	WTP EL100 m
7161-TK4003/TK4005	预混箱	WTP EL100 m

设备编号	设备名称	现场位置
7161-TK4004/TK4006	絮凝箱	WTP EL100 m
7161-CF4001/CF4002	澄清池	WTP EL100 m
7161-P6004/P6005/P6006	污泥循环泵	WTP EL100 m
7161-P6007/P6008/P6009/P6010	澄清池排泥泵	WTP EL100 m
7161-TK4008	淤泥箱	WTP EL100 m
7161-P6021/P6022	淤泥传输泵	WTP EL100 m
7161-FP6001	压泥机	WTP EL100 m
7161-SU4003	过滤水/沉淀坑	WTP EL100 m
7161-P4013/P4015	脱泥清水地坑泵	WTP EL100 m
7161-SU4001	净水井	WTP EL100 m
7161-P4001/P4002/P4003	净水井泵	WTP EL100 m
7161-FR6001/FR6002/FR6003	压力过滤器	WTP EL100 m
7161-P6017/P6018	压力过滤器反洗水泵	WTP EL100 m
7161-B6019	过滤器擦洗风机	WTP EL100 m
7161-SU4002	压力过滤器反冲洗地坑	WTP EL100 m
7161- P4012/P4014	压力过滤器反洗地坑泵	WTP EL100 m
7161-TK4001/TK4002	生活水箱	WTP EL100 m
7164-P6001/P6002	高量程 NaClO 投加泵	WTP EL100 m
7164-P6003/P6004	低量程 NaClO 投加泵	WTP EL100 m
7164-P6005/P6006	滤后水 NaClO 投加泵	WTP EL100 m
7164- P6007/P6008	加氯池碱泵	WTP EL100 m
7164- P6009/P6010	预混箱碱泵	WTP EL100 m
7164- P6015/P6016	高锰酸钾投加泵	WTP EL100 m
7164-TK6004/TK6005	高锰酸钾储存箱	WTP EL100 m
7164-P6011/P6012	三氯化铁投加泵	WTP EL100 m
7164-TK6001	三氯化铁储存箱	WTP EL100 m
7164-P6013/P6014	助凝剂投加泵	WTP EL100 m
7164-TK6002/TK6003	助凝剂储存箱	WTP EL100 m
7164- P6021/P6022	絮凝箱酸泵	WTP EL100 m
7164- P6017/P6018	预膜剂投加泵	WTP EL100 m
7164-TK6007	预膜剂储存箱	WTP EL100 m
7164- P6019/P6020	污泥浓缩剂投加泵	WTP EL100 m
7164-TK6006	污泥浓缩剂储存箱	WTP EL100 m

17.1.3　系统接口

1) 超滤和反渗透系统(71660)：为水厂超滤和反渗透系统提供足够量的合格原水。

2) 生活水分配系统(71510)：生产出满足生活饮用水标准的生产用水向1号和2号机组提供生产、设备冷却和厂区生活用水。

3) 应急水系统(34610)：为EWS水库提供足量合格的电站应急水。

4) 消防水系统(71410)：为EWS水库和模拟体厂房提供足够量的合格消防水。

17.1.4　就地控制盘台

预处理系统的泵、搅拌机、风机等设备在现场都有控制盘柜，每个控制盘柜上都有就地选择开关，这些选择开关有三个位置："HAND"，"AUTO"，"OFF"。系统中的计量泵都有变频器(VFD)参与控制，在正常情况下变频器(VFD)正常输出并且计量泵的选择开关被设置在"AUTO"，计量泵由PLC进行控制。在紧急状态或者有特殊要求时，可以通过操作就地选择开关旁路PLC控制。具体的就地控制盘柜编号见表17-1-2。

表 17-1-2　就地控制盘柜编号

设备编号	设备名称	对应手动开关编号	就地控制盘柜编号
7161-MXM6025	1号预混箱搅拌机	67161-HS-6025	67161-PL4179
7161-MXM6027	2号预混箱搅拌机	67161-HS-6027	67161-PL4181
7161-MXM6024	1号絮凝箱搅拌机	67161-HS-6024	67161-PL4180
7161-MXM6026	2号絮凝箱搅拌机	67161-HS-6026	67161-PL4182
7161-MXM6029	1号澄清池搅拌机	67161-HS-6029	67161-PL4187
7161-MXM6023	1号澄清池耙泥机	67161-HS-6023	67161-PL4187
7161-MXM6030	2号澄清池搅拌机	67161-HS-6030	67161-PL4183
7161-MXM6022	2号澄清池耙泥机	67161-HS-6022	67161-PL4183
7161-P6004	1号污泥循环泵	67161-HS-6004	67161-PL4186
7161-P6005	2号污泥循环泵	67161-HS-6005	67161-PL4186
7161-P6006	3号污泥循环泵	67161-HS-6006	67161-PL4186
7161-P6007	1号澄清池1号排泥泵	67161-HS-6007	67161-PL4185
7161-P6008	1号澄清池2号排泥泵	67161-HS-6008	67161-PL4185
7161-P6009	2号澄清池1号排泥泵	67161-HS-6009	67161-PL4189
7161-P6010	2号澄清池2号排泥泵	67161-HS-6010	67161-PL4189
7161-MXM6028	污泥浓缩池搅拌机	67161-HS-6028	67161-PL4194
7161-P6021	1号淤泥传输泵	67161-HS-6021	67161-PL4195
7161-P6022	2号淤泥传输泵	67161-HS-6022	67161-PL4195
7161-FP6001	压泥机	/	67161-PL4196
7161-P4001	1号净水井泵	67161-HS-4001	67161-PL4190
7161-P4002	2号净水井泵	67161-HS-4002	67161-PL4190

设备编号	设备名称	对应手动开关编号	就地控制盘柜编号
7161-P4003	3号净水井泵	67161-HS-4003	67161-PL4190
7161-FR6001	1号压力过滤器	/	67161-PL4197
7161-FR6002	2号压力过滤器	/	67161-PL4198
7161-FR6003	3号压力过滤器	/	67161-PL4199
7161-B6019	过滤器擦洗风机	67161-HS-6019	67161-PL4200
7161-P6017	压力过滤器1号反洗水泵	67161-HS-6017	67161-PL4201
7161-P6018	压力过滤器2号反洗水泵	67161-HS-6018	67161-PL4201
7161-P4012	过滤器1号反洗地坑泵	67161-HS-4012	67161-PL4191
7161-P4014	过滤器2号反洗地坑泵	67161-HS-4014	67161-PL4191
7164-P6001	1号高量程 NaClO 投加泵	67164-HS-6001	67164-PL4202
7164-P6002	2号高量程 NaClO 投加泵	67164-HS-6002	67164-PL4202
7164-P6003	1号低量程 NaClO 投加泵	67164-HS-6003	67164-PL4203
7164-P6004	2号低量程 NaClO 投加泵	67164-HS-6004	67164-PL4203
7164-P6005	1号滤后水 NaClO 投加泵	67164-HS-6005	67164-PL4204
7164-P6006	2号滤后水 NaClO 投加泵	67164-HS-6006	67164-PL4204
7164-P6007	1号加氯池碱泵	67164-HS-6007	67164-PL4205
7164-P6008	2号加氯池碱泵	67164-HS-6008	67164-PL4205
7164-P6009	1号预混箱碱泵	67164-HS-6009	67164-PL4206
7164-P6010	2号预混箱碱泵	67164-HS-6010	67164-PL4206
7164-P6011	1号三氯化铁投加泵	67164-HS-6011	67164-PL4207
7164-P6012	2号三氯化铁投加泵	67164-HS-6012	67164-PL4207
7164-P6021	1号絮凝箱酸泵	67164-HS-6021	67164-PL4212
7164-P6022	2号絮凝箱酸泵	67164-HS-6022	67164-PL4212
7164-P6015	1号高锰酸钾投加泵	67164-HS-6015	67164-PL4208
7164-P6016	2号高锰酸钾投加泵	67164-HS-6016	67164-PL4208
7161-MXM6036	高锰酸钾储存箱搅拌机	67164-HS-6036	67164-PL4208
7164-P6013	1号助凝剂投加泵	67164-HS-6013	67164-PL4211
7164-P6014	2号助凝剂投加泵	67164-HS-6014	67164-PL4211
7161-MXM6024	助凝剂储存箱搅拌机	67164-HS-6024	67164-PL4211
7164-P6017	1号预膜剂投加泵	67164-HS-6017	67164-PL4209
7164-P6018	2号预膜剂投加泵	67164-HS-6018	67164-PL4209
7161-MXM6025	预膜剂储存箱搅拌机	67164-HS-6025	67164-PL4209
7164-P6019	1号污泥浓缩剂投加泵	67164-HS-6019	67164-PL4210
7164-P6020	2号污泥浓缩剂投加泵	67164-HS-6020	67164-PL4210
7161-MXM6026	污泥浓缩剂储存箱搅拌机	67164-HS-6026	67164-PL4210

17.1.5　预处理系统的组成

1. 加氯接触池(7161-TK4007)

主要作用是通过低量程次氯酸钠、高量程次氯酸钠以及 NaOH 的计量添加装置把相应的药品添加到加氯接触池的上游进水母管,以除去原水中的氨,并保持接触箱内的 pH=8.0。

2. 预混箱(7161-TK4003/TK4005)

主要作用是将高锰酸钾、NaOH 以及来自淤泥循环泵的淤泥水注入到预混箱中。以除去水中的臭味、抑制藻类的生长及除锰、除铁等,并减小水的硬度。

3. 絮凝箱(7161-TK4004/TK4006)

主要作用是将聚合氯化铝、$FeCl_3$ 以及硫酸直接注入到絮凝箱,使原水中的胶体杂质失去电性形成可见微小的矾花。

4. 澄清池(7161-CF4001/CF4002)

澄清池是一个圆锥形的水泥结构,装有转动机构和靶组件。澄清池是能够同时实现混凝剂与原水的混合、反应和絮体沉降三种功能的设备。它利用的是接触凝聚原理,即为了强化混凝过程,在池中让已经生成的絮凝体悬浮在水中成为悬浮泥渣层(接触凝聚区),当投加混凝剂的水通过它时,废水中新生成的微絮粒被迅速吸附在悬浮泥渣上,从而能够达到良好的去除效果。所以澄清池的关键部分是接触凝聚区。保持泥渣处于悬浮、浓度均匀稳定的工作条件已成为所有澄清池的共同特点。

5. 污泥循环泵(7161-P6004/P6005/P6006)

主要作用是把澄清池和浓缩箱的排污打回预混箱。这些泵可以通过 HMI 上的操作手柄来操作,手动阀用来隔离泵以备检修。

6. 澄清池排泥泵(7161-P6007/P6008/P6009/P6010)

主要作用是把污泥打到浓缩箱。通过软手操来控制空气供给电磁阀(在 HMI 上)来控制澄清池污泥传输泵运行。两个空气供给电磁阀都在自动位置。PLC 在澄清池排污时相应地启动一台100%的泵。泵管道上的手动阀是用来在检修时隔离泵的。

7. 淤泥箱(7161-TK4008)

主要作用是收集澄清池排出的污泥,然后通过淤泥传输泵输送到压泥机中。浓缩箱是混凝土结构锥形容器,里面装有耙子。

8. 淤泥传输泵(7161-P6021/P6022)

主要作用是将淤泥箱中的淤泥传输到压泥机里。

9. 压泥机(7161-FP6001)

主要作用是将淤泥箱中传输来的淤泥通过压泥机制成泥饼。

10. 过滤水/沉淀坑(7161-SU4003)

主要作用是接收来自压泥机的过滤水和来自淤泥排水。

11. 脱泥清水地坑泵(7161-P4013/P4015)

主要作用是将来自过滤水/沉淀坑的污水打回至原水进水母管。

12. 净水井(7161-SU4001)

主要作用是调节水厂澄清池出水量和生活水箱用水量之间的水量差额。并为双介质过滤器提供服务水和冲洗水。

13. 净水井泵(7161-P4001/P4002/P4003)

主要作用是利用 $3 \times 50\%$ 立式水泵给 3 个双介质过滤器提供服务水和冲洗水。

14. 压力过滤器(7161-FR6001/FR6002/FR6003)

主要作用是除去水中的悬浮物、机械杂质、有机物等,向生活水箱提供满足生活饮用标准的生产用水和生活用水。

15. 压力过滤器反洗水泵(7161-P6017/P6018)

主要作用是给压力过滤器提供反冲洗水源。PLC 根据需要启动泵进行反冲洗。两台泵均应在 HMI 上处于"AUTO"状态。

16. 过滤器擦洗风机(7161-B6019)

主要作用是为压力过滤器反洗时提供空气擦洗的风力。

17. 压力过滤器反冲洗地坑(7161-SU4002)

主要作用是接收来自压力过滤器反冲洗的排水。

18. 压力过滤器反洗地坑泵(7161-P4012/P4014)

主要作用是将来自压力过滤器反冲洗地坑的污水打回至原水进水母管。

19. 生活水箱(7161-TK4001/TK4002)

主要作用是贮存预处理后的满足生活饮用标准的生产和生活用水,并同时为生活水分配系统(71510 系统)和水厂除盐系统(71620 系统)提供足够量的原水。两个生活水箱之间是相互连接在一起的,以维持相同的体积和压头。

20. 高量程 NaClO 投加泵(7164-P6001/P6002)

主要作用是向加氯接触池的上游提供 0.8% 的 NaClO,并在低量程 NaClO 泵出口的下游与原水相混合。

21. 低量程 NaClO 投加泵(7164-P6003/P6004)

主要作用是用来在原水入口管线的加氯接触池上游注入 0.8% NaClO 溶液。

22. 滤后水 NaClO 投加泵(7164-P6005/P6006)

主要作用是把浓度为 0.8% 的次氯酸钠溶液打到压力过滤器下游,也就是过滤水的公共出口管线上。

23. 加氯池碱泵(7164-P6007/P6008)

主要作用是将 30% 的 NaOH 注入到接触箱的上游、NaClO 注入口的下游,保持接触箱内的 pH$=8.0$,以加强加氯后除去氨和有机物的能力。

24. 预混箱碱泵(7164-P6009/P6010)

主要作用是将 30% 的 NaOH 溶液注入预混箱使箱中使 pH 等于 9.0,以加强高锰酸钾除铁、锰的效率。

25. 高锰酸钾投加泵(7164-P6015/P6016)

主要作用是将 1.0% 的高锰酸钾送入预混箱,控制所有的锰离子浓度低于 1×10^{-6}。

26. 高锰酸钾储存箱(7164-TK6004/TK6005)

主要作用是为预混箱添加的高锰酸钾配制溶液。

27. 三氯化铁投加泵(7164-P6011/P6012)

主要作用是用来把凝聚剂三氯化铁打到絮凝箱里。

28. 三氯化铁储存箱(7164-TK6001)

主要作用是为絮凝箱添加的三氯化铁配制溶液。

29.助凝剂(聚合氯化铝)投加泵(7164-P6013/P6014)

主要作用是把助凝剂(聚合氯化铝)传输到絮凝箱里。

30.助凝剂(聚合氯化铝)储存箱(7164-TK6002/TK6003)

主要作用是为絮凝箱添加的助凝剂(聚合氯化铝)配制溶液。

31.絮凝箱酸泵(7164-P6021/P6022)

主要作用是将浓度为98%的硫酸输送到絮凝箱里,用来降低pH到7.0。以获得更好的絮凝效果。

32.预膜剂(硅藻土)投加泵(7164-P6017/P6018)

主要作用是将预膜剂(硅藻土)送入淤泥箱和压泥机中。

33.预膜剂(硅藻土)储存箱(7164-TK6007)

主要作用是为淤泥箱和压泥机添加的预膜剂(硅藻土)配制溶液。

34.污泥浓缩剂(聚乙酰胺)投加泵(7164-P6019/P6020)

主要作用是把污泥浓缩剂(聚乙酰胺)传输到淤泥浓缩箱里。

35.污泥浓缩剂(聚乙酰胺)储存箱(7164-TK6006)

主要作用是为淤泥箱添加的污泥浓缩剂(聚乙酰胺)配制溶液。

17.1.6　取样点

为了对预处理系统各部分的化学指标进行有效控制,确保生产出来的生活水水质能满足各工艺系统的技术要求,需要对本系统水质定期进行取样监测。

原水取样　　　　　　　　7161-V4820
预混箱出口　　　　　　　7161-V6811/6812
絮凝箱出口　　　　　　　7161-V6189/6190
1号澄清池取样　　　　　7161-V6831/6833/6835/6837/6839
2号澄清池取样　　　　　7161-V6832/6834/6836/6838/6840
高压过滤器出口总管　　　7161-V4805
生活水箱取样　　　　　　67151-PI4322生活水泵进口母管疏水阀

17.2　系统参数

压力:

表17-2-1所示为系统正常运行时压力参数。

表17-2-1　系统正常运行时压力范围

参数名称	单位	正常读数	高报警值	低报警值
秦山一期原水压力(67161-PI6001)	kPa	400~600	不适用	不适用
秦山二期原水压力(67161-PI6002)	kPa	150~250	不适用	不适用

续表

参数名称	单 位	正常读数	高报警值	低报警值
脱泥清水收集坑传输泵出口压力 (67161-PI4013/PI4015)	kPa	100～200	不适用	不适用
澄清水井输送泵出口压力 (67161-PI4001/PI4002/PI4003)	kPa	260～320	不适用	不适用
压力过滤器反洗地坑泵出口压力 (67161-PI4012/PI4014)	kPa	390	不适用	不适用
过滤器擦洗风机出口压力 (67161-PI6019)	kPa	35	不适用	不适用
压力过滤器差压 (67161-PDIS6380)	kPa	小于 100	不适用	不适用
1 号压力过滤器出口差压 (67161-PDIS6371)	kPa	小于 100	不适用	不适用
2 号压力过滤器出口差压 (67161-PDIS6372)	kPa	小于 100	不适用	不适用
3 号压力过滤器出口差压 (67161-PDIS6373)	kPa	小于 100	不适用	不适用
压力过滤器反洗泵出口压力表 (67161-PI6017/PI6018)	kPa	210	不适用	不适用
压力过滤器进口压力 (67161-PI6331/PI6332/PI6333)	kPa	60～120	不适用	不适用
压力过滤器出口压力 (67161-PI6341/PI6342/PI6343)	kPa	60～120	不适用	不适用
淤泥传输泵出口总管压力 (67161-PI6331)	kPa	460	不适用	不适用
低量程 NaClO 投加泵出口压力 (67164-PI6003/PI6004)	kPa	80～120	不适用	不适用
滤后水 NaClO 投加泵出口压力 (67164-PI6005/PI6006)	kPa	50～100	不适用	不适用
三氯化铁投加泵出口压力 (67164-PI6011/PI6012)	kPa	100	不适用	不适用
污泥浓缩剂投加泵出口压力 (67164-PI6019/PI6020)	kPa	550	不适用	不适用
助凝剂投加泵出口压力 (67164-PI6013/PI6014)	kPa	50～100	不适用	不适用

温度：

表 17-2-2 所示为系统正常运行时温度参数。

表 17-2-2   系统正常运行时温度范围

参数名称	单 位	正常读数	高报警值	低报警值
秦山一期原水温度 (67161-TIT6303)	℃	5～35	不适用	不适用
秦山二期原水温度 (67161-TIT6304)	℃	5～35	不适用	不适用

液位：

表 17-2-3 所示为系统正常运行时液位参数。

表 17-2-3   系统正常运行时液位范围

参数名称	单 位	正常读数	高报警值	低报警值
澄清水井液位 (67161-LT4330)	无	15%～95%	95%	15%
脱泥清水收集坑液位 (67161-LT4340)	无	15%～75%	75%	15%
过滤器反洗地坑液位 (67161-LT4335)	无	10%～90%	90%	10%
淤泥箱液位 (67161-LIT6340)	无	小于75%	不适用	75%
生活水箱液位 (67161-LT4401/LT4402)	无	50%～95%	95%	50%
次氯酸钠储存箱液位 (67181-LG4401)	无	10%～95%	95%	10%
三氯化铁储存箱液位 (67164-LG6405)	无	20%～90%	90%	20%
污泥浓缩剂储存箱液位 (67164-LG6430)	无	20%～90%	90%	20%
助凝剂储存箱液位 (67164-LG6430)	无	20%～90%	90%	20%
预膜剂储存箱液位 (67164-LG6425)	无	20%～90%	90%	20%

流量：

表 17-2-4 所示为系统正常运行时流量参数。

表 17-2-4　系统正常运行时流量范围

参数名称	单　位	正常读数	高报警值	低报警值
秦山一期原水供给流量 (67161-FIT6301)	m³/h	实际需求	不适用	不适用
秦山二期原水供给流量 (67161-FIT6302)	m³/h	实际需求	不适用	不适用
反洗空气擦洗流量 (67161-FI6019)	m³/h	689	不适用	不适用
压力过滤器反洗流量 (67161-FI6390)	m³/h	530	不适用	不适用
1 号压力过滤器入口流量 (67161-FIT6351)	m³/h	实际需求	180	不适用
2 号压力过滤器入口流量 (67161-FIT6352)	m³/h	实际需求	180	不适用
3 号压力过滤器入口流量 (67161-FIT6353)	m³/h	实际需求	180	不适用

水质：

表 17-2-5 所示为系统正常运行时水质指标。

表 17-2-5　系统正常运行时水质范围

参数名称	单　位	正常读数	高报警值	低报警值
浊度(67161-AIT6385)	NTU	≤1	1	不适用
余氯	$\times 10^{-6}$	0.2~0.5	0.5	0.2
pH(67161-AIT6320)		6~7.5	7.5	6
色度		无可见颜色	不适用	不适用
油/脂		无油和脂	不适用	不适用

17.3　风险警示和运行实践

17.3.1　风险警示

17.3.1.1　人员风险

在本系统中,使用了多种化学药品,如硫酸、氢氧化钠、三氯化铁等,一旦使用这些化学药品的设备、管道、阀门等发生泄漏,或者采用不当的传送方式时都可能会对人员造成伤害,因此,在进行与化学药品相关的操作或检修活动时,应先确认应急洗眼器和淋浴站可用并做好安措,操作前必须穿戴必要的防护用品,操作过程中必须小心谨慎。

在本系统中,部分设备上装有搅拌机且连续运行,因此,在这些设备上开展相关工作时,需先停止搅拌机运行,以免发生意外。

17.3.1.2　设备风险

在水泵检修后再次投运前,必须先使泵体内充满水;在运行过程中,如发现水泵或电机有异常噪音或者振动,应立即停泵。

由于系统中使用多种化学药品,这些化学药品对金属有强腐蚀性,并且系统所处的环境相对潮湿,因此,设备和管道表面容易被腐蚀,需做好腐蚀工作。

系统中,大多数加药泵都有围堰,因此在配制药品时需注意加水量,并及时关闭注水阀,以免发生溢流而导致泵和电机被淹。

系统中转动设备如搅拌机、风机、水质、气动泵等运行中都需添加润滑油/脂,运行时应注意检查,确保润滑油/脂油位、油质正常,以防设备因无油或油质变坏而损坏。

压泥机在运行前需把泥板排列整齐并与托架垂直,以防泥板在压紧过程中损坏。

在压泥机结束压泥后,清除泥板上的泥饼使用的工具必须是钝而表面光滑的非金属器具,以免在清泥过程中划破滤布。

17.3.2　运行实践

1. 水厂预处理系统的正常控制模式是半自动控制模式。本系统除了压泥机需就地和控制室人机界面(HMI)配合操作外,其他所有操作都可以通过 HMI 上的软操作完成。

2. 泵、搅拌机、风机等设备都有就地选择开关,这些选择开关有三个位置:"HAND","AUTO","OFF"。系统中的计量泵都有变频器(VFD)参与控制,在正常情况下变频器(VFD)正常输出并且计量泵的选择开关被设置在"AUTO",计量泵由 PLC 进行控制。在紧急状态或者有特殊要求时,可以通过操作就地选择开关旁路 PLC 控制。

3. 泵、搅拌机、风机等设备在 HMI 上均有软开关,通过设定这些软开关在"AUTO"或"MANUAL"位置,可以选择这些设备是程序控制或是手动控制。当软开关选择在"MANUAL"位置时,可以按 HMI 上的"START"按钮启动设备,或者是按 HMI 上的"STOP"按钮停运设备。

4. 气动阀门(ON-OFF 控制阀)在正常运行时由 PLC 自动控制。在紧急状态或有特殊要求时可以旋转此气动阀的供气电磁阀上的调节杆,实现对气动阀的手动控制。

5. 在正常运行时,系统化学药品的添加量可以在 HMI 上进行控制。系统的每台计量泵都安装有一个行程控制器,它可以进行手动或自动调节计量泵的行程。当行程控制器设定在自动位置时,在 HMI 上输入所需的行程,PLC 会根据输入值自动调节计量泵的行程。当行程控制器设定在手动位置时,可以通过旋转就地计量泵上的行程调节手柄调节计量泵的行程。

6. 系统主要设备的定期切换由 PLC 自动控制。在 PLC 内部设定了一个计数器,它能让两台电机交替运行。如果由于某些原因(如失电、泵的软开关被设定在"OFF"等)导致"LEAD"状态的泵停运,那么"LAG"状态的泵将被 PLC 启动。

7. 水厂运行人员需要定期就地监测化学药品在储存箱内的液位,对余量不多的化学药品应及时进行补充和配制。

8. 目前水厂预处理系统在不加碱加酸处理时,出水水质已满足设计要求,所以 8 台加药泵(1号/2号加氯池碱泵,1号/2号预混箱碱泵,1号/2号絮凝箱酸泵,1号/2号高锰酸钾投加泵)暂不投运,置于停运状态。但这8台加药泵的运行信号是投加澄清池的先决条件,为确保澄清池的正常投运和从保护设备、节能和减少设备维护工作量出发,将这8台加药泵的就地控制手柄置于"AUTO"位置,但MCC置于"OFF"位置即断开位置。如果当原水水质不好,如原水有机物需含量超过10 ppm,铁、锰含量超过2 ppm,氨氮含量超过5 ppm,则需分别投运该8台加药泵。当加药泵需投运时只需将其MMC开关送上即可,其他操作依据OM规程相关章节。

17.4　操作技能

17.4.1　化学药品投加计量泵的定期切换

1. 目的:为了确保化学药品投加计量泵的交替运行,防止因一台投加泵长期运行引起的机械疲劳和部件磨损,故化学药品投加泵需定期进行切换,见表17-4-1。

2. 执行频率:每周执行一次。

3. 适用的设备包括:

表 17-4-1　定期切换的投加计量泵

设备编号	设备描述	对应手动开关编号
7164-P6001/P6002	高量程次氯酸钠投加泵	67164-HS6001/HS6002
7164-P6003/P6004	低量程次氯酸钠投加泵	67164-HS6003/HS6004
7164-P6005/P6006	滤后水次氯酸钠投加泵	67164-HS6005/HS6006
7164-P6007/P6008	氯化池加碱泵	67164-HS6007/HS6008
7164-P6009/P6010	预混箱加碱泵	67164-HS6009/HS6010
7164-P6011/P6012	三氯化铁投加泵	67164-HS6011/HS6012
7164-P6013/P6014	助凝剂投加泵	67164-HS6013/HS6014
7164-P6015/P6016	高锰酸钾投加泵	67164-HS6015/HS6016
7164-P6019/P6020	淤泥浓缩剂投加泵	67164-HS6019/HS6020
7164-P6021/P6022	絮凝箱酸泵	67164-HS6021/HS6022

4. 操作步骤:

1) 首先确认每台化学药品投加计量泵处于可用状态、无检修工作、阀门开关状态正确;

2) 然后确认就地每台化学药品投加计量泵的手动开关被设置在"AUTO"位置;

3) 在HMI上点击需要投入运行的化学药品投加计量泵,在弹出的按钮菜单上确认该泵处于"MANUAL"状态,然后点击"START"按钮,确认泵启动并运转正常;

4) 确认并调节运行泵的控制行程符合所要求的值;

5) 最后在HMI上点击需要转入备用的泵,在弹出的按钮菜单上确认该泵处于"MANUAL"状态,然后点击"STOP",确认泵停运。

17.4.2　淤泥泵和地坑排水泵的定期切换

1. 目的:为了确保淤泥泵和地坑排水泵的交替运行,防止因一台泵长期运行引起的机械疲劳和部件磨损,故淤泥泵和地坑排水泵需定期进行切换,见表17-4-2所示。

2. 执行频率:每周执行一次。

3. 适用的设备包括:

表 17-4-2　定期切换的淤泥泵和排水泵

设备编号	设备描述	对应手动开关编号
7161-P6007/P6008	1号澄清池排泥泵	67161-HS6007/HS6008
7161-P6009/P6010	2号澄清池排泥泵	67161-HS6009/HS6010
7161-P6021/P6022	淤泥传输泵	67161-HS6021/HS6022
7161-P4013/P4015	脱泥清水地坑泵	67161-HS6013/HS6015
7161-P4012/P4014	压力过滤器反洗地坑泵	67161-HS4012/HS4014

4. 操作步骤:

1) 首先确认泵处于可用状态、无检修工作、阀门开关状态正确;

2) 然后确认泵就地开关在"AUTO"位置;

3) 在HMI上点击需要投入运行的泵,在弹出的按钮菜单上确认处于"AUTO"状态;

4) 在HMI上点击需要转入备用的泵,在弹出的按钮菜单上选择"MANUAL",然后再选择"AUTO"使该泵处于备用状态;

5) 最后确认泵运行正常。

17.4.3　预膜剂投加泵和压力过滤器反洗泵的定期切换

1. 目的:为了确保预膜剂投加泵和压力过滤器反洗泵的交替运行,防止因一台泵长期运行引起的机械疲劳和部件磨损,故预膜剂投加泵和压力过滤器反洗泵需定期进行切换,见表17-4-3。

2. 执行频率:每周执行一次。

3. 适用的设备包括:

表 17-4-3　定期切换的预膜剂泵和反洗泵

设备编号	设备描述	对应手动开关编号
7164-P6017/P6018	预膜剂投加泵	67164-HS6017/HS6018
7161-P6017/P6018	压力过滤器反洗泵	67161-HS6017/HS6018

4. 操作步骤:

1) 首先确认泵处于可用状态、无检修工作、阀门开关状态正确;

2) 然后确认泵就地开关在"AUTO"位置;

3）在 HMI 上点击需要投入运行的泵,在弹出的按钮菜单上确认处于"AUTO"状态;

4）在 HMI 上点击需要转入备用的泵,在弹出的按钮菜单上选择"MANUAL",然后再选择"AUTO"使该泵处于备用状态;

5）最后确认泵运行正常。

17.5　主要操作

17.5.1　预混箱和絮凝箱的隔离及投运

1.1 号预混箱和 1 号絮凝箱的隔离和投运

主要用于 1 号预混箱(7161-TK4003)和 1 号絮凝箱(7161-TK4004)因本体检修、维护或其他原因被隔离,以及工作完成后的再次投运。

先决条件:2 号预混箱和 2 号絮凝箱处于正常运行状态。

2.1 号预混箱和 1 号絮凝箱的隔离操作步骤

1）在 HMI 上选择 CLARIFIER-1 SYSTEM 界面,点击 7161-TK4004 的搅拌机图标,在弹出的操作菜单中选择并点击 MANUAL 按钮,然后点击 STOP/Clear Failure 按钮,此时搅拌机图标变成绿色,说明搅拌机已停止运行;

2）在 HMI 上选择 RAW WATERINLET SYSTEM 界面,点击 7161-TK4003 的搅拌机图标,在弹出的操作菜单中选择并点击 STOP/Clear Failure 按钮,此时 7161-TK4003 的搅拌机图标变成绿色,说明搅拌机已停止运行;

3）就地确认 7161-TK4003 的搅拌机 7161-MX6025 已停运;

4）就地确认 7161-TK4004 的搅拌机 7161-MX6024 已停运;

5）必要时断开搅拌机电源开关:5434-MCC29/3FF(7161-MX6025 的电源),5434-MCC30/3RML(7161-MX6024 的电源);

6）关闭 1 号预混箱进水阀 7161-V6621 和 1 号絮凝箱出口阀 7161-V6627;

7）关闭 1 号预混箱再循环泥水进水阀 7161-V4665;检查和确认高锰酸钾投加隔离阀 7161-V4659 和碱投加隔离阀 7161-V4663 在关闭状态且管口无液滴;

8）关闭 1 号絮凝箱三氯化铁投加隔离阀 7161-V4669、助凝剂投加隔离阀 7161-V4673;检查和确认硫酸投加隔离阀 7161-V4677 在关闭状态且管口无液滴;

9）现场开展相关检修工作。

3.1 号预混箱和 1 号絮凝箱的投运操作步骤

1）确认现场相关检修工作已完成;

2）打开 1 号预混箱进水阀 7161-V6621 和 1 号絮凝箱出口阀 7161-V6627;

3）打开 1 号絮凝箱三氯化铁投加隔离阀 7161-V4669 和 1 号絮凝箱助凝剂投加隔离阀 7161-V4673;确认两种化学溶液投加正常;

4）打开 1 号预混箱再循环泥水进水阀 7161-V4665;

5）在 HMI 上选择 CLARIFIER-1 SYSTEM 界面,点击 7161-TK4004 的搅拌机图标,在弹出的操作菜单中选择并点击 MANUAL 按钮,然后点击 START 按钮,此时 7161-TK4004 的搅拌机图标变成红色,说明搅拌机已运行;

6)在 HMI 上选择 RAW WATERINLET SYSTEM 界面,点击 7161-TK4003 的搅拌机图标,在弹出的操作菜单中选择并点击 START 按钮,此时 7161-TK4003 的搅拌机图标变成红色,说明搅拌机已运行;

7)就地确认 7161-TK4003 的搅拌机 7161-MX6025 正常运行;

8)就地确认 7161-TK4004 的搅拌机 7161-MX6024 正常运行。

4.2 号预混箱和 2 号絮凝箱的隔离和投运

主要用于 2 号预混箱(7161-TK4005)和 2 号絮凝箱(7161-TK4006)因本体检修、维护或其他原因被隔离,以及工作完成后的再次投运。

先决条件:1 号预混箱和 1 号絮凝箱处于正常运行状态。

5.2 号预混箱和 2 号絮凝箱的隔离操作步骤

1)在 HMI 上选择 CLARIFIER-2 SYSTEM 界面,点击 7161-TK4006 的搅拌机图标,在弹出的操作菜单中选择并点击 MANUAL 按钮,然后点击 STOP/Clear Failure 按钮,此时搅拌机图标变成绿色,说明搅拌机已停止运行;

2)在 HMI 上选择 RAW WATERINLET SYSTEM 界面,点击 7161-TK4005 的搅拌机图标,在弹出的操作菜单中选择并点击 STOP/Clear Failure 按钮,此时搅拌机图标变成绿色,说明搅拌机已停止运行;

3)现场确认 7161-TK4005 的搅拌机 7161-MX6027 停运;

4)现场确认 7161-TK4006 的搅拌机 7161-MX6026 停运;

5)必要时断开搅拌机电源开关:5434-MCC29/3FD(7161-MX6027 的电源),5434-MCC30/3RMR(7161-MX6026 的电源);

6)关闭 2 号预混箱进水阀 7161-V6622 和 2 号絮凝箱出口阀 7161-V6628;

7)关闭 2 号预混箱再循环泥水进水阀 7161-V4666;检查和确认高锰酸钾投加隔离阀 7161-V4660 和碱投加隔离阀 7161-V4664 在关闭状态且管口无液滴;

8)关闭 2 号絮凝箱三氯化铁投加隔离阀 7161-V4670、助凝剂投加隔离阀 7161-V4674;检查和确认硫酸投加隔离阀 7161-V4678 在关闭状态且管口无液滴;

9)现场开展相关检修工作。

6.2 号预混箱和 2 号絮凝箱的投运操作步骤

1)确认现场相关检修工作已完成;

2)打开 2 号预混箱进水阀 7161-V6622 和 2 号絮凝箱出口阀 7161-V6628;

3)打开 2 号絮凝箱三氯化铁投加隔离阀 7161-V4670 和 2 号絮凝箱助凝剂投加隔离阀 7161-V4674;确认两种化学溶液投加正常;

4)打开 2 号预混箱再循环泥水进水阀 7161-V4666;

5)在 HMI 上选择 CLARIFIER-2 SYSTEM 界面,点击 7161-TK4006 的搅拌机图标,在弹出的操作菜单中选择并点击 MANUAL 按钮,然后点击 START 按钮,此时 7161-TK4006 的搅拌机图标变成红色,说明搅拌机已运行;

6)在 HMI 上选择 RAW WATERINLET SYSTEM 界面,点击 7161-TK4005 的搅拌机图标,在弹出的操作菜单中选择并点击 STAT 按钮,此时 7161-TK4005 的搅拌机图标变成红色,说明搅拌机已运行;

7)现场确认 7161-TK4005 的搅拌机 7161-MX6027 运行;

8）现场确认 7161-TK4006 的搅拌机 7161-MX6026 运行。

17.5.2　澄清池的隔离、排空及投运

1.1 号澄清池的隔离、排空及投运

主要用于 1 号澄清池因本体检修、维护或其他原因被隔离，以及工作完成后的再次投运。先决条件：2 号澄清池处于正常运行状态。

2.1 号澄清池的隔离、排空操作步骤

1）在 HMI 上选择 CLARIFIER-1 SYSTEM 界面，点击 Clarifier Controls 按钮，在弹出的操作菜单中选择并点击 STANDBY 按钮，然后再点击 Off 按钮，确认 CLARIFIER-1 SYSTEM 界面上显示信息 Clarifier in Off；

2）在 HMI 上的 CLARIFIER-1 SYSTEM 界面中，点击澄清池耙泥机图标，在弹出的操作菜单中点击 STOP 按钮，确认 CLARIFIER-1 SYSTEM 界面上澄清池耙泥机的图标变成绿色，说明耙泥机已停止运行；

3）在 HMI 上的 CLARIFIER-1 SYSTEM 界面中，点击澄清池搅拌机图标，在弹出的操作菜单中点击 STOP 按钮，确认 CLARIFIER-1 SYSTEM 界面上澄清池搅拌机的图标变成绿色，说明搅拌机已停止运行；

4）就地确认 1 号澄清池搅拌机（7161-MX6029）和耙泥机（7161-MX6023）停运；

5）断开 1 号澄清池搅拌机（7161-MX6029）的电源：5434-MCC29/4FH；

6）断开 1 号澄清池耙泥机（7161-MX6023）的电源：5434-MCC29/2FD；

7）关闭 1 号澄清池进水阀 7161-V6641；

8）打开 1 号澄清池放空阀 7161-V4839 放空澄清池；

9）开展相关的检修、维护工作。

3.1 号澄清池的投运操作步骤

1）确认相关检修、维护工作完成后，关闭 1 号澄清池放空阀 7161-V4839；

2）打开 1 号澄清池进水阀 7161-V6641；

3）闭合 1 号澄清池耙泥机（7161-MX6023）的电源：5434-MCC29/2FD；

4）闭合 1 号澄清池搅拌机（7161-MX6029）的电源：5434-MCC29/4FH；

5）确认澄清池水位漫过搅拌机叶轮；

6）在 HMI 上的 CLARIFIER-1 SYSTEM 界面中，点击澄清池耙泥机图标，在弹出的操作菜单中点击 START 按钮，确认 CLARIFIER-1 SYSTEM 界面上澄清池耙泥机的图标变成红色，说明耙泥机已在运行；

7）在 HMI 上的 CLARIFIER-1 SYSTEM 界面中，点击澄清池搅拌机图标，在弹出的操作菜单中点击 START 按钮，确认 CLARIFIER-1 SYSTEM 界面上澄清池搅拌机的图标变成红色，说明搅拌机已在运行；

8）就地确认 1 号澄清池搅拌机（7161-MX6029）和 1 号澄清池耙泥机（7161-MX6023）正常运行；

9）在 HMI 上的 CLARIFIER-1 SYSTEM 界面中，分别点击两台排泥泵的图标，在弹出的操作菜单中点击 MANUAL 按钮，然后点击 STOP/Clear Failure 按钮；

10）在 HMI 上选择 SLUDGE RECIRCULATION PUMPS 界面，分别点击三台淤泥循

环泵的图标,在弹出的操作菜单中点击 AUTO 按钮;

11)在 HMI 的 CLARIFIER-1 SYSTEM 界面,确认在澄清池图标上方已显示 Service Permissives OK;

12)在 HMI CLARIFIER-1 SYSTEM 界面上,点击 Clarifier Controls 按钮,在弹出的操作菜单中点击 AUTO 按钮,确认在 CLARIFIER-1 SYSTEM 界面上显示信息 Clarifier in Service;

13)点击 67161-FCV6101(一期原水)或 67161-FCV6102(一期原水)提高澄清池处理水量,按照 5 m³/min 流量提升的速度缓慢调节流量控制阀开度,直至满足澄清池希望的运行流量;

14)监测 1 号澄清池的运行,从 1 号澄清池取样阀 7161-V6835 处取样,如果能够在水样中明显观察到淤泥的存在则进行后续步骤,否则继续监测 1 号澄清池的运行;

15)在 HMI 上的 CLARIFIER-1 SYSTEM 界面中,分别点击两台排泥泵的图标,在弹出的操作菜单中为两台泵都选择并点击 AUTO 按钮;

16)在 HMI 的 SLUDGE RECIRCULATION PUMPS 界面,点击三台淤泥循环泵的图标,在弹出的操作菜单中点击 MANUAL 按钮,然后再点击 STOP/Clear Failure 按钮。

4.2 号澄清池的隔离、排空及投运

主要用于 2 号澄清池因本体检修、维护或其他原因被隔离,以及工作完成后的再次投运。

先决条件:1 号澄清池必须处于正常运行。

5.2 号澄清池的隔离、排空操作步骤

1)在 HMI 上选择 CLARIFIER-2 SYSTEM 界面,点击 Clarifier Controls 按钮,在弹出的操作菜单中选择并点击 STANDBY 按钮,然后再点击 OFF 按钮,确认在 CLARIFIER-2 SYSTEM 界面显示信息 Clarifier in Off;

2)在 HMI 上的 CLARIFIER-2 SYSTEM 界面中,点击澄清池耙泥机图标,在弹出的操作菜单中点击 STOP 按钮,确认 CLARIFIER-2 SYSTEM 界面上澄清池耙泥机的图标变成绿色,说明耙泥机已停止运行;

3)在 HMI 上的 CLARIFIER-2 SYSTEM 界面中,点击澄清池搅拌机图标,在弹出的操作菜单中点击 STOP 按钮,确认 CLARIFIER-2 SYSTEM 界面上澄清池搅拌机的图标变成绿色,说明搅拌机已停止运行;

4)现场确认 2 号澄清池搅拌机(7161-MX6030)和 2 号澄清池耙泥机(7161-MX6022)停运;

5)断开 2 号澄清池搅拌机(7161-MX6030)的电源:5434-MCC30/3RK;

6)断开 2 号澄清池耙泥机(7161-MX6022)的电源:5434-MCC30/6FD;

7)关闭 2 号澄清池进水阀 7161-V6642;

8)打开 2 号澄清池放空阀 7161-V4840 放空澄清池;

9)开展相关的检修、维护工作。

6.2 号澄清池的投运操作步骤

1)确认相关检修、维护工作完成后,关闭 2 号澄清池放空阀 7161-V4840;

2)打开 2 号澄清池进水阀 7161-V6642;

3）闭合 2 号澄清池耙泥机(7161-MX6022)的电源:5434-MCC30/6FD;

4）闭合 2 号澄清池搅拌机(7161-MX6030)的电源:5434-MCC30/3RK;

5）确认澄清池水位漫过搅拌机叶轮;

6）在 HMI 上的 CLARIFIER-2 SYSTEM 界面中,点击澄清池耙泥机图标,在弹出的操作菜单中点击 START 按钮,确认 CLARIFIER-2 SYSTEM 界面上澄清池耙泥机的图标变成红色,说明耙泥机已在运行;

7）在 HMI 上的 CLARIFIER-2 SYSTEM 界面中,点击澄清池搅拌机图标,在弹出的操作菜单中点击 START 按钮,确认 CLARIFIER-2 SYSTEM 界面上澄清池搅拌机的图标变成红色,说明搅拌机已在运行;

8）现场确认 2 号澄清池搅拌机(7161-MX6030)和 2 号澄清池耙泥机(7161-MX6022)正常运行;

9）在 HMI 上的 CLARIFIER-2 SYSTEM 界面中,分别点击两台排泥泵的图标,在弹出的操作菜单中点击 MANUAL 按钮,然后点击 STOP/Clear Failure 按钮;

10）在 HMI 上选择 SLUDGE RECIRCULATION PUMPS 界面,分别点击三台淤泥循环泵的图标,在弹出的操作菜单中点击 AUTO 按钮;

11）在 HMI 的 CLARIFIER-2 SYSTEM 界面,确认在澄清池图标上方显示 Service Permissives Ok;

12）在 HMI 的 CLARIFIER-2 SYSTEM 界面上,点击 Clarifier Controls 按钮,在弹出的操作菜单中点击 AUTO 按钮,确认在 CLARIFIER-2 SYSTEM 界面上显示信息 Clarifier in Service;

13）点击 67161-FCV6101(一期原水)或 67161-FCV6102(一期原水)提高澄清池处理水量,按照 5 m^3/min 流量提升的速度缓慢调节流量控制阀开度,直至满足澄清池希望的运行流量;

14）监测 2 号澄清池的运行,从 2 号澄清池取样阀 7161-V6836 处取样,如果能够在水样中明显观察到淤泥的存在则进行后续步骤,否则继续监测 2 号澄清池的运行;

15）在 HMI 上的 CLARIFIER-2 SYSTEM 界面中,分别点击两台排泥泵的图标,在弹出的操作菜单中为两台泵都选择并点击 AUTO 按钮;

16）在 HMI 的 SLUDGE RECIRCULATION PUMPS 界面,点击三台淤泥循环泵的图标,在弹出的操作菜单中点击 MANUAL 按钮,然后再点击 STOP/Clear Failure 按钮。

17.5.3　压力过滤器的隔离及投运

1.1 号压力过滤器的隔离及投运

主要用于 1 号压力过滤器因本体检修、维护或其他原因被隔离,以及相关工作完成后的再次投运。

先决条件:2 号和 3 号压力过滤器正常运行。

2.1 号压力过滤器的隔离操作步骤

1）首先在 HMI OVERVIEW 界面选择并点击 DMF-1 图标进入到 DUAL-MEDIA FILTERS 压力过滤器的控制界面,点击 FCV-6351 图标,在弹出的操作菜单中把阀门的开度调整为 0,并确认流量也为 0;

2) 在 HMI 上的 DUAL-MEDIA FILTERS 压力过滤器的控制界面,点击 DMF-1 Control 手形图标,在弹出的操作菜单中选择并点击 Standby 按钮,确认 1 号压力过滤器在压力过滤器的控制界面上显示 Standby 状态;

3) 必要时过滤器进行反洗一次(具体操作见运行手册 OM4.2.8 压力过滤器的反洗);

4) 在 HMI 上的 DUAL-MEDIA FILTERS 压力过滤器的控制界面,点击 DMF-1 Control 手形图标,点击 OFF 按钮,确认 1 号压力过滤器在压力过滤器的控制界面上显示 OFF 状态;

5) 关闭 1 号压力过滤器进水隔离阀(7161-V6685)和 1 号压力过滤器出水隔离阀(7161-V6686);

6) 打开 1 号压力过滤器放空阀(7161-V6688),对 1 号压力过滤器卸压;

7) 开展 1 号压力过滤器的相关工作。

3.1 号压力过滤器的投运操作步骤

1) 在完成 1 号压力过滤器的相关工作后,关闭 1 号压力过滤器放空阀(7161-V6688);

2) 打开 1 号压力过滤器进水隔离阀(7161-V6685)和 1 号压力过滤器出水隔离阀(7161-V6686);

3) 在 HMI 上的 DUAL-MEDIA FILTERS 压力过滤器的控制界面,点击 DMF-1 Control 手形图标,在弹出的操作菜单中选择并点击 Standby 按钮,确认 1 号压力过滤器在压力过滤器的控制界面上显示 Standby 状态;

4) 打开 1 号压力过滤器手动排气阀(7161-V6689);

5) 在 HMI 的 DUAL-MEDIA FILTERS 压力过滤器的控制界面,点击 FCV-6351 图标,在弹出的操作菜单中把阀门的开度调整到 15%;

6) 当 1 号压力过滤器充满水后,通过 FCV-6351 的操作菜单中把阀门的开度调整到 0;

7) 关闭 1 号压力过滤器手动排气阀(7161-V6689);

8) 必要时过滤器进行反洗一次(具体操作见运行手册 OM 的 4.2.8 节,压力过滤器的反洗操作);

9) 在 HMI 上的 DUAL-MEDIA FILTERS 压力过滤器的控制界面,点击 DMF-1 Control 手形图标,在弹出的操作菜单中选择并点击 Service 按钮,确认 1 号压力过滤器在压力过滤器的控制界面上显示 Service 状态;

10) 在 HMI 的 DUAL-MEDIA FILTERS 压力过滤器的控制界面,点击 FCV-6351 图标,在弹出的操作菜单中按流量 10 m^3/min 左右的提升速度缓慢调整流量调节阀的开度直到满足希望过滤器的运行流量;

11) 当单个过滤器运行流量达到 80 m^3/h 时,再增加投运一个过滤器,然后把运行流量在运行过滤器之间平均分配;当需要增加过滤器运行流量时,也应使增加的流量在运行过滤器之间平均分配。

4.2 号压力过滤器的隔离及投运

主要用于 2 号压力过滤器因本体检修、维护或其他原因被隔离,以及相关工作完成后的再次投运。

先决条件:1 号和 3 号压力过滤器正常运行。

5.2 号压力过滤器的隔离操作步骤

1) 首先在 HMI OVERVIEW 界面选择并点击 DMF-2 图标进入到 DUAL-MEDIA FILTERS 压力过滤器的控制界面,点击 FCV-6352 图标,在弹出的操作菜单中把阀门的开度调整为 0,并确认流量也为 0;

2) 在 HMI 上的 DUAL-MEDIA FILTERS 压力过滤器的控制界面,点击 DMF-2 Control 手形图标,在弹出的操作菜单中选择并点击 Standby 按钮,确认 2 号压力过滤器在压力过滤器的控制界面上显示 Standby 状态;

3) 必要时过滤器进行反洗一次(具体操作见运行手册 OM4.2.8 压力过滤器的反洗);

4) 在 HMI 上的 DUAL-MEDIA FILTERS 压力过滤器的控制界面,点击 DMF-2 Control 手形图标,点击 Off 按钮,确认 2 号压力过滤器在压力过滤器的控制界面上显示 Off 状态;

5) 关闭 2 号压力过滤器进水隔离阀(7161-V6690)和 2 号压力过滤器出水隔离阀(7161-V6691);

6) 打开 2 号压力过滤器放空阀(7161-V6693),对 2 号压力过滤器卸压;

7) 开展 2 号压力过滤器的相关工作。

6. 2 号压力过滤器的投运操作步骤

1) 在完成 2 号压力过滤器的相关工作后,关闭 2 号压力过滤器放空阀(7161-V6693);

2) 打开 2 号压力过滤器进水隔离阀(7161-V6690)和 2 号压力过滤器出水隔离阀(7161-V6691);

3) 在 HMI 上的 DUAL-MEDIA FILTERS 压力过滤器的控制界面,点击 DMF-2 Control 手形图标,在弹出的操作菜单中选择并点击 Standby 按钮,确认 2 号压力过滤器在压力过滤器的控制界面上显示 Standby 状态;

4) 打开 2 号压力过滤器手动排气阀(7161-V6694);

5) 在 HMI 的 DUAL-MEDIA FILTERS 压力过滤器的控制界面,点击 FCV-6352 图标,在弹出的操作菜单中把阀门的开度调整到 15%;

6) 当 2 号压力过滤器充满水后,通过 FCV-6352 的操作菜单中把阀门的开度调整到 0;

7) 关闭 2 号压力过滤器手动排气阀(7161-V6694);

8) 必要时过滤器进行反洗一次(具体操作见运行手册 OM4.2.8 压力过滤器的反洗操作);

9) 在 HMI 上的 DUAL-MEDIA FILTERS 压力过滤器的控制界面,点击 DMF-2 Control 手形图标,在弹出的操作菜单中选择并点击 Service 按钮,确认 2 号压力过滤器在压力过滤器的控制界面上显示 Service 状态;

10) 在 HMI 的 DUAL-MEDIA FILTERS 压力过滤器的控制界面,点击 FCV-6352 图标,在弹出的操作菜单中按流量 10 m^3/min 左右的提升速度缓慢调整流量调节阀的开度直到满足希望过滤器的运行流量;

11) 当单个过滤器运行流量达到 80 m^3/h 时,再增加投运一个过滤器,然后把运行流量在运行过滤器之间平均分配;当需要增加过滤器运行流量时,也应使增加的流量在运行过滤器之间平均分配。

7. 3 号压力过滤器的隔离及投运

主要用于 3 号压力过滤器因本体检修、维护或其他原因被隔离,以及相关工作完成后的再次投运。

先决条件:1号和2号压力过滤器正常运行。

8.3号压力过滤器的隔离操作步骤

1) 首先在HMI OVERVIEW界面选择并点击DMF-3图标进入到DUAL-MEDIA FILTERS压力过滤器的控制界面,点击FCV-6353图标,在弹出的操作菜单中把阀门的开度调整为0,并确认流量也为0;

2) 在HMI上的DUAL-MEDIA FILTERS压力过滤器的控制界面,点击DMF-3 Control手形图标,在弹出的操作菜单中选择并点击Standby按钮,确认3号压力过滤器在压力过滤器的控制界面上显示Standby状态;

3) 必要时过滤器进行反洗一次(具体操作见运行手册OM4.2.8压力过滤器的反洗);

4) 在HMI上的DUAL-MEDIA FILTERS压力过滤器的控制界面,点击DMF-3 Control手形图标,点击Off按钮,确认3号压力过滤器在压力过滤器的控制界面上显示Off状态;

5) 关闭3号压力过滤器进水隔离阀(7161-V6695)和3号压力过滤器出水隔离阀(7161-V6696);

6) 打开3号压力过滤器放空阀(7161-V6698),对3号压力过滤器卸压;

7) 开展3号压力过滤器的相关工作。

9.3号压力过滤器的投运操作步骤

1) 在完成3号压力过滤器的相关工作后,关闭3号压力过滤器放空阀(7161-V6698);

2) 打开3号压力过滤器进水隔离阀(7161-V6695)和3号压力过滤器出水隔离阀(7161-V6696);

3) 在HMI上的DUAL-MEDIA FILTERS压力过滤器的控制界面,点击DMF-3 Control手形图标,在弹出的操作菜单中选择并点击Standby按钮,确认3号压力过滤器在压力过滤器的控制界面上显示Standby状态;

4) 打开3号压力过滤器手动排气阀(7161-V6699);

5) 在HMI的DUAL-MEDIA FILTERS压力过滤器的控制界面,点击FCV-6353图标,在弹出的操作菜单中把阀门的开度调整到15%;

6) 当3号压力过滤器充满水后,通过FCV-6353的操作菜单中把阀门的开度调整到0;

7) 关闭3号压力过滤器手动排气阀(7161-V6699);

8) 必要时过滤器进行反洗一次(具体操作见运行手册OM4.2.8压力过滤器的反洗操作);

9) 在HMI上的DUAL-MEDIA FILTERS压力过滤器的控制界面,点击DMF-3 Control手形图标,在弹出的操作菜单中选择并点击Service按钮,确认3号压力过滤器在压力过滤器的控制界面上显示Service状态;

10) 在HMI的DUAL-MEDIA FILTERS压力过滤器的控制界面,点击FCV-6353图标,在弹出的操作菜单中按流量10 m³/min左右的提升速度缓慢调整流量调节阀的开度直到满足希望过滤器的运行流量;

11) 当单个过滤器运行流量达到80 m³/h时,再增加投运一个过滤器,然后把运行流量在运行过滤器之间平均分配;当需要增加过滤器运行流量时,也应使增加的流量在运行过滤器之间平均分配。

17.5.4　压力过滤器的反洗

1. 压力过滤器的反洗操作

目的:在压力过滤器运行失效后,为了恢复其工作能力需对过滤器进行反洗,表 17-5-1 所示为压力过滤器编号及位置。

适用范围:

表 17-5-1　压力过滤器编号及位置

设备编号	设备描述	位　置
7161-FR6001	1 号压力过滤器	WTP EL100 m
7161-FR6002	2 号压力过滤器	WTP EL100 m
7161-FR6003	3 号压力过滤器	WTP EL100 m

先决条件:

1) 生活水箱液位正常即高于 50%;

2) 正常运行时,过滤器完成运行周期自动从 SERVICE 状态到 STANDBY 状态,或由于出水水质超标(大于 1 NTU)等其他原因需要反洗过滤器;

3) 清水泵 7161-P4001/4002/4003 在 HMI 操作界面上至少有一台被选择在 AUTO 状态或已有两台泵在运行;

4) 反洗地坑的液位必须低于 40% 以下;

5) 每次只允许一台压力过滤器进行反洗。

2. 自动模式反洗压力过滤器(此为压力过滤器常用反洗模式)

1) 在 HMI 的 DUAL-MEDIA FILTERS 压力过滤器操作界面,确认过滤器完成运行周期已自动从 SERVICE 状态到 STANDBY 状态,在相对应的 DMF-1/2/3 Control 方块图形中显示 Clean Required 信息。

2) 在 HMI 的 DUAL-MEDIA FILTERS 压力过滤器操作界面,点击各过滤器相对应 FCV-6351/52/53 图标,在弹出的操作菜单中确认阀门的开度在 Manual 状态下调整到 0;点击 a 形图标,将 FCV 阀设为自动状态;

3) 在 HMI 的 DUAL-MEDIA FILTERS 压力过滤器操作界面,点击左下角 DMF Clean 图标在弹出的操作界面 DMF CLEANING 确认界面上显示 CLEANING MODE Semi-Auto 信息;且反洗过滤器相关的条件已满足并在界面上显示 CLEANING PERMIS-SIVES OK;

4) 在 OVERVIEW 界面的右下角,确认反洗地坑 7161-SU4002 液位小于 20%;

5) 确认此时运行过滤器台数:

- 如果是一台过滤器处于运行状态,则执行下一步操作;
- 如果是两台过滤器处于运行状态,则将 3 台清水泵 7161-P4001/2/3 均选择到 AUTO状态;

6) 在 HMI 的 DUAL-MEDIA FILTERS 压力过滤器操作界面,点击相对应过滤器 DMF-1/2/3 Control 的手形图标,在弹出的操作菜单中点击 Cleaning Request,并确认在界

面上出现 Clean Pending 信息;

7)在 DMF CLEANING 界面上点击手形图标,在弹出的操作界面 Cleaning Control 上点击 Cleaning Auto 按钮,确认 DMF CLEANING SEQUENCE 反洗程序进入 Drain Down 步骤且字体变成红色;且上方手形图标旁显示 IN CLEANING 和下方的 Step Time Elapsed 的计时器开始计时;

8)压力过滤器反洗按附表《压力过滤器反洗步序表》即 DMF Cleaning 操作界面上设定的时间和流量及步序 Drain Down—Air Scour—Refill—Backwash—Settle—Rinse 先后次序自动进行;且在过滤器界面相对应的过滤器上方也显示 in cleaning 和当时正在执行步骤(如 Air Scour)的信息;

9)当反洗地坑液位上升到40%左右时启动地坑泵 7161-P4012/4014 运行;相对应地把秦山二期原水流量调节阀 7161-FCV6102 打开;

10)当 Rinse 步骤预设时间走完后,程序自动结束过滤器反洗,并在 DUAL-MEDIA FIL-TERS 界面上相对应的 DMF-1/2/3 Control 方块图形中显示 Standby Clean Completed;

点击各过滤器相对应的 FCV 图标,在弹出的操作菜单中点击手形图标,把阀门状态由 AUTO 设为 MANUAL 状态,并确认阀门的开度为 0;把清水泵的状态恢复到过滤器反洗前的状态;

11)在 DMF CLEANING 界面上点击手形图标,在弹出的操作界面 Cleaning Control 上点击 Cleaning Auto 按钮,确认 CLEANING MODE 信息已从 Auto 转为 Semi-Auto。

3. 半自动模式反洗压力过滤器(自动模式反洗过滤器因故不能运行时的反洗模式)

1)在 HMI 的 DUAL-MEDIA FILTERS 压力过滤器操作界面,确认过滤器完成运行周期自动从 SERVICE 状态到 STANDBY 状态,在相对应的 DMF-1/2/3 Control 方块图形中显示 Clean Required 信息;

2)在 HMI 的 DUAL-MEDIA FILTERS 压力过滤器操作界面,点击各过滤器相对应 FCV-6351/52/53 图标,在弹出的操作菜单中确认阀门的开度在 Manual 状态下调整到 0;

3)在 HMI 的 DUAL-MEDIA FILTERS 压力过滤器操作界面,点击左下角 DMF Clean 图标在弹出的操作界面 DMF CLEANING 确认界面上显示 CLEANING MODE Semi-Auto 信息;且反洗过滤器相关的条件已满足并在界面上显示 CLEANING PERMIS-SIVES OK;

4)在 OVERVIEW 界面的右下角,确认反洗地坑 7161-SU4002 液位小于20%;

5)在 HMI 的 DUAL-MEDIA FILTERS 压力过滤器操作界面,点击相对应过滤器 DMF-1/2/3 Control 的手形图标,在弹出的操作菜单中点击 Cleaning Request,并确认在界面上出现 Clean Pending 信息;

6)再次点击左下角 DMF Clean 图标进入操作界面 DMF CLEANING,点击 Cleaning Control 中的手形图标,在弹出的操作界面上点击 Cleaning Start 按钮,确认 DMF CLEAN-ING SEQUENCE 反洗程序进入 Drain Down 步骤且字体变成红色;且下方的 Step Time Elapsed的计时器开始计时;

7)当 Drain Down 计时器时间已达到操作界面上设定的时间时,在 Cleaning Control 操作菜单中点击 Cleaning Step Advance 按钮,在 DMF CLEANING 界面上确认反洗程序进入 Air Scour 步骤;

8) 当 Air Scour 计时器时间已达到操作界面上设定的时间时,再点击 Cleaning Step Advance 按钮,确认反洗程序进入 Refill 步骤;

9) 在 HMI 的 DUAL-MEDIA FILTERS 压力过滤器的控制界面,点击 FCV 图标,在弹出的操作菜单中调整阀门的开度使流量约为 92 m³/h;

当 Refill 计时器时间已达到操作界面上设定的时间时,把 FCV 阀门开度调整为 0;

点击 Cleaning Step Advance 按钮,使反洗程序进入 Backwash 步骤;

10) 当反洗地坑液位上升到 40% 左右时启动地坑泵 7161-P4012/4014 运行;相对应地把二期原水流量调节阀 7161-FCV6102 打开;

11) 当 Backwash 计时器时间已达到操作界面上设定的时间时,再次点击 Cleaning Step Advance 按钮,确认反洗程序进入 Settle 步骤;

12) 当 Settle 计时器时间已达到操作界面上设定的时间时,再次点击 Cleaning Step Advance 按钮,反洗程序进入 Rinse 步骤;点击各过滤器相对应的 FCV 图标,在弹出的操作菜单中调整阀门的开度使流量约为 145 m³/h;

13) 当 Rinse 计时器时间已达到操作界面上设定的时间时,再次点击 Cleaning Step Advance 按钮,压力过滤器反洗结束。

点击各过滤器相对应的 FCV 图标,在弹出的操作菜单中调整阀门的开度为 0;

14) 在 HMI 中 DUAL-MEDIA FILTERS 操作界面,确认相对应的 DMF-1/2/3 Control 方块图形中显示 Standby Clean Completed。

17.5.5　压泥机的运行

1. 压泥机的压泥操作

目的:用于压泥机的运行操作,表 17-5-2 所示为压泥机投运前状态相关设备状态。

压泥机投运前状态检查:

表 17-5-2　压泥机投运前状态相关设备状态

设备编号	设备描述	启动前状态	位　置
7161-P6017	1 号预膜剂投加泵	自动	WTP EL100 m
7161-P6018	2 号预膜剂投加泵	自动	WTP EL100 m
7161-P6021	淤泥传输泵	自动	WTP EL100 m
7161-P6022	淤泥传输泵	自动	WTP EL100 m
7161-V6639	压泥机吹扫排水阀	关闭	WTP EL100 m
7161-V6849	压泥机上排水阀	开启	WTP EL100 m
7161-V6850	压泥机上排水阀	开启	WTP EL100 m
7161-V6848	压泥机下排水阀	开启	WTP EL100 m
7161-V6847	压泥机下排水阀	关闭	WTP EL100 m
7161-V6845	压泥机吹扫服务压空压力调节阀前隔离阀	开启	WTP EL100 m
7161-V6846	压泥机吹扫服务压空压力调节阀后隔离阀	关闭	WTP EL100 m

先决条件：

1）仪表压空供给正常；

2）服务压空供给正常。

2. 压泥机压泥操作步骤

1）确认在 HMI 的 OVERVIEW 界面的下方 FILTER PRESS STATUS 显示的信息为 PRESS IS OFF；并点击 FILTER PRESS STATUS 字标进到 FILTER PRESS 操作界面；

2）在 FILTER PRESS 操作界面，确认压泥机运行条件除第一条 FILTER PRESS READY SIGNAL 即就地泥板没有闭合外都已满足；

3）就地确认预膜剂储存箱 7164-TK6007 的液位高于搅拌机的搅拌叶片；

4）在 HMI 上选择 PRECOAT SYSTEM 界面，点击预膜剂储存箱搅拌机图标，在弹出的操作菜单上点击 START 按钮；

5）就地确认预膜剂储存箱搅拌机 7164-MX6025 投入运行；

6）在压泥机就地控制盘上，按住 EXTEND 按钮，直到液压装置压力表显示压力达到 200 bar 时松手，并确认泥板已被紧密压实；

7）在 HMI 上选择 FILTER PRESS 界面，确认界面上显示 START PERMISSIVES OK 信息；

8）在 FILTER PRESS 界面上点击 Press Feed Cycle Start 按钮；

9）就地确认预膜剂投加泵 7164-P6017 或 7164-P6018 运行，阀门 7161-V6355 全开。95 秒后，预膜剂投加泵 7164-P6017 或 7164-P6018 自动停运。淤泥传输泵 7161-P6021 或 7161-P6022 自动启动运行；

10）在淤泥传输泵 7161-P6021 或 7161-P6022 运行 5 分钟后，手动打开阀门 7161-V6847；

11）在 PRECOAT SYSTEM 界面，点击预膜剂储存箱搅拌机图标，在弹出的操作菜单上点击 STOP 按钮，并确认预膜剂储存箱搅拌机 7164-MX6025 停运；

12）在淤泥传输泵运行 3 小时后，在 FILTER PRESS 界面，点击 Press Feed Cycle Stop 按钮；

13）打开压泥机吹扫排水阀 7161-V6639，在 FILTER PRESS 界面，点击 Thickener Sludge Flush 按钮，对淤泥管道进行冲洗；

14）在淤泥管道冲洗结束后，关闭阀门 7161-V6847，然后打开压泥机吹扫服务压空压力调节阀后隔离阀 7161-V6846，对管道和压泥机进行吹扫 1 分钟；

15）关闭阀门 7161-V6846 和 7161-V6639；

16）在压泥机就地控制盘上，按住 EXTRACT 按钮，压泥机卸压泥板松开，并观察液压装置压力表指示为 0；

17）清除干净压泥板内泥饼保证滤布表面清洁，如有必要冲洗滤布干净，预备进入下一次压泥工作。

复习思考题

1. 压力过滤器反洗必须具备哪些先决条件？

参考答案：

1）生活水箱液位正常即高于50%；

2）正常运行时,过滤器完成运行周期自动从 SERVICE 状态到 STANDBY 状态,或由于出水水质超标(大于 1NTU)等其他原因需要反洗过滤器；

3）清水泵 7161-P4001/4002/4003 在 HMI 操作界面上至少有一台被选择在 AUTO 状态或已有两台泵在运行；

4）反洗地坑的液位必须低于 40% 以下；

5）每次只允许一台压力过滤器进行反洗。

2. 请画出水厂预处理系统的简易流程图。

参考答案：

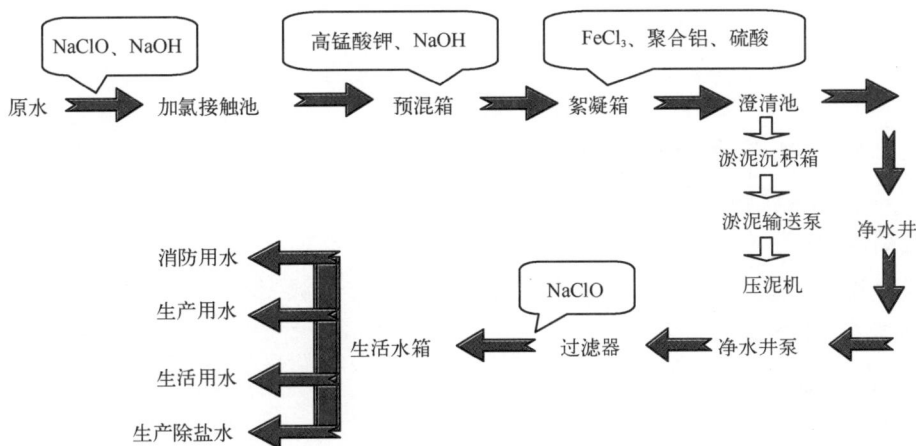

3. 请简述生活水箱的出水水质要求是多少？

参考答案：

参数名称	单 位	正常读数	高报警值	低报警值
浊度(67161-AIT6385)	NTU	$\leqslant 1$	1	不适用
余氯	ppm	0.2~0.5	0.5	0.2
pH(67161-AIT6320)		6~7.5	7.5	6
色度		无可见颜色	不适用	不适用
油/脂		无油和脂	不适用	不适用

第十八章 水厂除盐系统
（71620）

内容介绍

课程名称：水厂除盐系统
JRTR 编码：FC352
课程时间：16 学时

学员：现场值班员
学员条件：完成水厂除盐系统的课堂部分培训

培训目标：

1. 陈述系统现场工艺布置和设备布置状况；
2. 陈述系统人机界面和单元控制功能；
3. 叙述系统存在的风险和运行良好实践；
4. 陈述系统相关的运行参数；
5. 根据 9801-71620-OM-001 正确完成相应的系统操作：

1）启动系统制除盐水；

2）化学清洗超滤；

3）冲洗保养反渗透；

4）化学清洗反渗透；

5）执行卸碱操作；

6）执行卸酸操作；

7）再生阳阴床；

8）再生混床；

9）执行废水中和操作；

10）定期切换设备；

11）定期试验设备。

教学方式及教学用具：

培训方式：课堂培训、岗位培训

教员需要：

a. 流程图：9801-71620-1-1-OF-A1，9801-71630-1-1-OF-A1，9801-71660-1-1-OF-A1，9801-71660-1-2-OF-A1；

b. 电脑；

c. 运行手册：9801-71620-OM-001；

d. 白板等。

学员需要：本教材、流程图

考核方法：现场考核(实际操作和模拟相结合)、口试

18.1　系统设备

18.1.1　系统功能和设备配置

1. 系统功能和子系统作用

水厂除盐系统是为秦山三期 1 号和 2 号机组共用系统，秦山三期两个机组只有一个生产除盐水系统，水厂除盐系统生产的高品质除盐水供两个机组使用。机组中使用除盐水的用户有：反应堆厂房、辅助厂房、汽轮机厂房和水厂自用。除盐水在各个厂房各个设备的用途各不相同，是电厂正常运行不可缺少的一个重要要素。除盐水具体用户情况可详见除盐水分配系统(71650)。

水厂除盐系统水源来自水厂预处理系统(71610)的生活水，主要是去除水中的溶解性固体和盐类物质。除盐水经除盐系统的三级工艺处理，最后成为高品质的除盐水送入除盐水箱的储存和送到用户。三级处理工艺第一级为超滤(UF)，第二级为反渗透(RO)，第三级由阳离子交换床、阴离子交换床和混床组成。

水厂除盐系统的功能是以水厂预处理系统生产的生活水为水源，通过超滤、反渗透和离子交换等工艺处理，生产出高品质的除盐水，除盐水水质达到 pH：$6.0 \sim 7.5$；TDS＜$0.5 \ mg/L$；电导率＜$0.2 \ \mu S/cm$；SiO_2 含量＜20 ppb；Cl^- 含量(以 $CaCO_3$ 计)＜30 ppb；钠离子含量(以 $CaCO_3$ 计)：30 ppb 的要求。通过除盐水分配系统(71650)为电站两个机组的反应堆厂房、服务厂房、汽轮机厂房各用水设备和用户提供除盐水。

水厂除盐系统包括以下子系统：

- 超滤系统：生活水通过超滤供水泵向超滤膜组件供水，生活水通过超滤膜处理，出水几乎全部去除了悬浮物、胶体杂质、细菌等微生物，使出水水质达到 SDI 小于 3 的水平。超滤水回收率达 90％。此子系统主要是作为下游反渗透系统的保护系统，超滤出水水质的好坏直接影响到反渗透运行周期。确保超滤出水水质，可延长反渗透膜运行周期、确保高效的脱盐率，减轻离子交换床处理盐类离子负担，减少反渗透年化学清洗次数也就是减少水处理过程产生废水量，减少了废水环境排放。

- 反渗透系统：超滤水通过反渗透给水泵和增压泵提供压头，并添加亚硫酸氢钠消除水中的余氯等氧化性物质，添加阻垢剂和硫酸防止反渗透膜运行过程中结垢。通过反渗透膜可去除水中溶解的盐分达 96％以上，出水电导率小于 30 $\mu S/cm$；反渗透水

回收率达 80%。此系统为除盐系统的预脱盐系统,主要可以减轻阳离子床、阴离子床和混床的离子交换量。通过反渗透预脱盐,设计时可以缩小离子交换床的容量即脂床装填量,延长离子交换床运行周期、增大离子交换床累计制水量,减少离子交换床年再生次数也就是减少水处理过程产生废水量,减少了废水环境排放。

- UF/RO 化学清洗系统:超滤、反渗透膜在长期运行过程中由于截污、污染、结垢等原因,随着运行时间延长,其制水通量将会下降、运行压力将会增加。为了恢复其制水通量需要定期执行化学清洗。UF/RO 化学清洗的配药、清洗循环动力就由化学清洗系统执行。

- 离子交换床系统:反渗透水通过除盐水给水泵向阳阴床供水除盐,再经混床除盐,使生产的除盐水 Na^+ 含量小于 0.2 ppb,SO_4^{2-} 含量小于 1.0 ppb,Cl^- 含量小于 0.5 ppb,电导率小于 0.1 $\mu S/cm$,SiO_2 含量小于 10.0 ppb。

- 再生系统:当离子交换床包括阳床系统床和混床中的树脂与水中阳、阴离子相交换失效后,需要靠再生系统的酸、氢来进行再生,以恢复树脂的离子交换能力。

- 中和系统:再生系统在再生树脂过程中排放的废水和水厂内其他系统产生的化学废水均排入到中和系统;1 号、2 号机组 TB 厂房的化学废水也排入水厂中和系统。经加酸碱中和后控制废水 pH:6~9,然后排入大海。

- 卸酸、卸碱系统:水厂两个系统包括水厂预处理系统和水厂除盐系统使用的酸和碱通过外购槽车送到水厂,并通过卸酸、卸碱系统把外购的酸和碱送入再生系统的酸罐和碱罐中贮存和使用。

2. 除盐系统设备配置和控制设置

1) 转动设备

a. 就地控制开关均处于"AUTO"位,其启、停状态由 PLC 自动控制,表 18-1-1 所示为 PLC 控制的转动设备。

表 18-1-1　由 PLC 控制的转动设备

设备名称	数　量	设备名称	数　量	设备名称	数　量
超滤供水泵	3	阻垢剂泵	2	再生水泵	2
超滤快洗泵	1	亚硫酸氢钠泵	2	混床混脂风机	2
RO 供水泵	3	脱碳风机	2	再生酸泵	2
RO 增压泵	3	除盐给水泵	2	再生碱泵	2
RO 酸泵	2	中和水泵	2		

b. 就地控制开关在"OFF"位,其启、停状态手动控制,表 18-1-2 所示为由就地手动控制的转动设备。

表 18-1-2　由就地手动控制的转动设备

设备名称	数　量	设备名称	数　量	设备名称	数　量
UF/RO 化学清洗泵	1	卸酸泵	1	卸碱泵	1

2）气动阀：其他开、关状态均由 PLC 自动控制；

3）手动阀：根据系统正常运行要求手动设定开或关状态；

4）化学仪表：采样和分析系统化学数据，向 PLC 传输系统化学参数，供系统控制计算机显示和系统运行控制依据；

5）控制计算机：用于值班员系统运行监视，实现人机对话，控制系统运行。

3. 电气负荷清单

见表 18-1-3。

表 18-1-3　电气负荷清单

序　号	设备编号	设备名称	电　源	电源位置
1	7166-P6001	1 号超滤供水泵	5434-MCC29/1RM	水厂 108 m
2	7166-P6002	2 号超滤供水泵	5434-MCC30/4FM	水厂 108 m
3	7166-P6003	3 号超滤供水泵	5434-MCC29/2RM	水厂 108 m
4	7166-P6004	1 号反渗透低压供水泵	5434-MCC30/4FD	水厂 108 m
5	7166-P6005	2 号反渗透低压供水泵	5434-MCC29/1RE	水厂 108 m
6	7166-P6006	3 号反渗透低压供水泵	5434-MCC30/3FD	水厂 108 m
7	7166-P6007	1 号反渗透高压供水泵	1-5434-BUO/B2	水厂 108 m
8	7166-P6008	2 号反渗透高压供水泵	1-5434-BUP/B2	水厂 108 m
9	7166-P6009	3 号反渗透高压供水泵	1-5434-BUO/B1	水厂 108 m
10	7166-B6011	1 号脱碳风机	5434-MCC29/2RC	水厂 108 m
11	7166-B6012	2 号脱碳风机	5434-MCC30/2RD	水厂 108 m
12	7166-P6013	1 号阻垢剂泵	5434-PP29/2	水厂 108 m
13	7166-P6014	2 号阻垢剂泵	5434-PP30/2	水厂 108 m
14	7166-P6015	1 号亚硫酸氢钠泵	5434-PP29/6	水厂 108 m
15	7166-P6016	2 号亚硫酸氢钠泵	5434-PP30/4	水厂 108 m
16	7166-P6017	1 号反渗透酸泵	5434-MCC29/2RH	水厂 108 m
17	7166-P6018	2 号反渗透酸泵	5434-MCC30/3FF	水厂 108 m
18	7166-P6019	超滤冲洗泵	5434-MCC29/2RE	水厂 108 m
19	7166-P6020	清洗液输送泵	5434-MCC30/6FB	水厂 108 m
20	7166-MX6021	阻垢剂溶解搅拌机	5434-PP29/4	水厂 108 m
21	7166-MX6022	亚硫酸氢钠溶解搅拌机	5434-PP30/7	水厂 108 m
22	7162-P6001	1 号离子交换床供水泵	5434-MCC29/6RM	水厂 108 m
23	7162-P6002	2 号离子交换床供水泵	5434-MCC30/4RM	水厂 108 m
24	7163-P6001	1 号再生水泵	5434-MCC29/7RC	水厂 108 m
25	7163-P6002	2 号再生水泵	5434-MCC30/1RF	水厂 108 m
26	7163-P6003	1 号再生碱泵	5434-MCC29/7RE	水厂 108 m
27	7163-P6004	2 号再生碱泵	5434-MCC30/2RF	水厂 108 m
28	7163-P6005	1 号再生酸泵	5434-MCC29/6FB	水厂 108 m

序 号	设备编号	设备名称	电 源	电源位置
29	7163-P6006	2号再生酸泵	5434-MCC30/2RH	水厂108 m
30	7163-P6007	1号中和泵	5434-MCC29/3RM	水厂108 m
31	7163-P6008	1号中和泵	5434-MCC30/6RH	水厂108 m
32	7163-B6009	1号混床风机	5434-MCC29/2FB	水厂108 m
33	7163-B6010	2号混床风机	5434-MCC30/3RF	水厂108 m
34	7163-HTR6011	碱稀释水加热水箱加热器	1-5434-BUP/B6	水厂108 m
35	7163-HTR6012	碱罐加热器	5434-MCC30/4RD	水厂108 m
36	7166-HTR6023	清洗溶液箱加热器	5434-MCC29/4RM	水厂108 m
37	7163-P8001	卸酸泵	5434-MCC29/7FB	水厂108 m
38	7163-P8002	卸碱泵	5434-MCC30/3RD	水厂108 m
39	67166-PL8002	超滤供水泵变频控制盘	5434-PP30/26	水厂108 m
			5434-PP29/26	水厂108 m
40	67166-PL8003	RO变频控制盘	5434-PP30/24	水厂108 m
41	67166-PL8003	RO变频控制盘	5434-PP29/24	水厂108 m

图 18-1-1 所示为负荷开关布置图。

图 18-1-1 MCC 负荷开关布置

18.1.2 现场布置

1）系统控制 PLC 和计算机：布置于水厂二楼（WTP108 m层）水厂控制室，容量为 $1\times100\%$。主要作用是实现整个除盐系统运行控制、系统运行参数监视、设备和参数状态报警、人机操作对话和运行参数设定等。

2）超滤供水泵：布置于水厂一楼（WTP100 m层），容量为 $3\times60\%$。主要作用是从生活水箱中取水加压后送给超滤膜组件处理。

3）超滤进水卡盘过滤器：布置于水厂二楼（WTP108 m层），容量为 $2\times60\%$。主要作用是水在进入超滤膜组件处理前，先经过过滤器有效去水含有大于 $50\ \mu m$ 的悬浮固体颗粒杂质，以保护超滤膜组件。

4）超滤膜组件：布置于水厂二楼（WTP108 m层），容量为 $2\times60\%$。主要作用是对生活水进行深度去浊处理，其出水 SDI 小于 3。以满足反渗透处理的进水水质要求。

5）超滤水箱：布置于水厂二楼（WTP108 m层），容量为 $1\times100\%$。主要作用是贮存超滤处理后的出水并作为 RO 供水泵进水水池和调节超滤出水量和反渗透进水量之间的不平衡。

6）超滤快洗水箱：布置于水厂二楼（WTP108 m层），容量为 $1\times100\%$。主要作用是提供超滤运行中每小时一次的快洗水量，兼作超滤化学清洗时的配药箱和循环箱。

7）超滤快洗泵：布置于水厂二楼（WTP108 m层），容量为 $1\times100\%$。主要作用是为超滤快洗和化学清洗时提供动力，实现冲洗水和化学清洗水的循环。

8）超滤快洗过滤器：布置于水厂二楼（WTP108 m层），容量为 $1\times100\%$。主要作用是超滤膜运行过程中的冲洗。超滤快洗泵从超滤快洗水箱取水经超滤快洗过滤器对超滤膜进行快洗，快冲洗水循环回到超滤快洗水箱。快洗水冲洗超滤膜后夹带了大量超滤运行时截留的杂质，因此快洗水必须经过滤器过滤掉杂质后过可冲洗超滤膜。过滤器安装袋式滤芯。

9）RO 供水泵：布置于水厂二楼（WTP108 m层），容量为 $3\times60\%$。主要作用是从超滤水箱中取水加压后送给 RO 增压泵。

10）RO 进水卡盘过滤器：布置于水厂二楼（WTP108 m层），容量为 $3\times60\%$。主要作用是水在进入反渗透膜组件处理前，先经过过滤器有效去水含有大于 $5\ \mu m$ 的悬浮固体颗粒杂质和胶体杂质，以保护反渗透膜组件。

11）RO 增压泵：布置于水厂二楼（WTP108 m层），容量为 $3\times60\%$。主要作用是从超滤水箱中取水加压后送给 RO 增压泵，为 RO 增压泵提供足够的运行吸入压头。

12）反渗透膜组件：布置于水厂二楼（WTP108 m层），容量为 $2\times60\%$。主要作用是去除水中 96% 以上溶解性盐类，以减轻系统下游离子交换床除盐压力。反渗透出水电导率小于 $30\ \mu S/cm$。

13）RO 酸泵：布置于水厂二楼（WTP108 m层），容量为 $2\times100\%$。主要作用是在反渗透进水中加酸以调整反渗透进水的 pH，防止水中钙镁等离子在反渗透膜表面沉淀结垢。

14）阻垢剂泵：布置于水厂二楼（WTP108 m层），容量为 $2\times100\%$。主要作用是在反渗透进水中加入阻垢剂以增大钙镁等结垢离子在水中的分散能力，防止水中钙镁等离子在反渗透膜表面沉淀结垢。

15）阻垢剂溶液箱：布置于水厂二楼（WTP108 m层），容量为 $1\times100\%$。主要作用是为反渗透进水添加的阻垢剂配制溶液。

16）亚硫酸氢钠泵：布置于水厂二楼(WTP108 m 层)，容量为 $2\times100\%$。主要作用是向 RO 进水中投加亚硫酸氢钠，消除 RO 进水中的氧化性物质特别是加入生活水中的余氯，防止 RO 膜被氧化而改变性能。

17）亚硫酸氢钠溶液箱：布置于水厂二楼(WTP108 m 层)，容量为 $1\times100\%$。主要作用是为反渗透进水添加的亚硫酸氢钠配制溶液。

18）脱碳风机：布置于水厂二楼(WTP108 m 层)，容量为 $2\times100\%$。主要作用是酸性的反渗透水通过脱碳风机作用下，在脱碳器中除去水中溶解的二氧化碳减轻系统下游离子交换床除盐压力。

19）脱碳器：布置于水厂二楼(WTP108 m 层)，容量为 $1\times100\%$。主要作用是酸性的反渗透水通过脱碳风机作用下，在脱碳器中除去水中溶解的二氧化碳减轻系统下游离子交换床除盐压力。

20）RO 水箱：布置于水厂一楼(WTP100 m 层)，容量为 $1\times100\%$。主要作用是贮存反渗透处理后的出水并作为除盐给水泵进水水池以及调节反渗透出水量和离子交换床进水量之间的不平衡。

21）UF/RO 化学清洗箱：布置于水厂二楼(WTP108 m 层)，容量为 $1\times100\%$。主要作用是在 UF 化学清洗时提供热水；在 RO 化学清洗时，作为配药箱和清洗循环箱。

22）UF/RO 化学清洗泵：布置于水厂二楼(WTP108 m 层)，容量为 $1\times100\%$。主要作用是在 UF 化学清洗时传输热水；在 RO 化学清洗时，为化学清洗液提供循环动力。

23）UF/RO 化学清洗卡盘过滤器：布置于水厂二楼(WTP108 m 层)，容量为 $1\times100\%$。主要作用是在超滤或反渗透化学清洗过程中过滤去除循环回流液夹带的杂质。

24）除盐给水泵：布置于水厂一楼(WTP100 m 层)，容量为 $2\times100\%$。主要作用是从 RO 水箱中取水加压后送给阳床作为进水。

25）阳床：布置于水厂二楼(WTP108 m 层)，容量为 $2\times100\%$。主要作用是去除水中绝大部分阳离子。

26）阴床：布置于水厂二楼(WTP108 m 层)，容量为 $2\times100\%$。主要作用是去除水中绝大部分阴离子，控制阴床出水电导率小于 3 μS/cm。

27）混床：布置于水厂二楼(WTP108 m 层)，容量为 $2\times100\%$。主要作用是对阴床出水进一步深度去除水中的阳、阴离子，控制出水水质 Na^+ 含量小于 0.2 ppb，SO_4^{2-} 含量小于 1.0 ppb，Cl^- 含量小于 0.5 ppb，电导率小于 0.1 μS/cm，SiO_2 含量小于 10.0 ppb。

28）混床出水卡盘过滤器：布置于水厂二楼(WTP108 米层)，容量为 $1\times100\%$。主要作用是防止混床破碎树脂或其他颗粒性杂质随除盐水进入除盐水箱中。

29）再生泵：布置于水厂一楼(WTP100 m 层)，容量为 $2\times100\%$。主要作用是在阳阴床、混床再生时提供再生用水。

30）再生酸泵：布置于水厂一楼(WTP100 m 层)，容量为 $2\times100\%$。主要作用是在阳床、混床再生时提供再生用酸。

31）再生碱泵：布置于水厂一楼(WTP100 m 层)，容量为 $2\times100\%$。主要作用是在阴床、混床再生时提供再生用碱。

32）酸罐：布置于水厂一楼(WTP100 m 层)，容量为 $1\times100\%$。主要作用是接收外购的酸和贮存用于水厂系统运行。

33) 碱罐:布置于水厂一楼(WTP100 m 层),容量为 $1\times100\%$。主要作用是接收外购的碱和贮存用于水厂系统运行。

34) 碱再生热水箱:布置于水厂一楼(WTP100 m 层),容量为 $1\times100\%$。主要作用是为阴床和混床阴树脂再生提供热水,以提高再生过程中去除硅的效率。

35) 中和水泵:布置于水厂一楼(WTP100 m 层),容量为 $2\times100\%$。主要作用是在废水中和时提供循环动力;在废水排放时提供排水动力。

36) 中和水箱:布置于水厂一楼(WTP100 m 层),容量为 $2\times100\%$。主要作用是接收水厂来的化学废水和两个机组 TB 厂房来的化学废水;在加酸碱中过程作为中和反应容器。

37) 卸酸箱:布置于水厂一楼(WTP100 m 层),容量为 $1\times100\%$。主要作用是接受来自厂家槽车外购的酸,作为将酸传输到酸罐的中转。

38) 卸酸泵:布置于水厂一楼(WTP100 m 层),容量为 $1\times100\%$。主要作用是将外购的酸从卸酸箱传输到酸罐中。

39) 卸碱箱:布置于水厂一楼(WTP100 m 层),容量为 $1\times100\%$。主要作用是接受来自厂家槽车外购的碱,作为将碱传输到碱罐的中转。

40) 卸碱泵:布置于水厂一楼(WTP100 m 层),容量为 $1\times100\%$。主要作用是将外购的碱从卸碱箱传输到碱罐中。

18.1.3　系统接口

1) 水厂预处理系统(71610):水厂除盐系统处理的原水来自水厂预处理系统。1 号生活水箱出水阀 1-7151-V4621 和 2 号生活水箱出水阀 1-7151-V4620 后的汇总母管为系统分界点,水厂厂房内的母管属除盐系统,水厂厂房室外属预处理系统。

2) 除盐水分配系统(71650):混床处理后的除盐水进入除盐水箱贮存和供给电站系统使用。除盐系统的离子交换床树脂再生用除盐水来自除盐水箱入口管。混床出水总管隔离阀 1-7162-KV6295 后的管道为系统分界点,水厂厂房内的母管属除盐系统,水厂厂房室外属除盐水分配系统。

3) 非放射性废水排水系统(71770):水厂除盐系统阳阴床、混床再生的废酸、碱水和超滤、反渗透化学清洗废水均排入水厂厂房内的非放射性废水地坑 1-7177-SU4014。

4) 生活水分配系统(71500):超滤快洗水箱补水的备用水源。

18.1.4　系统控制和人机操作界面

1) 系统流程控制总界面

通过使用鼠标点击界面系统流程图上的某一设备,就可进入相应的设备操作界面,进行相关的操作;在相应的设备操作界面显示有相关的系统运行参数;通过点击左下角的"ALARMS"功能钮可进入报警窗查阅相关报警信息。通过点击左下角的"PREVIOUS"功能钮切换回前一个操作界面,如图 18-1-2 所示。

2) 生活水箱和超滤器操作界面

在此界面可查阅和监视右下角显示的生活水箱液位、水温、过滤器压差等参数信息;可选择超滤供水泵运行优先权和是否受 PLC 指令控制;可确认泵的运行状态;可点击右边的

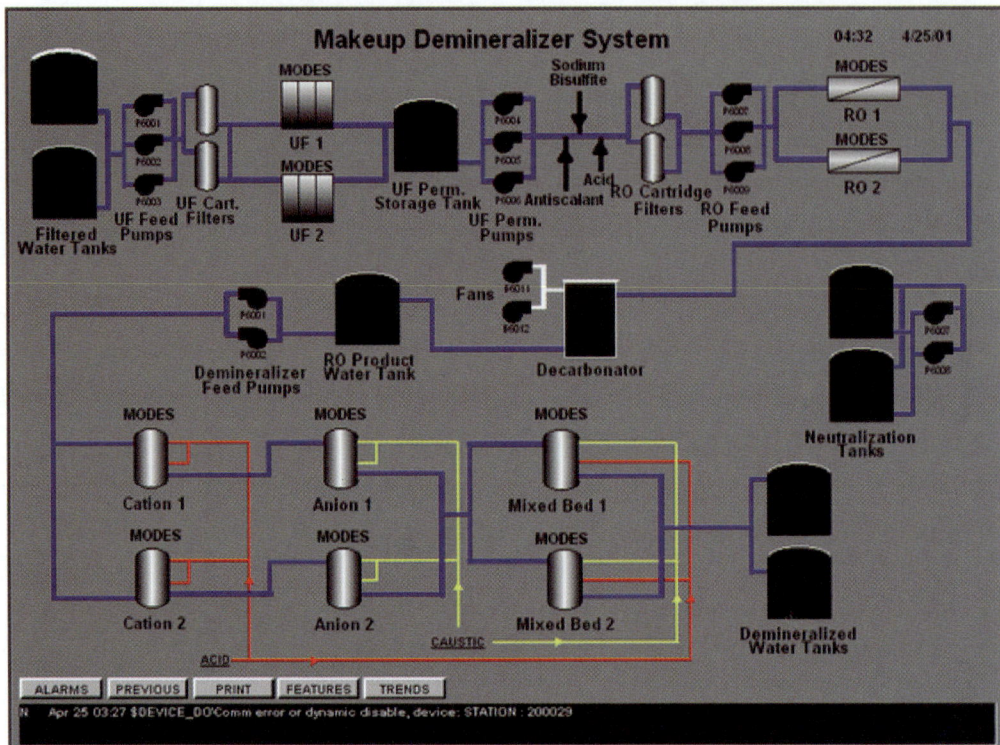

图 18-1-2　除盐系统 PLC 控制界面

UF1 或 UF2 进入到相应的超滤操作界面；可通过点击左下角的"ALARMS"功能钮可进入报警窗查阅相关报警信息和"SETPOINTS"功能钮可进入运行参数设置窗设定或修改运行控制参数；通过点击左下角的"PREVIOUS"功能钮切换回前一个操作界面；通过点击左下角的"OVERVIEW"功能钮切换回系统控制总界面。（在各个操作界面上最后的三项操作功能基本都具有，在下面各操作界面上不再进行重复描述。）如图 18-1-3 所示。

3）超滤膜组件操作界面

在此界面可通过点击界面左边的功能键执行 1 号超滤运行、冲洗、或脱离运行控制而在离线状态；可监视超滤运行流量、冲洗状态；还可监视到超滤启动后以运行了多长时间。

可点击"LCV PID"按钮进入超滤水箱液位控制设定窗口来设定运行液位，使用超滤进水阀开度根据水箱液位来自动跟踪和调节（见图 18-1-4 和图 18-1-5 所示）。

可通过点击界面上部的"UF2"按钮切换到 2 号超滤膜组件操作界面。

与此界面系统接口的上、下游系统操作界面可点击"接口名称方块"进入到相应的上、下游系统操作界面。（每个操作界面均有类似功能，后面将不作重复描述。）

4）超滤膜组件操作界面

在此界面可监视超滤水箱液位；可选择 RO 供水泵运行优先权和是否受 PLC 指令控制；可确认泵的运行状态。如图 18-1-6 所示。

5）反渗透进水过滤器操作界面

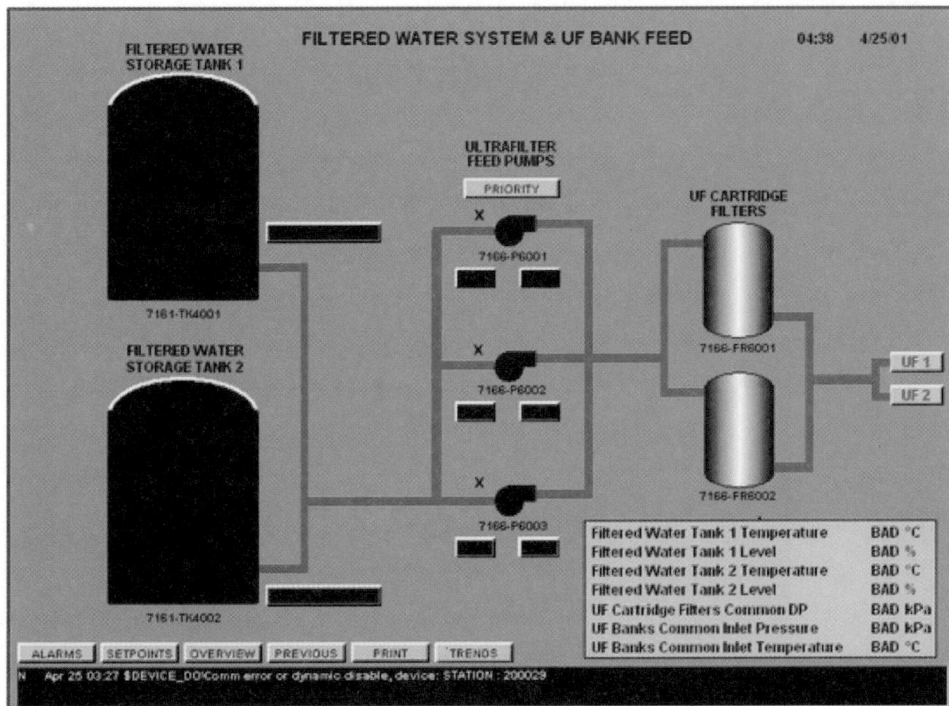

图 18-1-3　生活水箱和超滤供水泵操作界面

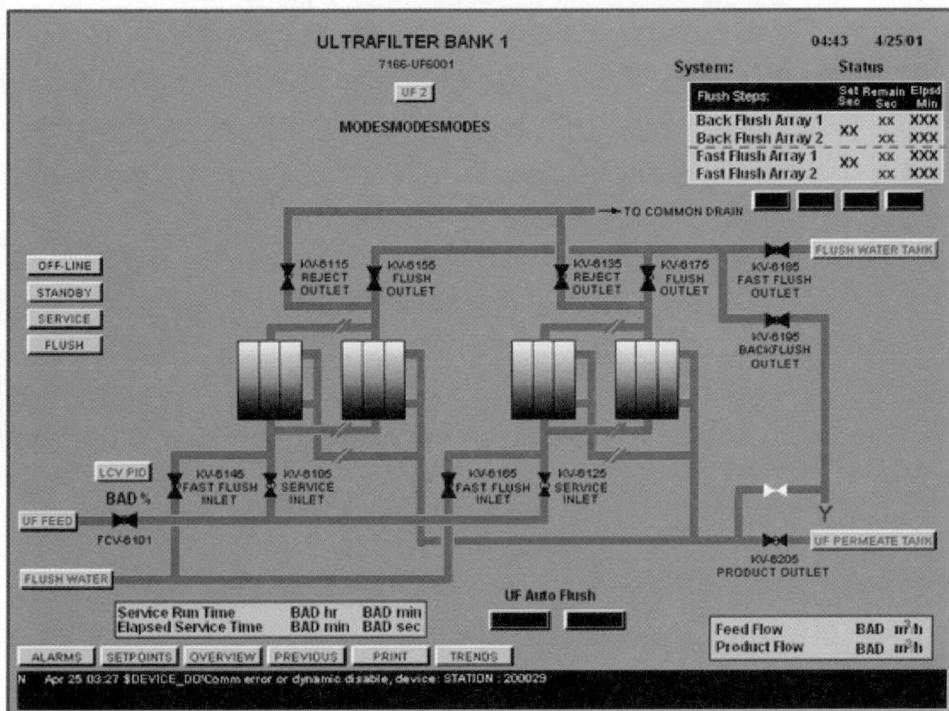

图 18-1-4　超滤 PLC 操作界面

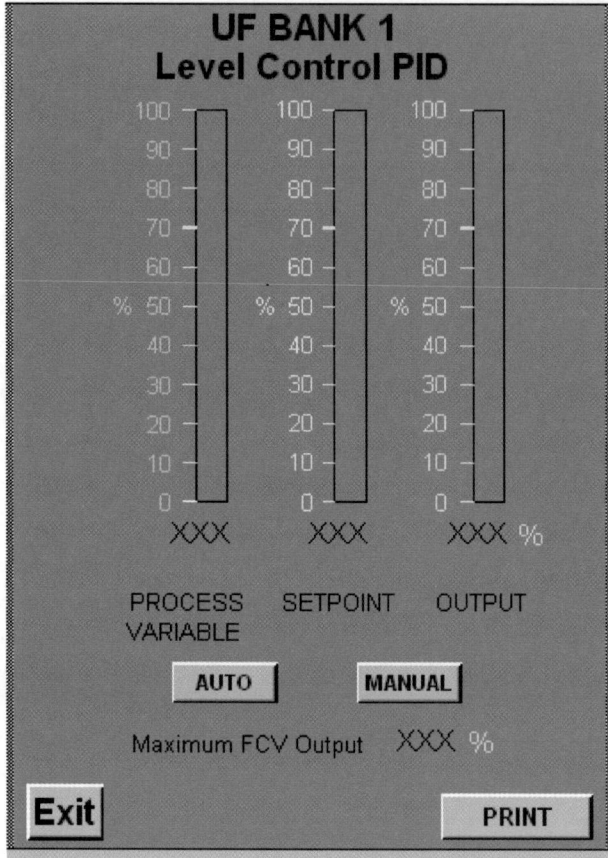

图 18-1-5　超滤进水阀 PLC 操作界面

在此界面可监视 RO 进水 ORP、进水电导率、pH 和过滤器运行压差等参数;可直接切换到加药系统操作界面(阻垢剂、酸、亚硫酸氢钠)。如图 18-1-7 所示。

6)RO 增压泵操作界面

在此界面可选择 RO 增压泵是否受 PLC 指令控制;可确认泵的运行状态;如图 18-1-8 所示。

7)RO 操作界面

在此界面可通过点击界面左边的功能键执行 1 号 RO 运行、冲洗、或脱离运行控制而在离线状态;可监视 RO 启动冲洗状态、出水流量、浓水排放流量、出水电导率;还可监视到 RO 启动后以运行了多长时间。

可通过点击界面下部的"RO2"按钮切换到 2 号 RO 操作界面。如图 18-1-9 所示。

8)脱碳器/RO 水箱/除盐给水泵操作界面

在此界面可选择脱碳风机是否受 PLC 指令控制,可监视风机的运行状态

在此界面可监视到 RO 水箱的液位、电导率、pH;可选择除盐给水泵运行优先权和是否受 PLC 批令控制;

在此界面可通过点击"Level PID"按钮进行除盐给水泵供水流量设定,通过点击"AU-TO"功能键,使用水泵供水流量按设定值运行,或点击"MANUAL"功能键按手动输入数值运行。(见图 18-1-10 和图 18-1-11 所示)

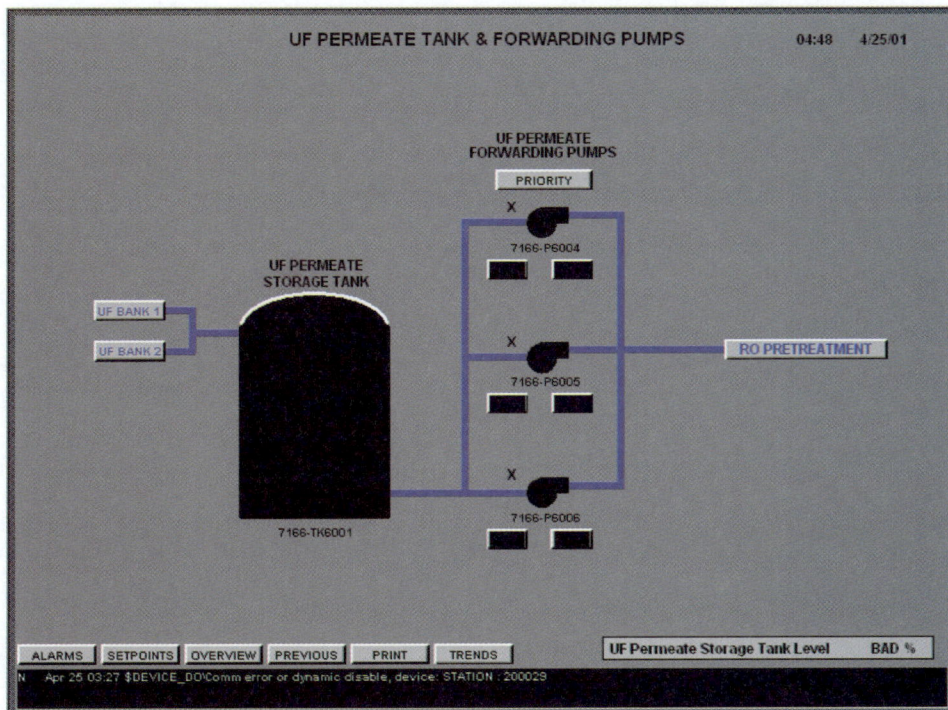

图 18-1-6 超滤水箱和反渗透供水泵 PLC 操作界面

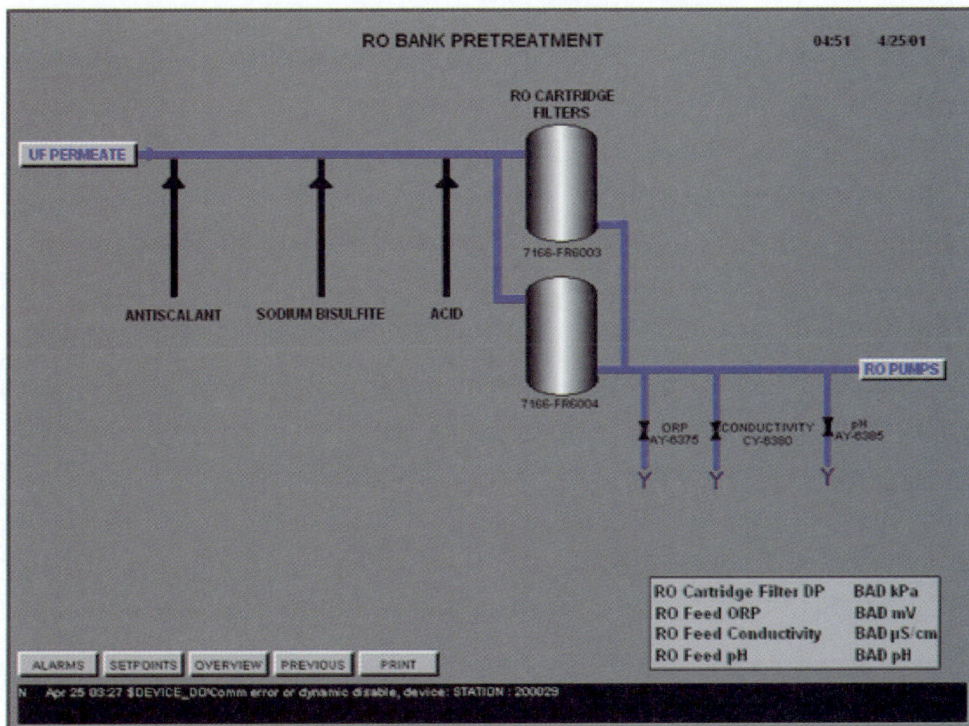

图 18-1-7 反渗透进水过滤器 PLC 操作界面

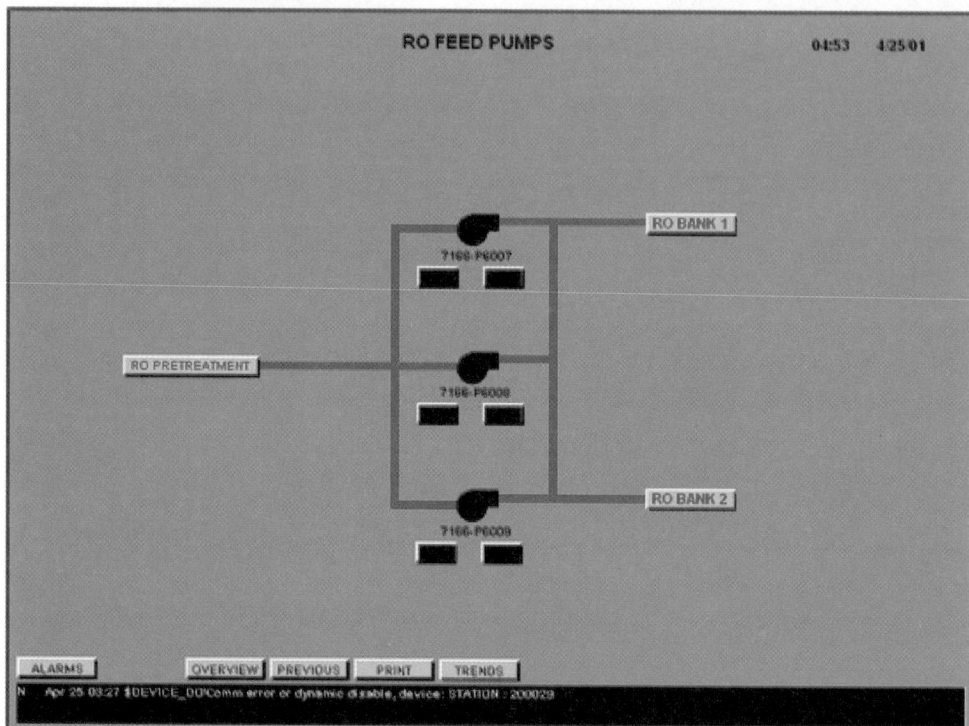

图 18-1-8　RO 增压泵 PLC 操作界面

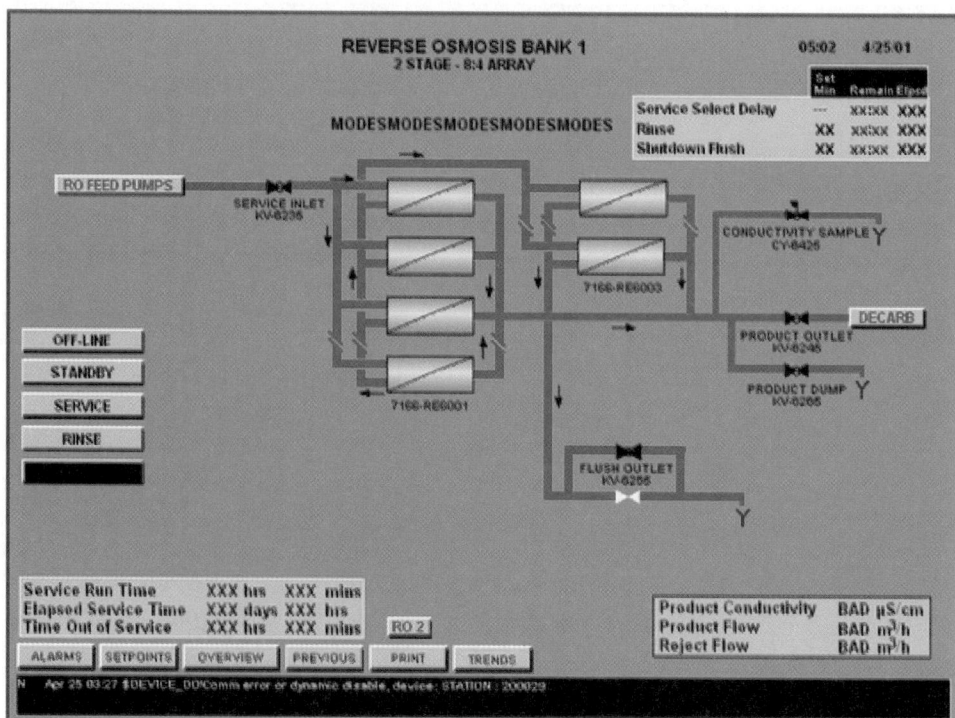

图 18-1-9　反渗透 PLC 操作界面

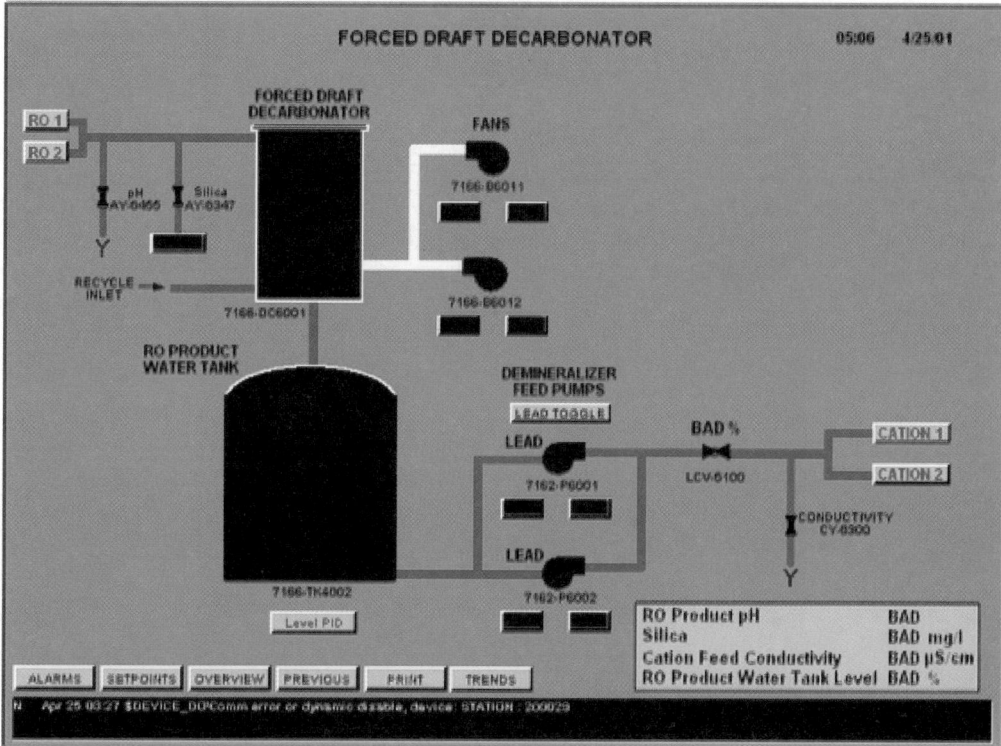

图 18-1-10　脱碳器/RO 水箱/除盐给水泵操作界面

9）RO 加酸操作界面

在此界面可选择 RO 加酸泵的运行优先权和是否受 PLC 指令控制；可确认加酸泵的运行状态和泵出口阀组的开、关状态；如图 18-1-12 所示。

通过点击界面左边的"Acid PID"按钮设定 RO 进水 pH，以便加药泵通过调节行程大小调整加酸量最终控制 RO 进水 pH。

10）RO 阻垢剂泵操作界面

在此界面可选择 RO 阻垢剂泵的运行优先权和是否受 PLC 指令控制；可确认阻垢剂泵的运行状态；在此界面可监视到阻垢剂箱液位、阻垢剂泵运行速度。如图 18-1-13 所示。

11）RO 亚硫酸氢钠泵操作界面

在此界面可选择 RO 亚硫酸氢钠泵的运行优先权和是否受 PLC 指令控制；可确认亚硫酸氢钠泵的运行状态；在此界面可监视到亚硫酸氢钠箱液位、亚硫酸氢钠泵运行速度。如图 18-1-14 所示。

12）UF 快洗泵操作界面

在此界面可选择 RO 亚硫酸氢钠泵是否受 PLC 指令控制；可确认亚硫酸氢钠泵的运行状态。如图 18-1-15 所示。

13）阳床操作界面

在此界面可通过点击界面左边的功能键执行 1 号阳床循环正洗、再生、1 号系列阳阴床再生或脱离运行控制而在离线状态；可监视 1 号阳床的再生过程和状态并可通过点击左边

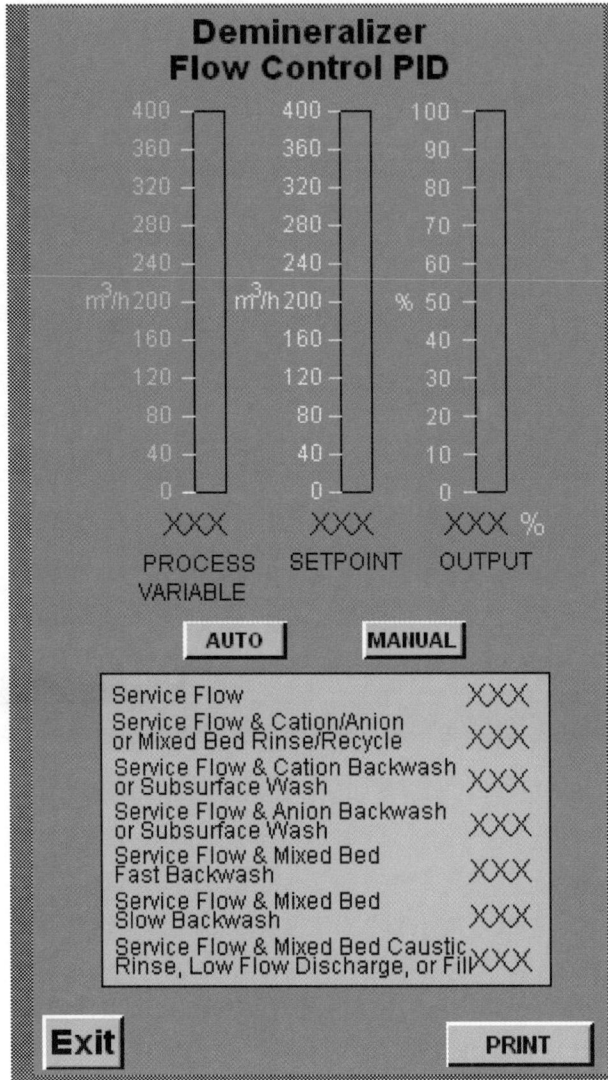

图 18-1-11　除盐给水阀 PLC 操作界面

按钮进行干预或再生中断、再生时间延长或步进到下一再生步骤等;可监视 1 号阳床运行流量、累计制水量和再生小反洗次数。

可通过点击界面左下部的"CATION 2"按钮切换到 2 号阳床操作界面。如图 18-1-16 所示。

14) 阴床操作界面

在此界面可通过点击界面左边的功能键执行 1 号阴床循环正洗、再生、1 号系列阳阴床再生或脱离运行控制而在离线状态;可监视 1 号阴床的再生过程和状态并可通过点击左边按钮进行干预或再生中断、再生时间延长或步进到下一再生步骤等;可监视 1 号阴床出水电导率、累计制水量和再生小反洗次数。

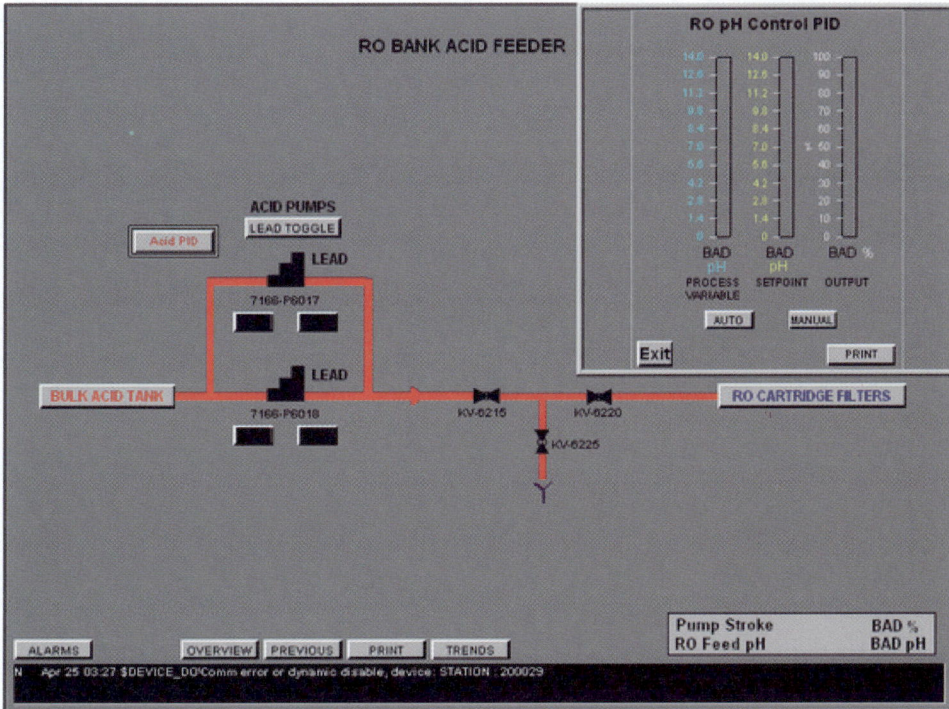

图 18-1-12 RO 加酸 PLC 操作界面

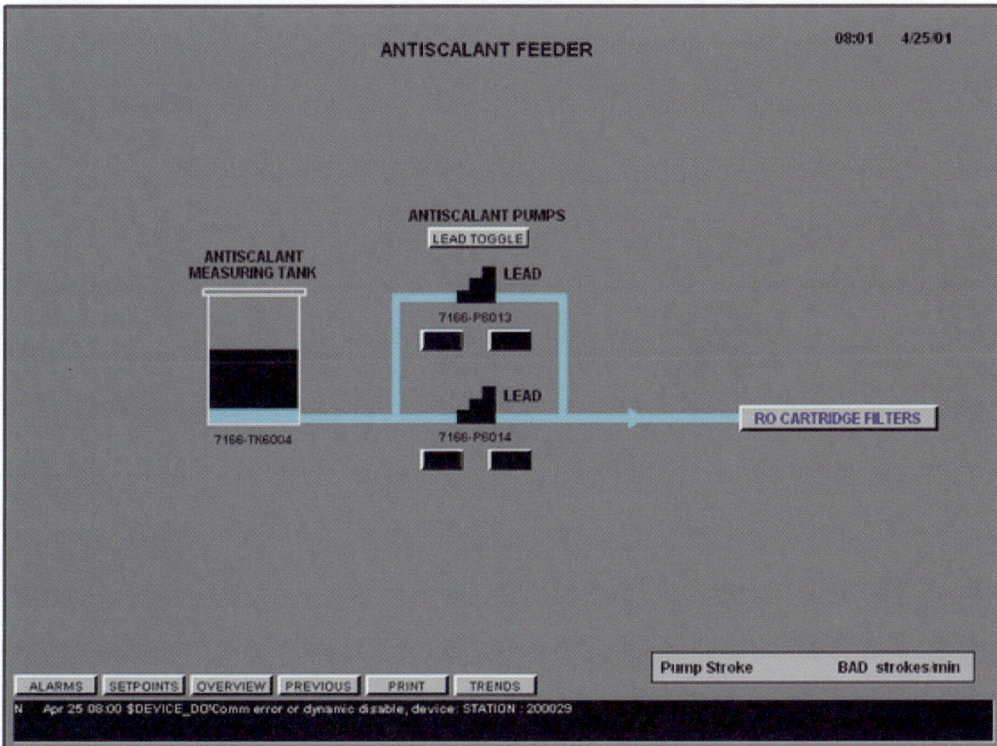

图 18-1-13 RO 阻垢剂泵 PLC 操作界面

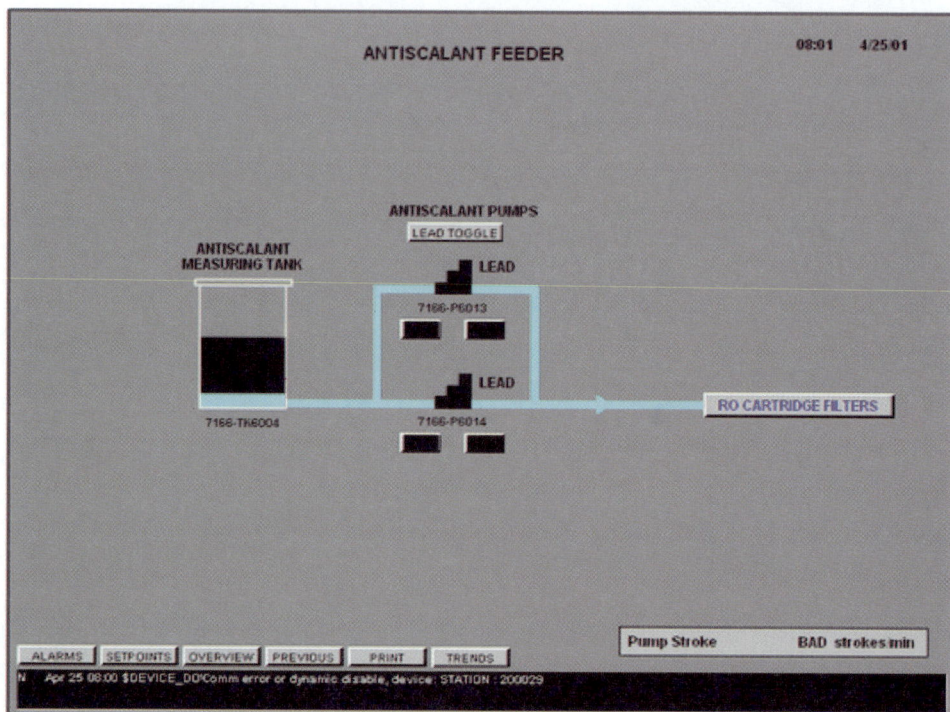

图 18-1-14　RO 亚硫酸氢钠泵 PLC 操作界面

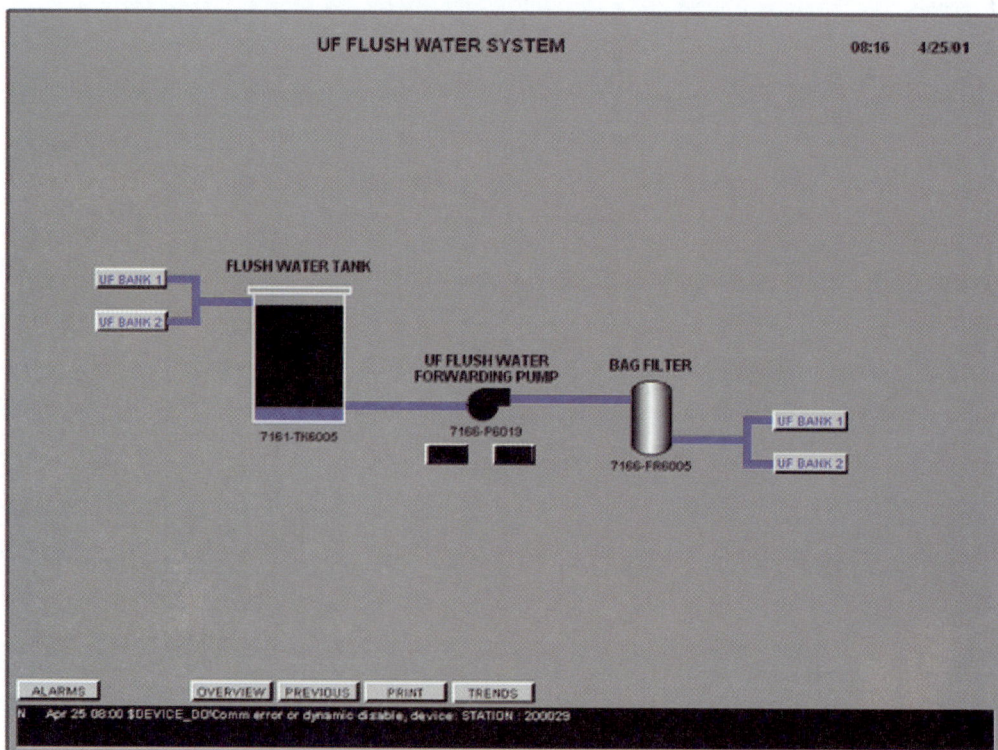

图 18-1-15　UF 快洗泵 PLC 操作界面

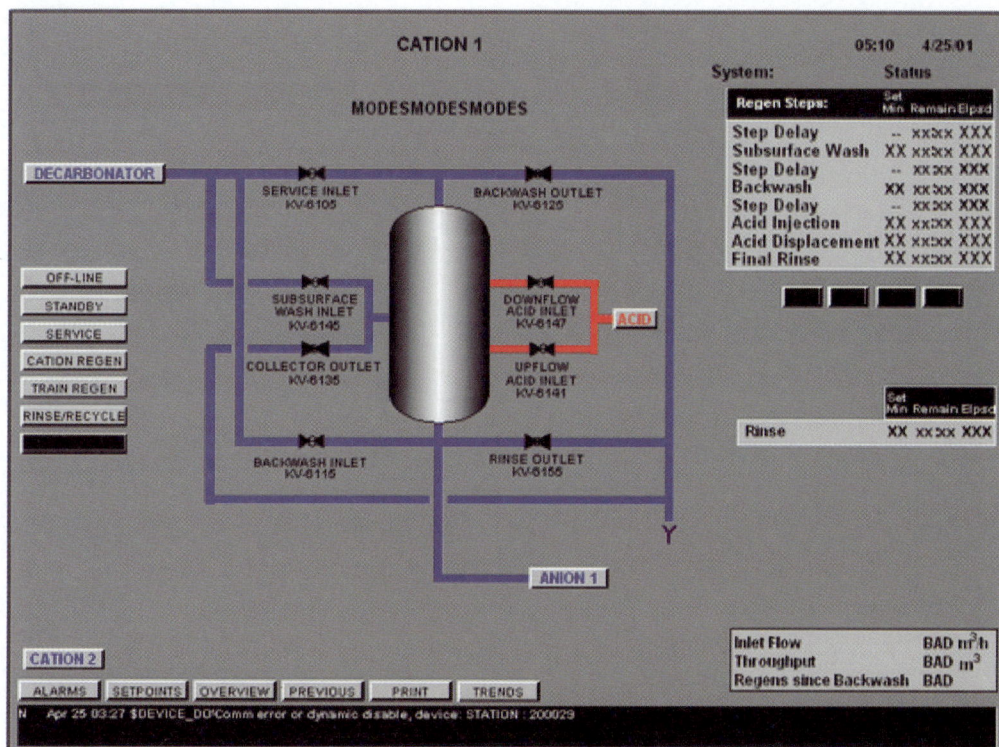

图 18-1-16　阳床 PLC 操作界面

可通过点击界面左下部的"ANION 2"按钮切换到 2 号阴床操作界面。如图 18-1-17 所示。

15) 混床操作界面

在此界面可通过点击界面左边的功能键执行 1 号混床循环正洗、再生、或脱离运行控制而在离线状态；可监视 1 号混床的再生过程和状态并可通过点击左边按钮进行干预或再生中断、再生时间延长或步进到下一再生步骤等；可监视 1 号混床运行流量、出水电导率、累计制水量。

可通过点击界面左下部的"ANION 2"按钮切换到 2 号阴床操作界面，见图 18-1-18。

16) 除盐水箱操作界面

在此界面可通过点击界面左边的功能键执行 1 号混床循环正洗、再生、或脱离运行控制而在离线状态；可监视 1 号混床的再生过程和状态并可通过点击左边按钮进行干预或再生中断、再生时间延长或步进到下一再生步骤等；可监视 1 号混床运行流量、出水电导率、累计制水量。

可通过点击界面左下部的"ANION 2"按钮切换到 2 号阴床操作界面，见图 18-1-19。

17) 碱再生操作界面

在此界面可选择再生碱泵运行优先权和是否受 PLC 指令控制；可确认泵的运行状态和再生碱泵出口阀组的开、关状态；可监视碱罐液位、再生流量、再生酸度、再生过程中阳床或混床的再生时间等；

通过点击界面右边的碱稀释水 PID 进行再生流量的调整。见图 18-1-20 和图 18-1-21。

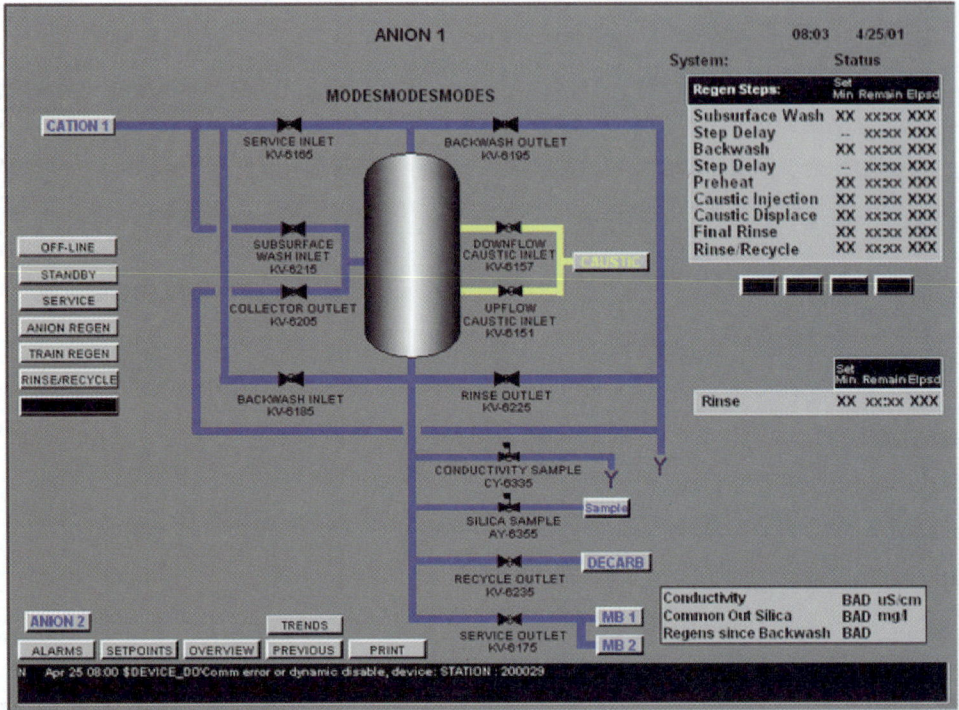

图 18-1-17　阴床 PLC 操作界面

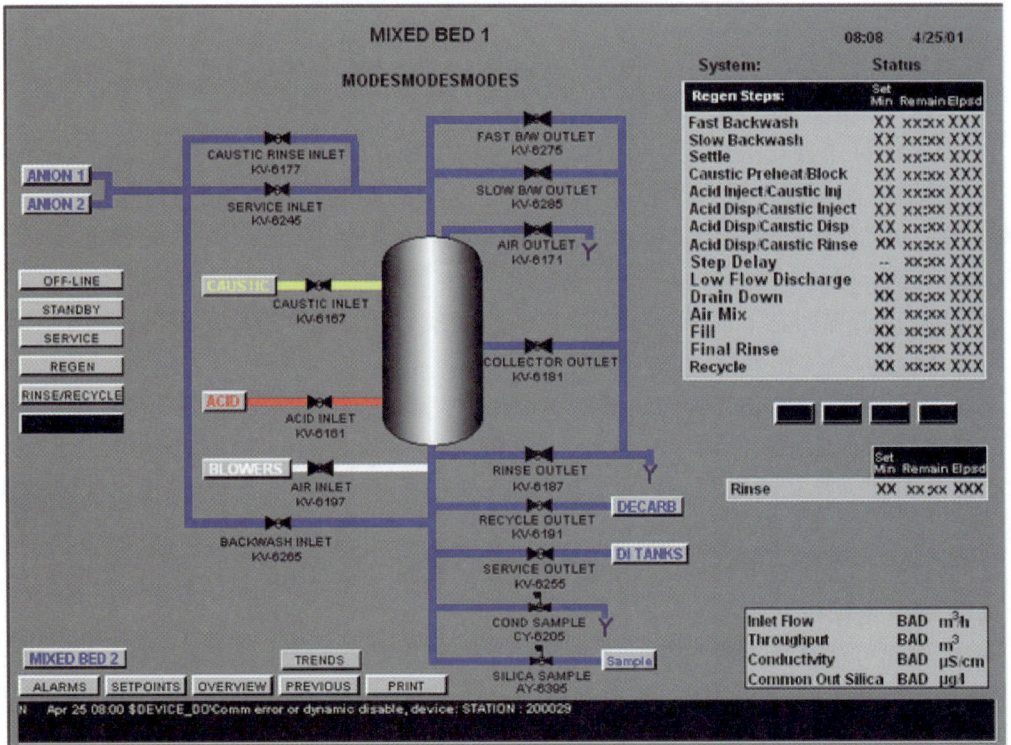

图 18-1-18　混床 PLC 操作界面

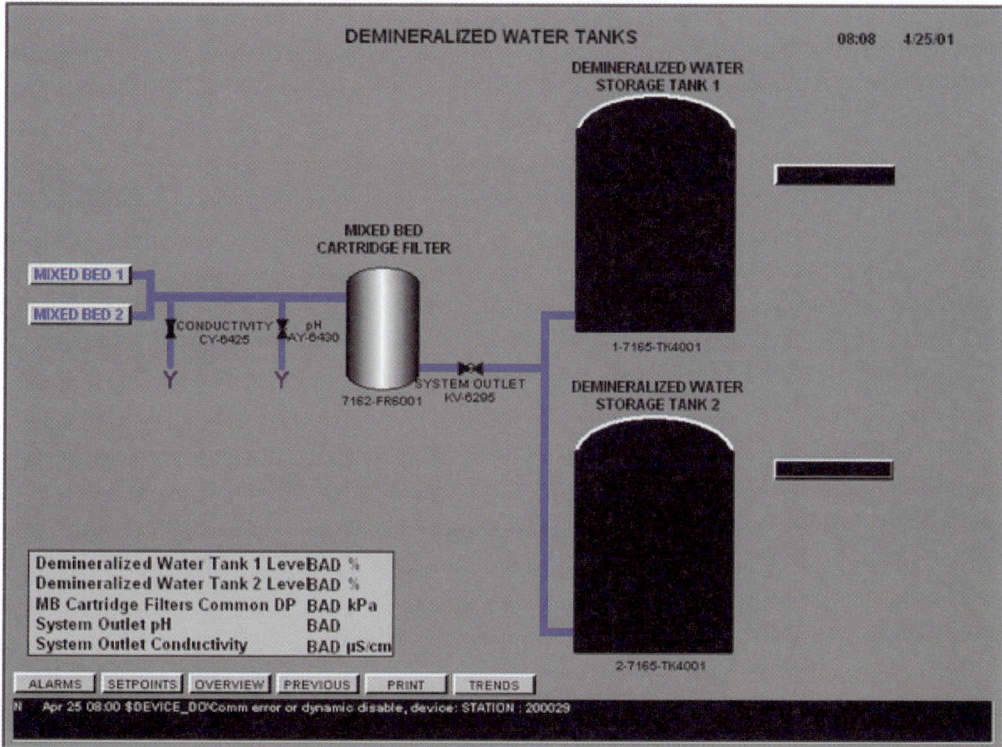

图 18-1-19 除盐水箱 PLC 操作界面

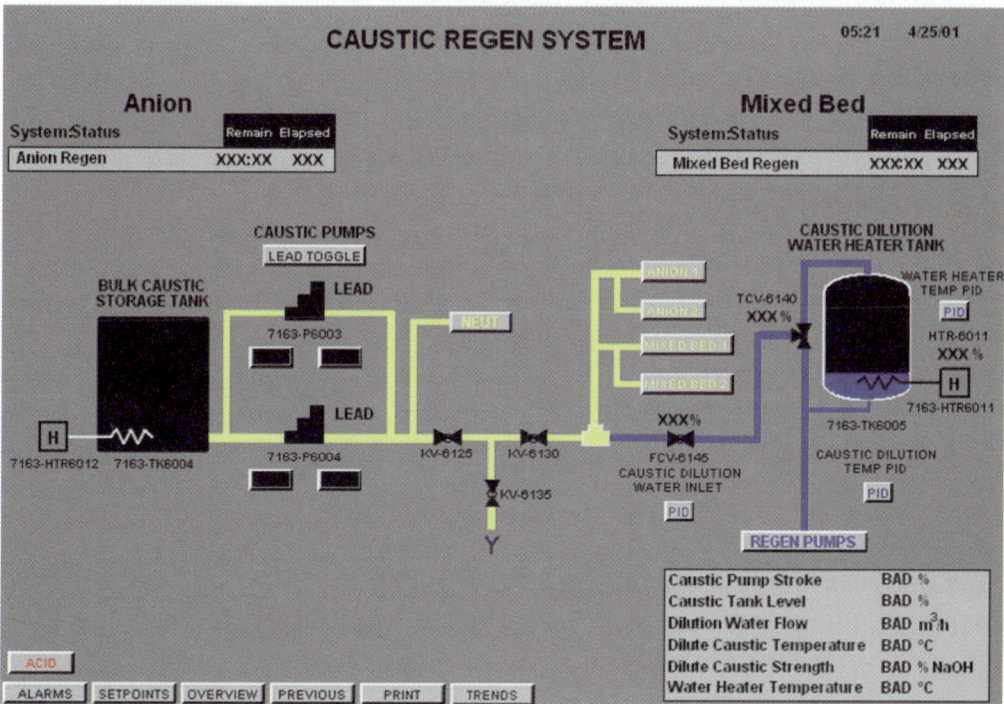

图 18-1-20 碱再生 PLC 操作界面

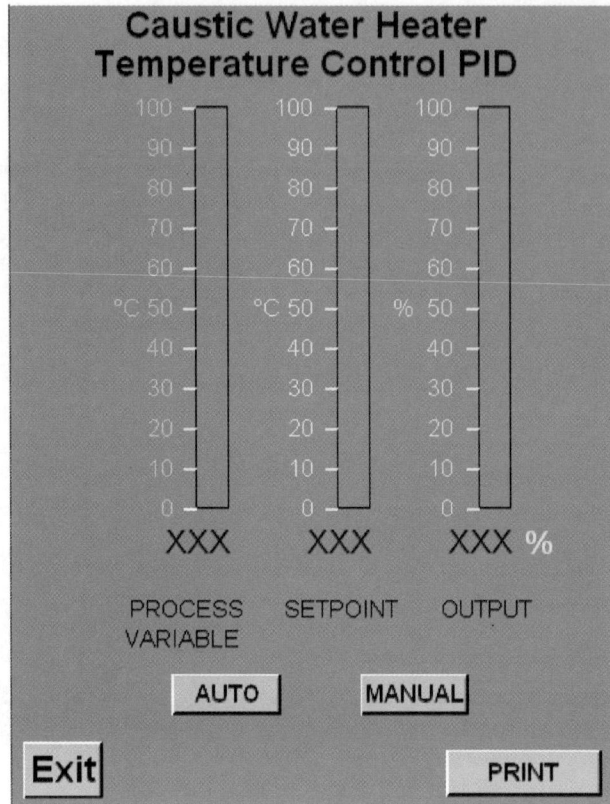

图 18-1-21   碱再生稀释水流量调节阀 PLC 操作界面

18）酸再生操作界面

在此界面可选择再生酸泵运行优先权和是否受 PLC 指令控制；可确认泵的运行状态和再生酸泵出口阀组的开、关状态；可监视酸罐液位、再生流量、再生酸度、再生水温度、再生过程中阴床或混床的再生时间等。

通过点击界面右边的酸稀释水 PID 进行再生流量的调整，见图 18-1-22 和图 18-1-23。

19）再生水泵操作界面

在此界面可选择再生水泵的运行优先权和是否受 PLC 指令控制；可监视泵的运行状态。见图 18-1-24。

20）混床混脂风机操作界面

在此界面可选择混脂风机的运行优先权和是否受 PLC 指令控制；可监视风机的运行状态。见图 18-1-25。

21）中和系统操作界面

在此界面可选择中和泵的运行优先权和是否受 PLC 指令控制；可监视到中和泵的运行状态和出口阀门开、关状态、中和水箱的液位、中和废水的 pH；可选择哪个中和水箱的液位作为中和泵的运行控制参数；见图 18-1-26。

在此界面通过按"START"按钮来启动中和系统进行废水中和；也可通过按"STOP"按钮来中止正在运行的中和系统；在中和废水过程中可监视到注酸、碱的时间和次数，并可

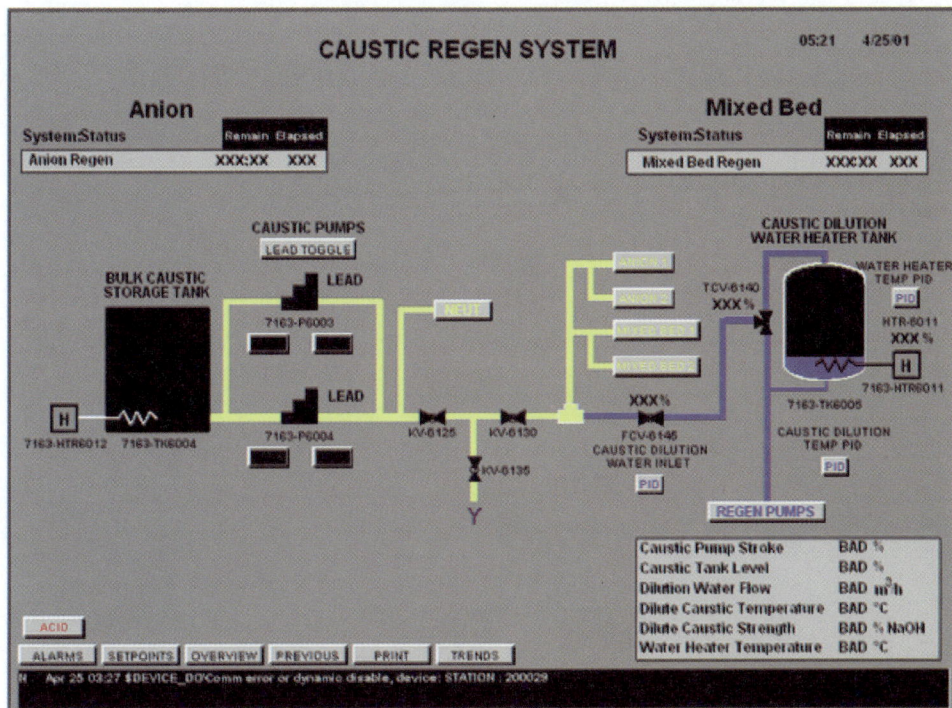

图 18-1-22　酸再生 PLC 操作界面

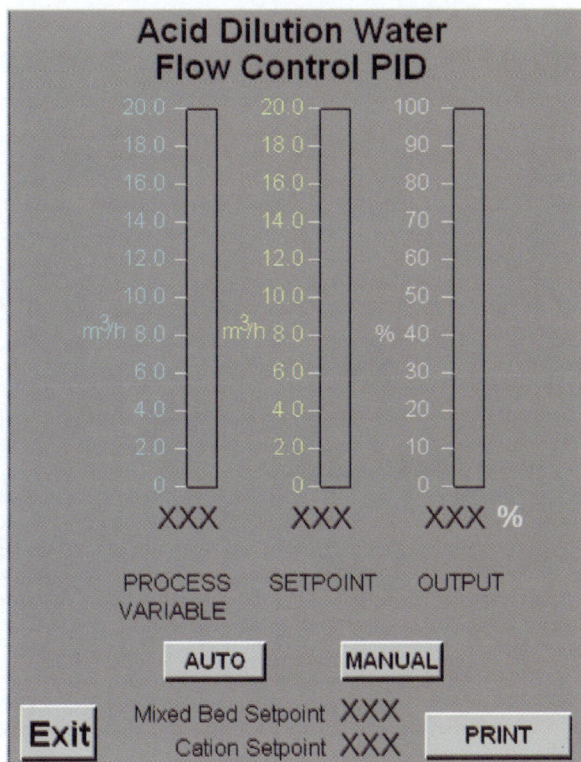

图 18-1-23　酸再生稀释水流量调节阀 PLC 操作界面

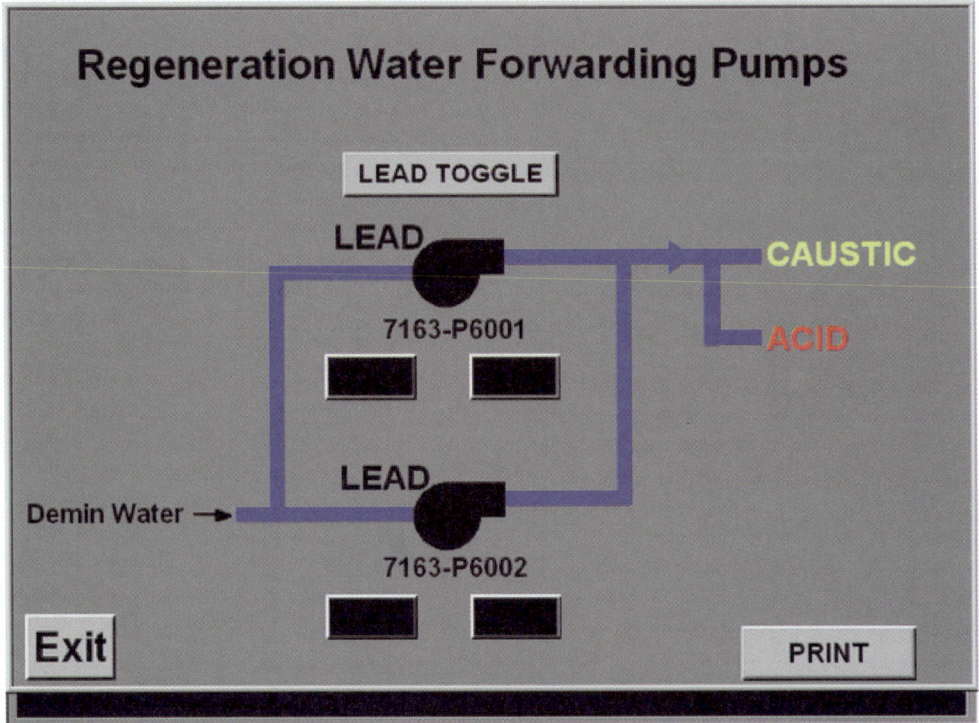

图 18-1-24　再生水泵 PLC 操作界面

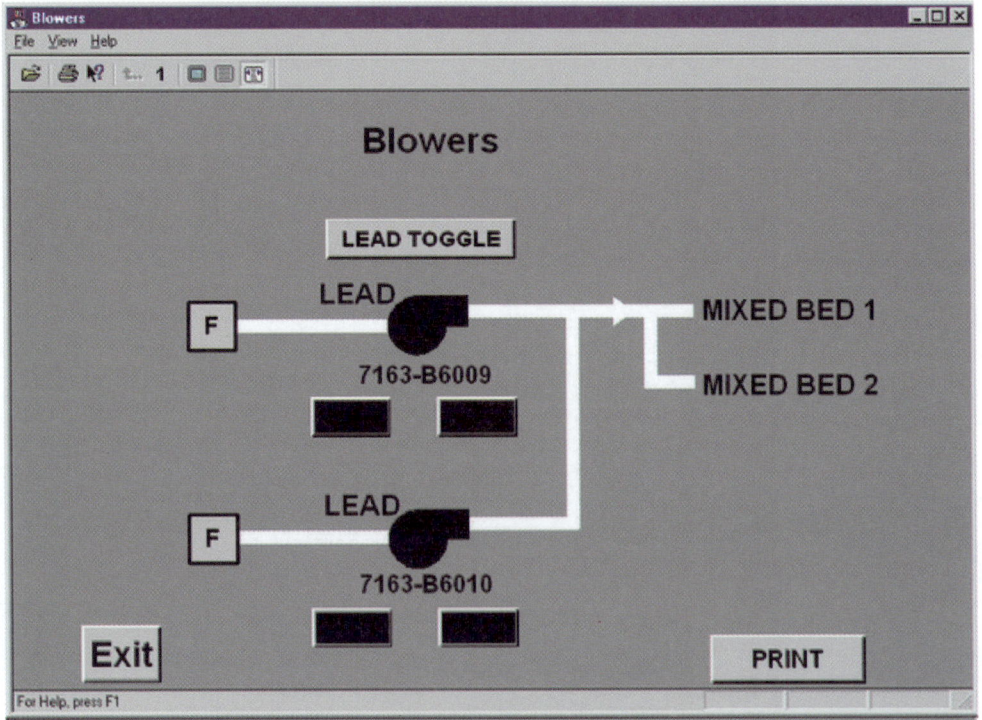

图 18-1-25　混床混脂风机 PLC 操作界面

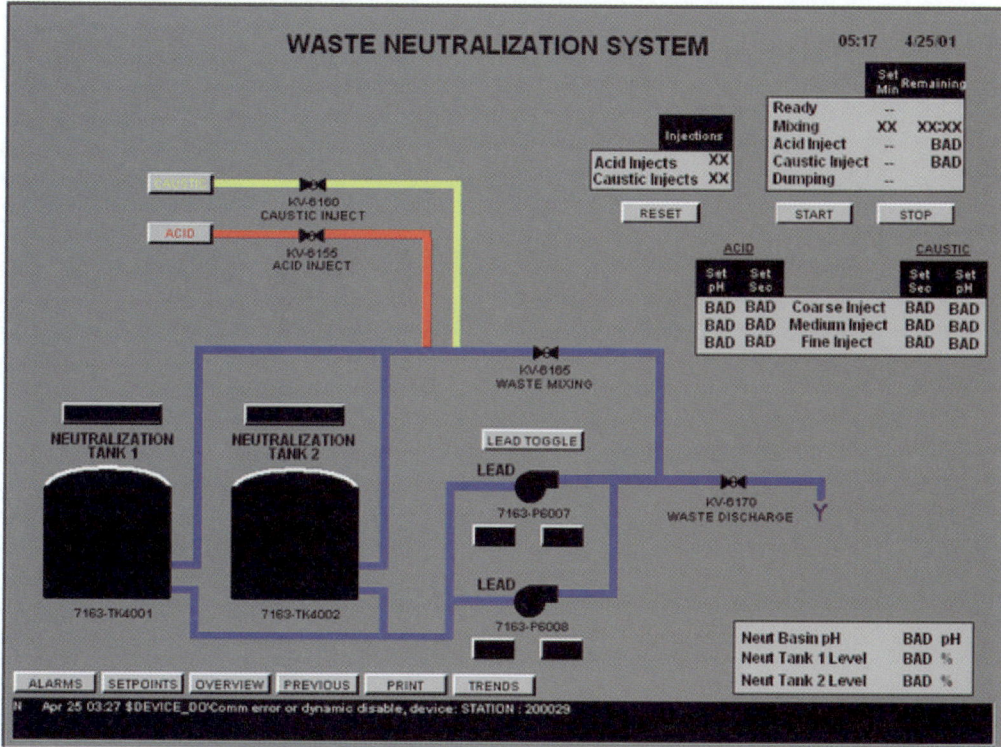

图 18-1-26　中和系统 PLC 操作界面

根据情况通过按"RESET"按钮来清除注酸、碱的次数使注酸、碱重新开始计数。

18.1.5　就地典型控制盘

水泵、风机均设有就地控制盘且盘上均设有控制开关,控制开关均有三个位置状态。三个位置状态分别为"HAND"——不管 PLC 此时为何状态就地无条件启动运行;"OFF"——不管 PLC 此时为何状态就地无条件停运且不受 PLC 指令控制;"AUTO"——受 PLC 指令控制其启动或停运,正常情况下控制开头必须置于此状态以便允许 PLC 自动控制。

就地典型控制盘如图 18-1-27 所示。

18.1.6　系统及设备逻辑控制

1) 超滤系统

a.值班员在人机界面上点击"SERVICE"时超滤投入运行,PLC 按设定程序延时 20 秒后启动超滤进入冲洗状态;在此 20 秒内可通过点击"STANDBY"可禁止超滤进入运行而回到停运状态;供水泵启动运行,超滤进入反洗、快洗,然后进入制水阶段。超滤出水量大小由进水调节阀开度大小控制,调节阀开度根据超滤水箱设定的液位自动控制;当超滤水箱达到高液位设定点后超滤将自动停运;定期冲洗功能打开时,超滤运行 1 小时后自动进行反洗、快洗一次并周期进行;定期冲洗功能关闭时,超滤在运行过程中不会自动执行冲洗。

当点击"STANDBY"时超滤停止运行。另外,当运行的反渗透停运时,相应的先启动运

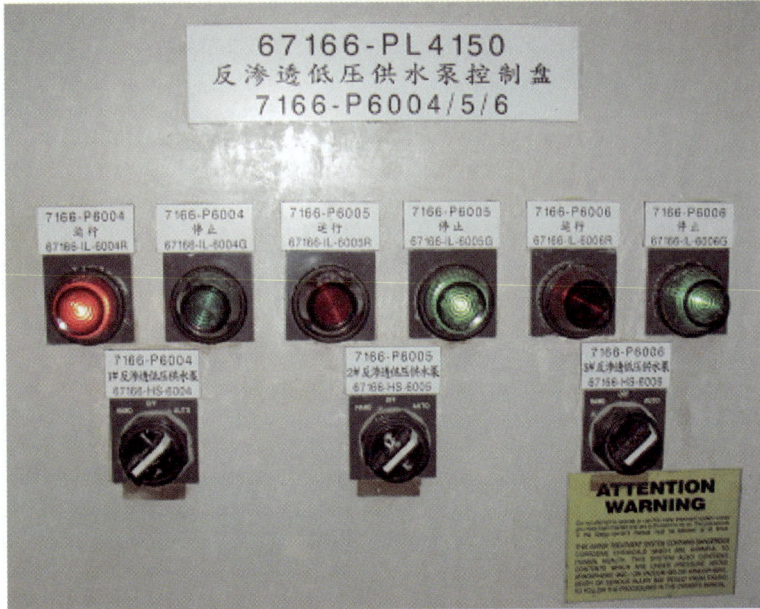

图 18-1-27   就地典型控制盘

行一列超滤将随反渗透的停动而自动停动。

当点击"OFFLINE"时超滤离线,在此状态下点击任何按钮,系统均无反应并保持在停运状态。见图 18-1-28。

b. 超滤供水泵:随超滤的投运而启动,随超滤的停运而停运;超滤供水泵还受生活水箱低液位控制,当生活水箱达到低液位时自动停运,同时 PLC 会发出生活水箱液位低报警。

3 台超滤供水泵启动次序按选择优先权 1,2,3,一列超滤对应一台供水泵,优先权 3 的供水泵自动作为备用,当前面运行的供水泵出现故障时,备用供水泵自动启动投入运行,同时 PLC 会发出设备故障报警。

超滤供水泵的受变频器控制,以控制水泵出水压力。控制超滤进水卡盘过滤器后的压力小于 300 kPa。当超滤供水泵因检修或其他原因停电后,送电重新运行时需在超滤变频控制盘进行复位解锁,超滤供水泵方可运行。

c. 超滤快洗水泵:当超滤有快洗命令时自动启动运行,超滤快洗结束后自动停运。当水泵运行出现故障时,PLC 会发出故障报警。当超滤快洗水箱出现低液位时,超滤快洗水泵不会启动,如在运行则立即停运并中断超滤的冲洗。

d. 超滤系统及对应的泵和阀门状态(见表 18-1-4)。

2)反渗透(RO)系统

a. 值班员在人机界面上点击"SERVICE"功能键时 RO 投入运行,PLC 按设定程序延时 20 秒后启动 RO 进入冲洗状态;启动 RO 供水泵进入低压冲洗同时检测 RO 进水 ORP,在此 20 秒内可通过点击"STANDBY"可禁止 RO 进入运行而回到停运状态。当 RO 按设定时间完成低压冲洗后,如果 RO 进水 ORP 不满足要求,立即进入再一次低压冲洗后系统回到停运状态。如果 RO 进水 ORP 检测满足要求即启动 RO 增压泵开始高压冲洗,并在设定的时间最后一分钟开始检测出水电导率,如果出水电导率不满足要求则延长继续冲洗直

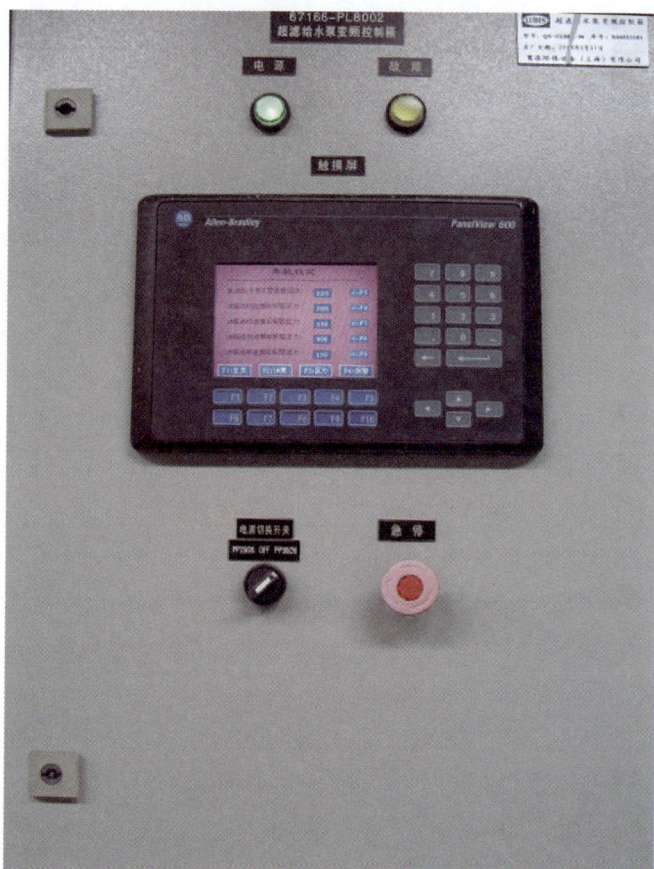

图 18-1-28　超滤变频控制操作界面

表 18-1-4　超滤运行期间阀门、泵状态

步　骤	流量/(m³/h)	时间/s	超滤设备													
			第一列				第二列				公共部分					
			运行进水阀KV-6105/6110	快速冲洗进口阀KV-6145/6150	滤后废水排放阀KV-6115/6120	冲洗排放阀KV-6155/6160	运行进水阀KV-6125/6130	快速冲洗进口阀KV-6125/6170	滤后废水排放阀KV-6135/6140	冲洗排放阀KV-6175/6180	超滤清水阀KV-6205/6210	反洗出口阀KV-6195/6200	快速冲洗出口阀KV-6185/6190	超滤供水泵7166-P6001/6002/6003	超滤冲洗泵7166-P6019	进口流量调节阀FCV-6101/61022
反洗 Back Flush Array ♯1	52.3	40				O	O		O			O		O/X /X		M
反洗 Back Flush Array ♯2	52.3	40	O		O					O		O		O/X /X		M

续表

步骤	流量/(m³/h)	时间/s	第一列 运行进水阀KV-6105/6110	快速冲洗进口阀KV-6145/6150	滤后废水排放阀KV-6115/6120	冲洗排放阀KV-6155/6160	第二列 运行进水阀KV-6125/6130	快速冲洗进口阀KV-6125/6170	滤后废水排放阀KV-6135/6140	冲洗排放阀KV-6175/6180	公共部分 超滤清水阀KV-6205/6210	反洗出口阀KV-6195/6200	快速冲洗出口阀KV-6185/6190	超滤供水泵7166-P6001/6002/6003	超滤冲洗泵7166-P6019	进口流量调节阀FCV-6101/61022
快洗 Fast Flush Array #1	175	60		O		O	O		O		O		O	O/X /X	O	M
快洗 Fast Flush Array #2	175	60	O		O			O		O	O		O	O/X /X	O	M
运行 Service	104.5	--	O		O		O		O		O			O/X /X		M
停运 Standby	0	--												X/X /X		

图例：　O＝阀门打开或泵运行　　空白＝阀门关闭或泵停运
　　　　M＝阀门调节　　　　　　O/X/X＝一个泵运行两个泵停运
　　　　X/X/X＝三个泵停运

到出水电导率满足要求为止,其出水排入地沟。如果检测出水电导率满足要求,RO进入运行状态,其出水进入RO水箱。见图18-1-29。

如果运行过程中RO进水ORP超出设定值持续20秒,RO立即进入低压冲洗状态,同时PLC会发出ORP高报警,冲洗完成后自动停运RO。如果运行过程中RO出水电导率超出设定值持续20秒,PLC将会发出出水电导率高报警。

当点击"STANDBY"功能键RO立即停止运行;当RO水箱液位到达高液位设定值时,RO自动进入低压冲洗状态,完成低压冲洗后停运RO。

当点击"OFFLINE"功能键时RO离线,在此状态下点击任何按钮,系统均无反应并保持在停运状态。

b.RO供水泵:随RO的投运而启动,随RO的停运而停运;RO供水泵还受超滤水箱低液位控制,当超滤水箱到达低液位设定点,RO立即停止运行,同时PLC会发出超滤水箱液位低报警;

3台RO供水泵启动次序按选择优先权1,2,3,一列RO对应一台供水泵,优先权3的供水泵自动作为备用,当前面运行的供水泵出现故障时,备用供水泵自动启动投入运行,同时PLC会发出设备故障报警。

RO供水泵的受变频器控制,以控制水泵出水压力。控制RO进水卡盘过滤器后的压力小于400 kPa。当RO供水泵因检修或其他原因停电后,送电重新运行时需在RO变频控

图 18-1-29 反渗透变频控制操作界面

制盘进行复位解锁,RO 供水泵方可运行。

c. RO 增压泵:随 RO 的投运而启动,随 RO 的停运而停运;当 RO 增压泵入口压力低时,RO 增压泵停运同时 PLC 发出压力低报警,RO 进入低压冲洗状态,冲洗完成后自动停运 RO;当 RO 增压泵入口压力高时,RO 增压泵停运同时 PLC 发出压力高报警,RO 进入低压冲洗状态,冲洗完成后自动停运 RO。

3 台 RO 增压泵中的 1 号 RO 增压泵对应于 2 号 RO 运行,2 号 RO 增压泵对应于 1 号 RO 运行,2 号 RO 增压泵即可对应 1 号 RO 运行也可对应于 2 号 RO 运行。当运行的增压泵出现故障时,PLC 会发出设备故障报警。

RO 增压泵的受变频器控制,以控制水泵出水压力。控制 RO 进水卡盘过滤器后的压力小于 2 000 kPa。当 RO 增压泵因检修或其他原因停电后,送电重新运行时需在 RO 变频控制盘进行复位解锁,RO 增压泵方可运行。

RO 出水量的大小与 RO 增压泵的出水压力成正比例,RO 的期望出量可在 RO 变频控制盘上进行设定,这样 RO 增压泵的出水压力通过变频器的调节自动按期望出水量的压力值输出。当超滤水箱液位低时,变频器又可使 RO 增压泵运行在低压力,以降低 RO 的出水量等待超滤水箱液位上升。

d. RO 加酸泵:当 RO 投入运行进入高压冲洗阶段时,RO 加酸泵启动运行,当 RO 在停运过程中进入低压冲洗时,RO 加酸泵停止运行。RO 加酸泵没有启动投入运行并不影响到 RO 正常启动和运行。

e. 阻垢剂泵:当 RO 投入运行进入高压冲洗阶段时,阻垢剂泵启动运行,当 RO 在停运过程中进入低压冲洗时,阻垢剂泵停止运行。阻垢剂泵没有启动投入运行并不影响到 RO 正常启动和运行。

f. 亚硫酸氢钠泵：当 RO 投入运行进入低压冲洗阶段时，亚硫酸氢钠泵启动运行，当 RO 低压冲洗完毕停运时，亚硫酸氢钠泵停止运行。由于 RO 进水的 ORP 是一个限制 RO 按逻辑投入运行的控制参数，亚硫酸氢钠泵不投入运行，RO 进水的 ORO 不能下降到允许运行的设定值以下，因此 RO 也就不可能正常启动运行。

g. 反渗透系统及对应的泵和阀门状态，见表 18-1-5。

表 18-1-5　反渗透运行期间阀门、泵状态

步骤	流量/(m³/h)	时间/min	酸泵 P6017/6018	酸泵出口闭锁阀 KV-6215/6220/6225	pH取样电磁阀 AY-6385	阻垢剂泵P6013/6014	亚硫酸氢钠泵 P6015/6016	ORP取样电磁阀 AY-6375	电导率取样电磁阀 CY-6380	进水阀 KV-6235/6240	出口电导取样电磁阀CY-6425/6430	淡水出口阀 KV-6245/6250	淡水排放阀 KV-6265/6270	冲洗出口阀 KV-6255/6260	反渗透增压泵P6007/6009(8)	反渗透供水泵P6004/6005/6006
Off-line	O	--											O			
Standby	O	--											O			
Service Select Delay Period(uncontrolled flow)	--	1	O/X	O/C	O	O/X	O/X	O	O	+O			O	O		O
Rinse/Pre-service Rinse	78.4	5	O/X	O/C	O	O/X	O/X	O	O	*O	O		O		O	O
Service	78.4	--	O/X	O/C	O	O/X	O/X	O	O	O	O	O		O	O	O
Shutdown Flush(uncontrolled flow)	--	5			O		O/X	O	O				O	O		O

图例：　O＝阀门打开或泵运行　　　　　空白＝阀门关闭或泵停运
　　　　O/C＝闭锁阀打开/排放阀关闭　　O/X＝一台运行一台停运
　　＊ 阀门必须缓慢打开，以防反渗透高压泵启动时反渗透差压过大；
　　＋ 阀门在"Service Select Delay"步骤的后 10 秒时关闭。

3) 阳阴系列床和混床运行

a. 1 号阳床和 1 号阴床组成一个系列床，2 号阳床和 2 号阴床组成另一个系列床。当同一个系列的阳床或阴床被选择在 OFFLINE 离线状态、"STANDBY"备用状态或 SERVICE 运行状态，同一系列阳阴床同时处于同一个状态；两台混床分别独立控制，可单独选择"OFFLINE"离线状态、"STANDBY"备用状态或"SERVICE"运行状态。

阳阴系列床和混床在运行选择时，可任选一种组合方式运行：1 号、1 号系列阳阴床和 1 号混床，2 号、1 号系列阳阴床和 2 号混床，3 号、2 号系列阳阴床和 1 号混床，4 号、2 号系列阳阴床和 2 号混床。

当选择拟投入运行系列阳阴床和混床被置于"STANDBY"备用状态时，在阳床或阴床或混床任一界面点击 SERVICE 功能键时,离子交换床在延时 20 秒后就自动投入运行状态。如果在延时 20 秒内点击"STANDBY"功能键,离子交换床将不进入运行状态而回到备用状态。离子交换床进入运行时,需先进行正洗。如果系列阳阴床出水电导率高于设定值(1.5 μS/cm),则先进行系列阳阴床正洗,直至正洗阴床出水电导率低于设定值,然后转入混床正洗。正洗时从 RO 水箱取水经除盐给水泵送到阳床、阴床、混床,然后从混床出口再回到 RO 水箱中,直至混床出水电导率低于设定值(1.0 μS/cm),则正洗结束,混床出水进入除盐水箱。

当除盐水箱液位上升到高液位设定点时,离子交换床自动停运回到备用状态。运行过程中当系统阳阴床出水电导率或其累计制水量到达设定值或混床出水电导率或其累计制水量到达设定值,离子交换床也将自动停运回到备用状态。PLC 均会发出相应报警。在阳床、阴床、混床任一界面上点击"STANDBY"功能键时,离子交换床均立即停止运行而到备用状态。

当点击"OFFLINE"功能键时离子交换床离线,在此状态下点击任何按钮,系统均无反应并保持在停运状态。

b. 除盐给水泵:随系列阳阴或混床投运而启动,以及再生离子交换床时也根据程序要求也会启动运行。随阳阴床或混床的停运而停运;除盐给水泵还受 RO 水箱低液位控制,当超滤水箱到达低液位设定点,除盐给水泵立即停止运行,同时 PLC 会发出 RO 水箱液位低报警。

两台除盐给水泵启动 LEAD 泵优先,当 LEAD 泵出现故障时,备用 LAGGER 泵自动启动投入运行,同时 PLC 会发出设备故障报警。

除盐给水泵的受软启动器控制,主要是启动时使水泵转速缓慢匀速上升,防止瞬间启动对管道和离子交换床产生冲击。当除盐给水泵因检修或其他原因停电后,送电重新运行时需在 RO 变频控制盘进行复位解锁,除盐给水泵方可运行。

c. 阳床及对应的泵和阀门状态,见表 18-1-6 所示。

表 18-1-6　阳床再生期间阀门、泵的状态

步　骤	阳　床										再生酸			
	流量/(m³/h)	时间/min	运行入口阀KV-6105/6110	小反洗入口阀KV-6145/50	大反洗入口阀KV-6115/6120	反洗出口阀KV-6125/6130	上进酸入口阀KV-6141/6142	下进酸入口阀KV-6147/6148	再生中排阀KV-6135/6140	正洗出口阀KV-6155/6160	酸稀释量调节阀FCV-2120	再生水泵P6001/6002	出口闭锁阀KV-6105/6010/6015	再生酸泵P6005/6006
Sub Surface Wash at 35 ℃	25/35	4	O			O								
Backwash (when required)	25/35	8			O	O								
4% Acid Injection (Up/Down) 注酸	9.5/4.8	40					+O	+O	O		M	O/X	O/C	O/X
Acid Displacement (Up/Down)	9.3/4.6	61					+O	+O	O		M	O/X		
Final Rinse	75	7	O							O				

续表

| 步骤 | 阳床 | | | | | | | | | | | 再生酸 | | |
	流量 /(m³/h)	时间 /min	运行入口阀 KV-6105/6110	小反洗入口阀 KV-6145/50	大反洗入口阀 KV-6115/6120	反洗出口阀 KV-6125/6130	上进酸入口阀 KV-6141/6142	下进酸入口阀 KV-6147/6148	再生中排阀 KV-6135/6140	正洗出口阀 KV-6155/6160	酸稀释量调节阀 FCV-2120	再生水泵 P6001/6002	出口闭锁阀 KV-6105/6010/6015	再生酸泵 P6005/6006
Rinse/Recycle	75	9	O											
Pre-service Rinse/Recycle			O											
Service-Design	127.3	24 h	O											

图例: O＝阀门打开或泵运行　　　　空白＝阀门关闭或泵停运　　　　M＝阀门调节

O/X＝一台运行/一台停运　　　　O/C＝闭锁阀打开/排放阀关闭

注:当阴床执行"Backwash"和"Rinse"(冲洗)的步骤时,阳床处于运行调节中。

当阳床需执行"Backwash"时,其后的酸注入量会自动增加一倍。

当阴床需执行"Backwash"时,其后的碱注入量会自动增加一倍。

d. 阴床及对应的泵和阀门状态,表18-1-7。

表 18-1-7　阴床再生期间阀门、泵的状态

| 步骤 | 阴床 | | | | | | | | | | | | | | | 再生碱 | | | | |
	流量 /(m³/h)	时间 /min	运行入口阀 KV-6165/6170	运行出口阀 KV-6175/6180	小反洗入口阀 KV-6215/6120	大反洗入口阀 KV-6185/6190	反洗出口阀 KV-6195/6200	上进碱入口阀 KV-6157/6158	下进碱入口阀 KV-6151/6152	再生中排阀 KV-6205/6210	循环出口阀 KV-6225/6230	正洗出口阀 KV-6225/6230	电导率取样阀 CY-6335/6340	电导率取样电磁阀 CY6335/6340	碱稀释量调节阀 FCV-6145	温度调节阀 TCV-6140	再生水泵 P6001/6002	出口闭锁阀 KV-6125/6030/6035	再生碱泵 P6003/6004
Sub Surface Wash at 35 ℃	15/26	9			O		O												
Backwash (if required)	15/26	19				O	O												
Preheat (Up/Down)	5.6/2.8	29						+O	+O	O					M	M	O/X		
Caustic 3% Injection (Up/Down)	6.1/3.0	70						+O	+O	O					M	M	O/X	O/C	O/X
Caustic Displacement	5.6/2.8	29						+O	+O	O					M	M	O/X		
Final Rinse	75	19	O									O							
Rinse/Recycle	75	11	O								O	O							

续表

步骤	阴床 流量/(m³/h)	时间/min	运行入口阀KV-6165/6170	运行出口阀KV-6175/6180	小反洗入口阀KV-6215/6120	大反洗入口阀KV-6185/6190	反洗出口阀KV-6195/6200	上进碱入口阀KV-6157/6158	下进碱入口阀KV-6151/6152	再生中排阀KV-6205/6210	循环出口阀KV-6225/6230	正洗出口阀KV-6225/6230	电导率取样阀CY-6335/6340	电导率取样电磁阀CY6335/6340	再生碱 碱稀释调节阀FCV-6145	温度调节阀TCV-6140	再生碱泵P6001/6002	出口闭锁阀KV-6125/6030/6035	再生碱泵P6003/6004
Rinse/Pre-service Rinse/Recycle	75	5	O								O							O	
Service-Design	127.3	70 h	O	O							*							O	O

图例：　O＝阀门打开或泵运行　　　空白＝阀门关闭或泵停运　　　M＝阀门调节

O/X＝一台运行/一台停运　　　O/C＝闭锁阀打开/排放阀关闭

e. 混床及对应的泵和阀门状态,表18-1-8。

表 18-1-8　混床再生期间阀门、泵的状态

步骤	混床 流量/(m³/h)	时间/min	混床进水阀7162-KV6245/6250	混床出水阀7162-KV6255/6260	反洗入口阀7162-KV6265/6270	快洗出口阀7162-K-6275/6280	慢洗出口阀7162-KV6285/6290	碱入口阀7162-KV6167/6168	酸入口阀7162-KV6161/6162	再生中排阀7162-KV6181/6182	碱正洗入口阀7162 KV-6177/6178	空气出口阀7162-KV6171/6172	空气入口阀7162-KV6197/6198	正洗出口阀7162-KV6187/6188	正洗循环出口阀7162-KV6191/6192	电导率取样电磁阀67162-CY6205/6410	硅取样阀67162-AY 6395/6400	混脂风机7163-B6009/6010	酸 酸稀释水流量控制阀7163-FCV-6120	酸泵出口母管闭锁阀7163-KV6105/6110/6115	酸泵7163-P6001/6002	碱 碱稀释水流量控制阀67163-FCV-6145	温度控制阀7163-TCV-6140	再生水泵7163-P6001/6002	碱泵出口母管闭锁阀7163-KV6125/6130/6135	碱泵7163-P6003/6004
FAST(at 35 ℃) BACKWASH	25/35	15			O	O																				
SLOW(at 35 ℃) BACKWASH	7/14	5			O		O																			
SETTLE	—	5																								
PREHEAT BLOCK/ CAUSTIC PREHEAT	6.5/4.4	22					+O	+O		O												M	+M	O/X		

续表

步骤	流量 /(m³/h)	时间 /min	混床进水阀 7162-KV6245/6250	混床出水阀 7162-KV6255/6260	反洗入口阀 7162-KV6265/6270	快洗出口阀 7162-K-6275/6280	慢洗出口阀 7162-KV6285/6290	碱入口阀 7162-KV6167/6168	酸入口阀 7162-KV6161/6162	再生中排阀 7162-KV6181/6182	碱正洗入口阀 7162 KV-6177/6178	空气出口阀 7162-KV6171/6172	空气入口阀 7162-KV6197/6198	正洗出口阀 7162-KV6187/6188	正洗循环出口阀 7162-KV6191/6192	电导率取样电磁阀 7162-CY6205/6410	硅取样阀 67162-AY 6395/6400	混脂风机 7163-B6009/6010	酸稀释水流量控制阀 7163-FCV-6120	酸泵出口母管闭锁阀 7163-KV6105/6110/6115	酸泵 7163-P6001/6002	碱稀释水流量控制阀 67163-FCV-6145	温度控制阀 7163-TCV6140	再生水泵 7163-P6001/6002	碱泵出口母管闭锁阀 7163-KV6125/6130/6135	碱泵 7163-P6003/6004
											混床									酸			碱			
4%ACID INJECT/ 4%CAUSTIC INJECT	6.6/4.9	45						+O	+O	O									M	+O/C	+O/X	M	+M	O/X	+O/C	+O/X
ACID DISPL/4% CAUSTIC INJECT	6.5/4.9	15						+O	+O	O									M			M	+M	O/X	+O/C	+O/X
ACID DISPL/ CAUSTIC DISPL	6.5/4.4	22						+O	+O	O									M			M	+M	O/X		
ACID DISPL/ CAUSTIC RINSE	6.5/18.5	17							+O	O	+O								M					O/X		
LOW FLOW DISCHARGE	18.6	1								O				O												
DRAIN DOWN	12	15										O		O												
AIR MIX(at 7.5 psig)	280 SCFM	15										O	O					O/X								
FILL	18.6	10										O	O													
FINAL RINSE	75	8	O											O												
RECYCLE	75	5													O	O										
PRESERVICE RINSE/RECYCLE	75	5	O												O	O										
SERVICE	127.3	--	O	O											O	O										

图例: O=阀门打开/泵运行;空白=阀门关闭/泵停运;O/X=一台运行/一台停运;
M=阀门调节;O/C=排放阀打开/闭锁阀关闭。
+阀门延时 10 秒打开,以防混床水流倒灌入酸碱添加管道。

注:当混床再生需要水流时,阴阳床进入 SERVICE 状态。

4) 再生系统

再生系统设备主要包括再生水泵、再生酸泵、再生碱泵。这些设备的启动或停运主要与再生程序的设定相关。这种功能的泵均为一用一备设置。运行启动 LEAD 泵优先,当 LEAD 泵出现故障时,备用 LAGGER 泵自动启动投入运行,同时 PLC 会发出设备故障报警。

阳床、阴床、混床再生时的泵和阀门状态见表 18-1-6,18-1-7 和 18-1-8。

5) 中和系统

再生系统设备主要是中和水泵。运行启动 LEAD 泵优先,当 LEAD 泵出现故障时,备用 LAGGER 泵自动启动投入运行,同时 PLC 会发出设备故障报警。当中和水箱液位超过 40%,在中和系统操作界面点击 START 功能键时,打开中和循环阀,启动中和水泵和酸再生泵、碱再生泵进行中和废水,当废水的 pH 中和到 6～9 之间时,打开排放阀、关闭中和循环阀排放废液。当中和水箱液位下降到 10% 时,停运中和泵、关闭排放阀。当中和水箱液位低于 40% 时,中和程序不能被激活,中和水泵不能被启动。

中和时中和水泵和阀门状态如表 18-1-9 所示。

表 18-1-9　中和系统进行中和排放期间阀门、泵的状态

步　骤	流量/(m³/h)	中 和						
		中和水泵7163-P6007/8	中和液排放阀7163-KV6170	中和液循环阀7163-KV6165	酸泵7163-P6005/6	中和加酸阀7163-KV6155	中和加碱阀7163-KV6160	碱泵7163-P6003/4
Mixing contents	136.4	O/X		O				
Acid injection	0.318	O/X		O	O/X	O		
Caustic injection	0.692	O/X		O			O	O/X
Dump contents	136.4	O/X	O					

有关注酸碱的时间参考如表 18-1-10:

表 18-1-10　中和系统运行期间注酸、碱的时间

注　酸		注酸碱类型	注　碱	
pH	设定注入时间(s)		设定注入时间(s)	pH
11.5	600	Coarse injection	600	3.0
10.0	300	Medium injection	300	4.5
9.0	200	Fine injection	200	6.0

注:中和水泵在离子交换床再生结束或中和水箱达到高高液位报警时自动启动。

18.2 系统参数

18.2.1 压力

表 18-2-1 所示系统正常运行期间压力参数。

表 18-2-1 系统正常运行期间压力范围

参数名称	单 位	正常读数	高报警值	低报警值
超滤系统进水管道过滤器前压力 (67166-PI4301)	kPa	70	不适用	不适用
超滤系统进水管道过滤器后压力 (67166-PI4302)	kPa	70	不适用	不适用
1 号超滤供水泵出口压力 (67166-PI6001)	kPa	<500	不适用	不适用
2 号超滤供水泵出口压力 (67166-PI6002)	kPa	<500	不适用	不适用
3 号超滤供水泵出口压力 (67166-PI6003)	kPa	<500	不适用	不适用
超滤供水泵出口母管压力 (67166-PI6301)	kPa	<500	不适用	不适用
超滤卡盘过滤器差压 (67166-PDIT6305)	kPa	<80	80	不适用
超滤卡盘过滤器出口压力 (67166-PIT6310)	kPa	<500	不适用	不适用
1 号超滤装置入口压力 (67166-PI6311)	kPa	<300	300	不适用
1 号超滤装置差压力开关压力 (67166-PDIS6335)	kPa	<240	240	不适用
1 号超滤装置浓水出口压力 (67166-PI6323)	kPa	<100	100	不适用
1 号超滤装置冲洗水出口压力 (67166-PI6327)	kPa	<200	不适用	不适用
1 号超滤装置出口压力 (67166-PI6317)	kPa	<100	不适用	不适用
2 号超滤装置入口压力 (67166-PI6312)	kPa	<300	300	不适用

续表

参数名称	单　位	正常读数	高报警值	低报警值
2号超滤装置差压力开关压力 (67166-PDIS6340)	kPa	＜240	240	不适用
2号超滤装置出口压力 (67166-PI6318)	kPa	＜100	不适用	不适用
2号超滤装置浓水出口压力 (67166-PI6324)	kPa	＜100	不适用	不适用
2号超滤装置冲洗水出口压力 (67166-PI6328)	kPa	＜200	不适用	不适用
超滤装置清洗泵出口压力 (67166-PI6019)	kPa	211	不适用	不适用
超滤装置清洗回路出口压力 (67166-PI6307)	kPa	＜211	不适用	不适用
1号反渗透低压供水泵出口压力 (67166-PI6004)	kPa	564	不适用	不适用
2号反渗透低压供水泵出口压力 (67166-PI6005)	kPa	564	不适用	不适用
3号反渗透低压供水泵出口压力 (67166-PI6006)	kPa	564	不适用	不适用
阻垢剂添加泵出口压力 (67166-PI6013)	kPa	690	不适用	不适用
阻垢剂添加泵出口压力 (67166-PI6014)	kPa	690	不适用	不适用
亚硫酸氢钠添加泵出口压力 (67166-PI6015)	kPa	690	不适用	不适用
亚硫酸氢钠添加泵出口压力 (67166-PI6016)	kPa	690	不适用	不适用
硫酸添加泵出口压力 (67166-PI6017)	kPa	＜980	不适用	不适用
硫酸添加泵出口压力 (67166-PI6018)	kPa	＜980	不适用	不适用
反渗透卡盘过滤器入口压力 (67166-PI6333)	kPa	＜600	不适用	不适用
反渗透卡盘过滤器差压 (67166-PDIT6370)	kPa	＜80	80	不适用
反渗透卡盘过滤器出口压力 (67166-PI6334)	kPa	＜600	不适用	不适用

续表

参数名称	单 位	正常读数	高报警值	低报警值
1号反渗透高压供水泵入口压力 (67166-PS6390)	kPa	＞180	不适用	180
2号反渗透高压供水泵入口压力 (67166-PS6400)	kPa	＞180	不适用	180
3号反渗透高压供水泵入口压力 (67166-PS6410)	kPa	＞180	不适用	180
1号反渗透高压供水泵出口压力 (67166-PI6395/PS6395)	kPa	＜3 200	3 200	不适用
2号反渗透高压供水泵出口压力 (67166-PI6405/PS6405)	kPa	＜3 200	3 200	不适用
3号反渗透高压供水泵出口压力 (67166-PI6415/PS6415)	kPa	＜3 200	3 200	不适用
1号反渗透入口压力 (67166-PI6337)	kPa	＜1 700	不适用	不适用
1号反渗透段级压力 (67166-PI6337)	kPa	＜1 400	不适用	不适用
1号反渗透浓盐水压力 (67166-PI6337)	kPa	＜1 000	不适用	不适用
1号反渗透出口压力 (67166-PI6341)	kPa	＜100	不适用	不适用
2号反渗透入口压力 (67166-PI6338)	kPa	＜1 700	不适用	不适用
2号反渗透段级压力 (67166-PI6338)	kPa	＜1 400	不适用	不适用
2号反渗透浓盐水压力 (67166-PI6338)	kPa	＜1 000	不适用	不适用
2号反渗透出口压力 (67166-PI6342)	kPa	＜100	不适用	不适用
清洗泵出口压力 (67166-PI6020)	kPa	＜400	不适用	不适用
清洗回路出口压力 (67166-PI6352)	kPa	＜400	不适用	不适用
1号离子交换床供水泵出口压力 (67162-PI6001)	kPa	942	不适用	不适用
2号离子交换床供水泵出口压力 (67162-PI6002)	kPa	942	不适用	不适用

参数名称	单 位	正常读数	高报警值	低报警值
第一系列阳床入口压力 (67162-PI6303)	kPa	<310	不适用	不适用
第一系列阳床出口压力 (67162-PI6307)	kPa	<310	不适用	不适用
第一系列阳床差压 (67162-PDIS6315)	kPa	<100	100	不适用
第一系列阴床入口压力 (67162-PI6313)	kPa	<310	不适用	不适用
第一系列阴床出口压力 (67162-PI6317)	kPa	<310	不适用	不适用
第一系列阴床差压 (67162-PDIS6325)	kPa	<100	100	不适用
第二系列阳床入口压力 (67162-PI6304)	kPa	<310	不适用	不适用
第二系列阳床出口压力 (67162-PI6308)	kPa	<310	不适用	不适用
第二系列阳床差压 (67162-PDIS6320)	kPa	<100	100	不适用
第二系列阴床入口压力 (67162-PI6314)	kPa	<310	不适用	不适用
第二系列阴床出口压力 (67162-PI6318)	kPa	<310	不适用	不适用
第二系列阴床差压 (67162-PDIS6330)	kPa	<100	100	不适用
第一系列混床入口压力 (67162-PI6323)	kPa	<310	不适用	不适用
第一系列混床出口压力 (67162-PI6327)	kPa	<310	不适用	不适用
第一系列混床差压 (67162-PDIS6385)	kPa	<100	100	不适用
第二系列混床入口压力 (67162-PI6324)	kPa	<310	不适用	不适用
第二系列混床出口压力 (67162-PI6328)	kPa	<310	不适用	不适用
第二系列混床差压开关压力 (67162-PDIS6390)	kPa	<100	100	不适用

参数名称	单　位	正常读数	高报警值	低报警值
混床卡盘过滤器差压 (67162-PDIT6435)	kPa	<80	80	不适用
混床卡盘过滤器出口压力 (67162-PI6344)	kPa	<310	不适用	不适用
第二系列阳床入口压力 (67162-PI6304)	kPa	<310	不适用	不适用
第二系列阳床出口压力 (67162-PI6308)	kPa	<310	不适用	不适用
第二系列阳床差压 (67162-PDIS6320)	kPa	<100	100	不适用
第二系列阴床入口压力 (67162-PI6314)	kPa	<310	不适用	不适用
第二系列阴床出口压力 (67162-PI6318)	kPa	<310	不适用	不适用
第二系列阴床差压 (67162-PDIS6330)	kPa	<100	100	不适用
第一系列混床入口压力 (67162-PI6323)	kPa	<310	不适用	不适用
第一系列混床出口压力 (67162-PI6327)	kPa	<310	不适用	不适用
第一系列混床差压 (67162-PDIS6385)	kPa	<100	100	不适用
第二系列混床入口压力 (67162-PI6324)	kPa	<310	不适用	不适用
第二系列混床出口压力 (67162-PI6328)	kPa	<310	不适用	不适用
第二系列混床差压开关压力 (67162-PDIS6390)	kPa	<100	100	不适用
混床卡盘过滤器差压 (67162-PDIT6435)	kPa	<80	80	不适用
混床卡盘过滤器出口压力 (67162-PI6344)	kPa	<310	不适用	不适用
2号中和泵出口压力 (67163-PI6007)	kPa	366	不适用	不适用
1号中和泵出口压力 (67163-PI6008)	kPa	366	不适用	不适用

温度：

表 18-2-2 所示为系统正常运行期间温度参数。

表 18-2-2　系统正常运行期间温度范围

参数名称	单　位	正常读数	高报警值	低报警值
1 号生活水箱温度 (67161-TT4403)	℃	环境温度	不适用	不适用
2 号生活水箱温度 (67161-TT4404)	℃	环境温度	不适用	不适用
超滤入口母管温度 (67166-TIT6315)	℃	环境温度	35	0
清洗箱加热器温度 (67166-TI6348)	℃	设定温度	不适用	不适用
碱罐温度 (67163-TIS6325)	℃	21	不适用	不适用
再生碱温度 (67163-TI6150)	℃	49	不适用	不适用
中和水箱 7163-TK4001 温度 (67163-TI4001)	℃	环境温度	不适用	不适用
中和水箱 7163-TK4002 温度 (67163-TI4002)	℃	环境温度	不适用	不适用

液位：

表 18-2-3 所示为系统正常运行期间液位参数。

表 18-2-3　系统正常运行期间液位范围

参数名称	单　位	正常读数	高报警值	低报警值
1 号生活水箱液位 (67161-LIT4401)	％	30～95	95	30
2 号生活水箱液位 (67161-LIT4402)	％	30～95	95	30
超滤产品水箱液位 (67166-LIT6355)	％	25～75	80	25
反渗透产品水箱液位 (67166-LIT6101)	％	在高低控制点之间	85	30
酸罐液位 (67163-LIT6305)	％	50～85	85	50
碱罐液位 (67163-LIT6320)	％	50～85	85	50

续表

参数名称	单　位	正常读数	高报警值	低报警值
1 号除盐水箱液位 (67165-LIT4301)	%	在高低控制点之间	95	75
2 号除盐水箱液位 (67165-LIT4302)	%	在高低控制点之间	95	75
卸酸箱 7163-TK8001 液位 (67163-LG8001)	%	0	不适用	不适用
卸碱箱 7163-TK8002 液位 (67163-LG8002)	%	0	不适用	不适用
1 号中和箱 7163-TK4001 液位 (67163-LIT4355)	%	5～90	90	5
2 号中和箱 7163-TK4002 液位 (67163-LIT4360)	%	5～90	90	5

流量：

表 18-2-4 所示为系统正常运行期间流量参数。

表 18-2-4　系统正常运行期间流量范围

参数名称	单　位	正常读数	高报警值	低报警值
1 号超滤装置旁通流量 (67166-FI6320)	m³/h	0	不适用	不适用
1 号超滤装置入口流量 (67166-FIT6101)	m³/h	≤116 52.3(反洗流量)	128	104
1 号超滤装置出口流量 (67166-FIT6325)	m³/h	≤104.5	115	94
2 号超滤装置入口流量 (67166-FIT6102)	m³/h	≤116 52.3(反洗流量)	128	104
2 号超滤装置出口流量 (67166-FIT6330)	m³/h	≤104.5	115	94
超滤装置冲洗回路出口流量 (67166-FI6345)	m³/h	175	不适用	不适用
1 号反渗透产品水出口流量 (67166-FIT6435)	m³/h	78.3	85	70
1 号反渗透浓盐水出口流量 (67166-FIT6445)	m³/h	26.2	29	23
2 号反渗透产品水出口流量 (67166-FIT6440)	m³/h	78.3	85	70

续表

参数名称	单 位	正常读数	高报警值	低报警值
2号反渗透浓盐水出口流量 (67166-FIT6450)	m³/h	26.2	29	23
反渗透装置旁通流量 (67166-FI6420)	m³/h	0	不适用	不适用
清洗回路出口流量 (67166-FI6465)	m³/h	0	不适用	不适用
第一系列阳床入口流量 (67162-FIT6305)	m³/h	≤127.3	127.3	不适用
第二系列阳床入口流量 (67162-FIT6310)	m³/h	≤127.3	127.3	不适用
第一系列混床入口流量 (67162-FIT6375)	m³/h	≤127.3	127.3	不适用
第二系列混床入口流量 (67162-FIT6380)	m³/h	≤127.3	127.3	不适用
混床风机出口流量 (67163-FI6350)	m³/h	475 Nm³/h at 50 kPa	不适用	不适用
硫酸稀释液流量 (67163-FIT6120)	m³/h	14　阳床再生 6.5　混床再生	不适用	11.2　阳床再生 5.2　混床再生
上部再生酸流量 (67163-FI6315)	m³/h	9.5	不适用	不适用
碱稀释液流量 (67163-FIT6145)	m³/h	8.4　阴床再生 4.4　混床再生	不适用	6.7　阴床再生 3.5　混床再生
上部再生碱流量 (67163-FI6345)	m³/h	6.1	不适用	不适用
中和泵出口母管流量 (67163-FI6370)	m³/h	136.4	不适用	不适用

水质：

表 18-2-5 所示为系统正常运行期间水质指标。

表 18-2-5　系统正常运行期间水质要求

参数名称	单 位	正常读数	高报警值	低报警值
反渗透卡盘过滤器出口氧化还原 反应电位 (67166-AIT6375)	mV	<300	300	不适用
反渗透卡盘过滤器出口电导率 (67166-CIT6380)	μS/cm	系统入口电导率	不适用	不适用

续表

参数名称	单 位	正常读数	高报警值	低报警值
反渗透卡盘过滤器出口 pH (67166-AIT6385)	1	5.5~6.2	不适用	不适用
1 号反渗透产品水出口电导率 (67166-CIT6425)	μS/cm	<110 @ 35 ℃ (60 @ 0 ℃)	110 @ 35 ℃ (60 @ 0 ℃)	不适用
2 号反渗透产品水出口电导率 (67166-CIT6430)	μS/cm	<110 @ 35 ℃ (60 @ 0 ℃)	110 @ 35 ℃ (60 @ 0℃)	不适用
反渗透出口母管 pH (67166-AIT6455)	1	6~8	8	6
离子交换床进水电导率 (67162-CIT6300)	μS/cm	<110 @ 35 ℃ (60 μS/cm @ 0 ℃)	110 @ 35 ℃ (60 μS/cm @ 0 ℃)	不适用
第一系列阴床出口电导率 (67162-CIT6345)	μS/cm	<3	3	不适用
第二系列阴床出口电导率 (67162-CIT6350)	μS/cm	<3	3	不适用
第一系列混床出口电导率 (61762-CIT6415)	μS/cm	<0.2	0.2	不适用
第二系列混床出口电导率 (67162-CIT6420)	μS/cm	<0.2	0.2	不适用
混床出口母管电导率 (67162-CIT6425)	μS/cm	<0.2	0.2	不适用
混床出口母管 pH (67162-AIT6430)	1	6.0~7.5	7.5	6.0
再生酸浓度 (67163-CIT6310)	%	阴床再生时:3 混床再生时:4	4.75	3
再生碱浓度 (67163-CIT6340)	%	阳床再生时:3 混床再生时:4	6	2.75
中和泵出口母管 pH (67163-AIT6365)	1	6.0~9.0	9.0	6.0

18.3 风险警示和运行实践

18.3.1 风险警示

18.3.1.1 人员风险

- 化学品伤害。在系统中,使用了许多种类对人体有害的危险腐蚀类化学药品(如

98％的硫酸、32％的氢氧化钠、亚硫酸氢钠、阻垢剂等),一旦使用这些化学药品的设备、管道、阀门等发生泄漏或者采用不当的传送方式时都可能会对人员造成伤害;部分化学药品传输管道在相应的传输泵停运后仍带压,因此,在化学药品区域的运行和维修人员需要特别注意安全,在进行与化学药品有关的操作或进行相关设备检修时,应先确认应急洗眼喷淋器和化学品应急柜可用,做好安措和穿戴好必要的防护用品、小心操作。必要时需有一名同事在工作任务的区域外进行监护,以便在意外情况发生时提供有效的帮助,有关药品泄漏应急处理参见 98-95200-EP-215《化学物品溅出应急处理程序》。

- 噪音:水厂一楼和二楼在系统运行时运行设备众多,噪音水平较高,在这个区域需要佩戴听力防护用具。
- 机械损害:在系统中的转动设备附近检查/工作时,个人应当警惕该转动设备有随时启动的可能。
- 热水烫伤:超滤化学清洗时需要使用约 80 ℃的水进行传输对冲凉水,而传输管橡胶软管,可能意外引起热水烫伤。
- 触电:系统的 MCC 操作由值班人员进行,电气操作和巡检时需小心谨慎以防电击。
- 跌倒:任何流溅出的离子交换树脂均需要立即清扫干净,若放置待干后就会变得异常滑,容易造成人员跌倒。

18.3.1.2　设备风险

- 水泵检修后启动运行前必须先使泵腔室充满水;运行中,如发现水泵或电机有异常噪音或者振动,应立即停泵。
- 启动热水箱加热元件前需将水箱充满水。
- 反渗透高压给水泵在无水或出口阀关闭或入口压力低于 180 kPa 时禁止启动。
- 确保水箱/药品箱(如超滤产品水箱、超滤冲洗箱、中和水箱、热水箱、酸罐、碱罐等)排气畅通,以免由于排气管的堵塞而引起水箱/药品箱内腔形成真空而导致水箱破裂。
- 水厂有大量手动阀,如果阀门在开、关操作中用力过大可能会造成阀体损坏。
- 如果水温持续在 40 ℃以上,超滤和反渗透装置必须停运;过长时间运行在水温 40 ℃情况下会造成超滤/反渗透膜损坏。
- 如果 pH 在 6.2 以上或降低到 5.5 以下时,应该停运反渗透装置;过长时间的运行在 pH 大于 6.2 或小于 5.5 的情况下会造成反渗透膜不可逆转的损坏。
- 大量的接触氧化剂会造成反渗透膜不可逆转的损伤。
- 确保所有化学药品和润滑油满足技术规格和设计要求,并保证投加到系统中的药品在有效期范围,如果需要,可以从分析人员获得技术支持。
- 系统中转动设备如风机、水泵等运行中都需添加润滑油/脂,运行时应注意检查,确保润滑油/脂油位、油质正常,以防设备因无油或油质变坏而损坏。

18.3.2　运行实践

- 水厂除盐系统的正常控制模式是半自动控制。本系统除了卸酸碱、亚硫酸氢钠、阻垢剂搅拌器和化学清洗部分需就地操作外,其他分系统的所有操作在相关手动阀门按要求开关正确及设备就地控制盘控制开关按要求位置选择正确后都可以通过人机界面(HMI)上的软操作完成;并就系统相关设备的运行状况和运行参数在控制室人机界面上可以得到有效监控。

- 系统中除亚硫酸氢钠泵和阻垢剂泵的就地选择控制开关在泵体上外其他的泵和风机都设有就地的手动-关闭-自动(HAND-OFF-AUTO)选择开关的控制盘。正常运行时选择开关一般置于"AUTO"位,以便让这些设备的启、停受控于 PLC。

- 系统中除脱碳风机外的其他泵和风机在 HMI 上都有运行优先权选择即 Lead,Lag 或 1,2,3。被选择为 Lead 的泵(风机)在运行时并被控制系统优先启动,如果"Lead"位的泵(风机)启动失败时,在 HMI 上显示启动失败的泵(风机)为黄色,同时 PLC 将启动"Lag"位或第二优先位的设备投入运行。

- 气动阀门(ON-OFF 两位控制阀)在正常运行时由 PLC 自动控制。在紧急状态或有特殊要求时可以旋转此气动阀的供气电磁阀上的调节杆,实现对气动阀的手动开、关操作。

- 从人机界面上选择以下功能键并激活即选择 ENABLE:超滤装置的 UF AUTO FLUSH 超滤自动冲洗功能激活键;阴/阳床的 THROUGHPUT SHUTDOWN ENABLE 制水量控制停机功能激活键和 QUALITY SHUTDOWN ENABLE 水质控制停机功能激活键;混床的 THROUGHPUT SHUTDOWN ENABLE 制水量控制停机功能激活键和 QUALITY SHUTDOWN ENABLE 水质控制停机功能激活键,以便于 PLC 根据相关设定值自动控制系统的运行。

- 由于目前反渗透运行方式是一列运行一列备用,备用列的反渗透需要每天进行保养冲洗,因此备用列反渗透需按 9801-71620-OM-001 的 4.2.1《反渗透冲洗规程》进行冲洗。

- 当超滤或反渗透装置需要化学清洗时,需手动启动和手动操作清洗系统及被隔离需清洗的超滤或反渗透装置,其清洗操作过程和要求参见 9801-71620-OM-001 的 4.2.6《超滤化学清洗》和 4.2.7《反渗透化学清洗》。

- 当离子交换系统需要再生时,启动再生系统,其再生操作过程和要求参见 9801-71620-OM-001 的 4.2.3《阴阳床再生》和 4.2.4《混床再生》。

- 当阴阳床或混床再生时,如果处于备用状态或运行状态的混床酸、碱阀有内漏将会影响其出水水质,因此,为了避免此类情况的发生,在阴阳床再生结束后,需立即对两列混床进行正洗;混床再生结束后,需立即对另一列未再生的混床进行正洗。具体参见 9801-71620-OM-001 的 4.2.3《阴阳床再生》和 4.2.4《混床再生》。

提示 1:系统各设备按键和工作步骤名称遵从现场人机界面描述,采用英文。

提示 2:ENABLE 为功能激活键,DISABLE 为功能无效键。

18.4　技　能

18.4.1　运行电机温度的判定

电机运行时常见的温度过高或异常主要是电机两端的轴承部分。离水泵侧的电机由于安装了风扇,妨碍了红外线测温仪或手的触摸,因此不易进行感知电机温度。与泵连接侧完成裸露容易使用红外线测温仪或手的触摸来感知电机运行温度。一般电机轴承运行的温度不超过 65 ℃。

使用红外线测温仪时,聚光点要落到电机安装轴承部位,并且距离不能大于 1 m。如聚光点离测定点远了或测试距离过远,测到的温度偏低。

用手去触摸感知电机运行温度时,用手指或手掌背去触电机安装轴承部位。利用手掌背较敏感的神经和遇到危险时手指向手掌本能曲缩的作用。有效防止意外发生。

18.4.2　手动操作打开和关闭气动阀

手动操作打开和关闭气动阀的先决条件是控制气动阀的电磁阀不带电的状态下。在电磁阀带电的状态下,手动无法控制气动阀的开、关。

除盐系统上采用大量的气动阀,正常情况下气动阀的开关由 PLC 控制,通过相对应的电磁阀的带电和失电即打开和关闭仪用压空气路来实现气动阀的开、关。但在一些情况下如超滤化学清洗、反渗透化学清洗等需要手动操作电磁阀来开、关阀门。见图 18-4-1。

图 18-4-1　电磁阀

在电磁阀不带电状态下,可以通过操作电磁阀上的超驰手柄即把超驰手柄拨向一边可打开阀门,超驰手柄拨向另一边可关闭阀门。见图 18-4-2。

18.4.3　就地判断气动阀开、关状态

当气动阀上有开、关指示时,可以通过观看开、关指示来判断阀门处于何种状态。开关指示显示开,阀门处于打开状态;开关指示显示关,阀门处于关闭状态;当气动阀上没有开、关指示时,可以观看阀门气动头与阀体之间的阀杆方向来判断阀门处于何种状态。当阀杆窄面与管道线垂直时即面向观察者,阀门处于关闭状态;当阀杆宽面与管道线平行时即面向观察者,阀门处于打开状态。

图 18-4-2　电磁阀柜

18.5　主要操作

18.5.1　启动系统制除盐水

　　水厂除盐系统正常状态下为间歇运行,即当除盐水箱液位下降接近 75% 低液位报警值时,值班人员启动除盐系统运行制除盐水,当除盐水箱液位到达 95% 高液位时,系统自动停运。

　　详细步骤参照 9801-71620-OM-001 第 4.1.1 节。见图 18-5-1。

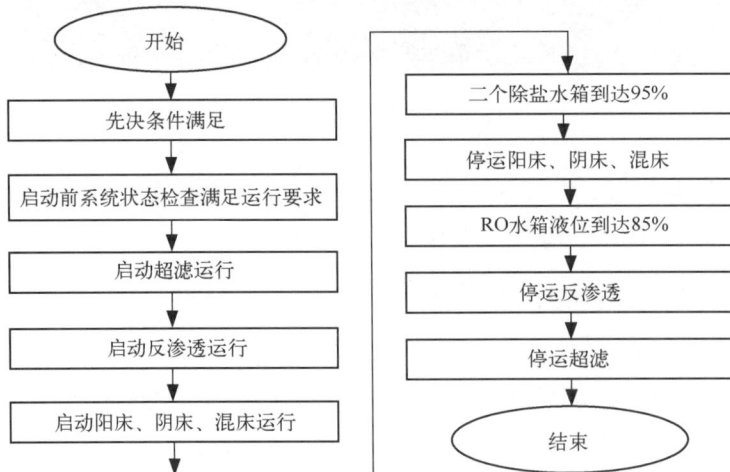

```
        ┌─────────┐                    ┌────────────────────┐
        │  开始    │         ┌─────────▶│  二个除盐水箱到达95% │
        └────┬────┘         │          └──────────┬─────────┘
             ▼              │                     ▼
      ┌─────────────┐       │          ┌────────────────────┐
      │ 先决条件满足  │       │          │ 停运阳床、阴床、混床  │
      └──────┬──────┘       │          └──────────┬─────────┘
             ▼              │                     ▼
   ┌──────────────────┐     │          ┌────────────────────┐
   │启动前系统状态检查满足│     │          │ RO水箱液位到达85%    │
   │    运行要求        │     │          └──────────┬─────────┘
   └─────────┬────────┘     │                     ▼
             ▼              │          ┌────────────────────┐
      ┌─────────────┐       │          │     停运反渗透       │
      │  启动超滤运行 │       │          └──────────┬─────────┘
      └──────┬──────┘       │                     ▼
             ▼              │          ┌────────────────────┐
      ┌─────────────┐       │          │     停运超滤         │
      │ 启动反渗透运行 │       │          └──────────┬─────────┘
      └──────┬──────┘       │                     ▼
             ▼              │              ┌───────────┐
   ┌──────────────────┐     │              │   结束     │
   │启动阳床、阴床、混床运行│────┘              └───────────┘
   └──────────────────┘
```

图 18-5-1　除盐系统启动流程图

18.5.2　化学清洗超滤

超滤投入运行后,随着运行时间的推移,由于其截留杂质的增多,其制水通量下降,运行压力上升,不能满足系统运行制水需求。因此,超滤需定期化学清洗以恢复其制水能力。运行周期一般为2～3个月。

详细步骤参照 9801-71620-OM-001 第 4.2.6 节。见图 18-5-2。

18.5.3　冲洗保养反渗透

在水厂预处理系统中生产的生活水中加入次氯酸钠以杀灭水中的细菌和微生物并保持水中一定的余氯来抑制细菌和微生物生长繁殖。余氯是一种强氧化性的高效杀菌剂。反渗透膜材料与氧化性物质会起反应被氧化失去原有筛去水中离子的性能,因此在反渗透运行中其进水需要加入还原剂亚硫酸氢钠去除水中的余氯等氧化性物质。

反渗透系统在停运期间,安装反渗透膜的压力管内充满水,水中没有含杀菌剂,因而在膜表面容易滋生细菌和微生物,这样将会堵塞反渗透膜使其失去过水性能。所以反渗透停运时间超过 8 小时就要启动冲洗,用新鲜水来置换,以保持压力管内部良好的水环境。

详细步骤参照 9801-71620-OM-001 第 4.2.1 节。

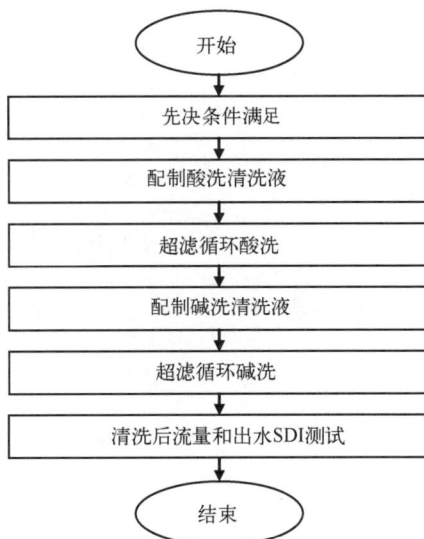

图 18-5-2　超滤化学清洗流程图

18.5.4　化学清洗反渗透

反渗透系统投入运行后,随着运行时间的推移,由于膜表面结垢、截留一些杂质和生长微生物等原因,其制水通量下降,运行压力上升,不能满足系统运行制水需求。因此,反渗透膜需定期化学清洗以恢复其制水能力。运行周期一般为 6～12 个月。详细步骤参照 9801-71620-OM-001 第 4.2.7 节。见图 18-5-3。

18.5.5　卸酸操作

水厂除盐系统使用的硫酸是厂家用槽车拉到水厂,通过卸酸系统传输到酸罐中储存,然后供系统中使用。

详细步骤参照 9801-71620-OM-001 第 4.2.2.1 节。

18.5.6　卸碱操作

水厂除盐系统使用的碱是厂家用槽车拉到水厂,通过卸碱系统传输到碱罐中储存,然后供系统中使用。

详细步骤参照 9801-71620-OM-001 第 4.2.2.2 节。

```
开始                              开始
  │                                │
先决条件满足                      先决条件满足
  │                                │
清洗前冲洗                        启动再生程序
  │                                │
配制酸洗清洗液                    阳床注酸
  │                                │
反渗透循环酸洗                    阴床注碱
  │                                │
配制碱洗清洗液                    阳床置换
  │                                │
反渗透循环碱洗                    阴床置换
  │                                │
配制杀菌清洗液                    阳床正洗
  │                                │
反渗透循环杀菌                    阴床正洗
  │                                │
流量和压力测试                    阳阴床串洗到电导率合格
  │                                │
结束                              结束
```

图 18-5-3　反渗透化学清洗流程图　　　　图 18-5-4　阳阴床再生流程图

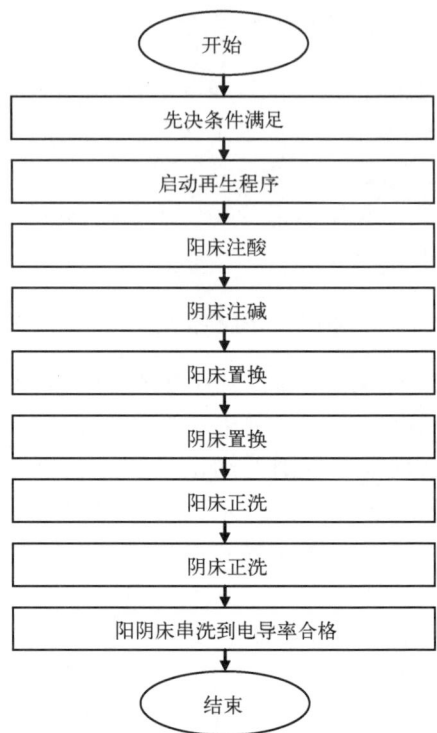

18.5.7　再生阳阴床

阳阴床中的树脂在制除盐水过程中不断与水中的阳离子和阴离子相交换,逐渐失去交换能力从而使阳、阴离子漏出树脂床,使阳阴床出水水质超出控制值,此阳床、阴床树脂为失效。为了恢复树脂交换能力即重新获得制水能力,需通过再生方式来实现。详细步骤参照9801-71620-OM-001 第 4.2.3 节。见图 18-5-4。

18.5.8　再生混床

混床中的树脂在制除盐水过程中不断与水中的阳离子和阴离子相交换,逐渐失去交换能力从而阳、阴离子漏出树脂床,使混床出水水质超出控制值,此时混床树脂为失效。为了恢复树脂交换能力即重新获得制水能力,需通过再生方式来实现。详细步骤参照 9801-71620-OM-001 第 4.2.4 节。见图 18-5-5。

18.5.9　废水中和操作

水厂除盐系统设有一套中和装置子系统,其中二个中和水箱主要接收来自除盐树脂床再生时排放的酸/碱废水、超滤/反渗透化学清洗产生的化学废水以及其他排放的化学品,再者接收二个机组 TB 厂房化学废水坑送来的化学品废水,特别是精处理系统树脂再生产生的酸/碱废水。当中和水箱液位达到 40% 以上液时,在系统控制计算机操作界面上可手动启动进行中和废水并排放;当液位到达 80% 时,系统自动启动进行中和并排放,如果此时水厂除盐树脂床正在进行再生,程序将会自动进入暂停状态中断再生和排放废水到中和箱中,直至中和箱中废水被中和并排放掉。见图18-5-6。

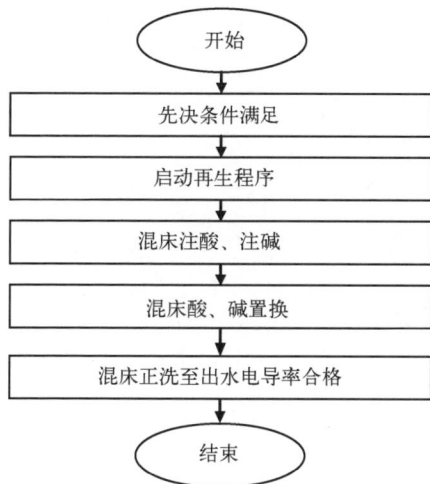

图 18-5-5　混床再生流程图

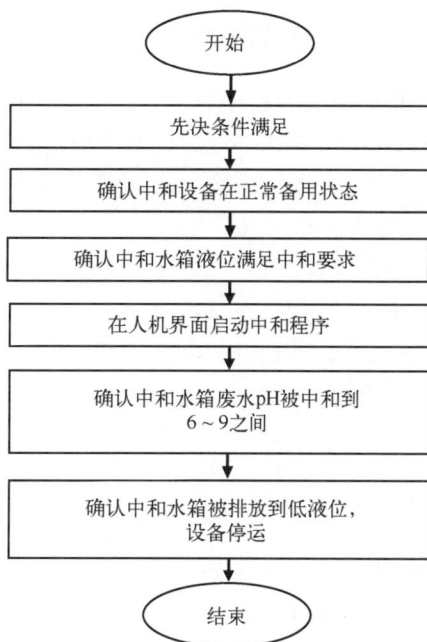

图 18-5-6　废水中和流程图

18.5.10　定期切换设备

一台设备长期处于运行状态容易发生磨损、疲劳损害、老化等问题,备用设备长期处于停用状态也容易发生锈蚀、老化、钝化等问题。因而,运行设备和备用设备需交替互换即定期切换,以保持设备良好的性能和状态。

除盐系统设备定期切换主要是转动设备如水泵和风机,其切换操作在人机界面上进行,非常方便。主要切换程序如图18-5-7所示:

- 超滤供水泵:切换操作详细步骤参照 9801-71620-OM-001 第 4.3.1.1 节。
- 反渗透供水泵:切换操作详细步骤参照 9801-71620-OM-001 第 4.3.1.2 节。
- 反渗透酸泵:切换操作详细步骤参照 9801-71620-OM-001 第 4.3.1.3 节。
- 除盐给水泵:切换操作详细步骤参照 9801-71620-OM-001 第 4.3.1.4 节。
- 混床混脂风机:切换操作详细步骤参照 9801-71620-OM-001 第 4.3.1.5 节。

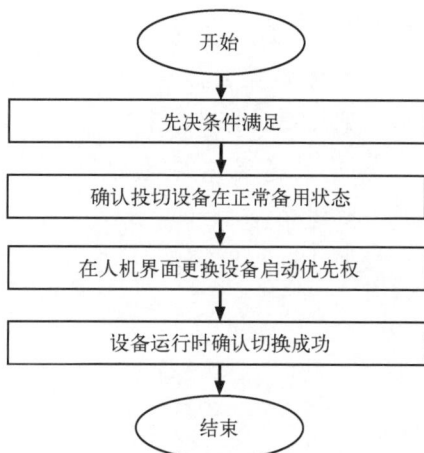

图 18-5-7　设备定期切换流程图

- 阻垢剂泵:切换操作详细步骤参照 9801-71620-OM-001 第 4.3.1.6 节。
- 亚硫酸氢钠泵:切换操作详细步骤参照 9801-71620-OM-001 第 4.3.1.7 节。
- 脱碳风机:切换操作详细步骤参照 9801-71620-OM-001 第 4.3.1.8 节。

18.5.11　定期试验设备

有些长期处于备用状态,使用频率不高的设备,为了验证其功能的完好性,需定期试验。
- RO/UF 化学清洗泵和加热器:试验频率是三个月,如在三个月内已使用过了,则可以视为替代试验。由于超滤清洗频率约 2～3 个月,因此,基本是由替代试验来完成。

试验详细步骤参照 9801-71620-OM-001 第 4.3.2.1 节。
- RO 增压泵:在反渗透运行制水时,三台泵切换运行即可。

试验详细步骤参照 9801-71620-OM-001 第 4.3.2.2 节。

复习思考题

1. 画出系统流程控制总机界面图

参考答案:

见 18.1.4 节的 1)系统流程控制总界面

2. 反渗透运行有几个连锁条件?

参考答案:

① 超滤除盐水箱液位

② RO 增压泵进口、出口压力

③ RO 进水 ORO

④ RO 出水电导率

3. 简述手动操作打开和关闭气动阀步骤。

参考答案:

见 18.4.2 节。

4. 叙述混床再生过程。

参考答案:

见 18.5.8 节。

第十九章　除盐水分配系统 (71650)

内容介绍

课程名称：除盐水分配系统
JRTR 编码：FC907
课程时间：1 学时

学员：现场值班员
学员条件：完成本系统的课堂部分培训

培训目标：

1. 陈述系统现场工艺布置和设备布置状况；
2. 叙述系统存在的风险和运行良好实践；
3. 陈述系统相关的运行参数；
4. 根据 98-71650-OM-001 正确完成相应的系统操作：
1) 启动除盐水分配泵；
2) 停运除盐水分配泵；
3) 定期切换除盐水分配。

教学方式及教学用具：

培训方式：课堂培训、岗位培训
教员需要：
a. 流程图：9801/9802-71650-1-1-OF-A1；
b. 电脑；
c. 运行手册：98-71650-OM-001；
d. 白板等。
学员需要：本教材、流程图

考核方法：现场考核（实际操作和模拟相结合）、口试

19.1　系统设备

19.1.1　设备清单和现场位置

19.1.1.1　总体描述系统设备的分布

除盐水分配系统的除盐水箱接受水处理厂生产的除盐水,通过除盐水分配泵将除盐水箱内的除盐水加压后输送到各个用户,同时依靠重力,除盐水箱直接向凝结水精处理系统、凝汽器及凝汽器抽真空泵分离箱补水。除盐水分配系统由一个 1 230 m³ 的除盐水箱、一个 1.5 m³ 的除盐水热水箱、两台 100％容量(30 kW)的除盐水分配泵、阀门以及相关管道组成。

19.1.1.2　设备描述

(1) 除盐水分配泵 1/2-7165-P4001/P4002

除盐水分配泵为两台 100％容量的离心泵。正常运行时,一台泵运行,另一台泵备用。正常运行时,一台除盐水分配泵操作手柄处于"ON"位置,保持连续运行。另一台除盐水分配泵操作手柄处于"AUTO"位置,自动备用。当除盐水分配系统压力低于 827 kPa 时自动启动。当再循环压力控制阀 67165-PCV4101 全开并超过 60 秒后自动停运。

泵运行时,设计流量为 75 m³/h,泵的扬程为 75 m。

两台除盐水分配泵由Ⅲ级电源供电。

(2) 除盐水箱 1/2-7165-TK4001

除盐水箱的容积为一个容量为 1 230 m³。除盐水箱的材质为不锈钢,采用不锈钢一方面是为了防腐,另一方面也是为减小对除盐水箱内的除盐水水质的污染。

除盐水箱的控制液位为 75％(12.75 m),如果低于这个液位,主控室将出现除盐水箱低液位报警,水厂需生产除盐水向除盐水箱补水。当除盐水箱补水至 98％(16.6 m)时,主控室将出现除盐水箱高液位报警,此时水处理厂应停止向除盐水箱补充除盐水。

(3) 除盐水热水箱 1/2-7165-TK7001

除盐水热水箱的容积为 1.5 m³,该热水箱位于 S-131 房间,它为化学试验室和去污中心等用户提供清洗热水。

(4) 再循环压力控制阀 1/2-67165-PCV4101

该控制阀为除盐水分配泵建立小流量循环保护,在除盐水用户不消耗除盐水时可以避免除盐水分配泵可能发生气蚀损坏。

(5) 除盐水流量分配记录控制盘 1/2-67165-PL4025

除盐水就地流量分配记录控制盘 67165-PL4025 位于 TB87.5 m 层(除盐水分配泵边),该记录仪显示屏上的曲线代表往各厂房用户的除盐水流量,其中红色代表 SB 厂房内用户除盐水流量,绿色代表 TB 厂房内用户除盐水流量,蓝色代表补充到后备给水箱除盐水流量,蓝紫色代表重力补水到凝汽器的除盐水流量。

19.1.1.3　需要进行现场实物介绍的设备

除盐水箱(TK4001)、除盐水分配泵(P4001/P4002)、除盐水热水箱(TK7001)、再循环压力控制阀(PCV4101)、除盐水流量分配记录控制盘(PL4025)。

19.1.2　现场布置

除盐水箱:位于 SDG 燃油储存箱的东侧。

除盐水分配泵:位于 TB87.5 m 层的 TB023 房间。

除盐水热水箱:位于 SB100 m 层的 SB131 房间。

再循环压力控制阀:位于 TB87.5 m 层的 TB023 房间。

除盐水流量分配记录控制盘:位于 TB87.5 m 层的 TB023 房间。

19.1.3　系统接口

由于除盐水分配系统为全厂所有使用除盐水的系统用户提供除盐水,所以与除盐水分配系统的接口的系统较多。下面按系统分布位置统计。

在汽轮机厂房:后备给水箱(RFT),凝汽器系统(43220),定子冷却水系统(41240),备用柴油发电机系统(52000),冷冻水系统(71920),化学控制系统(45400),再循环冷却水系统(71340),凝结水精处理系统(43240),凝汽器抽真空系统(42120)等。

在辅助厂房有:应急堆芯冷却系统(34320),事故后仪用压空系统(75120),乏燃料池冷却和净化系统(34410),辅助厂房放射性排水系统(71740),废树脂处理系统(79140),重水净化系统(38410),端屏蔽冷却系统(34110),慢化剂氚化/除氘系统(32220),废液处理系统(79210),重水升级系统(38420),树脂传输系统(34510),化学实验室,保健物理实验室等。

在反应堆内有:液体区域控制系统(34810),主热传输氚化/除氘系统(33360),破损燃料定位系统(63105),重水储存、传输和回收系统(33330),喷淋系统(34310)等。

在水处理厂房:水厂除盐系统(71620),水厂树脂再生系统(71630)。

除盐水分配系统主要为这些系统提供补水、系统检修后的冲洗用水、系统化学药品配制的稀释用水、树脂操作用水、为实验室提供实验分析工作用水以及提供系统在应急情况下的补水。

19.1.4　取样点

化学分析人员每周通过对实验室使用的除盐水取样分析,确保除盐水箱内的水质符合指标要求。

19.2　系统参数

1. 表记的正常范围

• 系统正常运行期间压力范围见表 19-2-1。

表 19-2-1　系统正常运行期间压力范围

参数名称（位置）	仪 表 号	AI/CI 号	正常工作压力范围/kPa	压力设定值/kPa
除盐水分配泵出口集管压力表	67165-PI4305	N/A	827～1 080	N/A
除盐水分配系统压力控制器	67165-PIC4101	N/A	827～1 080	N/A
除盐水供给 S-244 压力表	67165-PI7533	N/A	≥690	N/A
R/B 厂房除盐水供给压力表	67165-PI7534	N/A	≥690	N/A
1 号除盐水分配泵备用启泵压力	67165-PS4001	N/A	N/A	827
2 号除盐水分配泵备用启泵压力	67165-PS4002	N/A	N/A	827

- 系统正常运行期间温度范围见表 19-2-2。

表 19-2-2　系统正常运行期间温度范围

参数名称（位置）	仪 表 号	AI/CI 号	正常工作范围	设 定 值
除盐水箱水温指示表	67165-TI4304	N/A	环境温度	N/A
除盐水热水箱温度显示控制器	67165-TIC7501	N/A	约 60 ℃	85 ℃
除盐水热水箱温度开关	67165-TS7502	就地指示灯	约 60 ℃	87 ℃

- 系统正常运行期间液位范围见表 19-2-3。

表 19-2-3　系统正常运行期间液位范围

参数名称	仪 表 号	AI/CI 号	正常工作范围	设 定 值
除盐水箱液位（1 号机适用）	1-67165-PI8001	N/A	12.75～16.6 m	N/A
除盐水箱液位（2 号机适用）	2-67165-LS4302	N/A	12.75～16.6 m	N/A
除盐水箱就地液位表	67165-LI4301	N/A	12.75～16.6 m	N/A
除盐水热水箱就地液位计	67165-LIS7503	N/A	＞0.82 m	N/A

提示：75％对应的液位约为 12.75,98％对应的液位约为 16.6 米。

- 系统正常运行期间流量范围见表 19-2-4。

表 19-2-4　系统正常运行期间流量范围

参数名称	仪 表 号	正常工作范围	67165-UR4310 显示颜色	单 位
到 S/B 厂房的流量	FT4310	0～5.4	红色	L/s
到 T/B 厂房的流量	FT4311	0～10.78	绿色	L/s
到后备给水箱的流量	FT4312	0～15.9	蓝色	L/s
重力补水到凝汽器的流量	FT4314	0～131	蓝紫色	L/s

提示：以上流量在就地除盐水流量分配记录控制盘 67165-PL4025 上查看。

- 除盐水水质指标见表 19-2-5。

表 19-2-5　除盐水水质指标

参　数	指　标	期　望　值	行动限值
电导率	≤1 μS/cm	ALARA	>1 μS/cm
总有机物(TOC)	≤0.3 mg/kg	ALARA	>0.3 mg/kg
二氧化硅(活性硅)	≤20 μg/kg	<5 μg/kg	>20 μg/kg
钠	≤7 μg/kg	≤1 μg/kg	>1 μg/kg
氯	≤10 μg/kg	≤1 μg/kg	>1 μg/kg
硫酸根	≤10 μg/kg	≤1 μg/kg	>2 μg/kg

2. 系统设定值/报警

压力：

表 19-2-6　系统设定的压力范围

参数名称	仪 表 号	AI/CI 号	正常工作范围/kPa	设定值/kPa
除盐水集管压力高报警	67165-PS4101	CI1163	827~1 080	1 080
除盐水集管压力低报警	67165-PS4306	CI1164	827~1 080	700
除盐水集管压力低报警	67165-PS4307	WN-14-03	827~1 080	700

- 系统设定的温度范围见表 19-2-7。

表 19-2-7　系统设定的温度范围

参数名称	仪 表 号	AI/CI 号	正常工作范围	设 定 值
除盐水箱水温	67165-TS4303	CI1161	环境温度	4.5 ℃

- 系统设定的液位范围见表 19-2-8。

表 19-2-8　系统设定的液位范围

参数名称	仪 表 号	AI/CI 号	正常工作范围	设 定 值
除盐水箱液位	67165-LT4302	AI-0244	75%~98%	高报：98%
				低报：75%

19.3 风险警示和运行实践

19.3.1 风险警示

19.3.1.1 人员风险

当工作在热水箱区域时,运行、维修等人员须小心,以防被热水烫伤。

除盐水分配泵为转动设备,运行时不能触碰,防止机械损伤。

19.3.1.2 设备风险

再循环压力控制阀 67165-PCV4101 卡关时,除盐水分配泵将失去最小循环流量保护,此时如果没有用户使用除盐水,则除盐水分配泵可能气蚀损坏。

19.3.2 运行实践

(1)除盐水箱的容积

每台机组各有 1 个除盐水箱,容积为 1 230 m³,除盐水箱的控制液位为 12.75 m(约 75% 液位),如果低于这个液位,主控室将出现报警,水厂需生产除盐水向除盐水箱补水。也就是说,两个除盐水箱中至少应保持 1 851 m³ 的除盐水,这包括以下用途:

- 820 m³:当一个机组失去Ⅳ级电源时,最长能够维持 24 小时排出反应堆所产生的衰变热。
- 867 m³:在水厂不可用的情况下用以确保 2 个反应堆正常运行 8 小时。
- 164 m³:用于调节一个机组用水量的波动。

(2)备用除盐水分配泵的启动和停止

备用除盐水分配泵在系统压力低于 827 kPa 时自动启动,当再循环压力控制阀 67165-PCV4101 全开并超过 60 秒后备用除盐水分配泵自动停运,如果压力控制阀位置开关故障或阀门被卡在非全开位置,备用除盐水分配泵启动后将不能自动停运,此时需要操作员手动干预。

(3)除盐水分配系统主要用户设计最大流量见表 19-3-1。

表 19-3-1 系统设计的用户最大流量

编 号	用 户 名	设计最大流量/(L/s)	编 号	用 户 名	设计最大流量/(L/s)
1	凝汽器充水	131	6	冷冻水系统	3.8
2	凝结水精处理再生	57.2	7	RCW 系统	3.78
3	后备给水箱	15.9	8	SDG 系统	3.2
4	S/B 厂房	5.4	9	HPECC 厂房	1.51
5	R/B 厂房	4.55	10	定子冷却水系统	1.2

(4)系统最小流量要求

除盐水分配泵位于 T/B 厂房 84.5 m 层,要求最小流量为 3.67 L/s,对应压力约为

1 170 kPa，最高允许运行压力为 1 724 kPa。除盐水分配系统唯一的一个压力释放阀安装在除盐水热水箱，位于 S/B 厂房 100 m 层，设定值为 1 150 kPa。由于位差，除盐水分配泵运行在最小流量时压力释放阀也不会动作。

当再循环压力控制阀 67165-PCV4101 卡关或隔离检修时，调节处于 MAN 模式的后备给水箱补水阀的开度向后备给水箱提供一个恒定的流量，为除盐水分配泵建立小流量循环保护。

（5）避免除盐水箱水质污染

在任何涉及连接到除盐水箱进行临时取水的工作管线均应安装有逆止阀，并且应确保外接系统的水不倒流入除盐水箱，避免污染除盐水箱内的除盐水水质。特别是外接系统进行冲洗等工作时系统压力有可能超过除盐水箱的静压时（正常运行期间除盐水箱的静压约为 150 kPa），一定要将到除盐水箱取除盐水的连接管线彻底隔离后才可以进行后续系统工作。

在 203 大修期间进行 2 号机组备用柴油发电机高低温水冲洗过程中，因除盐水箱到高低温水系统的临时连接管线上没有加装临时逆止阀，导致高低温水系统内的水反充到除盐水箱导致除盐水箱被污染。

19.4　技　能

不适用。

19.5　主要操作

19.5.1　除盐水分配泵的启动和停运

1. 除盐水分配泵的启动

除盐水分配泵一般情况下是一台运行，一台备用。但当一台除盐水分配泵维护或故障检修完成后，需要将除盐水分配泵重新投入运行。系统启动的具体程序参见 98-71650-OM-001 的 4.1 节。简要流程见图 19-5-1。

2. 除盐水分配泵的停运

除盐水分配泵一般情况下是一台运行，一台备用。但在除盐水分配泵需要检修或其他原因需要时，就需要将运行的除盐水泵停运。除盐水分配泵停运的具体程序参见 98-71650-OM-001 的 4.4 节。简要流程见图 19-5-2。

除盐水分配系统任何时候均应保持一台泵在运行。

19.5.2　设备切换

为了防止因一台除盐水分配泵长期运行引起机械疲劳和部件磨损，所以将两台除盐水分配泵交替运行。具体操作规程参见 98-34110-OM-001 的 4.3 节。简要操作流程见图 19-5-3。

```
                           ┌─────────┐
                           │  开始   │
                           └────┬────┘
                                │
                    ┌───────────┴────────────┐
                    │   先决条件满足要求      │
                    │(分配泵电机绝缘和除盐水箱液位)│
                    └───────────┬────────────┘
                                │
                         ◇─────┴──────◇
                      确认另一台泵是否运行   ── 是 ──┐
                         ◇────────────◇            │
                                │ 否                │
                    ┌───────────┴────────────┐     │
                    │ 确认泵的入口总阀、再循环 │     │
                    │    阀门处于打开状态      │     │
                    └───────────┬────────────┘     │
                                │◄─────────────────┘
                    ┌───────────┴────────────┐
                    │  确认泵的操作手柄位置,   │
                    │    对泵进行注水放气      │
                    └───────────┬────────────┘
                                │
                    ┌───────────┴────────────┐
                    │ 缓慢打开泵的进出口阀门,  │
                    │   并确认的润滑油油位     │
                    └───────────┬────────────┘
                                │
                    ┌───────────┴────────────┐
                    │确认泵的48 V控制电源熔丝和│
                    │到MCC将动力电源开关合上   │
                    └─────────────────────────┘
```

（流程图 右侧部分）

◇ 确认除盐水分配系统压力 ◇ —— ≤860 kPa ——→

>860 kPa ↓

将要投运泵的控制手柄由"OFF"打到"AUTO"位置,将正在运行泵的控制手柄由"ON"打到"OFF"位置

↓

在PL14上确认"HANDSWITCH OFF-NORMAL"灯亮,在就地确认运行的泵已停运并且系统压力在下降

↓

在系统压力下降到827 kPa时,确认需要投运的除盐水泵自动启动,并确认启动运行泵的运行状态

↓

将处于停运泵的控制手柄由"OFF"打到"AUTO"位置,确认系统运行状况正常

↓

操作完成

（最右侧分支 ≤860 kPa）

将要投运泵的控制手柄打到"ON"位置,并确认启动运行泵的运行状态

↓

确认未投运泵的操作手柄置于"AUTO"位置

↓

确认系统运行状况正常

↓

操作完成

↓

(结束)

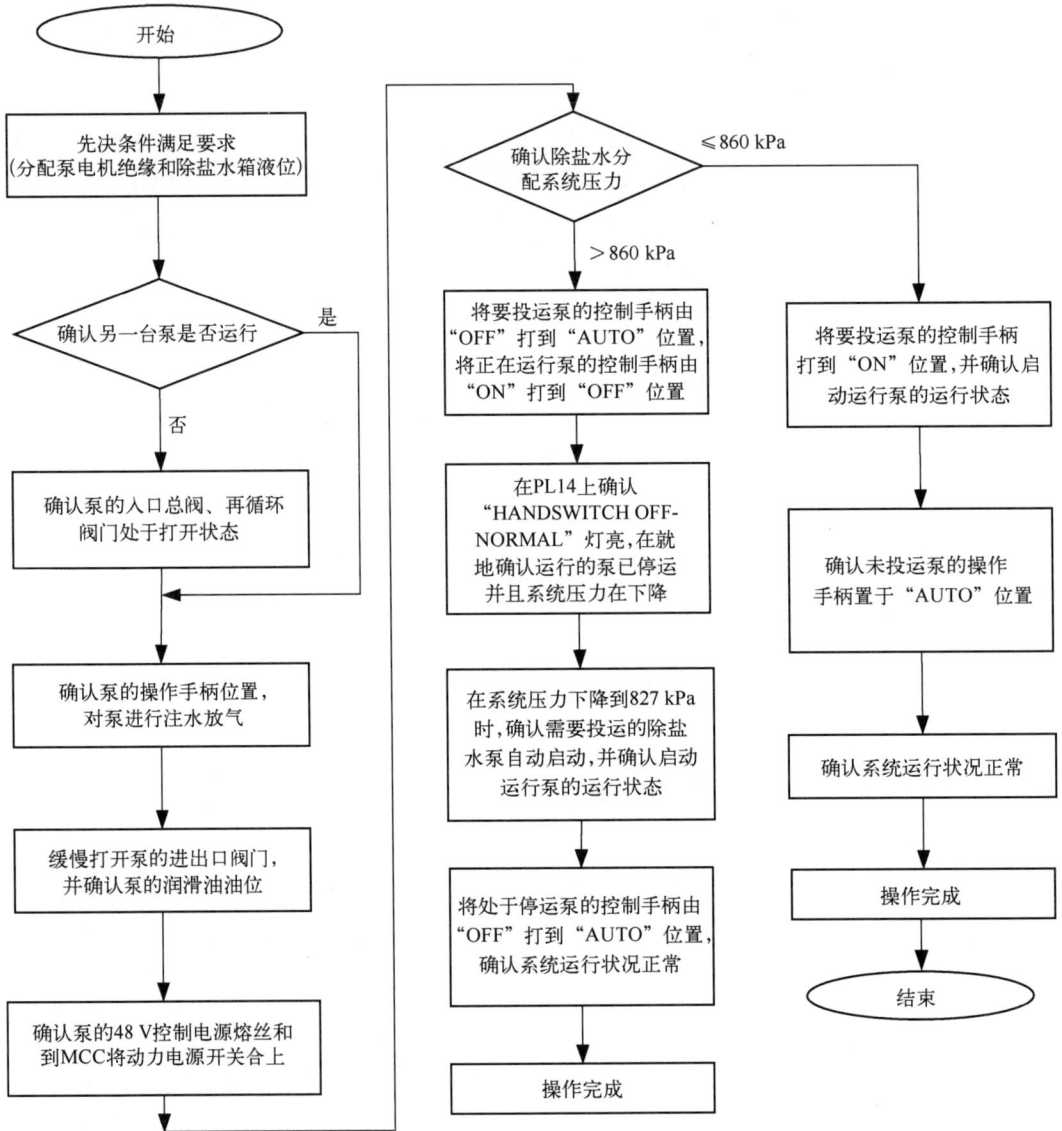

图 19-5-1　除盐水分配泵的启动

```
                    ┌─────────────────┐
                    │      开始        │
                    └─────────────────┘
                             │
                             ▼
   ┌──────────────────────────────────────────────┐
   │ 前提条件满足要求(进行检修泵的手柄在               │
   │ "ON"的位置,就地确认不进行检修泵的运行            │
   │ 状态,就地确认除盐水用量不大于20 L/s)            │
   └──────────────────────────────────────────────┘
                             │
                             ▼
   ┌──────────────────────────────────────────────┐
   │ 将需要停运泵的手柄置于"OFF"位置,就地确           │
   │ 认泵已处于停运状态                              │
   └──────────────────────────────────────────────┘
                             │
                             ▼
   ┌──────────────────────────────────────────────┐
   │ 到MCC将停运泵的电源开关置于"OFF"位置            │
   └──────────────────────────────────────────────┘
                             │
                             ▼
   ┌──────────────────────────────────────────────┐
   │ 将停运泵的进出口隔离阀关闭                       │
   └──────────────────────────────────────────────┘
                             │
                             ▼
   ┌──────────────────────────────────────────────┐
   │ 确认除盐水系统的压力正常                         │
   └──────────────────────────────────────────────┘
                             │
                             ▼
   ┌──────────────────────────────────────────────┐
   │ 操作结束                                        │
   └──────────────────────────────────────────────┘
                             │
                             ▼
                    ┌─────────────────┐
                    │      开始        │
                    └─────────────────┘
```

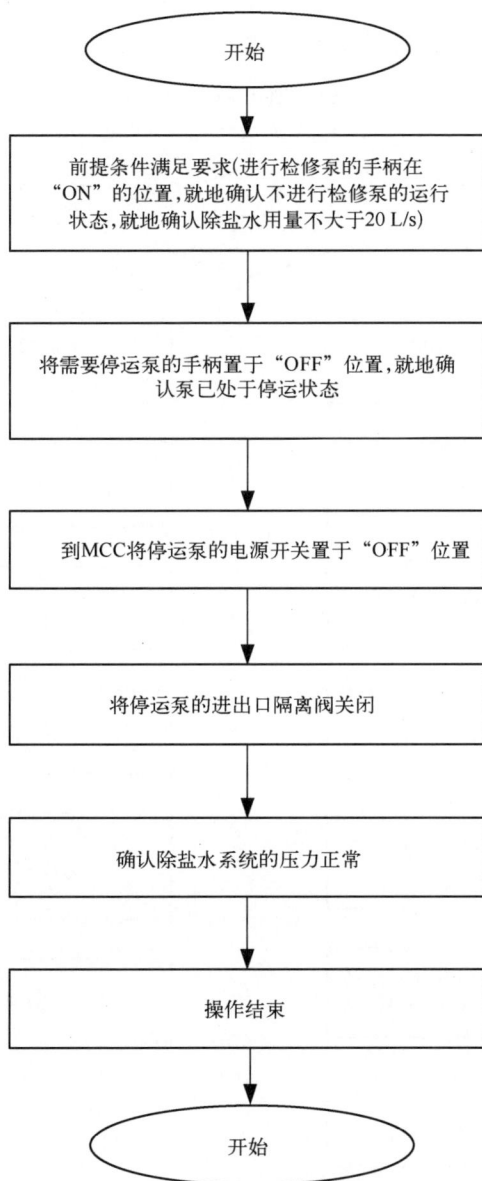

图 19-5-2　除盐水分配泵的停运

```
                              ╭─────────────╮
                              │     开始      │
                              ╰─────────────╯
                                     │
                                     ▼
                    ┌────────────────────────────────┐
                    │        先决条件满足要求            │
                    └────────────────────────────────┘
                                     │
          > 860 kPa              ╱───────────╲         ≤ 860 kPa
        ┌──────────────────────◇  确认系统压力  ◇──────────────────────┐
        │                       ╲───────────╱                       │
        ▼                                                           ▼
┌──────────────────────┐                           ┌──────────────────────┐
│ 确认需要启动泵的油位和    │                           │ 确认需要启动泵的油位和    │
│    MCC开关位置         │                           │    MCC开关位置         │
└──────────────────────┘                           └──────────────────────┘
        │                                                           │
        ▼                                                           ▼
┌──────────────────────┐                           ┌──────────────────────┐
│ 确认需要启动泵的进出口隔离阀打开 │                      │ 确认需要启动泵的进出口隔离阀打开 │
└──────────────────────┘                           └──────────────────────┘
        │                                                           │
        ▼                                                           ▼
┌──────────────────────┐                           ┌──────────────────────┐
│ 在控制盘台PL14上将处于运行状态泵 │                    │ 在控制盘台PL14上将需要启动泵手柄 │
│ 的手柄从"ON"位置打到"OFF"位置 │                      │ 从"AUTO"位置打到"ON"位置 │
└──────────────────────┘                           └──────────────────────┘
        │                                                           │
        ▼                                                           ▼
┌──────────────────────┐                           ┌──────────────────────┐
│ 就地确认处于运行状态泵已停运，   │                    │ 就地确认该泵的运行状况正常    │
│ 观察系统压力持续下降        │                           └──────────────────────┘
└──────────────────────┘                                           │
        │                                                           ▼
        ▼                                           ┌──────────────────────┐
┌──────────────────────┐                           │ 在控制盘台PL14上将之前处于运行 │
│ 当系统压力持续下降到827 kPa时，│                      │ 状态泵的手柄从"ON"位        │
│ 确认需要启动的泵自动启动      │                        │ 置打到"AUTO"位置          │
└──────────────────────┘                           └──────────────────────┘
        │                                                           │
        ▼                                                           ▼
┌──────────────────────┐                           ┌──────────────────────┐
│ 确认运行泵的运行状态，并将启动泵的手柄 │                │ 确认系统压力正常           │
│ 从"AUTO"位置打到"ON"位置 │                            └──────────────────────┘
└──────────────────────┘                                           │
        │                                                           ▼
        ▼                                                   ╭─────────────╮
┌──────────────────────┐                                   │     结束      │
│ 将停运泵的手柄            │                                   ╰─────────────╯
│ 从"OFF"位置打到"AUTO"位置 │
└──────────────────────┘
        │
        ▼
╭─────────────╮
│     结束      │
╰─────────────╯
```

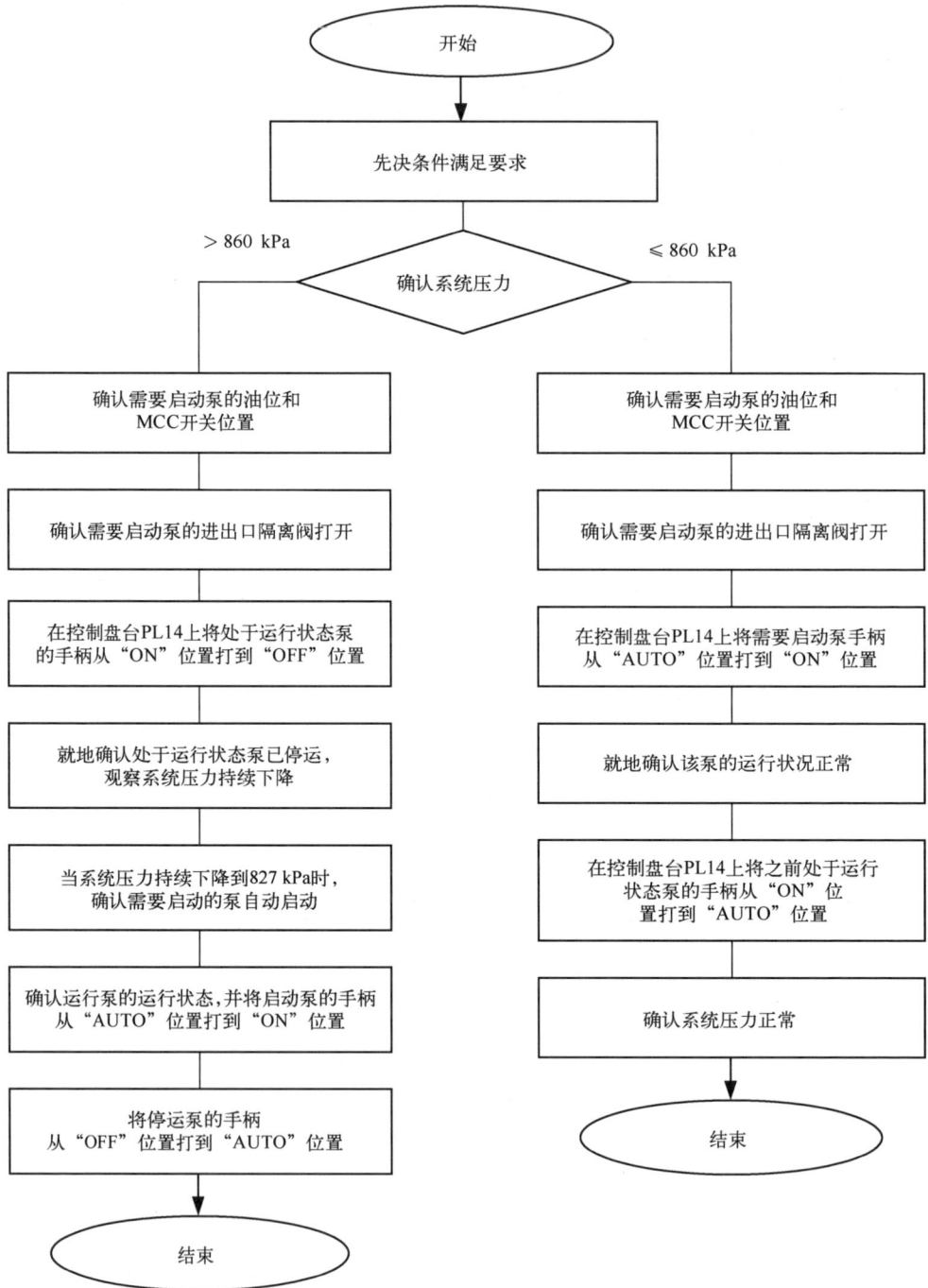

图 19-5-3   除盐水分配泵的切换

复习思考题

1. 每台机组各有 1 个除盐水箱,容积为 <u>1 230 m³</u>,除盐水箱的控制液位为 <u>12.75 m</u>(约75%液位),如果低于这个液位,主控制室将出现报警,水厂需生产除盐水向除盐水箱补水。

2. 除盐水分配泵位于 T/B 厂房<u>84.5 m</u> 层,要求最小流量为<u>3.67 L/s</u>,对应压力约为<u>1 170 kPa</u>,最高允许运行压力为<u>1 724 kPa</u>。

3. 备用除盐水分配泵在系统压力低于<u>827 kPa</u> 时自动启动,当再循环压力控制阀 67165-PCV4101 全开并超过<u>60 秒</u>后备用除盐水分配泵自动停运,如果压力控制阀位置开关故障或阀门被卡在非全开位置,备用除盐水分配泵启动后将不能自动停运,此时需要操作员<u>手动干预</u>。

第二十章 水处理厂通风系统（73930）

内容介绍

课程名称：水处理厂通风系统

JRTR 编码：FC356

课程时间：2 学时

学员：现场操作员

学员条件：完成本系统的课堂部分培训

培训目标：

1. 陈述系统现场工艺布置和设备布置状况；

2. 叙述系统存在的风险和运行良好实践；

3. 陈述系统相关的运行参数；

4. 根据 9801-73930-OM-001 正确完成相应的系统操作：

1）投运风机；

2）投运电热器；

3）投运水厂控制室空调；

4）停运风机；

5）停运电热器。

教学方式及教学用具：

培训方式：课堂培训、岗位培训

教员需要：

a. 流程图：9801-73930-1-1-OF-A1；

b. 电脑；

c. 运行手册：9801-73930-OM-001；

d. 白板等。

学员需要：本教材、流程图

考核方法：现场考核（实际操作和模拟相结合）、口试

20.1 系统设备

20.1.1 设备清单和现场位置

水处理厂通风系统系统由风机、空调和加热器等主要设备构成。具体包括：
- 用于水厂一楼厂房通风的送风机 F4001/4004 和排风机 F4006,设备位于水厂二楼厂房内；
- 用于水厂二楼厂房通风的送风机 F4011/4014 和排风机 F4016,送风机位于水厂二楼厂房内,排风机位于水厂二楼屋顶；
- 用于调节水厂控制室温度的空调 ACU4020,设备位于水厂控制室屋顶；
- 用于水厂卫生间排风的排风机 ACU4021,设备位于卫生间屋顶；
- 用于水厂厂房加热的电加热器四台：1-7393-EHTR4007,1-7393-EHTR4017,1-7393-EHTR4028,1-7393-EHTR4038,分别是水厂一楼两台,二楼两台。

20.1.2 现场布置

水厂一楼通风设备位置见图 20-1-1。

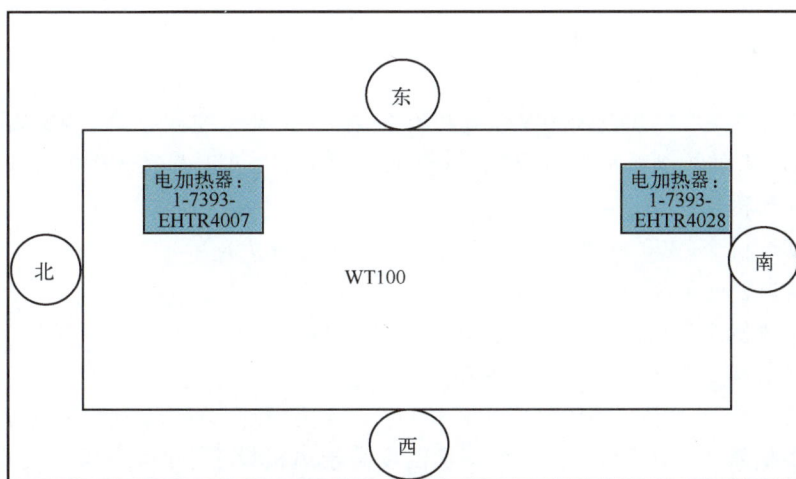

图 20-1-1 水厂一楼通风设备位置

水厂二楼通风设备位置见图 20-1-2。

20.1.3 系统接口

无。

20.1.4 就地盘台

- 67393-PL4008:水处理厂暖通控制盘

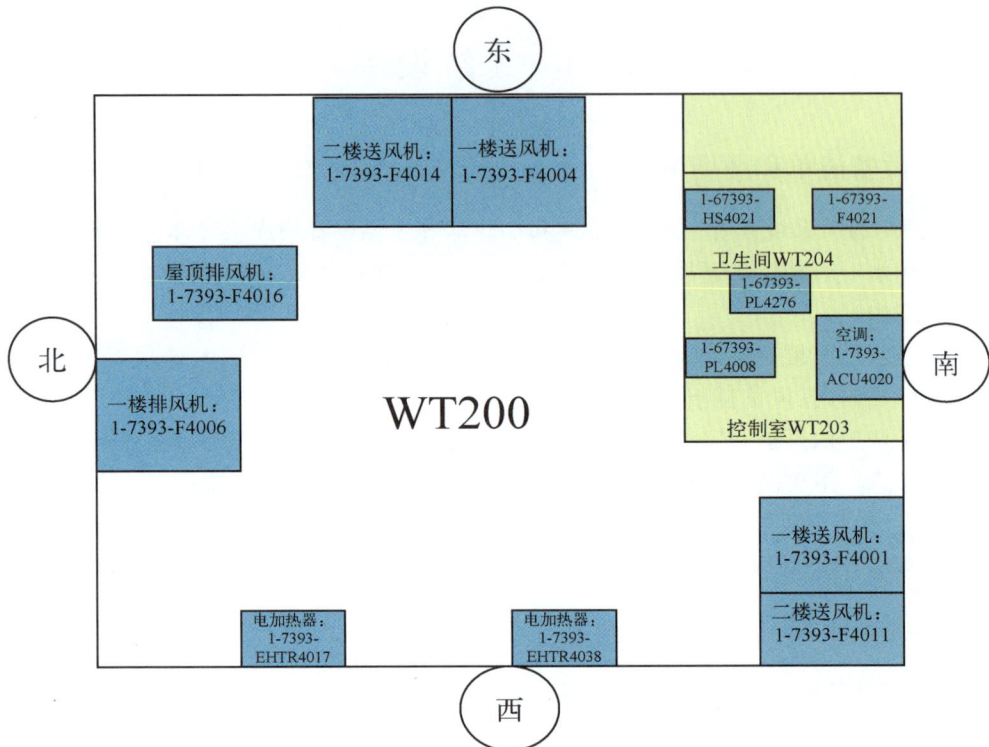

图 20-1-2　水厂二楼通风设备布置图

水厂通风系统中,厂房送风机/排风机和控制室空调的控制是通过操作控制室盘台 1-7393-PL4008 上的控制手柄实现,控制盘台 1-7393-PL4008 上共有 5 个操作手柄,分别:

HS4001(风机 1-7393-F4001 手动开关)

HS4004(风机 1-7393-F4004 和 1-7393-F4006 手动开关)

HS4011(风机 1-7393-F4011 手动开关)

HS4014(风机 1-7393-F4014 和 1-7393-F4016 手动开关)

HS4020(空调 1-7393-ACU4020 手动开关)

水厂风机的控制手柄 HS4001/4004/4011/4014 有"ON/AUTO/OFF"三个位置,如果风机的控制手柄置于"AUTO"位置,当环境温度高于风机设定点时,通风系统将自动启动,并且相应的温度控制阀会根据环境温度的变化而进行自动调节。当环境温度低于设定点减去死区值时,风机将自动停运。如果风机的控制手柄置于"ON"位置,风机将直接启动,不受环境温度的控制。如果风机的控制手柄置于"OFF"位置,风机为停止状态。

风机 1-7393-F4004 和 1-7393-F4006 为联锁风机,由控制手柄 1-67393-HS4004 同时控制。风机 1-7393-F4014 和 1-7393-F4016 为联锁风机,由控制手柄 1-67393-HS4014 同时控制。

控制室空调的控制手柄 HS4020 有 ON/OFF 两个位置,当控制手柄置于"ON"位置时,空调的启动将受水处理厂控制室环境温度的控制,只有温度传感器测得的环境温度高于空调制冷启动设定点或低于空调加热启动设定点时,空调才启动;当控制手柄置于"OFF"位置时,空调停运。

- 67393-PL4276：水厂控制室空调控制盘

位于水厂控制室内的控制盘台 1-67393-PL4276，用于设置空调制冷和加热的温度设定点，当环境温度高于制冷设定点时，空调将在制冷模式下运行；当环境温度低于空调的加热设定点时，空调将在加热模式下运行。

20.1.5　取样点

无。

20.2　系统参数

水厂厂房内一楼和二楼各设有温度传感器两个，控制室一个，用于测量环境温度。厂房风机在自动模式下的启动、电加热器的运行、控制室空调的运行模式都将依照环境温度进行控制。

通风设备运行参数设定值见表 20-2-1。

表 20-2-1　通风设备运行参数设定值

设备名称	设备描述	设定点	死 区	单 位
1-7393-F4001	水处理厂一楼通风	25	3	℃
1-7393-F4004	水处理厂一楼通风	35	3	℃
1-7393-F4011	水处理厂二楼通风	25	3	℃
1-7393-F4014	水处理厂二楼通风	35	3	℃
1-7393-ACU4020	值班室空调制冷模式设定点	25		℃
	值班室空调加热模式设定点	20.2		℃
1-67393-TS4007	1 号机组水处理厂电加热器 1-7393-EHTR4007 温度开关	18		℃
1-67393-TS4017	1 号机组水处理厂电加热器 1-7393EHTR4017 温度开关	18		℃
1-67393-TS4028	1 号机组水处理厂电加热器 1-7393-EHTR4028 温度开关	18		℃
1-67393-TS4038	1 号机组水处理厂电加热器 1-7393-EHTR4038 温度开关	18		℃
1-67393-PDS4321	空调 1-7393-ACU4020 过滤器压差开关	0.5		英寸水柱
		125		Pa

20.3　风险警示和运行实践

（1）人员风险

旋转的风机有可能致人员伤害或死亡。特别值得注意的是"当系统在带压（正压或负压）运行时，不要试图打开风机上的任何人孔门。当工作在系统设备上时，要确认电源被隔离且在工作期间不能被接通，以避免受电击。

系统的风门是气动型。若在风门上有维修工作进行，注意要正确地隔离和给风门驱动头断电,以防止在工作中风门由于积聚的能量而动作伤人。

（2）设备风险

· 设备损坏

风机和空调均为旋转设备,应避免异物或脏物进入风管,以免造成风机叶片受损。

风机和空调设备的控制由温度设定值和死区来进行自动启停,如果温度设定值或死区的值被改动,特别是死区的值变为 0 时,将导致风机或空调频繁启停,容易导致风机出现缺陷。

空调入口处装有过滤器。这些过滤器在其前后差压达到限值时应及时更换。否则风机有可能过载。

· 电加热器

在水处理厂有 4 台独立的电加热器,它们通过自己的温度开关来控制自身的运行。电加热器的风机必须保持非常好的运行状态,如果电加热器产生的热量不能及时被带走,在没有任何报警的情况下,过高的温度将导致电加热器损坏。如果电加热器的风机出现任何异常情况,必须得到及时的维护及处理。这样可防止电加热器过热损坏。

（3）运行实践

· 过滤器更换

空调 7393-ACU4020 入口处装有过滤器。这些过滤器在其前后差压达到限值时应及时更换。否则风机有可能过载。

· 风门失效

仪表管破损或脱落容易导致风门失效。如风机在运行中,回风门正常,新风门失效关闭后,容易导致风机堵转,此时风机已经失去通风功效,且不利于风机的运行,应及时停运。

· 设备异常振动或噪音

当设备出现异常振动或噪音,应立即停运,以避免设备受损。

· TE 指示异常

当 TE 在 67393-PL4008 盘上的指示明显偏离实际时,应立即采取纠正措施,防止设备在不应该启停的时候动作或报警停运,引发不期待的后果。

20.4 技 能

不适用。

20.5 主要操作

20.5.1 投运风机

（1）投运厂房风机

屋顶排风机 F4016 启动前需合上就地开关 1-7393-DS4016。通常情况下厂房风机在手动模式下启动,即相应的控制手柄置于"ON"位置启动。详细操作步骤参见运行规程 9801-73930-OM-001 的 4.1.1 节内容。风机启动流程见图 20-5-1。

```
┌─────────────────────────────┐
│      控制盘 PL 4008 送电       │
└─────────────────────────────┘
              │
              ▼
┌─────────────────────────────┐
│         厂房风机送电          │
└─────────────────────────────┘
              │
              ▼
┌──────────────────────────────────────────┐
│ 操作控制盘 PL 4008 上相应的控制手柄到"ON"或"AUTO"位置 │
└──────────────────────────────────────────┘
```

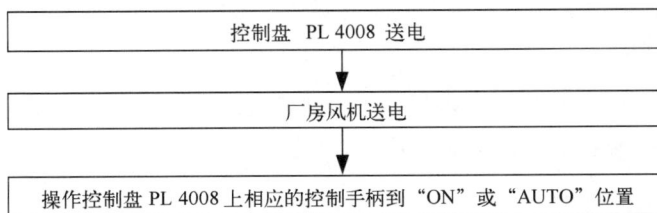

图 20-5-1　投运厂房风机流程图

（2）投运卫生间风机

投运卫生间风机前须先送上风机电源,再操作就地控制手柄 HS4026 到"ON"位置即可启动。卫生间风机投运流程见图 20-5-2。

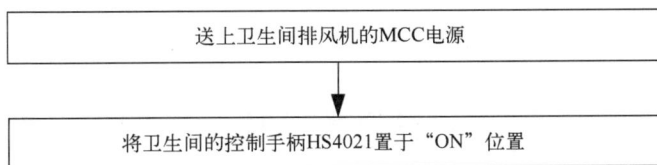

```
┌─────────────────────────────┐
│    送上卫生间排风机的MCC电源     │
└─────────────────────────────┘
              │
              ▼
┌─────────────────────────────┐
│ 将卫生间的控制手柄HS4021置于"ON"位置 │
└─────────────────────────────┘
```

图 20-5-2　投运卫生间风机流程图

20.5.2　投运电热器

投运电热器只需将电热器的 MCC 电源送上即可。由于电加热器受水厂环境温度控制,当水处理厂环境温度低于电加热器温度设定点时(18 ℃),加热器将自动投入运行;当电加热器内的测温元件测得的水处理厂环境温度高于加热器的设定点时,加热器将停止加热。详细操作步骤参见运行规程 9801-73930-OM-001 的 4.1.3 节内容。

20.5.3　投运控制室空调

控制室空调投运流程见图 20-5-3,详细操作步骤参见运行规程 9801-73930-OM-001 的4.1.2 节内容。

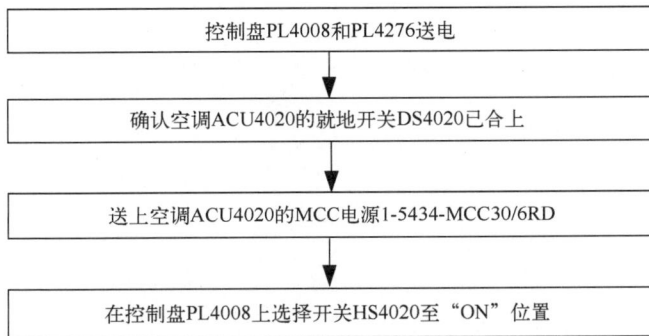

```
┌─────────────────────────────┐
│   控制盘PL4008和PL4276送电     │
└─────────────────────────────┘
              │
              ▼
┌─────────────────────────────┐
│ 确认空调ACU4020的就地开关DS4020已合上 │
└─────────────────────────────┘
              │
              ▼
┌──────────────────────────────────────┐
│ 送上空调ACU4020的MCC电源1-5434-MCC30/6RD │
└──────────────────────────────────────┘
              │
              ▼
┌─────────────────────────────┐
│ 在控制盘PL4008上选择开关HS4020至"ON"位置 │
└─────────────────────────────┘
```

图 20-5-3　投运控制室空调操作步骤

20.5.4 停运风机

停运送风机、排风机和空调,只需操作相应的就地控制手柄到"OFF"位置即可停运。详细操作步骤参见运行规程 9801-73930-OM-001 的 4.4.1 节内容。

20.5.5 停运电加热器

因电加热器的运行受水处理厂温度的自动控制,如果天气变暖,加热器不需要投运,在确定电加热器已经停止运行时,可直接将电加热器的 MCC 电源断开。如果电加热器在运行状态直接断开 MCC 电源,电加热器的风机将停止运行,电加热器产生的余热将不能被带走,有可能造成电加热器的损坏。故电加热器停运前首先确定电加热器已经自动停止运行,然后断开电加热器的 MCC 开关。详细操作步骤参见运行规程 9801-73930-OM-001 的 4.4.2 节内容。

复习思考题

1. 电热器停运应注意什么?

参考答案:

电加热器停运前首先确定电加热器已经自动停止运行,然后断开电加热器的 MCC 开关。如果电加热器在运行状态直接断开 MCC 电源,电加热器的风机将停止运行,电加热器产生的余热将不能被带走,有可能造成电加热器的损坏。

第二十一章 制氢系统
（75320）

内容介绍

课程名称：制氢系统

JRTR 编码：FC358

课程时间：8 学时

学员：现场值班员

学员条件：完成本系统的课堂部分培训

培训目标：

1. 陈述系统现场工艺布置和设备布置状况；

2. 陈述系统人机界面和单元控制功能；

3. 叙述系统存在的风险和运行良好实践；

4. 陈述系统相关的运行参数；

5. 根据 9801-75320-OM-001 正确完成相应的系统操作：

1）投运制氢系统；

2）停运制氢系统；

3）配制和充装电解液；

4）氮气吹扫制氢装置；

5）制氢装置气密性试验；

6）氮气吹扫氢气分配管路；

7）氢气置换氢气分配管路。

教学方式及教学用具：

培训方式：课堂培训、岗位培训

教员需要：

a. 流程图：9801-75320-1-1-OF-A1；

b. 电脑；

c. 运行手册：9801-75320-OM-001；

d. 白板等。

学员需要：本教材、流程图

考核方法：现场考核（实际操作和模拟相结合）、口试

21.1　系统设备

秦山核电三期制氢站采用水电解制氢方法，经分离干燥后制得高纯度成品氢气，其用途为在电站启停、正常运行期间向两台汽轮发电机组提供足够的冷却氢气。

制氢装置的产氢量为 10 Nm^3/h(20 ℃ 0.101 3 MPa)，供气压力为 1.5 MPa，产氢的纯度大于 99.8%。经干燥器干燥后露点小于 -50 ℃。

制氢站的工艺流程见图 21-1-1。

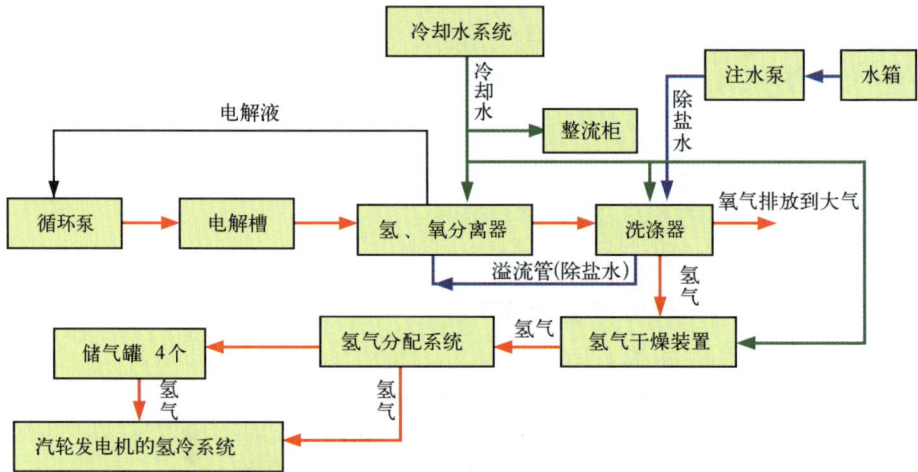

图 21-1-1　制氢站工艺流程图

注：红色：气体系统　蓝色：补水系统　绿色：冷却水系统

21.1.1　设备清单

秦山三期制氢站采用电解水方法制氢，分别包括两套水解制氢装置。制氢站的主机采用中国船舶工业总公司 718 研究所生产的 CNDQ-10/1.5 型制氢装置和 QGY-10/1.5 型氢气干燥装置。

制氢站主要设备由电解槽、汽液处理器、整流装置、控制柜、干燥装置、碱箱、水箱、氢气分配系统、仪用压空罐、氮气回流排等组成。

1）电解槽：

水电解制氢的原理：由浸没在电解液中的一对电极，中间隔以防止气体渗透的隔膜而构成的水电解池，当通过一定的直流电时，水就发生电解，在阴极析出氢气，阳极析出氧气。

2）汽液处理器：包括氢、氧分离器，洗涤器，过滤器、氢气干燥装置、循环泵等装置。

• 氢、氧分离器,洗涤器见图 21-1-2。

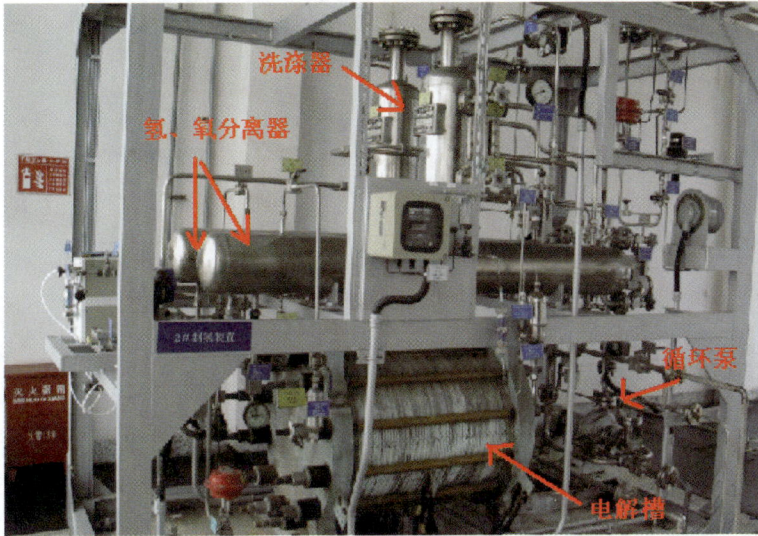

图 21-1-2 氢、氧分离器,洗涤器

• 氢气干燥装置:每套氢气干燥装置又并联包括两台干燥器、汽水分离器和加热器(见图 20-1-3)。当干燥剂工作一段时间后吸附量达到饱和,需要再生活化,为了使装置连续工作,并联的两台干燥器可定期切换,当一台处于再生状态时,另一台处于工作状态。氢气干燥装置运行时的气体流向见图 21-1-4a/b。

图 21-1-3 氢气干燥装置

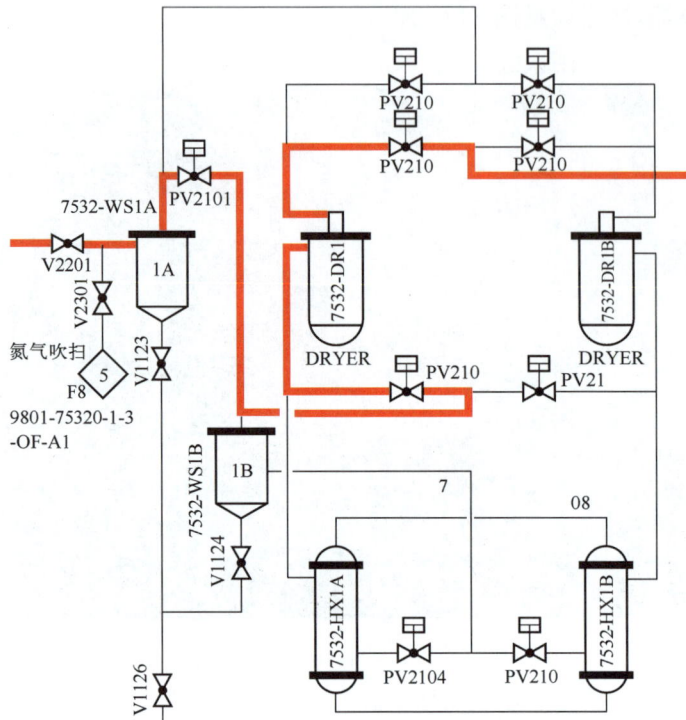

图 21-1-4a　氢气干燥装置 A 工作的气体流向图

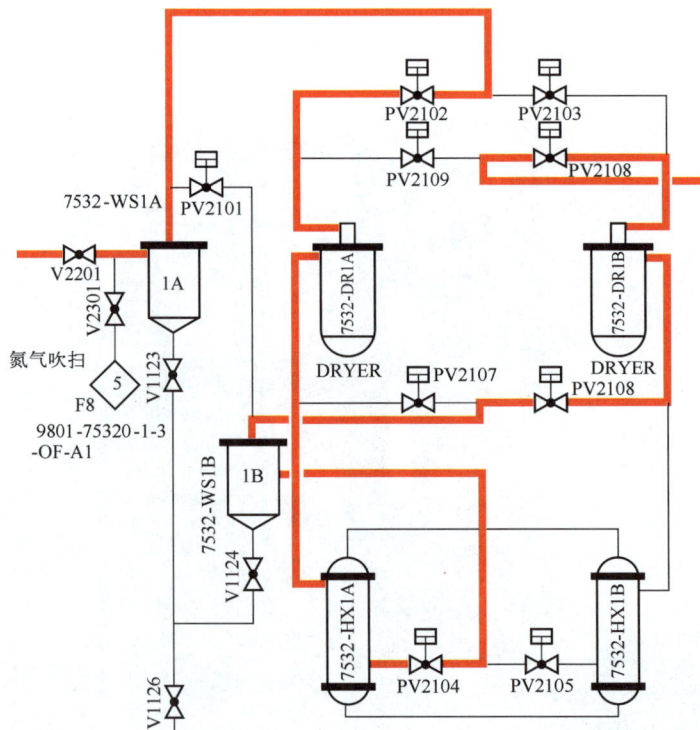

图 21-1-4b　氢气干燥装置 A 再生 B 工作的气体流向图

3）氢气罐：4 个，每个罐容积为 30 m³、工作压力为 1.5 MPa、材料为不锈钢。

4）氢气分配系统：由 4 个氢气罐相对应的管道、阀门及仪表组成，氢气分配系统见图 21-1-5。作用如下：

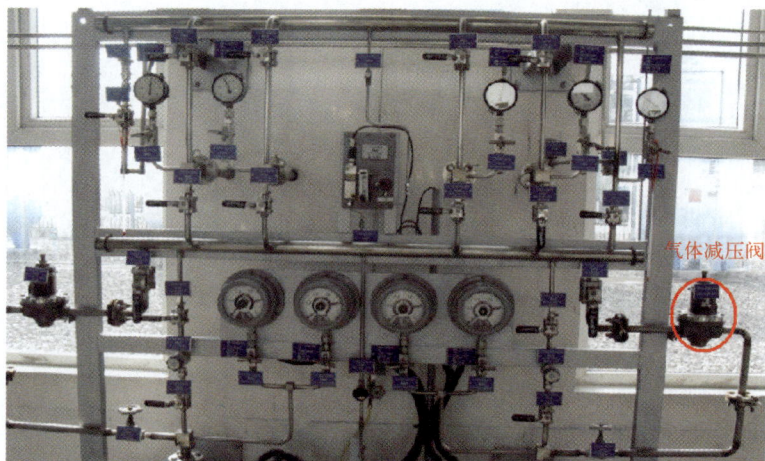

图 21-1-5　氢气分配系统

- 把从制氢装置来的氢气分配进入储氢罐储存或直接分配到汽轮发电机的氢冷系统。
- 把储氢罐的氢气分配到汽轮发电机的氢冷系统。

5）水箱：1 台，容积为 0.2 m³，用于原料水即除盐水的储存。

6）碱液箱(7532-ASTK)：1 台，容积为 0.2 m³，用于氢氧化钠或氢氧化钾电解液的配制和储存。

7）氮气汇流排一套：由 5 个氮气瓶及相应的管道、阀门组成；供气压力 0.1～0.5 MPa。

8）仪用压空储气罐：1 台，容积为 6 m³，工作压力为 0.5～0.7 MPa，主要为制氢系统中设备阀门等动作提供动力气源。

21.1.2　现场布置

制氢站现场设备布置见图 21-1-6。

21.1.3　系统接口

1）1 号机组发电机氢冷系统(41230)：在机组启停、正常运行期间向汽轮发电机组提供足够的冷却氢气。

2）2 号机组发电机氢冷系统(41230)：在机组启停、正常运行期间向汽轮发电机组提供足够的冷却氢气。

21.1.4　就地盘台

1. 整流装置、控制柜：制氢站共有两套制氢设备，每套制氢设备配有一个电解装置整流柜、一个电解装置控制柜和一个干燥装置控制柜。

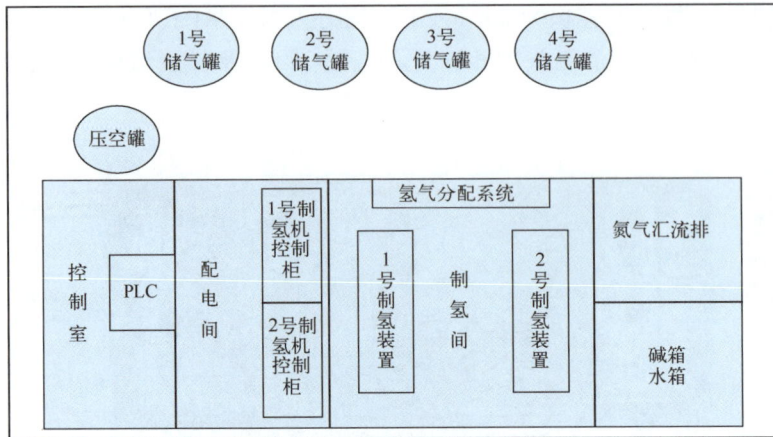

图 21-1-6　制氢站现场布置图

- 电解装置整流柜:用于供给电解所需的直流电源。
- 电解装置控制柜:包括工业控制机、氢氧分析仪、稳压电源及操作按钮、开关等。可实现自动监测、调节、显示、故障报警、联锁、自动开机与关机等功能。
- 干燥装置控制柜:包括氢气监测仪、露点指示仪、干燥装置电源及操作按钮、开关等。可对干燥装置实现控制、显示、开关机等功能。
- PLC 控制电脑:可对制氢自动程序的运行进行监控和操作。

2. 轴流风机控制盘:由于氢气是一种易燃易爆气体,因此制氢前须先启动制氢间和配电间风机,以保证厂房内的通风良好。

3. 露点仪:氢气经干燥器干燥后露点必须小于－50 ℃后才可进入储气罐或汽轮机氢冷系统。现场露点仪在氢气分配系统和干燥装置控制柜上均有布置。现场露点仪外貌见图 21-1-7、图 21-1-8。

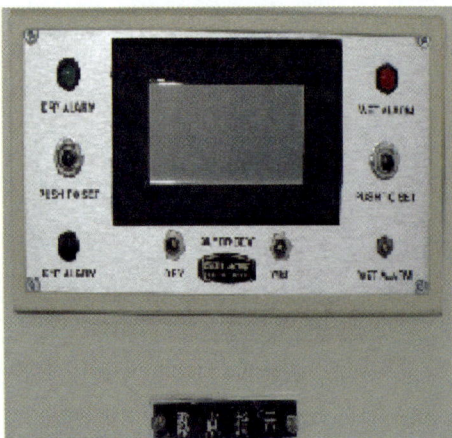

图 21-1-7　干燥装置控制柜上的露点仪

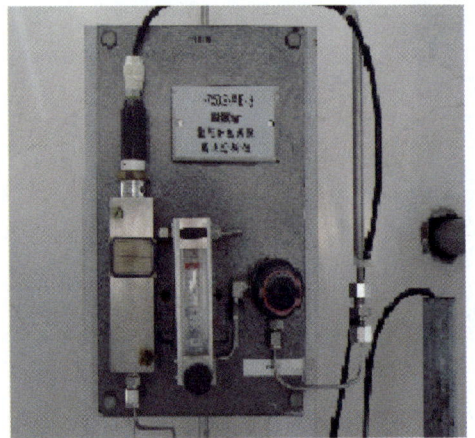

图 21-1-8　氢气分配系统上的露点仪

21.1.5　取样点

氢气分配系统管线进行氮气吹扫或氢气置换后须化学分析人员进行取样分析气体浓度,以满足氮气吹扫和氢气置换的要求,防止氢气与空气接触产生爆炸危险。

1）氢气系统压力指示表 1/2-7530-PI4310 下方的取样口（有堵头）；

2）氢气系统氢气疏水阀 1-7530-V4808 和 1-7530-V4809。

21.2　系统参数

21.2.1　贮存罐的参数控制范围

氢气贮存罐参数范围见表 21-2-1。

表 21-2-1　氢气贮存罐参数范围

序　号	名　　称	BSI 编码	参　数	范　　围
1	氢气贮存罐	1-7532-TK1~4	压力/MPa	上限值 1.5,达 1.6 时,安全阀动作
2	除盐水箱	1-7532-DWTK	液位/mm	550~1 200
3	仪用压空罐	1-7532-TK5	压力/MPa	0.4~0.7

21.2.2　运行参数控制范围

制氢系统运行时参数范围见表 21-2-2。

表 21-2-2　制氢系统运行时参数范围

序　号	名　　称	BSI 编码	范　　围
1	槽压/MPa	1-7532-PIS-2	1.5 左右
2	槽温/℃	1-7532-TI-2	90~100
3	氧分液器液位/mm	1-7532-LI-2	300 左右
4	氢气液器液位/mm	1-7532-LI-4	300 左右
5	碱液循环量/(m³/h)	1-7532-FI-1	0.6 左右
6	碱液浓度/%	—	26~30
7	氢中氧含量/%	—	<0.2
8	氧中氢含量/%	—	<0.8
9	冷却水压力/MPa	—	0.3~0.6
10	冷却水温度/℃	—	≤32
11	仪表气源压力/MPa	1-7532-TKSPI	0.4~0.7
12	减压阀 7532-PRV4108/4109 后压力（MPa）	1-67532-PIA-3/4/5/6	0.65 左右

21.2.3 运行参数设定报警值

制氢系统运行时参数设定报警值见表 21-2-3。

表 21-2-3 制氢系统运行时参数设定报警值

项 目	报 警		连 锁	
CNDQ-10/1.5 型水电解制氢装置				
	上限	下限	上限	下限
槽压/MPa	1.6	—	1.7	—
槽温/℃	105	—	110	—
氢中氧含量/%	0.75	—	0.9	—
氢液位/mm	440	160	500	100
氧液位/mm	440	160	500	100
压空气源	—	0.4	—	0.3
碱液循环量/(m³/h)	—	0.25	—	0.2
QGYZ-10/1.5 型干燥装置				
再生切换周期/h	48			
控制温度/℃	250~300			
终止温度/℃	170~270			

21.3 风险警示和运行实践

(1) 风险警示

- 氢气(H₂):氢气是一种易燃易爆气体,着火能量低,爆炸范围宽,下限低,威力大,破坏性强。氢气与空气混合的爆炸极限为:

  爆炸下限:氢气浓度 4%
  爆炸上限:氢气浓度 75%

当空气中的氢气浓度在 4%~75% 范围内时,极易发生爆炸,危及人身的安全和设备、厂房的安全;且点燃爆炸混合物的能量极低,仅为汽油-空气混合物点火能量的 1/10,一个看不见的小火花就能引燃。

- 氢氧化钾(KOH):KOH 是一种强碱性物质,易对物质构成腐蚀,直接接触会对人体皮肤及器官构成严重伤害。

(2) 运行实践

- 制氢装置如闲置时间过长,超过半年以上,开机前应详细检查设备状态;
- 制氢间应通风良好,并采取相应的防爆措施,如防爆灯和安装报警器;
- 凡是与氢、氧气管道接触的管道、阀门均应经过除油清洗处理;
- 装置运行时不得进行任何维修工作,如若进行修理应先停车,分析发生器间的氢气浓度是否低于爆炸极限,同时必须通氮气以排除装置和管道中的氢和氧气,分析合格方能焊接;

- 发生器间应设有消防器材,按数量、要求就位;
- 发生器间严禁明火、吸烟、穿钉子鞋,操作人员不宜穿合成纤维、毛料工作服。严禁金属铁器等物相碰撞,以免产生火花;
- 严禁 H_2 或 O_2 由压力设备及管道内急剧放出,以免造成爆炸或火灾;
- 氢气系统运行时,不准敲击,不准带压修理,严禁负压;
- 动植物、矿物油脂和油类不得落在与氧气接触的设备上;在操作和维修时,手和衣物不得沾有油脂;
- 保持电解槽表面清洁,严防任何金属导体或其他杂物掉在电解槽上,以免造成短路;
- 严禁碱液掉到极板间或极板与拉紧螺栓之间;
- 万一出现事故或设备大量漏碱或漏气体时,应立即切断电源并进行通风,分析原因,尽快排除故障;
- 用肥皂水或气体防爆检测仪检查氢和氧系统、管道、阀门是否渗漏,严禁使用明火检查;
- 制氢间不得存放易燃、易爆物品,禁止无关人员入内;
- 在进行碱液配制时,要带好防护手套、防护眼镜等,且现场应备有 2% 的硼酸溶液。
- 储氢罐运行方式为每两个储氢罐为一组投运(即 1♯、2♯ 储氢罐为一组,3♯、4♯ 储氢罐为一组),两组互为备用。通过供氢减压阀 1-7532-PRV4108 和 1-7532-PRV4109 将储氢罐的氢气供向两个机组的氢冷系统,减压阀出口的氢气压力维持在 0.65 MPa 左右。备用罐储氢的压力应不低于 1.3 MPa。
- 当运行的一组储氢罐压力下降到 0.85 MPa 时,切换到另一组备用储氢罐进行;每到周六、日两天休息,周五下班前即 16:00 点左右检查运行储氢罐压力不低于 0.95 MPa,否则切换到备用储氢罐运行;遇到节日长假,视情况另行安排。

21.4　技　能

- 碱液循环量太低易使电解槽温度升高,烧坏石棉网。循环量太高,则氢、氧不能完全分离,降低氢气纯度。碱液循环量在 400~600 L/h,产生出的氢气纯度高,如果此时电解槽温度太高,在满足氢气浓度的情况下,可适当增大碱液循环量。如碱液循环量上不去,则有可能管道过滤器堵塞,此时应停车,清洗过滤器。新机器需经常清洗过滤器,正常运行后每月清洗一次过滤器。
- 整流柜的手动操作:将"手动给定"电位器逆时针调到零位,将整流柜"自动/手动"转换开关转到"手动"挡,将"稳压/稳流"转换开关转至"稳压"挡,送上整流主电源,按"触发启动"按钮,顺时针方向调整"手动给定"电位器,输出电压逐渐升高,当输出电压达到额定值时,停止调节输出电压。当槽温逐渐上升,电流达到额定值时,将"手动给定"电位器反时针调至零位,将"稳压/稳流"开关转至"稳流"挡,重新调"手动给定"电位器,使输出电流至额定值。
- 开机后,通过控制界面上的棒形图,注意观察压力和氢氧分离器液位,并注意各阀门开度,为防止分离器内液位升得过快过高,应注意整流柜的输出电流,不要升得太快。
- 制氢装置联锁跳机的主要因素:① 氧液位上上限;② 氢液位下下限;③ 槽温上上

限;④ 槽压上上限;⑤ 气源压力低;⑥ 碱液循环流量下下限;⑦ 冷却水中断或流量过小压力不足。

21.5　主要操作

21.5.1　投运制氢系统

制氢站的两套制氢装置的可单独启动一套或两套同时启动。启动过程中注意 PLC 上操作的制氢系统和配电间控制盘、制氢间制氢装置须一致,否则将可能产生危险;制氢过程中密切关注电解液循环流量、槽温、槽压、电解槽液位。图 21-5-1 为一套制氢装置的投运流程。

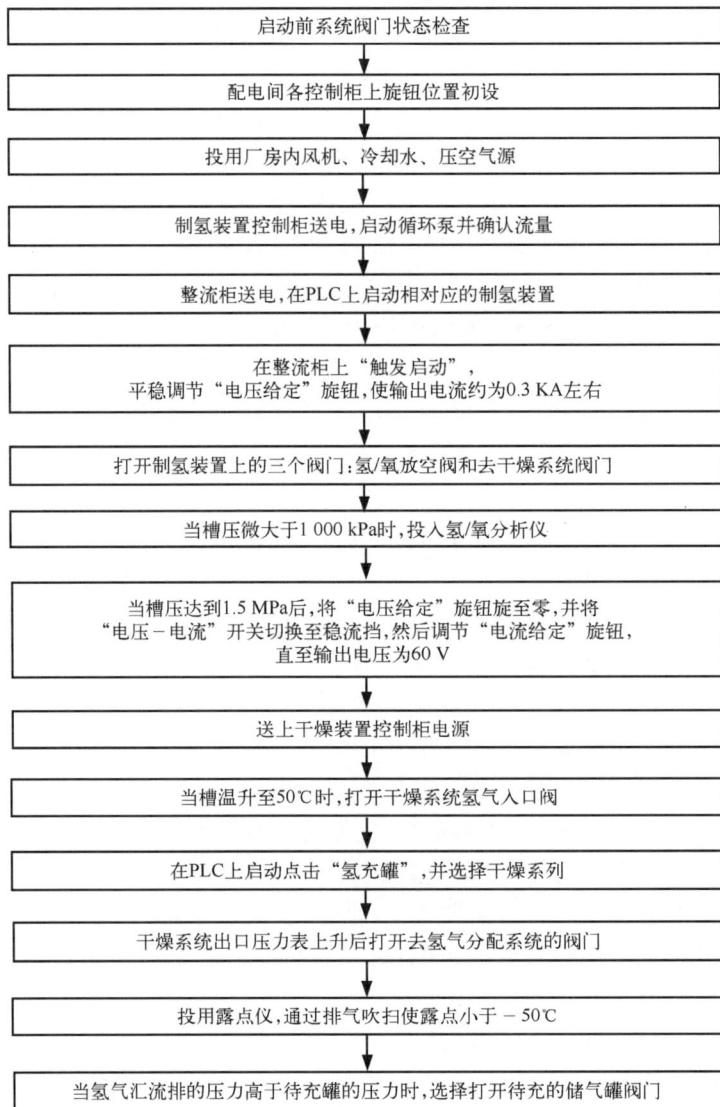

启动前系统阀门状态检查

配电间各控制柜上旋钮位置初设

投用厂房内风机、冷却水、压空气源

制氢装置控制柜送电,启动循环泵并确认流量

整流柜送电,在PLC上启动相对应的制氢装置

在整流柜上"触发启动",
平稳调节"电压给定"旋钮,使输出电流约为0.3 KA左右

打开制氢装置上的三个阀门:氢/氧放空阀和去干燥系统阀门

当槽压微大于1 000 kPa时,投入氢/氧分析仪

当槽压达到1.5 MPa后,将"电压给定"旋钮旋至零,并将
"电压－电流"开关切换至稳流挡,然后调节"电流给定"旋钮,
直至输出电压为60 V

送上干燥装置控制柜电源

当槽温升至50℃时,打开干燥系统氢气入口阀

在PLC上启动点击"氢充罐",并选择干燥系列

干燥系统出口压力表上升后打开去氢气分配系统的阀门

投用露点仪,通过排气吹扫使露点小于 － 50℃

当氢气汇流排的压力高于待充罐的压力时,选择打开待充的储气罐阀门

图 21-5-1　制氢系统投运流程图

21.5.2　停运制氢系统

停运过程中注意 PLC 上操作的制氢系统和配电间控制盘、制氢间制氢装置须一致,图 21-5-2 为一套制氢装置停运过程。

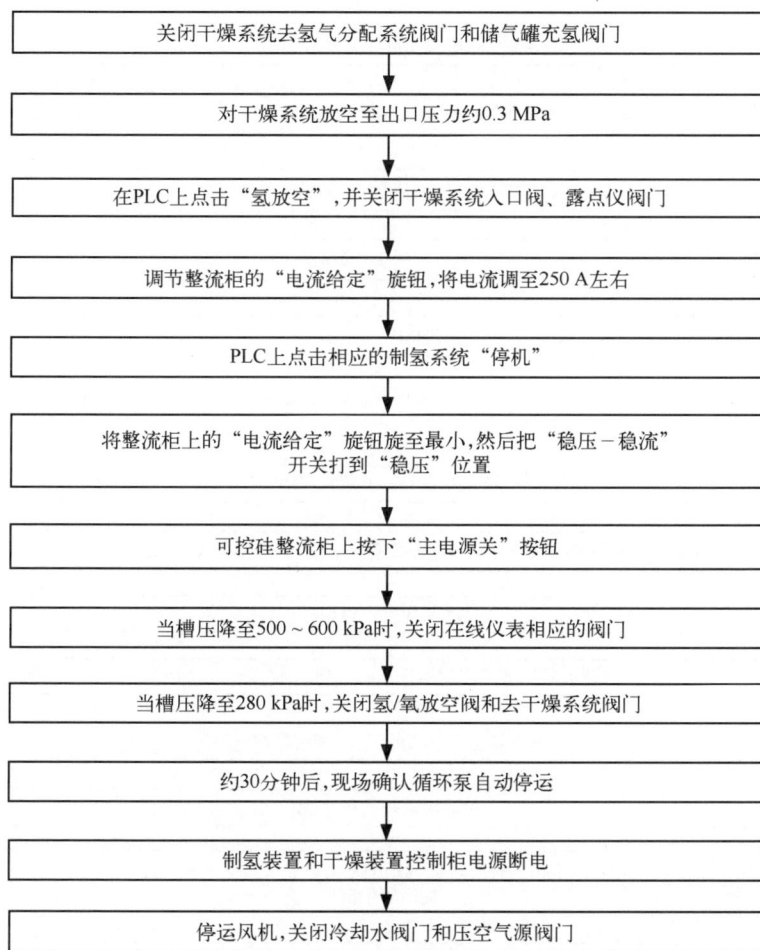

```
┌─────────────────────────────────────────────┐
│  关闭干燥系统去氢气分配系统阀门和储气罐充氢阀门     │
└─────────────────────────────────────────────┘
                     ↓
┌─────────────────────────────────────────────┐
│       对干燥系统放空至出口压力约0.3 MPa           │
└─────────────────────────────────────────────┘
                     ↓
┌─────────────────────────────────────────────┐
│  在PLC上点击"氢放空",并关闭干燥系统入口阀、露点仪阀门 │
└─────────────────────────────────────────────┘
                     ↓
┌─────────────────────────────────────────────┐
│    调节整流柜的"电流给定"旋钮,将电流调至250 A左右    │
└─────────────────────────────────────────────┘
                     ↓
┌─────────────────────────────────────────────┐
│         PLC上点击相应的制氢系统"停机"             │
└─────────────────────────────────────────────┘
                     ↓
┌─────────────────────────────────────────────┐
│  将整流柜上的"电流给定"旋钮旋至最小,然后把"稳压-稳流" │
│           开关打到"稳压"位置                    │
└─────────────────────────────────────────────┘
                     ↓
┌─────────────────────────────────────────────┐
│        可控硅整流柜上按下"主电源关"按钮            │
└─────────────────────────────────────────────┘
                     ↓
┌─────────────────────────────────────────────┐
│   当槽压降至500~600 kPa时,关闭在线仪表相应的阀门    │
└─────────────────────────────────────────────┘
                     ↓
┌─────────────────────────────────────────────┐
│  当槽压降至280 kPa时,关闭氢/氧放空阀和去干燥系统阀门  │
└─────────────────────────────────────────────┘
                     ↓
┌─────────────────────────────────────────────┐
│        约30分钟后,现场确认循环泵自动停运           │
└─────────────────────────────────────────────┘
                     ↓
┌─────────────────────────────────────────────┐
│      制氢装置和干燥装置控制柜电源断电             │
└─────────────────────────────────────────────┘
                     ↓
┌─────────────────────────────────────────────┐
│     停运风机,关闭冷却水阀门和压空气源阀门          │
└─────────────────────────────────────────────┘
```

图 21-5-2　制氢系统停运流程图

21.5.3　配制电解液和制氢装置充装电解液

· 配制电解液

氢氧化钾具有强碱腐蚀性,五氧化二钒是剧毒化学品,在进行碱液配制时,一定要做好个人防护。图 21-5-3 为一套制氢装置配制电解液的过程。

· 制氢装置充装电解液流程见图 21-5-4。

```
┌─────────────────────────────────────────┐
│         确认相应的制氢装置停运             │
└─────────────────────────────────────────┘
                    ↓
┌─────────────────────────────────────────┐
│       向碱液箱加入120 L除盐水             │
└─────────────────────────────────────────┘
                    ↓
┌─────────────────────────────────────────┐
│  打开碱箱与循环泵之间循环管线的阀门,启动循环泵进行循环  │
└─────────────────────────────────────────┘
                    ↓
┌─────────────────────────────────────────┐
│     向碱液箱中添加50 kg氢氧化钾固体        │
└─────────────────────────────────────────┘
                    ↓
┌─────────────────────────────────────────┐
│ 使用比重计测量碱液比重,确定碱液浓度为26%~30%  │
└─────────────────────────────────────────┘
                    ↓
┌─────────────────────────────────────────┐
│ 向碱液箱1-7532-ASTK中添加0.34 kg的五氧化二钒固体 │
└─────────────────────────────────────────┘
                    ↓
┌─────────────────────────────────────────┐
│       以上药品全部溶解后停运循环泵          │
└─────────────────────────────────────────┘
                    ↓
┌─────────────────────────────────────────┐
│            关闭相应的阀门                 │
└─────────────────────────────────────────┘
```

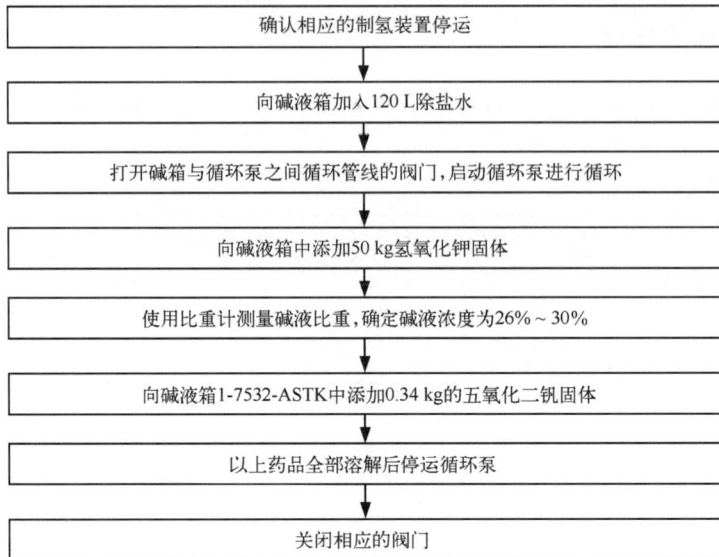

图 21-5-3　配制电解液流程图

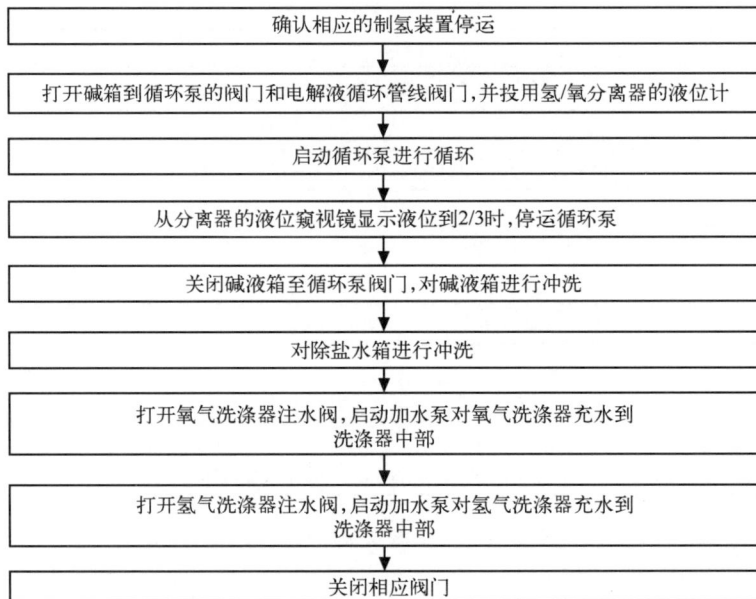

```
┌─────────────────────────────────────────────────┐
│              确认相应的制氢装置停运               │
└─────────────────────────────────────────────────┘
                         ↓
┌─────────────────────────────────────────────────┐
│ 打开碱箱到循环泵的阀门和电解液循环管线阀门,并投用氢/氧分离器的液位计 │
└─────────────────────────────────────────────────┘
                         ↓
┌─────────────────────────────────────────────────┐
│                启动循环泵进行循环                 │
└─────────────────────────────────────────────────┘
                         ↓
┌─────────────────────────────────────────────────┐
│   从分离器的液位窥视镜显示液位到2/3时,停运循环泵    │
└─────────────────────────────────────────────────┘
                         ↓
┌─────────────────────────────────────────────────┐
│      关闭碱液箱至循环泵阀门,对碱液箱进行冲洗        │
└─────────────────────────────────────────────────┘
                         ↓
┌─────────────────────────────────────────────────┐
│              对除盐水箱进行冲洗                   │
└─────────────────────────────────────────────────┘
                         ↓
┌─────────────────────────────────────────────────┐
│ 打开氧气洗涤器注水阀,启动加水泵对氧气洗涤器充水到    │
│              洗涤器中部                           │
└─────────────────────────────────────────────────┘
                         ↓
┌─────────────────────────────────────────────────┐
│ 打开氢气洗涤器注水阀,启动加水泵对氢气洗涤器充水到    │
│              洗涤器中部                           │
└─────────────────────────────────────────────────┘
                         ↓
┌─────────────────────────────────────────────────┐
│                 关闭相应阀门                     │
└─────────────────────────────────────────────────┘
```

图 21-5-4　制氢装置充装电解液流程图

21.5.4　执行制氢装置氮气吹扫和气密性试验

· 制氢装置氮气吹扫

操作电解系统氢/氧气手动调节放空阀时动作要缓慢,注意阀门的开度调节,确保氢分离器和氧分离器的液位平衡;图 21-5-5 为一套制氢装置氮气吹扫的大致过程。

确认使用的氮气瓶压力满足要求,打开其出口阀

↓

观察氮气汇流排阀1-7532-V3284上方的压力2 MPa

↓

调节氮气汇流排阀1-7532-V3284,使氮气汇流排阀
1-7532-V3285上方的压力表指示在0.8～1 MPa

↓

打开电解系统供氮气阀对供氮管道吹扫30秒

↓

连接供氮气阀与电解系统的软管接头

↓

打开相应的氮气吹扫管线阀门

↓

当氧气洗涤器出口压力达0.5 MPa时,关闭供氮气阀

↓

打开电解系统氢/氧气手动调节放空阀排气,
当氧气洗涤器出口压力计下降至0.2～0.3 MPa时,关闭放空阀

↓

已完成3次吹扫?　　——否——→

↓是

断开电解系统供氮气管上的软管接头

↓

关闭所有阀门

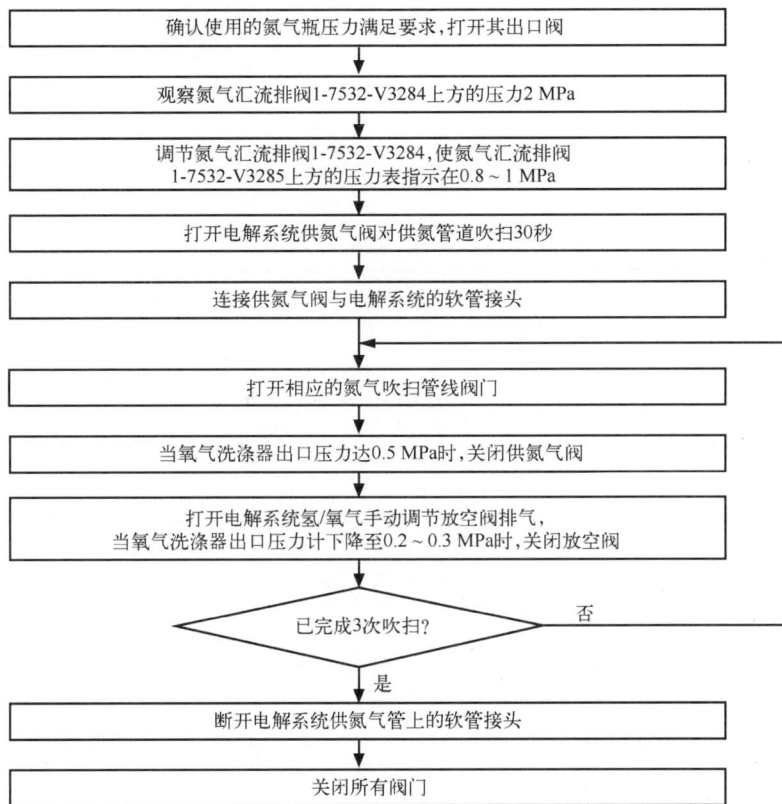

图 21-5-5　制氢装置氮气吹扫步骤

· 制氢装置气密性试验

操作电解系统氢/氧气手动调节放空阀时注意调整两个阀门的开度,使两个洗涤器压力一致。图21-5-6为一套制氢装置进行气密性试验的大致过程。

21.5.5　执行氢气分配管路氮气吹扫和氢气置换

注意:由于氢气分配与输送管道的氮气吹扫严重影响两台机组正常稳定运行,在进行吹扫前,必须编写相应的 WP（工作计划）,进行周密的工作安排和充分的沟通交流。（1 号机组氢气输送管道与 2 号机组氢气输送管道经同一母管分出,

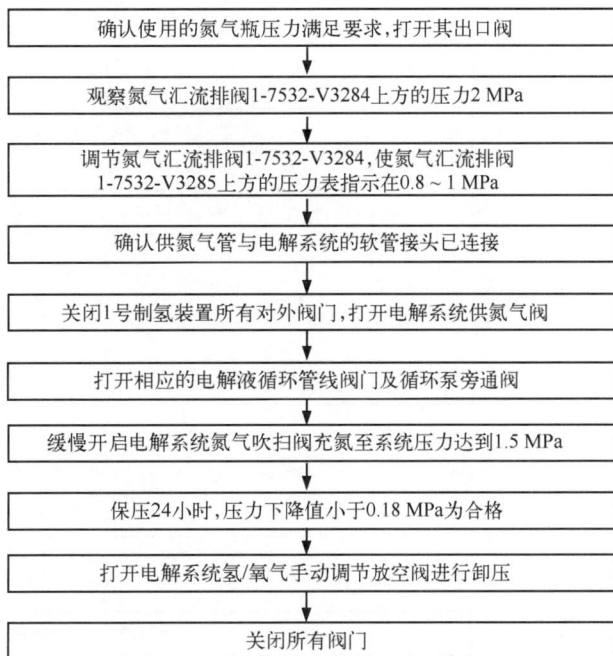

确认使用的氮气瓶压力满足要求,打开其出口阀

↓

观察氮气汇流排阀1-7532-V3284上方的压力2 MPa

↓

调节氮气汇流排阀1-7532-V3284,使氮气汇流排阀
1-7532-V3285上方的压力表指示在0.8～1 MPa

↓

确认供氮气管与电解系统的软管接头已连接

↓

关闭1号制氢装置所有对外阀门,打开电解系统供氮气阀

↓

打开相应的电解液循环管线阀门及循环泵旁通阀

↓

缓慢开启电解系统氮气吹扫阀充氮至系统压力达到1.5 MPa

↓

保压24小时,压力下降值小于0.18 MPa为合格

↓

打开电解系统氢/氧气手动调节放空阀进行卸压

↓

关闭所有阀门

图 21-5-6　制氢装置气密性试验步骤

因此在对任何一个机组氢气分配与输送管道进行氮气吹扫时,也会涉及另一个机组部分氢气输送管道。)

· 氢气分配管路氮气吹扫

图 21-5-7 为一套氢气分配管路氮气吹扫的大致过程。

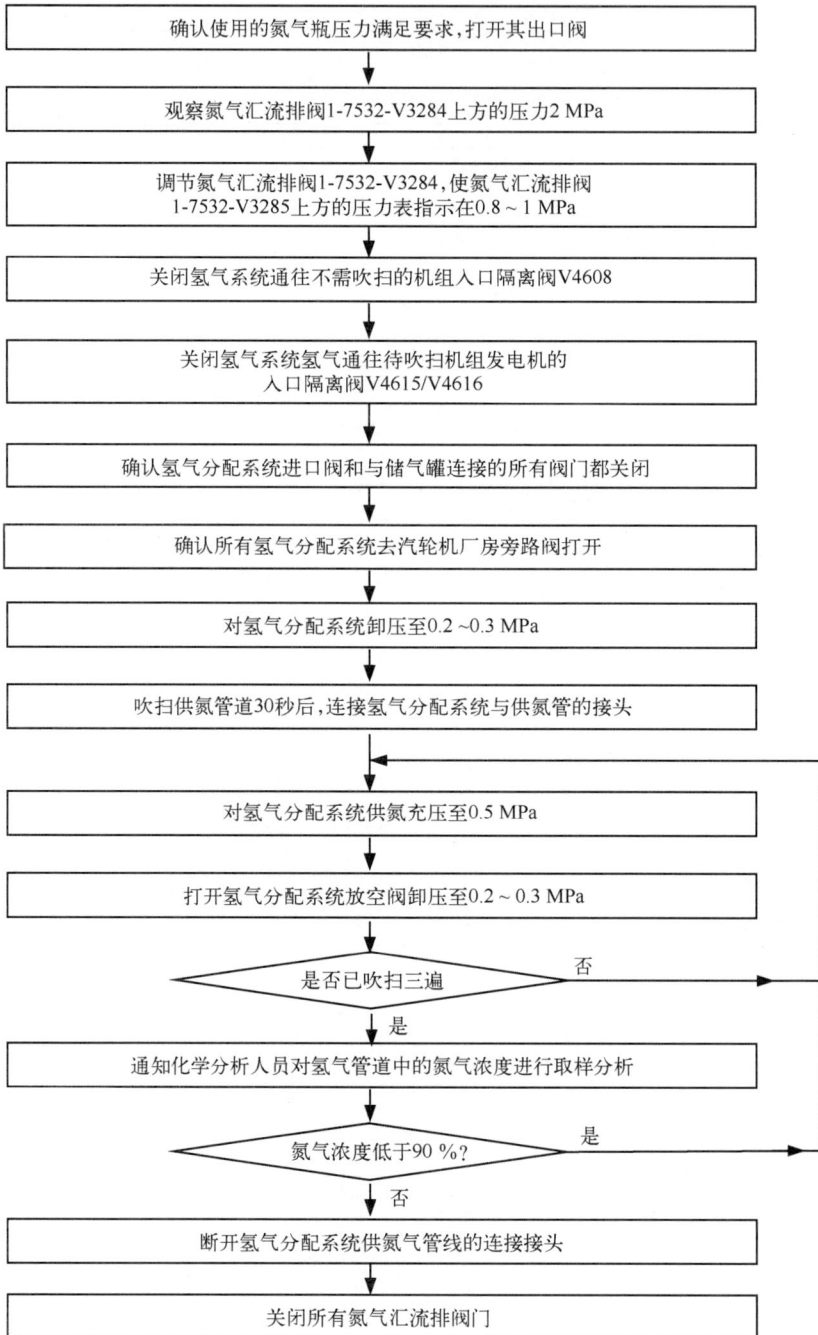

确认使用的氮气瓶压力满足要求,打开其出口阀

↓

观察氮气汇流排阀1-7532-V3284上方的压力2 MPa

↓

调节氮气汇流排阀1-7532-V3284,使氮气汇流排阀
1-7532-V3285上方的压力表指示在0.8～1 MPa

↓

关闭氢气系统通往不需吹扫的机组入口隔离阀V4608

↓

关闭氢气系统氢气通往待吹扫机组发电机的
入口隔离阀V4615/V4616

↓

确认氢气分配系统进口阀和与储气罐连接的所有阀门都关闭

↓

确认所有氢气分配系统去汽轮机厂房旁路阀打开

↓

对氢气分配系统卸压至0.2～0.3 MPa

↓

吹扫供氮管道30秒后,连接氢气分配系统与供氮管的接头

↓

对氢气分配系统供氮充压至0.5 MPa

↓

打开氢气分配系统放空阀卸压至0.2～0.3 MPa

↓

是否已吹扫三遍 —— 否

↓ 是

通知化学分析人员对氢气管道中的氮气浓度进行取样分析

↓

氮气浓度低于90 %? —— 是

↓ 否

断开氢气分配系统供氮气管线的连接接头

↓

关闭所有氮气汇流排阀门

图 21-5-7　氢气分配管路氮气吹扫步骤

· 氢气分配管路氢气置换

在进行氢气置换前,首先对系统/设备及其管道进行氮气吹扫,否则将引发危险。图21-5-8 为一套氢气分配管路氢气置换的大致过程。

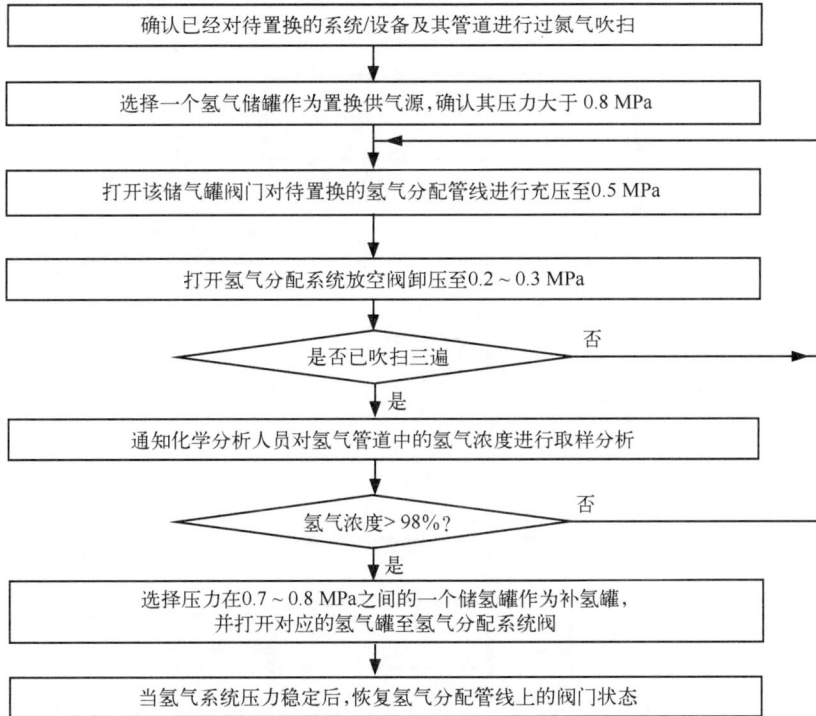

```
┌─────────────────────────────────────────────┐
│   确认已经对待置换的系统/设备及其管道进行过氮气吹扫   │
└─────────────────────────────────────────────┘
                      ↓
┌─────────────────────────────────────────────┐
│   选择一个氢气储罐作为置换供气源,确认其压力大于 0.8 MPa   │
└─────────────────────────────────────────────┘
                      ↓
┌─────────────────────────────────────────────┐
│   打开该储气罐阀门对待置换的氢气分配管线进行充压至0.5 MPa   │
└─────────────────────────────────────────────┘
                      ↓
┌─────────────────────────────────────────────┐
│     打开氢气分配系统放空阀卸压至0.2～0.3 MPa        │
└─────────────────────────────────────────────┘
                      ↓
          ◇ 是否已吹扫三遍 ◇ ──否──→
                      ↓是
┌─────────────────────────────────────────────┐
│   通知化学分析人员对氢气管道中的氢气浓度进行取样分析   │
└─────────────────────────────────────────────┘
                      ↓
          ◇ 氢气浓度>98%? ◇ ──否──→
                      ↓是
┌─────────────────────────────────────────────┐
│ 选择压力在0.7～0.8 MPa之间的一个储氢罐作为补氢罐,  │
│       并打开对应的氢气罐至氢气分配系统阀          │
└─────────────────────────────────────────────┘
                      ↓
┌─────────────────────────────────────────────┐
│   当氢气系统压力稳定后,恢复氢气分配管线上的阀门状态   │
└─────────────────────────────────────────────┘
```

图 21-5-8　氢气分配管路氢气置换步骤

复习思考题

1. 制氢装置的产氢量为 10 Nm^3/h(20 ℃,0.101 3 MPa),供气压力为 1.5 MPa,产氢的纯度大于0.998。经干燥器干燥后露点小于—50 ℃。

2. 发电机的气冷容积为100 m^3,每台发电机充氢和吹扫需要600 m^3(20 ℃,0.101 3 MPa)。每台发电机设计日补氢量为10～15 m^3。

3. 氢气为易燃易爆气体,在空气中的燃烧范围是4.0%～75.0%。

4. 碱液循环量太低易使电解槽温度升高,烧坏石棉网。循环量太高,则氢、氧不能完全分离,降低氢气纯度。碱液循环量在400～600 L/h,产生出的氢气纯度高,

5. 制氢装置联锁跳机的主要因素:① 氧液位上上限,② 氢液位下下限,③ 槽温上上限,④ 槽压上上限,⑤ 气源压力低,⑥ 碱液循环流量下下限,⑦ 冷却水中断或流量过小压力不足过小。

6. 氢气分配系统管线进行氮气吹扫或氢气置换后须化学分析人员进行取样分析气体浓度,以满足<u>氮气浓度高于90%</u>或<u>氢气浓度高于98%</u>的要求,防止氢气与空气接触产生爆炸危险。

7. 根据流程图画出干燥器 A 再生 B 工作的气体流向图。

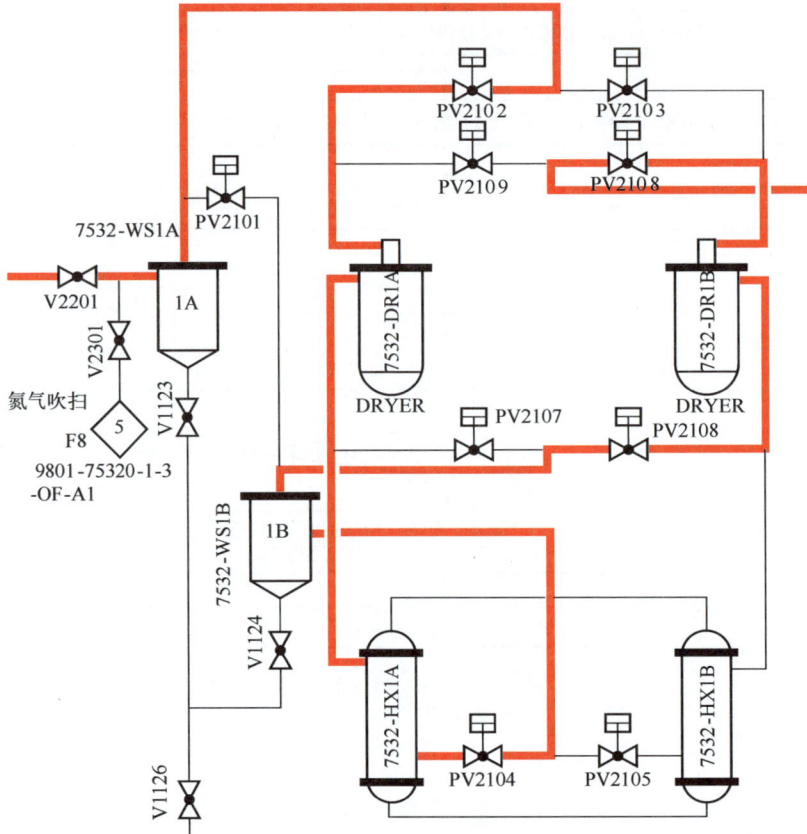

第二十二章 氮气系统
（75700）

内容介绍

课程名称：氮气系统
JRTR 编码：FC359
课程时间：1 学时

学员：现场值班员
学员条件：完成本系统的课堂部分培训

培训目标：
1. 陈述系统现场工艺布置和设备布置状况；
2. 叙述系统存在的风险和运行良好实践；
3. 陈述系统相关的运行参数；
4. 根据 98-75700-OM-001 正确完成相应的系统操作：
1）投运氮气系统；
2）停运氮气系统；
3）切换液氮罐安全阀；
4）吹扫液氮罐；
5）充装液氮罐；
6）取液氮操作。

教学方式及教学用具：
培训方式：课堂培训、岗位培训
教员需要：
a. 流程图：9801/9802-75700-1-1-OF-A1；
b. 电脑；
c. 运行手册：98-75700-OM-001；
d. 白板等。
学员需要：本教材、流程图

考核方法：现场考核（实际操作和模拟相结合）、口试

22.1 系统设备

22.1.1 设备清单和现场位置

每个氮气系统由一个液氮储存箱、气化器及附件、压力调节阀组和供气管道网络和相应的阀门组成。

1）液氮储存箱(7570-TK4001)和配套的氮气气化器位于每个汽轮机厂房外。储存箱由一个装液氮的内胆和一个外壳构成，两者之间抽真空并装上绝热体。液氮储存箱作为电厂氮气的气源，其容量能保证为相应的机组提供足够的覆盖气体。

2）减压阀(67570-PRV4101)：把进入 T/B 的气体压力减少至 500 kPa(表压)。

22.1.2 系统接口

1）反应堆厂房氮气系统：向 R/B 厂房用户提供氮气用作容器和系统的反填充，在液面上形成惰性气体空间，和在容器开启前吹干容器；反应堆厂房氮气用户主要有稳压器、端屏蔽覆盖气体、堆腔液位测量、主泵轴封系统和主系统净化系统。

2）主蒸汽系统：向主蒸汽管道系统提供 N_2，作为惰性覆盖气体，以防空气进入造成内部腐蚀。

3）9 个氮气供应站：分别向 1 号、2 号和 3 号低加、5 号和 6 号高加、除氧器、发电机定子线圈、MSR 的 A/B 侧区域、1 号机组辅助锅炉等系统提供 N_2，作为惰性覆盖气体，以防空气进入造成内部腐蚀。当需要填充氮气时，用一根软管接到就地的氮气供应站，另一头接到设备的入气口(可能是疏水阀或排气阀)。

22.1.3 取样点

供应到各用户的氮气必须满足表 22-1-1 的要求，因此在每次液氮罐或基体阀门等检修后，需对罐内可能混有的空气进行吹扫，并取样分析氮气纯度达到 99.9％以上才可重新投运液氮罐。氮气取样点可从排气阀门 7570-V-12 或上限溢流阀门 7570-V-4 处取样。

表 22-1-1 氮气指标要求

氮	99.9％	氩	<50 ppm
氧	<10 ppm	露点	<−59.4 ℃
二氧化碳	<5 ppm	碳氢化合物	<5 ppm
氢	<1 ppm	一氧化碳	<1 ppm
氦	<1 ppm		

22.2 系统参数

22.2.1 系统参数清单

系统参数清单见表 22-2-1。

表 22-2-1　系统参数清单

序 号	仪 表 号	参数名称	单 位	正常读数
1	67570-LI-1	液位表	英寸	30～110(正常期间)
				50～110(大修期间)
2	67570-PI-1	内腔压力表	kPa	900～1 250
3	67570-PI4301	压力表	kPa	900～1 250
4	67570-PI4302	压力表	kPa	500
5	67570-PI7722	压力表	kPa	500
6	67570-PI7721	压力表	kPa	100
7	67570-TI4305	氮气系统温度指示	℃	-10～40

1. 液氮罐正常压力范围是 900～1 250 kPa。液氮罐的升压回路和降压力回路对液氮罐压力进行自动调节,压力调节范围是 1 034～1 138 kPa。

2. 当液氮罐正常运行期间液氮罐的液位控制范围是 30～110 英寸,在大修期间由于氮气用气量较高,液位控制在 50～110 英寸,当液位低于控制值下限时,需对液氮罐进行充装,以保证系统供气正常。

3. 该系统正常情况下处于加压状态。在到 T/B 的供气管线上压力调节阀 67570-PRV4101 上游和下游各有一个压力计 67570-PI 4301 和 PI 4302,以监测管道中氮气压力,在 67570-PRV4101 下游有一个释放阀 7570-RV4601。从液氮罐(1-7570-TK4001 到 7570-PRV-4101)出来的氮气的压力为 0.69 MPa(表压);从 67570-PRV4101 到系统用户的压力约为 0.5 MPa(表压)。

22.2.2　系统设定点清单

系统设定点清单见表 22-2-2。

表 22-2-2　系统设定点清单

序 号	设备名称	设备描述	设定点	单 位
1	7570-SV-1A	安全阀	1 441	kPa
2	7570-SV-1B	安全阀	1 441	kPa
3	7570-R-1A	爆破盘	2 387	kPa
4	7570-R-1B	爆破盘	2 387	kPa
5	7570-R-2	外罐卸压装置	10	psi
6	7570-RV4601	氮气系统压力释放阀	690	kPa
7	67570-TS4308	氮气系统温度开关	-10	℃

1) 在汽轮机厂房 94.7 m 的汽轮机大厅内装有一个温度指示器 67570-TI-4305 和一个低温报警开关 67570-TS4308,用来测量氮气温度,送至厂房内的氮气气体温度低于-10 ℃时,温度开关 1-67570-TS4308 将发送氮气系统温度低的信号到 DCC 系统。

2)氮气罐有两套安全保护装置,互为备用。当液氮罐安全保护装置出现下列任一情况时,需将安全保护装置切换到备用安全保护装置:

- 当液氮罐在正常运行情况下需对安全保护装置切换时。
- 系统高压,安全阀 7570-SV-1A 或 7570-SV-1B 动作时,液氮罐上压力表 67570-PI-1 压力指示低于安全阀设定值 1 441 kPa 时,而安全阀没有回座。
- 爆破盘 7570-R-1A 或 7570-R-1B 因系统压力高而爆破。

22.3　风险警示和运行实践

1)人员风险
- 液氮为低温液体,如果人身体与液氮直接接触,可能造成接触部位低温冻伤。因此,在液氮罐和蒸发器区域工作或取液氮时,需穿戴好安全帽、工作鞋、防护面罩、长袖工作服、裤脚覆盖到鞋子的长裤和干的皮手套或帆布手套等防冻措施。
- 当在液氮罐和蒸发器区域工作时,注意防滑。
- 在液氮罐充装液氮或从液氮罐取液氮时,排气声音非常尖锐可能对人的耳朵产生伤害,因而操作人员需戴耳塞。

2)设备风险

液氮罐和蒸发器需用护栏或其他方式进行保护,以防止送液氮槽车在向液氮罐充装液氮时与设备相刮蹭或直接撞倒设备。

3)运行实践
- 液氮为低温液体,在液氮罐和蒸发器区域工作或取液氮时,需穿戴好安全帽、工作鞋、防护面罩、长袖工作服、裤脚覆盖到鞋子的长裤和干的皮手套或帆布手套等防冻措施防止低温冻伤。如发生意外冻伤应找专业人员或专业医生进行治疗。
- 氮气为无色、无味气体,氮气浓度高时,易造成人的窒息。在需要氮气的场所工作时,应加强该区域通风。
- 液氮罐具有自身调节压力的能力,液氮罐压力自动调节范围在 1 034~1 138 kPa (150~165 psi)之间,液氮罐正常运行压力为 900~1 250 kPa(131~181 psi)。由于液氮罐的压力调节是一个比较慢的过程,并受环境温度的影响。有时液氮罐的压力会超过 1 138 kPa(165 psi),如果液氮罐压力超过正常运行压力的上限 1 250 kPa (181 psi)不能自动向下调压时,需打开放气阀 1-7570-V-12 对液氮罐进行手动卸压,并观察液氮罐上的压力表指示,当压力回到 1 034~1 138 kPa(150~165 psi)之间时,关闭放气阀 1-7570-V-12。当液氮罐压力低于 900 kPa(131 psi)不能自动向上调压时,则需要对液氮罐进行检修。
- 除非液氮罐真空层被破坏,需对液氮罐真空层进行抽真空时,可操作抽真空阀门 7570-V-6。其他任何时候严禁对抽真空阀门 7570-V-6 进行操作,如果打开此阀门,有可能破坏液氮罐的真空层(氮气系统正常运行期间,抽真空阀门 7570-V-6 出口安装有密封堵头保护)。

22.4　技　能

不适用。

22.5　主要操作

22.5.1　投运和停运氮气系统

1）投运氮气系统

投运氮气系统须将液氮罐的升压回路和降压回路投入正常运行,使液氮罐本身具有自动调节罐内压力的能力。步骤如图22-5-1,具体内容详见运行规程4.1.3节内容。

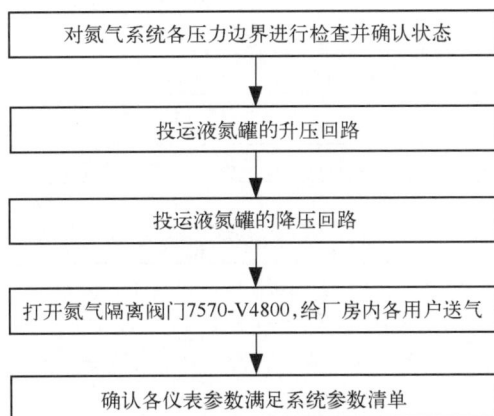

```
┌─────────────────────────────────────┐
│   对氮气系统各压力边界进行检查并确认状态   │
└─────────────────────────────────────┘
                  ↓
┌─────────────────────────────────────┐
│          投运液氮罐的升压回路           │
└─────────────────────────────────────┘
                  ↓
┌─────────────────────────────────────┐
│          投运液氮罐的降压回路           │
└─────────────────────────────────────┘
                  ↓
┌─────────────────────────────────────┐
│ 打开氮气隔离阀门7570-V4800,给厂房内各用户送气 │
└─────────────────────────────────────┘
                  ↓
┌─────────────────────────────────────┐
│       确认各仪表参数满足系统参数清单       │
└─────────────────────────────────────┘
```

图 22-5-1　投运氮气系统步骤

2）停运氮气系统

当氮气系统需大修时(整个系统),将停运整个氮气系统,即关闭各氮气供应阀门,停止向各用户供气;同时将液氮罐停止运行,隔离液氮罐的升压回路和降压回路,并对氮气系统管线进行卸压。具体步骤详见运行规程4.4.1节内容。

22.5.2　切换液氮罐安全阀

切换保护装置前需先对液氮罐进行手动卸压至 1 034~1 138 kPa,然后操作阀门 7570-V-17 即可进行切换。

注意:阀门 7570-V-17 在打开位置时,对应 No.1 安全系统运行,阀门 7570-V-17 在关闭位置时,对应 No.2 安全系统运行。

具体步骤详见运行规程4.3.1节内容。

22.5.3　吹扫液氮罐

液氮罐或基体阀门等检修后,需对罐内可能混有的空气进行吹扫,使重新投运的液氮罐内氮气浓度大于等于 99.9%。吹扫步骤如图 22-5-2 所示,具体内容详见运行规程 4.1.1 节内容。

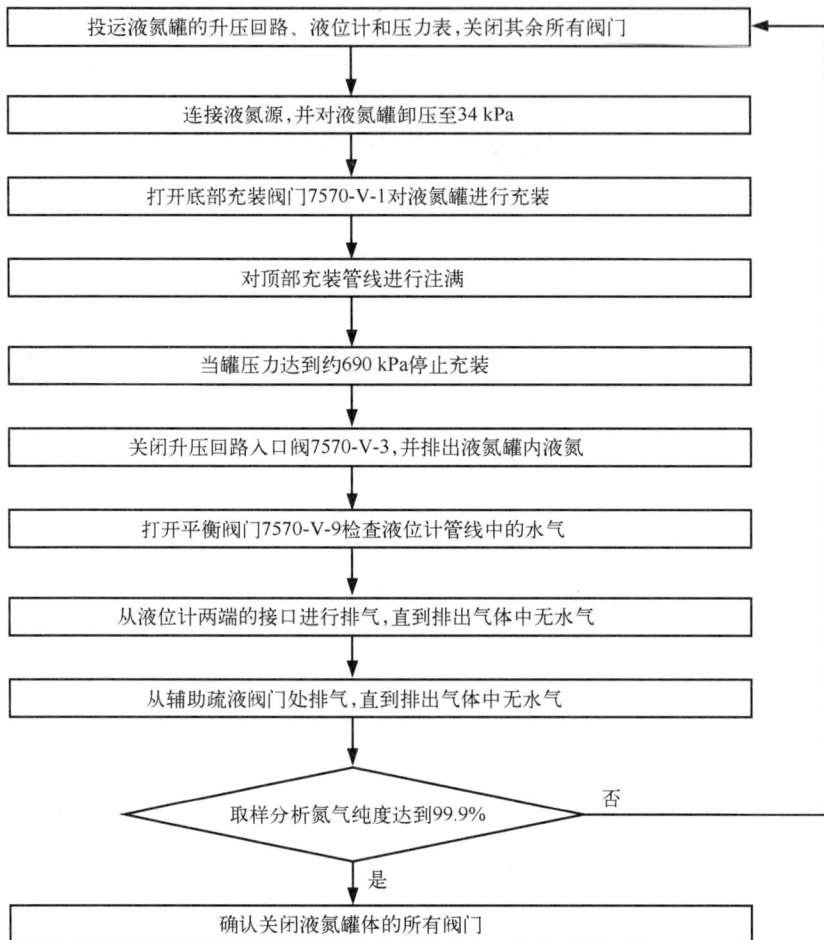

投运液氮罐的升压回路、液位计和压力表,关闭其余所有阀门

连接液氮源,并对液氮罐卸压至 34 kPa

打开底部充装阀门 7570-V-1 对液氮罐进行充装

对顶部充装管线进行注满

当罐压力达到约 690 kPa 停止充装

关闭升压回路入口阀 7570-V-3,并排出液氮罐内液氮

打开平衡阀门 7570-V-9 检查液位计管线中的水气

从液位计两端的接口进行排气,直到排出气体中无水气

从辅助疏液阀门处排气,直到排出气体中无水气

取样分析氮气纯度达到 99.9%   否

是

确认关闭液氮罐体的所有阀门

图 22-5-2 液氮罐吹扫步骤

22.5.4 充装液氮罐和取液氮操作

1)充装液氮罐

液氮罐充装分为暖罐充装和冷罐充装。

- 罐充装:指液氮罐的首次充装,或液氮罐维修后,罐内无液氮储存且液氮罐排空后罐内有过升温,或液氮罐长期处于排空状态,罐内温度比较高时的充装。步骤如图 22-5-3 所示。

- 冷罐充装:指运行期间的液氮罐充装,或液氮罐排空后还处于冷状态的液氮罐充装。步骤如图 22-5-4 所示。

2)取液氮

当检修做冰塞、实验室仪器冷却等工作或其他临时用途时,需从液氮罐取液氮。步骤如图 22-5-5 所示,具体内容详见运行规程 4.2.1 节内容。

```
┌─────────────────────────────────────────────────────────┐
│ 除液氮罐安全装置投运、液位计及压力计隔离阀打开外,           │
│ 关闭液氮罐所有阀门及氮气供应阀V4800                        │
└─────────────────────────────────────────────────────────┘
                          │
┌─────────────────────────────────────────────────────────┐
│ 确认液氮为合格品,连接充装管至液氮罐的充装接头7570-CN-1      │
└─────────────────────────────────────────────────────────┘
                          │
┌─────────────────────────────────────────────────────────┐
│ 对液氮罐卸压至34 kPa                                       │
└─────────────────────────────────────────────────────────┘
                          │
┌─────────────────────────────────────────────────────────┐
│ 从顶部充装阀门对液氮罐进行充装至压力为690 kPa(100 psi)      │
└─────────────────────────────────────────────────────────┘
                          │
┌─────────────────────────────────────────────────────────┐
│ 对液氮罐进行手动卸压至300～400 kPa(44～58 psi)             │
└─────────────────────────────────────────────────────────┘
                          │
┌─────────────────────────────────────────────────────────┐
│ 打开顶部充装阀门和液氮槽车总阀进行充装                       │
└─────────────────────────────────────────────────────────┘
                          │
┌─────────────────────────────────────────────────────────┐
│ 当液位达到80英寸时,打开上限溢流阀,当有液氮溢出时,           │
│ 关闭液氮槽车总阀门,停止充装                                 │
└─────────────────────────────────────────────────────────┘
                          │
┌─────────────────────────────────────────────────────────┐
│ 当充装管中剩余液体汽化后,关闭顶部充装阀门                    │
└─────────────────────────────────────────────────────────┘
                          │
┌─────────────────────────────────────────────────────────┐
│ 打开疏水阀门7570-V-14卸除充装管压力                        │
└─────────────────────────────────────────────────────────┘
                          │
┌─────────────────────────────────────────────────────────┐
│ 拆除充装管,并将法兰连接好                                   │
└─────────────────────────────────────────────────────────┘
```

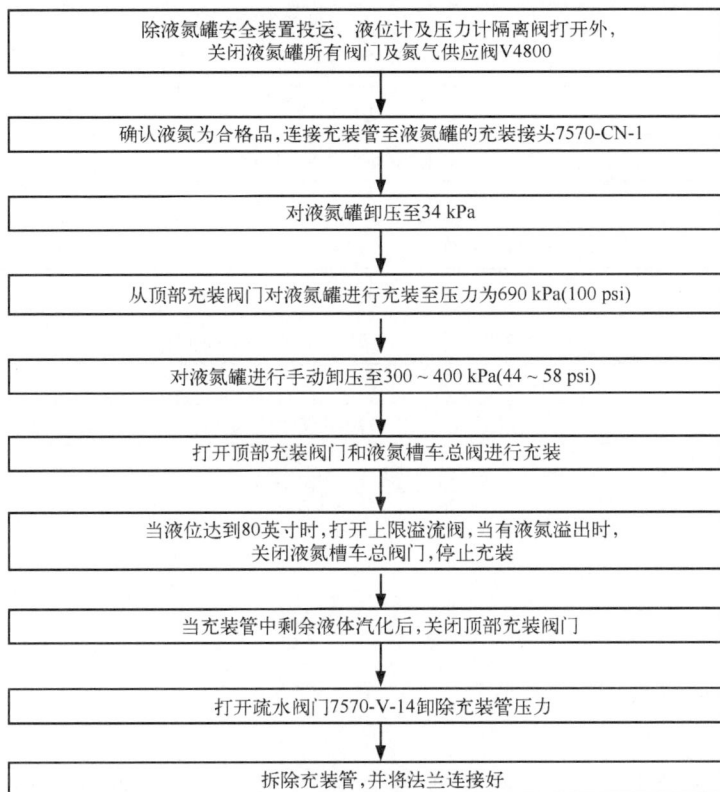

图 22-5-3　液氮罐暖罐充装步骤

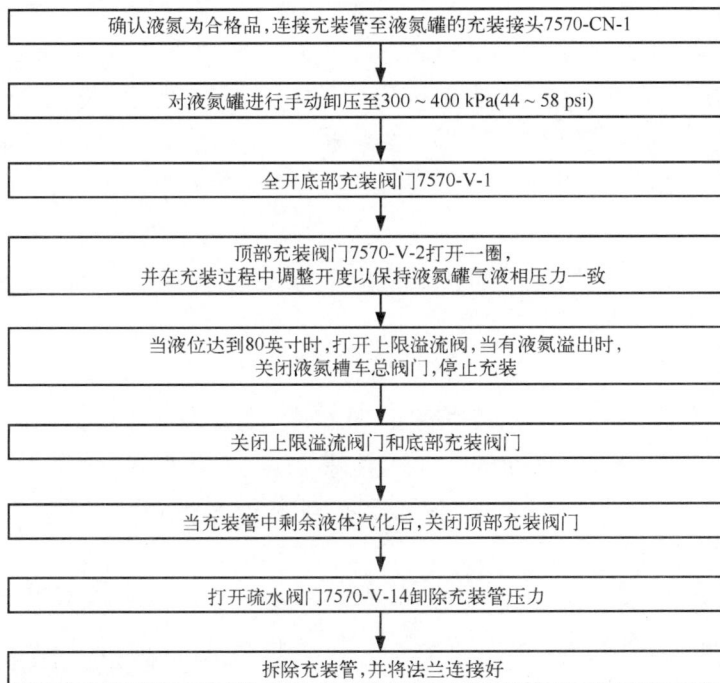

```
┌─────────────────────────────────────────────────────────┐
│ 确认液氮为合格品,连接充装管至液氮罐的充装接头7570-CN-1      │
└─────────────────────────────────────────────────────────┘
                          │
┌─────────────────────────────────────────────────────────┐
│ 对液氮罐进行手动卸压至300～400 kPa(44～58 psi)             │
└─────────────────────────────────────────────────────────┘
                          │
┌─────────────────────────────────────────────────────────┐
│ 全开底部充装阀门7570-V-1                                   │
└─────────────────────────────────────────────────────────┘
                          │
┌─────────────────────────────────────────────────────────┐
│ 顶部充装阀门7570-V-2打开一圈,                              │
│ 并在充装过程中调整开度以保持液氮罐气液相压力一致             │
└─────────────────────────────────────────────────────────┘
                          │
┌─────────────────────────────────────────────────────────┐
│ 当液位达到80英寸时,打开上限溢流阀,当有液氮溢出时,           │
│ 关闭液氮槽车总阀门,停止充装                                 │
└─────────────────────────────────────────────────────────┘
                          │
┌─────────────────────────────────────────────────────────┐
│ 关闭上限溢流阀门和底部充装阀门                               │
└─────────────────────────────────────────────────────────┘
                          │
┌─────────────────────────────────────────────────────────┐
│ 当充装管中剩余液体汽化后,关闭顶部充装阀门                    │
└─────────────────────────────────────────────────────────┘
                          │
┌─────────────────────────────────────────────────────────┐
│ 打开疏水阀门7570-V-14卸除充装管压力                        │
└─────────────────────────────────────────────────────────┘
                          │
┌─────────────────────────────────────────────────────────┐
│ 拆除充装管,并将法兰连接好                                   │
└─────────────────────────────────────────────────────────┘
```

图 22-5-4　液氮罐冷罐充装步骤

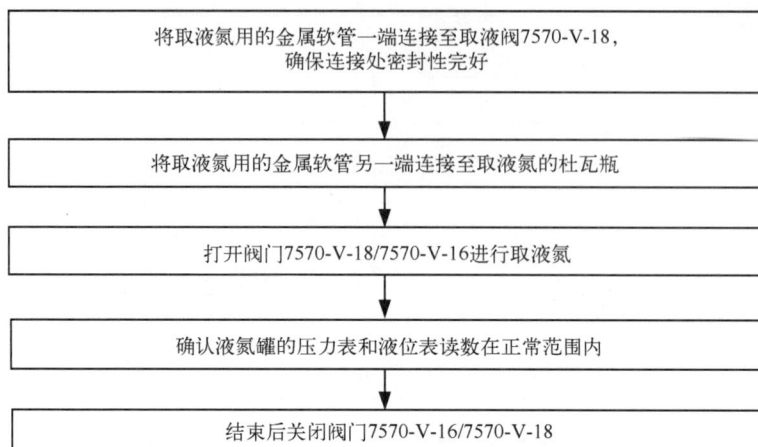

图 22-5-5 取液氮步骤

复习思考题

1. 简述冷罐充装的主要步骤。

参考答案：

主要有以下操作:1)将液氮源接头连接至 7570-CN-1;2)打开排气阀门 7570-V-12 使罐内压力低于 500 kPa;3)打开槽车总阀,打开底部充装阀门 7570-V-1,将顶部充装阀门 7570-V-2 打开一圈,对液氮罐进行充装;4)当液氮罐液位表 67570-LI-1 液位至 3/4(80 英寸)满罐位置时,打开上限溢流阀门 7570-V-4;5)当有液氮从上限溢流阀门 7570-V-4 溢出时,关闭槽车总阀,停止充装;6)关闭底部充装阀门 7570-V-1,关闭上限溢流阀门 V-4;当充装管中剩余液体汽化后,关闭顶部充装阀门 7570-V-2;7)打开疏水阀门 7570-V-14 卸除充装管压力。

2. 氮气罐安全保护装置出现哪些情况需将安全保护装置切换到备用安全保护装置?

参考答案：

1)罐在正常运行情况下需对安全保护装置切换时;2)系统高压,安全阀 7570-SV-1A 或 7570-SV-1B 动作时,液氮罐上压力表 67570-PI-1 压力指示低于安全阀设定值 1 441 kPa 时,而安全阀没有回座;3)爆破盘 7570-R-1A 或 7570-R-1 因系统压力高而爆破。

3. 氮气系统大修或由于其他原因需停运氮气系统时(整个系统),氮气系统各用户将停止供气;液氮罐将停止运行,需要将液氮罐的升压回路和降压回路进行隔离,对氮气系统管线进行卸压。

第二十三章 二氧化碳系统 (75210)

内容介绍

课程名称:二氧化碳系统

JRTR 编码:FC357

课程时间:1 学时

学员:现场值班员

学员条件:完成本系统的课堂部分培训

培训目标:

1. 陈述系统现场工艺布置和设备布置状况；

2. 叙述系统存在的风险和运行良好实践；

3. 陈述系统相关的运行参数；

4. 根据 98-75210-OM-001 正确完成相应的系统操作：

1) 投运二氧化碳系统；

2) 停运二氧化碳系统。

教学方式及教学用具:

培训方式:课堂培训、岗位培训

教员需要:

a. 流程图:9801/9802-75210-1-1-OF-A1；

b. 电脑；

c. 运行手册:98-75210-OM-001；

d. 白板等。

学员需要:本教材、流程图

考核方法:现场考核(实际操作和模拟相结合)、口试

23.1　系统设备

23.1.1　设备清单和现场位置

二氧化碳系统由并联在一起的三组汇流排组成。1号机组由1组主供气汇流排和1组备用供气汇流排组成;2号机组由1组主供气汇流排组成。每组汇流排均由20个二氧化碳气瓶供气。由于在实际使用二氧化碳气体对发电机内气体(氢气或空气)进行置换时,所用到的气瓶往往多于20瓶,故可打开3组中的任意一组汇流排连续给系统供气。直到发电机内气体浓度符合要求。空的二氧化碳气瓶应及时用满瓶进行更换,以保证二氧化碳系统随时处于备用状态。

23.1.2　系统接口

氢气冷却系统:在汽轮机组停机检修前或复役启机前,用二氧化碳作为一种置换中介来置换发电机中的内腔气体,防止汽轮发电机氢气冷却系统中的氢气和大气中氧气混合而生成的爆炸性气体。

23.1.3　取样点

为防止维修时汽轮发电机中的氢气和大气中氧气混合而生成的爆炸性气体,在用二氧化碳来置换发电机中的内腔气体后,须取样确认汽轮发电机中CO_2的纯度达到99.9%,否则继续进行置换。取样点为二氧化碳系统疏水阀1/2-7521-V4806/V4807。

23.2　系统参数

23.2.1　系统参数清单

当系统投运时,系统维持在二氧化碳汇流排装置(1/2-7521-TK4001,1-7521-TK4002)的压力,在二氧化碳贮存间的三套二氧化碳汇流排装置各有压力计1/2-67521-PI 4301和2-67521-PI 4302;在到T/B的供气管线上还有一个就地压力计67521-PI 4312。系统正常运行时参数见表23-2-1。

表23-2-1　系统正常运行时参数

序号	仪表号	设备名称	单位	正常读数
1	1/2-67521-PI-4301	二氧化碳汇流排装置(1/2-7521-TK4001)压力表	MPa	0.6~6
2	1-67521-PI-4302	二氧化碳汇流排装置(1-7521-TK4002)压力表	MPa	0.6~6
4	1/2-67521-PI-4312	二氧化碳供气管线压力表	MPa	0.6~6

23.2.2 系统设计要求

- 对于吹扫发电机壳内的空气,须在 1.5～2 小时内提供 100 m³(标准温度和压力下)的二氧化碳。
- 对于吹扫发电机壳内的氢气,须在 2.5～3 小时内提供 200 m³(标准温度和压力下)的二氧化碳。

23.3 风险警示和运行实践

1)人员风险

二氧化碳严重泄漏时,可能导致储气间人员的头晕、目眩、昏迷、瘫痪甚至死亡。

2)设备风险

在高温火源或日光直射的情况下,可能导致二氧化碳瓶的爆炸。

3)运行实践

- 将二氧化碳气瓶存放在良好通风的环境下,远离高温、火源和热源。
- 选择汇流排投运时应注意对三组二氧化碳汇流排进行轮流选择投运,即选择备用时间最长的二氧化碳气瓶组及对应汇流排进行投运,避免某一组汇流排的二氧化碳气瓶长期不使用而导致气瓶过期失效。

23.4 技 能

不适用。

23.5 主要操作

23.5.1 投运二氧化碳系统

投运二氧化碳系统时,可以将整个汇流排投入运行,也可以将汇流排上的气瓶分组投运(每 4 个气瓶为一组),运行人员可根据现场供气压力及供气量决定投运气瓶的组数;当一组汇流排供气不能满足要求时(压力<0.5 MPa),运行人员可根据实际情况选择投运另外两组汇流排中的任意一组。

图 23-5-1 为投运一组二氧化碳汇流排的大致步骤。

23.5.2 停运二氧化碳系统

当发电机气体置换过程已不需要二氧化碳气体时,按图 23-5-2 所示步骤执行。

```
确认气瓶压力满足要求
        ↓
打开任意一组二氧化碳汇流排上的隔离阀及CO₂气瓶隔离阀
        ↓
打开阀门7521-V4806和V4807排放CO₂  ←───┐
        ↓                              │
取样确认CO₂的纯度达到99.9%?  ──否──────┘
        ↓是
关闭阀门7521-V4806和V4807
        ↓
打开总隔离阀7521-V4605供应CO₂
```

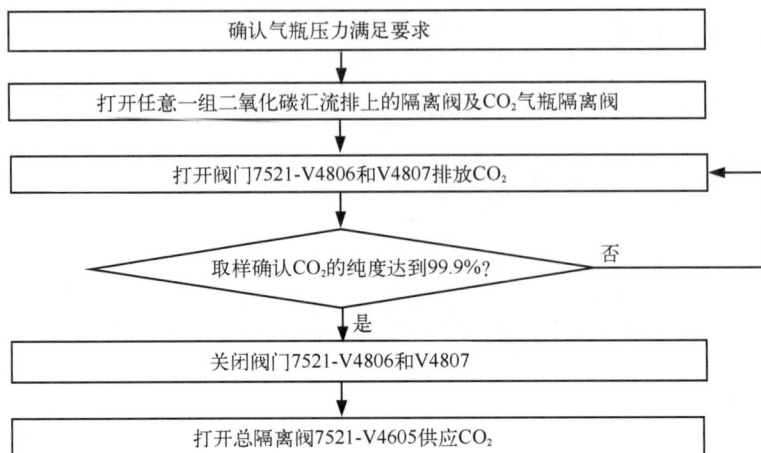

图 23-5-1   投运二氧化碳系统

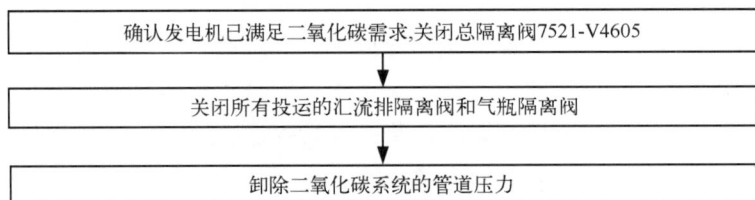

```
确认发电机已满足二氧化碳需求,关闭总隔离阀7521-V4605
        ↓
关闭所有投运的汇流排隔离阀和气瓶隔离阀
        ↓
卸除二氧化碳系统的管道压力
```

图 23-5-2   停运二氧化碳系统

复习思考题

1. 简述停运二氧化碳汇流排时的主要操作。

参考答案:

1) 关闭总隔离阀 7521-V4605;

2) 关闭所有投运的汇流排隔离阀和气瓶隔离阀;

3) 打开阀门 7521-V4804、4805 卸除系统管道压力。

2. 简述二氧化碳系统主要目的和功能。

参考答案:

1) 二氧化碳用作发电机维修工作中的吹扫中介,用于防止氢气和空气中的氧气混合而发生爆炸。

2) 在停堆时,二氧化碳用于吹扫发电机内的氢气;启动时,用于吹扫发电机内的空气。